Lecture Notes in Mathematics

Edited by A. Dold and B. Eckmann

1171

Polynômes Orthogonaux et Applications

Proceedings of the Laguerre Symposium held at Bar-le-Duc, October 15–18, 1984

Edité par
C. Brezinski, A. Draux, A.P. Magnus, P. Maroni et A. Ronveaux

Springer-Verlag
Berlin Heidelberg New York Tokyo

Editeurs

Claude Brezinski
André Draux
Université de Lille 1, U.E.R. I.E.E.A. Informatique
59655 Villeneuve d'Ascq Cedex, France

Alphonse P. Magnus
Institut de Mathématique, U.C.L.
Chemin du Cyclotron 2, 1348 Louvain-la-Neuve, Belgique

Pascal Maroni
Université Pierre et Marie Curie
U.E.R. Analyse, Probabilités et Appl.
4 Place Jussieu, 75252 Paris Cedex 05, France

André Ronveaux
Département de Physique, Facultés Universitaires N.D. de la Paix
61 rue de Bruxelles, 5000 Namur, Belgique

Mathematics Subject Classification (1980): 30E10, 41A10, 41A21, 42C

ISBN 3-540-16059-0 Springer-Verlag Berlin Heidelberg New York Tokyo
ISBN 0-387-16059-0 Springer-Verlag New York Heidelberg Berlin Tokyo

Printing and binding: Beltz Offsetdruck, Hemsbach/Bergstr.
2146/3140-543210

Edmond Laguerre

PRÉFACE

Depuis quelque temps un groupe de travail sur les polynômes orthogonaux réunissait les organisateurs de ce Symposium lorsque, en Novembre 1982, nous reçumes tous une lettre d'André Ronveaux nous signalant qu'on fêterait en 1984 le 150ième anniversaire de la naissance de Laguerre et nous proposant de nous associer pour organiser, à cette occasion, un congrès international sur les polynômes orthogonaux et leurs applications. André devait commencer à désespérer d'avoir une réponse lorsque, lors d'une réunion ultérieure de notre groupe de travail, l'idée revint à la discussion et la décision fut prise.

Les premiers problèmes à régler concernaient le financement et le lieu. Laguerre est né et mort à Bar-Le-Duc, le lieu s'imposait presque de lui-même. Nous primes donc contact avec la municipalité. L'accueil qui nous fut réservé dépassa de beaucoup nos prévisions les plus optimistes. Non seulement une subvention importante nous fut accordée mais le personnel de la mairie fut mis à notre disposition pour nous aider à la préparation du congrès. Enfin la municipalité prit à sa charge, matérielle et financière, tous les problèmes locaux comme le centre des conférences, les pauses, les polycopiés des résumés, les taxis, les distractions, ... La liste de ce que nous devons à Monsieur Bernard, Député-Maire de Bar-Le-Duc, et à ses collaborateurs est trop longue pour avoir sa place ici, mais il est certain que ce Symposium n'aurait pas pu avoir lieu sans leur aide et leur dévouement. Si nous pouvons parler de réussite, c'est en grande partie à eux que nous la devons et nous tenons à les en remercier tous très chaleureusement.

Bien que le programme scientifique ait été très chargé puisque plus de soixante-dix communications furent présentées par la centaine de participants venus de seize pays, le côté culturel n'avait pas été oublié. Au cours de la première matinée de travail, le Professeur J. Dieudonné, membre de l'Académie des Sciences, rappela la vie et l'oeuvre de Laguerre devant un public composé du Préfet, du Député-Maire, des personnalités civiles et militaires de la région, des congressistes et des élèves des classes terminales du lycée. Ensuite les participants furent conviés au baptême d'un groupe scolaire du nom de Laguerre. Après un discours de M. Bernard, Député-Maire, la plaque en l'honneur de Laguerre fut dévoilée par le Professeur Dieudonné. Les congressistes eurent également l'occasion de visiter la vieille ville de Bar-Le-Duc qui présente un très bel ensemble de maisons renaissance, d'assister à un concert de jazz et de prendre part à un banquet très animé et cordial, présidé par Monsieur le Préfet.

Nous tenons également à exprimer notre reconnaissance aux divers organismes qui nous ont apporté leur aide financière : Centre National de la Recherche Scientifique, Société Mathématique de France, Collège de Mathématiques Appliquées de l'AFCET et Compagnie Bull.

Nous remercions les éditeurs Birkhäuser-Verlag et Springer-Verlag pour avoir apporté leur concours à l'organisation de l'exposition de livres et J. Labelle de l'Université du Québec à Montréal qui nous a fourni les tableaux d'Askey sur les polynômes orthogonaux. Enfin au nom de tous les participants nous voulons dire à nos hôtesses Muriel Colombo, Any Pibarot et Liliane Ruprecht combien nous avons apprécié leur efficacité souriante. Nous n'oublions pas non plus Saïd Belmehdi pour son aide précieuse.

Nous espérons que ce Symposium, qui fut en fait le premier Congrès International entièrement consacré aux polynômes orthogonaux et à leurs applications, sera suivi de beaucoup d'autres. C'est le voeu que nous formulons.

C. BREZINSKI

A. DRAUX

A. MAGNUS

P. MARONI

A. RONVEAUX

TABLE DES MATIERES

2. *COMBINATOIRE ET GRAPHES*

3. *ESPACES FONCTIONNELS*

4. *PLAN COMPLEXE*

5. *MESURES*

6. *ZEROS*

7. *APPROXIMATIONS*

8. FAMILLES SPECIALES

9. *ANALYSE NUMERIQUE*

10. *APPLICATIONS*

COMMUNICATIONS NON PUBLIEES DANS CE VOLUME.

BACRY H., An application of Laguerre's emanant to generalized Chebychev polynomials.

BARNETT S., A matrix method for algebraic operations on generalized polynomials.

BARRUCAND P., Problèmes liés à des fonctions de poids.

CALOGERO F., Determinantal representations of polynomials satisfying linear ode's or linear recurrence relations. (à paraître dans Rend.Sem.Mat.Univ.Politec. Torino 1985)

CASTRIGIANO D.P.L., Orthogonal polynomials and rigged Hilbert space (à paraître dans Journal of Functional Analysis).

DELLA DORA J., RAMIS J.P., THOMANN J., Une équation différentielle linéaire "sauvage".

DITZIAN Z., On derivatives of linear trigonometric polynomial approximation process.

DUNKL C.F., Orthogonal polynomials related to the Hilbert transform. (cfr. Report PM - 88406 C.W.I. Amsterdam 1984)

GREINER P., The Laguerre calculus on the Heisenberg group. (cfr. Special functions : Group Theoretical Aspects and Applications, Ed. R.A. ASKEY, T.H. KOORNWINDER and W. SCHEMPP. D. Reidel Publishing Company 1984)

HENDRIKSEN E., A Bessel orthogonal polynomial system. Proc. Kon. Acad. v. Wet., Amsterdam, ser A, 87 (1984), 407 - 414.

KATO Y., Periodic Jacobi continued fractions.

MOUSSA P., Itération des polynômes et propriétés d'orthogonalité.

VAN EIJNDHOVEN S.J.L., Distribution spaces based on classical polynomials.

LISTE DES PARTICIPANTS

ALFARO M.
Departamento de Teoria de Funciones
Universidad de Zaragoza
España

ALFARO M.P.
Av. de las Torres 93-9º
Zaragoza 7
España

ASKEY R.
Department of Mathematics
University of Wisconsin
480 Lincoln Drive
Madison, Wisconsin 53706
U.S.A.

BACRY H.
Centre de Physique Théorique
Luminy - Case 907
13288 MARSEILLE Cedex
France

BARNETT S.
School of Mathematical Sciences
University of Bradford
West Yorkshire BD7 1DP
England

BARRUCAND P.
151 rue du Château des Rentiers
75013 PARIS

BAVINCK H.
Technical University
Julianalaan 132
Delft
Nederland

BECKER H.
Isarweg 24
8012 Ottobrunn/München
D.B.R.

BELMEHDI S.
Univ. Pierre et Marie Curie
U.E.R. Analyse, probabilités et Applications
4 Place Jussieu
75230 Paris Cedex France

BERGERON F.
Dépt. de Math. et Info.
Université du Québec à Montréal
Case postale 8888, succ. "A"
Montréal, P.Q. H3C 3P8
Canada

BESSIS G. et N.
Université de Lyon I
Lab. de Spectroscopie Théorique
69622 Villeurbanne
France

BLACHER R.
TIM 3 Institut IMAG
BP 68
Bureau 35, tour I.R.M.A.
38402 Saint Martin d'Heres
France

BREZINSKI Cl.
Université de Lille 1
U.E.R. I.E.E.A. Informatique
59655 Villeneuve d'Ascq Cedex
France

COATMELEC C.
8 Rue du Verger
35510 Cesson-Sevigné
France

CALOGERO F.
Dipartimento di Fisica
Università di Roma "La Sapienza"
Via Sant'Alberto Magno 1
00153 Roma
Italia

CASASUS L.
Universidad de la Laguna
Catedral, 8 La Laguna
Tenerife
España

CASTRIGIANO D.P.L.
Institut für Mathematik der
Technischen Universität München
Arcisstrasse 21
8000 München 2
D.B.R.

COLOMBO S.
Rue d'Aquitaine 8
92160 Antony
France

DE BRUIN M.G.
Department of Mathematics
University of Amsterdam
Roetersstraat 15
1018 WB Amsterdam
Nederland

DE GRAAF J.
Eindhoven University of Technology
P.O. Box 513
Eindhoven
Nederland

DELGOVE
Centre de Recherche Bull
Les Clayes Sous Bois
78340 France

DELLA DORA J.
IMAG
Université de Grenoble
BP 53X
38041 Grenoble Cedex
France

DERIENNIC M.M.
INSA
20, Avenue des Buttes de Coesmes
35043 Rennes Cedex
France

DESAINTE-CATHERINE M.
Université de Bordeaux I
UER de Mathématique et Informatique
351, Cours de la Libération
33405 Talence Cedex
France

DESPLANQUES P.
rue Victor Hugo 39
59262 Sainghin en Mélantois
France

DEVILLE M.
Unité MEMA
Université Catholique de Louvain
1348 Louvain-la-Neuve
Belgique

DIEUDONNE J.
Rue du Général Camou 10
75007 Paris France

DITZIAN Z.
Department of Mathematics
University of Alberta
Edmonton T6G 2G1
Canada

DRAUX A.
Université de Lille 1
U.E.R. I.E.E.A. Informatique
59655 Villeneuve d'Ascq Cedex
France

DUNKL C.F.
Department of Mathematics
University of Virginia
Charlottesville - Virginia 22903
U.S.A.

DURAND L.
University of Wisconsin - Madison
Physics Dept.
1150 University Ave
Madison - WI 53706
U.S.A.

DUVAL A.
3 Rue Stimmer
67000 Strasbourg
France

DZOUMBA J.
Univ. Pierre et Marie Curie
U.E.R. Analyse,Probabilités et Appl.
4 Place Jussieu
75230 Paris Cedex
France

GARCIA-LAZARO P.
Departamento de Matematicas
E.T.S. de Ingenieros
Universidad Politecnica
José Gutierrez Abascal 2
Madrid 6
España

GASPARD J.P.
Université de Liège
Institut de Physique - B5
4000 Sart-Tilman/ Liège 1
Belgique

GAUTSCHI W.
Purdue University
Department of Computer Science
West Lafayette, IN 47907
U.S.A.

GILEWICZ J.
CNRS - Luminy
Case 907
Centre de Physique Théorique
13288 Marseille Cedex 9
France

GODOY-MALVAR E.
Universidad de Santiago de Compostella
c/Boan nº1-2
Vigo-Pontevedra
España

GREINER P.
Mathematics Department
University of Toronto
Toronto Ontario M5S 1A1
Canada

GROSJEAN C.C.
Seminarie voor Wiskundige Natuurkunde
Rijksuniversiteit Gent
Gebouw S9
Krijgslaan 281
9000 Gent
Belgique

GUADALUPE J.J.
Colegio Universitario de La Rioja
Logroño
España

GUADALUPE R.
Facultad de Quimica
Castrillo de Aza nº 7-7ºA
Madrid 31
España

HAHN W.
Alberstrasse 8
8010 Graz
Austria

HENDRIKSEN E.
Department of Mathematics
University of Amsterdam
Roetersstraat 15
1018 WB Amsterdam
Nederland

ISERLES A.
King's College
University of Cambridge
Cambridge CB2 1ST
England

JACOB G.
121, Avenue du Maine
75014 PARIS Cedex
France

KANO T.
Department of Mathematics
Faculty of Science
Okayama University
Okayama 700
Japan

KERKER H.
Université de Paris VII
UER de Physique
Tour 33-43
2 Place Jussieu
75005 Paris

KATO Y.
Department of Engineering Mathematics
Faculty of Engineering
Nagoya University
Chikusa-ku
Nagoya 464
Japan

KIBLER M.
Institut de Physique Nucléaire
Université de Lyon I
43 bd du 11 Nov. 1918
69622 Villeurbanne Cedex
France

KOORNWINDER T.H.
Mathematisch Centrum
P.O. Box 4079
1009 AB Amsterdam
Nederland

KOWALSKI M.
Institute of Informatics
University of Warsaw
PKIN VIII p. 850
00901 Warsaw
Poland

LAFORGIA A.
Dept. di Matematica dell'
Università
Via Carlo Alberto 10
Torino
Italy

LAW A.G.
University of Regina
Saskatchewan S4S 0A2
Canada

LEOPOLD E.
Centre de Recherche Bull
Les Clayes Sous Bois
78340 France

LOPEZ G.
Dept. T. de Funciones
University of Havana
San Lazaro y L.
La Habana
Cuba

LOUIS A.K.
Fachbereich Mathematik, Universität
Erwin-Schrödinger-Strasse
6750 Kaiserslautern
D.B.R.

LUBINSKY D.S.
National Research Institute for
Mathematical Sciences
C.S.I.R.
P.O. Box 395
Pretoria 0001
Republic of South Africa

MAGNUS A.
Institut de Mathématique
U.C.L.
Chemin du Cyclotron 2
1348 Louvain-la-Neuve
Belgique

MARCELLAN F.
Departamento de Matematicas
E.T.S. de Ingenieros Industriales
Jose Gutierrez Abascal 2
Madrid 6
España

MARONI P.
Univ. Pierre et Marie Curie
U.E.R. Analyse, Probabilités et Appl.
4 Place Jussieu
75230 Paris Cedex
France

MASON J.C.
Mathematics Branch
Royal Military College of Science
Shrivenham
Swindon, Wilts SN6 8LA
England

McCABE J.
The mathematical Institute
University of St Andrews
Fife
United Kingdom

MEIJER H.G.
Department of mathematics
University of Technology
Julianalaan 132
Delft
Nederland

MONTANER-LAVEDAN J.
Departamento Teoria de Funciones
Universidad de Zaragoza
España

MORAL L.
Departamento de Matematicas
E.T.S. de Ingenieros Industriales
Universidad Politecnica
José Gutierrez Abascal 2
Madrid 6
España

MOUSSA P.
Service de Physique Théorique
Centre d'Etudes Nucléaires de Saclay
91191 Gif -sur Yvette Cedex
France

MUND E.
Service de Métrologie Nucléaire
U.L.B.
Av. F.D. Roosevelt
1050 Bruxelles
Belgique

NEVAI P.
Department of Mathematics
The Ohio State University
Columbus, OH 43210
U.S.A.

NEX C.M.M.
Univ. of Cambridge - T.C.M. group
Cavendisch Lab.
Madingley Road
Cambridge CB3 0H2
England

NICAISE S.
Université de l'Etat à Mons
Département de Mathématique
Av. Maistriau
7000 Mons
Belgique

OULEDCHEIKH MADJID
U.S.T. Lille I
59650 Villeneuve d'Ascq Cedex
France

PASZKOWSKI S.
Instytut Niskich Temperatur i Badan
Strukturalnych PAN
Pl. Katedralny 1
50-950 Wrocław
Poland

PEREZ GRASA J.
Miguel Servet 12 - 8º B
Zaragoza
Espana

PREVOST M.
16 Rue de la Libération
62930 Wimereux
France

RAMIREZ GONZALEZ V.
Dpto de Ecuaciones Funcionales
Facultad de Ciencias
Avda Fuente Nueva
18001 Granada
España

RICHARD F.
25 Place des Halles
67000 Strasbourg
France

RONVEAUX A.
Département de Physique
Facultés Univ. N.D. de la Paix
61 rue de Bruxelles
5000 Namur
Belgique

RUNCKEL H.J.
Abteilung Mathematik IV
Universität Ulm
Oberer Eselsberg
7900 Ulm
D.B.R.

SABLONNIERE P.
UER IEEA Informatique
59655 Villeneuve d'Ascq Cedex
France

SANSIGRE G.
Departamento Matematicas
E.T.S.I.
José Gutierrez Abascal 2
Madrid 6
España

SCHEMPP W.
Lehrstuhl für Mathematik I
Universität Siegen
Hölderlinstrasse 3
5900 Siegen
D.B.R.

SCHLICHTING G.
Math. Inst.Technische Universität
Arcisstrasse 21
Postfach 20.24.20
8000 München
D.B.R.

SHAMIR T.
Department of Mathematics and
Computer Science
Ben Gurion University
P.O. Box 653
Beer Sheva 84105
Israël

STREHL V.
Universität Erlangen-Nürnberg
Informatik I
Martensstrasse 3
8520 Erlangen
D.B.R.

TEMME N.M.
Centre for Mathematics and Computer
Science
Kruislaan 413
1098 SJ Amsterdam
Nederland

THOMANN J.
CNRS Centre de Calcul
BP 20/Cr
67037 Strasbourg Cedex
France

ULLMAN J.L.
University of Michigan
Ann Arbor
Michigan 48109
U.S.A

VAN BEEK P.
Delft University of Technology
Dept. of Mathematics
Julianalaan 132
2628 BL Delft
Nederland

VAN EIJNDHOVEN S.
Eindhoven University of Technology
P.O. Box 513
Eindhoven
Nederland

VAN ISEGHEM J.
9 Allée du Trianon
59650 Villeneuve d'Ascq
France

VAN ROSSUM H.
Department of Mathematics
University of Amsterdam
Roetersstraat 15
1018 WB Amsterdam
Nederland

VIANO G.A.
Dipartimento di Fisica dell'
Università di Genova
via Dodecaneso 33
16146 Genova
Italia

VIENNOT G.
Université de Bordeaux I
UER de Mathématique et Informatique
351 Cours de la Libération
33405 Talence Cedex
France

VINUESA J.
Facultad de Ciencias
Apartado 1.021
Santander
España

VOUE M.
Département de Physique
Facultés Univ. N.D. de la Paix
61 Rue de Bruxelles
5000 Namur
Belgique

WIMP J.
Drexel University
Philadelphia Pa 19104
U.S.A.

WUYTACK L.
Department of Mathematics
University of Antwerp
Universiteitsplein 1
B - 2610 Wilrijk
Belgium

ZOLLA F.
22 rue Montpensier
64000 Pau
France

EDMOND NICOLAS LAGUERRE

Claude Brezinski
Université de Lille I
59655 - Villeneuve d'Ascq Cedex
France

Edmond Nicolas Laguerre naquit rue Rousseau, à Bar-Le-Duc dans le département de la Meuse, le 9 avril 1834 à une heure du matin. Il était le fils de Jacques Nicolas Laguerre, marchand quincallier, agé de trente sept ans et de son épouse Christine Werly.

Il fit ses études dans divers établissements publics, ses parents l'ayant successivement placé au collège Stanislas, au lycée de Metz et à l'institution Barbet afin qu'il eut toujours auprès de lui un camarade pour veiller sur sa santé déjà précaire. Il montrait une rare intelligence avec un goût prononcé pour les langues et les mathématiques. Ses premiers travaux sur l'emploi des imaginaires en géométrie remontent aux années 1851 et 1852 et son premier article parut en 1853 dans les Nouvelles Annales de Mathématiques dirigées par Terquem qui note alors : "Profond investigateur en géométrie et en analyse, le jeune Laguerre possède un esprit d'abstraction excessivement rare, et l'on ne saurait trop encourager les travaux de cet homme d'avenir". Il donnait la solution complète du problème de la transformation homographique des relations angulaires, complétant et améliorant ainsi les travaux de Poncelet et Chasles.

Le 1er novembre 1853 il entre quatrième sur cent-dix à l'Ecole Polytechnique. D'après son signalement il mesure 1,685 m., a les cheveux et les sourcils chatain clair, le front haut, le nez moyen, les yeux gris bleus, la bouche large, le menton rond, le visage long. Il est myope et a un signe près de l'oreille gauche. Ses professeurs sont J.M.C. Duhamel et C. Sturm pour l'analyse et de La Gournerie pour la géométrie.

Pendant l'année scolaire 1853-1854, où il occupe l'emploi de sergent-fourrier, ses professeurs font les observations suivantes sur son travail :

"Travail assidu mais qui pourrait être mieux réglé."
Notes d'interrogations particulières : constamment bonnes ou très bonnes en analyse ; d'abord très bonnes mais constamment décroissantes depuis le commencement du semestre en géométrie descriptive; trop variables en physique ; très bonnes en chimie.
Notes d'interrogations générales : médiocre en analyse ; très bonne en géométrie descriptive."

Pour le second semestre on trouve :

"Résultats bons ou assez bons dans toutes les parties, mais moins satisfaisants en général que ceux du premier semestre".

En effet il est 11ième au classement du premier semestre et 24ième au second.

Quant à sa conduite les apprèciations sont moins favorables :
"Conduite assez bonne. Tenue mauvaise. Elève léger et bruyant".
Il reçoit plusieurs punitions pour mauvaise tenue, bavardage et chant pendant l'étude.

Il passe en seconde année 59ième sur 106. En 1854-1855, on le juge ainsi :

"Travail soutenu. Notes généralement bonnes ou très bonnes en analyse, en mécanique et en physique ; très médiocres en chimie."

La conduite et la tenue sont passables. Par contre il est toujours "très causeur et très négligent" et évidemment il "aurait pu beaucoup mieux faire". Il est puni de deux jours de salle de police pour avoir "allumé du feu dans l'étude".

Il sort de l'Ecole Polytechnique 46ième sur 94 avec les appréciations suivantes :

"Cet élève très intelligent aurait pu rester classé dans les premiers de sa promotion, mais n'a pas travaillé. Extrêment dissipé. Doit et peut très bien se poser à l'Ecole d'application."

Son classement de sortie lui ferme l'accès aux carrières civiles. Il entre 7ième sur 41 à l'Ecole Impériale d'Application de l'Artillerie et du Génie à Metz, le 1er mai 1855. Il ne semble pas être plus attentif qu'à Polytechnique :

"Conduite bonne mais a souvent été puni pour retards dans ses travaux. Tenue bonne, mais tournure peu militaire. A des moyens pour les mathématiques, mais n'a aucun gout pour les travaux graphiques, dessine mal et lentement. S'est trop occupé d'objets étrangers aux études de l'école. C'est l'officier qui a le plus de retard dans ses travaux. Parle un peu l'Italien".

Il sort de l'école 32ième sur 40 et le général inspecteur note : "A perdu beaucoup de rangs parce que, sans être paresseux, il s'est occupé de choses étrangères aux travaux de l'école. C'est un travers dont il pourra se corriger."

A sa sortie de l'Ecole de l'Artillerie il entame une carrière militaire. Il est sous lieutenant au 3ème régiment d'artillerie à pied le 6 décembre 1856 puis lieutenant le 1er mai 1857. Le 13 mars 1863 il est nommé capitaine et est employé, comme adjoint, à la manufacture d'armes de Mutzig. Le 18 juin 1864 il abandonne cet emploi pour devenir répétiteur adjoint au cours de géométrie descriptive à l'Ecole Polytechnique.

Le 17 août 1869 il épouse Marie Hermine Albrecht, fille de Julie Caroline Durant de Mareuil, veuve de Léopold Just Albrecht, décédé, propriétaire, demeurant au chateau d'Aÿ dans le département de la Marne. Sa femme reçoit en dot 24000 francs en actions nominatives produisant 1200 francs de revenus. De ce mariage naîtront deux filles. A cette époque il habite 3 rue Corneille à Paris, plus tard il habitera 61 boulevard Saint Michel.

En novembre 1869 il est autorisé à faire un cours de géométrie supérieure à la Sorbonne.

Pendant le siège de 1870 il est d'abord désigné, le 28 août, par le Général Riffault pour commander en second la batterie de rempart, dite de l'Ecole Polytechnique. Le 12 novembre il est nommé au commandement de la 13ième batterie du régiment d'artillerie et prend part, en cette qualité, aux deux combats de Champigny le 30 novembre et le 2 décembre 1870. Pour sa conduite, il est fait chevalier de la Légion d'honneur le 8 décembre.

Pendant l'insurrection de Paris il "a conservé jusqu'au 27 mars le commandement des hommes qui restaient dans la batterie, licenciée en partie le 14 mars. Après dissolution forcée de la batterie, a rejoint à Tours l'Ecole Polytechnique où il avait été reclassé".

Après ces événements il reprit ses enseignements à Polytechnique ainsi que ses travaux scientifiques. Le 25 novembre 1873 il est nommé répétiteur du cours d'analyse à Polytechnique et examinateur d'admission le 4 mai 1874, charges qu'il conservera jusqu'à sa mort. Le 31 mai 1877 il passe au grade de Chef d'escadron. Il est "très aimé et très estimé" à l'Ecole Polytechnique. En 1880 l'inspecteur général

note dans son dossier :
"Excellent répétiteur d'analyse, le Commandant Laguerre occupe un rang distingué parmi nos jeunes géomètres et il a devant lui un bel avenir de savant". Il avait déjà publié alors 114 articles !

Le 5 juillet 1882 il est fait officier de la Légion d'honneur. Afin de pouvoir se consacrer entièrement à ses travaux, il prend une retraite anticipée le 2 juin 1883.

Le 11 mai 1885 il est élu à l'Académie des Sciences grâce à l'action de Camille Jordan qu'il avait connu quand ils étaient tous les deux élèves de Polytechnique. Peu de temps après Joseph Bertrand lui confiait la suppléance de la Chaire de Physique Mathématique au Collège de France. Il y fait un cours très remarqué sur l'attraction des ellipsoïdes.

Sa santé déjà faible et une fièvre continuelle le contraignirent à abandonner toutes ses occupations. Il revint à Bar-Le-Duc à la fin de février 1886. Laguerre mourut le 14 août 1886 à 4 heures du matin au 52 rue de Tribel. Georges Henri Halphen représenta l'Académie à ses obsèques et prononça quelques mots après avoir lu un discours de Joseph Bertrand.

Sources documentaires :

- Archives de l'Ecole Polytechnique.
- Archives du Service Historique de l'Armée de Terre.
- E.N. Laguerre : Notice sur les travaux mathématiques, Gauthier-Villars, Paris, 1884.
- E. Rouché : Edmond Laguerre, sa vie et ses travaux, J. Ec. Polytech., Cahier 56 (1886) 213-271.
- C.R. Acad. Sci. Paris, 103 (1886) 407.
- Nouv. Ann. Math., (3) 5 (1886) 494-496.
- C.R. Acad. Sci. Paris, 103 (1886) 424-425.
- H. Poincaré : Notice sur la vie et les travaux de M. Laguerre, membre de la section de géométrie, C.R. Acad. Sci. Paris, 104 (1887) 1643-1650.
- A. de Lapparent : Laguerre, Livre du Centenaire de l'Ecole Polytechnique, Gauthier-Villars, Paris, 1895, tome 1, pp. 149-153.
- L'Ecole Polytechnique, Gauthier-Villars, Paris, 1932, pp. 141-143.
- M. Bernkoff : Laguerre, Dictionary of Scientific Biography, C.C. Gillispie ed., C. Scribner's sons, New-York, 1973.
- E.N. Laguerre : Oeuvres, reprint by Chelsea, New-York, 1972, 2 vols.

Paris, le 6 Mai 85

VI
2
22

Mon cher Jordan,

J'aurais voulu hier et aujourd'hui aller vous remercier de vive voix de ce que vous avez bien voulu dire en ma faveur lundi dernier; mais les visites nécessaires aux membres douteux m'en ont empêché et cet après midi je n'ai pu vous joindre à l'enterrement de Mr Desains.

Vous avez obtenu lundi un succès réel et l'amiral Pâris que je croyais un vrai réprouvé a trouvé son chemin de Damas; il est arrivé Mannheimiste et est sorti de l'Institut rallié à la section.

Mr Daubrée (mais n'en parlez pas, c'est un mystère) m'a aussi donné sa voix.

Permettez moi de croire que vous n'y êtes pas étranger.

En somme, je crois, tout va bien.

Merci encore une fois et croyez moi votre tout dévoué camarade

E Laguerre

Bar-le-Duc, le 5 Septembre 1871.

Capitaine d'Artillerie depuis le mois de Mars 1863, j'étais au début de la guerre employé à l'Ecole Polytechnique comme répétiteur de Géométrie Descriptive.

Je fus d'abord désigné par le Gal Riffault pour commander en second la batterie de rempart dite de l'Ecole Polytechnique :

Le 12 Novembre 1870, j'ai été nommé au commandement de la 13e batterie du régiment d'Artillerie et en cette qualité j'ai pris part aux opérations du deuxième Corps d'armée sous Paris.

J'ai été nommé chevalier de la Légion d'Honneur le 12 Décembre 1870.

Ma batterie, rentrée à Paris à la fin du siège, fut désarmée, puis licenciée en partie. Le 27 Mars, elle fut forcément dissoute et je rejoignis à Tours l'Ecole Polytechnique.

Le Capitaine d'Artillerie

E. Laguerre

Vu le général comt l'Ecole
délégué par le Ministre
Riffault

LAGUERRE

AND

ORTHOGONAL POLYNOMIALS IN 1984 .

by A.P. Magnus and A. Ronveaux

The importance of orthogonal polynomials can be estimated from the following statistics :

Up to 1940 , one finds about 2000 entries in the Shohat , Hille and Walsh bibliography [4] .

C.Brezinski's bibliography [2] on orthogonal polynomials and the related subjects of Padé approximation and continued fractions , contains now more than 5000 titles .

The MATHFILE data base allows variously tuned quests : since 1973 , one finds 2984 titles and abstracts containing the words 'orthogonal' AND 'polynomial(s)' , but one must also add references to special families :

Cebysev	polynomial(s)	1193
Hermite	polynomial(s)	1290
Jacobi	polynomial(s)	1283
Laguerre	polynomial(s)	1167
Legendre	polynomial(s)	1124
Bessel	polynomial(s)	224

The other special orthogonal polynomials (Charlier , Hahn , Krawtchouk , Meixner) have a much smaller record (from 20 to 50) .

The name of Laguerre appears 1405 times , showing that his present influence is mainly centered on polynomials (each of the other names is in more than 2000 titles and abstracts , excepting Bessel : 1264) . This is emphasized by Bernkopf [1] who mentions only briefly Laguerre's achievements in geometry (once famous) , but gives a detailed account of the paper introducing what are now called Laguerre polynomials (Sur l'intégrale $\int_x^\infty \frac{e^{-x}dx}{x}$, Bull. Soc. Math. France 7(1879) =[3] vol.1 , pp.428-438) . R.Askey ([5] , vol.3 p.866) , looking for the various appearences of the Laguerre polynomials before Laguerre , finds two papers of R. Murphy (Trans. Camb. Phil. Soc. 4 (1833)355-408 , 5(1835) 113-148) as their birthplace . We conclude that the Laguerre polynomials are about as old as Laguerre himself (150 years) .

To be honest , one must remark that Laguerre used his virtuosity in geometry when dealing with polynomials , especially with the location of their zeros . These works ([3] , vol.1) are still influential , and so are the author's methods : just consider the title of the famous book by M.Marden : 'Geometry of Polynomials' (AMS , Providence , 2nd ed. 1966) ; see also Bacry's contribution in the present volume .

To return to orthogonal polynomials in Laguerre's output , a number of papers written in the period 1877-1885 ([3]vol.1 , 318-335 , 438-448 , vol.2 , 685-711) , the last one (= J.de Math. 1 (1885) 135-165) being the most important , explore the properties of orthogonal polynomials related to weight functions satisfying

$$\rho'(x)/\rho(x) = \text{a rational function of } x .$$

(up to a finite number of Dirac δ functions) . Actually , Laguerre studied Padé approximations and continued fraction expansions of functions satisfying a differential equation of the form

$$W(z)f'(z) = 2V(z)f(z) + U(z)$$

where W , V and U are polynomials [see McCabe's contribution] . One recovers [possibly formal] orthogonal polynomials as denominators of approximants of f : if $f(z)$ can be written as a definite integral $\int_S (z-x)^{-1}\rho(x)dx$, with ρ positive on a real set S , the denominator p_n of the [n/n] Padé approximant of f is the nth degree orthogonal polynomial related to ρ ; if such an integral form does not hold , but if f has an expansion $f(z) = \sum_{n=0}^{\infty} c_n z^{-n-1}$, p_n is called a formal orthogonal polynomial . In the first case , the rational function $\rho'(x)/\rho(x)$ is precisely $2V(x)/W(x)$, the connection has been made clear by Shohat ['Sur une classe étendue de fractions continues algébriques et sur les polynomes de Tchebycheff correspondants' , C.R. Acad. Sci. Paris 191(1930) 989-990 ; 'A differential equation for orthogonal polynomials' , Duke Math.J. 5 (1939) 401-417] .

Laguerre succeeded in showing that the orthogonal polynomials p_n satisfy remarkable differential equations*

$$W\theta_n y'' + [(2V+W')\theta_n - W\theta'_n]y' + K_n y = 0 ,$$

where θ_n and K_n are polynomials , whose coefficients are solutions of certain (usually) nonlinear equations . The degrees of θ_n and K_n are bounded by μ and 2μ , where $\mu = \max((\text{degree } V) -1 , (\text{degree } W) -2)$. The equations involve an intermediate set of polynomials $\{\Omega_n\}$ of degree $\mu+1$, and are

$$\begin{aligned} (x-s_n)(\Omega_{n+1}(x)-\Omega_n(x)) + \theta_{n+1}(x) - r_n\theta_{n-1}(x)/r_{n-1} &= W(x) \\ \Omega_{n+1}(x) + \Omega_n(x) &= -(x-s_n)\theta_n(x)/r_n \end{aligned} \qquad n=0,1,\ldots$$

with $\theta_0=U$, $\Omega_0=V$, $\theta_{-1}/r_{-1}\equiv 0$. The r_n's and s_n's are the coefficients

---

* For a sophisticated algebraic geometry presentation , see 'Padé approximation and the Riemann monodromy problem' , by G.V. Chudnovsky , pp449-510 in 'Bifurcation Phenomena in Mathematical Physics and Related Topics' , edited by C.Bardos and D.Bessis , D.Reidel , Dordrecht 1980 .

of the three-term recurrence relation $p_{n+1}(x) = (x-s_n)p_n(x) -r_n p_{n-1}(x)$, and are found when one expresses that the polynomials θ_n 's keep a degree $\leq\mu$. The polynomials K_n are then given by $\theta'_n(\Omega_n-V) -\theta_n(\Omega'_n-V') +\theta_n \sum_{k=0}^{n-1} \theta_k/r_k$. The Ω_n's are very useful themselves as they enter differential relations $Wp'_n = (\Omega_n-V)p_n + \theta_n p_{n-1}$ (this is the basis of quasi-orthogonality characterizations , treated recently by Bonan , Hendriksen , Lubinsky , Maroni , Nevai , Ronveaux , van Rossum) .

This very elaborated work has been rightly called a masterpiece by R.Askey in his talk during the meeting . Near the end of his contribution with G.E. Andrews , you will find a challenge : apply Laguerre's theory to their wide extended set of classical orthogonal polynomials ... Actually , the concept of differential equation must also be extended to difference or functional equation . The required material is to be found in W.Hahn's most impressive contribution , together with far-reaching inverse theorems .

The "classical" classical orthogonal polynomials are recovered by solving Laguerre's equations in the simplest case $\mu = 0$ (degrees of W and V bounded by 2 and 1) . This is explained in Hendriksen and van Rossum's contribution in the present volume (see also their paper 'A Padé type approach to non-classical orthogonal polynomials' , in J.Math.An.Appl. 106 , 237-248 (1985) , where Bessel polynomials are also considered) . The Laguerre equations are then exactly solvable , as shown by Laguerre himself for the exemples of the Legendre and... the Laguerre polynomials (even the extended ones) .

When $\mu > 0$, a general way to solve the equations is still not known but special cases have been treated , often by people unaware of Laguerre's work , as the Krall's , Littlejohn , Koornwinder... [see 'Orthogonal polynomials with weight function $(1-x)^{\alpha}(1+x)^{\beta} + M\delta(x+1) + N\delta(x-1)$' , Canad.Math.Bull. 27(2) , 205-214 (1984) , by the last author] , as remarked by Hendriksen and van Rossum in their quoted paper . Freud , Bonan and Nevai also rediscovered some instances of Laguerre' equations when W is a constant , but V of arbitrary degree , so that ρ is the exponential of a polynomial (see A.P.Magnus' contribution) .

In the last pages of his paper of 1885 ([3] vol.2 , 685-711) , Laguerre began the study of the case $\mu = 1$ (degrees of W and V ≤ 3 and 2 ; equivalent to W(x) , V(x)/x , U(x) even of degrees ≤ 4 , 2 , 2) . He recognized the importance of elliptic integrals and Abelian functions in the solution of this problem , but was stopped by illness and death . Establishing asymptotic estimates is already terribly difficult : Gammel and Nuttall ('Note on generalized Jacobi polynomials' , pp.258-270 in Lect. Notes Math. 925) predicted indeed that , if the three zeros b_1 , b_2 , b_3 of W are distinct and not collinear , the asymptotic behaviour of $p_n(x)$ and related functions involves elliptic integrals of the form $\int_c^x (t-a)^{1/2}(W(t))^{-1/2}dt$, where a and c are constants (a is the center of capacity of b_1 , b_2 and b_3) . The asymptotic form was deduced from the Liouville-Green approximation to the solution of the Laguerre differential equation . Some assumptions had to be made , because θ_n , a factor of y" in the differential equation , is now of degree 1 and vanishes therefore at some point z_n . However , it happens that no solution of the differential equation is singular at this point : z_n is an apparent singularity . Such apparent singularities are unavoidable when dealing with non elementary cases (Hahn) . In order to settle asymptotic behaviour , it is important to control the wanderings of z_n . The central expression in Liouville-Green's estimates is $\int_c^x \left[\frac{K_n(t)}{W(t)(t-z_n)}\right]^{1/2} dt$ and it was assumed that the two zeros of K_n are close to a and to z_n , in order to get the desired expression . A complete derivation of the asymptotics, avoiding unproved assumptions, has now been given by J.Nuttall ('Asymptotics of generalized Jacobi polynomials', submitted to Constr. Approx.), who constructs rigourously the appropriate Olver's progressive pathes of integration, using results of H.Stahl ('The convergence of Padé approximants to functions with branch-points', preprint). This settles only the case $\mu = 1$, but the same ideas are expected to be valuable in general (see 'Asymptotics of diagonal Hermite-Padé polynomials', J.Approx. Theory, 42 (1984), 299-386 by J.Nuttall for the whole programme).

[1] M.BERNKOPF, Laguerre, Edmond Nicolas, Dictionary of Scientific Biography pp.573-576, C.C.GILLISPIE editor, Charles Scribner's Sons, New York 1973.

[2] C.BREZINSKI, A Bibliography on Padé Approximation and Related Subjects. Publications Université de Lille I. 1977-1982.

[3] E.N.LAGUERRE, Oeuvres, Ch.HERMITE, H.POINCARÉ, E.ROUCHÉ editors, 2 vol., Paris 1898 &1905, = Chelsea, New York 1972.

[4] J.A.SHOHAT, E.HILLE, J.L.WALSH, A Bibliography on Orthogonal Polynomials, Bull. Nat.Res. Council n⁰ 103, Washington 1940.

[5] G.SZEGÖ, Collected Papers, R.ASKEY editor, 3 vol., Birkhäuser, Boston, 1982.

With 60 contributions , (more than 75 when one includes the problems , representing trends of future research) , one may hope that almost all the living aspects of the subject are covered in this book . A general survey can be found in the invited contribution of J.Dieudonné . One will appreciate that many authors of various sections were inspired by some of Laguerre's own works .

Section 1 , concepts of orthogonality , contains works describing the consequences of defining orthogonality by specific functionals . These studies on formal orthogonality are related to Padé approximation and its numerous applications (approximation , numerical analysis ,...) . The production of recurrence relations is usually a major requirement in these questions , but one may also start with such relations (see the invited paper by W.Hahn) .

Combinatorics and graph theory are related to orthogonal polynomials in a way that will perhaps be a discovery for some readers of our second section . Unexpected connections and ingenious derivations are present , but also a way towards various applications. No wonder that similar tools appear in some other contributions : solid-state physics (J.P.Gaspard & Ph.Lambin) , networks (S.Nicaise) .

The third section is devoted to functional analysis aspects . Algebra (of operators) and topology (in sequence spaces or [generalized] functions spaces) meet here , introducing convergence considerations that will of course reappear in many other sections . One may recall that the fundamentals of the analysis of orthogonal polynomials come from spectral properties of tridiagonal operators (Jacobi matrices) acting on Hilbert spaces (J.Dieudonné) .

One can define orthogonal polynomials with respect to sets of the complex plane . A very active Spanish school presents its researches in this field in section 4 . The contributions of the Alfaro's , G.López and P.Nevai are also linked to this subject .

Classical , but often difficult matters of mathematical analysis are connected with the study of measures and the related orthogonal polynomials , especially as far as asymptotic properties are concerned . See also G.López and A.Magnus in other sections than the present one (which is the n° 5) . Rakhmanov's theorem , a major advance in this field , is commented , extended and used in Nevai's and López' contributions .

The patterns of zeros of orhogonal polynomials are important in many applications . Most of the contributions to this section 6 deal with accurate (or sharp) estimates . There is also an unexpected reconstruction of moments from extreme zeros (inverse problem) . Another phenomenon related to zeros is given by H.Stahl in next section .

The use of orthogonal polynomials in approximation theory is considered in section 7 . This subject is closely related to Padé approximation and various generalizations . Special orthogonal series are also considered elsewhere , especially in section 9 (numerical analysis) .

Special families of orthogonal polynomials are characterized by a finite number of parameters . Up to now , classical orthogonal polynomials form a very impressive five parameters family (G.E.Andrews & R.Askey , where you can also find the information of Labelle's "Tableau d'Askey" , instead of damaging your eyes) .
The constraints represented by the existence of functional equations define also special families (W.Hahn) .
This section 8 contains many contributions about special families , old or new , classical or not , characterized by their weight function , recurrence relation , differential properties , etc... See also the two next sections for applications and Koornwinder's contribution in section 3 .
Special families also help in making progress in apparently unrelated domains of analysis . The final proof of a very famous conjecture , and how some participants to the meeting were involved in it , was the subject of many admirative comments ... (of course , we mean here W.Gautschi , R.Askey and Bieberbach 's conjecture , see 'Et la conjecture de Bieberbach devint le théorème de Louis de Branges...' by C.A.Berenstein and D.H.Hamilton , La Recherche 16 (1985) 691-693) .

The invited contribution of W.Gautschi and the contents of section 9 deal with the numerical analysis of orthogonal polynomials . Progresses in constructive stable methods of obtention , ingenious algorithms , use in approximation and representation of functions , work with series are presented here (see also A.Iserles & S.P.NØrsett in section 1 for ODE solvers) .

Applications to the non-mathematical world (but presented in a fair mathematical way) follow in section 10 . One finds study of matter , models of complex systems , including biological ones , signal analysis , statistical tools . Investigations on the editors brains are sadly missing (can be left as a problem) .

TABLEAU D'ASKEY

par

Jacques Labelle.

Université du Québec à Montréal
Département de Mathématiques et Informatique
Case Postale 8888, Succursale "A"
Montréal PQ, H3C3P8
CANADA

La figure ci-contre présente une réduction d'un tableau résumant les propriétés des polynômes orthogonaux classiques (au sens de [1]). Les relations entre ces polynômes sont également figurées, démontrant la profonde unité de l'ensemble. Ce tableau tente de réaliser un voeu exprimé par R. Askey, qui l'a d'ailleurs réalisé lui-même dans un ouvrage récent [2].

Les détails devenus invisibles (les dimensions originelles sont de 122 cm×89 cm), peuvent être reconstitués à la lecture du texte d'Andrews et Askey [1]. On peut aussi s'adresser à l'auteur.
A noter que les q-analogues n'ont pas été présentés, leur inclusion nécessitant un graphe à trois dimensions (réflexion communiquée par R. Askey).

[1] G.E. ANDREWS, R. ASKEY *Classical orthogonal polynomials*, dans ce volume.

[2] R. ASKEY, J.A. WILSON, *Some basic hypergeometric orthogonal polynomials that generalize Jacobi polynomials*. Memoirs Amer. Math. Soc. 1985.

Tableau d'Askey

Polynômes Orthogonaux Hypergéométriques

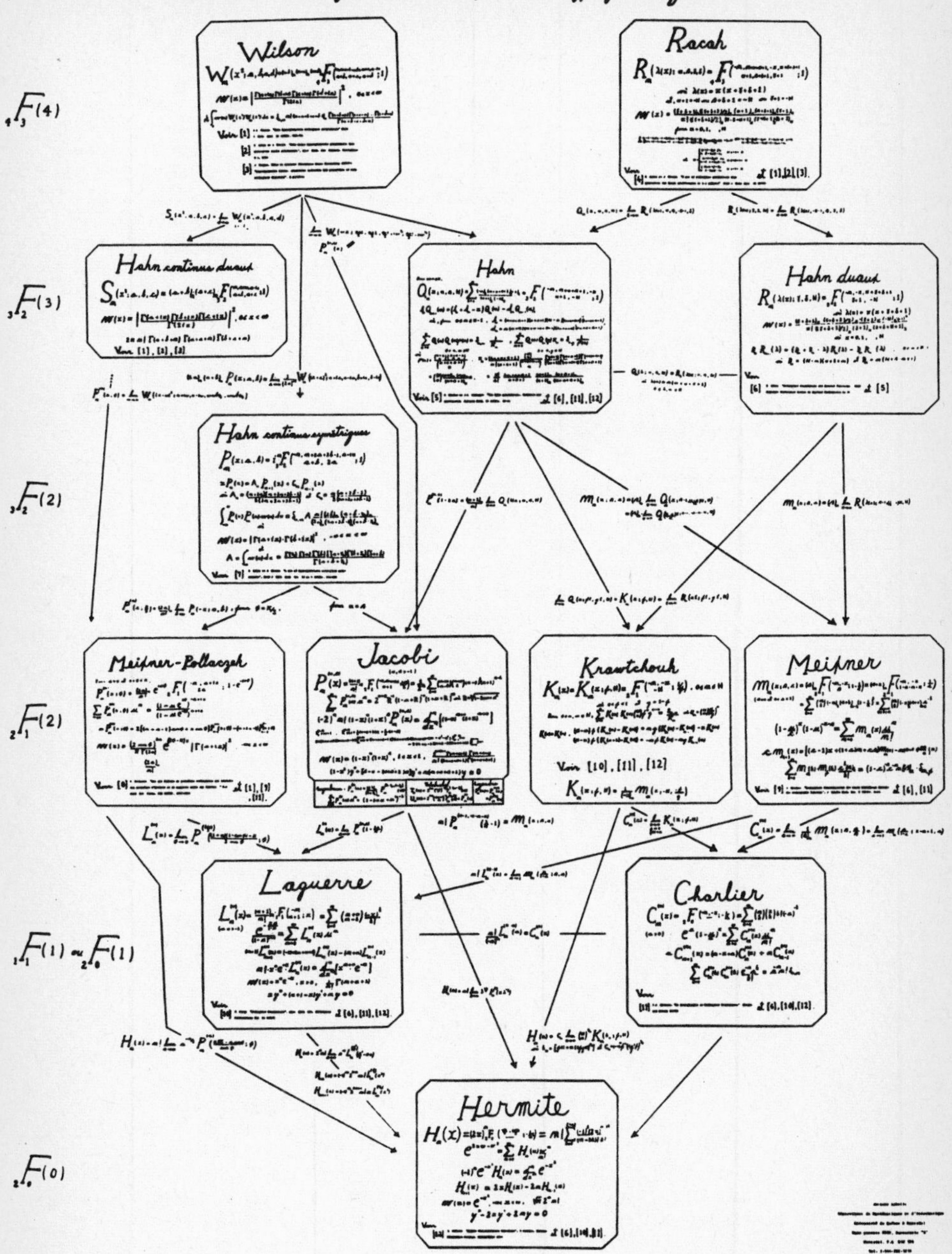

FRACTIONS CONTINUEES ET POLYNOMES ORTHOGONAUX DANS L'OEUVRE DE E.N. LAGUERRE

J. Dieudonné

I. La vie et l'oeuvre de Laguerre

Nous commémorons aujourd'hui le 150e anniversaire de la naissance en cette ville du mathématicien français Edmond Laguerre. A beaucoup d'égards, c'est un mathématicien hors du commun, et il mérite d'être mieux connu. En premier lieu, ce n'était pas un "professionnel" au sens où nous l'entendons ; il a peu et tardivement enseigné. Au XIXe siècle, un amateur pouvait encore apporter des contributions notables aux mathématiques ; en France, on compte ainsi, avec Laguerre, tout un groupe d'anciens polytechniciens : P. Laurent, E. Bour, Brocard et Ribaucour, qui furent officiers ou ingénieurs pendant tout ou partie de leur carrière. Parmi eux, Laguerre est certainement celui qui a laissé l'oeuvre la plus abondante (140 articles) et la plus originale. Il resta dans l'armée jusqu'en 1864, date à laquelle il démissionna et fut appelé comme répétiteur à l'Ecole Polytechnique, où 10 ans plus tard il devint examinateur. Sa santé avait toujours été fragile, et il mourut jeune, en 1886, 3 ans à peine après son élection à l'Académie des Sciences.

Une autre caractéristique de Laguerre est la variété des sujets auxquels il s'est intéressé. Sans doute, la plus grande partie de son oeuvre est consacrée à la géométrie projective, différentielle ou algébrique (à l'époque on ne faisait guère de différence) ; c'est cette partie que ses contemporains et lui-même estimaient la plus importante, et il y consacre les 2/3 de la Notice sur ses travaux qu'il rédigea en vue de sa candidature à l'Académie. Son originalité dans ce domaine s'était d'ailleurs manifestée très tôt, puisque c'est alors qu'il était encore élève de Mathématiques spéciales qu'il découvrit en 1853 la relation entre l'angle de deux droites du plan et le birapport de ces droites et des droites isotropes. Si, après cette première note, il ne publia plus rien jusqu'en 1865, il avait certainement dans l'intervalle accumulé de nombreux résultats, comme le montre la cadence rapide de ses publications dans les années qui suivirent.

Il s'intéresse principalement, comme tous ses contemporains, aux courbes et surfaces algébriques de bas degré, aux courbes et surfaces anallagmatiques (c'est-à-dire invariantes par une inversion, comme l'intersection d'une sphère et d'un cône), aux foyers et focales, ainsi qu'aux relations entre courbes algébriques et intégrales abéliennes ; les propriétés qu'il découvre se distinguent toujours par leur caractère imprévu et leur élégance. Sa contribution la plus originale en Géométrie est sans doute ce qu'il a appelé la "Géométrie de direction" : dans le plan, les droites et les cercles sont en quelque sorte "dédoublés" suivant leur orientation (pour les droites, c'est le premier germe de l'idée qui a conduit, à l'époque moderne, à la considération des grassmanniennes de variétés linéaires **orientées** ; Laguerre avait d'ailleurs déjà pensé à étendre ses idées à la géométrie à 3 dimensions). En liaison avec cette théorie, il découvrit un nouveau type de transformation géométrique, opérant sur les droites orientées du plan, qu'il envisage comme "duale" de l'inversion.

Sur les 47 pages de la **Notice** sur ses travaux, Laguerre n'en a consacré que 15 à ses mémoires d'Algèbre et d'Analyse ; mais ce sont ceux que la postérité a le plus appréciés, et qui ont eu le plus de prolongements. En fait, Laguerre n'est pas vraiment un algébriste, mais s'intéresse par exemple aux polynômes en analyse, comme à des fonctions entières particulières d'une variable complexe, et pour en découvrir des propriétés de nature analytique (telles que la position des zéros, ou les propriétés de limites de certaines suites de polynômes ou de fractions rationnelles). Si, comme tous ses contemporains il cultive un peu la théorie des invariants (la grande mode dans l'Algèbre de l'époque), c'est pour en tirer des applications à la Géométrie ou aux équations différentielles : ainsi, il montre que dans une équation différentielle linéaire

$$y^{(n)} + a_2\, y^{(n-2)} + a_3\, y^{(n-3)} + \ldots + a_n\, y = 0$$

On peut faire disparaître le terme en $y^{(n-2)}$ par intégration d'une équation différentielle linéaire du second ordre. Même lorsqu'il se tourne vers l'Algèbre linéaire, où il aurait pu être le créateur de la théorie des matrices si Cayley (sans qu'il le sût) ne l'avait devancé de 9 ans, il dit lui-même que c'était en vue de l'appliquer aux fonctions abéliennes.

En Analyse, les travaux de Laguerre qui sont les plus originaux et qui ont eu le plus d'influence concernent les fonctions entières, et plus particulièrement celles qu'on peut appeler **réelles**, c'est-à-dire dont la série de Mac Laurin a ses coefficients réels. En 1876, Weierstrass avait montré que toute fonction entière peut s'écrire

$$f(z) = z^k\, e^{Q(z)} \prod_n E_{p_n}(z/z_n)$$

("décomposition en facteurs primaires") ; Q est un polynôme ou une fonction entière, les z_n forment une suite finie ou infinie telle que $\lim_{n\to\infty} |z_n| = +\infty$ si la suite est infinie, et pour tout entier $p \geq 0$, le "facteur primaire" $E_p(z)$ est défini par

$$E_0(z) = 1-z, \quad E_p(z) = (1-z)\exp(z + z^2/2 + \ldots + z^p/p) \quad \text{si } p < 0.$$

Laguerre s'intéresse au cas où Q est un polynôme de degré q et où la borne inférieure r des nombres réels $m \geq 0$ **tels** que la série $\sum_n |z_n|^{-m-1}$ soit convergente, est un nombre fini. Il comprit que pour l'étude à l'infini de f(z), ce n'étaient ni le nombre q, ni le nombre r qui importaient le plus, mais le plus grand entier p tel que $p \leq q$ et $p \leq r$ qu'il appela le **genre** de f. Il montra que si f est réelle et de genre 0 ou 1, alors, si f a toutes ses racines réelles et simples, sa dérivée f' a le même genre que f et a toutes ses racines réelles et simples, qui alternent avec celles de f. Si f est réelle et de genre $p > 1$, et si elle a au plus h racines imaginaires, alors f' est encore de genre p et a au plus p+h racines imaginaires.

En outre, Laguerre a beaucoup travaillé sur les problèmes de séparation des racines d'une équation F(x) = 0, où F est un polynôme ou une fonction entière réelle de genre ≤ 1, en liaison avec les règles de Descartes et de Sturm ; au XXe siècle, ces recherches ont été prolongées dans de remarquables travaux de G. Pólya.

Nous en arrivons aux "polynômes de Laguerre" qui sont au centre de ce Colloque, mais que Laguerre lui-même ne semble pas avoir placé très haut dans son oeuvre, puisqu'il n'en parle même pas dans la **Notice** sur ses travaux ! Après sa mort, ces polynômes pendant longtemps n'ont guère attiré l'attention : le Traité de Whittaker-Watson ne les mentionne pas, et ils ne sont devenus d'actualité que lorsqu'on s'est aperçu qu'ils intervenaient dans la solution de l'équation de Schrödinger pour les atomes à un seul électron.

On s'est alors rendu compte tout d'abord que Laguerre n'est pas du tout le premier à avoir étudié ces polynômes ni leur propriété d'orthogonalité. Lagrange les avait rencontrés en passant, au cours d'un calcul, sans leur accorder d'attention particulière. Mais Abel, dans une courte note non publiée de son vivant, et qui ne paraît se rattacher à aucune autre partie de son oeuvre, écrit la série génératrice des polynômes de Laguerre.

$$\frac{1}{1-z}\, e^{xz/(1-z)} = 1 + \frac{z}{1!} L_1(x) + \frac{z^2}{2!} L_2(x) + \ldots + \frac{z^n}{n!} L_n(x) + \ldots \tag{1}$$

et en déduit aussitôt (comme le fera Laguerre lui-même) la formule

$$\int_0^\infty L_n(x)\, L_m(x)\, e^{-x}\, dx = \delta_{mn} (n!)^2 \tag{2}$$

II. Fractions continuées et quasi-orthogonalité

La notion d'"orthogonalité" d'une suite de fonctions dans un intervalle est connue depuis la fin du XVIIIe siècle, d'abord pour les fonctions trigonométriques et les polynômes de Legendre, puis, avec les travaux sur les équations différentielles linéaires du second ordre et la théorie de Sturm-Liouville, pour des cas beaucoup plus généraux. Mais ce n'est pas le concept dominant qui intéresse Laguerre dans les polynômes qui portent son nom ; ils apparaissent au milieu de toute une série de notes et articles, centrés sur l'**approximation** des fonctions analytiques au voisinage de l'infini par des fonctions rationnelles, à l'aide de la théorie des **fractions continuées**.

Cette théorie, qui de nos jours n'est plus enseignée nulle part, a été un objet de prédilection des mathématiciens, depuis Euler jusqu'à Stieltjes. Initialement, elle se présente comme une méthode d'approximation des nombres réels par une suite de nombres rationnels, par une suite de divisions successives. Pour $x \in \mathbf{R}$, on écrit

$$x = b_0 + r_1 \text{ avec } 0 \leq r_1 < 1,\ b_0 \in \mathbf{Z}$$

puis si $r_1 \neq 0$ $\quad \frac{1}{r_1} = b_1 + r_2$ avec $0 \leq r_2 < 1$, $b_1 \in \mathbf{Z}$

puis si $r_2 \neq 0$ $\quad \frac{1}{r_2} = b_2 + r_3$ avec $0 \leq r_3 < 1$, $b_2 \in \mathbf{Z}$

et ainsi de suite, jusqu'à ce qu'on arrive à un $r_j = 0$, ce qui est le cas si et seulement si $x \in \mathbf{Q}$; sinon, on poursuit indéfiniment et on écrit le "développement de x en fraction continuée"

$$x \sim b_0 + \cfrac{1}{b_1 + \cfrac{1}{b_2 + \cfrac{1}{b_3 + \dots}}}$$

(le second membre s'arrêtant au premier indice j tel que $r_{j+1} = 0$ lorsque $x \in \mathbf{Q}$). Plus généralement, on peut définir une fraction continuée par l'algorithme

$$b_0 + \cfrac{a_0}{b_1 + \cfrac{a_1}{b_2 + \cfrac{a_2}{b_3 + \dots}}} \tag{3}$$

où les a_j et b_j sont des nombres réels quelconques ; mais il est clair que c'est une suite d'opérations purement algébriques, poursuivie tant qu'on ne rencontre pas de dénominateurs 0, et il y a donc intérêt à supposer seulement (tout au moins au début) que les a_j et b_j sont des éléments d'un **corps** quelconque K. On écrit (3) de façon plus condensée

$$b_0 + \frac{a_0|}{|b_1} + \frac{a_1|}{|b_2} + \frac{a_2|}{|b_3} + \dots \tag{4}$$

et si le calcul peut se poursuivre jusqu'au terme b_k, on désigne par A_k/B_k le résultat obtenu en s'arrêtant à ce terme, et on dit que c'est la **k-ème réduite** de la fraction continuée (4).

La théorie algébrique élémentaire a été faite par Euler, qui a montré que l'on a les relations récurrentes pour $n \geq 1$

$$A_n = b_n A_{n-1} + a_n A_{n-2}$$

(5) $\qquad$ avec $A_{-1} = 1$, $B_{-1} = 0$, $A_0 = b_0$, $B_0 = 1$

$$B_n = b_n B_{n-1} + a_n B_{n-2}$$

relations qui gardent un sens pour tout n (même si un $B_n = 0$) ; on en déduit

$$A_n B_{n-1} - A_{n-1} B_n = a_0 a_1 \ldots a_{n-1} (-1)^{n-1} \tag{6}$$

donc, si $B_{n-1} B_n \neq 0$,

$$\frac{A_n}{B_n} - \frac{A_{n-1}}{B_{n-1}} = \frac{a_0 a_1 \ldots a_{n-1}}{B_{n-1} B_n} (-1)^{n-1} \tag{7}$$

Pour K un corps valué complet, la **convergence** de la suite (A_n/B_n) lorsque les B_n sont tous $\neq 0$, équivaut donc à celle de la série

$$b_0 + \sum_{n=1}^{\infty} \frac{a_0 a_1 \ldots a_{n-1}}{B_{n-1} B_n} (-1)^{n-1} \tag{8}$$

L'intérêt des analystes du XIXe siècle se portait surtout (pour $K = \mathbb{C}$) sur les fractions continuées de la forme

$$\frac{a_0|}{|z+b_1} + \frac{a_1|}{|z+b_2} + \frac{a_2|}{|z+b_3} + \ldots \tag{9}$$

dépendant d'un paramètre complexe z (cas où B_n est un polynôme unitaire de degré n en z), surtout depuis que Gauss avait mis sous cette forme le quotient de deux fonctions hypergéométriques. Le problème est d'étudier les relations entre les coefficients a_n, b_n et le développement asymptotique

$$\frac{A_n(z)}{B_n(z)} = \frac{c_0}{z} + \frac{c_1}{z^2} + \ldots + \frac{c_{2n-1}}{z^{2n}} + O\left(\frac{1}{z^{2n+1}}\right) \tag{10}$$

de chaque réduite, au voisinage de l'infini. Pour exposer les résultats obtenus dans ce problème, notamment par Tchebichef, Christoffel, Heine et A. Markov*, il est plus clair de considérer d'abord son aspect **purement algébrique**.

III. Le problème algébrique direct

On se place dans un **corps quelconque** K, on se donne deux suites infinies $(a_n)_{n\geq 0}$, $(b_n)_{n\geq 1}$ d'éléments quelconques de K, et on considère dans l'anneau de polynômes K[u] (u **indéterminée**) les deux suites de polynômes définies par

$$A_n(u) = (u+b_n) A_{n-1}(u) - a_{n-1} A_{n-2}(u) \quad \text{pour } n \geq 2,\ A_0 = 0,\ A_1 = a_0 \tag{11}$$

$$B_n(u) = (u+b_n) B_{n-1}(u) - a_{n-1} B_{n-2}(u) \quad \text{pour } n \geq 2,\ B_0 = 1,\ B_1 = u+b_1 \tag{12}$$

B_n est donc un polynôme **unitaire** de degré n, A_n un polynôme de degré $\leq n-1$. Dans le corps K((u)) des séries formelles, on a un développement

---

* Il serait intéressant de faire une étude détaillée de l'histoire des fractions continuées de la forme (9) au cours du XIXe siècle, notamment dans les travaux de ces mathématiciens, en montrant ses rapports avec d'autres questions d'Analyse. Je ne pense pas que cela ait encore été fait.

$$\text{(13)}\qquad \frac{A_n(u)}{B_n(u)} = \sum_{p=0}^{\infty} \frac{c_p}{u^{p+1}}$$

et en vertu de (7), les termes $c_0, c_1, \ldots, c_{2n-1}$ sont **les mêmes** pour $\frac{A_n}{B_n}$ et $\frac{A_{n+1}}{B_{n+1}}$.

<u>*Théorème 1*</u> : *(i) Il existe sur l'anneau* K[u] *des polynômes une forme linéaire* S *et une seule telle que*

$$\text{(14)}\qquad S(B_m B_n) = 0 \text{ pour } 0 \le m < n$$

$$\text{(15)}\qquad S(B_n^2) = a_0 a_1 \ldots a_n \text{ pour } n \ge 0$$

(ii) Si $S(u^n) = c_n \in K$, c_p *est le coefficient de* $1/u^{p+1}$ *dans* (13) *pour* $0 \le p \le 2n-1$.

(iii) On a

$$\text{(16)}\qquad S(u^{n+1} B_n) = -a_0 a_1 \ldots a_n (b_1 + b_2 + \ldots + b_{n+1}) \text{ pour } n \ge 0.$$

(iv) Dans l'anneau de polynômes K[z, u], *on a*

$$\text{(17)}\qquad A_n(u) = S_z\left(\frac{B_n(z) - B_n(u)}{z-u}\right)$$

Comme les B_n forment une base de K[u], on peut remplacer les relations $S(B_m B_n) = 0$ pour $m < n$ par $S(u^m B_n) = 0$ et les relations $S(B_n^2) = a_0 a_1 \ldots a_n$ par $S(u^n B_n) = a_0 a_1 \ldots a_n$.

(i) et (iii) : pour $n = 0$, (15) donne $S(1) = a_0$ et pour $n = 1$, (14) donne $S(u) = -a_0 b_1$ et (16) est alors vérifié pour $n = 0$. On raisonne alors par récurrence, supposant $S(u^r)$ défini pour $r \le 2n$, (14) et (15) vrais en remplaçant m,n par q,p, pour $0 \le q < p \le n$, (16) vrai en remplaçant n par p, pour $p \le n-1$. Le polynôme B_{n+1} vérifiant (12), on a d'abord $S(u^m B_{n+1}) = 0$ pour $m \le n-2$; on a ensuite

$$S(u^{n-1} B_{n+1}) = S(u^n B_n) + b_{n+1} S(u^{n-1} B_n) - a_n S(u^{n-1} B_{n-1}) = 0$$

puisque $S(u^{n-1} B_n) = 0$, $S(u^n B_n) = a_0 a_1 \ldots a_n$ et $S(u^{n-1} B_{n-1}) = a_0 a_1 \ldots a_{n-1}$.

Les conditions $S(u^n B_{n+1}) = 0$ et $S(u^{n+1} B_{n+1}) = a_0 a_1 \ldots a_{n+1}$ définissent alors sans ambiguïté les éléments $S(u^{2n+1})$ et $S(u^{2n+2})$. Enfin, on a

$$0 = S(u^n B_{n+1}) = S(u^{n+1} B_n) + b_{n+1} S(u^n B_n) - a_n S(u^n B_{n-1})$$

d'où (16).

(iv) La relation (17) est vraie pour $n = 0$ et $n = 1$, et il suffit de voir que le second membre de (17) satisfait à la relation de récurrence (11). Or, pour $n \ge 2$, on a

$$S_z\left(u \frac{B_{n-1}(z) - B_{n-1}(u)}{z-u}\right) = S_z\left(\frac{z B_{n-1}(z) - u B_{n-1}(u)}{z-u}\right)$$

parce que $S_z(B_{n-1}(z)) = 0$, et la vérification de (11) résulte alors de la relation (12) appliquée à $B_n(z)$ et $B_n(u)$.

(ii) On peut écrire

$$\frac{B_n(u)-B_n(z)}{(u-z)\,B_n(u)} = \left(\frac{1}{u}+\frac{z}{u^2}+\ldots+\frac{z^{2n-1}}{u^{2n}}\right)\left(1-\frac{B_n(z)}{B_n(u)}\right)+\frac{z^{2n}}{u^{2n}\,B_n(u)}\cdot\frac{B_n(u)-B_n(z)}{u-z}$$

Or, $\frac{B_n(u)-B_n(z)}{u-z}$ est un polynôme de degré n-1 en u, et par suite le développement en série formelle en 1/u de $S_z\left(\frac{z^{2n}}{u^{2n}\,B_n(u)}\cdot\frac{B_n(u)-B_n(z)}{u-z}\right)$ commence par un terme en $1/u^{2n+1}$. D'autre part, $S_z(z^p\,B_n(z))=0$ pour $p<n$, et le développement en série formelle en 1/u de $S_z\left(\left(\frac{z^n}{u^{n+1}}+\ldots+\frac{z^{2n-1}}{u^{2n}}\right)\frac{B_n(z)}{B_n(u)}\right)$ commence aussi par un terme en $1/u^{2n+1}$.

Le fait que dans (13) on a $c_p = S_z(z^p)$ pour $z \le 2n-1$ est donc conséquence de (14) et de la relation

$$\frac{A_n(u)}{B_n(u)} = S_z\left(\frac{B_n(u)-B_n(z)}{(u-z)\,B_n(u)}\right) \tag{18}$$

Corollaire : *Si les zéros* z_j $(1 \le j \le n)$ *de* B_n *(dans une extension algébrique de* K*) sont simples, on a, pour tout polynôme* $P \in K[u]$ *de degré* $\le 2n-1$

$$S(P) = \sum_{j=1}^{n} S\left(\frac{B_n(u)}{u-z_j}\right)\frac{P(z_j)}{B'_n(z_j)} \tag{19}$$

et en particulier

$$\frac{A_n(u)}{B_n(u)} = \sum_{j=1}^{n}\frac{1}{B'_n(z_j)}\,S\left(\frac{B_n(u)}{u-z_j}\right)\frac{1}{u-z_j} \tag{20}$$

En effet, la formule d'interpolation de Lagrange donne

$$P(u) = \sum_{j=1}^{n}\frac{P(z_j)}{B'_n(z_j)}\cdot\frac{B_n(u)}{u-z_j} + B_n(u)\,Q(u)$$

où Q est un polynôme de degré $\le n-1$; comme $S(B_n\,Q) = 0$ la formule (19) en résulte ; la formule (20) s'en déduit en l'appliquant au polynôme (en z)

$$P(z) = \frac{B_n(z)-B_n(u)}{(z-u)\,B_n(u)}$$

On dit que (19) est la "formule des quadratures" ; lorsque S est la restriction à $\mathbb{R}[u]$ d'une mesure, on a sa valeur pour un polynôme de degré $\le 2n-1$ à l'aide de **seulement n** valeurs du polynôme, remarque faite d'abord par Gauss.

Remarque : Tout ce qui précède est valable pour $n \le N$ si on ne se donne les a_n et b_n pour $n \le N$.

IV. Le problème algébrique inverse

On reste en algèbre sur un corps quelconque K, et on suppose cette fois **donnée** une forme linéaire S sur K[u], autrement dit, on se donne une suite d'éléments $S(u^n) = c_n \in K$. Il s'agit de savoir s'il existe des fractions rationnelles $A_n/B_n \in K(u)$ où B est unitaire et de degré n, A de degré $\le n-1$, telles que dans le développement (13) les termes c_p pour $p \le 2n-1$ sont égaux à $S(u_p)$. Le problème a **au plus une** solution, car si C_n/D_n en est une seconde, on a

$$A_n D_n - B_n C_n = O(1/u)$$

ce qui n'est possible pour un polynôme que s'il est nul, d'où $B_n = D_n$ si A_n/B_n est irréductible (voir plus loin), et alors $A_n = C_n$.

L'existence d'une solution est liée aux déterminants de Hankel

$$(21) \qquad \Delta_n = \begin{vmatrix} c_0 & c_1 & \cdots & c_n \\ c_1 & c_2 & \cdots & c_{n+1} \\ \cdots & \cdots & \cdots & \cdots \\ c_n & c_{n+1} & \cdots & c_{2n} \end{vmatrix}$$

<u>*Théorème 2*</u> : *Si* $\Delta_n \neq 0$ *pour tout* $n \geq 0$, *il existe pour chaque* n *une solution* A_n/B_n *; les polynômes* B_n *vérifient les relations* (14) *et*

$$(22) \qquad S(B_n^2) = \Delta_n/\Delta_{n-1} \qquad \textit{pour tout } n \geq 0.$$

Les polynômes B_n *sont donnés explicitement par*

$$(23) \qquad B_n(u) = \frac{1}{\Delta_{n-1}} \begin{vmatrix} c_0 & c_1 & \cdots & c_n \\ c_1 & c_2 & \cdots & c_{n+1} \\ \cdots & \cdots & \cdots & \cdots \\ c_{n-1} & c_n & \cdots & c_{2n-1} \\ 1 & u & \cdots & u^n \end{vmatrix}$$

Si les éléments a_n $(n \geq 0)$ *et* b_n $(n \geq 1)$ *sont déterminés par les relations* (15) *et* (16), *les* B_n *satisfont aux relations de récurrence* (12) ; *les polynômes* A_n *sont donnés par* (17) *et vérifient les relations de récurrence* (11) (autrement dit A_n/B_n est la n-ème réduite de la fraction continuée (9)).

Pour un n donné, on cherche un polynôme

$$B_n(u) = u^n + x_1 u^{n-1} + \ldots + x_n, \; x_j \in K \qquad \text{pour } 1 \leq j \leq n$$

vérifiant les relations

$$(24) \qquad S(u^p B_n) = 0 \text{ pour } p < n, \; S(u^n B_n) = h_n \neq 0$$

ce qui donne un système de n+1 équations linéaires pour les x_j

$$\begin{aligned} c_0 x_n + c_1 x_{n-1} + \ldots + c_{n-1} x_1 + c_n &= 0 \\ c_1 x_n + c_2 x_{n-1} + \ldots + c_n x_1 + c_{n+1} &= 0 \\ \cdots\cdots\cdots\cdots\cdots\cdots\cdots\cdots\cdots & \\ c_{n-1} x_n + c_n x_{n-1} + \ldots + c_{2n-2} x_1 + c_{2n-1} &= 0 \\ c_n x_n + c_{n+1} x_{n-1} + \ldots + c_{2n-1} x_1 + c_{2n} &= h_n \end{aligned}$$

Puisque $\Delta_{n-1} \neq 0$, les n premières équations ont une solution unique et la condition de compatibilité est

$$(25) \qquad \Delta_n = h_n \Delta_{n-1}.$$

Si on écrit $P_n(u)$ le déterminant du second membre de (23), on vérifie aussitôt par définition des c_n que l'on a $S(u^p P_n) = 0$ pour $p < n$ (le déterminant a 2 lignes égales) et que $S(u^n P_n) = \Delta_n$, d'où la formule (23) par unicité.

On peut évidemment écrire pour tout n, d'une seule manière,

$$B_{n+1}(u) = (u + b_{n+1}) B_n(u) - a_n B_{n-1}(u) + e_0 B_0(u) + \ldots + e_{n-2} B_{n-2}(u)$$

où a_n, b_{n+1} et les e_j sont des éléments de K ; en écrivant $S(u^p B_{n+1}) = 0$ pour $p \leq n-2$, il vient $e_0 = e_1 = \ldots = e_{n-2} = 0$; par récurrence, $S(u^{n-1} B_{n+1}) = 0$ donne $S(u^n B_n) = a_n a_0 a_1 \ldots a_{n-1}$; enfin $S(u^n B_{n+1}) = 0$ donne $S(u^{n+1} B_n) = -a_0 a_1 \ldots a_n (b_1 + b_2 + \ldots + b_{n+1})$. Si alors S' est la forme linéaire sur K[u] qui correspond aux suites (a_n) et (b_n) par le Théorème 1, on a S' = S.

V. Les matrices de Jacobi

En vue de recherches sur l'arithmétique des formes quadratiques, Jacobi a attiré l'attention sur les formes quadratiques qui s'écrivent pour une base $(e_n)_{0 \leq j \leq n}$ de K^{n+1}

$$(26) \qquad \sum_{j=0}^{n} b_j x_j^2 + 2 \sum_{j=0}^{n-1} a_j x_j x_{j+1}$$

et ont donc pour matrice par rapport à cette base

$$(27) \qquad J = \begin{pmatrix} b_0 & a_0 & 0 & \ldots & 0 & 0 \\ a_0 & b_1 & a_1 & \ldots & 0 & 0 \\ 0 & a_1 & b_2 & \ldots & 0 & 0 \\ \ldots & \ldots & \ldots & \ldots & \ldots & \ldots \\ 0 & 0 & 0 & \ldots & a_{n-1} & b_n \end{pmatrix}$$

On appelle maintenant **matrice de Jacobi** les matrices (27) pour lesquelles **les a_j sont tous $\neq 0$** ; elles sont liées à des fractions continuées particulières. Ecrivons en effet qu'un vecteur $(x_j)_{0 \leq j \leq n}$ est **vecteur propre** pour la matrice J et la valeur propre ξ ; on obtient le système

$$\begin{aligned} b_0 x_0 + a_0 x_1 &= \xi x_0 \\ a_0 x_0 + b_1 x_1 + a_1 x_2 &= \xi x_1 \\ a_1 x_1 + b_2 x_2 + a_2 x_3 &= \xi x_2 \\ \ldots\ldots\ldots\ldots\ldots\ldots & \\ a_{n-1} x_{n-1} + b_n x_n &= \xi x_n \end{aligned}$$

ce qui donne par récurrence

(28) $x_j = P_j(\xi)\, x_0$ pour $0 \le j \le n$

où les P_j sont les polynômes définis par les relations $P_0 = 1$ et

(29) $a_j\, P_{j+1}(u) = (u-b_j)\, P_j(u) - a_{j-1}\, P_{j-1}(u)$ pour $0 \le j \le n-1$. En posant

(30) $B_j(u) = a_0\, a_1 \ldots a_{j-1}\, P_j(u)$

(avec $B_0 = 1$) pour $0 \le j \le n$, on a donc

(31) $B_{j+1}(u) = (u-b_j)\, B_j(u) - a_{j-1}^2\, B_{j-1}(u)$ pour $1 \le j \le n-1$;

autrement dit les B_j $(1 \le j \le n)$ sont les dénominateurs des n premières réduites de la fraction continuée limitée

(32) $$\frac{1 |}{| u-b_0} - \frac{a_0^2 |}{| u-b_1} - \frac{a_1^2 |}{| u-b_2} - \cdots - \frac{a_{n-1}^2 |}{| u-b_n}$$

On dira que (32) est une **fraction continuée de Jacobi**, associée à la matrice de Jacobi J. On peut en outre écrire le dénominateur de la **dernière** réduite de cette fraction continuée

(33) $B_{n+1}(u) = (u-b_n)\, B_n(u) - a_{n-1}^2\, B_{n-1}(u)$

et le calcul de la valeur propre ξ montre que B_{n+1} **est le polynôme caractéristique de la matrice J.**

VI. Les matrices de Jacobi réelles

On reste en algèbre mais on prend $K = \mathbb{R}$, ce qui est le cas considéré par les analystes du XIXe siècle, et va faire intervenir la structure d'ordre (on pourrait prendre K ordonné maximal,...). Nous dirons qu'une forme linéaire S sur l'espace vectoriel $\mathbb{R}_r[u]$ des polynômes de degré $\le r$ est **strictement positive** si pour tout polynôme $P \in \mathbb{R}_r[u]$ tel que $P(x) \ge 0$ dans $\mathbb{R}$, on a $S(P) > 0$ sauf si $P = 0$.

Théorème 3 : Pour qu'une forme linéaire S *sur* $\mathbb{R}_{2n}[u]$ *soit strictement positive, il faut et il suffit qu'elle corresponde par le Théorème 1 à une fraction continuée de Jacobi* (32).

Nécessité : Si S correspond à la fraction continuée (32), elle est définie pour les polynômes de degré $\le 2n$, et l'on a, pour $1 \le j \le n$

$$S(B_j^2) = a_0^2\, a_1^2 \ldots a_{j-1}^2 > 0$$

or tout polynôme Q de degré $\le j$ s'écrit $\sum_{k=0}^{j} x_k\, B_k(u)$, donc $S(Q^2) = \sum_{k=0}^{j} x_k^2\, S(B_k^2) \ge 0$

et on ne peut avoir $S(Q^2) = 0$ que si $Q = 0$. Si maintenant P est de degré $\le 2n$ et $P(x) \ge 0$ pour tout $x \in \mathbb{R}$, on peut l'écrire $P = Q^2 + R^2$, où Q et R sont des polynômes de degré $\le n$, et par suite $S(P) \ge 0$ et $S(P) = 0$ si et seulement si $Q = R = 0$, donc $P = 0$.

Suffisance : Si $S(u^k) = c_k$ pour $0 \le k \le 2n$, pour tout polynôme $Q(u) = \sum_{k=0}^{n} \xi_k\, u_k$ de degré $\le n$, on a

$$S(Q^2) = \sum_{j,k} c_{j+k}\, \xi_j\, \xi_k$$

et le second membre est donc une forme quadratique positive non dégénérée ; on sait que cela entraîne que les déterminants Δ_k donnés par (21) sont tous > 0 ; on peut donc appliquer le théorème 2, et pour la fraction continuée correspondante, les coefficients a_j sont > 0 et peuvent donc s'écrire comme des carrés, autrement dit on obtient une fraction continuée de Jacobi.

Corollaire 1 : *Pour une fraction continuée de Jacobi* (32), *les polynômes* B_j, *pour* $1 \leq j \leq n+1$, *ont les propriétés suivantes* :

(*i*) *Tous les zéros de* B_j *sont réels et simples.*

(*ii*) *Entre deux zéros de* B_j *il y a exactement un zéro de* B_{j-1}.

(*iii*) *Entre deux zéros de* B_j, *il y a exactement un zéro du numérateur* A_j *de la* j-ème *réduite.*

(i) La méthode (de Legendre) consiste à prouver que B_j change de signe au moins j fois ; sinon, il y aurait $k \leq j-1$ nombres réels $\alpha_1, \ldots, \alpha_k$ tels que $P(x) = B_j(x)(x-\alpha_1)(x-\alpha_2)\ldots(x-\alpha_k) \geq 0$ dans $\mathbb{R}$, donc $S(P) \geq 0$; mais par (14) $S(P) = 0$, donc $P = 0$, ce qui est absurde.

(ii) Des relations (29), on déduit aidément, pour deux nombres réels $x \neq y$, la **formule de Christoffel-Darboux**

$$(34) \qquad (y-x) \sum_{k=0}^{j} P_k(x)\, P_k(y) = a_{j-1}\, (P_{j-1}(x)\, P_j(y) - P_{j-1}(y)\, P_j(x))$$

et si, dans cette formule, on fait tendre y vers x, on obtient

$$(35) \qquad \sum_{k=0}^{j} P_k^2(x) = a_{j-1}(P_{j-1}(x)\, P_j'(x) - P_{j-1}'(x)\, P_j(x))$$

En un zéro ξ_k de P_j on a donc $a_{j-1}\, P_{j-1}(\xi_k)\, P_j'(\xi_k) > 0$. Comme en deux zéros consécutifs de P_j, la dérivée P_j' prend des valeurs de signes contraires, il en est de même de P_{j-1}.

(iii) La formule (6) pour une fraction continuée de Jacobi montre que $A_j(x)\, B_{j-1}(x) - A_{j-1}(x)\, B_j(x) < 0$, donc $A_j(\xi_k)\, B_{j-1}(\xi_k) < 0$ en un zéro ξ_k de B_j ; par suite A_j prend des valeurs de signes contraires en deux zéros consécutifs de B_j.

Remarque : Le Théorème 3 peut être appliqué aussi à une fraction continuée de Jacobi obtenue en prolongeant la fraction continuée (32) de façon arbitraire, ce qui prouve que les résultats du Corollaire 1 sont aussi valables pour B_{n+1}.

Corollaire 2 : *Si* z_j $(1 \leq j \leq n+1)$ *sont les valeurs propres de* J, *on a pour tout polynôme* $P \in \mathbb{R}_{2n}[u]$,

$$(36) \qquad S(P) = \sum_{j=1}^{n+1} \lambda_j\, P(z_j)$$

où les λ_j *sont* > 0.

La formule générale n'est autre que (19) et la seule chose à prouver est que les coefficients λ_j sont > 0. Il suffit pour cela de l'appliquer au polynôme $(u-z_1)^2 \ldots (u-z_{j-1})^2\, (u-z_{j+1})^2 \ldots (u-z_{n+1})^2$.

On peut dire que S est la restriction aux polynômes de degré $\leq 2n$ de la **mesure positive** sur $\mathbb{R}$ définie par la masse λ_j en chacun des n+1 points z_j.

VII. Le problème de Laguerre

La formule générale (23) donnant les dénominateurs des fractions continuées associées à un développement (10) sont impraticables pour le calcul explicite des termes a_n et b_n lorsque les c_n sont explicitement donnés ; il est donc naturel de chercher d'autres procédés applicables tout au moins à certaines suites (c_n). En 1859, Tchebichef, qui s'est constamment intéressé aux fractions continuées en liaison avec les problèmes d'approximation numérique, se pose un tel problème pour les développements asymptotiques au voisinage de l'infini de fonctions de la forme particulière.

$$V(z) = \int_\alpha^\beta \frac{f(t)\,dt}{z-t} \tag{37}$$

pour z (réel ou complexe) n'appartenant pas à l'intervalle d'intégration $[\alpha, \beta]$; la fonction f est continue et > 0 dans $]\alpha, \beta[$ et telle que les fonctions $f(t)\,t^k$ sont intégrables dans $]\alpha, \beta[$ pour tout $k \geq 0$ (Oeuvres, Tome 1, pp. 501-508) ; on a alors

$$c_n = \int_\alpha^\beta f(t)\,t^n\,dt \tag{38}$$

et d'après le Théorème 3 la fraction continuée correspondante est une fraction continuée de Jacobi. Il dit avoir été conduit à ce type de développement asymptotique en "passant à la limite" dans la formule (20) donnant les réduites, où il fait tendre vers 0 les différences de 2 zéros consécutifs. Tchebichef ne donne aucun détail sur les procédés qu'il emploie et se contente de donner **explicitement** les fractions continuées et les dénominateurs des réduites, dans les cas suivants :

$f(t) = 1$ intervalle $]-1, 1[$: polynômes de Legendre

$f(t) = \dfrac{1}{\sqrt{1-t^2}}$ intervalle $]-1, 1[$: polynômes appelés maintenant "de Tchebichef"

$f(t) = e^{-t^2}$ intervalle $\mathbb{R}$: polynômes "d'Hermite"

$f(t) = e^{-t}$ intervalle $]0, +\infty[$: polynômes "de Laguerre".

Dans les deux derniers cas, il donne en outre les expressions des polynômes comme dérivées n-èmes, analogues à la formule d'Olinde Rodrigues pour les polynômes de Legendre (ce que ne fait pas Laguerre !).

Il ne semble pas que cet article de Tchebichef ait été connu de Laguerre*. L'originalité de ce dernier réside dans le fait qu'il cherche un procédé **général** donnant les fractions continuées correspondantes de façon explicite, pour les fonctions V qui sont solutions d'équations différentielles du premier ordre de la forme

$$V' = FV + \Phi \tag{39}$$

où F et Φ sont des **fonctions rationnelles.** Son ingénieuse méthode consiste à écrire, pour la n-ème réduite

$$V = \frac{A_n}{B_n} + O\,(1/x^{2n+1})$$

puis à substituer cette expression dans l'équation (39) ; à l'aide de la formule obtenue, il montre que B_n satisfait à une équation différentielle linéaire du second ordre, de la forme

---

* Hermite ne cite pas non plus cet article de Tchebichef dans le mémoire où il définit et étudie "ses" polynômes (Oeuvres, Tome II, p. 292).

(40) $$y'' - \left(\frac{2n}{x} + \frac{\Theta'_n}{\Theta_n} - F\right) y' - H_n\, y = 0$$

où Θ_n et H_n sont des fonctions rationnelles dont le dénominateur est connu (i.e. déterminé par F et Φ), et le degré du numérateur borné par un entier **indépendant de n.** Malheureusement la détermination explicite de Θ_n et H_n dans les cas traités par Laguerre donnent lieu à des calculs presque toujours inextricables, et au fond ne réussit bien que pour les cas traités par Tchebichef. Nous nous bornerons à donner un aperçu des calculs pour le cas qui conduit à "ses" polynômes : il s'agit de la fonction

(41) $$V(x) = e^x \int_x^{+\infty} \frac{e^{-t}}{t}\, dt$$

dont le développement asymptotique est

$$\frac{1}{x} - \frac{1!}{x^2} + \frac{2!}{x^3} - \ldots + (-1)^n \frac{n!}{x^{n+1}} + \ldots$$

donc $c_n = (-1)^n\, n! = \int_{-\infty}^{0} e^t\, t^n\, dt$, ce qui donne une fraction continuée de Jacobi, la fonction étant de la forme (37) pour l'intervalle $]-\infty, 0[$. On écrit

$$V(x) = \frac{A_n}{B_n} + O\left(\frac{1}{x^{2n+1}}\right), \quad V'(x) = \frac{A'_n B_n - A_n B'_n}{B_n^2} + O\left(\frac{1}{x^{2n+2}}\right)$$

et comme $V'(x) = V(x) - \frac{1}{x}$, on a

(42) $$\frac{A'_n B_n - A_n B'_n}{B_n^2} = \frac{A_n}{B_n} - \frac{1}{x} + O\left(\frac{1}{x^{2n+1}}\right)$$

ou encore $x(A'_n B_n - A_n B'_n - A_n B_n) + B_n^2 = O(1)$, et comme le premier membre est un polynôme, cela n'est possible que si c'est une constante α. Laguerre forme alors l'équation linéaire du second ordre

$$\begin{vmatrix} y'' & y' & y \\ y''_1 & y'_1 & y_1 \\ y''_2 & y'_2 & y_2 \end{vmatrix} = 0$$

ayant pour intégrales

(43) $$y_1 = B_n \quad , \; y_2 = e^{-x} A_n - B_n \int_x^{+\infty} \frac{e^{-t}}{t}\, dt$$

et en utilisant la relation (42), il obtient

(44) $$xy'' + (x+1)\, y' + \gamma y = 0$$

où γ est une constante ; comme $B_n = x^n + \ldots$ est une intégrale, on a nécessairement $\gamma = -n$.

Dans la suite de son article (Oeuvres, Tome 1, pp. 428-437), Laguerre commence par dériver (44) n fois, obtenant

$$xy^{(n+2)} + (x+n+1)\, y^{(n+1)} = 0$$

d'où il déduit une intégrale de (44)

$$u(x) = \int_x^\infty \frac{e^{-t}(t-x)^n}{t^{n+1}}\, dt$$

et comme dans cette expression les coefficients des x^k sont des fonctions de x tendant vers 0 à l'infini, cette solution est nécessairement le produit de y_2 et d'une constante ; il en déduit la formule

$$A_n(x)\, e^{-x} - B_n(x) \int_x^\infty \frac{e^{-t}\, dt}{t} = -n! \int_x^\infty \frac{e^{-t}(t-x)^n}{t^{n+1}}\, dt$$

qui lui permet de montrer que les réduites A_n/B_n **convergent** vers la fonction V pour tout $x \geq 0$. Il tire ensuite de (43) les relations

$$B_n(x) = x^n + n^2 x^{n-1} + \frac{n^2(n-1)^2}{2!} x^{n-2} + \ldots + n!$$

$$B_{n+1}(x) = (x+2n+1)\, B_n(x) - n^2\, B_{n-1}$$

$$xB_n'(x) = nB_n(x) - n^2\, B_{n-1}(x).$$

Enfin, utilisant le procédé (classique depuis Fourier) de développement en série de fonctions orthogonales, Laguerre signale les développements en "série de polynômes de Laguerre", et l'utilise en particulier pour retrouver la série génératrice (1). Toutefois il ne dit rien sur la convergence de ces séries ; on y est revenu par la suite (voir G. Szegö, **Orthogonal polynomials**). Je ne mentionnerai ici que la convergence au sens de l'espace de Hilbert $L^2(\mu)$, où μ est la mesure $e^{-x}\, dx$ sur l'intervalle $[0, +\infty[$; les polynômes de Laguerre sont obtenus par orthogonalisation de la suite des puissances x^k dans cet espace ; il s'agit de prouver que cette suite est **totale**. Cela résulte de théorèmes généraux sur les polynômes orthogonaux (voir ci-dessous) ; Szegö en donne une preuve directe assez compliquée, mais M.H. Stone en a donné une autre plus élégante, et tout-à-fait élémentaire. On commence par montrer, à l'aide de la formule de Stirling, que

$$e^{-2x} - e^{-x} \sum_{k=0}^{n} (-1)^k \frac{x^k}{k!}$$

tend uniformément vers 0 dans $[0, +\infty[$. Remplaçant x par px/2, on en déduit, par récurrence sur p, que pour tout $\varepsilon > 0$, il existe un polynôme P(x) tel que $|e^{-px} - e^{-x} P(x)| \leq \varepsilon$ dans $[0, +\infty[$. D'autre part, en appliquant le Théorème de Weierstrass dans $[0, 1]$, on voit que pour une fonction continue à support compact dans $]0, +\infty[$, pour tout $\varepsilon > 0$ il existe un polynôme P tel que

$$\int_0^{+\infty} |f(x) - P(e^{-x})|\, e^{-x}\, dx \leq \varepsilon$$

Combinant les deux résultats, on voit que dans $L^2(\mu)$, les polynômes sont denses par rapport aux fonctions continues à support compact dans $]0, +\infty[$, donc aussi dans $L^2(\mu)$.

VIII. Fractions continuées et polynômes orthogonaux après Laguerre

La théorie de l'approximation d'un développement asymptotique par les réduites d'une fraction continuée a été généralisée dans les années 1880-1890 par Frobenius et surtout par Padé ; cette théorie a récemment connu un regain d'activité ; voir par exemple les **Springer Lecture Notes** n° 765.

Quant à la théorie générale des polynômes orthogonaux, elle s'est développée à partir de 1894 par l'introduction des mesures de Stieltjes et de l'espace de Hilbert. Vu la relation entre les matrices de Jacobi **finies** et les formes quadratiques, Heine s'était déjà demandé ce qui correspondrait aux formes quadratiques pour les matrices de Jacobi **infinies**, ou les fractions continuées illimitées correspondantes. La réponse est donnée par la théorie spectrale de Hilbert-von Neumann. On considère donc une matrice infinie

$$J = \begin{pmatrix} b_0 & a_0 & 0 & 0 & \cdots \\ a_0 & b_1 & a_1 & 0 & \cdots \\ 0 & a_1 & b_2 & a_2 & \cdots \\ 0 & 0 & a_2 & b_3 & \cdots \\ \cdots & \cdots & \cdots & \cdots & \cdots \end{pmatrix}$$

où les b_n sont réels quelconques, les a_n réels et $\neq 0$. Soit $(e_n)_{n\geq 0}$ la base canonique de l'espace de Hilbert ℓ^2_C ; dans le sous-espace partout dense G ayant pour base (algébrique) (e_n), on définit un opérateur $\underline{H}$ par

(45) $$\underline{H} \cdot e_n = a_{n-1}\, e_{n-1} + b_n\, e_n + a_n\, e_{n+1} \qquad \text{(on convient que } e_{-1} = 0,\ b_{-1} = 0)$$

Cet opérateur est **hermitien** dans G parce que $(\underline{H} \cdot e_n \mid e_n) = (e_n \mid \underline{H} \cdot e_n)$. Son **adjoint** $\underline{H}^*$ prolonge donc $\underline{H}$ dans un espace dom$(\underline{H}^*)$ contenant G, et la théorie spectrale repose sur l'existence de ses **vecteurs propres** $y = \sum_n y_n\, e_n$ dans ℓ^2_C. Si l'on écrit $\underline{H}^* \cdot y = \xi y$ avec ξ non réel, on obtient un système récurrent infini pour les y_n, dont la solution est donnée par $y_n = P_n(\xi)\, y_0$, les P_n étant définis par (29) pour **tout** $n \geq 0$ (avec $P_0 = 1$). Mais pour que le vecteur y existe dans ℓ^2_C, il faut et il suffit que pour un ξ non réel, on ait

(46) $$\sum_n |P_n(\xi)|^2 < +\infty$$

auquel cas cette relation a lieu pour **tout** ξ non réel ; le **défaut** de $\underline{H}$ est alors (1, 1). Si au contraire, il n'existe aucun ξ non réel vérifiant (46), $\underline{H}^*$ est **autoadjoint** (en général non borné).

La forme linéaire S correspondant à la fraction continuée de Jacobi (32) (illimitée) est définie dans tout l'espace $\mathbb{R}[u]$ des polynômes et est strictement positive ; il résulte alors du Théorème de Hahn-Banach qu'il existe **au moins une** mesure positive ν sur $\mathbb{R}$ prolongeant S, autrement dit

(47) $$c_n = \int_{\mathbb{R}} t^n\, d\nu(t) \qquad \text{pour tout } n \geq 0.$$

Le problème de l'existence d'une mesure positive ν sur $\mathbb{R}$ satisfaisant à (47) est connu sous le nom de **problème des moments de Hamburger**, sa solution par les inégalités $\Delta_n > 0$ étant due à Hamburger ; auparavant Stieltjes avait considéré le même problème en assujettissant en outre la mesure ν à avoir son support dans $[0, +\infty[$, et Hausdorff, peu après Hamburger, étudia le cas où on assujettit le support de ν à être borné. Une fois obtenu le critère d'existence de ν, on étudie son **unicité** : on dit que le problème des moments est **déterminé** (resp. **indéterminé**) s'il existe une seule mesure ν (resp. plusieurs) vérifiant (47). Pour le problème des moments de Hamburger, on montre qu'il est déterminé si et seulement si $\underline{H}^*$ est **autoadjoint**. Les polynômes sont alors denses dans $L^2(\nu)$, et les P_n forment une base orthonormale de $L^2(\nu)$; si $\underline{T}$ est l'isomorphisme de ℓ^2_C sur $L^2(\nu)$ transformant e_n en P_n pour tout n, on a

$$\underline{H}^* = \underline{T}^{-1}\,\underline{M}_\nu\,\underline{T} \tag{48}$$

où dans $L^2(\nu)$, l'opérateur $\underline{M}_\nu$ fait correspondre à une fonction f la fonction $\xi \to \xi f(\xi)$ (en général le domaine de cet opérateur est distinct de $L^2(\nu)$).

En supposant toujours $\underline{H}^*$ autoadjoint, pour tout ξ non réel, les réduites $A_n(\xi)/B_n(\xi)$ de la fraction continuée de Jacobi définie par J **convergent** vers

$$w(\xi) = \int \frac{d\nu(t)}{\xi - t}$$

(justifiant l'intuition de Tchebichef).

On a donné de nombreux critères **suffisants** pour qu'un problème des moments soit déterminé, par exemple

$$\sum_n \frac{1}{|a_n|} = +\infty \tag{49}$$

ou encore

$$\sum_n c_{2n}^{-1/2n} = +\infty \tag{50}$$

Ces critères montrent que pour les polynômes de Laguerre, le problème des moments est déterminé.

En théorie spectrale, un opérateur autoadjoint (non borné) $\underline{H}$ est dit **simple** s'il existe un vecteur $x \in \mathrm{dom}(\underline{H})$ tel que les $\underline{H}^n \cdot x$ pour $n \geq 0$ appartiennent à $\mathrm{dom}(\underline{H})$ et forment un ensemble **total** dans cet espace. La théorie spectrale montre qu'un opérateur simple est isomorphe à un opérateur de la forme $\underline{M}_\nu$, où ν est une mesure positive quelconque sur $\mathbb{R}$, qui n'est déterminée qu'à équivalence près ; on peut donc supposer que les polynômes soient intégrables pour ν. En orthogonalisant dans $L^2(\nu)$ la suite des t^k, on obtient une suite de polynômes orthogonaux P_n, et par rapport à la base hilbertienne des P_n, la matrice de $\underline{M}_\nu$ est une matrice de Jacobi. Il y a donc correspondance biunivoque entre : systèmes complets de polynômes orthonormaux dans un $L^2(\nu)$, matrices de Jacobi pour lesquelles l'opérateur $\underline{H}^*$ est autoadjoint et opérateurs autoadjoints simples.

Pour toute cette théorie, consulter N. Akhiezer : **The classical moment problem**, Oliver and Boyd, Edinburgh-London, 1965.

ÜBER ORTHOGONALPOLYNOME, DIE LINEAREN FUNKTIONALGLEICHUNGEN GENÜGEN

Wolfgang Hahn (Graz)

1. Ich betrachte im folgenden Polynome $y_n = x^n + \dots$, die einer Rekursionsformel

$$y_n = (x + a_n)y_{n-1} - b_n y_{n-2} \qquad n = 1,2,\dots \tag{1.1}$$

($y_o = 1$, $b_1 = 0$, $b_n \neq 0$ für $n \geq 2$) genügen, und bezeichne sie als Kettenpolynome (KP). Wenn die Zahlen a_n reell und die $b_n > 0$ sind, handelt es sich um die gewöhnlichen Orthogonalpolynome. Vgl. dazu Chihara [1].

Von den KP sei angenommen, daß sie eine Differentialgleichung (Dgl.)

$$rr_n y_n'' + s_n y_n' + t_n y_n = 0 \tag{1.2}$$

befriedigen. Alle Koeffizienten sind Polynome beschränkter Grade. Das Polynom r hängt nicht von n ab und soll wie auch r_n den höchsten Koeffizienten eins haben.

Man bildet von (1.1) die erste und die zweite Ableitung und schreibt (1.2) für n, $n-1$ und $n-2$ auf. Man erhält so sechs lineare homogene Gleichungen für die neun Größen y_n, $y_n', \dots, y_{n-2}''$ und kann daraus eine Gleichung

$$L_n := \alpha_n y_n + \beta_n y_n' + \gamma_n y_{n-1} + \delta_n y_{n-1}' = 0$$

herleiten. Die Koeffizienten sind Polynome, die man als teilerfremd ansehen kann. In gleicher Weise ergibt sich eine Gleichung $L_{n+1} = 0$. Mit Hilfe von (1.1) (für n+1) und der daraus durch Ableiten entstehenden Gleichung gewinnt man aus L_n die Beziehung

$$P_{n+1} := \gamma_n y_{n+1} + \delta_n y_{n+1}' - (\alpha_n b_{n+1} + \gamma_n(x+a_{n+1}) + \delta_n)y_n$$
$$-(\beta_n b_{n+1} + \delta_n(x+a_{n+1}))y_n' = 0,$$

mit gewissen Koeffizienten, und aus L_{n+1} ergibt sich ebenfalls unter Verwendung von (1.1)

$$\begin{aligned} Q_n := &(\alpha_{n+1}(x+a_{n+1}) + \beta_{n+1} + \gamma_{n+1})y_n \\ &+ (\beta_{n+1}(x+a_{n+1}) + \delta_{n+1})y'_n - \alpha_{n+1}b_{n+1}y_{n-1} \\ &- \beta_{n+1}b_{n+1}y'_{n-1} = 0 . \end{aligned}$$

Wären nun L_n und Q_n einerseits und L_{n+1} und P_{n+1} andererseits proportional, so gäbe es zwei Polynome p und q derart, daß

$$P_{n+1} = p\, L_{n+1} , \quad Q_n = q\, L_n \tag{1.3}$$

wäre. (Da die L_n keinen Polynomteiler haben, stehen die Faktoren rechts.) Aus (1.3) erhält man durch Koeffizientenvergleich acht Gleichungen, darunter

$$- b_{n+1}\beta_{n+1} = q\, \delta_n \quad \text{und} \quad \delta_n = p\, \beta_{n+1} .$$

Man sieht daraus, daß p und q konstant sind und daß die Polynome β und δ denselben Grad haben. Aus (1.3) folgt weiter

$$q\beta_n = \beta_{n+1}(x + a_{n+1}) + \delta_{n+1}$$

und damit ein Widerspruch, da der Grad links um eins niedriger als der Grad rechts ist. Mithin sind die Gleichungen $L_n = 0$ und $Q_n = 0$ linear unabhängig, und die oben durchgeführten Eliminationen sind zulässig.
Aus den viergliedrigen Beziehungen leitet man zwei dreigliedrige Beziehungen ab, nämlich

$$f_{1n}y_n + f_{2n}y_{n-1} + hy'_n = 0 , \tag{1.4}$$

$$g_{1n}y_{n-1} + g_{2n}y_n + hy'_{n-1} = 0 . \tag{1.5}$$

Die Koeffizienten sind wieder Polynome beschränkten Grades. Daß die Koeffizienten der Ableitungen übereinstimmen, ergibt sich aus der Herleitung. Sie sind mithin von n unabhängig. Die Polynome f_{2n}, g_{2n} und h können nicht identisch verschwinden, da die Polynome y_n keine zweigliedrige Rekursionsformel und keine Dgl. erster Ordnung befriedigen. Man kann annehmen, daß die Koeffizienten in (1.4) und (1.5) keinen gemeinsamen Teiler haben. Man differenziert (1.4), multipliziert mit h und ersetzt hy'_{n-1} mittels (1.4). Die entstehende Gleichung multipliziert man mit f_{2n} und ersetzt $f_{2n}y_{n-1}$ mittels (1.4). Man erhält

$$
\begin{aligned}
&f_{2n}h^2y''_n + h(h'f_{2n} - hf'_{2n} + f_{2n}(f_{1n} + g_{1n}))y'_n \\
(1.6)\qquad &+ (h(f_{2n}f'_{1n} - f_{1n}f'_{2n}) + f_{2n}(f_{1n}g_{1n} - f_{2n}g_{2n}))y_n = 0 \,.
\end{aligned}
$$

Vertauscht man f mit g und y_n mit y_{n-1}, so entsteht die Dgl. für y_{n-1}.

Die Koeffizienten von y_n und y_{n-1} in diesen Gleichungen müssen durch h teilbar sein. Wäre h ein Teiler von f_{2n} oder g_{2n}, so müßte h auch in f_{1n} bzw. g_{1n} aufgehen, was der vorausgesetzten Teilerfremdheit widerspräche. Daher ist

$$(1.7)\qquad f_{1n}g_{1n} - f_{2n}g_{2n} = k.h$$

mit passendem k, wobei k von n unabhängig ist, da die linke Seite von (1.7) in beiden Dgln. auftritt.

Die Gleichung (1.6) muß mit (1.2) äquivalent sein. Ein Vergleich der Koeffizienten zeigt, daß h durch r teilbar ist, $h = u.r$. Ferner ist $f_{1n} + g_{1n} =: w$ von n unabhängig und $f_{2n} = \gamma_n r_n$, $g_{2n} = \delta_n r_{n-1}$ mit gewissen Konstanten γ_n und δ_n (die nichts mit den oben in L_n auftretenden Polynomen zu tun haben). Man kann nun die Gleichungen (1.4) und (1.5) in der Form

$$(1.8)\qquad ury'_n + q_n y_n + \gamma_n r_n y_{n-1} = 0$$

$$(1.9)\qquad \delta_n r_{n-1} y_n + ury'_{n-1} + p_n y_{n-1} = 0$$

schreiben. Aus diesen Gleichungen folgt, daß die Singularitäten der Dgln. durch ur bestimmt sind. Nach (1.2) sind diese Singularitäten aber durch r gegeben. Daher ist entweder $u = 1$ oder muß sich wegheben lassen. Außerdem gilt

$$(1.10)\qquad p_n + q_n = w \qquad \text{(von n unabhängig)} \,,$$

$$(1.11)\qquad p_n q_n - \gamma_n \delta_n r_n r_{n-1} = r.k \qquad \text{(von n unabhängig)} \,.$$

Unter Verwendung der geänderten Bezeichnungen lautet die Dgl.

$$(1.12)\qquad rr_n y''_n + ((p_n+q_n+r')r_n - rr'_n)y'_n + t_n y_n = 0 \,.$$

Aus (1.8) und (1.9) ergibt sich noch

$$\delta_{n+1} r_n y_{n+1} = -(p_{n+1} - q_n) y_n + \gamma_n r_n y_{n-1} .$$

Ein Vergleich mit (1.1) lehrt

$$p_{n+1} - q_n = -\delta_{n+1} r_n (x + a_{n+1}) , \tag{1.13}$$

$$\gamma_n = -\delta_{n+1} b_{n+1} . \tag{1.14}$$

Wenn die Dgln. (1.2) bzw. (1.12) für n und $n-1$ gegeben sind, kann man die Koeffizienten in (1.8) und (1.9) berechnen. Da

$$s_n = (p_n + q_n + r') r_n - r r_n' ,$$

läßt sich $p_n + q_n = w$ bestimmen. Ferner ist

$$\begin{aligned} t_n &= rkr_n - r(r_n p_n' - r_n' p_n) , \\ t_{n-1} &= rkr_{n-1} - r(r_{n-1} q_n' - r_{n-1}' q_n) , \end{aligned} \tag{1.15}$$

also

$$r_{n-1} t_n - r_n t_{n-1} = r(r_n r_{n-1}(p_n' - q_n') - r_n' r_{n-1} p_n + r_n r_{n-1}' q_n) .$$

Ersetzt man in der letzten Gleichung q_n durch $w - p_n$, so erhält man eine lineare Dgl. erster Ordnung für p_n , deren Polynomlösung eindeutig bestimmt ist. Die Beziehung (1.15) liefert k , aus (1.15) läßt sich δ_{n+1} ermitteln, und aus (1.11) folgt γ_n . Mithin gilt

<u>Satz 1.1.</u> Die Gleichungen (1.8) und (1.9) mit den Zusatzbedingungen (1.1o) und (1.11) sind für eine Polynomkette mit Dgln. zweiter Ordnung notwendig und hinreichend.

In der Literatur wrden als KP mit Dgln. vor allem die "klassischen OP" behandelt. Nichtklassische Polynome finden sich bei folgenden Autoren: Atkinson-Everitt [1]; Heine [1]; Koornwinder [1]; A.M.Krall [1],[2]; H.L.Krall [1],[2]; Littlejohn [1],[2]; Prasad [1]; Rees [1]; Shohat [1]; Shore [1].
Ein weiteres Beispiel bilden die durch

$$w_n = H_n + c_n H_{n-1} \tag{1.16}$$

erklärten Polynome. Dabei ist H_n das n-te Hermitesche Polynom, und die Folge c_n ist durch

(1.17) $$c_1 = 1 , \quad c_n c_{n+1} + n = 0 , \quad n = 1,2,\ldots$$

definiert. Man verifiziert leicht, daß die w_n der Rekursionsformel

$$w_n = (x - (c_{n-1}-c_n))w_{n-1} + c_{n-1}^2 w_{n-2}$$

und der Dgl.

$$r_n w_n'' - (1 + xr_n)w_n' + (nr_n - c_n)w_n = 0$$

mit $r_n = x + c_n - c_{n+1}$ genügen.

2. Es sei die Dgl. $hvy'' + sy' + ty = 0$ vorgelegt. Im allgemeinen entsprechen den Nullstellen des höchsten Koeffizienten, also hier des Polynoms hv , Singularitäten der Dgl. Es kann aber vorkommen, daß an einer solchen Stelle alle Lösungen regulär sind. Die Stelle ist dann eine scheinbare Singularität (Nebenpunkt). Vgl. dazu Schlesinger [1], Forsyth [1]. In der allgemeinen Theorie wird gezeigt: Wenn h die echten Singularitäten bestimmt und v die Nebenpunkte, dann ist

(2.1) $s - hv'$ durch v teilbar ,

(2.2) $t(t+s') + t'hv'$ durch v teilbar,

und diese Bedingungen sind auch hinreichend dafür, daß v nur Nebenpunkte liefert. Im Fall der Gleichung (1.6) ist $v = f_{2n} = \gamma_n r_n$. Die Gleichung kann wegen (1.7) nach Division durch h und γ_n in der Form

$$hr_n y_n'' + ((h'+f_{1n}+g_{1n})r_n - hr_n')y_n' + ((r_n f_{1n}' - r_n' f_{1n}) + kr_n)y_n = 0$$

geschrieben werden. Es ist also

$$s = (h' + f_{1n} + g_{1n})r_n - hr_n' ,$$

$$t = (f_{1n}' + k)r_n - f_{1n}r_n' .$$

Offenbar ist (2.1) erfüllt. Um (2.2) nachzuprüfen, stellt man die folgenden Kongruenzen modulo r_n auf:

$$s' \equiv (h' + f_{1n} + g_{1n})r_n' - h'r_n' - hr_n'' = (f_{1n} + g_{1n})r_n' - hr_n'' ,$$

$$t \equiv - r_n'f_{1n} ,$$

$$t' \equiv (f_{1n}' + k)r_n' - r_n''f_{1n} - r_n'f_{1n}' = kr_n' - r_n''f_{1n} .$$

Das in (2.2) erscheinende Polynom ist daher modulo r_n kongruent zu

$$-r_n'f_{1n}((f_{1n} + g_{1n})r_n' - hr_n'' - r_n'f_{1n}) + hr_n'(kr_n' - f_{1n}r_n'')$$

$$= r_n'(f_{1n}g_{1n}r_n' - hf_{1n}r_n'' + hkr_n' - hf_{1n}r_n'')$$

$$= (r_n')^2 (- f_{1n}g_{1n} + hk) = (r_n')^2 (- f_{2n}g_{2n})$$

wegen (1.7), und da $f_{2n} = \gamma_n r_n$, ist die Bedingung (2.2) ebenfalls erfüllt. Mithin hat man

<u>Satz 2.1.</u> Wenn die Polynomlösung der Dgl. (1.2) einer Rekursionsformel (1.1) genügt, so bestimmen die von n abhängigen Nullstellen des Koeffizienten der zweiten Ableitung Nebenpunkte der Dgl. (Vgl. dazu auch Hahn [4]).

Wenn die Dgl. keine Nebenpunkte hat, ist $r_n = 1$. Aus (1.8) ergibt sich, daß der Grad von ur um eins größer ist als der von q_n , und daß der höchste Koeffizient von q_n von n abhängt. Aus (1.1o) und (1.13) gewinnt man

$$q_{n+1} - q_{n-1} = \delta_{n+1}r_n(x + a_{n+1}) - \delta_n r_{n-1}(x + a_{n-1}) ,$$

und da $r_n = 1$, ist q_n höchstens linear, mithin ur höchstens quadratisch. Aus (1.9) ersieht man, daß p_n höchstens linear ist. Der Koeffizient von y_n' ist also linear und außerdem von n unabhängig. Die Dgl. ist bis auf lineare Transformationen hypergeometrisch oder ausgeartet hypergeometrisch. Es folgt

<u>Satz 2.2.</u> Die einzigen Kettenpolynome, die einer nebenpunktfreien Dgl. zweiter Ordnung genügen, sind die sogenannten "klassischen Orthogonalpolynome", d.h. die Polynome von Hermite, Laguerre und Jacobi, sowie die Besselpolynome.

Die Besselpolynome sind keine Orthogonalpolynome im engeren Sinn. Eine Ergänzung zu Satz 2.1 bildet der

Satz 2.3. Das Kettenpolynom, das der Dgl. (1.2) genügt, befriedigt eine nebenpunktfreie Dgl. vierter Ordnung.

Beweis: Man schreibt die Ausgangsgleichung in der Form

$$My := hvy'' + sy' + ty = 0 \quad (s = qv - hv') .$$

Darin kennzeichnet v die Nebenpunkte. Man erklärt einen Operator L durch

$$Ly := hv(My)'' - hv'(My)' + (\alpha(x)v - s' - t)My \quad .$$

Das Polynom $\alpha(x)$ wird so bestimmt, daß die Koeffizienten der sämtlichen Ableitungen von y durch v^2 teilbar sind, so daß v^2 herausgehoben werden kann. Das führt auf zwei Teilbarkeitsbedingungen, die man in der Form

$$h(s'' + 2t') + \alpha s - (s' + t)q \equiv 0 \pmod v \ ,$$

$$ht'' + \alpha t - \beta \equiv 0 \pmod v$$

schreiben kann. Das Polynom β ergibt sich aus (2.2), wenn man diese Bedingung in der Form

$$t(t + s') + t'hv' = \beta(x)v \tag{2.3}$$

schreibt. Bedingung für die Lösbarkeit der Kongruenzen ist ihre lineare Abhängigkeit $\bmod v$, d.h. die Kongruenz

$$(ht'' - \beta)s - ht(s'' + t') + t(s' + t)q \equiv 0 \pmod v) \ . \tag{2.4}$$

Die linke Seite läßt sich umformen. Man benutzt dazu die Kongruenzen $s \equiv -hv'$, $t(s' + t) \equiv -hv't'$ sowie die Kongruenzen, die aus der differenzierten Gleichung (2.3) folgt. Man findet nach kurzer Rechnung, daß die Kongruenz (2.4) besteht. Die simultanen Kongruenzen für α sind modulo v linear abhängig, und es genügt, nur eine davon zu betrachten. Sie ist von der Form $c + d\alpha \equiv 0 \pmod v$.
Die Polynome c und d sind bekannt. Man kann annehmen, daß α modulo v reduziert ist, d.h. der Grad von α ist mindestens um eins kleiner als der Grad g von $v(x)$. Ist γ eine Nullstelle von v , so ist $c(\gamma) + d(\gamma)\alpha(\gamma) = 0$, mithin $\alpha(x)$ an den g Stellen γ be-

kannt. Dadurch ist $\alpha(x)$ als Polynom des Grades $g-1$ eindeutig bestimmt.
Der oben eingeführte Operator L ist damit ermittelt, und es gibt einen Operator N zweiter Ordnung derart, daß die Dgl. $NMy = 0$ keine Nebenpunkte hat.
Bei der Herleitung wurde nicht benutzt, daß $My = 0$ Polynomlösungen hat.
H.L. Krall [1] hat KP betrachtet, die als Eigenfunktionen eines von n unabhängigen Differentialoperators L darstellbar sind, also einer Dgl. $Ly_n = \lambda_n y_n$ genügen, und in [2] einige Familien solcher KP aufgestellt, für die L von der Ordnung vier ist. Man kann zeigen (Hahn [4]), daß Polynome dieser Art notwendig einer Dgl. der Ordnung zwei genügen. Diese Dgln. für die Krallschen Polynome sind u.a. von Atkinson-Everitt [1]; Koornwinder [1]; A.M.Krall [1],[2]; Littlejohn [1]; Shore [1] explizit aufgestellt worden.
Für die Polynome (1.16) findet man nach dem erläuterten Verfahren die Dgl.

$$w_n^{(4)} - xw_n^{(3)} + (n - 3 - c_{n+1}^2)w_n'' + c_{n+1}(c_{n+1}x - 1)w_n' - nc_{n+1}^2 w_n = 0 .$$

. Es seien $y_1(x,n)$ und $y_2(x,n)$ zwei linear unabhängige Lösungen von (1.12). Ihre Wronskische Determinante $W := y_1y_2' - y_1'y_2$ genügt bekanntlich der Dgl.

$$rr_nW' + s_nW = 0 ,$$

deren allgemeine Lösung wegen $s_n = qr_n - rr_n'$ die Gestalt

$$W = C_n r_n \exp(-\int \frac{q}{r}\,dx) \tag{3.1}$$

hat. C_n ist eine willkürlich von n abhängende Konstante.
Wir betrachten weiter ein FS $z_1(x,n)$, $z_2(x,n)$ der Differenzengleichung (1.1) in der Form

$$z_{n+1} = (x + a_{n+1})z_n - b_{n+1}z_{n-1}$$

und die Funktion

$$G_n = z_1(x,n)z_2(x,n-1) - z_1(x,n-1)z_2(x,n) .$$

Sie genügt der Differenzengleichung

$$G_{n+1} = b_{n+1} g_n$$

mit der allgemeinen Lösung

$$G_n = b_2 b_3 \ldots b_n \, f(x) \, . \tag{3.2}$$

Dabei ist $f(x)$ eine willkürliche Funktion von x, die nicht von n abhängt. Wenn es ein Funktionenpaar gibt, das gleichzeitig ein FS für (1.12) und (1.1) darstellt, so müssen die Gleichungen (1.8) und (1.9) erfüllt sein. Aus

$$r y_1'(x,n) + q_n y_1(x,n) + \gamma_n r_n y_1(x,n-1) = 0 \, ,$$

$$r y_2'(x,n) + q_n y_2(x,n) + \gamma_n r_n y_2(x,n-1) = 0$$

folgt

$$r(y_1(x,n) y_2'(x,n) - y_2(x,n) y_1'(x,n)) =$$

$$= - \gamma_n r_n (y_1(x,n) y_2(x,n-1) - y_2(x,n) y_1(x,n-1)) \, .$$

Nach der Voraussetzung über das Funktionenpaar ergibt sich eine Gleichung der Form

$$r . C_n r_n \exp(-\int \frac{q}{r} dx) = b_2 \ldots b_n . \gamma_n r_n \, f(x) \, , \tag{3.3}$$

aus der sich die noch unbestimmten Größen C_n und $f(x)$ ermitteln lassen. Zu gegebenem $y_1(x,n)$ kann man also stets ein passendes $y_2(x,n)$ durch Auflösung der inhomogenen Dgl. $W = y_1' y_2' - y_1' y_2$ bestimmen. Es ergibt sich daher

<u>Satz 3.1.</u> Die Differentialgleichung (1.12) besitzt ein Fundamentalsystem, dessen Funktionen einzeln der Rekursionsformel (1.1) genügen.

Bei dem Beweis von Satz 3.1 wurde nicht benutzt, daß (1.12) eine Polynomlösung besitzt.
Im folgenden sei das durch Satz 3.1 gesicherte FS mit u_n, v_n bezeichnet. Es sei ferner

$$D_{n+k,n-1} := u_{n+k} v_{n-1} - u_{n-1} v_{n+k} \, . \tag{3.4}$$

Wegen der Rekursionsformel ist

$$D_{n+k,n-1} = (x + a_{n+k})D_{n+k-1,n-1} - b_{n+k}D_{n+k-2,n-1} , \quad k \geq 2 ,$$

$$D_{n+1,n-1} = (x + a_{n+1})D_{n,n-1} .$$

Mithin ist

$$(3.5) \qquad D_{n+k,n-1} = w_k(x,n)D_{n,n-1} ;$$

$w_k(x,n)$ ist ein Polynom des Grades k in x , n ist als Parameter anzusehen. Aus (3.2) und (3.5) entnimmt man, daß

$$D_{n,n-1} = u_n v_{n-1} - u_{n-1} v_n$$

gleich dem Produkt aus einer von n abhängigen Konstanten und $r_n \exp(-\int \frac{q}{r}\,dx)$ ist. Nach Konstruktion genügt $D_{n+k,n-1}$ einer Dgl. der Ordnung vier mit Polynomkoeffizienten. Die Ableitungen von $D_{n,n-1}$ sind von der Form Polynom in x mal $\exp(-\int \frac{q}{r}\,dx)$. Daher sind die Ableitungen von $D_{n+k,n-1}$ Linearverbindungen der Ableitungen von $w_k(x,n)$, multipliziert mit $\exp(-\int \frac{q}{r}\,dx)$; das folgt aus (3.5). Es ergibt sich also, daß $w_k(x,n)$ einer Dgl. der Ordnung vier mit Polynomkoeffizienten genügt. Ferner genügt $w_k(x,n)$ der Rekursionsformel

$$w_k(x,n) = (x + a_{n+k})w_{k-1}(x,n) - b_{n+k}w_{k-2}(x,n) ,$$

gehört also zu einer Folge von Kettenpolynomen. Damit ist folgendes bewiesen:

Satz 3.2. Zu jeder Differentialgleichung der Ordnung zwei, deren Lösungen einer Rekursionsformel (1.1) genügen, gehört eine Folge von Kettenpolynomen, die eine Differentialgleichung vierter Ordnung und keine Dgl. kleinerer Ordnung befriedigen. (Beispiele finden sich bei Hahn [2],[4], Mitra [1], Varma [1]).

Bemerkung. Wenn die Polynome einer Kette einer Dgl. der Ordnung k und keiner Dgl. kleinerer Ordnung genügen, so ist $k = 2$ oder $k = 4$. Andere Ordnungen sind nicht möglich. Im Fall $k = 4$ sind die Polynome von dem in § 3 gekennzeichneten Typ (Hahn [5]).

4. Wir führen zwei lineare Operatoren ein, die auf Polynome wirken. Es sei $0 < q < 1$ und

$$Ef(x) = f(qx + w), \quad Df(x) = \frac{Ef - f}{Ex - x} = \frac{f(qx+w) - f(x)}{(q-1)x + w} .$$

Wenn $w = 0$ ist, stellt D die geometrische Differenzenbildung dar; im Fall $q = 1$ handelt es sich um die arithmetische Differenzenbildung. Im Grenzfall $w = 0$, $q \to 1$ geht Df formal in die Ableitung df/dx über.

Zur Abkürzung sei $\delta = (q-1)x + w$, so daß $E\delta = q\delta$ wird.

Wir betrachten nun eine Kette von Polynomen, die neben der Rekursionsformel der Funktionalgleichung

$$rr_n D^2 y_n + s_n D y_n + t_n y_n = 0 \tag{4.1}$$

genügen. Die Koeffizienten sind wieder Polynome beschränkter Grade. Unter Verwendung der "Produktformel" $D(f.g) = Ef.Dg + Df.g$ gewinnt man ganz analog zu 1.4 und 1.5 zwei Relationen der Form

$$f_{1n} y_n + f_{2n} y_{n-1} + hDy_n = 0 , \tag{4.2}$$

$$g_{1n} y_{n-1} + g_{2n} y_n + hDy_{n-1} = 0 \tag{4.3}$$

und analog zu 1.6 die Funktionalgleichung

$$\begin{aligned} f_{2n} Eh\, D^2 y_n &+ (f_{2n} Dh - h.Df_{2n} + f_{2n} Ef_{1n} + g_{1n} Ef_{2n}) Dy_n + \\ &+ (f_{2n} Df_{1n} - f_{1n} Df_{2n} + k.Ef_{2n}) y_n = 0 . \end{aligned} \tag{4.4}$$

Dabei ist wie oben

$$f_{1n} g_{1n} - f_{2n} g_{2n} = k.h \tag{4.5}$$

gesetzt. Die Funktionalgleichung für y_{n-1} entsteht aus (4.4), indem man y_n mit y_{n-1} und f mit g vertauscht.

Da $Df = (Ef-f)/\delta$, $D^2 f = (E^2 f-(1+q)Ef+qf)/q\delta^2$ ist, kann man (4.2) auf die Form

$$R_n E^2 y_n + S_n E y_n + T_n y_n = 0 \tag{4.6}$$

bringen. Dabei gehen (4.2) und (4.3) in

$$F_{1n} y_n + F_{2n} y_{n-1} + hEy_n = 0 , \tag{4.7}$$

(4.8) $$G_{1n}y_{n-1} + G_{2n}y_n + hEy_{n-1}$$

über, wobei $F_{1n} = \delta f_{1n} - h$, $F_{2n} = \delta f_{2n}$, $G_{1n} = \delta g_{1n} - h$, $G_{2n} = \delta g_{2n}$. Die Gleichung (4.4) geht in

(4.9) $$Eh.F_{2n}E^2y_n + (F_{2n}EF_{1n} + G_{1n}EF_{2n})Ey_n + K.EF_{2n}.y_n = 0$$

über.
Die Gleichung (4.6) hat die wesentlichen Singularitäten $x = w(1-q)$ (Nullstelle von δ) und $x = \infty$. Ferner bestimmen die Nullstellen α von R_n und β von T_n im allgemeinen Polfolgen der Form

$$q^r\alpha + [r]w \quad (r=2,3,\dots) \quad \text{bzw.} \quad q^{-r}\beta - q^{-r}[r]w \quad (r=0,1,\dots)$$

mit $[r] = (1-q^r)/(1-q)$. (Vgl. dazu auch Adams [1]). Es kann aber auch vorkommen, daß diese Nullstellen scheinbare Singularitäten (Nebenpunkte) liefern, und das gilt im Fall der Gleichung (4.9) für die von n abhängigen Nullstellen der Randkoeffizienten. Man erkennt das wie folgt:

Die von n abhängigen Singularitäten sind die Nullstellen von F_{2n} und EF_{2n} . Wenn $F_{2n}(\alpha) = 0$, ist $\beta = q^{-1}(\alpha-w)$ eine Nullstelle von EF_{2n} . Soll α eine scheinbare Singularität liefern, so muß

$$S_n(\alpha)Ey_n(\alpha) + T_n(\alpha)y_n(\alpha) = 0$$

sein; ist $EF_{2n}(\beta) = 0$, so ist die Bedingung

$$R_n(\beta)E^2y_n(\beta) + S_n(\beta)Ey_n(\beta) = 0 .$$

Wegen der Beziehung zwischen α und β läßt sich die erste Bedingung auf die Form

$$ES_n(\beta)E^2y_n(\beta) + ET_n(\beta)Ey_n(\beta) = 0$$

bringen. Man hat dann zwei homogene Gleichungen für $E^2y_n(\beta)$ und $Ey_n(\beta)$ mit der Determinante $S_n(\beta)ES_n(\beta) - R_n(\beta)ET_n(\beta)$. Diese muß verschwinden, d.h. das Polynom

$$S_n(x)ES_n(x) - R_n(x)ET_n(x)$$

muß durch $EF_{2n}(x)$ teilbar sein.
Wenn man die Koeffizienten von (4.6) durch die von (4.7) und (4.8) ausdrückt, erkennt man nach kurzer Rechnung, daß die Teilbarkeitsbedingung erfüllt

ist. Daher gilt analog zu Satz 2.1

Satz 4.1. Etwaige von n abhängige Singularitäten der Funktionalgleichung (4.2) bzw. (4.6), die durch KP befriedigt wird, sind scheinbare Singularitäten.

Wenn die Funktionalgleichung keine scheinbaren Singularitäten aufweist, sind f_{2n} und g_{2n} konstant. Da

$$\text{grad } F_{2n} = \text{grad } G_{2n} = \text{Grad } \delta = 1$$

ist, folgt aus (4.7), daß $\text{Grad } F_{1n} = \text{Grad } h$. Aus (4.8) ergibt sich, daß entweder $\max(\text{Grad } G_{1n}, \text{Grad } h) = 2$ oder $\text{Grad } G_{1n} = \text{Grad } h > 2$ ist. Bezeichnet man die höchsten Koeffizienten von G_{1n}, F_{1n} und H durch ${}_oF_1$ usw., so ergibt sich im Fall $\text{Grad } G_{1n} > 2$ aus (4.8) und (4.7)

$${}_oF_{1n} + {}_oh.q^n = 0 \quad \text{und} \quad {}_oG_{1n} + {}_ohq^{n-1} = 0 .$$

Aus (4.5) ersieht man, daß die Koeffizienten von x^r des Polynoms $f_{1n}g_{1n}$ für $r \geq 1$ von n unabhängig sind. Nun ist im gegebenen Fall

$${}_oF_{1n} = (q-1)_of_{1n} - {}_oh , \quad {}_oG_{1n} = (q-1)_og_{1n} - {}_oh ,$$

und man erhält im Fall $q \neq 1$ einen Widerspruch. Mithin ist h höchstens quadratisch. Der Koeffizient von Dy_n ist linear in x, der von y_n ist konstant.

Zur expliziten Lösung der Funktionalgleichung (4.1) verschiebt man die Stelle $w/(1-q)$ durch die Transformation $x = z + w/(q-1)$ in den Nullpunkt. Setzt man $f(x) = h(z)$, so wird

$$f(qx+w) = h[q(z+w/(q-1))-w-w/(q-1)] = h(qz) .$$

Der Operator D geht in den Operator $(f(qx)-f(x))/(q-1)x$ der geometrischen Differenz über, und die entstehende Funktionalgleichung läßt sich mit unendlichen Reihen lösen. Vgl. dazu Adams [1]; Hahn [3].

Die Betrachtungen von § 3 lassen sich auf Funktionalgleichungen (4.2) bzw. (4.6) übertragen, da sich ebenso wie oben die Existenz eines Funktionenpaares zeigen läßt, das ein FS sowohl für die Funktionalgleichung als auch für die Rekursionsformel darstellt. An die Stelle der Wronskischen Determinante tritt hier der Ausdruck

$$W = y_1 Dy_2 - Dy_1 y_2 \ .$$

Mit Hilfe dieses Funktionenpaares läßt sich dann wie oben eine Funktionalgleichung der Ordnung vier gewinnen.
Ein Beispiel zu Satz 4.1 kann man wie folgt konstruieren:
Man betrachtet die durch

$$y_n(x) = xy_{n-1}(x) - q^n(1 - q^{n-1})y_{n-2}(x)$$

definierte Kette. Die Polynome genügen einer basisch hypergeometrischen Funktionalgleichung des eben erörterten Typs. Mit Hilfe der durch $c_n c_{n+1} + q^{n+1}(1-q^n) = 0$ erklärten Folge bildet man analog zu (1.16) die Polynome

$$z_n = y_n + c_n y_{n-1} \ .$$

Sie genügen einer Funktionalgleichung zweiter Ordnung mit Nebenpunkten.

5. Es sei D der in § 4 eingeführte Operator. Es sollen diejenigen KP y_n bestimmt werden, deren D-Ableitungen Dy_n wieder eine Kette bilden. Es besteht dann neben der Rekursionsformel (1.1) für die y_n eine weitere Rekursionsformel

$$Dy_n = (\gamma_n x + \alpha_n)Dy_{n-1} - \beta_n Dy_{n-2}$$

mit $\gamma_n = [n]/[n-1]$. Man wendet D auf (1.1) an und gewinnt dann ebenso wie im § 1 durch Eliminationen zwei Gleichungen wie (4.7) und (4.8) und aus diesen wie in § 4 Funktionalgleichungen zweiter Ordnung für die y_n. (Vgl. dazu Hahn [3]). Die Gleichung hat die Gestalt

$$(5.1) \qquad H(x)D^2 y_n + (g_n x + c)Dy_n + d_n y_n = 0 \ .$$

Das Polynom $H(x)$ ist höchstens vom Grade zwei und von n unabhängig; c, d_n und g_n sind Konstanten, wobei c von n unabhängig ist. Die Gleichung ist also frei von scheinbaren Singularitäten und gehört zu dem im § 4 behandelten Typ. Im Fall $q = 1$ ist aber auch der Koeffizient von Dy_n in der Funktionalgleichung von n unabhängig. Diese ist dann hypergeometrisch oder ausgeartet hypergeometrisch. Insbesondere gilt

Satz 5.1. Die einzigen echten Orthogonalpolynome, deren Ableitungen ebenfalls ein Orthogonalsystem bilden, sind die "klassischen" Orthogonalpolynome.

Dieser Satz ist schon mehrfach auf verschiedene Art bewiesen worden, vgl. z.B. Campbell [1], Hahn [1], E.Schmidt [1].
Wenn $q \neq 1$ ist, handelt es sich um basische Reihen, und die Polynome sind die verschiedenen q-Analoga zu den klassischen OP.

6. Es sei $g(x)$ ein Polynom, dessen Grad höchstens eins ist, und $f(x)$ höchstens vom Grade zwei. E und D sind wieder die oben eingeführten Operatoren. Wir benutzen die Abkürzung $f_j(x) = E^{-j}f(x)$, also $f_1(x) = f(q^{-1}x - q^{-1}w)$, $f_{-1}(x) = f(qx + w)$ usw. Dabei sei $f_o = f$. Es sei $\varphi(x)$ eine Lösung der Funktionalgleichung

$$(6.1) \qquad D\varphi(x) = \frac{g(x)}{f(x)}\,\varphi(x) =: h(x)\varphi(x)$$

oder der gleichwertigen Gleichung

$$(6.2) \qquad E\varphi(x) = \frac{\delta g+f}{f}\,\varphi(x) = (1+\delta h(x))\varphi(x)\ .$$

(Der Fall, daß $g(x)$ konstant und der Grad von $f(x)$ kleiner als zwei ist, sei ausgeschlossen.)
Aus dieser Beziehung folgt

$$\varphi(x) = \prod_{j=o}^{\infty} (1 + E^j\delta h)^{-1} = \prod_{j=o}^{\infty} (1 + q^j\delta E^j h)^{-1}\ .$$

Das Produkt konvergiert, von etwaigen Nullstellen des Nenners abgesehen, da $E^j h(x) = h(q^j x + [j]w)$ beschränkt ist. Der Nenner kann höchstens zwei Nullstellen haben.

Wir erklären die Funktionenfolge $\varphi_n(x)$ durch

$$\varphi_o(x) = \varphi\ ,\quad \varphi_k(x) = f_k\varphi_{k-1}(x) \quad \text{für } k=0, \pm1, \ldots$$

Es ist dann

$$\varphi_n(x) = f_n \cdot f_{n-1} \cdots f_1 \cdot \varphi \quad (n=1,2,\ldots)$$

und

(6.3) $$E\varphi_n = f_{n-1} \ldots f_1 f_o E\varphi = (\delta g + f)\varphi_{n-1} \quad (n=1,2,\ldots)$$

sowie

(6.4) $$D\varphi_n = \frac{E\varphi_n - \varphi_n}{\delta} = (g + \frac{f-f_n}{\delta})\varphi_{n-1} = \frac{1}{f_n}(g + \frac{f-f_n}{\delta})\varphi_n \quad .$$

Für die D-Ableitungen der Funktionen φ_k gilt

(6.5) $$D^k \varphi_{n+k} = p_k(x,\varphi_n)\varphi_n \; , \quad k=0,1,\ldots \; , \quad n=1,2,\ldots$$

Dabei ist $p_k(x,\varphi_n)$ ein Polynom des Grades k in x . Das zweite Argument weist auf die Definition hin. Man beweist die Formel induktiv: Der Faktor in (6.4) rechts ist ein lineares Polynom, so daß

(6.6) $$D\varphi_n = s_1\varphi_{n-1} \; .$$

Nimmt man (6.5) für k als bewiesen an, so folgt

$$D^{k+1}\varphi_{n+k} = D\varphi_n . Ep_k + \varphi_n . Dp_k = s_1 . \varphi_{n-1} Ep_k + f_n \varphi_{n-1} Dp_k =$$

$$= \varphi_{n-1} \text{ mal Polynom des Grades } k+1 \; .$$

(Diese Formel gilt auch, wenn f konstant ist. Dann sind alle Funktionen $\varphi_n(x)$ gleich.)

Wir wollen zeigen, daß die durch

(6.7) $$D^n \varphi_n = p_n(x,\varphi).\varphi$$

erklärten Polynome $p_n(x,\varphi)$ bei passender Normierung eine Kette bilden. Das Argument φ wird dabei zunächst nicht geschrieben. Zur Berechnung der "Momente" braucht man den zu D inversen Operator D^{-1} . Ist $Df = g$, so ist

(6.8) $$f = D^{-1}g = - \delta \sum_{j=o}^{\infty} q^j E^j g + \text{const.}$$

(Die Konvergenz muß von Fall zu Fall geprüft werden.)

Es sei zunächst $f_1(x) = (x-a)(x-b)$ mit $a \neq b$ und

$$M_k = D^{-1}(y_n \varphi x^k) \Big|_{x=a}^{x=b} = D^{-1}(y_n \varphi x^k) \Big|_{x=b} - D^{-1}(y_n \varphi x^k) \Big|_{x=a} \; .$$

Wenn $b = q^r a + [r]w$ ist, ist M_k eine endliche Summe. Andernfalls ist die Reihe (6.8) konvergent, da bei festem x

$E^j y_n$ beschränkt ,

$E^j x^k = (q^j x + [j]w)^k$ und

$E^j \varphi$ wegen $E\varphi = (1 + \frac{\delta g}{f})\varphi$ auch beschränkt

ist. Von etwaigen Polen von φ sei zunächst abgesehen.
Auf die Ausdrücke M_k wendet man die "partielle Integration"

$$D^{-1}(Dg.h) = g.E^{-1}h - D^{-1}(g.DE^{-1}h) + G \tag{6.9}$$

an, die sich leicht aus der Definition von D und D^{-1} ergibt.
Es ist mit passender Konstanten C_n

$$y_n = C_n.\varphi^{-1}.D^n(f_n.f_{n-1} \dots f_1\varphi) . \tag{6.1o}$$

Man benutzt (6.9) mit

$$g = D^{n-1}(f_n.f_{n-1} \dots f_1\varphi) , \quad h = x^k$$

und beachtet, daß

$$D\varphi_n = (g + (f_o - f_n)/\delta)\varphi_{n-1}$$

den Faktor f_1 enthält, also für $x = a$ und $x = b$ verschwindet.
Deshalb wird in

$$D^{n-1}(f_n f_{n-1} \dots f_1\varphi)E^{-1}x^k|_a^b - D^{-1}(D^{n-1}(f_n \dots f_1\varphi)DE^{-1}x^k|_a^b$$

der erste Summand gleich null. Das Polynom $DE^{-1}x^k$ ist vom Grade $k-1$.
Man wiederholt nun die partielle Integration. Bei jedem Schritt reduziert sich die Ordnung von D und der Grad des Polynoms. Man erhält zuletzt $D^{-1}(D^{n-k}\varphi_n)|_a^b$, und dieser Ausdruck verschwindet, falls $k < n$ ist.
Unter den gegebenen Voraussetzungen - f vom Grade zwei, aber kein Quadrat und φ polfrei - verschwinden also die n ersten Momente, und das heißt, daß die (geeignet normierten) Polynome $p_n(x,\varphi)$ bezüglich des Funktionals

$$F\gamma = D^{-1}(\varphi.\gamma)|_a^b$$

ein Orthogonalsystem bilden.
Nun ist $D^{-1}(Dy_n E(\varphi_{-1}x^k))|_a^b = y_n\varphi_1 x^k|_a^b - D^{-1}(y_n D(\varphi_{-1}x^k)|_a^b$. Der erste

Term ist gleich null, und da $Ef_o = f_{-1}$ und

$$D(\varphi_{-1}x^k) = D\varphi.f_{-1}Ex^k + \varphi D(f_o x^k) = \varphi \text{ mal Polynom}$$

ist, wird

$$D^{-1}(Dy_n.E\varphi_{-1}Ex^k)|_a^b = D^{-1}(y_n D(\varphi_{-1}x^k))|_a^b = 0$$

für $k=0,1,\ldots,n-2$. Mithin bilden die normierten D-Ableitungen Dy_n ebenfalls ein Orthogonalsystem mit der Belegungsfunktion $\varphi_{-1} = f\varphi$. Falls das Polynom $f+\delta g$ einen Pol von φ verursacht, tritt dieser in $\varphi_{-1} = f\varphi$ nicht mehr auf. Wiederholung der Schlußweise zeigt, daß die Polynome $D^s y_n$ bei hinreichend großem s ein echtes Orthogonalsystem bilden, da die beteiligten unendlichen Reihen existieren. Wenn $f = x-a$ linear ist, muß man $b = \infty$ setzen. Ist $f = 1$, so nimmt man $a = -\infty$, $b = +\infty$. Es ist dann $\lim x^k\varphi(x) = 0$ für $k \geq 0$, $|x| \to \infty$. Man hat nämlich

$$|x^k\varphi(x)| = |x|^k \prod_{j=o}^{k-1} |1+q^j\delta E^j h|^{-1} . \prod_{j=k}^{\infty} |1+q^j\delta E^j h|^{-1} .$$

Das zweite Produkt ist kleiner als $|1+\delta q^k E^k h|^{-1}$, strebt also mit wachsendem $|x|$ gegen null. Der erste Faktor bleibt beschränkt. Da die durch (6.7) erklärten Polynome, von den Ausnahmefällen abgesehen, ein Orthogonalsystem bilden, genügen sie auch einer dreigliedrigen Rekursionsformel. Deren Koeffizienten sind aber rationale Funktionen der in der Funktionalgleichung für φ auftretenden Parameter, d.h. die Rekursionsformel gilt auch in den Ausnahmefällen.

Es folgt: Die durch die verallgemeinerte Rodriguessche Formel (6.7) bzw. (6.1o) definierten Polynome sind KP, und das gleiche gilt für ihre D-Ableitungen. Diese Polynome gehören mithin zu der in § 5 behandelten Klasse. Die beiden Klassen stimmen sogar überein. Man zeigt das dadurch, daß man die Funktionalgleichung für die Polynome (6.1o) berechnet. Sie stimmt mit (5.1) überein.

Die Rodriguessche Formel für die klassischen OP ist wohlbekannt. Für den Fall der geometrischen Differenzen vgl. Hahn [3], für arithmetische Differenzen Cryer [1], Hertenberger [1], Weber-Erdelyi [1], Rasala [1].

L i t e r a t u r

ADAMS, C.R. [1]: Linear q-difference equations. Bull.Amer.math.Soc. 37, 361-4oo (1931).

AL-SALAM, W.A. [1]: Orthogonal polynomials of hypergeometric type. Duke math.J. 33, 1o9-122 (1966).

ATKINSON, F.V, W.N. EVERITT [1]: A set of orthogonal polynomials which satisfy second order differential equations. E.B.Christoffel (ed. Butzer) Basel 1981, 173-181.

CHIHARA, T.S. [1]: An introduction to orthogonal polynomials. Gordon and Breach, New York 1978.

CAMPBELL, R. [1]: Sur les polynomes dont les derivés sont orthogonaux. Mh.Math. 61, 143-146 (1957).

CRYER, C.W. [1]: Rodrigues' formula and the classical orthogonal polynomials. Boll.Un.mat.Ital.(3) 25, 1-11 (1970).

HAHN, W. [1]: Über die Jacobischen Polynome und zwei verwandte Polynomklassen. Math.Z. 39, 634-638 (1935).

[2]: Über Orthogonalpolynome mit drei Parametern. Deutsche Math. 5, 273-278 (1939).

[3]: Über Orthogonalpolynome, die q-Differenzengleichungen genügen. Math. Nachr. 2, 3-34 (1949).

[4]: Über lineare Differentialgleichungen, deren Lösungen einer Rekursionsformel genügen. I. II. Math.Nachr. 4, 1-11 (1951); 7, 85-104 (1952).

[5]: On differential equations for orthogonal polynomials. Funkc.Ekv. 21, 1-9 (1978).

FORSYTH, A.R. [1]: Theory of differential equations. p.III, no.45. Dover Publ. New York.

HEINE, E. [1]: Handbuch der Theorie der Kugelfunktionen. Bd. 1, p. 295, Berlin 1878.

HERTENBERGER, R. [1]: Orthogonale Polynomketten als Lösungen der Rodriguesformel über diskrete Punktmengen. Diss.U. Stuttgart 1978, 69 p.

HILDEBRANDT, E.H. [1]: Systems of polynomials connecting with the Charlier expansions and the Pearson differential and difference equations. Ann.math. Statist. 2, 379-439 (1931).

KOORNWINDER, T.H. [1]: Orthogonal polynomials with weight function $(1-x)^{\alpha}(1+x)^{\beta}$ + $M\delta(x+1) + N\delta(x-1)$. Canad.math.Bull. 27, 205-214 (1984).

KRALL, A.M. [1]: Orthogonal polynomials satisfying a fourth order differential equation. C.R.math.Rep.Acad.Sci.Canada 1, 219-222 (1979).

[2]: Orthogonal polynomials satisfying fourth order differential equations. Proc.R.Soc.Edinburgh 87 A, 271-288 (1980).

KRALL, H.L. [1]: Certain differential equations for Tchebycheff polynomials. Duke math.J. 4, 705-718 (1938).

[2]: On orthogonal polynomials satisfying a certain fourth order differential equation. Pennsylvania State Coll.Studies 6, 24 p. (1940).

LANCASTER, O.E. [1]: Orthogonal polynomials defined by difference equations. Amer.J. Math. 63, 185-207 (1941).

LITTLEJOHN, L.L. [1]: The Krall polynomials: a new class of orthogonal polynomials. Quaest.math. 5, 255-265 (1982).

[2]: The Krall polynomials as solutions to a second order differential equation. Canadian Bull.Math. 26(4), 410-417 (1983).

LITTLEJOHN, L.L., S.D. SHORE [1]: Nonclassical orthogonal polynomials as solutions to second order differential equations. Canad.math.Bull. 25(3), 291-195 (1982).

MITRA, S.C. [1]: On the properties of a certain polynomial analogous to Lommel's polynomial. Indian phys.-math.J. 3, 9-13 (1932).

PRASAD, J. [1]: On the class of polynomials associated with generalized Hermite polynomials. Ganita 24, 29-40 (1973).

RASALA, R. [1]: The Rodrigues formula and polynomial differential operators. J.math. Anal.Appl. 84, 443-482 (1981).

REES, C.J. [1]: Elliptic orthogonal polynomials. Duke math.J. 12, 173-145 (1945).

SCHMIDT, E. [1]: Über die nebst ihren Ableitungen orthogonalen Polynomsysteme und das zugehörige Extremum. Math.Ann. 119, 165-204 (1944).

SHOHAT, J. [1]: A differential equation for orthogonal polynomials. Duke math.J. 5, 401-417 (1939).

SHORE, S.D. [1]: On the second order differential equation which has orthogonal polynomial solutions. Bull.Calcutta math.Soc. 56, 195-198 (1964).

VARMA, R.S. [1]: On a certain polynomial analogous to Lommel's polynomial. J.Indian math.Soc.(2) 1, 115-118 (1934).

WEBER, M., A. ERDELYI [1]: On the finite difference analogue of Rodrigues' formula. Amer.math.Monthly 59, 163-168 (1952).

CLASSICAL ORTHOGONAL POLYNOMIALS

George E. Andrews[1] and Richard Askey[2]

Abstract.

There have been a number of definitions of the classical orthogonal polynomials, but each definition has left out some important orthogonal polynomials which have enough nice properties to justify including them in the category of classical orthogonal polynomials. We summarize some of the previous work on classical orthogonal polynomials, state our definition, and give a few new orthogonality relations for some of the classical orthogonal polynomials.

1. Introduction.

The classical orthogonal polynomials are sometimes described as those of Hermite, Laguerre and Jacobi, and including as special cases of the latter the polynomials of Legendre and Tchebychef. This is too narrow a definition, and when widened there are many other interesting polynomials contained in this class, but not so many that we cannot find all of them. Actually there are a number of different places to put the boundary of the classical polynomials. We think we have the right class, but others in the past have also felt that and their definitions were narrower than the one we will give here.

Jacobi polynomials, $P_n^{(\alpha,\beta)}(x)$, the most general of the three sets of polynomials mentioned above, can be defined by

$$(1-x)^{\alpha}(1+x)^{\beta}P_n^{(\alpha,\beta)}(x) = \frac{(-1)^n}{2^n n!}\frac{d^n}{dx^n}[(1-x)^{n+\alpha}(1+x)^{n+\beta}] \qquad [1.1]$$

A formula of this type is called a Rodrigues formula. When $\alpha,\beta > -1$ they are orthogonal with respect to the beta distribution on $[-1,1]$.

$$\int_{-1}^{1} P_n^{(\alpha,\beta)}(x)P_m^{(\alpha,\beta)}(x)(1-x)^{\alpha}(1+x)^{\beta}\,dx = 0, \quad m \neq n$$

$$= \frac{2^{\alpha+\beta+1}\Gamma(n+\alpha+1)\Gamma(n+\beta+1)}{(2n+\alpha+\beta+1)\Gamma(n+1)\Gamma(n+\alpha+\beta+1)} = h_n^{\alpha,\beta} \quad m = n \qquad [1.2]$$

---

(1) Supported in part by NSF grant MCS-8201733
(2) Supported in part by NSF grant DMS-840071.

All formulas for orthogonal polynomials which are given without a reference can be found in [26] or [52].

A set of polynomials $\{P_n(x)\}_{n=0}^N$, $N \le \infty$, is orthogonal if there is a positive measure $d\alpha(x)$ so that

$$\int_{-\infty}^{\infty} P_n(x)P_m(x)\,d\alpha(x) = 0, \qquad m \ne n \le N$$

$$= h_n > 0, \qquad m = n \le N.$$

From [1.1] it is possible to obtain a number of explicit series representations for Jacobi polynomials. The standard one which will be extended below is

$$P_n^{(\alpha,\beta)}(x) = \frac{(\alpha+1)_n}{n!}\,{}_2F_1\left(\begin{matrix}-n, n+\alpha+\beta+1\\ \alpha+1\end{matrix}; \frac{1-x}{2}\right) \qquad [1.3]$$

The series on the right hand side of [1.3] is a hypergeometric series. Hypergeometric series are series Σc_n with c_{n+1}/c_n a rational function of n. They are usually written as

$${}_pF_q\left(\begin{matrix}a_1,\ldots,a_p\\ b_1,\ldots,b_q\end{matrix}; t\right) = \sum_{k=0}^{\infty} \frac{(a_1)_k \cdots (a_p)_k t^k}{(b_1)_k \cdots (b_q)_k k!} \qquad [1.4]$$

where the shifted factorial $(a)_k$ is defined by

$$(a)_k = \Gamma(k+a)/\Gamma(a) = a(a+1)\cdots(a+k-1). \qquad [1.5]$$

Since

$$\frac{d}{dt}\,{}_pF_q\left(\begin{matrix}a_1,\ldots,a_p\\ b_1,\ldots,b_q\end{matrix}; t\right) = \frac{a_1\cdots a_p}{b_1\cdots b_q}\,{}_pF_q\left(\begin{matrix}a_1+1,\ldots,a_p+1\\ b_1+1,\ldots,b_q+1\end{matrix}; t\right)$$

it is easy to see that

$$\frac{d}{dx}P_n^{(\alpha,\beta)}(x) = \frac{(n+\alpha+\beta+1)}{2}P_{n-1}^{(\alpha+1,\beta+1)}(x). \qquad [1.6]$$

When [1.1] is differentiated the result can be written as

$$\frac{d}{dx}(1-x)^{\alpha}(1+x)^{\beta}P_n^{(\alpha,\beta)}(x) = -2(n+1)(1-x)^{\alpha-1}(1+x)^{\beta-1}P_{n+1}^{(\alpha-1,\beta-1)}(x). \qquad [1.7]$$

Formulas [1.6] and [1.7] can be combined to give

$$(1-x^2)y'' + [\beta-\alpha-(\alpha+\beta+2)x]y' + n(n+\alpha+\beta+1)y = 0 \qquad [1.8]$$

when $y = P_n^{(\alpha,\beta)}(x)$.

There are formulas like [1.1], [1.6] and [1.8] for Laguerre and Hermite polynomials. Laguerre polynomials, $L_n^{\alpha}(x)$, are defined by

$$L_n^{\alpha}(x) = \frac{(\alpha+1)_n}{n!}\ {}_1F_1\left({-n \atop \alpha+1};\ x\right) \qquad [1.9]$$

or

$$x^{\alpha}e^{-x}L_n^{\alpha}(x) = \frac{1}{n!}\frac{d^n}{dx^n}[x^{n+\alpha}e^{-x}]. \qquad [1.10]$$

When $\alpha > -1$ they are orthogonal. This orthogonality is

$$\begin{aligned}\int_0^{\infty} L_n^{\alpha}(x)L_m^{\alpha}(x)x^{\alpha}e^{-x}\,dx &= 0, && m \neq n,\\ &= \frac{\Gamma(n+\alpha+1)}{n!} && m = n.\end{aligned} \qquad [1.11]$$

Hermite polynomials, $H_n(x)$, can be defined by

$$e^{-x^2}H_n(x) = (-1)^n\frac{d^n}{dx^n}e^{-x^2}. \qquad [1.12]$$

Their hypergeometric representation is a bit more complicated.

$$H_n(x) = (2x)^n\ {}_2F_0\left({-n/2,(1-n)/2 \atop —};\ \frac{-1}{x^2}\right) \qquad [1.13]$$

and the orthogonality is

$$\begin{aligned}\int_{-\infty}^{\infty} H_n(x)H_m(x)e^{-x^2}\,dx &= 0, && m \neq n\\ &= 2^n n!\sqrt{\pi}, && m = n.\end{aligned} \qquad [1.14]$$

Sonine [47] considered the problem of finding all sets of orthogonal polynomials $\{P_n(x)\}_0^{\infty}$ whose derivatives $\{P'_{n+1}(x)\}_{n=0}^{\infty}$ are also orthogonal. From [1.6], Jacobi polynomials have this property. Laguerre and Hermite polynomials also do, since

$$\frac{d}{dx}L_n^{\alpha}(x) = -L_{n-1}^{\alpha+1}(x) \qquad [1.15]$$

and

$$\frac{d}{dx}H_n(x) = 2nH_{n-1}(x) \qquad [1.16]$$

Sonine [47] showed that up to a linear change of variables these are the only polynomials that have this property. Hahn [29] rediscovered this theorem. This was the first of a number of theorems that said that a set of orthogonal polynomials that satisfies a certain property is either the Jacobi, Laguerre or Hermite polynomials. The next theorem was found by Bochner [21]. He showed that if

$$A(x)y'' + B(x)y' + \lambda_n y = 0, \qquad n = 0,1,\ldots, \qquad [1.17]$$

where $A(x)$ and $B(x)$ are independent of n, λ_n is independent of x, and $y = p_n(x)$ is a polynomial of degree n which form a set of orthogonal polynomials, then $\{p_n(x)\}$ are either Jacobi polynomials, Laguerre polynomials or Hermite polynomials. By this we mean as before that there is a linear change of variables that gives one of these polynomial sets as defined above.

A third theorem was found by Tricomi [58]. Let a set of orthogonal polynomials $\{p_n(x)\}_0^\infty$ be given by

$$p_n(x) = \frac{K_n}{w(x)} \frac{d^n}{dx^n} [w(x)[T(x)]^n] \qquad [1.18]$$

where K_n is a constant, $T(x)$ is a polynomial in x whose coefficients are independent of n, and $w(x)$ is independent of n. Then $\{p_n(x)\}$ are either Jacobi, Laguerre or Hermite polynomials.

All of these theorems have often been interpreted to say that the only orthogonal polynomials that have many nice properties are Jacobi, Laguerre and Hermite polynomials. Fortunately before any of the above theorems were found, Tchebychef discovered another very important set of orthogonal polynomials that has nice extensions of [1.1], [1.6] and [1.8].

2. Further classical hypergeometric orthogonal polynomials.

Tchebychef [53] introduced polynomials orthogonal with respect to the uniform distribution on an equally spaced set of points. Rather than use his notation we will use the notation which is now standard. In a later paper [54], he gave a Rodrigues type formula, using a finite difference operator instead of a derivative. From this it is easy to find an explicit representation as a hypergeometric polynomial. Still later [55] he found a more general set of orthogonal polynomials. These polynomials are called Hahn polynomials and are now defined by

$$Q_n(x;\alpha,\beta,N) = {}_3F_2\left(\begin{matrix}-n,n+\alpha+\beta+1,-x\\ \alpha+1,-N\end{matrix};1\right) \qquad [2.1]$$

Their orthogonality relation is

$$\sum_{x=0}^{N} Q_n(x)Q_m(x)\frac{(\alpha+1)_x(\beta+1)_{N-x}}{x!(N-x)!} = 0, \qquad m \neq n \leq N \qquad [2.2]$$

If

$$\Delta f(x) := f(x+1) - f(x) \qquad [2.3]$$

then

$$\Delta Q_n(x;\alpha,\beta,N) = -\frac{n(n+\alpha+\beta+1)}{(\alpha+1)N} Q_{n-1}(x;\alpha+1,\beta+1,N-1). \qquad [2.4]$$

The Rodrigues type formula is

$$\binom{x+\alpha}{x}\binom{N-x+\beta}{N-x}\binom{N}{n} Q_n(x;\alpha,\beta,N) = \binom{n+\beta}{n}\Delta^n\left[\binom{x+\alpha}{\alpha+n}\binom{N-x+\beta+n}{\beta+n}\right] \qquad [2.5]$$

The Hahn polynomials contain Jacobi polynomials as limits.

$$\lim_{N\to\infty} Q_n(xN;\alpha,\beta,N) = \frac{P_n^{(\alpha,\beta)}(1-2x)}{P_n^{(\alpha,\beta)}(1)} \qquad [2.6]$$

They also contain three other important sets of orthogonal polynomials as limits

$$\lim_{\alpha\to\infty} Q_n(x;\alpha,\alpha(1-p)/p,N) = {}_2F_1(-n,-x;-N;p^{-1}) =: K_n(x;p,N) \qquad [2.7]$$

$$\lim_{N\to\infty} Q_n(x;\beta-1,(1-c)N/c,N) = {}_2F_1(-n,-x;\beta;1-c^{-1}) =: M_n(x;\beta,c) \qquad [2.8]$$

$$\lim_{N\to\infty} Q_n(x;N-1,N^2a^{-1},N) = {}_2F_0(-n,-x;-;-a^{-1}) =: C_n(x;a) \qquad [2.9]$$

These polynomials are called Krawtchouk, Meixner and Charlier polynomials respectively and their orthogonality relations are

$$\sum_{x=0}^{N} K_n(x;p,N)K_m(x;p,N)\binom{N}{x}p^x(1-p)^{N-x} = 0, \quad m\neq n\leq N,\ 0<p<1, \qquad [2.10]$$

$$\sum_{x=0}^{\infty} M_n(x;\beta,c)M_m(x;\beta,c)\frac{(\beta)_x}{x!}c^x = 0, \quad m\neq n,\ 0<c<1,\ \beta>0, \qquad [2.11]$$

$$\sum_{x=0}^{\infty} C_n(x;a)C_m(x;a)a^x/x! = 0, \quad m\neq n,\ a>0. \qquad [2.12]$$

There is one further set of orthogonal polynomials of this type. These polynomials were found by Meixner [38] when he solved the following problem.

Given two power series

$$A(z) = \sum_{n=0}^{\infty} a_n z^n, \qquad a_0 \neq 0,$$

$$B(z) = \sum_{n=1}^{\infty} b_n z^n, \qquad b_1 \neq 0,$$

find all sets of orthogonal polynomials $\{P_n(x)\}_{n=0}^N$ that come from the generating function

$$A(z)e^{xB(z)} = \sum_{n=0}^{N} p_n(x)z^n, \qquad N \leq \infty. \qquad [2.13]$$

Laguerre polynomials come from

$$(1-z)^{-\alpha-1} \exp(-xz/(1-z)) = \sum_{n=0}^{\infty} L_n^{\alpha}(x)z^n$$

Similarly Meixner, Krawtchouk, Charlier and Hermite polynomials have generating functions of the form [2.13]. Meixner found one further set of orthogonal polynomials, and stated the orthogonality relation. This set of polynomials was rediscovered and generalized by Pollaczek [40]. We call these Meixner-Pollaczek polynomials. They are given as

$$P_n^{(a)}(x;\varphi) = e^{in\varphi}\,{}_2F_1\left(\begin{matrix}-n, a+ix\\ 2a\end{matrix}; 1-e^{-2i\varphi}\right), \quad a>0, \quad 0<\varphi<\pi. \qquad [2.14]$$

Their orthogonality is

$$\int_{-\infty}^{\infty} P_n^{(a)}(x;\varphi)P_m^{(a)}(x;\varphi)e^{(2\varphi-\pi)x}|\Gamma(a+ix)|^2\,dx = 0, \quad m\neq n, \quad 0<\varphi<\pi, \qquad [2.15]$$

Some statisticians have called the weight function

$$w(x) = e^{(2\varphi-\pi)x}|\Gamma(a+ix)|^2$$

the Meixner hypergeometric distribution [35]. This is an inappropriate name. A better name is the continuous binomial distribution. Krawtchouk polynomials, Meixner polynomials and Meixner-Pollaczek polynomials are really the same polynomials, with different parameters, and a linear change of variables for the Meixner-Pollaczek polynomials. Krawtchouk polynomials are orthogonal with respect to the binomial distribution, Meixner polynomials are orthogonal with respect to the negative binomial distribution, so Meixner-Pollaczek polynomials should be orthogonal with respect to some type of binomial distribution. Since the distribution is absolutely continuous, the name "the continuous binomial distribution" is natural.

Toscano [57] found a Rodrigues type formula for the Meixner-Pollaczek polynomials using the operator

$$\delta f(x) = f(x + i/2) - f(x - i/2). \qquad [2.16]$$

Stieltjes [48] found another set of orthogonal polynomials from a continued fraction, and Carlitz extended them and gave an explicit orthogonality relation [22]. The polynomials are

$$p_n(x) = i^n \, {}_3F_2\left(\begin{matrix}-n, n+1, \gamma-ix \\ 1, 2\gamma\end{matrix}; 1\right), \quad 0 < \gamma < 1, \tag{2.17}$$

and the orthogonality is

$$\int_{-\infty}^{\infty} \frac{p_n(x)\, p_m(x)}{[\sin^2 \pi\gamma \quad \cosh^2 \pi x + \cos^2 \pi\gamma \quad \sinh^2 \pi x]} dx = 0, \quad m \neq n. \tag{2.18}$$

These polynomials were extended by Askey and Wilson [17] to

$$p_n(x) = i^n \, {}_3F_2\left(\begin{matrix}-n, n+2\alpha+2\gamma-1, \gamma-ix \\ \alpha+\gamma, 2\gamma\end{matrix}; 1\right) \tag{2.19}$$

and their orthogonality relation is

$$\int_{-\infty}^{\infty} p_n(x)\, p_m(x) \, |\Gamma(\alpha+ix)\Gamma(\gamma+ix)|^2 dx = 0, \quad m \neq n \tag{2.20}$$

$\alpha, \gamma > 0$. These polynomials have a Rodrigues formula, and they are the end of the polynomials that have a Rodrigues formula using a difference operator. However this is not the end of the classical polynomials. Two different extensions will be given in the next two sections.

3. Basic hypergeometric classical orthogonal polynomials.

A basic hypergeometric series is a series Σc_n with c_{n+1}/c_n a rational function of q^n with a fixed q. Define

$$\begin{aligned}(a;q)_n &= (1-a)(1-aq)\cdots(1-aq^{n-1}), \quad n = 1,2,\ldots, \\ &= 1, \quad n = 0.\end{aligned} \tag{3.1}$$

If $|q| < 1$ then

$$(a;q)_\infty = \prod_{k=0}^{\infty} (1-aq^k) \tag{3.2}$$

The basic hypergeometric series is best written as

$$\begin{aligned}&{}_{p+1}\varphi_{p+r}\left(\begin{matrix}a_0, \ldots a_p \\ b_1, \ldots, b_p\end{matrix}; q, t\right) \\ &= \sum_{k=0}^{\infty} \frac{(a_1;q)_k \cdots (a_p;q)_k (-1)^{kr} q^{rk(k-1)/2} \, t^k}{(b_1;q)_k \cdots (b_p;q)_k \quad (q;q)_k}\end{aligned} \tag{3.3}$$

Basic hypergeometric extensions of all of the polynomials in sections 1 and 2 exist. Sometimes there is more than one extension.

The first extension was found by Markov [37], and is an extension of the case $\alpha = \beta = 0$ of [2.1] that Tchebychef found in [53] and [54]. Rather than use Markov's notation we will use the one which is now standard.

$$Q_n(t;\ 1,1,N;\ q) = {}_3\Phi_2\left(\begin{matrix} q^{-n},\ q^{n+1},\ t;\ q,q \\ q;\ q^{-N} \end{matrix}\right) \qquad [3.4]$$

The orthogonality is

$$\sum_{x=0}^{N} Q_n(q^{-x})Q_m(q^{-x})q^{-x} = 0 \qquad m \neq n \leq N. \qquad [3.5]$$

The recurrence relation is a special case of a more general one which will be given in the next section.

The next two examples were published in the same year. Rogers [42] considered the polynomials whose recurrence relation is

$$2xH_n(x|q) = H_{n+1}(x|q) + (1-q^n)H_{n-1}(x|q) \qquad [3.6]$$

He used these polynomials to find the Rogers-Ramanujan identities

$$\frac{1}{(q;q^5)_\infty(q^4;q^5)_\infty} = \sum_{n=0}^{\infty} \frac{q^{n^2}}{(q;q)_n} \qquad [3.7]$$

$$\frac{1}{(q^2;q^5)_\infty(q^3;q^5)_\infty} = \sum_{n=0}^{\infty} \frac{q^{n^2+n}}{(q;q)_n} \qquad [3.8]$$

and a number of other interesting results, but he was not aware that these polynomials are orthogonal. The orthogonality when $-1 < q < 1$ was stated by Szegö [51]. It is

$$\int_{-1}^{1} H_n(x|q)H_m(x|q) \prod_{k=0}^{\infty} [1 - 2(2x^2-1)q^k + q^{2k}](1-x^2)^{-\frac{1}{2}}dx = 0,\ m\neq n \quad [3.9]$$

In the next year Rogers [43] considered an extension. These polynomials satisfy

$$2x(1-\beta q^n)C_n(x;\ \beta|q) = (1-q^{n+1})C_{n+1}(x;\ \beta|q) + (1-\beta^2q^{n-1})C_{n-1}(x;\ \beta|q). \qquad [3.10]$$

Rogers knew these polynomials extend the symmetric Jacobi polynomials $P_n^{(\alpha,\alpha)}(x)$ and found a number of very important results for them. The orthogonality was found in the late 1970's by Askey and Wilson [18], and other proofs have been given by Askey and Ismail [11], [12]. When $-1 < q, \beta < 1$ the orthogonality is

$$\int_{-1}^{1} C_n(x;\beta|q)C_m(x;\beta|q) \prod_{k=0}^{\infty} \left[\frac{1-2(2x^2-1)q^k+q^{2k}}{1-2(2x^2-1)\beta q^k+\beta^2 q^{2k}}\right] \frac{dx}{\sqrt{1-x^2}} = 0$$

$$m \neq n. \qquad [3.11]$$

Also in 1894 Stieltjes [49] found a continued fraction that gives an interesting set of orthogonal polynomials. Wigert [59] generalized these polynomials (Stieltjes had them for one value of q, Wigert for general q), found an explicit representation as a series, and gave one orthogonality relation. These polynomials can be defined by

$$\begin{aligned} p_n(x) &= \sum_{k=0}^{n} \frac{(q^{-n};q)_k}{(q;q)_k} q^{k^2/2}(q^{n+1}x)^k \\ &= {}_1\varphi_1\left(\begin{matrix} q^{-n} \\ 0 \end{matrix}; q, -q^{n+\frac{3}{2}}x\right) \end{aligned} \qquad [3.12]$$

and Wigert's orthogonality is

$$\int_0^{\infty} p_n(x)p_m(x)w(x)\,dx = 0, \qquad m \neq n,$$

$$w(x) = \exp(-k^2 \log^2 x), \qquad q = \exp(-(2k^2)^{-1}) \qquad [3.13]$$

The moment problem is indeterminate, so there are many different measures which give the orthogonality relation [3.13]. Two more are

$$w(x) = [(-q^{\frac{1}{2}}x;q)_{\infty}(-q^{\frac{1}{2}}x^{-1};q)_{\infty}]^{-1}$$

with respect to Lebesgue measure, and the same function with respect to the measure $d_q x$ defined by

$$\int_0^{\infty} f(x)\,d_q x = (1-q) \sum_{n=-\infty}^{\infty} f(q^n)q^n$$

See [8].

Geronimus [28] considered the following problem. Given real points $x_1, x_2, \ldots,$ form

$$w_k(x) = \prod_{j=1}^{k} (x-x_j)$$

Define a set of polynomials $\{p_n(x)\}$ by

$$p_n(x) = \sum_{k=0}^{n} a_{n-k}b_k w_k(x) \qquad [3.14]$$

with $b_n \neq 0$, $a_0 \neq 0$. He found necessary and sufficient conditions on the coefficients a_k and b_k for $\{p_n(x)\}$ to be a set of orthogonal polynomials. These conditions were not simple enough for him to find explicitly all the polynomials, but he found many examples. These include the Stieltjes-Wigert polynomials, a different q-extension of Hermite polynomials than that of Rogers, and a set of polynomials which could be called q-Charlier polynomials.

Probably the most important characterization theorem was found by Hahn [30]. It was so important because he found a number of new polynomials and facts about them. He considered a q-extension of the derivative as

$$D_q f(x) = \frac{f(qx) - f(x)}{(q-1)x} \qquad [3.15]$$

and looked for all sets of orthogonal polynomials that satisfy one of five conditions. The first is that a set of orthogonal polynomials $\{p_n(x)\}$ has associated to it another set of orthogonal polynomials $\{q_n(x)\}$ that satisfies

$$D_q p_n(x) = c_n q_{n-1}(x) \qquad [3.16]$$

for a sequence of coefficients c_n.

The second condition is that a set of orthogonal polynomials satisfies a second order q-difference equation:

$$(a_{11}x^2+a_{12}x+a_{13})D_q^2 y + (a_{21}x+a_{22})D_q y + a_3 y = 0 \qquad [3.17]$$

The third condition is that there is a Rodrigues type formula. This time it takes the form

$$\pi(x)p_n(x) = D_q^n[f_1(x)f_2(x)\dots f_n(x)\pi(x)], \qquad f_i(x) = f_{i+1}(qx) \qquad [3.18]$$

where $\pi(x)$ and $f_1(x)$ are independent of n.

Hahn introduced two other conditions which were stated correctly in the body of the paper but in too abbreviated a form in the introduction. The first is that the orthogonal polynomials have a series representation of the form

$$p_n(x) = \sum_{k=0}^{n} a_{n,k}\varphi_k(x) \qquad [3.19]$$

where $\varphi_k(x) = x^k$ or $\varphi_k(x) = (x;\, q)_k$ and the coefficients $a_{n,k}$ satisfy

$$h_1(n,k)a_{n,k} = h_2(n,k)a_{n,k-1}$$

with h_1 and h_2 polynomials in q^n and q^k.

The last condition Hahn introduced dealt with moments. If the orthogonality relation is

$$\int_{-\infty}^{\infty} p_n(x)\,p_m(x)\,dx(x) = 0, \quad m \neq n,$$

and the moments M_n are defined by

$$\int_{-\infty}^{\infty} \varphi_n(x)\,dx\,(x) = M_n, \quad \varphi_n(x) = x^n \quad \text{or} \quad \varphi_n(x) = (x;q)_n \qquad [3.20]$$

then

$$\frac{M_n}{M_{n-1}} = \frac{a+bq^n}{c+dq^n}, \quad ad - bc \neq 0, \quad n = 1,2,\ldots,N, \quad N \leq \infty. \qquad [3.21]$$

All of these conditions lead to the same set of orthogonal polynomials. The most general one is

$$Q_n(x;a,b,N:q) = {}_3\varphi_2\left(\begin{matrix} q^{-n}, q^{n+1}ab, x \\ aq, q^{-N} \end{matrix}; q,q\right), \quad n = 0,1,\ldots,N, \qquad [3.22]$$

or

$$P_n(x;a,b,c:q) = {}_3\varphi_2\left(\begin{matrix} q^{-n}, q^{n+1}ab, x \\ aq, cq \end{matrix}; q,q\right), \quad n = 0,1,\cdots. \qquad [3.23]$$

The orthogonality for [3.22] is

$$\sum_{x=0}^{N} Q_n(q^{-x})\,Q_m(q^{-x}) \frac{aq;q)_x (bq;q)_{N-x}}{(q;q)_x (q;q)_{N-x}} \frac{1}{(aq)^x} = 0, \quad m \neq n \leq N, \qquad [3.24]$$

as can be seen easily by setting $d = 0$ in the more general orthogonality relation [4.14], which was proved in [16] and will be commented on in the next section. When $a = b = 1$ this reduces to the orthogonality [3.5] Markov found [37].

We worked out the orthogonality relation for [3.23] in 1976 but have not published it yet. This seems to be an appropriate place to give it. To state it in a way that is relatively easy to remember recall the q-integral which was introduced independently by Thomae [56] and Jackson [33].

$$\int_0^a f(x)\,d_q x = a(1-q) \sum_{n=0}^{\infty} f(aq^n)\,q^n \qquad [3.25]$$

and

$$\int_{-d}^{c} f(x)\,d_qx = \int_{0}^{c} f(x)\,d_qx - \int_{0}^{-d} f(x)\,d_qx \qquad [3.26]$$

A q-beta integral put on the interval $[-d,c]$ is

$$\int_{-d}^{c} \frac{(-qx/d;q)_\infty(qx/c;q)_\infty}{(-q^{\beta+1}x/d;q)_\infty(q^{\alpha+1}x/c;q)_\infty}\,d_qx$$

$$= \frac{cd(1-q)(q;q)_\infty(q^{\alpha+\beta+2};q)_\infty(-d/c;q)_\infty(-c/d;q)_\infty}{(c+d)(q^{\alpha+1};q)_\infty(q^{\beta+1};q)_\infty(-q^{\alpha+1}d/c;q)_\infty(-q^{\beta+1}c/d;q)_\infty} = M \qquad [3.27]$$

See [5]. This is also a special case of an identity of Sears [44], as pointed out by Al-Salam and Verma [4].

The orthogonality of the polynomials $p_n(x)$ defined by [3.23] can be obtained as follows. One wants to have the variable in [3.27] normalized so it can be absorbed in part of the weight function. We will take it as $xq^{\alpha+1}/c$. It is not clear what the best normalization for the polynomials is, so we will take one that is similar to the standard one for Jacobi polynomials.

$$P_n^{(\alpha,\beta)}(x;c,d:q) = c^n q^{-(\alpha+1)n}\frac{(q^{\alpha+1};q)_n(-q^{\alpha+1}d/c;q)_n}{(q;q)_n(-q;q)_n}$$

$${}_3\varphi_2\left(\begin{matrix} q^{-n},\ q^{n+\alpha+\beta+1},\ xq^{\alpha+1}/c \\ q^{\alpha+1},\ -q^{\alpha+1}d/c \end{matrix}; q,q\right) \qquad [3.28]$$

Then

$$\int_{-d}^{c} P_n^{(\alpha,\beta)}(x;c,d:q)\left(\frac{-qx^{\beta+1}}{d};q\right)_k \frac{(qx/c;q)_\infty(-qx/d;q)_\infty}{(q^{\alpha+1}x/c;q)_\infty(-q^{\beta+1}x/d;q)_\infty}\,d_qx$$

$$= \frac{c^n q^{-(\alpha+1)n}(q^{\alpha+1};q)_n(-q^{\alpha+1}d/c;q)_n}{(q;q)_n(-q;q)_n}\sum_{j=0}^{n}\frac{(q^{-n};q)_j(q^{n+\alpha+\beta+1};q)_j q^j}{(q^{\alpha+1};q)_j(-q^{\alpha+1}d/c;q)_j(q;q)_j}$$

$$\int_{-d}^{c}\frac{(qx/c;q)_\infty(-qx/d;q)_\infty}{(q^{\alpha+j+1}x/c;q)_\infty(-q^{\beta+k+1}x/d;q)_\infty}\,d_qx$$

$$= \frac{c^n q^{-(\alpha+1)n}cd(-d/c;q)_\infty(-c/d;q)_\infty(1-q)(q;q)_\infty(q^{\alpha+\beta+k+2};q)_\infty}{(q;q)_\infty(-q;q)_\infty(c+d)(q^{\alpha+n+1};q)_\infty(q^{\beta+k+1};q)_\infty(-q^{\alpha+n+1}d/c;q)_\infty(-q^{\beta+k+1}c/d;q)_\infty}$$

$$\cdot \sum_{j=0}^{n}\frac{(q^{-n};q)_j(q^{n+\alpha+\beta+1};q)_j}{(q^{k+\alpha+\beta+2};q)_j(q;q)_j}\,q^j .$$

This series can be summed, since

$$ {}_2\varphi_1\left(\begin{matrix} q^{-n}, a \\ c \end{matrix}; q, q\right) = \frac{(\frac{c}{a};q)_n}{(c;q)_n} a^n , \qquad [3.29] $$

and the resulting value for the integral is a multiple of $(q^{1+k-n};q)_n$ which vanishes when $k = 0,1,\ldots,n-1$. When all the constants are carried through we see that

$$ \int_{-d}^{c} P_n^{(\alpha,\beta)}(x;c,d:q)P_m^{(\alpha,\beta)}(x;c,d:q)\frac{(qx/c;q)_\infty(-qx/d;q)_\infty}{(q^{\alpha+1}x/c;q)_\infty(-q^{\beta+1}x/d;q)_\infty} d_qx = 0 \qquad m \neq n $$

$$ = \frac{(cd)^n q^{\binom{n}{2}}(q^{\alpha+1};q)_n(q^{\beta+1};q)_n(1-q^{\alpha+\beta+1})(-q^{\beta+1}c/d;q)_n(-q^{\alpha+1}d/c;q)_n}{(q^{\alpha+\beta+1};q)_n(q;q)_n(1-q^{2n+\alpha+\beta+1})(-q;q)_n(-q;q)_n} M, \qquad m=n \qquad [3.30] $$

where M is defined in [3.27].

If $w(x;\alpha,\beta;c,d)$ denotes the weight function,

$$ w(-x;\alpha;\beta;c,d) = w(x;\beta,\alpha;d,c) \qquad [3.31] $$

so there is a symmetry relation forced on $P_n^{(\alpha,\beta)}(x;c,d:q)$. It is

$$ P_n^{(\alpha,\beta)}(-x;c,d:q) = (-1)^n P_n^{(\beta,\alpha)}(x;d,c:q) \qquad [3.32] $$

When $c = d = 1$ we have

$$ \lim_{q\to 1} P_n^{(\alpha,\beta)}(x;c,d:q) = P_n^{(\alpha,\beta)}(x). \qquad [3.33] $$

The one set of polynomials Hahn treated in some detail were a different set of q-Jacobi polynomials. Define

$$ p_n^{(\alpha,\beta)}(x:q) = \frac{(q^{\alpha+1};q)_n}{(q;q)_n}\, {}_2\varphi_1\left(\begin{matrix} q^{-n}, q^{n+\alpha+\beta+1} \\ q^{\alpha+1} \end{matrix}; q, qx\right). \qquad [3.34] $$

Then the same type of argument shows that

$$ \int_0^1 p_n^{(\alpha,\beta)}(x:q)\, p_m^{(\alpha,\beta)}(x:q)\, x^\alpha \frac{(xq;q)_\infty}{(xq^{\beta+1};q)_\infty} d_qx = 0, \qquad m \neq n, \quad \alpha > -1. \qquad [3.35] $$

From the explicit formulas [3.28] and [3.34] and the symmetry relation [3.32] we have

$$ P_n^{(\alpha,\beta)}(x;1,0:q) = $$

$$= (-1)^n \frac{q^{n(n-1)/2}(q^{\beta+1};q)_n}{(q;q)_n(-q;q)_n} \; {}_2\varphi_1\left(\begin{matrix} q^{-n}, q^{n+\alpha+\beta+1} \\ q^{\beta+1} \end{matrix}; q, qx\right)$$

$$= \frac{(-1)^n q^{n(n-1)/2}}{(-q;q)_n} p_n^{(\beta,\alpha)}(x;q) \qquad [3.36]$$

When we worked out the orthogonality relation [3.30] we did not know about a set of q-Jacobi polynomials whose weight function is absolutely continuous, and so named these two classes of Jacobi polynomials the big q-Jacobi polynomials (for $P_n^{(\alpha,\beta)}(x:q)$) and the little q-Jacobi polynomials (for $p_n^{(\alpha,\beta)}(x:q)$). We do not have a better name, but are open to suggestions.

There is another connection between some of these two classes of polynomials. The ultraspherical or symmetric Jacobi polynomials are an important subclass of Jacobi polynomials. These are $P_n^{(\alpha,\alpha)}(x)$, or under a different normalization

$$C_n^\lambda(x) = \frac{(2\lambda)_n}{(\lambda+\frac{1}{2})_n} P_n^{(\lambda-\frac{1}{2}\lambda-\frac{1}{2})}(x) \qquad [3.27]$$

Probably the most important q extension of $C_n^\lambda(x)$ is the one found by Rogers [43] (see [3.10]), so we will not renormalize the symmetric big q-Jacobi polynomials. There are a pair of quadratic transformations connecting some Jacobi polynomials.

$$P_{2n}^{(\alpha,\alpha)}(x) = \frac{(\alpha+1)_{2n} n!(-1)^n}{(2n)!(\alpha+1)_n} P_n^{(-\frac{1}{2},\alpha)}(1-2x^2) \qquad [3.38]$$

$$P_{2n+1}^{(\alpha,\alpha)}(x) = \frac{(\alpha+1)_{2n+1} n!(-1)^n}{(2n+1)!(\alpha+1)_n} xP_n^{(\frac{1}{2},\alpha)}(1-2x^2) \qquad [3.39]$$

A q-extension is

$$P_{2n}^{(\alpha,\alpha)}(x;1,1:q) = P_{2n}^{(\alpha,\alpha)}(x;q) = c_n p_n^{(-\frac{1}{2},\alpha)}(x^2:q^2) \qquad [3.40]$$

and

$$P_{2n+1}^{(\alpha,\alpha)}(x;1,1:q) = P_{2n+1}^{(\alpha,\alpha)}(x;q) = d_n x p_n^{(\frac{1}{2},\alpha)}(x^2:q^2) \qquad [3.41]$$

where the coefficients c_n and d_n can be found by setting $x = 1$.

A q-extension of Meixner's class of polynomials was found by Al-Salam and Chihara [3]. Recall that Meixner found all sets of orthogonal polynomials generated by

$$f(r)e^{xg(r)} = \sum_{n=0}^{\infty} p_n(x)r^n \qquad [3.42]$$

with $f(r)$ and $g(r)$ functions analytic in a neighborhood of $r = 0$, $f(0) \neq 0$, $g(0) = 0$, $g'(0) \neq 0$. It is not clear how to find a q-extension of the function on the left hand side, but after all such orthogonal polynomials have been found one can look for other properties they have in common. One is the following. These polynomials come in five different classes. One is Hermite polynomials, and the generating function for them is

$$\sum_{n=0}^{\infty} \frac{H_n(x) r^n}{n!} = e^{2xr-r^2} \qquad [3.43]$$

From this it is easy to see that

$$\sum_{k=0}^{n} \binom{n}{k} H_k(x) H_{n-k}(y) = 2^{\frac{n}{2}} H_n((x+y)2^{-\frac{1}{2}})$$

The other classes have a generating function of the form

$$\sum_{n=0}^{\infty} p_n^{\lambda}(x) r^n = [h(r)]^{\lambda} e^{xg(r)} \qquad [3.44]$$

and so satisfy

$$\sum_{k=0}^{n} p_k^{\lambda}(x) p_{n-k}^{\mu}(y) = p_n^{\lambda+\mu}(x+y) \qquad [3.45]$$

Al-Salam and Chihara solved the following problem. Given two sets of orthogonal polynomials $\{p_n(x)\}$ and $\{q_n(x)\}$ form

$$\sum_{k=0}^{n} p_k(x) q_{n-k}(y) = Q_n(x,y). \qquad [3.46]$$

They found all such sets with $\{Q_n(x,y)\}$ a set of orthogonal polynomials in x for an infinite number of y. The polynomials can be normalized so their generating function is

$$\sum_{n=0}^{\infty} p_n(x) r^n = \prod_{n=0}^{\infty} \frac{(1-arq^n+br^2q^{2n})}{(1-xrq^n+cr^2q^{2n})} \qquad [3.47]$$

when $|q| < 1$, and a similar infinite product with q replaced by q^{-1} when $|q| > 1$. Descriptions of these polynomials will be given in section 4.

After the generating function [3.47] has been found it is clear what generating function to consider as an extension of Meixner's series [3.44]. We state the following conjecture.

Conjecture. If $f(r)$ and $h(r)$ are functions analytic in a circle about zero, $f(0) \neq 0$, $h(0) = 0$, $h'(0) \neq 0$, and if polynomials $\{p_n(x)\}$ are defined by

$$f(r) \prod_{n=0}^{\infty} (1-xh(q^n r))^{-1} = \sum_{n=0}^{\infty} p_n(x) r^n \qquad [3.48]$$

for a q, $-1 < q < 1$, they are orthogonal if and only if $f(r)$ and $h(r)$ can be renormalized to be

$$f(r) = \prod_{n=0}^{\infty} (1 - arq^n + br^2 q^{2n})/(1 + cr^2 q^{2n})$$

and

$$h(r) = r(1 + cr^2)^{-1}$$

for appropriate real parameters a, b and c.

Some other examples of classical orthogonal polynomials which are basic hypergeometric functions have been found.

Hahn [31] found a set dual to [3.22] and [3.23], but did not give the orthogonality. Al-Salam and Carlitz [2] found two sets of orthogonal polynomials. These arose again in the following problem solved by Chihara [23]. He looked at the problem of Geronimus when the x_i are all equal. Thus he wanted to find all sets of orthogonal polynomials of the form

$$p_n(x) = \sum_{k=0}^{n} a_{n-k} b_k x^k , \qquad [3.49]$$

or equivalently all polynomials which have a generating function of the form

$$A(r)B(xr) = \sum_{n=0}^{\infty} p_n(x) r^n \qquad [3.50]$$

with $A(r)$ and $B(r)$ analytic in a neighborhood of $r = 0$ and $A(0) \neq 0$, $B(0) \neq 0$. See [24, Chapter 5.5] for a description of these polynomials. Many of these polynomials are "classical", and the rest are closely related to classical polynomials.

4. The final sets of classical orthogonal polynomials.

This section is titled in a very strong way, and we hope that someone will come along and prove we are wrong, just as has happened to everyone else who has tried to characterize the classical polynomials.

They have always had too small a class. We could pull the most general sets of classical polynomials out of the air, as they seemed to arise in [16] and [18]. Another way would be to start with Leonard's characterization theorem, which is one good reason for the title of this section. However this seems to be a reasonable place to record how these polynomials were discovered. We have been writing a book on this material since 1976, and in an early draft of one chapter one of us was looking for a representation of the polynomials $Q_n(x;\alpha,\alpha,N)$ which would be obviously symmetric, since their weight function $\binom{x+\alpha}{x}\binom{N-x+\alpha}{N-x}$ is symmetric about $x = N/2$. He integrated a $_2F_1$ quadratic transformation to obtain such a formula, and the resulting series was a $_4F_3$ rather than a $_3F_2$. He gave this to a student, J. Wilson, with the suggestion that something more could be found at the $_4F_3$ level. Wilson [60] then found the following two sets of orthogonal polynomials.

$$R_n(\lambda(x);\alpha,\beta,\gamma,\delta) = {}_4F_3\left(\begin{matrix}-n,\ n+\alpha+\beta+1,\ -x,\ x+\gamma+\delta+1\\ \alpha+1,\ \beta+\delta+1,\ \gamma+1\end{matrix};1\right) \qquad [4.1]$$

When $\beta+\delta+1 = -N$, N a positive integer, then

$$\sum_{x=0}^{N} R_n(\lambda(x))R_m(\lambda(x))\frac{(\gamma+\delta+1)_x\left(\frac{\gamma+\delta+3}{2}\right)_x(\alpha+1)_x(-N)_x(\gamma+1)_x}{x!\left(\frac{\gamma+\delta+1}{2}\right)_x(\gamma+\delta-\alpha+1)_x(N+\gamma+\delta+2)_x(\delta+1)_x} = 0, \qquad [4.2]$$

$m \neq n \leq N$. Here $\lambda(x) = x(x+\gamma+\delta+1)$. $R_n(\lambda(x))$ is a polynomial of degree $2n$ in x, but of degree n in $\lambda(x)$.

$$\frac{W_n(x^2;a,b,c,d)}{(a+b)_n(a+c)_n(a+d)_n} = {}_4F_3\left(\begin{matrix}-n,\ n+a+b+c+d-1,\ a+ix,\ a-ix\\ a+b,\ a+c,\ a+d\end{matrix};1\right) \qquad [4.3]$$

When $a,b,c,d > 0$ or if any of the parameters are complex they occur in conjugate pairs and have positive real parts, then

$$\int_0^\infty W_n(x^2)W_m(x^2)\left|\frac{\Gamma(a+ix)\Gamma(b+ix)\Gamma(c+ix)\Gamma(d+ix)}{\Gamma(2ix)}\right|^2 dx = 0, \quad m\neq n. \qquad [4.4]$$

See Wilson [61]. After these relations were found, and a more general orthogonality which contains both but loses the positivity of the weight function, L. Durand asked what was the connection between [4.2] and Racah's orthogonality of 6-j symbols of angular momentum theory. It turns out they are the same, except Racah's representation of the 6-j symbols has to be transformed using the following transformation formula of Whipple to obtain a polynomial times part of the weight function. Whipple's symmetry for balanced $_4F_3$ can be obtained from [4.3] and [4.4]. The polynomials defined in [4.3] are obviously symmetric in b, c and d, while the weight function in [4.4] is symmetric in a, b, c and d. Thus the polynomials in [4.3] are also symmetric in a and b, at least up to a factor independent of x. The extra factors $(a+b)_n(a+c)_n(a+d)_n$ were chosen to make this constant one.

After these polynomials were found it was a simple task to find a basic hypergeometric extension of [4.1], [4.2] and [4.3], and the only problem in extending [4.4] was to show that

$$\frac{1}{2\pi}\int_0^{\pi} \left|\frac{(e^{2i\theta};q)_\infty}{(ae^{i\theta};q)_\infty(be^{i\theta};q)_\infty(ce^{i\theta};q)(de^{i\theta};q)_\infty}\right|^2 d\theta$$

$$= \frac{(abcd;q)_\infty}{(q;q)_\infty(ab;q)_\infty(ac;q)_\infty(ad;q)_\infty(bc;q)_\infty(bd;q)_\infty(cd;q)} \qquad [4.5]$$

when a, b, c and d are real and in absolute value less than one, and a more general contour integral in the general case. This was surprisingly hard, and it has taken over five years before relatively simple ways of evaluating this integral were found. Wilson's very ingenious elliptic function argument, which was the only hard part of the first derivation, is in [18]; and later proofs are given in [7] and [41]. The easiest evaluation was just found by Ismail and Stanton [32].

Before stating Leonard's theorem, we mention a classical theorem that was used to obtain many of the characterization theorems. Every set of orthogonal polynomials satisfies a three term recurrence relation of the form

$$xp_n(x) = A_np_{n+1}(x) + B_np_n(x) + C_np_{n-1}(x), \qquad [4.6]$$

with A_n, B_n, C_n real and $A_{n-1}C_n > 0$. Conversely if [4.6] holds, $p_{-1}(x) = 0$, $p_0(x) = 1$, A_n, B_n and C_n are real and $A_{n-1}C_n > 0$ then $\{p_n(x)\}$ is a set of orthogonal polynomials. There is at least one positive measure $d\alpha(x)$ so that

$$\int_{-\infty}^{\infty} p_n(x)p_m(x)\,d\alpha(x) = 0, \quad m \neq n. \qquad [4.7]$$

If $A_{n-1}C_n > 0$ for $n = 1,2,\ldots,$ then [4.7] holds for $m,n = 0,1,\ldots$. If $A_{n-1}C_n > 0$ for $n = 1,2,\ldots,N,$ then [4.7] holds for $m,n = 0,1,\ldots,N$. There are some very important examples where only the first $N+1$ polynomials are orthogonal with respect to a positive measure.

The above result is often attributed to Favard, but it was published earlier. See references in [6]. This is an easy theorem, and many mathematicians know everything that is needed to prove it. The three term recurrence relation is a discrete analogue of a Sturm-Liouville two point boundary value problem, with the boundary values $p_{-1}(x) = 0$, $p_{N+1}(x) = 0$. This could be extended to a radiation condition, but it is the appropriate condition for discrete classical orthogonal polynomials. Just as in the classical Sturm-Liouville theory, the eigenfunctions are orthogonal. In this case the orthogonality is

$$\sum_{n=0}^{N} p_n(x_{k,n})p_n(x_{j,w})k_n = \delta_{j,k}/w_k \qquad [4.8]$$

where $x_{j,N}$ are the zeros of $p_{N+1}(x_{j,N})$ and k_n and w_n can be found, k_n easily from the recurrence relation, w_n with a bit more difficulty. Then

$$\{p_n(x_{j,N})k_j^{\frac{1}{2}}\, w_n^{\frac{1}{2}}\}_{j,n=0}^{N}$$

is an orthogonal matrix, so

$$\sum_{j=0}^{N} p_n(x_{j,N})p_m(x_{j,n})w_j = \delta_{m,n}/k_n \qquad [4.9]$$

Then $w_j > 0$, and $\sum w_j = k_0^{-1}$, so there is a subsequence N_r and a positive measure $d\alpha(x)$ with

$$\int_{-\infty}^{\infty} p_n(x)p_m(x)d\alpha(x) = \lim_{N_r\to\infty} \sum_{k=0}^{N_r} p_n(x_{k,N_r})p_m(x_{k,N_r})w_k = 0,\ m\neq n. \qquad [4.10]$$

Observe that the first orthogonality relation obtained is usually not for a set of polynomials, for there is no reason for $p_n(x_{k,n})$ to be a polynomial of degree k. However there are a number of important examples where it is. One example is the Krawtchouk polynomial [2.7]

$$K_n(x;p,N) = {}_2F_1(-n, -x; -N; p^{-1}).$$

This is a polynomial of degree n in x, and of degree x in n. In fact these polynomials are symmetric:

$$K_n(x;p,N) = K_x(n;p,N), \quad x,n = 0,1,\ldots,N.$$

As we remarked, Hahn [30] found the polynomials $Q_n(x;\alpha,\beta;N:q)$ [3.22], but did not find their orthogonality. If he had worked out the orthogonality he could have found the orthogonality for

$$R_n(\lambda(x);\gamma,\delta,N:q) = {}_3\varphi_2\left(\begin{matrix} q^{-n}, q^{-x}, q^{x+\gamma+\delta+1} \\ q^{\gamma+1}, q^{-N} \end{matrix} ;q,q\right) \qquad [4.11]$$

$\lambda(x) = q^{-x} + q^{x+\gamma+\delta+1}$, since

$$R_n(\lambda(x);\gamma,\delta,N:q) = Q_x(q^{-n};\gamma,\delta,N:q) \qquad [4.12]$$

and the orthogonality for $R_n(\lambda(x))$ follows from that of $Q_n(q^{-x})$ via the argument above. Hahn discovered the polynomials $R_n(\lambda(x))$ [31], but did not find their orthogonality relation.

One can ask what orthogonal polynomials $p_n(\lambda(x))$ have the property that they are polynomials of degree x in a variable $\mu(n)$. It is necessary to introduce $\lambda(x)$ and $\mu(n)$ to include [3.22] and [4.11]. Leonard [36] proved that if the orthogonality is on at least nine points then these polynomials are the q-Racah polynomials (the q-extensions of [4.1]) or one of their limiting or special cases. Another proof is in [20]. These polynomials are

$$R_n(\lambda(x);a,b,c,d;q) = {}_4\varphi_3\left(\begin{matrix} q^{-n}, q^{n+1}ab, q^{-x}, q^{x+1}cd \\ aq, bdq, cq \end{matrix} ; q,q\right). \qquad [4.13]$$

$\lambda(x) = q^{-x} + q^{x+1}cd$ and $bdq = q^{-N}$. The orthogonality is

$$\sum_{x=0}^{N} R_n(\lambda(x))R_m(\lambda(x))w(x) = \delta_{m,n}/k_n, \quad n,m = 0,1,\ldots,N, \qquad [4.14]$$

$$w(x) = \frac{(cdq;q)_x(1-cdq^{2x+1})(aq;q)_x(bdq;q)_x(cq;q)_x}{(q;q)_x(1-cdq)(cdqa^{-1};q)_x(cqb^{-1};q)_x(dq;q)_x}(abq)^{-x} \qquad [4.15]$$

$$k_n = \frac{(abq;q)_n(1-abq^{2n+1})(cq;q)_n(bdq;q)_n(aq;q)_n(cdq)^{-n}}{(q;q)_n(1-abq)(abqc^{-1};q)_n(aqd^{-1};q)_n(bq;q)_n} \qquad [4.16]$$

$$\frac{(a^{-1}cdq;q)_\infty(b^{-1}cq;q)_\infty(dq;q)_\infty(a^{-1}b^{-1}q^{-1};q)_\infty}{(cdq^2;q)_\infty(a^{-1}b^{-1}c;q)_\infty(a^{-1}d;q)_\infty(b^{-1};q)_\infty}$$

The infinite products in k_n can also be written as

$$\frac{(bq;q)_N(abq/c;q)_N}{(b/c;q)_N(abq^2;q)_N} \quad \text{when} \quad d = q^{-N-1}b^{-1}.$$

This orthogonality relation is in [16]. The recurrence relation given there is

$$-(1-q^{-x})(1-q^{x+1}cd)R_n(\lambda(x)) = A_nR_{n+1}(\lambda(x)) - (A_n + C_n)R_n(\lambda(x)) + C_nR_{n-1}(\lambda(x)) \quad [4.17]$$

$$A_n = \frac{(1-abq^{n+1})(1-aq^{n+1})(1-bdq^{n+1})(1-cq^{n+1})}{(1-abq^{2n+1})(1-abq^{2n+2})}$$

$$C_n = \frac{q(1-q^n)(1-bq^n)(c-abq^n)(d-aq^n)}{(1-abq^{2n})(1-abq^{2n+1})}$$

A nice use of these polynomials is given by Perlstadt [39].

The absolutely continuous version of these polynomials is

$$\frac{a^nW_n(x;a,b,c,d|q)}{(ab;q)_n(ac;q)_n(ad;q)_n} = {}_4\varphi_3\left(\begin{matrix}q^{-n}, q^{n-1}abcd; ae^{i\theta}, ae^{-i\theta} \\ ab, ac, ad\end{matrix};q,q\right) \quad [4.18]$$

$x = \cos\theta$, and when $-1 < a,b,c,d,q < 1$ the orthogonality is

$$\int_{-1}^{1} W_n(x)W_m(x)\,\frac{h(x,1)h(x,q^{\frac{1}{2}})h(x,-1)h(x,-q^{\frac{1}{2}})\,dx}{h(x,a)h(x,b)h(x,c)h(x,d)(1-x^2)^{\frac{1}{2}}} = \delta_{m,n}/k_n \quad [4.19]$$

and $$h(x,a) = (ae^{i\theta};q)_\infty(ae^{-i\theta};q)_\infty$$

These polynomials are classical polynomials since they have a Rodrigues type formula, an appropriate divided difference operator acting on them gives a set of orthogonal polynomials, and they satisfy a second order difference equation in x which is of Sturm-Liouville type. These are all given for the polynomials $W_n(x)$ in [18]. Wilson [60] found these results for the ${}_4F_3$ orthogonal polynomials in his thesis but has not published them yet. The connections between 6-j symbols and orthogonal polynomials, including a Rodrigues formula, are starting to be rediscovered by physicists. See [46] and [50].

Askey and Wilson closed [18] with a chart of the classical orthogonal polynomials which can be given as hypergeometric series. It is too early to give the corresponding chart or charts for the basic hypergeometric classical orthogonal polynomials, but there are some gaps in these still undrawn charts that can be filled. One concerns the dual q-Hahn polynomials when $q > 1$. These polynomials can be given as

$$Q_n(\mu(x)) = Q_n(\mu(x);a,c,d;q) = {}_3\varphi_2\left(\begin{matrix}q^{-n}, q^{-x}, q^{x+1}d \\ aq, cq\end{matrix}; q,q\right). \quad [4.20]$$

$\mu(x) = q^{-x} + q^{x+1}d$ and their recurrence relation is

$$-(1-q^{-x})(1-q^{x+1}d)Q_n(\mu(x)) = A_nQ_{n+1}(\mu(x)) - (A_n+C_n)Q_n(\mu(x)) + C_nQ_{n-1}(\mu(x)) \quad [4.21]$$

$$A_n = (1-cq^{n+1})(1-aq^{n+1})$$

$$C_n = q(1-q^n)(d-acq^n).$$

One orthogonality relation is

$$\sum_{x=0}^{\infty} Q_n(\mu(x))Q_m(\mu(x))w(x) = 0, \quad m \neq n$$

$$w(x) = \frac{(dq;q)_x(1-dq^{2x+1})(aq;q)_x(cq;q)_x(-1)^x q^{-\binom{x}{2}}(acq^2)^{-x}}{(q;q)_x(1-dq)(\frac{dq}{a};q)_x(\frac{dq}{c};q)_x}$$

Both of these follow from the above results for the q-Wilson polynomials when $b \to 0$ and d is replaced by d/c to give symmetry in a and c. Some of the special cases of this when $c = 0$ were treated in [13, sections 3.12 and 3.13]. The case when the moment problem is uniquely determined was treated there. In the general case when $a \neq 0$ and $c \neq 0$ Chihara has shown that the moment problem is always indeterminate. This along with other details will appear separately.

We close this section with our definition of the classical orthogonal polynomials.

Definition. A set of orthogonal polynomials is classical if it is a special case or a limiting case of the ${}_4\varphi_3$ orthogonal polynomials given by [4.13] or [4.18].

5. A few limiting cases.

There are quite a few sets of orthogonal polynomials that arise from the ${}_4\varphi_3$ polynomials by appropriate specializations. One surprising type occurs when q is a root of unity. In [12] it was pointed out that the case $q \to -1$ leads to polynomials orthogonal with respect to $|x|^{\alpha-1}(1-x^2)^{\alpha/2}$ on $[-1,1]$. From the ${}_4\varphi_3$ polynomials it is easy to obtain the polynomials orthogonal with respect to $|x|^{\alpha}(1-x^2)^{\beta}$, again by letting $q \to -1$. When $q \to e^{2\pi i/k}$ there are eight classes of polynomials that arise, depending on whether k is even or odd and whether the factors $(1-x^2)^{-\frac{1}{2}}$, $(1-x^2)^{\frac{1}{2}}$, $(1-x)^{\frac{1}{2}}(1-x)^{-\frac{1}{2}}$ or $(1-x)^{-\frac{1}{2}}(1+x)^{\frac{1}{2}}$ occur. These cases include the discrete orthogonality of $\cos n\theta$, $\sin(n+1)\theta$, $\sin(n+\frac{1}{2})\theta$ and $\cos(n+\frac{1}{2})\theta$ $0 \leq n \leq N$ on roots of unity as limiting cases. The present paper is already too long, so we refer the reader to [1] and [15] for these polynomials. Much more needs to be done with them. One fascinating problem is to try to find the second order differential equations they satisfy. The existence of these equations was proved by Atkinson and Everitt [19], and earlier by Shohat [45]. As Shohat wrote, the existence of these differential equations was really discovered by Laguerre [34].

6. Applications.

The real reason we care about the classical orthogonal polynomials is their usefulness. Books could be written on some of the applications, so the best we can do here is list a few references. Quite a few applications are given in papers in [14] and others are mentioned in the preface to this book. A recent application of Jacobi polynomials was a surprise to everyone. L. deBranges [25] reduced the Bieberbach-Milin conjecture to proving

$$ {}_3F_2\left(\begin{matrix}-n, & n+\alpha+2, & (\alpha+1)/2 \\ & \alpha+1, & (\alpha+3/2)\end{matrix};t\right) > 0, \quad 0 \le t < 1, \quad \alpha = 2,4,\ldots, \qquad [6.1] $$

Earlier Askey and Gasper [10] had shown that

$$ \sum_{k=0}^{n} P_k^{(\alpha,0)}(x) = \frac{(\alpha+2)_n}{n!}\, {}_3F_2\left(\begin{matrix}-n, & n+\alpha+2, & (\alpha+1)/2 \\ & \alpha+1, & (\alpha+3)/2\end{matrix}; \frac{1-x}{2}\right) \qquad [6.2] $$

and that this ${}_3F_2$ is positive when $\alpha > -2, \quad -1 < x \le 1$. Gasper [27] has proven the much deeper result that

$$ \sum_{k=0}^{n} \frac{P_k^{(\alpha,-\frac{1}{2})}(x)}{P_k^{(-\frac{1}{2},\alpha)}(1)} > 0, \quad -1 < x \le 1, \quad \alpha > \tfrac{1}{2}. $$

When these inequalitites were proved Askey and Gasper had no idea they would complete a proof of the Bieberbach conjecture, but they knew these were deep results which could be used to prove some interesting general facts.

Finally, a number of problems about the classical orthogonal polynomials are given in [9].

References

[1] W. Al-Salam, W. Allaway and R. Askey, Sieved ultraspherical polynomials, Trans. Amer. Math. Soc. 284 (1984), 39-55.

[2] W. Al-Salam and L. Carlitz, Some orthogonal q-polynomials, Math. Nach. 30 (1965), 47-61.

[3] W. Al-Salam and T. S. Chihara, Convolutions of orthogonal polynomials, SIAM J. Math. Anal. 7 (1976), 16-28.

[4] W. Al-Salam and A. Verma, Some remarks on q-beta integral, Proc. Amer. Math. Soc. 85 (1982), 360-362.

[5] G. E. Andrews and R. Askey, Another q-extension of the beta function, Proc. Amer. Math. Soc. 81 (1981), 97-100.

[6] R. Askey, Comment to [68-1], G. Szegö, Collected Papers, vol. 3, Birkhäuser Boston, 1982, 866-869.

[7] R. Askey, An elementary evaluation of a beta type integral, Indian J. Pure Appl. Math. 14 (1983), 892-895.

[8] R. Askey, Limits of some q-Laguerre polynomials, J. Approx. Th., to appear.

[9] R. Askey, Some problems about special functions and computations, Rendiconti Semin. Mate. Univ. e Polit. di Torino, to appear.

[10] R. Askey and G. Gasper, Positive Jacobi polynomial sums. II, Amer. J. Math. 98 (1976), 709-737.

[11] R. Askey and M. Ismail, The Rogers q-ultraspherical polynomials, Approximation Theory III, ed. E. W. Cheney, Academic Press, New York, 1980, 175-182.

[12] R. Askey and M. Ismail, A generalization of ultraspherical polynomials, in Studies in Pure Mathematics, ed. P. Erdös, Birkhäuser, Basel, 1983, 55-78.

[13] R. Askey and M. Ismail, Recurrence relations, continued fractions and orthogonal polynomials, Memoirs Amer. Math. Soc., 300, 1984.

[14] R. Askey, T. Koornwinder and W. Schempp (editors), Special Functions: Group Theoretical Aspects and Applications, Reidel, Dordrecht, Boston, Lancaster, 1984.

[15] R. Askey and D. P. Shukla, Sieved Jacobi polynomials, to appear.

[16] R. Askey and J. Wilson, A set of orthogonal polynomials that generalize the Racah coefficients or 6-j symbols, SIAM J. Math. Anal. 10 (1979), 1008-1016.

[17] R. Askey and J. Wilson, A set of hypergeometric orthogonal polynomials, SIAM J. Math. Anal. 13 (1982), 651-655.

[18] R. Askey and J. Wilson, Some basic hypergeometric orthogonal polynomials that generalize Jacobi polynomials, Memoirs Amer. Math. Soc. 1985.

[19] F. V. Atkinson and W. N. Everitt, Orthogonal polynomials which satisfy second order differential equations, in E. B. Christoffel, ed. P. L. Butzer and F. Fehér, Birkhäuser, Basel, 1981, 173-181.

[20] E. Bannai and T. Ito, Algebraic Combinatorics I: Association Schemes, Benjamin/Cummins, Menlo Park, CA, 1984.

[21] S. Bochner, Über Sturm-Liouvillesche Polynomsysteme, Math. Zeit., 29 (1929), 730-736.

[22] L. Carlitz, Bernoulli and Euler numbers and orthogonal polynomials, Duke Math. J., 26 (1959), 1-15.

[23] T. S. Chihara, Orthogonal polynomials with Brenke type generating functions, Duke Math. J. 35 (1968), 505-518.

[24] T. S. Chihara, An Introduction to Orthogonal Polynomials, Gordon and Breach, New York, London, Paris, 1978.

[25] L. de Branges, A proof of the Bieberbach conjecture, Acta Math.

[26] A. Erdélyi et. al., Higher Transcendental Functions, vol. 2, McGraw Hill, New York, 1952, reprinted Krieger, Malabar, Florida, 1981.

[27] G. Gasper, Positive sums of the classical orthogonal polynomials, SIAM J. Math. Anal. 8 (1977), 423-447.

[28] J. Geronimus, The orthogonality of some systems of polynomials, Duke Math. J., 14 (1947), 503-510.

[29] W. Hahn, Über die Jacobischen Polynome und zwei verwandte Polynomklassen, Math. Zeit. 39 (1935), 634-638.

[30] W. Hahn, Über Orthogonalpolynome die q-Differenzengleichungen genügen, Math. Nath. 2 (1949), 4-34.

[31] W. Hahn, Über Polynome, die gleichzeitig zwei verschiedenen Orthogonalsystemen angehören, Math. Nach. 2 (1949), 263-278,

[32] M. Ismail and D. Stanton, paper on q-Hermite polynomials, to appear.

[33] F. H. Jackson, On q-definite integrals, Quart. J. Pure Appl. Math., 41 (1910), 193-203.

[34] E. Laguerre, Sur la réduction en fractions continues d'une fraction qui satisfait a une équation différentielle linéaire du premier ordre dont les coefficients sont rationnels, J. math. pure appl. (4)1, 1885, 135-165, Oeuvres de Laguerre, second edition, Tome II, Chelsea, New York, 1972, 685-711.

[35] C. D. Lai. A survey of Meixner's hypergeometric distribution, Mathematical Chronicle, 6 (1977), 6-20.

[36] D. Leonard, Orthogonal polynomials, duality and association schemes, SIAM J. Math. Anal., 13 (1982), 656-663.

[37] A. Markoff, On some applications of algebraic continued fractions (in Russian), Thesis, St. Petersburg, 1884, 131 pp.

[38] J. Meixner, Orthogonale Polynomsysteme mit einer besonderen Gestalt der erzeugenden Funktion, J. London Math. Soc. 9 (1934), 6-13.

[39] M. Perlstadt, A property of orthogonal polynomial families with polynomial duals, SIAM J. Math. Anal. 15 (1984), 1043-1054.

[40] F. Pollaczek, Sur une famille de polynomes orthogonaux qui contient les polynomes d'Hermite et de Laguerre comme cas limites, C. R. Acad. Sci., Paris 230 (1950), 1563-1565.

[41] M. Rahman, A simple evaluation of Askey and Wilson's q-beta integral, Proc. Amer. Math. Soc., 92 (1984), 413-417.

[42] L. J. Rogers, Second memoir on the expansion of certain infinite products, Proc. London Math. Soc., 25 (1894), 318-343.

[43] L. J. Rogers, Third memoir on the expansion of certain infinite products, Proc. London Math. Soc., 26 (1895), 15-32.

[44] D. B. Sears, Transformation of basic hypergeometric functions of special type, Proc. London Math. Soc. 52 (1951), 467-483.

[45] J. J. Chokhate (J. Shohat), Sur une classe étendue de fractions continues algébriques et sur les polynomes de Tchebycheff correspondants, C. R. Acad. Sci., Paris, 191 (1930), 989-990.

[46] Ya. A. Smorodinskiǐ and S. K. Suslov, 6-j symbols and orthogonal polynomials, Yad. Fiz. 36 (1982), 1066-1071, translation, Sov. J. Nucl. Phys. 36 (1982), 623-625.

[47] N. Ja. Sonine, Über die angenäherte Berechnung der bestimmten Integrale und über die dabei vorkommenden ganzen Functionen, Warsaw Univ. Izv. 18 (1887), 1-76 (Russian). Summary in Jbuch. Fortschritte Math. 19, 282.

[48] T. J. Stieltjes, Sur quelques intégrales definies et leur développement en fractions continues, Quart. J. Math. 24 (1890), 370-382; Oeuvres, T. 2, Noordhoff, Groningen, 1918, 378-394.

[49] T. J. Stieltjes, Recherches sur les fractions continues, Annales de la Faculté des Sciences de Toulouse, 8 (1894), J 1-122; 9 (1895), A1-47; Oeuvres, T. 2, 398-566.

[50] S. K. Suslow, Rodrigues formula for the Racah coefficients, Yad. Fiz. 37 (1983), 795-796, translation, Sov. J. Nucl. Phys. 37 (1983), 472-473.

[51] G. Szegö, Ein Beitrag zur Theorie der Thetafunktionen, Sitz. Preuss. Akad. Wiss. Phys. Math. Kl., XIX (1926), 242-252, Collected Papers, Vol. I, Birkhäuser Boston, 1982, 795-805.

[52] G. Szegö, Orthogonal Polynomials, Amer. Math. Soc. Colloq. Publ. 23, Amer. Math. Soc. Providence, RI, 1975.

[53] P. L. Tchebychef, Sur les fractions continues, Oeuvres, T. I., Chelsea, New York, 203-230.

[54] P. L. Tchebychef, Sur une nouvelle série, Oeuvres, T. I., Chelsea, New York, 381-384.

[55] P. L. Tchebychef, Sur l'interpolation des valeurs équidistantes, Oeuvres, II, Chelsea, New York, 1961, 219-242.

[56] J. Thomae, Beiträge zur Theorie der durch die Heinesche Reihe; $1 + ((1 - q^{\alpha})(1-q^{\beta})/(1-q)(1-q^{\gamma}))x + \cdots$ darstellbaren Functionen, J. reine und angew. Math. 70 (1869), 258-281.

[57] L. Toscono, I polinomi ipergeometrici nel calcolo delle differenze finite, Boll. Un. Mat. Ital. (3) 4 (1949), 398-409.

[58] F. Tricomi, Serie Ortogonali di Funzioni, Torino, 1948.

[59] S. Wigert, Sur les polynomes orthogonaux et l'approximation des fonctions continues, Arkiv för Matem., Astron. och Fysik. 17 (1923), no. 18, 15 pp.

[60] J. Wilson, Hypergeometric series, recurrence relations and some new orthogonal functions, Ph.D. thesis, Univ. Wisconsin, Madison, 1978.

[61] J. Wilson, Some hypergeometric orthogonal polynomials, SIAM J. Math. Anal. 11 (1980), 690-701.

Pennsylvania State University
University of Wisconsin-Madison

SOME NEW APPLICATIONS OF ORTHOGONAL POLYNOMIALS(*)

Walter Gautschi
Department of Computer Sciences
Purdue University

West Lafayette, IN 47907/USA

1. INTRODUCTION. Recent progress in the constructive theory of orthogonal polynomials led us to consider new applications that require orthogonal polynomials with unconventional weight distributions. We survey two such applications here. The first is to spline approximation of univariate functions, where as principle of approximation we use moment matching rather than best approximation in some norm. The treatment of the finite interval case given here is new, but remains to be tested numerically. The second application is to the summation of slowly convergent series involving a Laplace transform or its derivative. In addition, we give a brief account of the role played by orthogonal polynomials in de Branges' recent proof of the Bieberbach conjecture. Since Gauss-Christoffel quadrature rules are a common thread through all these applications, we begin with a brief discussion of their constructive aspects.

2. GAUSS-CHRISTOFFEL QUADRATURE. Given a positive measure $d\lambda(t)$ on the real line $\mathbb{R}$, with infinitely many points of increase, which may have bounded or unbounded support, but is such that all moments

$$(2.1) \qquad \mu_k = \int_{\mathbb{R}} t^k \, d\lambda(t), \qquad k = 0,1,2,\dots ,$$

are finite, there exists for each integer $n \geq 1$ a unique quadrature formula of the form

$$(2.2) \qquad \int_{\mathbb{R}} f(t)d\lambda(t) = \sum_{\nu=1}^{n} \lambda_\nu f(\tau_\nu) + R_n(f) ,$$

called the <u>Gauss-Christoffel</u> quadrature formula, having the property that $R_n(f) = 0$ whenever f is a polynomial of degree $\leq 2n-1$. This indeed is the maximum algebraic degree of exactness possible. All nodes $\tau_\nu = \tau_\nu^{(n)}$ are real and distinct and the weights $\lambda_\nu = \lambda_\nu^{(n)}$ - called <u>Christoffel numbers</u> - are positive. We have the system of nonlinear equations

(*) Work supported in part by the National Science Foundation under grant DCR-8320561.

$$(2.3)\qquad \sum_{\nu=1}^{n} \lambda_\nu \tau_\nu^k = \int_{\mathbb{R}} t^k d\lambda(t), \qquad k = 0,1,\dots,2n-1,$$

which uniquely characterizes the nodes and weights in (2.2).

For practical purposes, however, (2.3) is not suitable because of ill-conditioning. It is better to resort to the orthogonal polynomials $\pi_k(\cdot) = \pi_k(\cdot;d\lambda)$, in particular, to their recurrence relation

$$(2.4)\qquad \begin{aligned} &\pi_{-1}(t) = 0, \qquad \pi_0(t) = 1, \\ &\pi_{k+1}(t) = (t-\alpha_k)\pi_k(t) - \beta_k\pi_{k-1}(t), \qquad k = 0,1,2,\dots . \end{aligned}$$

The coefficients $\alpha_k = \alpha_k(d\lambda)$ (real) and $\beta_k = \beta_k(d\lambda)$ (positive), uniquely determined by $d\lambda$, generate the _Jacobi matrix_

$$(2.5)\qquad J_n = J_n(d\lambda) = \begin{bmatrix} \alpha_0 & \sqrt{\beta_1} & & & 0 \\ \sqrt{\beta_1} & \alpha_1 & \sqrt{\beta_2} & & \\ & \sqrt{\beta_2} & \alpha_2 & \ddots & \\ & & \ddots & \ddots & \sqrt{\beta_{n-1}} \\ 0 & & & \sqrt{\beta_{n-1}} & \alpha_{n-1} \end{bmatrix},$$

which in turn yields the desired Gauss-Christoffel quadrature formula. The nodes τ_ν indeed are the eigenvalues of J_n and the weights are given by $\lambda_\nu = \mu_0 v_{\nu,1}^2$, where $v_{\nu,1}$ is the first component of the normalized eigenvector v_ν corresponding to the eigenvalue τ_ν. The eigensystem of (2.5) is efficiently calculated by the QL algorithm with shifts; see, e.g., Golub and Welsch [10], Parlett [12,§8.10].

The recursion coefficients $\alpha_k(d\lambda)$, $\beta_k(d\lambda)$ themselves, when the measure $d\lambda$ is nonclassical, must be computed independently, either on the basis of generalized moment information (_modified Chebyshev algorithm_), or by approximating well-known inner product formulae for these coefficients (_discretized Stieltjes procedure_); see Gautschi [4] for a discussion of these methods. For classical measures $d\lambda$ the recursion coefficients are known explicitly.

3. SPLINE APPROXIMATION. Our task is to approximate a given function by a spline function in such a way as to preserve as many moments as possible. We begin with functions defined on the positive line $\mathbb{R}_+$ and vanishing sufficiently rapidly at infinity. In Subsection 3.1 we approximate such functions by piecewise constant functions and in Subsection 3.2 by spline functions of arbitrary degree. In Subsection 3.3 we treat the more difficult case of approximation on a finite interval.

3.1. Approximation on $\mathbb{R}_+$ by piecewise constant functions. Given f on $\mathbb{R}_+$, we first consider the problem of finding

$$s(t) = \sum_{\nu=1}^{n} a_\nu H(\tau_\nu - t) \tag{3.1}$$

such that

$$\int_0^\infty t^k s(t)\,dt = \int_0^\infty t^k f(t)\,dt, \qquad k = 0,1,\ldots, 2n-1 . \tag{3.2}$$

Here, H is the Heaviside function, $H(t) = 1$ if $t > 0$ and $H(t) = 0$ if $t \le 0$. The coefficients a_ν as well as the knots τ_ν in (3.1) are unknown. There being 2n unknowns, we can impose 2n conditions, for which we choose the matching of the first 2n moments as in (3.2).

A typical example is the function

$$f(t) = \pi^{-1/2} e^{-t^2}, \qquad t \in \mathbb{R}_+ , \tag{3.3}$$

known in physics as the Maxwell velocity distribution. (In physical applications the variable t has often the meaning of a radial distance, f and s being spherically symmetric functions in space. The differential dt in the integrals (3.2) is then appropriately replaced by the volume element of a spherical shell. The techniques to be described are easily adapted to this multidimensional setting; see, e.g., Gautschi [5].)

We shall assume that f satisfies the following conditions:

$$\begin{gathered} f \in C^1(\mathbb{R}_+), \qquad f'(t) \le 0 \quad \text{on} \quad \mathbb{R}_+ , \\ \int_0^\infty t^j f(t)\,dt, \qquad \int_0^\infty t^j f'(t)\,dt \quad \text{exist}, \qquad j = 0,1,2,\ldots . \end{gathered} \tag{3.4}$$

It follows, in particular, that

$$\lim_{t\to\infty} t^m f(t) = 0, \qquad m = 0,1,2,\ldots . \tag{3.5}$$

Substituting (3.1) in (3.2) gives

$$\sum_{\nu=1}^{n} a_\nu \int_0^{\tau_\nu} t^k dt = \int_0^\infty t^k f(t)\,dt, \qquad k = 0,1,\ldots, 2n-1 ,$$

which, upon integration by parts, and using (3.5), yields

$$(3.6) \qquad \sum_{\nu=1}^{n}(a_\nu\tau_\nu)\tau_\nu^k = \int_0^\infty t^k[-tf'(t)]dt, \qquad k = 0,1,\ldots, 2n-1 .$$

Comparison of (3.6) with (2.3) shows immediately that τ_ν are the zeros of $\pi_n(\cdot;d\lambda)$ and $a_\nu = \lambda_\nu/\tau_\nu$, where

$$(3.7) \qquad d\lambda(t) = -tf'(t)dt \quad \text{on } \mathbb{R}_+$$

and λ_ν are the Christoffel numbers for this $d\lambda$. Thus, our approximation problem can be reduced to constructing the n-point Gauss-Christoffel formula for the (positive) measure $d\lambda$ in (3.7). The techniques indicated in Section 2 are useful for this purpose.

When f is the Maxwell distribution (3.3), the measure (3.7) becomes

$$(3.8) \qquad d\lambda(t) = 2\pi^{-1/2}t^2e^{-t^2}dt \quad \text{on } \mathbb{R}_+ .$$

Here, the half-range Hermite measure $d\lambda_0(t) = 2\pi^{-1/2}e^{-t^2}dt$ on $\mathbb{R}_+$ is multiplied by t^2. This suggests the following interesting problem: Given the Jacobi matrix $J(d\lambda_0)$, determine $J_n(d\lambda) = J_n(t^2d\lambda_0)$. An elegant solution to this problem, given by Golub and Kautsky [9], is to first apply one QR-step (with zero shift) to $J_{n+2}(d\lambda_0)$ and then to discard the last two rows and columns in the result. In the case at hand, $J_m(d\lambda_0)$ is known for $m \leq 20$ to an accuracy of 20 decimal digits (Galant [3]). We have recomputed $J_m(d\lambda_0)$ to 25 decimal digits for $m \leq 50$. Alternatively, $J_n(d\lambda)$ may be computed by applying a discretized Stieltjes procedure directly to (3.8).

3.2. <u>Approximation on $\mathbb{R}_+$ by spline functions of degree</u> m. We now generalize the problem (3.1), (3.2) by considering in place of (3.1) a spline function

$$(3.9) \qquad s(t) = \sum_{\nu=1}^{n} a_\nu(\tau_\nu - t)_+^m$$

of arbitrary degree m. (The plus sign on the right is the cutoff symbol, i.e., $u_+^m = u^m$ if $u > 0$ and $u_+^m = 0$ if $u \leq 0$.) The problem of Subsection 3.1 corresponds to $m = 0$.

Under assumptions analogous to those in (3.4), but involving derivatives of orders up to m+1, and using m+1 integrations by parts, one shows (Gautschi and Milovanović [8]) that our approximation problem can again be reduced to a Gauss-Christoffel quadrature problem, this time for the measure

$$(3.10) \qquad d\lambda(t) = \frac{(-1)^{m+1}}{m!}\, t^{m+1} f^{(m+1)}(t)dt \quad \text{on } \mathbb{R}_+ .$$

That is, the τ_ν in (3.9) are the zeros of $\pi_n(\cdot;d\lambda)$, while the a_ν are given by $a_\nu = \lambda_\nu/\tau_\nu^{m+1}$, where λ_ν are the Christoffel numbers associated with $d\lambda$.

In constrast to the case m=0, however, the measure $d\lambda$ in (3.10) is no longer positive definite, in general. For the Maxwell distribution (3.3), for example, one finds

$$d\lambda(t) = \frac{\pi^{-1/2}}{m!}\, t^{m+1} H_m(t)e^{-t^2}dt \quad \text{on} \quad \mathbb{R}_+ , \tag{3.11}$$

where H_m is the Hermite polynomial of degree m. If $m > 1$, H_m changes sign on $\mathbb{R}_+$. On the other hand, if f is totally monotone on $\mathbb{R}_+$, then the measure (3.10) is indeed positive definite, for every $m \geq 0$, and our problem has a unique solution with distinct positive knots τ_ν and positive weights a_ν.

3.3. _Approximation on_ [0,1] _by spline functions of degree_ m. We now consider the approximation problem on a finite interval, which we standardize to be [0,1]. We are seeking a spline function of degree m,

$$s(t) = p_m(t) + \sum_{\nu=1}^{n} a_\nu(\tau_\nu - t)_+^m \quad \text{on} \quad [0,1] \tag{3.12}$$

such that

$$\int_0^1 t^k s(t)dt = \int_0^1 t^k f(t)dt, \qquad k = 0,1,\ldots, 2n+m . \tag{3.13}$$

The unknowns are, as before, the knots τ_ν and weights a_ν and, in addition, the polynomial p_m of degree $\leq m$. Having $2n + m+1$ parameters at disposal we can now impose that many moment conditions.

Define

$$\begin{aligned} \lambda_k &= \frac{(-1)^k}{m!} f^{(k)}(1), \qquad k = 0,1,\ldots, m, \\ d\lambda(t) &= \frac{(-1)^{m+1}}{m!} f^{(m+1)}(t)dt \quad \text{on} \quad [0,1]. \end{aligned} \tag{3.14}$$

Since f is given (and assumed sufficiently smooth), the quantities λ_k are known and $d\lambda$ is a known (positive definite, if f is totally monotone) measure. We parametrize the polynomial p_m by the constants

$$b_k = \frac{(-1)^k}{m!} p_m^{(k)}(1), \qquad k = 0,1,\ldots, m, \tag{3.15}$$

which may be taken as part of the unknowns. Define the linear functionals

$$(3.16) \qquad Lg = \sum_{k=0}^{m} \lambda_k \, g^{(m-k)}(1) + \int_0^1 g(t)d\lambda(t) \ ,$$

$$(3.17) \qquad L_0 g = \sum_{k=0}^{m} b_k g^{(m-k)}(1) + \sum_{\nu=1}^{n} a_\nu g(\tau_\nu) \ .$$

The second may be thought of as an approximation to the first. Using again repeated integrations by parts, a somewhat lengthy computation will show that the problem (3.12), (3.13) is equivalent to the problem of determining b_k, τ_ν, a_ν such that

$$(3.18) \qquad L_0(t^{m+1}p) = L(t^{m+1}p) \quad \text{for all} \quad p \in \mathbb{P}_{2n+m} \ .$$

Basically again a Gauss-Christoffel quadrature problem, it can be solved by orthogonal polynomials. The natural inner product is

$$(3.19) \qquad (p,q) = L(t^{m+1}(1-t)^{m+1} p \cdot q), \qquad p,q \in \mathbb{P} \ ,$$

which, in view of (3.16), can also be written in the form

$$(3.19') \qquad (p,q) = \int_0^1 t^{m+1}(1-t)^{m+1} \, p(t)q(t)d\lambda(t) \ .$$

Defining the knot polynomial by

$$(3.20) \qquad \pi_n(t) = \sum_{\nu=1}^{n} (t-\tau_\nu) \ ,$$

standard theory (cf., e.g., Gautschi [6,p.78]) tells us that (3.18) holds if and only if

(i) $\quad (\pi_n, q) = 0, \quad \text{all} \quad q \in \mathbb{P}_{n-1}$

(ii) $\quad L_0(t^{m+1}p) = L(t^{m+1}p), \quad \text{all} \quad p \in \mathbb{P}_{n+m}$.

The first condition identifies π_n as the (monic) orthogonal polynomial of degree n relative to the inner product (3.19'). In particular, the knots τ_ν are the interior nodes of the Gauss-Lobatto quadrature formula (corresponding to the measure $d\lambda$ in (3.14)) with n free nodes and fixed nodes of multiplicity m+1 at the endpoints 0 and 1. Once the τ_ν are determined, condition (ii) - basically an interpolation problem - then serves to compute the remaining unknowns b_k and a_ν.

4. SUMMATION OF SERIES. Series involving the Laplace transform

$$(4.1)\qquad F(z) = \int_0^\infty e^{-zt} f(t)\,dt, \qquad \mathrm{Re}\ z \geq 1,$$

or one of its derivatives, at integer values are notoriously slowly convergent. By Watson's lemma (see, e.g., Olver [11, p.113]) one has indeed, typically, $F(k) = O(k^{-1})$ as $k \to \infty$, so that the series $\sum_{k=1}^\infty F(k)$, $\sum_{k=1}^\infty F'(k)$, etc. converge only conditionally, or slowly at best. If the function f in (4.1) is known and well-behaved on $[0,\infty)$, on the other hand, it is possible to express such series as weighted integrals of f and to compute the integrals by appropriate Gauss-Christoffel quadrature. This is the idea behind the summation method proposed in Gautschi and Milovanović [7]. Thus, for example,

$$(4.2)\qquad S_1 = -\sum_{k=1}^\infty F'(k) = \int_0^\infty f(t)\frac{t}{e^t-1}\,dt\ ,$$

which suggests Gauss-Christoffel quadrature relative to the measure

$$(4.3)\qquad d\lambda_1(t) = \frac{t}{e^t-1}\,dt \quad \text{on } \mathbb{R}_+ .$$

Since $d\lambda_1(t) \sim te^{-t}dt$ as $t \to \infty$, it might be tempting to apply Gauss-Laguerre quadrature directly to the integral in (4.2), writing the integrand in the form $f(t)t(1-e^{-t})^{-1} \cdot e^{-t}$ with the Laguerre weight function put into evidence. This, however, is not entirely satisfactory; convergence tends to slow down on account of the two poles $\pm 2\pi i$ closest to the real line. It is better, especially for high precision work, to treat all of $t(1-e^{-t})^{-1} \cdot e^{-t}$ as a weight function, as suggested in (4.3).

We have used Gauss-Laguerre quadrature, nevertheless, as a means of discretizing the Stieltjes procedure in the process of generating the appropriate orthogonal polynomials $\pi_k(\cdot;d\lambda_1)$. Numerical data to 25 significant decimal digits for the recursion coefficients $\alpha_k(d\lambda_1)$, $\beta_k(d\lambda_1)$, $0 \leq k \leq 39$, and selected n-point Gauss-Christoffel quadrature formulae for $n = 5(5)40$ are given in Gautschi & Milovanović [7, Appendix A1 and Supplement].

<u>Example 4.1.</u> $S_1 = \sum_{k=1}^\infty k(1+k^2)^{-3/2} = .9005247353\ldots$

Here, $F(z) = (1+z^2)^{-1/2}$ and $f(t) = J_0(t)$, the Bessel function of order zero. One thus approximates

$$(4.4)\qquad S_1 = \sum_{k=1}^\infty k(1+k^2)^{-3/2} \approx \sum_{\nu=1}^n \lambda_\nu J_0(\tau_\nu)\ ,$$

where $\tau_\nu = \tau_\nu^{(n)}$ are the nodes and $\lambda_\nu = \lambda_\nu^{(n)}$ the Christoffel numbers of the n-point

Gauss-Christoffel formula for $d\lambda_1$ in (4.3). Table 4.1 shows the relative errors of the approximation (4.4), for n = 5(5)35, and compares them with the relative errors of Gauss-Laguerre quadrature applied directly to (4.2) as discussed above.

n	(4.4)	Gauss-Laguerre
5	1.7×10^{-3}	3.1×10^{-3}
10	8.0×10^{-7}	1.3×10^{-7}
15	4.1×10^{-10}	1.2×10^{-10}
20	1.6×10^{-13}	1.1×10^{-10}
25	5.8×10^{-17}	3.1×10^{-12}
30	2.7×10^{-20}	1.0×10^{-13}
35	5.1×10^{-24}	4.6×10^{-15}

Table 4.1 Relative errors of Gauss-Christoffel and Gauss-Laguerre quadrature in Example 4.1.

Obtaining an accuracy comparable to 5×10^{-24} (n=35 in (4.4)) with Gauss-Laguerre quadrature would require of the order of 80 points.

Example 4.2. $S_1 = \sum_{k=1}^{\infty}(3k+2)k^{-2}(k+1)^{-3/2} = 2.5719496323\ldots$

Here, $F(z) = 2z^{-1}(z+1)^{-1/2}$ and $f(t) = 2\,\mathrm{erf}\sqrt{t}$. This is an example in which $f(t)$ is not smooth, having a square root singularity at t=0. One therefore must modify the distribution (4.3) as follows,

$$S_1 = \sum_{k=1}^{\infty}(3k+2)k^{-2}(k+1)^{-3/2} \tag{4.5}$$

$$= 2\int_0^{\infty}\mathrm{erf}\sqrt{t}\,\frac{t}{e^t-1}\,dt = 2\int_0^{\infty}\frac{\mathrm{erf}\sqrt{t}}{\sqrt{t}}\,\frac{t^{3/2}}{e^t-1}\,dt\,.$$

Gauss-Christoffel quadrature is now applied to the last integral with the modified measure $d\lambda(t) = t^{3/2}(e^t-1)^{-1}dt$ on $\mathbb{R}_+$. The resulting relative errors for n =5(5)25 are shown in Table 4.2.

n	(4.5)
5	2.1×10^{-5}
10	5.5×10^{-10}
15	1.2×10^{-14}
20	2.6×10^{-19}
25	5.2×10^{-24}

Table 4.2 Relative errors of Gauss-Christoffel quadrature in Example 4.2

Without the modification in (4.5) the relative errors would be much larger, for example 4.3×10^{-4} even when n=40.

Similar series involving the Laplace transform itself and/or alternating sign factors can be treated analogously. Thus,

$$(4.6)\qquad S_2 = -\sum_{k=1}^{\infty}(-1)^{k-1}F'(k) = \int_0^{\infty} f(t)\,\frac{t}{e^t+1}\,dt$$

and

$$(4.7)\qquad S_3 = \sum_{k=1}^{\infty}(-1)^{k-1}F(k) = \int_0^{\infty} f(t)\,\frac{dt}{e^t+1}\,.$$

These formulas suggest the application of Gauss-Christoffel quadrature relative to the weight distributions $d\lambda_2(t) = t(e^t+1)^{-1}dt$ and $d\lambda_3(t) = (e^t+1)^{-1}dt$ on $\mathbb{R}_+$, respectively. Relevant examples and numerical data can be found in the cited reference.

We remark that $d\lambda_1$ and $d\lambda_3$, and measures involving the squares of $d\lambda_1/dt$ and $d\lambda_3/dt$, are also of interest in solid state physics, where they occur in integrals expressing thermal energy, heat capacities, etc.

5. A CRUCIAL INEQUALITY IN DE BRANGES' PROOF OF THE BIEBERBACH CONJECTURE. A famous conjecture in the theory of univalent functions, advanced by Bieberbach in 1916, has recently been proven by de Branges [2]. The conjecture concerns the class S of functions f analytic and univalent in the unit disc $\mathbb{D} = \{z:|z|<1\}$, normalized by $f(0) = 0$, $f'(0) = 1$. It states that for each $f \in S$ the coefficients in the Taylor series expansion $f(z) = z+a_2z^2+a_3z^3+\cdots$ satisfy $|a_n| \le n$ for all $n \ge 2$, with strict inequality holding for all n unless f is the Koebe function $f(z) = z(1-z)^{-2}$ or one of its rotations.

A critical link in de Branges' proof of this conjecture is a monotonicity property for the unique solution of the initial value problem

$$(5.1)\qquad \left.\begin{aligned} &\sigma_k + \frac{t}{k}\sigma_k' = \sigma_{k+1} - \frac{t}{k+1}\sigma_{k+1}' \quad \text{on}\quad [1,\infty) \\ &\sigma_k(1) = n+1-k \end{aligned}\right\}\ k = 1,2,\ldots,n+1\,,$$

where $\sigma_{n+2} \equiv 0$, namely that

$$(5.2)\qquad \sigma_k(t) \ge 0,\quad \sigma_k'(t) \le 0 \quad \text{on}\quad [1,\infty),\qquad k = 1,2,\ldots,n+1\,.$$

The important inequalities here are the second ones, since they imply the first, as is easily verified. By explicit computation it can be shown that the second inequalities in (5.2) are equivalent to the set of inequalities

$$(5.3) \qquad \int_0^1 t^{n-k-1/2} P_k^{(2n-2k,1)}(1-2tx)\,dt \geq 0 \quad \text{on} \quad [0,1], \qquad k = 0,1,\ldots, n-1 ,$$

involving the Jacobi polynomials $P_k^{(\alpha,\beta)}$ with parameters $\alpha = 2n-2k$, $\beta=1$. (The inequality for k=0 is trivially true.) Alternatively, substituting for $P_k^{(\alpha,\beta)}(u)$ the explicit representation in powers of u-1, the inequalities can be written in hypergeometric form

$$(5.4) \qquad {}_3F_2\left(\begin{matrix}-k,\ 2n-k+2,\ n-k+1/2\\ 2n-2k+1,\ n-k+3/2\end{matrix};x\right) \geq 0 \quad \text{on} \quad [0,1] , \qquad k = 0,1,\ldots, n-1 .$$

By one of the lucky coincidences in the history of mathematics, an inequality even more general than (5.4), namely

$$(5.5) \qquad {}_3F_2\left(\begin{matrix}-k,\ k+\alpha+2,\ (\alpha+1)/2\\ \alpha+1,\ (\alpha+3)/2\end{matrix};x\right) \geq 0 \quad \text{on} \quad [0,1], \quad \alpha > -2, \qquad k = 0,1,2,\ldots$$

has been established in 1976 by Askey and Gasper [1]. Put $\alpha = 2n-2k$, $k = 0,1,\ldots, n-1$ in (5.5) to obtain (5.4), hence (5.3), and thus to prove (5.2).

We mentioned in Section 1 that Gauss-Christoffel quadrature is a common thread in all the applications discussed in this paper. The present application, indeed, is no exception. Before the author was aware of the existence of (5.5), he applied a Gauss-Legendre quadrature rule in disguise,

$$(5.6) \qquad \int_0^1 t^{-1/2}p(t)\,dt = 2\sum_{\nu=1}^{m}\lambda_\nu^{(2m)}p([\tau_\nu^{(2m)}]^2), \quad p \in \mathbb{P}_{2m-1} ,$$

where $\tau_\nu^{(2m)}$ are the zeros of the Legendre polynomial P_{2m} and $\lambda_\nu^{(2m)}$ the associated Christoffel numbers, to (5.3), where $p(t) = t^{n-k}P_k^{(2n-2k,1)}(1-2tx)$ is a polynomial of degree n. By taking $2m-1 \geq n$, say, $m = [n/2]+1$, this will evaluate the left-hand side of (5.3) exactly (up to rounding errors), and the author was able to verify (5.3) to his satisfaction for all values of n up to 30. If nothing else, this helped convincing de Branges that his approach of proving the Bieberbach conjecture had promise. As we now know, it indeed worked.

REFERENCES

[1] ASKEY, R. and GASPER, G.: Positive Jacobi polynomial sums II., _Amer. J. Math._ 98, 1976, pp. 709-737.

[2] de BRANGES, L.: A proof of the Bieberbach conjecture, _Steklov Mathematical Institute_, LOMI preprint E-5-84, 21 p., Leningrad, 1984.

[3] GALANT, D.: Gauss quadrature rules for the evaluation of $2\pi^{-1/2} \int_0^\infty \exp(-x^2) f(x) dx$, Math. Comp. 23, Review 42, 676-677. Loose microfiche suppl. E.

[4] GAUTSCHI, W.: On generating orthogonal polynomials, SIAM J. Sci. Stat. Comput. 3, 1982, pp. 289-317.

[5] GAUTSCHI, W.: Discrete approximations to spherically symmetric distributions, Numer. Math. 44, 1984, pp. 53-60.

[6] GAUTSCHI, W.: A survey of Gauss-Christoffel quadrature formulae, in: E.B. Christoffel: The Influence of his Work in Mathematics and the Physical Sciences (P.L. Butzer and F. Fehér, eds.), pp. 72-147. Birkhäuser, Basel, 1981.

[7] GAUTSCHI, W. and MILOVANOVIĆ, G.V.: Gaussian quadrature involving Einstein and Fermi functions with an application to summation of series, Math. Comp. 44, 1985, to appear.

[8] GAUTSCHI, W. and MILOVANOVIĆ, G.V.: Spline approximations to spherically symmetric distributions, in preparation.

[9] GOLUB, G.H. and KAUTSKY, J.: Calculation of Gauss quadratures with multiple free and fixed knots, Numer. Math. 41, 1983, pp. 147-163.

[10] GOLUB, G.H. and WELSCH, J.H.: Calculation of Gauss quadrature rules, Math. Comp. 23, 1969, pp. 221-230.

[11] OLVER, F.W.J.: Asymptotics and Special Functions, Academic Press, New York and London, 1974.

[12] PARLETT, B.N.: The Symmetric Eigenvalue Problem, Prentice-Hall, Englewood Cliffs, N.J., 1980.

SIMULTANEOUS PADE APPROXIMATION AND ORTHOGONALITY

Marcel G. de Bruin
Department of Mathematics
University of Amsterdam
Roetersstraat 15, 1018 WB Amsterdam (The Netherlands)

1. INTRODUCTION

The aim of this paper is three-fold

(a) generalisation of the concept of Padé-type approximant (see C. Brezinski [2]) to the case of simultaneous approximation of m formal power series,

(b) generalisation of the orthogonality concept (C. Brezinski [2], H. van Rossum [8]) to the case of (indefinite) innerproducts derived from an m-tuple of moment sequences,

(c) combination of (a) and (b) to lead to the simultaneous rational approximants with common denominator : the Padé-m-table, cf. J. Mall [6], M.G. de Bruin [3].

After interpretation of the orthogonal polynomials in (b) as inverted Padé denominators from (c), the connection between walks in the Padé-m-table and recurrence relations of length m+2 will be studied for the case m=2 (for sake of simplicity). In the sequel the theory will be developed analogously to the method used in [2], chapters 1 and 2. The matter of convergence of the approximants and stability of the algorithms and denominators will not be touched upon in this paper.

2. SIMULTANEOUS PADE-TYPE APPROXIMANTS

Consider an m-tuple of formal power series with complex coefficients

$$f_j(t) = \Sigma_{i=0}^{\infty} \; c_{j,i} t^i \qquad (j=1,2,\ldots,m) \tag{1}$$

The right hand side is interpreted as the sum of the series if it converges, the left hand side is considered to be the analytic continuation outside the region of convergence.

<u>Definition 2.1</u> The linear functionals $\Omega_1, \Omega_2, \ldots, \Omega_m$ are defined on the linear space $\mathbb{C}[x]$ of all polynomials with complex coefficients by

$$\Omega_j(x^i) = c_{j,i} \qquad (i=0,1,\ldots;\ j=1,2,\ldots,m) \tag{2}$$

These functions are continued using formal sums to the space of all formal power series $\Sigma_{i=0}^{\infty} d_i x^i$ over $\mathbb{C}$.

The sequences $\{c_{j,i}\}_{i=0}^{\infty}$ can be seen as <u>moment sequences</u> of the functionals Ω_j.

Consider now an arbitrary polynomial v over $\mathbb{C}$ of degree k

$$v(x) = b_0 + b_1 x + \ldots + b_k x^k \ ;\ b_0, b_k \neq 0 \tag{3}$$

and define polynomials w_j by

$$w_j(x) = \Omega_j\left(\frac{v(x)-v(t)}{x-t}\right) \qquad (j=1,2,\ldots,m) \tag{4}$$

Here Ω_j acts on x and t is considered to be a parameter. For any polynomial $p(t) = \alpha_0 + \alpha_1 t + \ldots + \alpha_m t^m$, the reversed polynomial $\tilde{p}$ is defined in the usual way by $\tilde{p}(t) = t^m\, p(t^{-1}) = \alpha_0 t^m + \alpha_1 t^{m-1} + \ldots + \alpha_m$.

Using the same method as in [2] the reader can prove the following theorem in a straightforward manner.

<u>Theorem 2.1</u> Given f_j, Ω_j, v and w_j as above, we have

$$\Omega_j((1-xt)^{-1}) = f_j(t) \qquad (j=1,2,\ldots,m) \tag{5}$$

w_j is a polynomial of degree at most k-1 which can be written

$$w_j(t) = a_{j,0} + a_{j,1}t + \ldots + a_{j,k-1}\, t^{k-1} \quad ,$$

where the coefficients follow from

$$a_{j,i} = \Sigma_{p=0}^{k-i-1} \quad c_{j,p}\, b_{i+p+1} \qquad (i=0,1,\ldots,k-1\ ;\ j=1,2,\ldots,m) \tag{6}$$

The degree of w_j is equal to k-1 iff $c_{j,0} \neq 0$ $(j=1,2,\ldots,m)$.

Finally the order of approximation follows from

$$f_j(t) - \tilde{w}_j(t) \,/\, \tilde{v}(t) = O(t^k) \text{ as } t \to 0 \qquad (j=1,2,\ldots,m) \tag{7}$$ □

The approximation property exhibited in (7) leads to the formulation of

<u>Definition 2.2</u> The rational approximant $\tilde{w}_j(t)/\tilde{v}(t)$ to f_j, following from theorem 2.1 will be called a Padé-type approximant to f_j and will

be denoted by

$$(k-1\ /\ k)_j(t) \qquad (j=1,2,\ldots,m) \tag{8}$$

The degree of the denominator is k, that of the numerator at most k-1.

Just as in [2], the definition of approximants with various degrees for numerator and denominator is quite simple; first we define the shifted power series and shifted linear functionals in

Definition 2.3 Consider f_j, Ω_j as before and let p be a non-negative integer. Then the "degraded" tails are

$$f_{j,p}(t) = c_{j,p+1} + c_{j,p+2}t + c_{j,p+3}t^2 + \ldots \qquad (j=1,2,\ldots,m) \tag{9}$$

and the shifted linear functionals follow from

$$\Omega_j^{(p)}(x^i) = \Omega_j(x^{i+p}) = c_{j,i+p} \qquad (i=0,1,\ldots;\ j=1,2,\ldots,m) \tag{10}$$

Consider now an arbitrary m-tuple of non-negative integers $n_1, n_2, \ldots, n_m$ and use the abbreviation $(k-1\ /\ k)_{j,n_j}(t)$ for the $(k-1\ /\ k)$ Padé-type approximant of $f_{j,n_j}(t)$ $(j=1,2,\ldots,m)$. Then we have $(k-1\ /\ k)_{j,n_j}(t) = \tilde{w}_j(t)/\tilde{v}(t)$ with

$$w_j(t) = \Omega_j^{(n_j+1)}\left(\frac{v(x) - v(t)}{x - t}\right) \qquad (j=1,2,\ldots,m) \tag{11}$$

Now we are in the situation of extending the definition of Padé-type approximants to

Definition 2.4 The Padé-type approximant of denominator degree k and numerator degree at most n_j+k to f_j $(j=1,2,\ldots,m)$ is defined by

$$(n_j + k/k)_j(t) = c_{j,0} + c_{j,1}t + \ldots + c_{j,n_j}t^{n_j} + t^{n_j+1}(k-1\ /\ k)_{j,n_j}(t) \qquad (j=1,2,\ldots,m) \tag{12}$$

A really simple calculation shows the effect on the order of approximation

Theorem 2.2 $f_j(t) - (n_j + k/k)_j(t) = O(t^{n_j+k+1})$ $(j=1,2,\ldots,m)$ (13)

In a certain sense the Padé-type approximants defined up to now can be seen as occupying the points in the upper "half" (definition 2.4) and the first "diagonal" in the lower "half" (definition 2.2) of what can be called a Padé-type n-table. A table that associates to each point with non-negative coordinates a certain Padé-type approximant. And, although it is possible to fill in the entire lower "half" by defining $(k-n_j\ /\ k)_j$ Padé-type approximants, we will restrict ourselves to the approximants defined up to now. It would be somewhat outside the scope of these proceedings to write an entire book like [2] for the simultaneous case. As a final result of this section a theorem on explicit form of the O-term in theorems 2.1 and 2.2 will be exhibited.

<u>Theorem 2.3</u> Let f_j, Ω_j, n_j be as before, then for $j=1,2,\ldots,m$:

$$f_j(t) - (n_j+k\ /\ k)_j(t) = \frac{t^{n_j+k+1}}{\tilde{v}(t)}\ \Omega_j^{(n_j+1)}\left(\frac{v(x)}{1-xt}\right) \tag{14}$$

<u>Proof</u> From inversion of formula (11) we get

$$\tilde{w}_j(t) = t^{n_j+k}\ \Omega_j^{(n_j+1)}\left(\frac{v(x) - v(t^{-1})}{x - t^{-1}}\right) =$$

$$= t^{n_j+k+1}\ \Omega_j^{(n_j+1)}\left(\frac{v(t^{-1}) - v(x)}{1 - xt}\right)$$

$$= t^{n_j+1}\ t^k\ v(t^{-1})\ \Omega_j^{(n_j+1)}((1-xt)^{-1}) - t^{n_j+k+1}\ \Omega_j^{(n_j+1)}\left(\frac{v(x)}{1 - xt}\right)$$

$$= \tilde{v}(t)\ t^{n_j+1}\ f_{j,n_j}(t) - t^{n_j+k+1}\ \Omega_j^{(n_j+1)}\left(\frac{v(x)}{1 - xt}\right)$$

After division by $\tilde{v}(t)$ the assertion follows by adding

$c_{j,0} + c_{j,1}t + \ldots + c_{j,n_j}t^{n_j}$ on both sides of the equality sign. □

<u>Corollary 2.1</u> With the same notations as in theorem 2.3 we find for $j=1,2,\ldots,m$

$$f_j(t) - (n_j+k/k)_j(t) = \frac{t^{n_j+k+1}}{\tilde{v}(t)}\ \Sigma_{i=0}^{\infty}\ \Omega_j^{(n_j+1)}\ (x^i v(x))\, t^i \tag{15}$$

<u>Proof</u> This follows from (14) and the geometric series $(1-xt)^{-1}$ □

3. SIMULTANEOUS ORTHOGONALITY

In this section we consider m sequences of complex numbers, called moment sequences, $\{c_{j,i}\}_{i=0}^{\infty}$ $(j=1,2,\ldots,m)$. Choose m+1 non-negative integers $r_0,r_1,\ldots,r_m$ arbitrarily, $s=r_1+r_2+\ldots+r_m$, and define the following matrices.

Definition 3.1 (a) for $j=1,2,\ldots,m$ the $r_j \times s$ matrices $D_j=D_j(r_0,r_1,\ldots r_m)$ are given by

$$D_j = \begin{pmatrix} c_{j,s+r_0-r_j+1} & \ldots & c_{j,r_0-r_j+2} \\ \cdot & & \cdot \\ \cdot & & \cdot \\ \cdot & & \cdot \\ c_{j,s+r_0} & \ldots & c_{j,r_0+1} \end{pmatrix} \tag{16}$$

The $s \times s$ matrix $D = D(r_0,r_1,\ldots,r_m)$ is obtained by writing $D_1,\ldots,D_m$ as a "column"

$$D = \begin{bmatrix} D_1 \\ D_2 \\ \cdot \\ \cdot \\ \cdot \\ D_m \end{bmatrix} \tag{17}$$

(c_j's with negative index have to be taken zero).

(b) The m-tuple of moment sequences is called upper-quasi-normal if the following determinants all differ from zero

$$\left.\begin{array}{ll} \det D(r_0,r_1,\ldots,r_m) \neq 0 & (r_0 \geqslant r_j-1;\ j=1,2,\ldots,m) \\ \det D(r_0-1,r_1,\ldots,r_m) \neq 0 & (r_0 \geqslant r_j-1;\ j=1,2,\ldots,m) \end{array}\right\} \tag{18}$$

Using the same linear functionals as in section 2 we will now construct m families of (indefinite) inner product-type functions on $\mathbb{C}[x]$ (had we used real moment sequences instead of complex ones, the reader immediately will realize that the following definition leads to real indefinite inner products).

Definition 3.2 Let $P,Q \in \mathbb{C}[x]$ be two polynomials and $k \in \mathbb{N}$, then

$$\langle P,Q \rangle_j^{(k)} = \Omega_j^{(k+1)} (P(x)Q(x)) \qquad (j=1,2,\ldots,m) \tag{19}$$

We are now able to prove the main result of existence of certain "orthogonal polynomials" which will be used in the next section.

<u>Theorem 3.1</u> Let the m-tuple of moment sequences $\{c_{j,i}\}_{i=0}^{\infty}$ $(j=1,2,\ldots,m)$ be upper-quasi-normal. Then there exists for all m+1 tuples of non-negative integers $(r_0,r_1,\ldots,r_m)$ with $r_0 \geqslant r_j-1$ $(j=1,2,\ldots,m)$ a unique monic polynomial Q of degree $s=r_1+r_2+\ldots+r_m$ with non-vanishing constant term that satisfies

$$< x^i,Q(x) >_j^{(r_0-r_j)} = 0 \quad \text{for } i=0,1,\ldots,r_j-1 \text{ and } j=1,2,\ldots,m \quad (20)$$

Q is called the orthogonal polynomial w.r.t. the $\{c_{j,i}\}$ belonging to the point $(r_0,r_1,\ldots,r_n)$.

<u>Proof</u> Put $Q(x) = q_0x^s + q_1x^{s-1} + \ldots + q_{s-1}x + q_s$.

For a fixed value of j, the orthogonality requirements (20) lead to a homogeneous system of linear equations for $q_0,q_1,\ldots,q_s$:

$$0 = \Omega_j^{(r_0-r_j+1)} (\Sigma_{k=0}^{s} q_k x^{i+s-k}) = \Sigma_{k=0}^{s} q_k \Omega_j^{(r_0-r_j+1)} (x^i) =$$

$$= \Sigma_{k=0}^{s} q_k c_{j,s+r_0-r_j-k+1}$$

If we insert $q_0=1$ and look at the coefficients for the resulting system of linear equations for the s unknowns $q_1,q_2,\ldots,q_s$, we find that it is just $D_j(r_0-1,r_1,\ldots,r_m)$. Writing down all systems for $j=1,2,\ldots,m$ we find s equations ($s=r_1+r_2+\ldots+r_m$!) for the s unknowns with coefficientmatrix $D(r_0-1,r_1,\ldots,r_m)$. Because of the second line of (18) we have a unique solution $q_1,q_2,\ldots,q_s$. Now assume $q_s=0$; insertion of the values $(1,q_1,\ldots,q_{s-1},0)$ leads to another system of s linear equations in s unknowns $q_0,q_1,\ldots,q_{s-1}$ having a non-trivial solution $(q_0=1)$! The coefficientmatrix of this system of homogeneous equations, however, is $D(r_0,r_1,\ldots,r_n)$: this leads to a contradiction with the first line of (18). Thus the requirements (20) lead to a unique Q of degree s with $q_0=1$, $q_s \neq 0$. □

It is a simple matter of linear algebra that sequences of orthogonal polynomials, where the next polynomial is found by adding one extra condition on orthogonality for each of the functionals Ω_j, show gaps in the sequence of their degrees! For instance $< x^i,Q_k >_j^{(-1)} = 0$

for $i=0,1,\ldots,k-1$ and $j=1,2,\ldots,m$ in general gives degree $Q_k=mk$. That this might well be possible within the framework of "classical" special functions and orthogonality is suggested by a.o. R. Smith [9].

4. SIMULTANEOUS PADE APPROXIMANTS

Up to now the polynomial v has been arbitrary and one might wonder whether a special choice for v might improve the order of approximation or not, just as in the ordinary case [2]. In the sequel a theorem will be given that this is indeed true and we rediscover the Padé-n-table. Of course simultaneous "Padé approximation" has a quite long history (cf. [5]) and it seems that simultaneous rational approximation with a common denominator has been studied first by J. Mall [6], lateron - independently - in [3]. First a lemma in the vein of [2]:

Lemma 4.1 Let $j \in \{1,2,\ldots,m\}$ be fixed and consider $(n_j+k/k)_j(t)$ for certain values of n_j and k: furthermore m_j is a non-negative integer with $m_j \leqslant k$.
If the polynomial v satisfies

$$< x^i, v(x) >_j^{(n_j)} = 0 \qquad \text{for } i=0,1,\ldots,m_j-1 \tag{21}$$

then the Padé-type approximant satisfies

$$f_j(t) - (n_j+k/k)_j(t) = \frac{t^{n_j+k+1}}{\tilde{v}(t)} \Sigma_{i=m_j}^{\infty} < x^i, v(x) >_j^{(n_j)} t^i =$$

$$= O(t^{n_j+k+1+m_j}). \tag{22}$$

Proof This is a straightforward application of the definition of the inner product in (21) and corollary 2.1. □

Now we can formulate the main result of this section on what can be done regarding the increase of the order of approximation simultaneously.

Theorem 4.1 Let the m-tuple of moment sequences $\{c_{j,i}\}_{i=0}^{\infty}$ $(j=1,2,\ldots,m)$ be upper-quasi-normal and consider an arbitrary (m+1) tuple of non-negative integers $r_0,r_1,\ldots,r_n$ with $r_0 \geqslant r_j-1$

$(j=1,2,\ldots,m)$ and put $s=r_1+r_2+\ldots+r_m$.

Finally put $f_j(t) := \Sigma_{i=0}^{\infty} c_{j,i} t^i$ $(j=1,2,\ldots,m)$.
Then there exists a unique monic polynomial Q of degree s with non-

vanishing constant term, such that the following Padé-type approximants arising from the choice $v(x)=Q(x)$ satisfy

$$f_j(t) - (s+r_0-r_j/s)_j(t) = O(t^{s+r_0+1}) \quad (j=1,2,\ldots,m) \tag{23}$$

The rational approximants have the common denominator $\tilde{Q}(t)$ of degree s and numerators of degree at most $s+r_0-r_j$.

<u>Proof</u> Combine theorem 3.1 and lemma 4.1 using $k=s$, $n_j=r_0-r_j$ $(j=1,2,\ldots,m)$, $m_j=r_j$ $(j=1,2,\ldots,m)$. □

<u>Remarks</u> (a) As $m_1+m_2+\ldots+m_m = r_1+r_2+\ldots+r_m = s = k$, this is the optimal result having order at least $s+r_0+1$ for all of the power series simultaneously.

(b) The optimal Padé-type approximants are now called <u>Padé approximants.</u> Inspection of the information on degrees and order of approximation shows that we have rediscovered the Padé-n-table as defined in [3],[6]. This can also be derived from the linearized approximation problem posed in the following form (for the "upper half" of the n-table in view of the condition on r_0 in theorem 4.1) :

$$\begin{cases} \text{given } r_0,r_1,\ldots,r_m \text{ and } s = r_1+r_2+\ldots+r_m \\ \text{find polynomials } P_0,P_1,\ldots,P_m \text{ with} \\ \deg P_j \leqslant s+r_0-r_j \quad (j=0,1,\ldots,m), \quad P_0f_j-P_j=O(t^{s+r_0+1}) \\ \qquad\qquad\qquad\qquad\qquad\qquad\qquad (j=1,2,\ldots,m). \end{cases}$$

Insertion of $P_0(t) = q_st^s + q_{s-1}t^{s-1} + \ldots + q_1t + q_0$ shows that the coefficients of P_0 satisfy the same system of linear equations as the coefficients of Q in theorem 3.1 do : the denominator of the optimal approximants is $\tilde{Q}(t) = P_0(t)$!

5. WALKING WITH A RELATION

For sake of simplicity we will now restrict ourselves to the case of two functions to be approximated (m=2); furthermore we assume that the coefficients of the functions form a quasi-normal pair of sequences; i.e. (18) holds without any restriction on r_0. In the previous section it has been shown that the inverted Padé denominators can be interpreted as orthogonal polynomials w.r.t. Ω_1,Ω_2. Now a walk through the table will lead to a sequence of orthogonal polynomials and it is a matter of taste that we will restrict ourselves to the case of so-called <u>regular algorithms</u> (cf.[4]). This constitutes a sequence of points $\{(r_0(k),r_1(k),r_2(k))\}_{k=0}^{\infty}$ such that the order of approximation is monotonically increasing in k and moreover the three sequences $\{P_j(k;t)\}_{k=0}^{\infty}$ (j=0,1,2) satisfy a recurrence relation with polynomial coefficients with degree independent of k :

$$P_j(k;t) = \alpha_k(t)\ P_j(k-1;t) + \beta_k(t)\ P_j(k-2;t) + \gamma_k(t)\ P_j(k-3;t) \quad (24)$$

The case of the so-called "latin polynomials" has already been treated by H. Padé [7]. That we actually need a recurrence relation of length 4 is a matter of simple algebra: using the method from [4] and [3], it follows at once, that a regular algorithm with recurrence relation of length 3 automatically leads to a path in the table that calculates P_0 (and thus the orthogonal polynomial $\tilde{P}_0=Q$) using the coefficients of one power series only! Thus we recover the systems of orthogonal polynomials and their algorithms from the ordinary Padé table. From [4] we find that there are very few regular algorithms

1. Relative increase of coordinates (0,1,0) ad inf. or (0,0,1) ad inf. This actually is a walk in the ordinary Padé table for f_1 or f_2 with a recurrence relation of length 4. In this context the work by W.A. Al-Salam and T.S. Chihara [1] should be quoted.
2. Relative increase of coordinates {(0,1,0),(0,0,1)} ad inf. or {(0,01),(0,1,0)} ad inf. Because of the symmetry it is sufficient to do the first walk only. The orthogonal family $Q_n(t)$ - the points are numbered 0,1,2,... - satisfies

$$\left.\begin{aligned} &Q_{-1}(t) \equiv 0, \quad Q_0(t) \equiv 1, \quad Q_1(t) \equiv t + \beta_1 \\ &Q_n(t) = (t+\beta_n)\ Q_{n-1}(t) + \gamma_n t\ Q_{n-2}(t) + \delta_n t\ Q_{n-3}(t) \qquad (n \geqslant 2) \end{aligned}\right\} \quad (25)$$

Of course the Padé-n-table is, just like the ordinary Padé table, a bundle of algorithms (Jacobi-Perron algorithms here) where certain relations exist between adjacent families of polynomials. It seems possible to extend the classical theory of orthogonal polynomials (including location of zeros etc.) to the setting of simultaneous approximation. This, however, will be a matter of continuing research.

REFERENCES

1. W.A. Al-Salam and T.S. Chihara: On Reimer recurrences, Portugaliae Mathematica 38 (1979), 45-58.

2. C. Brezinski: Padé type approximation and general orthogonal polynomials, ISNM Vol.50, Birkhäuser Verlag, Basel (1980).

3. M.G. de Bruin: Generalized C-fractions and a multidimensional Padé table, Thesis, Amsterdam (1974).

4, M.G. de Bruin: Generalized Padé tables and some algorithms therein, Proc. 1st French-Polish meeting on Padé approximation and convergence acceleration techniques, Warsaw 1981, J. Gilewicz ed., CPT-81/PE.1354, Centre de Physique Théorique, Marseille (1982).

5. M.G. de Bruin: Some convergence results in simultaneous rational approximation to the set of hypergeometric functions $\{{}_1F_1(1;c_i;z)\}_{i=1}^{n}$, in Padé approximation and its applications, Bad Honnef 1983, H. Werner & H.J. Bünger eds., LNM 1071, 12-33, Springer Verlag, Berlin/Heidelberg/New York/Tokyo (1984).

6. J. Mall: Grundlagen für eine Theorie der mehrdimensionalen Padéschen Tafel, Inaugural Dissertation, München (1934).

7. H. Padé: Sur la généralisation des fractions continues algébriques, Journal de Math. 4ième série, 10 (1894), 291-329.

8. H. van Rossum: Padé approximants and indefinite inner product spaces, in Padé and Rational Approximation, E.B. Saff & R.S. Varga eds., 111-119, Academic Press, New York (1977).

9. R. Smith: An abundance of orthogonal polynomials, IMA Journal of Appl. Math. 28 (1982), 161-167.

ORTHOGONAL POLYNOMIALS WITH RESPECT TO A LINEAR FUNCTIONAL LACUNARY OF ORDER S+1 IN A NON-COMMUTATIVE ALGEBRA

André DRAUX

UER IEEA - M3
Université de Lille 1
59655 VILLENEUVE D'ASCQ CEDEX
FRANCE

1. INTRODUCTION

We begin to recall some classical properties of the orthogonal polynomials in the commutative case.

Let K be a commutative field with a characteristic number 0, A be a commutative algebra on K with an unity element I, and P be the set of the polynomials on K, that take their values in A.

We define the linear functionals $c^{(n)}$ on P such as :

$$c^{(n)}(Ix^i) = c_{n+i},\ \forall n \text{ and } i \in \mathbb{N}, \text{ where } c_{n+i} \in A.$$

A polynomial $P_k^{(n)}(x) = \sum_{i=0}^{k} \lambda_{i,k}^{(n)} x^{k-i}$, where x belongs to K, and $\lambda_{i,k}$ to A, is said orthogonal if :

$\lambda_{0,k}$ has an inverse, and

$$c^{(n)}(x^i P_k^{(n)}(x)) = 0,\ \forall i \in \mathbb{N},\ 0 \le i \le k-1.$$

The $\lambda_{i,k}^{(n)}$'s verify a linear system of orthogonality, that is : $M_k^{(n)} \Lambda = -\lambda_{0,k} D_k^{(n)}$,

where $M_k^{(n)}$ is the Hankel matrix $(c_{n+i+j})_{i=j=0}^{k-1}$, Λ a vector of A^k with components $\lambda_{n-i,k}^{(n)}$ with $0 \le n \le k-1$, and $D_k^{(n)}$ a vector of A^k with components c_{n+k+i} with $0 \le i \le k-1$.

The orthogonal polynomials exist and are unique if and only if $M_k^{(n)}$ has an inverse. In that case we call them regular orthogonal polynomials (cf. [1] : the proofs are made for $A = K = \mathbb{R}$, but they are the same for any commutative algebra A and any commutative field K with a characteristic number 0).

We display all these polynomials in a table P as follows :

$$\begin{array}{ccc} P_0^{(0)} & & \\ P_0^{(1)} & P_1^{(0)} & \\ P_0^{(2)} & P_1^{(1)} & P_2^{(0)} \\ \vdots & \vdots & \vdots \end{array}$$

In [1] we have proved that the domains, in which the polynomials are not regular orthogonal polynomials, are some square blocks in the table P. Even so in that case we have yet a three terms recurrence relation between three consecutive regular orthogonal polynomials along a diagonal of the table P (cf. [1]).

The situation is totally different in the case of a non-commutative algebra A. We shall have two kinds of linear fonctionals acting on the set P : the right linear functional $\overset{(r)}{c}$ and the left linear fonctional $\overset{(\ell)}{c}$. They are respectively defined by :

$$\overset{(r)}{c}(\lambda x^i) = \lambda c_i \text{ and } \overset{(\ell)}{c}(\lambda x^i) = c_i \lambda.$$

where λ and c_i belong to A.

The order of the products is of course very important.

In all the sequel we shall only give the left properties. The right properties can easily be deduced by inverting the order of all the products.

If the linear functional $\overset{(\ell)}{c}{}^{(n)}$ is definite (i.e. : $M_k^{(n)}$ has an inverse $\forall k \in \mathbb{N}$), then we have a three terms recurrence relation along a diagonal (cf. [2], [4], [5] and [6]) and some other relations if we assume that $c^{(n)}$ is definite, $\forall n \in \mathbb{N}$. If the linear fonctional is not definite (i.e. : $\exists k \in \mathbb{N}$ such as $M_k^{(n)}$ is singular), then the domains in which the $M_k^{(n)}$'s are singular are not always square blocks (cf. [3], [5] and [6]). Thus it is impossible to find the properties of [1] in this case.

However it exists a particular case of indefinite linear functional, that permits to refind some properties of [1]. There are the linear functionals lacunary of order s+1. This notion exists already in the paper of Van Rossum [9] with his lacunary orthogonal polynomials and in the book of Gilewicz [8] with his lacunary series.

That notion of linear functional lacunary of order (s+1) is not unusual. We have very naturally some linear functionals lacunary of order 2 with the Legendre and Tchebicheff orthogonal polynomials.

In the following parts we shall show that it is possible to find again the square block structure, as well as the different recurrence relations between regular orthogonal polynomials.

The associated polynomials will verify the same properties and therefore we shall have some particular properties for the Padé approximants.

Then some theorems of convergence can be deduced for there approximants, especially in the case $s = 1$.

2. LINEAR FUNCTIONAL LACUNARY OF ORDER S+1

Definition 2.1. : *Let* r *be a fixed integer,* $r \in Z$.

A linear functional $\overset{(r)}{c}$ *is said lacunary of order* $(s+1)$ *if the moments* c_{i+r} *are zero,* $\forall i \in \mathbb{N}$, $r+i \neq 0 \bmod(s+1)$.

Let us begin to show that the $M_k^{(n)}$'s are singular in square blocks.

Property 2.2. : *Let us set* : $q = n(s+1) + 1$.

If the linear functional $\overset{(r)}{c}$ *is lacunary of order* $(s+1)$, *then* :
$\forall n$ *and* $j \in \mathbb{N}$ *such as* $0 \leq j \leq s-1$, *and* $q+j \geq r$, *and* $q-j \geq r$, $M_{k(s+1)+i}^{(q+j)}$ *is singular,* $\forall i \in \mathbb{N}$, $1 \leq i \leq s-j$, *as well as* $M_{k(s+1)+i}^{(q-j)}$, $\forall i \in \mathbb{N}$, $j+1 \leq i \leq s$.

Proof : The idea is to form a new matrix by multiplying the matrix $M_{k(s+1)+i}^{(q+j)}$ on the left and on the right by some matrices of permutation between the rows or the columns of a matrix and to gather the coefficients $c_{\beta(s+1)}$, $\forall \beta \in \mathbb{N}$ in some blocks of the new matrix.

Then it is easy to see that the matrix $M_{k(s+1)+i}^{(q+j)}$ is singular if $0 \leq j \leq s-1$ and $q+j \geq r$.

The proof is the same for the matrix $M_{k(s+1)+i}^{(q-j)}$. □

Of course only the matrices $M_{k(s+1)}^{(q+j)}$ and $M_{k(s+1)+j}^{(q-j)}$ can have an inverse, $\forall n$ and $j \in \mathbb{N}$ such as $0 \leq j \leq s$, and $q+j \geq r$, and $q-s \geq r$.

We make the convention that $c_i = 0$, $\forall i < 0$.

Then we have an infinite square block of singular matrices.

Theorem 2.3. : *i)* $M_j^{(i)}$ *is singular* $\forall i \in Z$ *and* $j \in \mathbb{N}$, $j \geq 1$ *such as* $i+j < 1$.

ii) $M_i^{(1-i)}$ *has an inverse,* $\forall i \in \mathbb{N}$, $i \geq 1$ *if and only if* c_0 *has an inverse.*

Proof : Obvious.

$M_j^{(i)}$ has only zeros above and on the principal antidiagonal.

$M_i^{(1-i)}$ has only zeros above the principal antidiagonal. All the terms of the principal antidiagonal are equal to c_0. □

3. ORTHOGONAL AND LACUNARY POLYNOMIALS

Let us set : $m = n(s+1)+1+j$,

$\hat{m} = n(s+1)+1-j$,

$$P_k^{(n)}(x) = \sum_{i=0}^{k} b_i\, x^i.$$

We shall denote by $\overset{(\ell)}{P}{}_k^{(r)}$ the orthogonal polynomial with respect $\overset{(\ell)}{c}{}^{(r)}$.

We begin to define the notion of lacunary polynomial.

Definition 3.1. : *A polynomial lacunary of order* $(s+1)$ *is a polynomial* $\sum_{i=0}^{n(s+1)} b_i\, x^i$ *such as* $b_i = 0$, $\forall i \neq 0 \bmod (s+1)$.

We shall find for the orthogonal polynomials with respect to a linear fonctional lacunary of order (s+1) the results obtained in [1] in the commutative case. The proof being too long, we shall give the result without proof (cf. [7]).

Property 3.2. :

i) If $M_{k(s+1)}^{(m)}$ *has an inverse for* j *fixed* $\in \mathbb{N}$, $0 \le j \le s$, *then* $\overset{(\ell)}{P}{}_{k(s+1)}^{(m)}$ *is lacunary of order* $(s+1)$.

ii) If $M_{k(s+1)}^{(m)}$ *has an inverse for* j *fixed* $\in \mathbb{N}$, $1 \le j \le s$, *then* $M_{k(s+1)}^{(m)}$ *has an inverse* $\forall j \in \mathbb{N}$, $0 \le j \le s$.

Furthermore all the polynomials $\overset{(\ell)}{P}{}_{k(s+1)}^{(m)}$ *are identical,* $\forall j \in \mathbb{N}$, *such as* $0 \le j \le s$.

iii) If $M_{k(s+1)+j}^{(\hat{m})}$ *has an inverse for* j *fixed* $\in \mathbb{N}$, $0 \le j \le s$, *then*

$\overset{(\ell)}{P}{}_{k(s+1)+j}^{(\hat{m})}(x) = x^j\ \overset{(\ell)}{\tilde{P}}{}_{k(s+1)}^{(\hat{m})}(x)$, *where* $\overset{(\ell)}{\tilde{P}}{}_{k(s+1)}^{(\hat{m})}$ *is a monic polynomial*

(i.e. : $b_{k(s+1)} = I$*) of degree* $k(s+1)$ *lacunary of order* $(s+1)$.

iv) If $M_{k(s+1)+j}^{(\hat{m})}$ *has an inverse for* j *fixed* $\in \mathbb{N}$, $1 \le j \le s$, *then* $M_{k(s+1)+j}^{(\hat{m})}$ *has an inverse,* $\forall j \in \mathbb{N}$, $0 \le j \le s$.

Furthermore the polynomials $\overset{(\ell)}{P}{}_{k(s+1)}^{(\hat{m})}$ *are identical with* $\overset{(\ell)}{P}{}_{k(s+1)}^{(n(s+1)+1)}$, $\forall j \in \mathbb{N}$, $0 \le j \le s$.

Remark 3.3. : Let us set : $u_j = c_{j(s+1)}$, $\forall j \in \mathbb{N}$, and let us denote by $\overset{(\ell)}{u}{}^{(n+1)}$ the linear functionals whose moments are u_{n+1+j}, $\forall j \in \mathbb{N}$.

Then, if $\overset{(\ell)}{U}{}_k^{(n+1)}(x)$ is the orthogonal polynomial with respect to $\overset{(\ell)}{u}{}^{(n+1)}$, $\overset{(\ell)}{U}{}_k^{(n+1)}(x^{(s+1)})$ is the orthogonal polynomial with respect to $\overset{(\ell)}{c}{}^{(n(s+1)+1)}$.

Furthermore, if $\overset{(\ell)}{V}{}_k^{(n+1)}$ is the polynomial associated with $\overset{(\ell)}{U}{}_k^{(n+1)}$, that is if : $\overset{(\ell)}{V}{}_k^{(n+1)}(t) = \overset{(\ell)}{u}{}^{(n+1)}((\overset{(\ell)}{U}{}^{(n+1)}(x) - \overset{(\ell)}{U}{}^{(n+1)}(t))(x-t)^{-1})$, and if $M_{k(s+1)}^{(m)}$ has an inverse, we shall set :

$\overset{(\ell)}{Q}{}_{k(s+1)}^{(m)}(t) = t^j \ \overset{(\ell)}{V}{}_k^{(n+1)}(t^{s+1})$, $0 \leq j \leq s$ and if $M_{k(s+1)}^{(\hat{m})}$ has an inverse, we shall set :

$\overset{(\ell)}{Q}{}_{k(s+1)+j}^{(\hat{m})}(t) = \overset{(\ell)}{V}{}_k^{(n+1)}(t^{s+1}) + c_{n(s+1)} \ \overset{(\ell)}{V}{}_k^{(n+1)}(t^{s+1})$, $0 \leq j \leq s$, then we can prove that the polynomials Q are associated with the polynomials P, that is :

Theorem 3.4. :

$$\overset{(\ell)}{Q}{}_k^{(n)}(t) = \overset{(\ell)}{c}{}^{(n)}((\overset{(\ell)}{P}{}_k^{(n)}(x) - \overset{(\ell)}{P}{}_k^{(n)}(t))(x-t)^{-1}).$$

Proof : We give the proof for $\overset{(\ell)}{Q}{}_{k(s+1)+j}^{(\hat{m})}$.

$$B = \overset{(\ell)}{c}{}^{(\hat{m})}((\overset{(\ell)}{P}{}_{k(s+1)+j}^{(\hat{m})}(x) - \overset{(\ell)}{P}{}_{k(s+1)+j}^{(\hat{m})}(t))(x-t)^{-1})$$

$$= \overset{(\ell)}{c}{}^{(\hat{m})}((x^j \ \overset{(\ell)}{U}{}_k^{(n+1)}(x^{s+1}) - t^j \ \overset{(\ell)}{U}{}_k^{(n+1)}(t^{s+1}))(x-t)^{-1})$$

$$= \overset{(\ell)}{c}{}^{(\hat{m})}(\sum_{\ell=0}^{k} \lambda_{\ell,k} \sum_{p=0}^{\ell(s+1)+j-1} x^p \ t^{\ell(s+1)+j-1-p})$$

$$= \overset{(\ell)}{c}{}^{(\hat{m})} \sum_{\ell=0}^{k} \lambda_{\ell,k} \ x^{j-1} \sum_{r=0}^{\ell} x^{r(s+1)} \ t^{(\ell-r)(s+1)}) + \overset{(\ell)}{c}{}^{(\hat{m})}(E(x, t)).$$

The second term is zero because E(x, t) has only terms x^{μ} such as $\mu - s + j \not\equiv 0$, mod(s+1).

Thus :

$$B = \overset{(\ell)}{c}{}^{(n(s+1))}(\sum_{\ell=0}^{k} \lambda_{\ell,k} \ t^{\ell(s+1)} + \sum_{\ell=1}^{k} \lambda_{\ell,k} \sum_{r=1}^{\ell} (x^r \ t^{\ell-r})^{s+1})$$

$$= c_{n(s+1)} \ \overset{(\ell)}{U}{}_k^{(n+1)}(t^{s+1}) + \overset{(\ell)}{c}{}^{((n+1)(s+1))}(\sum_{\ell=1}^{k} \lambda_{\ell,k} \sum_{r=0}^{\ell-1} (x^r \ t^{\ell-1-r})^{s+1})$$

$$= c_{n(s+1)} \ \overset{(\ell)}{U}{}_k^{(n+1)}(t^{s+1}) + \overset{(\ell)}{V}{}_k^{(n+1)}(t^{s+1}) = \overset{(\ell)}{Q}{}_{k(s+1)+j}^{(\hat{m})}(t). \ \square$$

4. RECURRENCE RELATION

We have refound the classical structure of the table P for a linear functional lacunary of order (s+1).

We can also find again the "classical" recurrence relations (cf. [1] and [7]) between three consecutive regular orthogonal polynomials.

We give that result without proof.

Theorem 4.1. : *We suppose that* $j \in \mathbb{N}$ *such as* $1 \leq j \leq s$.

i) If $M^{(m)}_{(k-1)(s+1)}$, $M^{(m)}_{(k-1)(s+1)+s-j+1}$ *and* $M^{(m)}_{k(s+1)}$ *have an inverse, then :*

$$\overset{(\ell)}{P}{}^{(m)}_{k(s+1)}(x) = x^j \; \overset{(\ell)}{P}{}^{(m)}_{(k-1)(s+1)+s-j+1}(x) + \overset{(\ell)}{P}{}^{(m)}_{(k-1)(s+1)}(x) \; \overset{(\ell)}{C}{}^{(m)}_{k(s+1)},$$ *where* $\overset{(\ell)}{C}{}^{(m)}_{k(s+1)}$

has an inverse.

ii) If $M^{(m)}_{(k-1)(s+1)+s-j+1}$, $M^{(m)}_{k(s+1)}$ *and* $M^{(m)}_{k(s+1)+s-j+1}$ *have an inverse, then :*

$$\overset{(\ell)}{P}{}^{(m)}_{k(s+1)+s-j+1}(x) = x^{s-j+1} \; \overset{(\ell)}{P}{}^{(m)}_{k(s+1)}(x) + \overset{(\ell)}{P}{}^{(m)}_{(k-1)(s+1)+s-j+1}(x) \; \overset{(\ell)}{C}{}^{(m)}_{k(s+1)+s-j+1},$$

where $\overset{(\ell)}{C}{}^{(m)}_{k(s+1)+s-j+1}$ *has an inverse.*

iii) The associated polynomials Q *verify the same recurrence relations.*

Remark.

If j=0, we have of course the three-term recurrence relation between $\overset{(\ell)}{U}{}^{(n+1)}_{k-1}(x)$, $\overset{(\ell)}{U}{}^{(n+1)}_{k}(x)$ and $\overset{(\ell)}{U}{}^{(n+1)}_{k+1}(x)$, which can be transformed in a three term recurrence relation between $\overset{(\ell)}{P}{}^{(n(s+1)+1)}_{(k-1)(s+1)}(x)$, $\overset{(\ell)}{P}{}^{(n(s+1)+1)}_{k(s+1)}(x)$ and $\overset{(\ell)}{P}{}^{(n(s+1)+1)}_{(k+1)(s+1)}(x)$ They are the orthogonal polynomials which are outside the corners of the square blocks along a diagonal n(s+1)+1.

We give a picture describing the results of this theorem :

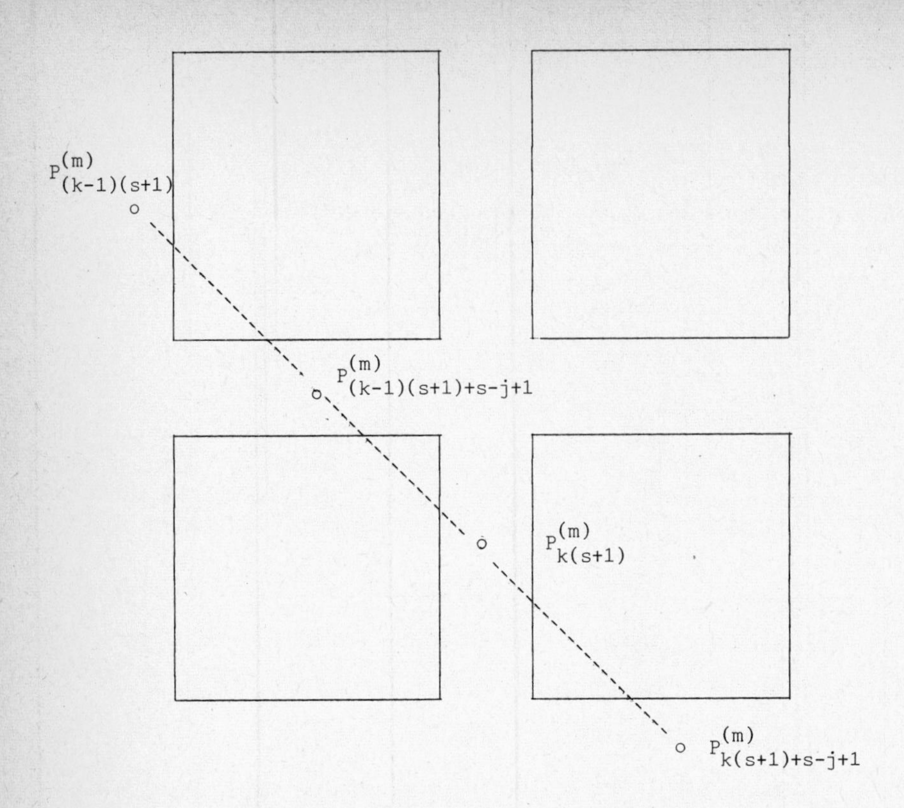

We can find the other recurrence relations along a row or a column of the table P (cf. [7]).

5. CONCLUSION

The properties of orthogonal polynomials and their associated polynomials can be used in the theory of Padé approximants and we can refind some classical results.

In the square blocks as well as an the northern and western sides we have identical Padé approximants above the principal antidiagonal of the square block P.

Especially in the case of the linear functionals lacunary of order 2, (in particular in the case of the Legendre and Tchebicheff orthogonal polynomials and their adjacent system of orthogonal polynomials) we can give some results of convergence for the corresponding Padé approximants (cf. [7]) in using some convergence results of the non commutative continued fractions.

BIBLIOGRAPHY

1. DRAUX A. "*Polynômes orthogonaux formels - Applications*". Lecture Notes in Mathematics 974. Springer-Verlag. Berlin. 1983.

2. DRAUX A. "*Polynômes orthogonaux formels dans une algèbre non commutative*". Publication ANO n° 92, Lille 1, 1982.

3. DRAUX A. "*Approximants de type Padé et de Padé*". Publication ANO n° 96, Lille 1, 1983.

4. DRAUX A. "*Formal orthogonal polynomials and Padé approximants in a non commutative algebra*". in "Mathematical Theory of Networks and Systems". Proceedings of the MTNS-83, International Symposium - Beer - Sheva, Israel, June 20-24, 1983. Lecture Notes in Control and Information Science 58, Berlin 1984, pp. 278-292.

5. DRAUX A. "*Padé approximants in non-commutative algebra*". Publication ANO n° 102. Lille 1, 1983 and in "Vorlesungsreihe SFB72, Padé Seminar 1983". H. Werner, and H.J. Bünger (Eds.) n° 14. Universität Bonn, 1983, pp. 151-164.

6. DRAUX A. "*The Padé approximants in a non commutative algebra and their applications*". in "Padé approximation and its applications - Bad Honnef 1983. Proceedings" H. Werner and H.J. Bünger (Eds.), Lecture Notes in Mathematics 1071. Berlin 1984. pp. 117-131.

7. DRAUX A. "*Convergence*". Publication ANO n° 117, Lille 1, 1984.

8. GILEWICZ J. "*Approximants de Padé*". Lecture Notes in Mathematics 667. Springer-Verlag. Heidelberg. 1978.

9. ROSSUM H. VAN. "*Lacunary orthogonal polynomials*". Koninkl. Nederl. Akad. von Wetenschappen. Amsterdam 69, 1966, pp. 55-63.

BI-ORTHOGONAL POLYNOMIALS

A. Iserles
King's College
University of Cambridge
Cambridge CB2 1ST
England

S.P. Nørsett
Institutt for Numerisk Matematikk
Norges Tekniske Høgskole
7034 Trondheim-NTH
Norway

Abstract: Given a monotone measure $\alpha(x)$, a positive function $\omega(x,\mu)$, $\mu\in\Omega$ and a sequence $\mu_1,\mu_2,\ldots\in\Omega$, we consider monic polynomials that satisfy the bi-orthogonality conditions

$$\int p_m(x)\omega(x,\mu_k)d\alpha(x) = 0, \quad 1\leq k\leq m, \quad p_m\in\pi_m[x].$$

Questions of existence, uniqueness, location of zeros and existence of Rodrigues-type formulae are investigated.

Polynomials of this type arise in numerical analysis of two-step multistage methods for ordinary differential equations.

1. Motivation

The motivation of the present authors in exploring bi-orthogonal polynomials originates in numerical analysis of ordinary differential equations.

As is well known, many crucial properties of numerical one-step methods for ODEs are elucidated in rational approximation of the exponential - hence the great interest in this form of approximation. A natural bijection exists between the set of all the {n/n} approximations of order n at least and the set of all n-th degree (scaled) polynomials. Although this can be placed within the framework of Padé-type approximation theory [Brezinski, 1980], a more fruitful approach is via the C-polynomial theory [Nørsett, 1975]. This enables investigation of important properties of a numerical method, e.g. order and stability, by analysing the "corresponding" polynomial.

Going from one to two-step ODE methods, rational approximations turn into agebraic functions. These correspond to pairs of polynomials via an appropriate extension of the C-polynomial theory [Iserles, 1981]. Elucidation of numerical properties from the polynomial pair leads to the analysis of n-th degree monomials that are orthogonal to $1, x^2, x^4, \ldots, x^{2(n-1)}$ in $(0,1)$.

This, in turn, invokes the more general (and, probably, more interesting) problem: given a monotone measure $d\alpha(x)$ whose support is a real interval (a,b), a function $\omega(x,\mu)$ and a suitable discrete set $\mu_1, \mu_2, \mu_3, \ldots$, analyse monic $p_m \in \pi_m[x]$ that satisfy the bi-orthogonality conditions

$$\int_a^b p_m(x)\omega(x,\mu_\ell)d\alpha(x) = 0, \qquad 1 \le \ell \le m, \qquad m \ge 1 .$$

In the present paper we present a preliminary outcome of this analysis. As it turns out, many characteristics of bi-orthogonal polynomials are trivial and obvious extensions of their simpler orthogonal brethren. However, there are properties that are neither trivial nor obvious and they are an additional reason for our interest in this phenomenon.

It ought to be pointed out that the term "bi-orthogonality" has sometimes been used to denote dual orthogonality [Szegö, 1982], which is an altogether different concept.

2. Notation

Let (a,b) be a real interval, $\alpha(x)$ a real function of bounded variation, $\operatorname{supp}\alpha = (a,b)$ and $\omega(x,\mu)$ a non-negative function which is not identically zero in (a,b) for every μ in a parameter set Ω, such that $x^k\omega(x,\mu)$ is integrable for all $k \ge 0$ and $\mu \in \Omega$. A sequence $\{\mu_\ell\}_{\ell=1}^{\infty}$ of points in Ω is called a D-sequence if $\omega(\cdot,\mu_\ell) \not\equiv \omega(\cdot,\mu_k)$ for every $k \ne \ell$. We assume that Ω contains at least one D-sequence. Thus, in particular, Ω is of infinite cardinality. The set of all the D-sequences in Ω will be denoted by Ω^D.

The pair $\{\omega,\Omega\}$ is regular if for every $\{\mu_\ell\} \in \Omega^D$ and every $m \ge 1$ there exists a unique monic bi-orthogonal polynomial $p_m \in \pi_m[x]$, $p_m(x) \equiv p_m(x,\mu_1, \ldots, \mu_m)$, such that

$$\int_a^b p_m(x)\omega(x,\mu_\ell)d\alpha(x) = 0, \qquad 1 \le \ell \le m . \tag{1}$$

It is said to possess the interpolation property if for every $\{\mu_\ell\} \in \Omega^D$, every $m \ge 1$, all distinct numbers $x_1, \ldots, x_m \in (a,b)$ and real $y_1, \ldots, y_m$ there exist constants $\alpha_1, \ldots, \alpha_m$ so that

$$\sum_{\ell=1}^{m} \alpha_\ell \omega(x_k,\mu_\ell) = y_k, \quad 1 \le k \le m. \tag{2}$$

It will be apparent to the careful observer that there exists so far some redundancy in our theory. For example, consider

$$\omega_1(\cdot,\mu) = \omega(\cdot,\mu), \quad \Omega_1 = (0,\infty);$$

$$\omega_2(\cdot,\mu) = \omega(\cdot,\mu), \quad \Omega_2 = (0,1);$$

$$\omega_3(\cdot,\mu) = \mu^2\omega(\cdot,e^\mu), \Omega_3 = (-\infty,\infty).$$

Obviously, $\{\omega_1,\Omega_1\}$ and $\{\omega_3,\Omega_3\}$ lead to an identical set of bi-orthogonal polynomials, whereas $\{\omega_2,\Omega_2\}$ yields their sub-set. In general, given $\{\omega^{(1)},\Omega^{(1)}\}$ and $\{\omega^{(2)},\Omega^{(2)}\}$, we say that $\{\omega^{(1)},\Omega^{(1)}\}$ is <u>subordinate</u> to $\{\omega^{(2)},\Omega^{(2)}\}$ if there exist functions $g_1 > 0$, $g_2 : \Omega^{(1)} \to \Omega^{(2)}$ such that for every $\mu\in\Omega^{(1)}$

$$\omega^{(1)}(x,\mu) = g_1(\mu)\omega^{(2)}(x,g_2(\mu)), \quad x\in(a,b).$$

We denote this relation by $\{\omega^{(1)},\Omega^{(1)}\} \preceq \{\omega^{(2)},\Omega^{(2)}\}$. For instance, $\{\omega_2,\Omega_2\} \preceq \{\omega_1,\Omega_1\}$ in the above example.

Subordination defines partial order. Hence, it induces an <u>equivalence</u> relation - $\{\omega^{(1)},\Omega^{(1)}\} \sim \{\omega^{(2)},\Omega^{(2)}\}$ if both $\{\omega^{(1)},\Omega^{(1)}\} \preceq \{\omega^{(2)},\Omega^{(2)}\}$ and $\{\omega^{(1)},\Omega^{(1)}\} \succeq \{\omega^{(2)}, \Omega^{(2)}\}$. This, in turn, factorises all the regular sets $\{\omega,\Omega\}$ over the interval (a,b) into equivalence classes. Obviously, it is enough to consider one representative from each class.

Finally, we say that regular set $\{\omega,\Omega\}$ is <u>maximal</u> if it is not subordinate to any non-equivalent regular set over (a,b). For obvious reasons maximal sets will claim our utmost attention.

3. The Theory

Given $\{\omega,\Omega\}$ and a D-sequence $\{\mu_\ell\}$ we set

$$D_m(\mu_1,\ldots,\mu_m) := \det \begin{bmatrix} I_o(\mu_1) & I_1(\mu_1) & & I_{m-1}(\mu_1) \\ I_o(\mu_2) & I_1(\mu_2) & & I_{m-1}(\mu_2) \\ & & & \\ I_o(\mu_m) & I_1(\mu_m) & & I_{m-1}(\mu_m) \end{bmatrix}, \; m \ge 1,$$

where

$$I_k(\mu) := \int_a^b x^k \omega(x,\mu)\,d\alpha(x), \qquad k \geq 0.$$

Theorem 1: $\{\omega,\Omega\}$ is regular if and only if $D_m(\mu_1,\ldots,\mu_m) \neq 0$ for every $\{\mu_\ell\} \in \Omega^D$ and every $m \geq 1$. Moreover, if it is regular then the set $\{p_m\}_{m=0}^{\infty}$ of bi-orthogonal polynomials is given by

$$p_0(x) \equiv 1;$$

$$p_m(x) = \frac{1}{D_m(\mu_1,\ldots,\mu_m)} \det \begin{bmatrix} I_0(\mu_1) & I_1(\mu_1) & I_m(\mu_1) \\ I_0(\mu_2) & I_1(\mu_2) & I_m(\mu_2) \\ & & \\ I_0(\mu_m) & I_1(\mu_m) & I_m(\mu_m) \\ 1 & x & x^m \end{bmatrix}, \quad m \geq 1.$$

Proof: Substitution of a general monic polynomial $p_m(x) = \sum_{k=0}^{m-1} \sigma_k x^k + x^m$ into (1) yields

$$\sum_{k=0}^{m-1} \sigma_k I_k(\mu_\ell) = -I_m(\mu_\ell), \qquad 1 \leq \ell \leq m.$$

The desired result follows at once by Cramer's rule. □

Corollary: $\{\omega,\Omega\}$ is regular if and only if $\{I_k(\mu)\}_{k=0}^{m-1}$ is a Chebyshev system [Karlin & Studden, 1966] for every $m \geq 1$.

Given $\{x_k\}$ (a,b), all distinct, and $\{\mu_\ell\} \in \Omega^D$, we set

$$E_m\begin{pmatrix} x_1,\ldots,x_m \\ \mu_1,\ldots,\mu_m \end{pmatrix} = \det \begin{bmatrix} \omega(x_1,\mu_1) & \omega(x_1,\mu_2) & \omega(x_1,\mu_m) \\ \omega(x_2,\mu_1) & \omega(x_2,\mu_2) & \omega(x_2,\mu_m) \\ & & \\ \omega(x_m,\mu_1) & \omega(x_m,\mu_2) & \omega(x_m,\mu_m) \end{bmatrix}, \quad m \geq 1.$$

The following result follows easily from the definition:

Lemma 2: $\{\omega,\Omega\}$ has the interpolation property if and only if

$$E_m\begin{pmatrix} x_1,\ldots,x_m \\ \mu_1,\ldots,\mu_m \end{pmatrix} \neq 0$$

for every distinct sequence $\{x_k\}$ from (a,b), $\{\mu_\ell\}\in\Omega^D$ and $m \geq 1$. □

Corollary: $\{\omega,\Omega\}$ has the interpolation property if and only if ω is strictly totally positive [Karlin & Studden, 1966] of every order $m \geq 1$.

The importance of the interpolation property stems from the following result:

Theorem 3: If $\{\omega,\Omega\}$ is a regular set that possesses the interpolation property then each $p_m(x;\mu_1,\ldots,\mu_m)$ has m simple zeros in (a,b), $m \geq 1$.

Proof: Since $\omega(x,\mu) \geq 0$, $x\in(a,b)$, $\mu\in\Omega$, it follows from (1) that p_m changes sign in (a,b) for $m \geq 1$. Let us assume that it changes sign in (a,b) exactly at $\zeta_1 < \zeta_2 < \ldots < \zeta_n$, $n \leq m-1$. By (2) we can find $\beta_1,\ldots,$ β_{n+1} such that

$$\sum_{\ell=1}^{n+1} \beta_\ell \omega(\zeta_k,\mu_\ell) = \delta_{n+1,k}, \quad 1 \leq k \leq n+1, \quad \zeta_{n+1} = b,$$

where δ is the delta of Kronecker. Since $\sum_{\ell=1}^{n+1} \beta_\ell^2 > 0$, strict total positivity of ω implies that $\{\omega(x,\mu_\ell)\}_{\ell=1}^{n+1}$ is a Chebyshev set [Powell, 1981]. Therefore the function $\sum_{\ell=1}^{n+1} \beta_\ell \omega(x,\mu_\ell)$ can have at most n zeros in (a,b), consequently

$$p_m(x) \sum_{\ell=1}^{n+1} \beta_\ell \omega(x,\mu_\ell) > 0, \quad x\in(a,b).$$

This implies that

$$\sum_{\ell=1}^{n+1} \beta_\ell \int_a^b p_m(x)\omega(x,\mu_\ell)d\alpha(x) > 0,$$

in contradiction to the bi-orthogonality of p_m. Therefore necessarily $n = m$, establishing the proof. □

Two points are of interest in connection with the last theorem. First, its proof is simply an extension of the familiar proof that all the zeros of an orthogonal polynomial are simple and within the support of the measure. Second, the theorem gives a sufficient condition but, as will transpire in the next section, the interpolation property is not necessary for p_m to have m simple zeros in (a,b).

Another approach to the determination of loci of the zeros is via the function

$$H_m(\mu) := \int_a^b p_m(x;\mu_1,\ldots,\mu_m)\,\omega(x,\mu)\,d\alpha(x) ,$$

which we call the <u>generator</u>. It can be proved that

$$H_m(\mu) = \frac{D_{m+1}(\mu_1,\ldots,\mu_m,\mu)}{D_m(\mu_1,\ldots,\mu_m)} .$$

It follows from the integral mean value theorem for continuous $\alpha(x)$ that

$$p_m(\theta(\mu);\mu_1,\ldots,\mu_m) = \frac{H_m(\mu)}{I_o(\mu)} ,$$

where $\theta : \Omega \to (a,b)$. Closer examination of the behaviour of θ demonstrates that

<u>Theorem 4</u>: If ω is in $C^1(\Omega)$, Ω is a real interval, $\alpha(x)$ is continuous and all the zeros of H_m in Ω are simple (the last condition being somewhat stronger than regularity) then all the zeros of p_m reside in (a,b) and are simple. □

Given a function $g(x,\mu)$, $x\in(a,b)$, $\mu\in\Omega$, which is C^1, monotone and integrable for $x\in(a,b)$, we define the differentiable operator

$$T_\mu f(x) = \frac{\frac{d}{dx}\{g(x,\mu)f(x)\}}{\frac{d}{dx}\,g(x,\mu)} = f(x) + \frac{g(x,\mu)}{\frac{d}{dx}g(x,\mu)}\,f'(x) ,$$

$f\in C^1(a,b)$. g is said to be <u>admissible</u> if the following two conditions are satisfied:

(I) $T_\mu : \pi_m[x] \to \pi_m[x]$ for every $\mu\in\Omega$, $m \geq 0$;

(II) $T_\mu T_\nu = T_\nu T_\mu$ for every $\mu,\nu\in\Omega$.

The following results will be stated without proof:

<u>Theorem 5</u>: Let $\alpha(x) = x$. If $g(x,\mu) = \int_x^b \omega(t,\mu)dt$ is admissible and $a > -\infty$ then the Rodrigues-type formula

$$p_m(x;\mu_1,\ldots,\mu_m) = c_m\Big(\prod_{k=1}^{m} T_{\mu_k}\Big)(x-a)^m, \quad m \geq 1 , \tag{3}$$

where c_m is chosen so that p_m is monic, is true. □

A similar result can be proved for $b < \infty$ (instead of $a > -\infty$).

It is interesting to characterise all functions ω that give rise to admissible integrals. It turns out that their set is small, a situation akin to the well-known scarcity of Rodrigues' formulae for orthogonal polynomials:

Lemma 6: The set of all the admissible functions is

$$\text{(i)} \quad g(x,\mu) = (C \pm x)^{\gamma(\mu)}\delta(\mu), \quad b < \infty ;$$

$$\text{(ii)} \quad g(x,\mu) = e^{\gamma(\mu)x}\delta(\mu), \quad b = \infty ;$$

where $C \in \mathbb{R}$, $\gamma(\mu)$ and $\delta(\mu)$ are arbitrary, subject to integrability and monotonicity in (a,b) for every $\mu \in \Omega$. □

Straightforward manipulation of (i) and (ii) demonstrates that the only maximal sets $\{\omega,\Omega\}$ that give rise to admissible functions $g(x,\mu)$ are, up to a linear transformation in x,

$$\text{(i)} \quad (x,\mu) = x^{\mu}, \quad (a,b) = (0,1), \quad \Omega = (-1,\infty) ;$$

$$\text{(ii)} \quad (x,\mu) = e^{-\mu x}, \quad (a,b) = (0,\infty), \quad \Omega = (0,\infty) .$$

As the converse of Theorem 5 is easy to demonstrate, this characterises bi-orthogonal polynomials that possess Rodrigues-type representations (3).

4. Examples

Henceforth we consider only the measure $\alpha(x) = x$.

A. $(x,\mu) = x^{\mu}$, $(a,b) = (0,1)$, $\Omega = (-1,\infty)$:

Since $D_m(\mu_1,\ldots,\mu_m)$ is a determinant of a section of a Cauchy matrix, it does not vanish [Gregory & Karney, 1969], hence $\{\omega,\Omega\}$ is regular. It also possesses the interpolation property - this can be proved from Lemma 2 either directly or via a lemma in [Karlin & Studden, 1966]. Hence, by Theorem 3 all the zeros of the corresponding bi-orthogonal polynomials are in $(0,1)$ and simple. It is possible to show that zeros of $p_{m-1}(x;\mu_1,\ldots,\mu_{m-1})$ and $p_m(x;\mu_1,\ldots,\mu_m)$ interlace subject to $\mu_1 < \mu_2 < \mu_3 < \ldots$.

The following explicit form is available:

$$p_m(x;\mu_1,\ldots,\mu_m) = \{\prod_{j=1}^{m}(m+1+\mu_j)\}^{-1}\sum_{k=o}^{m}(-1)^{m-k}\binom{m}{k}\prod_{j=1}^{m}(k+1+\mu_j)x^k, \; m \geq 1,$$

as well as the Rodrigues-type formula (3). Note that the choice $\mu_j = \beta + j-1$, $j \geq 1$, $\beta > -1$, corresponds to the (shifted and scaled) Jacobi polynomials $P_m^{(0,\beta)}$, whereas $\mu_j = 2(j-1)$, $j \geq 0$, has an application to numerical analysis of ODEs that has been mentioned in Section 1.

B. $\omega(x,\mu) = e^{-\mu x}$, $(a,b) = \Omega = (0,\infty)$:

This is the second choice that leads to a Rodrigues-type representation. It is regular, since

$$D_m(\mu_1,\ldots,\mu_m) = \frac{0!1!\ \ldots\ (m-1)!}{\mu_1\mu_2\ \cdots\ \mu_m} \prod_{1 \leq i < j \leq m} \left(\frac{1}{\mu_j} - \frac{1}{\mu_i}\right),$$

and possesses the interpolation property by a result in [Karlin & Studden, 1966].

Let

$$\prod_{\ell=1}^{m} \left(x - \frac{1}{\mu_\ell}\right) = \frac{1}{m!} \sum_{k=0}^{m} k!\, a_k x^k .$$

Then $p_m(x;\mu_1,\ldots,\mu_m) = \sum_{k=0}^{m} a_k x^k$.

C. $(x,\mu) = e^{-x}x^{\mu}$, $(a,b) = (0,\infty)$, $\Omega = (-1,\infty)$:

Once again $\{\omega,\Omega\}$ is regular (since $D_m(\mu_1,\ldots,\mu_m) = \prod_{k=1}^{m} \Gamma(\mu_k+1)$ $\prod_{1 \leq i < j \leq m} (\mu_j - \mu_i)$ and has the interpolation property (the proof being similar to A).

D. $\omega(x,\mu) = (\mu-x)_+^n = \begin{cases} (\mu-x)^n & 0 \leq x \leq \mu \\ 0 & \mu \leq x \end{cases}$, $(a,b) = \Omega = (0,\infty)$,

where $n \geq 0$. It easily follows that

$$D_m(\mu_1,\ldots,\mu_m) = \frac{0!1!\ \ldots\ (m-1)!(n!)^m}{(n+1)!(n+2)!\ \ldots\ (n+m)!} (\mu_1\mu_2\cdots\mu_m)^{n+1} \prod_{1 \leq i < j \leq m} (\mu_j - \mu_i),$$

establishing regularity. Alas, it can be seen at once that $\{\omega,\Omega\}$ does not possess the interpolation property.

It can be shown that

$$p_m(x;\mu_1,\ldots,\mu_m) = \frac{m!}{(m+n+1)!} \frac{d^{n+1}}{dx^{n+1}} \{x^{n+1} \prod_{k=1}^{m} (x - \mu_k)\} =$$

$$= \frac{m!}{(m+n+1)!} (1+\upsilon)_{n+1} \prod_{k=1}^{m} (x-\mu_k) \quad ,$$

where $\upsilon := x\frac{d}{dx}$. This representation, together with Rolle's theorem, demonstrate that, the absence of interpolation property notwithstanding, p_m has m simple zeros in $(0, \max_{1 \leq i \leq m} \mu_i) \quad (0,\infty)$.

References

C. Brezinski [1980], Padé-Type Approximation and General Orthogonal Polynomials, ISNM 50, Birkhäuser Verlag, Basel.

R.J. Gregory & D.L. Karney [1969], A Collection of Matrices for Testing Computational Algorithms, Wiley Interscience, New York.

A. Iserles [1981], Two-step numerical methods for parabolic differential equations, BIT 21, pp.80-96.

S. Karlin & W.J. Studden [1966], Tchebysheff Systems: with Applications in Analysis and Statistics, Interscience, New York.

S.P. Nørsett [1975], C-polynomials for rational approximation to the exponential function, Numer. Math. 25, pp.39-56.

M.J.D. Powell [1981], Approximation Theory and Methods, Cambridge Univ. Press, Cambridge.

C. Szegö [1982], Collected Papers, Vol. I, Birkhäuser Verlag, Boston.

ALGEBRAIC CHARACTERIZATION OF ORTHOGONALITY IN THE SPACE OF POLYNOMIALS

Marek A. Kowalski
Institute of Informatics
University of Warsaw
PKiN, 00-901 Warsaw/Poland

1. Introduction and summary. This paper surveys some recent results concerning orthogonal polynomials in several variables and related topics. A generalization of the Favard theorem to the multivariate case is presented and integral orthogonality formulas with discrete or continuous integrators are discussed. Contributions to the moment problem are made.

2. Notation. For a fixed $n \in \mathbf{N}$ by Π_n we denote the linear space of all polynomials with complex coefficients in n real variables. Given p by deg p we mean the total degree of the polynomial p. Recall that any basis of Π_n contains exactly $r_n^k = \binom{n+k-1}{n}$ polynomials of the degree k. Let L be a linear functional on Π_n, $\mathbf{L} : \Pi_n \to \mathbf{C}$. We say that L defines a quasi-inner product in Π_n if there exists a basis B of Π_n such that

$$\mathbf{L}(pq) \begin{cases} = 0 \text{ if } p \neq q, \\ \neq 0 \text{ if } p = q \end{cases}$$

for any two elements p, q from B.
For a $s \times t$ matrix $P = (p_{ij})$ whose coefficients p_{ij} belong to Π_n the $s \times t$ matrix of numbers $\mathbf{L}(p_{ij})$ is denoted by $\mathbf{L}(P)$.
Given matrix M whose number of columns is a multiple of n we define

$$bp(M) = \begin{bmatrix} M_1 \\ \hline M_2 \\ \hline \vdots \\ \hline M_n \end{bmatrix}$$

where $M = [M_1 | M_2 | \ldots | M_n]$ and all blocks M_i are of identical dimensions.
Let $\vec{P} = [p_1, p_2, \ldots, p_s]^T$ where $p_1, p_2, \ldots, p_s$ are polynomials in $x_1, \ldots, x_n$. Write

$$\overrightarrow{xP} = [x_1 \vec{P}^T \; x_2 \vec{P}^T \; \ldots \; x_n \vec{P}^T]^T.$$

For instance, if n=2 and $\vec{P} = [x_1^2, x_1 x_2]^T$ then $\overrightarrow{xP} = [x_1^3, x_1^2 x_2, x_1^2 x_2, x_1 x_2^2]^T$.

Let S be a closed subset of $\mathbf{R}^n$. We denote by $\mathcal{R}(S)$ the set of all positive Radon measures on S. For $\phi \in \mathcal{R}(\mathbf{R})$, by $\phi^{(n)}$ we mean the product measure $\phi \otimes \ldots \otimes \phi \in \mathcal{R}(\mathbf{R}^n)$.

3. Orthogonality and recursion formulas. It is well known that orthogonal polynomials in one variable satisfy the following three-term recurrence relation

(1) $$P_{k+1}(x) = (d_k x - e_k)P_k(x) - f_k P_{k-1}(x), \quad k=0,1,\ldots$$

where P_k is of the k-th degree, $P_{-1}(x) = 0$ and d_k, $f_k \neq 0$ for all k. The Favard theorem states that (1) yields the existence of a linear functional $\mathbf{L}$ such that $\mathbf{L}(P_k P_l) = \delta_{kl}(d_o \prod_1^k f_j)/d_k$ where δ_{kl} is the Kronecker delta, cf. [5, p.21], [26].

These two results provide very simple algebraic characterization of orthogonality in the space of polynomials in one variable. The problem of extending this characterization to the multivariate case has been suggested in [7]. It turns out that the following equivalence holds.

Let $\mathfrak{G}$ be a subset of Π_n. Assume that elements of $\mathfrak{G}$ can be arranged into vectors $\vec{P}_0$, $\vec{P}_1, \ldots$ where for a fixed k, $\vec{P}_k$ has exactly r_n^k polynomial coefficients of the degree k.

Theorem 1. The subset $\mathfrak{G}$ is a basis of Π_n and there exists a linear functional $\mathbf{L}$ which defines a quasi-inner product in Π_n and satisfies

(2) $$\mathbf{L}(1) = 1, \ \mathbf{L}(pq) = 0 \quad \forall\, p,q \in \mathfrak{G}, \ \deg p \neq \deg q$$

if and only if for k=0,1,... there exist (unique) matrices A_k, B_k, C_k such that

(a) $\operatorname{rank} A_k = r_n^{k+1}$,

(b) $\overrightarrow{xP_k} = A_k\vec{P}_{k+1} + B_k\vec{P}_k + C_k\vec{P}_{k-1}$ $\quad (C_0 = 0,\ \vec{P}_{-1} = 0)$

and for an arbitrary sequence D_o, $D_1, \ldots$ of matrices satisfying $D_k A_k = I$ (unit matrix) the recursion

(c) $I_o = [1]$, $I_{k+1} = D_k bp(I_k C_{k+1}^T)$, k=0,1,...

produces nonsingular symmetric matrices I_k.

Moreover, $I_k = \mathbf{L}(\vec{P}_k\vec{P}_k^T)$ and for the factorization $I_k = L_k M_k L_k^T$, where $\det M_k \det L_k \neq 0$ and M_k is diagonal, coefficients of vectors $\vec{Q}_k = L_k^{-1}\vec{P}_k$ are orthogonal with respect to $\mathbf{L}$. More precisely we have

(3) $$\mathbf{L}(\vec{Q}_k\vec{Q}_k^T) \begin{cases} =0 & \text{if } k\neq l, \\ =M_k & \text{if } k=l. \end{cases} \quad \square$$

A less general version of this result can be found in [17].

To prove Theorem 1 observe that:

(!) $\mathfrak{G}$ is a basis of Π_n if and only if matrices A_k, k=0,1,..., arising from expansions $\overrightarrow{xP_k} = A_k\vec{P}_{k+1} + \sum_0^k H_{kj}\vec{P}_j$ satisfy (a),

(!!) (2) implies $H_{kj} = 0$ $\forall\, k \geqslant 0$, $j \leqslant k-2$.

(!!!) If (a), (b) hold for all k, then $\mathbf{L}$ defines a quasi-inner product in Π_n and satisfies (2) if and only if

$$\mathbf{L}(1)=1, \quad \mathbf{L}(\vec{P}_l)=0 \quad \forall l \in \mathbf{N}$$

and matrices I_k defined by (c) are symmetric and nonsingular.

Here we only prove (!!!); the complete proof of Theorem 1 can be found in [15].

Proof of (!!!). ($\Leftarrow$) Suppose $\mathbf{L}(1)=1$ and $\mathbf{L}(\vec{P}_l)=0$ $\forall\, l \in \mathbf{N}$. Due to (!) $\mathbf{L}$ is well-defined on Π_n. Let $k \geqslant 0$ be an arbitrary integer. Assume that $\mathbf{L}(\vec{P}_i\vec{P}_j^T) = 0$ for every i,j such that $0 \leqslant i \leqslant k$ and $j > i$. Note that by (a) left inverses D_i of matrices A_i exist. Let $l \geqslant k+1$. From (b) and (c) we now get

$$\mathbf{L}(\vec{P}_{k+1}\vec{P}_l^T) = D_k\mathbf{L}(\ (x\vec{P}_k - B_k\vec{P}_k - C_k\vec{P}_{k-1})\vec{P}_l^{\ T}\ ) = D_k\mathrm{bp}(\mathbf{L}(\vec{P}_k\, x\vec{P}_l^T)) =$$
$$D_k\mathrm{bp}(\mathbf{L}(\vec{P}_k(A_l\vec{P}_{l+1} + B_l\vec{P}_l + C_l\vec{P}_{l-1})^T)) =$$
$$D_k\mathrm{bp}(\mathbf{L}(\vec{P}_k\vec{P}_{l-1})C_l^{\ T}) = \begin{cases} 0 & \text{for } l > k+1, \\ I_l & \text{for } l = k+1 \end{cases}$$

which by induction proves (2). The symmetry and nonsingularity of I_k means that $I_k = L_kM_kL_k^T$ for some matrices L_k, M_k such that $\det M_k \cdot \det L_k \neq 0$ and M_k is diagonal. Observe that for $\vec{Q}_k = L_k^{-1}\vec{P}_k$ we have

$$\mathbf{L}(\vec{Q}_k\vec{Q}_k^T) = L_k^{-1}\mathbf{L}(\vec{P}_k\vec{P}_k^T)L_k^{-T} = L_k^{-1}I_kL_k^{-T} = M_k\ , \quad k=0,1,\dots .$$

This shows that $\mathbf{L}$ defines a quasi-inner product in Π_n.

($\Rightarrow$) Assume now that $\mathbf{L}$ defines a quasi-inner product in Π_n and satisfies (2). We only need to prove that $I_k = I_k^T$ and $\det I_k \neq 0$, $k=0,1,\dots$. The equality $M_k = \mathbf{L}(\vec{Q}_k\vec{Q}_k^T)$ defines diagonal nonsingular matrices for $r_n^k \times 1$ vectors $\vec{Q}_k$ whose coefficients are polynomials of the degree k from a basis σ' of Π_n. Conditions (b) and (c) yield $I_k = \mathbf{L}(\vec{P}_k\vec{P}_k^T) = I_k^T$, $k=0,1,\dots$. Note that $\mathbf{L}(\vec{P}_k\vec{Q}_j^T) = 0$ for $j=0,1,\dots,k-1$. Since σ and σ' are basis of Π_n we get $\vec{P}_k = \sum_0^k L_{ki}\vec{Q}_i$ for some matrices L_{ki} such that $\det L_{kk} \neq 0$. Hence $\mathbf{L}(\vec{P}_k\vec{Q}_j^T) = \sum_0^k L_{ki}\mathbf{L}(\vec{Q}_i\vec{Q}_j^T) = L_{ki}M_i$ which gives $L_{ki} = 0$ for $j=0,1,\dots,k-1$. Thus $\vec{P}_k = L_{kk}\vec{Q}_k$ and $\det I_k = \det \mathbf{L}(\vec{P}_k\vec{P}_k^T) = \det(L_{kk}M_k L_{kk}^T) \neq 0$. This completes the proof. ∎

Remarks

1. If σ consists of real polynomials then matrices L_k and M_k can be chosen to be real. Moreover, (3) yields that the equality $(f,g) = \mathbf{L}(fg)$ defines an inner product in Π_n if and only if $I_k = I_k^T > 0$ for all k. Then we may require that L_k are lower triangular matrices (see[4], p.263).

In the complex case the symmetry of I_k yields that M_k can be chosen as the unit matrix.

2. Note now that, excepting when n=1, the left inverse matrix D_k of A_k is not unique. The singular value decomposition

$$A_k = U_k \begin{bmatrix} \Sigma_k \\ \hline 0 \end{bmatrix} V_k^H ,$$

where U_k, V_k are orthogonal matrices and Σ_k is a diagonal positive definite matrix, provides a general form of D_k. Namely, the factorization

$$D_k = V_k [\Sigma_k^{-1} | X_k] U_k^H$$

with an arbitrary $r_n^{k+1} \times (nr_n^k - r_n^{k+1})$ matrix X_k states all possible choices of D_k. Therefore, (b) leads to infinitely many explicit recursion formulas of the form

(4) $\quad \vec{P}_{k+1} = D_k \overline{x} \vec{P}_k + E_k \vec{P}_k + F_k \vec{P}_{k-1} \quad (E_k = -D_k B_k,\ F_k = -D_k C_k,\ k=0,1,\ldots).$

This shows that in order to construct $\vec{P}_{k+1}$ from $\vec{P}_k$ and $\vec{P}_{k-1}$ it sufficies to compute $r_n^{k+1}[(n+1)r_n^k + r_n^{k-1}]$ coefficients of matrices D_k, E_k, F_k. In [16] it was observed that D_k can be chosen with the minimal number r_n^{k+1} of nonvanishing columns and then it is sufficient to determine only $r_n^{k+1}(r_n^{k+1} + r_n^k + r_n^{k-1})$ such coefficients.

3. Let $m(x) = x_1^{k_1} x_2^{k_2} \ldots x_n^{k_n}$. Denote by $\Theta(k_1,\ldots,k_n)$ the order of the monomial m(x) in Bertran's ordering Θ. Recall that ordering Θ is defined by the following conditions (see [3]):

(i) $\quad \Theta(0,\ldots,0) = 1,$

(ii) $\quad$ if $k_1 \geq 1$ then $\Theta(k_1,\ldots,k_n) = \Theta(k_1-1, k_2+1, k_3, \ldots, k_n) - 1,$

(iii) $\quad$ if $k_r \geq 1$ then $\Theta(0,\ldots 0, k_r, \ldots, k_n) = \Theta(k_r-1, 0, \ldots, 0, k_{r+1}+1, k_{r+2}, \ldots, k_n) - 1,$

(iv) $\quad$ if $k \geq 0$ then $\Theta(0,\ldots,0,k) = \Theta(k+1,0,\ldots,0) - 1.$

Polynomials are ordered according to the monomials of higher order in the polynomial.

Assume that $\Delta_k = \det(\mathbf{L}(m_i m_j)_{i,j=1}^k) \neq 0$ for all $k \in \mathbf{N}$, where $\mathbf{L}$ is a linear functional on Π_n and m_i is the i-th monomial in ordering Θ. Then, the Gram-Schmidt orthogonalization of the sequence m_i provides an orthogonal polynomials p_i (with respect to the functional $\mathbf{L}$ and ordering Θ) which satisfy the following recursion formula (see [3]):

(5) $$p_t = \frac{\Delta_{t-1}}{\Delta_{i-1}} \Big(x_1 p_i - \sum_s^{t-1} \frac{\mathbf{L}(x_1 p_i p_j)}{\Delta_{j-1}\Delta_j} p_j \Big)$$

where $t > i > s$, the order of $x_1 p_i$ is t and $\deg p_s \geq \deg p_t - 2$, t=2,3,... .

Define

(6) $\vec{P}_o = [1]$ and $\vec{P}_k = [p_{j_k+1}, p_{j_k+2}, \ldots, p_{j_k+r_n^k}]^T$
where $j_k = \Theta(0,\ldots,0,k-1)$, $k=1,2,\ldots$. Observe now that coefficients of $\vec{P}_k$ are polynomials of the k-th degree and (5) yields

$$\vec{P}_{k+1} = W_k \overrightarrow{xP}_k + X_k\vec{P}_{k+1} + Y_k\vec{P}_k + Z_k\vec{P}_{k-1}\ ,\ k=1,2,\ldots$$

where each matrix W_k has exactly r_n^k nonvanishing columns and exactly one nonvanishing coefficient in each row, and X_k is a lower triangular matrix with zero diagonal coefficients. This shows that the matrix D_k in (4) can be chosen as $(I-X_k)^{-1}W_k$. Thus D_k has at most $r_n^{k+1}(r_n^{k+1}-1)/2$ nonvanishing coefficients and consequently we are able to construct $\vec{P}_{k+1}$ from $\vec{P}_k$ and $\vec{P}_{k-1}$ knowing $r_n^{k+1}[(r_n^{k+1}-1)/2 + r_n^k + r_n^{k-1}]$ suitable numbers.
We mentioned that the choice of matrix D_k is not unique. To illustrate this consider the vectors $\vec{P}_k$ defined by (6) for n=2. Then for any i such that $1 \leqslant i \leqslant k+1$ we may require that D_k has the form (see [24]):

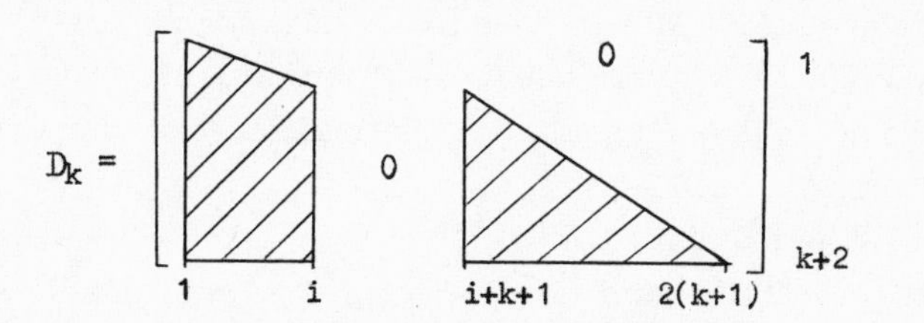

4. The first result for polynomials in n-variables leading from recursion formulas to orthogonality belongs to Atkinson [1] . His extension of three term recurrence relation preserves the usual oscillatory and orthogonal properties.
Let a_{mr}, m=0,1,... , be $1\times n$ real matrices such that

$$a_M = \det\,[a_{m_r r}]_{r=1}^{n} > 0$$

for every n-tuple of integers $M = (m_1, m_2,\ldots, m_n)$. Define recursively n sets of polynomials p_{mr}, r=1,...,n, of the degree m in n-variables $x_1,\ldots, x_n$ by
(*) $p_{-1,r} \equiv 0$, $p_{or} \equiv 1$ and $p_{m+1,r}(\vec{x}) + (a_{mr}\vec{x} + b_{mr})p_{mr}(\vec{x}) + p_{m-1,r}(\vec{x}) = 0$
where $\vec{x} = [x_1,\ldots, x_n]^T$. Consider now the equations
(**) $$p_{kr}(\vec{x}) = 0,\ r=1,\ldots,n.$$
Atkinson proved that:
(i) The boundary problem (*),(**) has only real solutions; if $\vec{u}$ and $\vec{v}$ are distinct solutions, then

$$\sum_{|M|<k} a_M p_M(\vec{u})p_M(\vec{v}) = 0$$

where $p_M = p_{m_1,1}p_{m_2,2}\cdots p_{m_n,n}$ and $|M| = \max\{m_1,\ldots, m_n\}$.
(ii) For each n-tuple W, $|W| < k$, there is a solution $\vec{x}_W$ of (*),(**)

such that the piecewise linear function $p_{\zeta r}(\vec{x}_W)$ coinciding with $p_{m\,r}(\vec{x}_W)$ when $\zeta = m$, exhibits just W_r changes of sign as ζ increases in $(-1,k)$.

Hence $\sum_{|M|<k} a_M p_M(\vec{x}_W) p_M(\vec{x}_{W'}) = \varrho_W \delta_{WW'}$ with a positive ϱ_W. The dual orthogonality relations take the form $\sum_{|W|<k} p_M(x_W) p_{M'}(x_W) / \varrho_W = \delta_{MM'} / a_M$, $|M| < k$. Letting $k \to \infty$ and applying the Helly theorems Atkinson concluded

(iii) $$\int p_M p_{M'} \, d\psi = \delta_{MM'}/a_M$$

for some measure $\psi \in \mathcal{R}(\mathbb{R}^n)$.
See [13] for the relation between polynomials p_M and determinants of orthogonal polynomials defined by Karlin and McGregor.

5. Only little from the comprehensive theory of the classical orthogonal polynomials has been extended to an arbitrary number of variables.

In a recent series of papers Koornwinder considered some classes of orthogonal polynomials in two variables which are eigenfunction of two algebraically independent PDE's (see [14] and references therein). Many properties of polynomials from these classes are closely paralleling to properties of the Jacobi polynomials. Extensions of the Jacobi polynomials to dimensions $n > 2$ will have to wait until we better understand their two-variable analogues.
For multidimensional analogues of the Laguerre and the Hermite polynomials see [12] and [10] .

4. General integral representations. Recall that any linear functional $\mathbf{L}$ on Π_n has an integral representation $\mathbf{L}(f) = \int f d\phi$ with a complex Radon measure ϕ. This statement is equivalent with the Borel theorem on derivatives (see [2])and admits the following generalization.
Theorem 2. For any linear functional $\mathbf{L}$ on Π_n there exist an indeterminate measure $\phi \in \mathcal{R}(\mathbb{R})$ and a function $\varrho \in L_2(\mathbb{R}^n, \phi^{(n)})$ such that

(7) $$\mathbf{L}(f) = \int f \varrho \, d\phi^{(n)}.$$

Moreover, the measure ϕ can be chosen in such a way that either
(i) ϕ is absolutely continuous with respect to the Borel measure, i.e., $d\phi(x) = \varkappa(x)dx$, and (7) holds for infinitely many functions ϱ, or
(ii) ϕ is a discrete measure and (7) holds for a unique function ϱ or ϕ is discrete and (7) is satisfied for infinitely many functions ϱ. □

The proof of Theorem 2 can be found in [19] . It develops the algebraic technique used in [17] and is based on the following results.

Let Q be a basis of Π_n, Assume that Q is orthonormal in $L_2(\mathbb{R}^n, \mu)$ where μ is a measure from $\mathcal{R}(\mathbb{R}^n)$. Consider another basis P of Π_n and for k=0,1,... arrange polynomials of the degree k from bases P and Q into vectors $\vec{P}_k$ and $\vec{Q}_k$ respectively. Note that

$$\vec{Q}_k = \sum_0^k C_{kj}\vec{P}_j \text{ for some } r_n^k \times r_n^j \text{ matrices } C_{kj}.$$

Let p be the t-th coefficient of $\vec{P}_s$.

Theorem 3. There exists a function $\varrho \in L_2(\mathbb{R}^n, \mu)$ satisfying

$$\int p\varrho\, d\mu = 1 \text{ and } \int \check{p}\varrho\, d\mu = 0 \quad \forall\, \check{p} \subset P\setminus\{p\}$$

if and only if the series $\sum_0^\infty \|(C_{is})_t\|^2$ is convergent, where $(C_{is})_t$ is the t-th column of C_{is} and $\|\cdot\|$ denotes the Euclidean norm. □

Theorem 4. There exist an indeterminate measure $\phi \in \mathcal{R}(\mathbb{R})$ and a basis Q' of Π_n which is orthonormal in $L_2(\mathbb{R}^n, \phi^{(n)})$ and such that matrices G_{ij} defined by

$$\vec{Q}'_i = \sum_0^\infty G_{ij}\vec{P}_j$$

satisfy $\|G_{ij}\|_\infty < 2^{-i+1}|G_{00}| \quad \forall\; i,j=0,1,\dots$. □

5. Positive integral representations. Due to Favard, [9] , we know that real polynomials defined by (1) are orthogonal with respect to a measure $\phi \in \mathcal{R}(\mathbb{R})$ if and only if $d_i f_{i+1}/d_{i+1} > 0$ for i=0,1,... . This result is equivalent to the Hamburger theorem which states that a linear functional $\mathbb{L}$ on Π_n has a representation $\mathbb{L}(f) = \int f d\phi$ with a measure $\phi \in \mathcal{R}(\mathbb{R})$ supported by an infinite subset of $\mathbb{R}$ if and only if $\mathbb{L}(p\bar{p}) > 0$ for any polynomial $p \in \Pi_n \setminus\{0\}$(see [27]).

We assume in what follows that $\mathfrak{S}$ consists of real polynomials, $1 \in \mathfrak{S}$ and $\mathfrak{S}$ fulfils the algebraic conditions of Theorem 1. As mentioned in Remark 1 the positive definiteness of matrices I_k , k=1,2,... , means that the linear functional $\mathbb{L}$ arising from (2) satisfies

(8) $$\mathbb{L}(p\bar{p}) > 0 \quad \forall\, p \in \Pi_n \setminus\{0\}.$$

From [11] we know that

(9) $$\mathbb{L}(p) = \int p d\mu \text{ for some } \mu \in \mathcal{R}(\mathbb{R}^n) \text{ and any } p \in \Pi_n$$

if and only if $\mathbb{L}(q) > 0$ for any nonnegative polynomial $q \in \Pi_n$.

Due to Berg-Christensen-Jensen [2] and independently to Schmüdgen [25] for n>1 the condition (8), generally, does not imply the representation (9). This is a natural but hard to prove consequence of Hilbert's negative result that for $n \neq 1$ a nonnegative polynomial $p \in \Pi_n$ is not necessarily representable as a sum of squares of real polynomials. Sufficient conditions on moments $\mathbb{L}(x_1^{k_1}x_2^{k_2}\dots x_n^{k_n})$ such that (9) holds can be found in [6], [8] and [23].

The above facts show that the positive definiteness of matrices I_k does not imply the orthogonality of polynomials from $\mathfrak{S}$ with respect to a positive measure. Therefore to get (9) we need some stronger assumption.

Let $\sigma_o = \sigma \setminus \{1\}$, $\sigma_k = \{p \in \sigma_o : \deg p \leqslant k\}$ and $\operatorname{lin}\sigma_k = \{\sum_o^m c_i p_i : c_i \in \mathbb{R}, p_i \in \sigma_k, m \in \mathbb{N}\}$. Suppose that zeros of polynomials from $\operatorname{lin}\sigma_o$ are not dispersed, i.e., for every $k \in \mathbb{N}$ there is compact and convex subset S_k of $\mathbb{R}^n$ such that each polynomial from $\operatorname{lin}\sigma_k$ has at least one zero in S_k. Then, by [21, Theorem 1], for every k there is a measure $\phi_k \in \mathcal{R}(S_k)$ such that

$$\int d\phi_k = 1 \text{ and } \int p d\phi_k = 0 \quad \forall p \in \sigma_k .$$

This and the Helly theorems (see [27]) yield, in a standard way, that for some $\phi \in \mathcal{R}(\bigcup_o^\infty S_k)$ the linear functional $\mathbf{L}(f) = \int f d\phi$, $f \in \Pi_n$, satisfies

$$\mathbf{L}(1) = 1 \text{ and } \mathbf{L}(p) = 0 \quad \forall p \in \sigma_o . \tag{10}$$

From (!!!) of Section 3 it follows that conditions (10) and (2) are equivalent.

Conversely, suppose now that (10) is valid for some functional $\mathbf{L}$ of the form $\mathbf{L}(f) = \int f d\phi$, $\phi \in \mathcal{R}(\mathbb{R}^n)$. Due to the Chakalov theorem (see [22]) for every $k \in \mathbb{N}$ there exists a positive measure ϕ whose support $s_k \subset \mathbb{R}^n$ consists of at most r_n^k points such that

$$\mathbf{L}(f) = \int f d\phi_k \quad \forall f \in \Pi_n , \deg f \leqslant k.$$

From this and (10) it easily follows that each polynomial from $\operatorname{lin}\sigma_o$ has at least one zero in conv s_k. We have proved the following theorem.

Theorem 5. There exists a measure $\phi \in \mathcal{R}(\mathbb{R}^n)$ such that

$$\phi(\mathbb{R}^n) = 1 \text{ and } \int pq d\phi = 0 \quad \forall p,q \in \sigma , \deg p \neq \deg q$$

if and only if zeros of polynomials from $\operatorname{lin}\sigma_o$ are not dispersed. □

For $s = 0$ and vectors $\vec{P}_k$ introduced for σ, Theorem 3 provides a necessary and sufficient condition on matrices C_{jo} such that the linear functional defined by (10) or (2) has an integral representation of the form

$$\mathbf{L}(f) = \int f \varrho \, d\mu, \quad \varrho \in L_2(\mathbb{R}^n, \mu). \tag{11}$$

Observe that ϱ is unique if and only if $\overline{\Pi_n} = L_2(\mathbb{R}^n, \mu)$. This naturally leads to the problem when ϱ can be chosen as a nonnegative function.

Theorem 6. A sufficient condition for the existence of a nonnegative ϱ such that (11) holds is

$$\sum_o^\infty \|C_{jo}\|^2 + \sup \frac{\left(\int v \sum_o^s C_{jo}^T \vec{Q}_j d\mu\right)^2}{\sum_{s+1}^\infty \|\int \vec{Q}_j v d\mu\|^2} < \infty \tag{12}$$

where the supremum is taken over $s = 0,1,\ldots$ and all nonnegative functions $v \in L_2(\mathbb{R}^n, \mu)$ satisfying $\int v \sum_o^s C_{jo}^T \vec{Q}_j d\mu < 0$. Moreover, if $\overline{\Pi_n} = L_2(\mathbb{R}^n, \mu)$ then this condition is also necessary. □

For the proof of this result and its extension see [20].

Note that for nonnegative polynomials $\sum_o^s C_{jo}^T \vec{Q}_j$, (12) means the convergence of the series $\sum_o^\infty \| C_{jo}\|^2$.

Assume now that the functional L has an integral representation of the form (11) and defines an inner product in the space Π_n. The existence of a nonnegative function ϱ ties also with some density questions. It turns out that (11) holds with a nonnegative ϱ if $\overline{\Pi_n} = L_4(\mathbb{R}^n, \mu)$. For $\mu = \phi^{(n)}$ a nonnegative ϱ exists under the following weaker condition $\overline{\Pi_{1+}} = L_2(\mathbb{R}, \phi)_+$, i.e., each nonnegative function from $L_2(\mathbb{R}, \phi)$ is the limit of a sequence of nonnegative polynomials (see[15], [18]). Therefore $\overline{\Pi_{1+}} \neq L_2(\mathbb{R}, \phi)_+$ if $\int p\bar{p}\varrho \, d\phi > 0$ for any $p \in \Pi_1 \setminus \{0\}$ and some $\varrho \in L_2(\mathbb{R}, \phi)$ which changes sign. Natural examples of measures ϕ satisfying the last condition arise from the following orthogonality relations for the Al-Salam and Carlitz polynomials V_k with parameters a,q such that $aq \in (0,1)$:

$$\int V_k V_l \, d\phi = 0 \text{ for } k \neq l$$

where

$$\operatorname{supp} \phi = q^{-i}: i = 0, 1, \ldots ,$$
$$\phi(\{q^{-i}\}) = a^i q^{i^2} / ([q]_i [aq]_i),$$
$$[b]_0 = 1, \quad [b]_k = [b]_{k-1}(1 - bq^{k-1}), \; b \in \mathbb{R}, \; k \in \mathbb{N}$$

(see [18]).

References

[1] F.V.Atkinson. Boundary problems leading to orthogonal polynomials in several variables. Bull. Amer. Math. Soc. 69, pp.345-351, 1963.

[2] C.Berg, J.P.R.Christensen and C.U.Jensen. A remark on the multidimensional moment problem. Math. Ann. 243, pp.163-169, 1979.

[3] M.Bertran. Note on orthogonal polynomials in ν-variables. SIAM J. Math. Anal. 6, pp.250-257, 1975.

[4] E.K.Blum. Numerical Analysis and Computational Theory and Practice. Addison-Wesley, 1972.

[5] T.S.Chihara. An Introduction to Orthogonal Polynomials. Mathematics and Its Applications, Vol.13, Gordon and Breach, 1978.

[6] A.Devinatz. Two parameter moment problems. Duke Math J. 24, pp. 481-498, 1957.

[7] A.Erdelyi et al. Higher Transcendental Functions II. McGraw-Hill, 1953.

[8] G.I.Eskin. Asufficient condition for the solvability of a multidimensional problem of moments. Dokl. Akad. Nauk USSR 133, pp. 540-543, 1960.

[9] J.Favard. Sur les polynômes de Tchebicheff. C.R. Acad. Sci. Paris 200, pp. 2052-2053, 1935.

[10] H.Grad. Note on n-dimensional Hermite polynomials, Comm. Pure Appl. Math. 2, pp.325-330, 1949

[11] E.K.Haviland. On the momentum problem for distributions in more than one dimension. Amer. J. Math. 57, pp. 562-568, 1935.

[12] M.S.Henry, R.G.Huffstutler and F.Max Stein. A generalization of Gegenbauer and Laguerre polynomials, Portugal Math. 26-3,pp.333-342, 1967.

[13] S.Karlin and J.McGregor. Determinants of orthogonal polynomials. Bull. Amer. Math. Soc. 68, pp.204-209, 1962

[14] T.Koornwinder. Two-variable analogues of the classical orthogonal polynomials, in Theory and Application of Special Functions, R. Askey ed., Academic Press, 1975

[15] M.A.Kowalski. Ortogonalność a formuły rekurencyjne dla wielomianów wielu zmiennych (Ph.D.Thesis, in Polish). University of Warsaw, 1980

[16] M.A.Kowalski. The recursion formulas for orthogonal polynomials in n-variables. SIAM J. Math. Anal. 13, pp.309-315, 1982.
[17] M.A.Kowalski. Orthogonality and recursion formulas for polynomials in n-variables. SIAM J. Math. Anal. 13, pp.316-321, 1982.
[18] M.A.Kowalski. Representations of inner products in the space of polynomials. Acta Math. Acad. Sci. Hungar. 46 (to appear).
[19] M.A.Kowalski. A note on the general multivariate moment problem. Proc. Int. Conf. Constructive Theory of Functions, Varna, May 27-June 2, 1984 (to appear).
[20] M.A.Kowalski. Moments of square integrable functions (in progress).
[21] M.A.Kowalski and Z.Sawoń. The moment problem in the space $C_o(S)$. Mh. Math. 97, pp.47-53, 1984.
[22] I.P.Mysovskii. On Chakalov's theorem. USSR Comp. Math. 15, pp.221-227, 1975.
[23] A.E.Nussbaum. Quasi-analytic vectors. Ark. Math. 6, pp.179-191,1966.
[24] A.A.Sakowski. Rozrzedzone formuły rekurencyjne dla wielomianów ortogonalnych dwu zmiennych (Master's Thesis, in Polish). University of Warsaw, 1984.
[25] K.Schmüdgen. An example of a positive polynomial which is not a sum ofsquares of polynomials. A positive but not strongly positive functional. Math. Nachr. 88, pp.385-390, 1979.
[26] J.A.Shohat. Sur les polynômes orthogonaux généralisés. C.R. Acad. Sci. Paris 207, pp. 556-558, 1939.
[27] J.A.Shohat and J.D.Tamarkin. The Problem of Moments. Amer. Math. Soc., 1950.

UNE APPROCHE COMBINATOIRE DE LA METHODE DE WEISNER

F.Bergeron, Dép. Maths et Info,
Université du Québec à Montréal,
C.P. 8888, Succ. A, Montréal, P.Q.
H3C-3P8, Canada.

RESUME

Le but de notre démarche est d'aborder combinatoirement la méthode dite de Weisner. Celle-ci permet d'obtenir certaines propriétés de familles de polynômes orthogonaux via l'étude d'algèbres de Lie d'opérateurs différentiels. Nous employons les concepts de la théorie des espèces de structures (voir J1), pour donner une interprétation combinatoire à ces opérateurs. Des manipulations combinatoires permettent: de calculer le crochet de Lie, et les groupes à un paramètre correspondant à ces opérateurs;puis, d'obtenir une démonstration d'identités classiques, comme les récurrences différentielles, ou les équations différentielles satisfaitent par une famille de polynômes.

RAPPEL SUR LES ESPECES

Rappelons qu'une espèce de structure T est d'abord caractérisée par la donnée, pour chaque ensemble fini E, d'un ensemble fini $T(E)$. Les éléments de $T(E)$ sont les structures d'espèce T sur E. On se donne aussi une règle permettant de transporter ces structures le long d'une bijection. Plus précisement, pour toute bijection $g:E \rightarrow F$, on a une bijection $T(g):T(E) \rightarrow T(F)$. On demande enfin que les bijections $T(g)$ satisfassent aux conditions usuelles de fonctorialité:

a) $T(g\circ h) = T(g)\circ T(h)$, pour tout g et h.

b) $T(Id_E) = Id_{T(E)}$, pour tout ensemble E.

Id_E désigne ici l'identité d'un ensemble E.

Une espèce de structure pondérée est une espèce pour laquelle $T(E)$ est un ensemble muni d'une fonction de poids $w:T(E) \rightarrow R$, à valeur dans un anneau R. Les bijections entre ensembles pondérés devront être compatibles avec les fonctions de poids respectives à ces ensembles. De plus, on a des définitions de somme disjointe, produit cartésien et cardinalité qui tiennent compte de la pondération. Rappelons au moins la définition de la <u>cardinalité</u> pour les ensembles pondérés:

$$\mathrm{Card}(T(E)) = \sum_t w(t) \quad ,\text{pour } t \text{ dans } T(E).$$

Enfin les espèces pondérées qui nous intéressent, sont des espèces pondérées à <u>deux sortes</u>. C'est à dire que l'ensemble E contient deux sorte d'éléments. On peut donner la représentation suivante des structures d'une telle espèce:

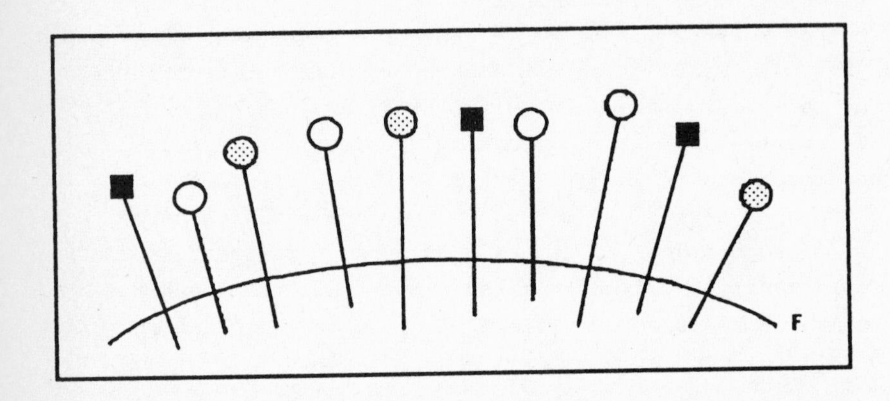

Les deux sortes d'éléments de E sont respectivement représentés par des points ronds, et des points carrés. L'arc de cercle symbolise la structure d'espèce T placée sur ces points. Enfin, la coloration des points sert à déterminer la pondération de la structure t, à savoir: $x^a y^b$, où "a" est le nombre de points ronds gris, et "b" est le nombre de points ronds blancs.

La cardinalité d'une espèce T, du type décrit ci-haut,est la série formelle:

$$T(xu,yu,v) = \sum_{k,j} \mathrm{Card}(T(k,j)) \bullet (u^k/k!) \bullet (v^j/j!) \quad , \text{ pour } k,j \text{ entiers}$$

positifs; où T(k,j) est l'ensemble des T-structures sur un ensemble représentatif des ensembles qui ont k points ronds, et j points carrés. Cette description ne porte pas à confusion, puisqu'il y a toujours une bijection entre les T-structures sur deux tels ensembles. Pour une description plus détaillée de la théorie des espèces de structures, le lecteur interressé pourra consulter l'article de A.Joyal (J1).

METHODE DE WEISNER

La méthode de Weisner, pour l'étude d'une famille de polynômes orthogonaux, consiste à construire une algèbre de Lie d'opérateurs différentiels qui commutent avec un opérateur $f(x)L(x,\partial/\partial x,u\partial/\partial u)$, où L est tel que: $G(x,u)$ est une fonction génératrice pour la famille en question, si et seulement si $L(x,\partial/\partial x,u\partial/\partial u)G(x,u)=0$. Nous allons étudier combinatoirement cette méthode, dans le cas des polynômes de Laguerre. C'est à dire, que nous allons introduire des opérateurs combinatoirs, liés aux polynômes de Laguerre; pour ensuite munir l'espace vectoriel de leurs combinaisons linéaires formelles, d'une structure d'algèbre de Lie. En élaborant des constructions combinatoires, avec l'aide de ces opérateurs, on obtient ainsi des démonstrations combinatoires de certaines identités. Notre démarche suit celle de E.McBride (voir M2), en la reformulant combinatoirement.

OPERATEURS COMBINATOIRES

Les opérateurs combinatoires que nous allons décrire, possèdent des propriétés analogues à celles des opérateurs différentiels. Pour chacun de ces opérateurs, il y aura un opérateur sur l'anneau $\mathbb{Q}[[xu,yu,v]]$, qui sera tel que: $D(T(xu,yu,v))=(DT)(xu,yu,v)$, où D désigne à la fois l'opérateur combinatoire et l'opérateur différentiel qui lui correspond. De plus ces opérateurs sont construit en fonction de l'étude des polynômes de Laguerre combinatoires, c'est à dire que ce sont les polynômes dont la fonction génératrice exponnentielle est:

$$(1/(1-u))^{\alpha+1}\exp(xu/(1-u))=\sum_n L_n^{(\alpha)}(x)\cdot(u^n/n!)$$

1) Soit T une espèce de structure du type introduit ci-haut, on définit un opérateur P en spécifiant que l'application de P à T donne une nouvelle espèce PT dont les structures sont les T-structures pointées en un point de sorte "u" (c'est à dire rond), analytiquement $P=u\partial/\partial u$.

2) L'opérateur désigné par "vS", consiste à choisir un point blanc (il est donc rond), pour le remplacer par un point carré. L'opérateur différentiel correspondant est $(v/u)\partial/\partial y$. Il est à remarquer que vérifier combinatoirement l'identité $y\partial/\partial y=u\partial/\partial u-x\partial/\partial x$, se ramène à constater que les points ronds qui ne sont pas gris, sont blancs. Il est facile de se convaincre que l'opérateur $(vS)^n$ consiste à remplacer n points blancs par des points carrés, dans un certain ordre. Donc, l'opérateur $(vS)^n/n!$ correspond à remplacer n points blancs par des points carrés, et ce, en une seule opération. Il en découle qu'on doit interpréter $\exp(vS)$ comme consistant à remplacer un certain nombre de points blancs par des points carrés.

3) Enfin, le dernier opérateur, désigné par "A", correspond à l'opérateur analytique: $yu(u\partial/\partial u+x\partial/\partial x+x/y+(\alpha+1))$. Se donner une structure d'espèce AT, sur un ensemble d'éléments de sorte "u" ou "v", consiste à: d'abord choisir un point dit "privilégié", de sorte "t" et de poids "y" (c'est un point rond blanc), puis à munir l'ensemble des points restants de l'une des structures suivantes:

i) Une T-structure pointée en un point de sorte "u", ou

ii) Une T-structure pointée en un point gris (de sorte "u" et de poids "x"), ou enfin

iii) Simplement une T-structure; dans ce cas, le point privilégié doit, soit être recoloré en gris, soit voir son poids multiplié par $(\alpha+1)$. (pour les $L_n^{(\alpha)}(x)$)

Pour ce faire, le point privilégié peut être considéré comme point qu'on a l'intention d'ajouter à la structure choisie sur l'ensemble des points restants. Dans le premier cas, ce point est relié par une flèche allant vers le point choisi parmi les points restants. Dans le deuxième cas on fait comme dans le premier cas, mais en plus, on échange les couleurs des points entre lesquels la flèche à été introduite. On distingue donc le premier du deuxième cas, par le fait que ce n'est que dans le deuxième cas qu'on peut obtenir un point privilégié gris. Enfin, pour le troisième cas, on ajoute indépendamnent le point nouveau.

<u>Théorème.1</u>

Si on fixe $y=1$, et si $T(xu,yu,v)$ est la cardinalité de l'espèce à deux sortes T, alors la cardinalité de l'espèce exp(A)(T) est:

$$(1/(1-u))^{\alpha+1}\exp(xu/(1-u))\bullet T(xu/(1-u)^2,u/(1-u),v)$$

<u>Remarque</u>

Dorénavant, la valeur de y sera toujours fixée à 1.

<u>Démonstration</u>

Nous allons montrer par récurrence que le dessin ci-dessous représente bien une structure d'espèce $A^n(T)$. Il suffit de montrer que pour passer d'une $A^n(T)$-structure à une $A^{n+1}(T)$-structure; on peut toujours se ramener à l'une des manipulations i), ii) ou iii) décritent ci-dessus.

Les points accompagnés d'un nombre, sont les points qui ont déjà été ajoutés. L'ordre dans lequel ils ont été ajoutés correspond à l'ordre habituel sur les entiers. La manipulation i), consiste à insérer le nouveau point "avant" le point choisit parmi ceux qui y sont déjà, soit dans la "chaine" dans laquelle il se trouve, soit dans le "cycle" qui le contient. La manipulation ii), elle, consiste à ajouter le nouveau point "après" le point gris sélectionné, puis à échanger les couleurs des points en question. Le dernier type de manipulation consiste à faire apparaître une nouvelle composante connexe qui:

1) est considérée comme un cycle de longueur un, dans le cas ou le nouveau point est blanc (avec poids$(\alpha+1)$),
2) ou comme une chaine, si le nouveau point est gris.

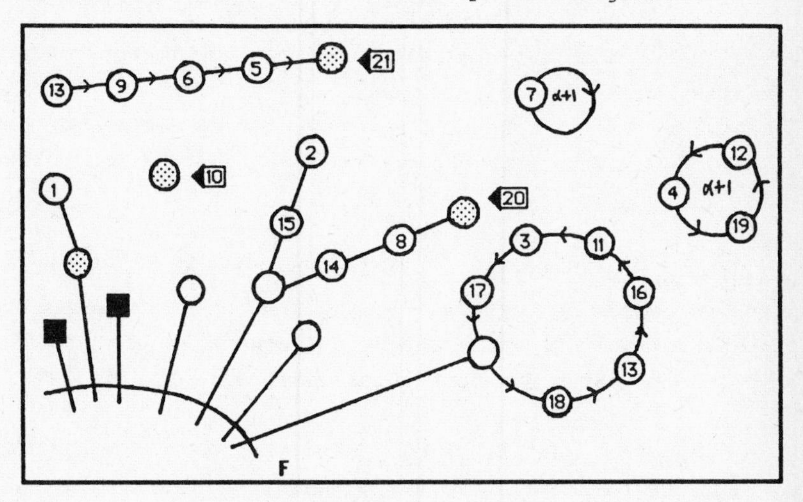

CROCHETS DE LIE

Sur l'espace des combinaisons linéaires formelles: $aP+bS+cA+d\cdot Id$, on introduit le crochet de Lie usuel: $[X,Y]= XY-YX$. L'opérateur désigné par Id est l'opérateur identité. Comme Id commute avec P,S et A, il suffit de vérifier que $[S,P]=S$, $[P,A]=A$ et $[S,A]=2P+(\alpha+1)\cdot Id$, pour montrer que le crochet de Lie est bien défini. Incidemment, ceci montrera que l'algèbre ainsi définie est isomorphe à sl(2) (voir Miller (M1)). Calculons donc ces crochets:

a) La différence entre $(vS)P$ et $P(vS)$ vient de l'impossibilité de pointer le point qui est devenu carré, lorsque l'on a effectué vS avant P. Le composé $(vS)P$ contient un peu plus que $P(vS)$, à savoir qu'il permet de pointer ce point carré. On a donc bien: $[(vS),P] = (vS)$.
b) On montre de facon très analogue que: $[P,A]= A$,
c) Enfin, on vérifie que les opérateurs (vS) et A commutent, sauf lorsque:

i) c'est le point qu'on a ajouté via A qui est remplacé par un point carré par vS, et alors on a: soit pointé un point rond pour lui attacher un point carré, ce qui correspond à l'opérateur vP; soit ajouté un point carré de facon isolée, ce qui correspond à $(\alpha+1)v\bullet Id$.

ii) ou encore, c'est le point auquel on a rattaché le nouveau point, qui s'est retrouvé changé en point carré. Cette opération correspond encore à une application de vP.

On en conclue que: $[(vS),A] = vP+vP+(\alpha+1)v\bullet Id$.

POLYNOMES DE LAGUERRE

Une démarche du même type permet de montrer que les opérateurs A,P et S, commutent tous avec les opérateurs: $J = x^2\partial^2/\partial x^2+(\alpha+1)x\partial/\partial x$, et $K = x(u\partial/\partial u - x\partial/\partial x)$. On en conclue alors que A, P et S commutent encore avec $xL = J+K$, ce qui entraine que, pour $Q = aP+bS+cA+dId$ quelconque, on aura:

Théorème.2

Si $G(x,u) = \sum_n k_n L_n^{(\alpha)}(x)\bullet(u^n/n!)$, est une fonction génératrice pour les polynômes de Laguerre (les k_n sont des constantes qcq), alors $\exp(Q)G(x,u)$ est aussi une fonction génératrice pour ces mêmes polynômes (avec des constantes différentes).

Démonstration

Une fonction $G(x,u)$ est fonction génératrice pour les polynômes de Laguerre si et seulement si $LG(x,u) = 0$. En effet, on a alors que le coéficient $g_n(x)$ de $(u^n/n!)$, satisfait l'équation différentielle qui caractérise les polynômes en question:

$$xd^2/dx^2 g_n(x) + (\alpha+1+x)d/dx\, g_n(x) - ng_n(x) = 0 \qquad (*)$$

Or, $xL(\exp(Q)G(x,u)) = \exp(Q)(xLG(x,u)) = \exp(Q)(0) = 0$. D'où la conclusion. □

En particulier, il est évident que $L(1) = 0$, on a donc que $\exp(A)(1)$ est une fonction génératrice pour les polynômes de Laguerre, et le théorème.1 permet de conclure que les polynômes qui sont coéficients de $(u^n/n!)$ dans le développement en série de:

$$\exp(A)(1) = (1/(1-u))^{\alpha+1}\exp(xu/(1-u))$$

satisfont à l'équation différentielle (*). Ce sont les polynômes de Laguerre combinatoire.

Le n-ième polynôme de Laguerre est donc obtenu en comptant, avec leur pondération, toutes les "configurations de Laguerre" qu'on peut introduire sur un ensemble à n points, à savoir toutes les structures combinatoires ayant la forme représentée par la figure ci-dessous. La pondération d'une telle structure est: $x^a(\alpha+1)^b$, où "a" est le nombre de points gris, et "b" est celui des points blancs.

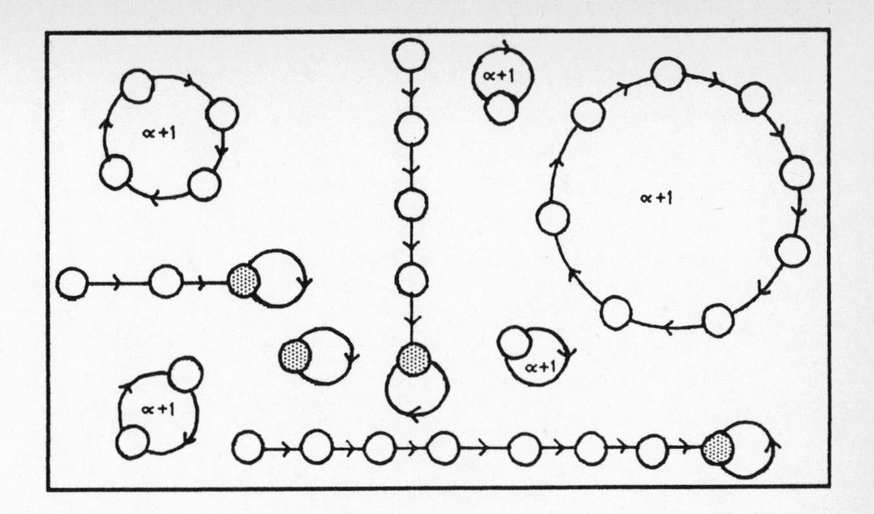

Pour une étude combinatoire plus élaborée de plusieurs propriétées des polynômes de Laguerre, voir Foata-Strehl (FS1) et Bergeron (B1).

Il est à remarquer que les opérateurs A et S ont une interprétation combinatoire simple, lorsque l'on considère leur effet sur des configurations de Laguerre. En effet, A correspond à l'adjonction d'un point à une telle configuration de facon à conserver une configuration de Laguerre; et, S correspond à la suppression d'un point, toujours en conservant le type de structure. Plus précisément, on a les théorèmes suivants:

<u>Théorème.3</u>

Désignons par Lag l'espèce des configurations de Laguerre. Une structure d'espèce A(Lag) sur n points, peut s'identifier à une configuration de Laguerre pointée sur n+1 points. Du point de vue analytique, on obtient que:

$$A(L_n^{(\alpha)}(x)\bullet u^n/n!) = (n+1)\bullet L_{n+1}^{(\alpha)}(x)\bullet u^{n+1}/(n+1)!$$

<u>Démonstration</u>

Direct lorsque l'on remarque que: $L_n^{(\alpha)}(x)\bullet u^n/n! = (A^n/n!)(1)$.

<u>Théorème.4</u>

On a encore:

$$S(L_n^{(\alpha)}(x)\bullet u^n/n!) = ((n-1)+(\alpha+1))\bullet L_{n-1}^{(\alpha)}(x)\bullet u^{n-1}/(n-1)!$$

<u>Démonstration</u>

Lorsque l'on supprime un point blanc d'une configuration de Laguerre on obtient une configuration de Laguerre sur n-1 points, qui est pointée, lorsque l'on a supprimé un point blanc qui n'était pas isolé. Sinon, on obtient une configuration de Laguerre multipliée par le poids "$(\alpha+1)$" du point blanc isolé qui a été supprimé. Le fait que l'opération de suppression corresponde à l'opérateur S, peut s'expliquer en remarquant que pour supprimer un point blanc, on peut commencer par le remplacer par un point carré, pour ensuite enlever ce point en posant que $v=1$.

On peut obtenir plusieurs autres identités pour les polynômes de Laguerre en étudiant plus en détails l'action des opérateurs qui viennent d'être introduit.

CONCLUSION

Mentionnons qu'il correspond aux polynômes de Charlier, de Tchebicheff de 1ère et 2e sorte, de Legendre et de Gegenbauer, des algèbres de Lie d'opérateurs combinatoires; dont les générateurs sont des opérateurs d'adjonction, de suppression et de pointage sur certaines structures combinatoires. Ces opérateurs jouent un rôle analogue à celui joué par A,S et P pour les configurations de Laguerre. Il est de plus possible d'aborder combinatoirement l'étude des polynômes de Jacobi dans un même esprit. Ainsi Leroux et Strehl (dans un article en préparation), ont montré combinatoirement que:

$$P_n^{(\alpha,\beta)}(X,Y) =$$

$$\left[(\alpha+n)+(\beta+n)+(\alpha+\beta+n)^{-1}(\alpha+\beta+2n)\ XY\ (\partial/\partial X+\partial/\partial Y)\right] P_{n-1}^{(\alpha,\beta)}(X,Y)$$

où les polynômes $n!\ P_n^{(\alpha,\beta)}(X,Y)$ s'identifient aux polynômes de Jacobi usuels (voir les conventions de Chihara (C1)), si l'on pose que:

$$X= (x+1)/2 \qquad \text{et} \qquad Y= (x-1)/2$$

On peut considérer que l'opérateur qui apparaît, entre crochets, dans le membre de droite de cette identité, est l'opérateur d'insertion sur des "configurations de Jacobi".

Enfin, il est interressant de remarquer que les opérations d'insertion et suppression de points dans une structure combinatoire, jouent un rôle important dans plusieurs problèmes en informatique. Il reste à étudier plus en détails, l'intéret des méthodes introduites ici pour l'étude de ces problèmes.

BIBLIOGRAPHIE

-(B1) F.Bergeron, Modèles combinatoires de familles de polynômes orthogonaux, Rapport techniques du Dép. de Maths et Info, No:3, Université du Québec à Montréal.

-(C1) Th.S.Chihara, An introduction to orthogonal polynomials, Gordon Breach, 1978.

-(J1) A.Joyal, Une théorie combinatoire des séries formelles, Adv. in Math. , Vol. 42, No:1, 1981.

-(FS1) D.Foata et V.Strehl, Combinatorics of Laguerre polynomials, Proc. Waterloo Silver Jubilee, 1983.

-(M1) W.Miller, Lie theory and special functions, Academic Press, 1968.

-(M2) E.Mcbride, Obtaining generating functions, Springer-Verlag, 1971.

-(R1) E.D.Rainville, Special functions, MacMillan Co. , 1960.

-(SM1) H.M.Srivastava et H.L.Manocha, A treatise on generating functions, John Wiley and Sons, 1983.

-(V1) G.Viennot, Une théorie combinatoire des polynômes orthogonaux généraux, Notes de conférences données à l'université du Québec à Montréal, 1983.

-(W1) L.Weisner, Group-theoretic origin of certain generating functions, Pacific J. Math. 5, 1033-1039 (1955).

COMBINATORIAL INTERPRETATION OF INTEGRALS OF PRODUCTS OF HERMITE, LAGUERRE AND TCHEBYCHEFF POLYNOMIALS

Myriam de Sainte-Catherine, Gérard Viennot
U.E.R. de Mathématiques et Informatique
Université de Bordeaux I, 33405 Talence, France

Abstract - Certain integrals of products of Laguerre polynomials have been interpreted as numbers of generalized derangements by Kaplansky, Even, Gillis, Jackson, Askey, Ismail, and Rashed. The analog for the Hermite polynomials have been done by Azor, Gillis, Victor, Godsil in term of matchings. Here we give a simple combinatorial (i.e. with a bijection) proof of these results. An analogous bijection is constructed for the case of Tchebycheff polynomials and leads to an interpretation with Dyck words.

§ 1 - Introduction.

Let $n_1, \ldots, n_k$ be k positive integers. We consider the following integrals

(1 a) $$H(n_1, \ldots n_k) = \frac{1}{\sqrt{2\pi}} \int_{-\infty}^{+\infty} H_{n_1}(x) \ldots H_{n_k}(x)\, e^{-x^2/2}\, dx\,,$$

(1 b) $$L(n_1, \ldots, n_k) = \int_{o}^{\infty} L_{n_1}(x) \ldots L_{n_k}(x)\, e^{-x}\, dx\,,$$

(1 c) $$U(n_1, \ldots, n_k) = \frac{2}{\pi} \int_{-1}^{1} U_{n_1}(x) \ldots U_{n_k}(x) \sqrt{1-x^2}\, dx\,,$$

where $H_n(x)$ (resp. $L_n(x)$) denotes the nth monic (i.e. the coefficient of x^n is 1) Hermite (resp. Laguerre) polynomial and $U_n(x)$ denotes the nth Tchebycheff polynomial of second kind (i.e. defined by $\sin(n+1)\theta = \sin\theta\, U_n(\cos\theta)$).

It has been proved that the integrals (1 a) and (1 b) are positive integers. More precisely, consider k "boxes" with n_i balls in the ith box, $1 \leq i \leq k$.
A (generalized) derangement is a permutation of the $n = n_1 + \ldots + n_k$ balls such that no ball remains in the same box. Kaplansky [9], Even, Gillis [5], Jackson [11], Askey, Ismail [1] [2], gave several different proofs of the fact that $L(n_1, \ldots, n_k)$ is the number of such derangements. Then Azor, Gillis, Victor [3] and Godsil [7] gave an analogous interpretation of the integral $H(n_1, \ldots, n_k)$ in terms of perfect matchings (see below).

In this paper, we give simple combinatorial proofs of these two interpretations. By a combinatorial proof, we mean a proof made with the construction of a bijection between two finite sets. We apply the same kind of bijective techniques for the integral (1 c) and obtain a combinatorial interpretation of $U(n_1, \ldots, n_k)$ in terms of certain words (or paths) called _Dyck words_ (or _Dyck paths_). As a byproduct we get a bijective proof of the orthogonality of the Hermite, Laguerre and Tchebycheff (2nd kind) polynomials.

This work is in the same vein as many other recent works in combinatorics about orthogonal polynomials. For each class of such polynomials, the purpose is to discover finite structures such that the formulae involving these polynomials can be explained by correspondances (bijections) between these structures. The reader is referred to Foata [6] for a complete bibliography of such works and will have a sample with the papers of Bergeron and Strehl in this volume.

As usual in this kind of proof, we need a few preliminary steps before going from the integrals (1) into the combinatorial world. These integrals have the form $I(P_1 \ldots P_k)$ with $\{P_n\}_{n \geq 0}$ certain orthogonal polynomials. The only thing we need in this paper is to define the P_n as "matching polynomials" of certain graphs, and define the integral I by its action on the monomial x^n, that is to have an expression (or combinatorial interpretation) of the moments $I(x^n)$.

Note that other combinatorial proofs of orthogonality, using weighted paths, can be found in Viennot [10]. The level is different, with a more general setting. In fact, [10] presents a combinatorial theory for general orthogonal polynomials and a survey can be found in the paper of Viennot in this volume.

§ 2 - _Preliminary steps_.

A _graph_ G is denoted by $G = \langle E, S \rangle$ where S is the set of _vertices_ of G and E the set of _edges_ (pairs $\{s, t\}$ of vertices of S). The cardinality of the set S is denoted by $|S|$. A _matching_ of the graph G is a set $\alpha \subseteq E$ of edges such that no two edges of α have a common vertex. A vertex is said to be _isolated_ if it does not belong to any edge of α. A _perfect matching_ is a matching having no isolated vertex. The number of perfect matchings of G is denoted by $pm(G)$.

The _matching polynomial_ of the graph G is the polynomial $\alpha(G; x)$ defined by the relation

(2) $$\alpha(G\,;x) = \sum_{\alpha} (-1)^{|\alpha|}\, x^{n-2|\alpha|} ,$$

where the summation is over all matchings α of G, $|\alpha|$ is the number of edges of α and $n=|S|$ is the number of vertices of G (and thus $n-2|\alpha|$ is the number of isolated vertices of α).

Note that $\alpha(G\,;x)$ is a monic polynomial of degree $n=|S|$. These polynomials have been introduced independently several times and play an important rôle in Physics (see for example Heilman, Lieb [8]).

The <u>complete graph</u> on S is denoted by K_S (or K_n, $n=|S|$) and E contains all possible edges. The <u>complete bipartite</u> graph on S_1, S_2 has vertices in $S=S_1\cup S_2$ (with $S_1\cap S_2=\emptyset$) and for edges all pairs $\{s,t\}$ with $s\in S_1$ and $t\in S_2$. It is denoted by K_{S_1,S_2} (or K_{n_1,n_2} when $n_1=|S_1|$, $n=|S_2|$). We denote by $[n]$ the set $\{1,2,\ldots,n\}$. The <u>segment graph</u> Seg_n is the graph with vertices in $[n]$ and edges the pairs $\{i,i+1\}$ with $1\le i<n$.

It is classical (see for example Godsil [7]) that the (monic) Hermite, Laguerre and Tchebycheff (2nd kind) polynomials are, up to a change of variable, the matching polynomials of respectively the complete, complete bipartite and segment graph. More precisely we have

(3 a) $$H_n(x) = \alpha(K_n\,;x) ,$$

(3 b) $$L_n(x^2) = \alpha(K_{n,n}\,;x) ,$$

(3 c) $$U_n\left(\frac{x}{2}\right) = \alpha(Seg_n\,;x) .$$

We will denote $U_n(\frac{x}{2}) = F_n(x)$. A proof can be made by recurrence (see for example Viennot [10], chapter 6) by showing that the matching polynomials (3) satisfy the classical three-term linear recurrence for the corresponding orthogonal polynomials, that is

(4 a) $$H_{n+1}(x) = x\,H_n(x) - n\,H_{n-1}(x) ,$$

(4 b) $$L_{n+1}(x) = (x-(2n+1))\,L_n(x) - n^2 L_{n-1}(x) ,$$

(4 c) $$F_{n+1}(x) = x\,F_n(x) - F_{n-1}(x) .$$

Orthogonality can be defined formally with a <u>linear functional</u> I (see for example Chihara [4]). The numbers $I(x^n)=\mu_n$ are called the <u>moments</u>. It is classical that the Hermite, Laguerre and Tchebycheff polynomials can also be defined as monic orthogonal polynomials with respect to the following functional defined by their moments

(5 a) (Hermite) $\varphi(x^{2m}) = 1.3\ldots(2m-1)$, $\varphi(x^{2m+1}) = 0$,

(5 b) (Laguerre) $\psi(x^n) = n!$,

(5 c) (Tchebycheff 2nd kind) $U_n(\frac{x}{2}) = F_n(x))$ $\xi(x^{2m}) = \frac{1}{m+1}\binom{2m}{m}$, $\xi(x^{2m+1}) = 0$.

Remark 1. The nth moment $\varphi(x^n)$ (resp. $\psi(x^n)$) of the Hermite (resp. Laguerre) polynomial is the number of perfect matchings $pm(K_n)$ (resp. $pm(K_{n,n})$) .

In fact, we will prove directly that the matching polynomials defined by (3) are orthogonal with respect to the moments defined by (5) , or equivalently by remark 1. The only (analytic) step we will admit is that the linear functionals defined by (5) are the same as the one defined by the corresponding integrals (1), that is

(6 a)
$$\frac{1}{\sqrt{2\pi}} \int_{-\infty}^{+\infty} x^n e^{-x^2/2} dx = 1.3\ldots(2m-1) \quad \text{if} \quad n = 2m ,$$
$$= 0 \quad \text{if} \quad n = 2m+1 ,$$

(6 b)
$$\int_0^{\infty} x^n e^{-x} dx = n! ,$$

(6 c)
$$\frac{2}{\pi} \int_{-1}^{1} x^n \sqrt{1-x^2}\, dx = \frac{1}{4^m} \frac{1}{m+1} \binom{2m}{m} \quad \text{if} \quad n = 2m ,$$
$$= 0 \quad \text{if} \quad n = 2m+1 .$$

§ 3 - Integrals of products of Hermite polynomials.

Let $n_1, \ldots, n_k$ be positive integers. Let S be a set with cardinality $|S| = n = n_1+\ldots+n_k$, and $\{S_1, \ldots, S_k\}$ be a partition of S into k subsets such that $|S_i| = n_i$ for $1 \leq i \leq k$. An edge $\{s,t\}$ of a matching α of the complete graph $K_n = K_S$ (denoted also $K_{n_1+\ldots+n_k}$ in order to remember the partition) is said to be homogeneous if s and t belong to the same subset S_i , $1 \leq i \leq k$.

The following interpretation is due to Azor, Gillis, Victor [3] and Godsil [7].

Theorem 2. The integral $H(n_1, \ldots, n_k)$ defined by (1 a) is the number $P(n_1, \ldots, n_k)$ of perfect matchings of $K_{n_1+\ldots+n_k}$ having no homogeneous pair.

In other words, this theorem is the following relation (with φ defined by (5 a))

$$P(n_1, \dots, n_k) = \varphi(H_{n_1}(x)\dots H_{n_k}(x)) . \tag{7}$$

Bijective proof of (6).

Let G be the graph with vertices in S and with connected components the complete graph $K_{S_1,\dots,S_k}$. From (3 a) we have

$$\alpha(G ; x) = H_{n_1}(x) \dots H_{n_k}(x) . \tag{8}$$

Using remark 1, the right hand-side of (7) becomes

$$\varphi(H_{n_1}(x)\dots H_{n_k}(x)) = \sum_{\alpha} (-1)^{\alpha} \, pm(K_{n-2|\alpha|}) , \tag{9}$$

where the summation is over all matchings of G.

We denote by $\bar{G}$ the complementary graph of $G = \langle E, S \rangle$, that is the graph having the same vertices as G, but with set of edges $\bar{E}$, being the complement of E in the set of all edges of K_S. In other words, the edges of $\bar{G}$ are the non-homogeneous edges of $K_S = K_{n_1+\dots+n_k}$. A colored matching of a graph is a matching β where the edges have two colors (blue and red). The number of blue edges of β is denoted by $b(\beta)$.

Identity (7) can be restated by the following

$$pm(\bar{G}) = \sum_{\beta \in B} (-1)^{b(\beta)} , \tag{10}$$

where the summation is over the set B of colored perfect matchings of K_S such that every blue edge is homogeneous.

Let $C \subseteq B$ be the set of colored perfect matchings β of S such that all the edges are non-homogeneous and are colored red (i.e. $b(\beta) = 0$). Suppose we have defined an involution $\theta : B \setminus C \to B \setminus C$ such that

$$\theta(\beta) = \beta' \quad \text{with} \quad b(\beta') = b(\beta) \pm 1 . \tag{11}$$

The identity (10) would follow immediately. We define such an involution as follows.

Suppose that the set of edges of K_S is totally ordered. Let $T(\beta)$ be the set of edges of K_S formed with all the blue edges and with all the homogeneous red edges of β. If $\beta \notin C$, then $T(\beta) \neq \emptyset$. We can define the minimum edge of $T(\beta)$

Then $\beta' = \theta(\beta)$ is defined as the same colored perfect matching β, except that the color of this minimum edge is changed (red into blue and blue into red).

Clearly θ is an involution on $B \setminus C$ and satisfies (11).

Corollary 3.- (Orthogonality of Hermite polynomials).
For all $n, m \geq 0$, $\varphi(H_n(x) H_m(x))$ is the number of bijections of $[n]$ onto $[m]$, that is $n!\, \delta_{n,m}$ (Kronecker symbol).

Remark 4. The above bijective proof can easily be extended to an arbitrary graph $G = \langle E, S \rangle$. We obtain a more general result due to Godsil [7] : $pm(\bar{G}) = \varphi(\alpha(G\,;\,x))$.

§ 4 - Integrals of products of Laguerre polynomials.

Let $n_1, \ldots, n_k$ be positive integers. Let S and S' be two disjoint sets with cardinality $n = n_1 + \ldots + n_k$. Let $\{S_1, \ldots, S_k\}$ and $\{S'_1, \ldots, S'_k\}$ be two partitions of S and S' respectively such that $|S_i| = |S'_i| = n_i$ for $1 \leq i \leq k$. We consider the complete bipartite graphs $K_{S,S'} = K_{n,n}$ and for $1 \leq i \leq k$, $K_{S_i, S'_i} = K_{n_i, n_i}$.

We called derangement a perfect matching α of $K_{S,S'}$ such that every edge of α joins a vertex of S_i and a vertex of S'_j with $i \neq j$, $1 \leq i, j \leq k$. This definition is equivalent to the one given in the introduction. For $n_1 = n_2 = \ldots = n_k = 1$, we have the classical "derangements".

The theorem of Kaplansky [9], Even, Gillis [5], Askey, Ismail, Rashed [1] [2], Jackson [11], can be stated as follows.

Theorem 5 - The integral $L(n_1, \ldots, n_k)$ defined by (1b) is the number $D(n_1, \ldots, n_k)$ of derangements of the complete bipartite graph $K_{n_1+\ldots+n_k,\, n_1+\ldots+n_k}$.

In other words, this theorem states the following relation (with ψ defined by (5 b))

$$D(n_1, \ldots, n_k) = \psi(L_{n_1}(x) \ldots L_{n_k}(x)) \,. \tag{12}$$

Analogously to the Hermite polynomials, this relation can be restated as follows.

Let G be the graph with connected components $K_{S_1, S_1}, \ldots, K_{S_k, S_k}$. Let G^* be the "complementary" of G in the bipartite graph $K_{S,S}$. Then (12) is equivalent to the relation

$$\text{(13)} \qquad pm(G^{\star}) = \sum_{\beta \in B} (-1)^{b(\beta)} ,$$

where B is the set of colored perfect matchings of $K_{S,S}$ such that the blue edges form a matching of G.

In the same way than for the Hermite polynomials, an involution proving (13) can easily be constructed.

Corollary 6 - (Orthogonality of Laguerre polynomials).
For all $n, m \geq 0$, $\psi(L_n(x) L_m(x))$ is the number of pairs (f,g) of bijections $f : [n] \to [m]$ and $g : [m] \to [n]$, that is $(n!)^2 \delta_{n,m}$.

§ 5 - Integrals of products of Tchebycheff polynomials.

We consider words written with two letters x and $\bar{x}$. The concatenation (or product) of two words u and v is denoted by $w = uv$. We say that u is a left factor of w. The number of occurrences of the letter z in the word w is denoted by $|w|_z$. The length of w is $|w| = |w|_x + |w|_{\bar{x}}$.

The word w is called a Dyck word iff we have the two conditions

(14 a) for every left factor u of w, $|u|_x \geq |u|_{\bar{x}}$,

(14 b) $|w|_x = |w|_{\bar{x}}$.

Such a word $w = z_1 \ldots z_{2m}$ can be visualized by a path $\omega = (s_o, \ldots, s_{2m})$ starting at $s_o = (0,0)$, ending at level 0 $(s_{2m} = (2m, 0))$, with vertices $s_i = (x_i, y_i)$ having positive coordinate y_i and with elementary steps (s_i, s_{i+1}) of type North-East $(y_{i+1} = 1 + y_i ,\ x_{i+1} = 1 + x_i)$ or South-East $(y_{i+1} = 1 - y_i ,\ x_{i+1} = 1 + x_i)$. Such paths are called Dyck paths (see figure 1).

Theorem 7 - The integral $U(n_1, \ldots, n_k)$ defined by (1 c) is the number $W(n_1, \ldots, n_k)$ of Dyck words w of length $n_1 + \ldots + n_k$ satisfying the condition

(15) for every factorization $w = ux\bar{x}v$, there exist j, $1 \leq j \leq k$ such that $|ux| = n_1 + \ldots + n_j$.

In other words, the indices of the "peaks" of the corresponding Dyck paths must belong to the set $\{n_1, n_1 + n_2, \ldots, n_1 + n_2 + \ldots + n_{k-1}\}$.

Example 8 - $W(3,3,2,2) = 3$.

The Dyck words are $x\,x\,x\,\bar{x}\,\bar{x}\,\bar{x}\,x\,x\,\bar{x}\,\bar{x}$

$x\,x\,x\,\bar{x}\,\bar{x}\,x\,\bar{x}\,x\,\bar{x}\,\bar{x}$

$x\,x\,x\,\bar{x}\,x\,x\,\bar{x}\,\bar{x}\,\bar{x}\,\bar{x}$

and the corresponding paths are displayed on Figure 1.

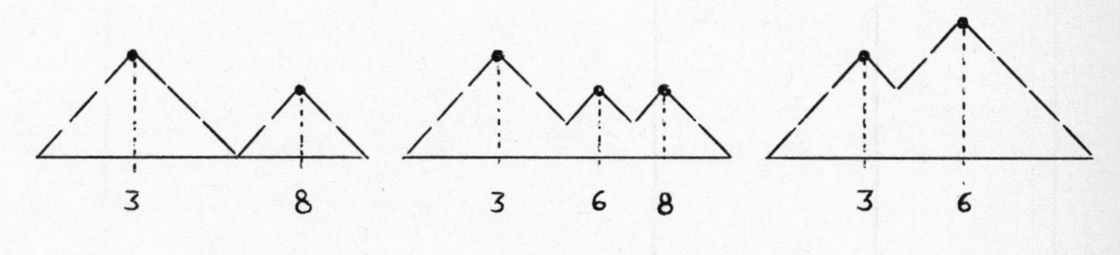

Figure 1 .

From (5 c) and (6 c), theorem 7 is equivalent to the relation

$$W(n_1,\ldots,n_k) = \xi(F_{n_1}(x)\ldots F_{n_k}(x)) . \tag{16}$$

(Bijective) proof of (16).

Let $n = n_1+\ldots+n_k$. We consider the complete graph K_n with set of vertices $S = [n]$. A matching α of K_n has no crossing pairs iff there is no edges $\{i,j\}$ and $\{i',j'\}$ of α satisfying $1 \leq i < i' < j < j' \leq n$ or $1 \leq i' < i < j' < j \leq n$.

Let α be a perfect matching of K_n with no crossing pairs. We define a word $w = d(\alpha)$ by $w = w_1\ldots w_n$ with $w_i = x$ or $w_i = \bar{x}$ according to the fact that i , $1 \leq i \leq n$, is the smallest or greatest element of a pair of α . Obviously, $d(\alpha)$ is a Dyck word and d is easily seen to be a bijection between the set of matchings of K_n with no crossing pairs and the set of Dyck words of length n . The number of such words of length $n = 2m$ is well known to be the classical Catalan numbers $C_m = \frac{1}{m+1}\binom{2m}{m}$.

The equality (16) is thus equivalent to the equality

$$W(n_1,\ldots,n_k) = \sum_{\beta \in B_n} (-1)^{b(\beta)} , \tag{17}$$

where B_n is the set of colored perfect matchings β of K_n with no crossing pairs and such that any blue edge connects two consecutive vertices within the same segment $S_\ell = [1+n_1+\ldots+n_{\ell-1}\, ,\, n_1+\ldots+n_\ell]$, $1 \leq \ell \leq k$.

We can change a blue edge into a red one and conversely if the red edge joins two points within the same segment S_ℓ. Analogously to the Hermite and Laguerre cases, one can easily construct an involution $\theta_i : B_n \setminus C_n \to B_n \setminus C_n$ satisfying (11), and where C_n is the set of colored perfect matchings β of K_n with no crossing pairs, with all edges colored in red and joining vertice of different segments S_ℓ and $S_{\ell'}$. The number of such β is precisely $W(n_1, \ldots, n_k)$.

Corollary 9 - (Orthogonality of Tchebycheff polynomials 2nd kind).
For every $n, m \geq 0$, $\xi(F_n(x)\, F_m(x)) = \delta_{n,m}$.

Remark 10 - The numbers $W(n_1, \ldots, n_k)$ appear as coefficients of Clebsch-Gordan series related to the representations of the group $SL(2, \mathbb{C})$, as shown by Bacry (see his paper in this volume).

References

[1] R. ASKEY and M.E.H. ISMAIL, Permutation problems and special functions ; Canad. J. Math., 28 (1976) 853-874.

[2] R. ASKEY, M.E.H. ISMAIL and T. RASHED, A derangement problem, MRC Technical Report n°1522 (1975).

[3] R. AZOR, J. GILLIS and J.D. VICTOR, Combinatorial application of Hermite polynomials, SIAM J. Math. Anal., 13 (1982) 879-890.

[4] T.S. CHIHARA, An introduction to orthogonal polynomials, Gordon and Breach, New-York, 1978.

[5] S. EVEN and J. GILLIS, Derangements and Laguerre polynomials, Proc. Camb. Phil. Soc. 79 (1976) 135-143.

[6] D. FOATA, Combinatoire des identités sur les polynômes orthogonaux ; Proc. of Int. Math. Cong., section 16, Combinatorics and Math. Programming, Warsaw, 1983.

[7] C.D. GODSIL, Hermite polynomials and duality relation for matching polynomials , Combinatorics, 1 (1982) 251-262.

[8] J. HEILMAN and E.H. LIEB, Theory of monominer-dimer systems , Comm. Math. Phys., 25 (1972) 190-272.

[9] I. KAPLANSKY, Symbolic solution of certain problems in permutations , Bull. Amer. Math. Soc. 50 (1944) 906-914.

[10] G. VIENNOT, Une théorie combinatoire des polynômes orthogonaux généraux, Lecture Notes, Univ. du Québec à Montreal, 200 p. (1983), (abstract in this volume).

[11] D. JACKSON, Laguerre polynomials and derangements, Proc. Cambridge Phil. Soc., 80 (1976) 213-214.

Polynômes d'Hermite généralisés et identités de Szegö - une version combinatoire

Volker Strehl
Institut für Mathematische Maschinen und Datenverarbeitung I
Universität Erlangen-Nürnberg
D-8520 Erlangen, R.F.A.

Résumé: On propose une généralisation des polynômes d'Hermite, motivé par un modèle combinatoire. Une projection de ce modèle (genre "couplages) sur un modèle pour les polynômes de Laguerre (genre "fonctions injectives partielles") donne une version combinatoire des identités de Szegö qui font le lien entre ces deux familles de polynômes orthogonaux classiques.

1 Préliminaires sur la combinatoire des polynômes d'Hermite

Une version des polynômes d'Hermite $\mathcal{H}_n(x)$, $n \geq 0$, est définie par la série génératrice exponentielle

$$\sum_{n \geq 0} \mathcal{H}_n(x)\, t^n / n! = \exp\left\{ xt - t^2/2 \right\} . \tag{1.1}$$

Si on pose $\mathcal{H}_n(x) = \sum_{0 \leq 2k \leq n} (-1)^k h_{n,k} x^{n-2k}$, alors les coéfficients $h_{n,k}$ sont des entiers non-negatifs, dont la signification combinatoire est bien connue:

$$h_{n,k} = \left\{ \begin{array}{l} \text{le nombre d'involutions d'un ensemble de} \\ \text{cardinalité } n, \text{ ayant } k \text{ transpositions, } (0 \leq 2k \leq n). \end{array} \right. \tag{1.2}$$

On a, de façon explicite,

$$h_{n,k} = \frac{n!}{2^k\, k!\, (n-2k)!} , \quad (0 \leq 2k \leq n). \tag{1.3}$$

L'équivalence de (1.1), (1.2), et (1.3) est facile à établir directement. Plus généralement, on pourrait employer l'un des nombreux modèles pour le traitement combinatoire des séries génératrices exponentielles, e.g. le "composé partitionnel" de FOATA/SCHÜTZENBERGER[12] et FOATA[7] , ou la théorie des "espèces de structures" de JOYAL[15]; voir FOATA[7] pour quelques indications et références.

En utilisant (1.3), on trouve, via un petit calcul, la formule opérationnelle

$$(1.4) \qquad \mathcal{H}_n(x) = \exp\left\{-\frac{1}{2}D_x^2\right\} x^n \quad , (n \geq 0),$$

où $D_x \equiv \frac{d}{dx}$. A la fin de cet article on trouve l'idée essentielle d'une démonstration combinatoire (d'une généralisation) de (1.4).

Pour fixer les notations, soit HER(S) l'ensemble des involutions d'un ensemble (fini) S. Pour $\sigma \in \mathrm{HER}(S)$, on note par TRANS($\sigma$) (resp FIX($\sigma$)) l'ensemble des transpositions (resp. poits fixes) de σ, et on note par trans(σ) (resp. fix(σ)) la cardinalité de TRANS(σ) (resp. FIX(σ)). Avec ces notations on a :

$$(1.5) \qquad \mathcal{H}_n(x) = \sum\left\{x^{\mathrm{fix}(\sigma)}(-1)^{\mathrm{trans}(\sigma)} \; ; \sigma \in \mathrm{HER}([n])\right\} ,$$

où $[n] := \{1,2,\ldots,n\}$ est l'ensemble standard de cardinalité n .

Remarquons que cette interprétation combinatoire des polynômes d'Hermite a été utilisé par FOATA[5], FOATA/GARSIA[8] et FOATA[6] afin de donner des démonstrations à la fois simples et élégantes de la "formule de Mehler" et de ses généralisations multilinéaires, i.e. les formules de Kibble/Slepian/Louck. Dans le langage de la théorie des graphes on rétrouve les polynômes $\mathcal{H}_n(x)$ sous le nom "polynômes de couplage" d'un graphe complèt à n sommets - voir e.g. GODSIL[13],[14] et DE SAINTE-CATHERINE[3].

2 Préliminaires sur la combinatoire des polynômes de Laguerre

Une version des polynômes de Laguerre $\mathcal{L}_n^{(\alpha)}(x)$, $n \geq 0$, est définie par la série génératrice exponentielle

$$(2.1) \quad \sum_{n\geq 0} \mathcal{L}_n^{(\alpha)}(x)\, t^n / n! = (1-t)^{-1-\alpha} \exp\{-xt/(1-t)\} ,$$

d'où on obtient, en développant l'exponentielle à droite :

$$(2.2) \qquad \mathcal{L}_n^{(\alpha)}(x) = \sum_{0\leq k\leq n} \binom{n}{k}(1+\alpha+k)_{n-k}(-x)^k \quad , n \geq 0,$$

où $(a)_n$ note la factorielle croissante, i.e. $(a)_0 = 1$, $(a)_{m+1} = (a)_m(a+m)$. D'un point de vue combinatoire, les polynômes $\mathcal{L}_n^{(\alpha)}(x)$ sont les polynômes générateurs de certaines familles de fonctions injectives. Plus précisément: pour chaque couple (A,B) d'ensembles finis et disjoints, on note par LAG(A,B) l'ensemble des fonctions injectives $f : A \longrightarrow A \cup B$. Le graphe sagittal d'une telle fonction f est composé de composantes connexes des deux types suivants:

- des "cycles" (orientés) de f (à l'interieur de A),
- des "chaines" (orientés) de f (qui se terminent dans B).

Soit cyc(f) (resp. ch(f)) le nombre de cycles (resp. chaines) de f. (N.B. on compte chaque $b \in B$ dont la f-préimage est vide comme chaine de f, c.a.d. on a ch(f) = card(B)). Le lemme suivant est la base d'une interprétation combinatoire des polynômes de Laguerre:

Lemme: Pour A,B , ensembles finis et disjoints, on a

$$(2.3)\qquad \sum\left\{(1+\alpha)^{\mathrm{cyc}(f)}\ ;\ f\in \mathrm{LAG}(A,B)\right\} = (1+\alpha+\mathrm{card}(B))_{\mathrm{card}(A)}\ .$$

Dans (2.3) (et partout dans cet article) on traite α (et γ plus tard) comme paramètre, i.e. (2.3) est considéré comme identité dans l'anneau $\mathbb{Z}[\alpha]$.

La comparaison de (2.2) et de (2.3) montre que

$$(2.4)\qquad \mathcal{L}_n^{(\alpha)}(x) = \sum\left\{(1+\alpha)^{\mathrm{cyc}(f)}(-x)^{\mathrm{ch}(f)}\ ;\ f\in \mathrm{LAG}(A,B)\ ,\ A\cup B=[n]\right\},$$

ainsi que

$$(2.5)\qquad -x\,\mathcal{L}_n^{(\alpha+1)}(x) = \sum\left\{(1+\alpha)^{\mathrm{cyc}(f)}(-x)^{\mathrm{ch}(f)}\ ;\ f\in \mathrm{LAG}(A,B\cup\{0\}),\ A\cup B=[n]\right\}.$$

Ce modèle des fonctions injectives partielles a été utilisé par FOATA/STREHL[11] pour une dérivation combinatoire de la fonction génératrice bilinéaire des polynômes de Laguerre (dite "formule de Hardy-Hille") et d'une généralisation multilinéaire de ce resultat classique. On trouve une démonstration de (2.3) dans l'article [11] ; pour d'autres travaux employant (2.3) voir les articles de FOATA/LEROUX[10], FOATA[7], FOATA/LABELLE[9], STREHL[20], LEROUX/STREHL[16]. En particulier, l'article [7] présente un survol des travaux récents sur la combinatoire des polynômes orthogonaux classiques. En théorie des graphes les polynômes de Laguerre (avec α entier non-negatif) apparaissent comme (une variante des) polynômesde couplage pour les graphes bipartis complèts; voir RIORDAN[19], GODSIL[14] et DE SAINTE-CATHERINE[3] pour les détails.

On connait plusieurs relations entre les polynômes d'Hermite et les polynômes de Laguerre, a savoir

$$(2.6)\qquad \mathcal{H}_{2n}(x) = (-2)^n\,\mathcal{L}_n^{(-1/2)}(x^2/2)$$

$$(2.7)\qquad \mathcal{H}_{2n+1}(x) = (-2)^n\,x\,\mathcal{L}_n^{(1/2)}(x^2/2)$$

(2.6), (2.7): (SZEGÖ[21],p.106)

$$(2.8)\qquad \mathcal{H}_n(x) = \lim_{\alpha\to\infty}\alpha^{-n/2}\,\mathcal{L}_n^{(\alpha)}(\alpha - x\sqrt{\alpha})\qquad \text{(SZEGÖ[21],p.389)}.$$

Une démonstration combinatoire des deux identités (2.6),(2.7), basée sur les deux modèles introduits ci-haut, sera présenté dans le section 4 de cet article. Le traitement de (2.8) nécessite une autre technique combinatoire et sera présenté ailleurs; voir ASKEY[1] pour quelques remarques sur l'origine de cette identité moins connue.

3 Polynômes d'Hermite généralisés

Dans cette section on définit un raffinement combinatoire des polynômes d'Hermite $\mathcal{H}_n(x)$ de (1.5). L'idée "géométrique" nous semble assez naturelle; en plus, elle mene directement à une démonstration des identités de Szegö.

Soit n un entier non-negatif. On pose $\langle n\rangle := \{\pm 1, \pm 2, \ldots, \pm n\}$ et $\langle n\rangle_o := \langle n\rangle \cup \{0\}$. Pour $i \in [n]$, on note par ξ_i la transposition $(i\ -i)$, et pour $A \subset [n]$ on pose $\xi_A := \prod(\ \xi_i\ ;\ i \in A\ )$; au lieu de $\xi_{[n]}$ on écrit simplement ξ. Les ξ_A, $A \subset [n]$, sont considérés comme éléments de HER(<n>) ou de HER($\langle n\rangle_o$), selon cas.

Soit maintenant $\sigma \in$ HER(<n>); l'action superposée de σ et de ξ sur <n> engendre des composantes connexes de deux types:

- des "σ-ξ-cycles", i.e. des cycles non-orientés de longeur paire, visualisés par

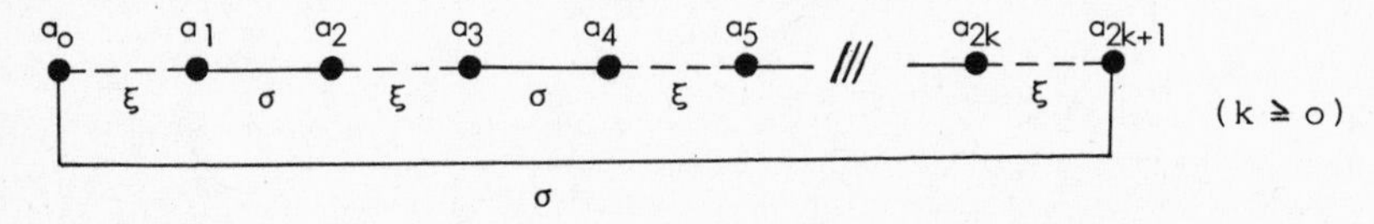

- des "σ-ξ-chaines", i.e. des chaines non-orientés de longeur paire, visualisées par

σ a0 a1 a2 a3 a4 a5 /// a2k a2k+1 σ (k ≥ o)
ξ σ ξ σ ξ ξ

(Voir FOATA[5] pour une discussion générale des composantes connexes induites par l'action de deux involutions ; c'est l'idée essentielle de sa démonstration combinatoire de la formule de Mehler).

On note par $\mathrm{cyc}(\sigma,\xi)$ (resp. $\mathrm{ch}(\sigma,\xi)$) le nombre total des σ-ξ-cycles (resp. σ-ξ-chaines) sur <n>, et on associe à chaque $\sigma \in$ HER(<n>) la valuation

$$v(\sigma) := \gamma^{\mathrm{cyc}(\sigma,\xi)} x^{\mathrm{fix}(\sigma)} z^{\mathrm{trans}(\sigma)} \quad . \tag{3.3}$$

Par exemple, soit $\sigma \in$ HER(<12>) donné par
$\mathrm{TRANS}(\sigma) = \{(-12\ -9),(-10\ 12),(-7\ 7),(-6\ -5),(-4\ 6),(-3\ 4),(-2\ 1),(3\ 5),(8\ 9)\}$,
donc $\mathrm{FIX}(\sigma) = \{-11,-8,-1,2,10,11\}$, $\mathrm{trans}(\sigma) = 9$, et $\mathrm{fix}(\sigma) = 6$.
Une réprésentation graphique de σ montre que $\mathrm{cyc}(\sigma,\xi) = 2$ et $\mathrm{ch}(\sigma,\xi) = 3$, alors $v(\sigma) = \gamma^2 x^6 z^9$ - voir figure (3.5) .

Les identités suivantes sont evidentes:

$$\mathrm{fix}(\sigma) = 2\,\mathrm{ch}(\sigma,\xi) \quad \text{et} \quad \mathrm{trans}(\sigma) = n - \mathrm{ch}(\sigma,\xi) \quad . \tag{3.4}$$

(3.5)

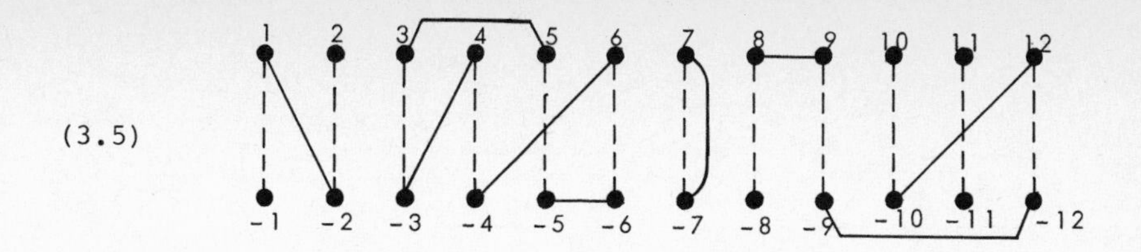

On peut maintenant définir la généralisation suivante des polynômes d'Hermite d'indice pair:

(3.6) $$\mathcal{H}_{2n}^{(\gamma)}(x,z) := \sum \left\{ v(\sigma) \ ; \ \sigma \in HER(\langle n \rangle) \right\} \quad , \ n \geq 0 \ .$$

Quant aux polynômes d'indice impair, en traitant ξ comme élément de $HER(\langle n \rangle_o)$ (ayant 0 comme point fixe), on peut comptabiliser le nombre de σ-ξ-cycles et de σ-ξ-chaines, pour $\sigma \in HER(\langle n \rangle_o)$, de même façon. Dans ce cas on obtient toujours une σ-ξ-chaine "spéciale" de longeur impair :

(3.7) $$\xi \, \overset{o=a_{-1}}{\bullet} \underset{\sigma}{—} \overset{a_o}{\bullet} \underset{\xi}{- - -} \overset{a_1}{\bullet} \underset{\sigma}{—} \overset{a_2}{\bullet} \underset{\xi}{- - -} \overset{a_3}{\bullet} — /// — \overset{a_{2k-2}}{\bullet} \underset{\xi}{- - -} \overset{a_{2k-1}}{\bullet} \, \sigma \qquad (k \geq o)$$

On a toujours les identités :

(3.8) $$fix(\sigma) = 2\,ch(\sigma,\xi) - 1 \quad \text{et} \quad trans(\sigma) = n + 1 - ch(\sigma,\xi) \ .$$

On définit alors pour les indices impairs:

(3.9) $$\mathcal{H}_{2n+1}^{(\gamma)}(x,z) := \sum \left\{ v(\sigma) \ ; \ \sigma \in HER(\langle n \rangle_o) \right\} \quad , \ n \geq 0 \ .$$

On retrouve les polynômes d'Hermite $\mathcal{H}_n(x)$ de façon évidente:

$$\mathcal{H}_n(x) = \mathcal{H}_n^{(1)}(x,-1) \quad , \ n \geq 0 \ .$$

4 Identités de Szegö - démonstrations combinatoires

La démonstration combinatoire de (2.6) et (2.7) est basée sur une correspondance entre les σ-ξ-cycles (resp. σ-ξ-chaines) non-orientés associés aux involutions, et les f-cycles (resp. f-chaines) orientés associés aux fonctions injectives partielles. Pour cela, on demande que la numérotation des éléments d'un σ-ξ-cycle, commeindiqué dans (3.1), soit telle que :

$$\max \left\{ a_j \ ; \ 0 \leq j < 2k \right\} = a_0 \quad ;$$

pour la numérotation d'une σ-ξ-chaine (3.2) on demande :

$$\max \left\{ a_j \ ; \ 0 \leq j < 2k \right\} = a_{2i} \quad , \quad \text{c.a.d.}$$

que le maximum obtient un indice pair. Dans les deux cas, cette condition supplémentaire rend la numérotation unique. Dans le cas d'une σ-ξ-chaine spéciale (3.7), la numérotation est déjà unique - grâce au rôle particulier de 0.

Soit maintenant $\sigma \in \mathrm{HER}(<n>)$. A chaque σ-ξ-cycle (3.1) ainsi indexé, on associe un cycle orienté dans $[n]$:

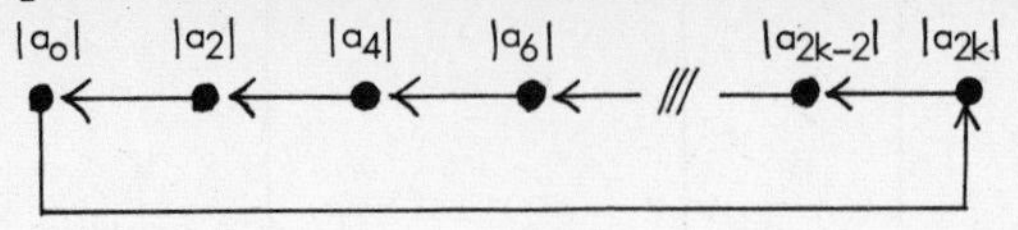

A chaque σ-ξ-chaine (3.2), on associe une chaine orientée dans $[n]$:

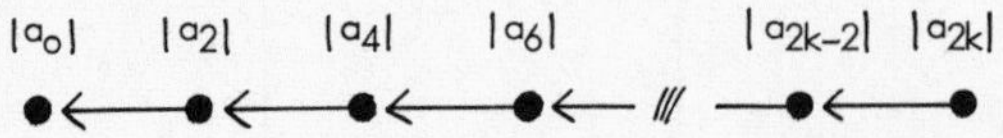

La collection des cycles et des chaines ainsi obtenue à partir de σ, est équivalente à une fonction injective partielle f_σ de $[n]$.

Reprenons l'exemple (3.5). La méthode "projection-orientation" associe à $\sigma \in \mathrm{HER}(<12>)$ la fonction injective partielle f_σ de $[12]$, representée par le graphe sagittal suivant:

i.e. $f_\sigma \in \mathrm{LAG}(A,B)$ avec $A = \{1,3,4,5,6,7,8,9,12\}$, $B = \{2,10,11\}$.

Cette construction définit une application surjective :

(4.1) $\quad \mathrm{HER}(<n>) \longrightarrow \bigcup\{\mathrm{LAG}(A,B)\ ;\ A \cup B = [n]\}\ :\ \sigma \longmapsto f_\sigma$,

dont les deux propriétés :

(4.2) $\quad \mathrm{cyc}(\sigma,\xi) = \mathrm{cyc}(f_\sigma) \quad$ et $\quad \mathrm{ch}(\sigma,\xi) = \mathrm{ch}(f_\sigma)$

sont évidentes. Cette application n'est pas injective en général. En effet, on a :

<u>Lemme</u> : Les multiplicités de l'application $\sigma \longmapsto f_\sigma$ sont données par

(4.3) $\quad 2^{n-(\mathrm{cyc}(\sigma,\xi)+\mathrm{ch}(\sigma,\xi))} \quad (= 2^{n-(\mathrm{cyc}(f_\sigma)+\mathrm{ch}(f_\sigma))})$.

Preuve: (indication) On utilise les trois propriétés suivantes:

- $f_\sigma = f_\tau \Rightarrow$ il existe $A \subset [n]$: $\xi_A \circ \sigma \circ \xi_A = \tau \quad (\sigma,\tau \in \mathrm{HER}(<n>))$;
- soit $\sigma \in \mathrm{HER}(<n>)$, $i \in [n]$ t.q. $\tau := \xi_i \circ \sigma \circ \xi_i \neq \sigma$, alors $f_\sigma = f_\tau \Leftrightarrow i$ n'est pas maximal dans sa composante connexe;
- les involutions ξ_i , $i \in [n]$, commutent deux à deux.

Tout cela implique que exactement les $i \in [n]$, non-maximaux dans leur σ-ξ-composante connexe, contribuent un facteur de 2 pour la multiplicité de f_σ. ./.

Soit maintenant $\sigma \in HER(<n>_o)$. On associe à la σ-ξ-chaine spéciale (3.7), une chaine orientée dans $[n] \cup \{0\}$:

$$\overset{0}{\bullet} \leftarrow \overset{|\alpha_0|}{\bullet} \leftarrow \overset{|\alpha_2|}{\bullet} \leftarrow \overset{|\alpha_4|}{\bullet} \leftarrow /// \overset{|\alpha_{2k-4}|}{\bullet} \leftarrow \overset{|\alpha_{2k-2}|}{\bullet}$$

En traitant les autres σ-ξ-composantes connexes exactement comme décrit ci-haut, on définit une application surjective :

$$(4.4) \qquad HER(<n>_o) \longrightarrow \bigcup \{LAG(A,B\cup\{0\}) \; ; \; A\cup B = [n]\} : \sigma \longmapsto g_\sigma \; ,$$

ayant les propriétés (4.2), et alors

<u>Lemme</u> : Les multiplicités de l'application $\sigma \longmapsto g_\sigma$ sont données par

$$(4.5) \qquad 2^{n+1-(cyc(\sigma,\xi)+ch(\sigma,\xi))} \quad (= 2^{n+1-(cyc(g_\sigma)+ch(g_\sigma))}) .$$

En employant maintenant une version homogène des polynômes de Laguerre (voir (2.4) et (2.5)), à savoir :

$$\mathcal{L}_n^{(\alpha)}(x,z) := z^n \mathcal{L}_n^{(\alpha)}(-x/z) =$$

$$(4.6) \qquad = \Sigma \{ (1+\alpha)^{cyc(f)} x^{ch(f)} z^{n-ch(f)} \; ; \; f \in LAG(A,B) \; , \; A\cup B = [n] \}$$

$$= \Sigma \{ \alpha^{cyc(f)} x^{ch(f)-1} z^{n+1-ch(f)} \; ; \; f \in LAG(A,B\cup\{0\}) \; , \; A\cup B = [n] \}$$

on obtient le

<u>Théorème</u> : a) $\mathcal{H}_{2n}^{(\gamma)}(x,z) = \mathcal{L}_n^{(\gamma/2-1)}(x^2,2z) \qquad , \; n \geq 0,$

b) $\mathcal{H}_{2n+1}^{(\gamma)}(x,z) = x\,\mathcal{L}_n^{(\gamma/2)}(x^2,2z) \qquad , \; n \geq 0.$

Preuve: Pour la démonstration de a), il suffit de combiner (3.6) et (3.4) avec les propriétés (4.2) et (4.3) de l'application (4.1) :

$$\mathcal{H}_{2n}^{(\gamma)}(x,z) = \Sigma \{ \gamma^{cyc(\sigma)} x^{fix(\sigma)} z^{trans(\sigma)} \; ; \; \sigma \in HER(<n>) \}$$

$$= \Sigma \{ \gamma^{cyc(f_\sigma)} x^{2\,ch(f_\sigma)} z^{n-ch(f_\sigma)} \; ; \; \sigma \in HER(<n>) \}$$

$$= \Sigma \{ \gamma^{cyc(f)} x^{2ch(f)} z^{n-ch(f)} 2^{n-(cyc(f)+ch(f))} \; ; \; f \in LAG(A,B), A\cup B = [n] \}$$

$$= \Sigma \{ (\gamma/2)^{cyc(f)} x^{2ch(f)} (2z)^{n-ch(f)} \; ; \; f \in LAG(A,B) \; , \; A\cup B = [n] \}$$

$$= \mathcal{L}_n^{(\gamma/2-1)}(x^2,2z) \quad .$$

Pour b), on utilise les propriétés (4.2) et (4.5) de l'application (4.4), et le même calcul montre que :

$$\mathcal{H}_{2n+1}^{(\gamma)}(x,z) = \Sigma \{ (\gamma/2)^{cyc(g)} x^{2ch(g)-1} (2z)^{n+1-ch(g)} \; ; \; g \in LAG(A,B\cup\{0\}) \; , \; A\cup B = [n] \}$$

$$= x\,\mathcal{L}_n^{(\gamma/2)}(x^2,2z) \quad . \qquad ./.$$

On retrouve les identités (2.6) et (2.7) de Szegö tout simplement en posant $\gamma = 1$ et $z = -1$ dans les identités du théorème.

5 Quelques résultats et remarques supplémentaires

Dans cette section on indique - sans démonstrations - quelques conséquences et résultats liés au traitement des identités de Szegö par les polynômes $\mathcal{H}_n^{(\gamma)}(x,z)$. Une présentation plus détaillée de certains aspects sera donnée ailleurs.

Remarquons d'abord que les polynômes $\mathcal{H}_n^{(\gamma)}(x,z)$ sont, à une transformation simple près, les "generalized Hermite polynomials" $H_n^{(\mu)}(x)$ de CHIHARA[2], p.156 ff. Plus précisement, on a

$$H_n^{(\mu)}(x/\sqrt{2}) = 2^{n/2}\,\mathcal{H}_n^{(\gamma)}(x,-1)$$
$$= \mathcal{H}_n^{(\gamma)}(x\sqrt{2},-2) \qquad , \text{ où } \gamma = 2\mu + 1 .$$

Une combinaison de (2.2),(4.6), et des identités du théorème mene directement aux formules explicites pour les polynômes $\mathcal{H}_n^{(\gamma)}(x,z)$, à savoir

$$\mathcal{H}_{2n}^{(\gamma)}(x,z) = \sum_{0\le k\le n} \binom{n}{k} \langle\gamma+2n-2k\rangle_k\, x^{2n-2k} z^k \quad ,$$
$$\mathcal{H}_{2n+1}^{(\gamma)}(x,z) = \sum_{0\le k\le n} \binom{n}{k} \langle\gamma+2n-2k+2\rangle_k\, x^{2n-2k+1} z^k \quad ,$$

où $\langle a\rangle_o := 1$, $\langle a\rangle_{k+1} := \langle a\rangle_k\,(a+2k)$. On observe

$$\mathcal{H}_{2n+1}^{(\gamma)}(x,z) = x\,\mathcal{H}_{2n}^{(\gamma+2)}(x,z) \qquad , n \geq o. \tag{5.1}$$

Cette propriété, qui découle directement du théorème, n'est pas évidente si on considère la définition combinatoire (3.6) et (3.8) des polynômes $\mathcal{H}_n^{(\gamma)}(x,z)$. Le lecteur interessé est invité à imaginer une démonstration combinatoire directe de (5.1).

La fonction génératrice exponentielle s'obtient facilement en employant (2.1), voici le résultat:

$$\sum_{n\ge o} \mathcal{H}_n^{(\gamma)}(x,z)\, t^n / \lfloor n/2\rfloor ! = (1+xt-2zt^2)(1-2zt^2)^{-1-\gamma/2} \exp\{x^2t^2/(1-2zt^2)\}.$$

On peut obtenir des nombreuses propriétés interessantes des polynômes $\mathcal{H}_n^{(\gamma)}(x,z)$ (formules de recurrence, identités différentielles, formules opérationnelles,...) facilement à partir du modèle combinatoire. Mentionnons ici comme exemples, les deux extensions de la formule opérationnelle (1.4) :

$$\mathcal{H}_{2n}^{(\gamma)}(x,z) = \exp\{\Delta\}\, x^{2n} \qquad , \text{ où } \Delta \equiv \tfrac{z}{2}\Big(D_x^2 + \frac{(\gamma-1)}{x} D_x \Big) \quad , \tag{5.2}$$
$$\mathcal{H}_{2n+1}^{(\gamma)}(x,z) = \exp\{\Delta_o\}\, x^{2n+1} \qquad , \text{ où } \Delta_o \equiv \tfrac{z}{2}\Big(D_x^2 + \frac{(\gamma-1)}{x}\Big(D_x - \frac{1}{x}\Big)\Big) \quad . \tag{5.3}$$

Ces deux formules ont des démonstrations combinatoires assez directes, en interprétant les opérateurs Δ et Δ_o comme opérateurs "d'extension" pour les involutions. Plus précisément, on montre que

(5.4) $\quad \Delta\, v(\sigma) = \sum \{ v(\tau) \; ; \; \tau \in HER(<n>), \sigma \lessdot \tau \} \quad , \sigma \in HER(<n>) \quad ,$

(5.5) $\quad \Delta_o\, v(\sigma) = \sum \{ v(\tau) \; ; \; \tau \in HER(<n>_o) ; \sigma \lessdot \tau \} \quad , \sigma \in HER(<n>_o) \quad ,$

où $\sigma \lessdot \tau$ signifie que τ est une extension directe de σ , i.e. $TRANS(\sigma) \subset TRANS(\tau)$ et $trans(\sigma) + 1 = trans(\tau)$.

L'identité (5.2) (resp. (5.3)) est une consequence immediate de (5.4) (resp. (5.5)) : il faut itérer l'application de Δ (resp. Δ_o) à partir de l'involution sans transpositions, dont la valuations est x^{2n} (resp. x^{2n+1}).

Comme autres consequences de (5.4) (resp. (5.5)), mentionnons :

(5.6) $\quad \delta_z\, \mathcal{H}_{2n}^{(\gamma)}(x,z) = \Delta\, \mathcal{H}_{2n}^{(\gamma)}(x,z) \quad ,$

(5.7) $\quad \delta_z\, \mathcal{H}_{2n+1}^{(\gamma)}(x,z) = \Delta_o\, \mathcal{H}_{2n+1}^{(\gamma)}(x,z) \quad ,$

où $\delta_z \equiv z \frac{d}{dz}$. Ces deux identités ne sont rien d'autre que les équations différentielles d'ordre 2 ! Pour voir cela, il faut tout simplement réécrire (5.6) et (5.7) sous la forme:

$$\mathcal{H}_{2n}^{(\gamma)}(x,z) = (\delta_x + 2\delta_z)\, \mathcal{H}_{2n}^{(\gamma)}(x,z) = (\delta_x + 2\Delta)\, \mathcal{H}_{2n}^{(\gamma)}(x,z) \quad ,$$

$$\mathcal{H}_{2n+1}^{(\gamma)}(x,z) = (\delta_x + 2\delta_z)\, \mathcal{H}_{2n+1}^{(\gamma)}(x,z) = (\delta_x + 2\Delta_o)\, \mathcal{H}_{2n+1}^{(\gamma)}(x,z) \; .$$

(cf. CHIHARA[2], p.157, equ.(2.44) ; SZEGÖ[21], p.38o, prob.25).

Remarquons finalement qu'àpartir de (5.2) (resp. (5.3)),et en utilisant le théorème et (2.1), on trouve les deux identités opérationnelles :

(5.8) $\quad \exp\{\Delta\}\, \exp\{x^2 t\} = (1-2zt)^{-\gamma/2} \exp\{x^2 t/(1-2zt)\} \quad ,$

(5.9) $\quad \exp\{\Delta_o\}\, x \exp\{x^2 t\} = (1-2zt)^{-1-\gamma/2} \exp\{x^2 t/(1-2zt)\} \quad ,$

d'où on tire, par exemple :

$$\exp\{\Delta\}\, \exp\{x^2 t\} = (1-2zt)\, \exp\{\Delta_o\} x \exp\{x^2 t\} \quad .$$

Dans le cas $\gamma = 1$, $z = -1$, l'identité (5.8) se réduit à la formule (8) de l'article de LOUCK[17] , qui est essentielle dans son approche des extensions multilinéaires de la formule de Mehler.

6 Références

1. R. ASKEY, *Math. Reviews* #80b:33-005.
2. Th.S. CHIHARA, *An introduction to orthogonal polynomials*, Gordon and Breach, New York, 1978.
3. M. DE SAINTE-CATHERINE, *Couplages et Pfaffiens en combinatoire, physique et informatique*, thèse, Bordeaux, 1983.
4. D. FOATA, *La série génératrice exponentielle dans les problèmes d'énumération*, Presses de l'Universite de Montréal, Montréal, 1974.
5. D. FOATA, A combinatorial proof of the Mehler formula, *J. Comb. Theory*, Ser. A 24 (1978), 367-376.
6. D. FOATA, Some Hermite polynomial identities and their combinatorics, *Adv. Appl. Math.* 2 (1981), 250-259.
7. D. FOATA, Combinatoire des identités sur les polynômes orthogonaux, *Proc. International Congress of Mathematicians*, (Warsaw, 16-24 August 1983), à paraître.
8. D. FOATA et A.M. GARSIA, A combinatorial approach to the Mehler formulas for the Hermite polynomials, *Relations between Combinatorics and other parts of Mathematics* (Proc. Symp. Pure Math., vol. 34; D.K. Ray-Chaudhuri, ed.) Amer.Math.Soc., Providence, R.I., 1978, pp. 163-179.
9. D. FOATA et J. LABELLE, Modèles combinatoires pour les polynômes de Meixner, *Europ. J. Combinatorics* 4 (1983), 305-311.
10. D. FOATA et P. LEROUX, Polynômes de Jacobi, interprétation combinatoire et fonction génératrice, *Proc. Amer. Math. Soc.* 87 (1983), 47-53.
11. D. FOATA et V.STREHL, Combinatorics of Laguerre polynomials, *Proc. Waterloo Silver Jubilee Conference* June-July 1982 , à paraître.
12. D. FOATA et. M.P. SCHÜTZENBERGER, *Théorie Géométrique des Polynômes Eulériens*, Lecture Notes in Math. 136, Springer-Verlag, Berlin, 1970.
13. C. GODSIL, On the theory of the matching polynomial, *J. Graph Theory*, 5 (1981), 137-144.
14. C. GODSIL, Hermite polynomials and a duality relation for the matching polynomial, *Combinatorica* 1 (1981), 257-262.
15. A. JOYAL, Une théorie combinatoire de séries formelles, *Adv. Math.* 42(1981), 1-82.
16. P. LEROUX et V. STREHL, Polynômes de Jacobi: combinatoire des identités fondamentales (en préparation).
17. J.D. LOUCK, Extension of Kibble-Slepian's formula for Hermite polynomials using Boson operator methods, *Adv. Appl. Math.* 2 (1981), 239-249.
18. E. RAINVILLE, *Special Functions*, Chelsea, Bronx, N.Y., 1960.
19. J. RIORDAN, *An Introduction to Combinatorial Analysis*, J.Wiley, New York, 1958.
20. V. STREHL, Contributions to the combinatorics of some families of classical orthogonal polynomials, mémoire, Erlangen, 1982.
21. G. SZEGÖ, *Orthogonal Polynomials*, Colloquium Publ. 23, Amer. Math.Soc., Providence, R.I., 1978 (2nd printing of 4th ed.).

A COMBINATORIAL THEORY FOR GENERAL ORTHOGONAL POLYNOMIALS WITH EXTENSIONS AND APPLICATIONS

Gérard VIENNOT
U.E.R. de Mathématiques et Informatique
Université de Bordeaux I
33405 TALENCE (FRANCE)

Introduction.

Much attention has been given recently by combinatorists to orthogonal polynomials.

Combinatorial models are now known for each of the following families of orthogonal polynomials : Hermite, Laguerre, Charlier, Meixner (first and second kind), Jacobi (in particular Gegenbauer, Legendre, Tchebycheff), Krawtchouk. In these models, some finite structures are introduced (permutations, endofunctions, trees, matchings, ...) and give some combinatorial interpretations of the coefficients. When the polynomials depend upon some parameters, the combinatorial objects are "weighted" by these parameters.

In a first step, the purpose is to prove "combinatorially" the classical identities satisfyed by these polynomials. This is done by constructing bijections and correspondences between these finite structures. A certain combinatorial "geometry" of these polynomials (together with special functions) begin to appear. This work is done especially in Cambridge (MIT), California (La Jolla), "Lotharingie" (Erlangen, Strasbourg), Québec (Montreal) and Wien. Complete references (up to 1983) are given in Foata [13] and a sample of these works is given with the talks of De Sainte-Catherine [6], Bergeron [3] and Strehl [31] at this symposium.

The theory presented here is developped into another direction.

First, we consider general (or formal) orthogonal polynomials. We introduce some finite structures (weighted paths) in order to give combinatorial (i.e. with bijections) proofs of classical properties valid for any orthogonal polynomials. An example is given with the equivalence between the orthogonality and the classical linear three terms recurrence relation. Such (very) classical results are shown to be a consequence of the constructions of bijections and correspondences between some finite structures (paths and "pavages").

Second, when we consider some particular families of orthogonal polynomials (i.e. particular valuation of the paths), the corresponding finite structures give an interpretation of the inverse coefficients matrix, rather than the coefficients of the polynomials themselves. In a certain sense, our point of view is the "dual" of the one of the works mentioned above.

One of the interests in developping such a combinatorial theory for general orthogonal polynomials relies in the fact that the bijections constructed for orthogonal polynomials can easily be extended to more general situations, giving new results. Examples are the so-called matching polynomials of graphs, some polynomials appearing as partition functions in statistical mechanics, the branched continued fractions (extending the J-, S- and T-continued fractions).

Using this methodology, we have solved some conjectures stated by physicists about the so-called "directed animals problem" in statistical physics (see [35]) and some enumerative problems related to molecular Biology [33]. We give also some connections with Computer Science.

This paper presents only a brief summary of the theory developped by the author. The starting point of this work are the papers of Flajolet [10] and Françon, Viennot [15]. The main part is exposed in the preprint [34]. Part I of the present summary corresponds to this monograph. The extension with heaps of pieces, a chapter about Padé approximants and the possible applications will be incorporated in the definitive version. The applications to statistical physics are summarized in [35]. The complete version will be [22], [36], [37]. Connections with molecular Biology are in [33]. For the applications with Computer Science, see for example [11].

I - Combinatorial theory of general orthogonal polynomials.

§ 1. Moments.

The starting point of this work is the moments of the orthogonal polynomials. Classically, orthogonality is defined with respect to a certain measure $d\psi$ on an interval $[a, b]$ of $\mathbb{R}$. The scalar product of two polynomials P and Q is $\langle P, Q \rangle = \int_a^b P(x)\, Q(x)\, d\psi$. This product is defined by the moments

$$\mu_n = \int_a^b x^n \, d\psi . \tag{1}$$

Here we will consider orthogonality according to a sequence $\{\mu_n\}_{n\geq 0}$ of moments, that is according to the scalar product $\langle P, Q \rangle = f(PQ)$, where f is the unique linear functional defined by $f(x^n) = \mu_n$ for any $n \geq 0$. This orghogonality is also called formal (see Chihara [5], Draux [8]).

Many moments of classical orthogonal polynomials are also classical sequences in combinatorics (see table 1).

Polynomials	Moments	Combinatorial objects
Laguerre $L_n(x)$	$(n+1)!$	permutations
Hermite $H_n(x)$	$1.3\dots(2n-1)$	involutions with no fixed points
Charlier $C_n(x)$	number of partitions of $\{1, 2, \dots, n\}$	
Meixner I $\hat{m}_n(x;1,\frac{1}{2})$	number of ordered partitions of $\{1, 2, \dots, n\}$	
Meixner II $M_n(x;0,1)$	secant number E_{2n}	alternating permutations

Table 1. - Combinatorial interpretations of moments of some orthogonal polynomials.

We introduce the weighted paths interpretating the moments. A path in a set S is nothing but a sequence $\omega = (s_o, \dots, s_n)$ of elements of S. The s_i are the vertices of the path, s_o is the starting point, s_n is the ending point, (s_{i-1}, s_i) is the ith elementary step, $n = |\omega|$ is the length of the path.

Let $\mathbb{K}$ be a domain (usually $\mathbb{K} = \mathbb{C}$, $\mathbb{R}$ or $\mathbb{C}[\alpha, \beta, \dots]$). A valuation is a map $v : S \times S \to \mathbb{K}$. The valuation (or weight) of the path ω is the product $v(\omega) = v(s_o, s_1)\dots v(s_{n-1}, s_n)$ of the valuation of the elementary steps.

A Motzkin path is a path $\omega = (s_o, \dots, s_n)$ in $S = \mathbb{N} \times \mathbb{N}$ such that each elementary step (s_{i-1}, s_i) has three possible types : North-East $(s_i = s_{i-1} + (1,1))$, East $(s_i = s_{i-1} + (1,0))$, South-East $(s_i = s_{i-1} + (1,-1))$. The coordinate y_i of $s_i = (x_i, y_i)$ is called the level of s_i.

Let $\{b_k\}_{k\geq 0}$ and $\{\lambda_k\}_{k\geq 1}$ be two sequences of $\mathbb{K}$. We define the valuation $v(\omega)$ of a Motzkin path from the valuation of the elementary steps : $v(s_{i-1}, s_i) = 1$ (resp. b_k, resp. λ_k) if (s_{i-1}, s_i) is a North-East (resp. East, resp. South-East) step starting at level k (see figure 1).

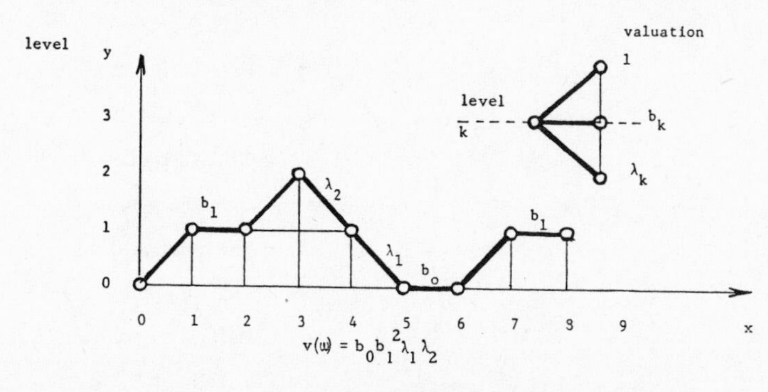

Figure 1. A weighted Motzkin path (starting at level 0 and ending at level 1).

For any $i, j \geq 0$, we define the following quantity

$$\mu_{n,i,j} = \sum_{\omega} v(\omega) , \tag{2}$$

where the summation is over all Motzkin paths of length n, starting at level i and ending at level j. These quantities can be considered as polynomials in the formal variables $\{b_o, b_1, \ldots ; \lambda_1, \lambda_2, \ldots\}$.

Now let $\{P_n(x)\}_{n\geq 0}$ be the sequence of polynomials defined by the classical three-terms linear recurrence relation

$$P_{n+1}(x) = (x-b_n) P_n(x) - \lambda_n P_{n-1}(x), \quad P_o(x) = 1, \quad P_1(x) = x-b_o . \tag{3}$$

Let f be the linear functional $f : \mathbb{K}[x] \Rightarrow \mathbb{K}$ defined by

$$f(x^n) = \mu_n \quad \text{with} \quad \mu_n = \mu_{n,o,o} . \tag{4}$$

The first result is the identity

$$f(x^n P_k P_\ell) = \lambda_1 \ldots \lambda_\ell \, \mu_{n,k,\ell} . \tag{5}$$

Putting $n = 0$ in (5) leads to $f(P_k P_\ell) = 0$ if $k \neq \ell$ and $f(P_k^2) = \lambda_1 \ldots \lambda_k$, that is the sequence $\{P_k\}_{k\geq 0}$ will be a sequence of orthogonal polynomials (with moments μ_n defined by (2) (3)) iff $\lambda_k \neq 0$, for any $k \geq 0$. This is the classical Favard's theorem.

Identity (5) is a typical result of this work proved by bijective methods. For that, we need to translate the recurrence (3) in terms of weighted paths.

A <u>Favard path</u> is a path $\omega = (s_o, \ldots, s_n)$ in $\mathbb{N} \times \mathbb{N}$ such that $s_o = (0,0)$ and each elementary step (s_{i-1}, s_i) is one of the following type : North-East, North $(s_i = s_{i-1} + (0,1))$ or North-North $(s_i = s_{i-1} + (0,2))$. The valuations are respectively 1, $-b_k$, $-\lambda_{k+1}$ when the starting point is at level k (see figure 2).

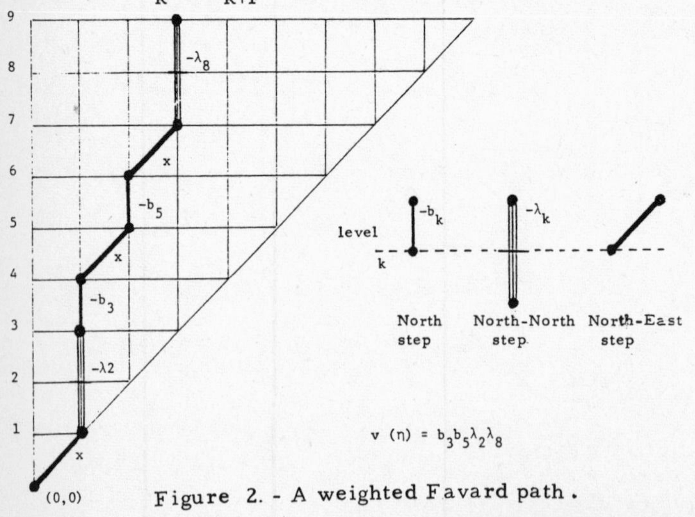

Figure 2. - A weighted Favard path.

Trivially, the polynomials defined by (3), can also be defined by $P_n(x) = \sum_{\eta} v(\eta) x^{NE(\eta)}$, where the summation is over all Favard paths with ending point at level n, and where $NE(\eta)$ denotes the number of North-

East elementary steps.

An idea of a bijective proof of (5) is shown in the case $k = 0$. In that case the relation can be written

(6) $$\sum_{(\omega,\eta)\in\Omega_{n,\ell}} v(\omega)\, v(\eta) = \sum_{(\omega,\eta)\in\Omega'_{n,\ell}} v(\omega)\, v(\eta),$$

where $\Omega_{n,\ell}$ is a certain set of pairs (ω,η) formed with a Motzkin path ω and a Favard path η, and $\Omega'_{n,\ell}$ is the subset of $\Omega_{n,\ell}$ formed with pairs such that : ω is a Motzkin path of length $n+\ell$, going from level 0 to level 0 and with the last ℓ steps being South-East, η is a Favard path with only North-East steps $(v(\eta) = 1)$. Relation (6) is deduced from the construction of an involution $\Omega_{n,\ell}\setminus\Omega'_{n,\ell} \longrightarrow \Omega_{n,\ell}\setminus\Omega'_{n,\ell}$ such that

(7) $$\theta(\omega,\eta) = (\omega',\eta') \quad \text{with} \quad v(\omega)\, v(\eta) = -v(\omega')\, v(\eta').$$

Many classical properties of orthogonal polynomials can be deduced from the construction of such involutions. We give two other examples in the next section.

§ 2. Inverse matrix coefficients and continued fractions.

Let $A = (a_{ij})$ be the coefficient matrix of the polynomials $P_i(x) = \sum_{0\le j\le n} a_{ij} x^j$ defined by the linear recurrence (3). The matrix A is triangular with only 1's on the diagonal. The inverse matrix $A^{-1} = (b_{ij})$ has the following interpretation

(8) $$b_{ij} = \mu_{i,o,j} \quad \text{(defined by (2)).}$$

Now, let $J_k(t)$ be the generating function

(9) $$J_k(t) = \sum_{\omega} v(\omega)\, t^{|\omega|}$$

for the weighted Motzkin paths ω bounded by level k with ending points at level k. It is possible to write

(10) $$J_k(t) = \frac{N_k(t)}{D_k(t)}$$

where $D_k(t)$ is the reciprocal $P^*_{k+1}(t) = t^{k+1} P_{k+1}(1/t)$ of the polynomial $P_{k+1}(t)$, and $N_k(t) = \delta P^*_k(t)$ where $\{\delta P_k\}_{k\ge 0}$ denote the polynomials satisfying the same recurrence relation (3), but replacing b_k by b_{k+1} and λ_k by λ_{k+1} for any $k \ge 0$.

The three identities (5) (in the case $k = 0$), (8) (in the form $\sum_k a_{ik} b_{kj} = \delta_{ij}$), and (10) (in the form $J_k(t)\, D_k(t) = N_k(t)$) can be formulated in the same general form $\sum_{(\omega,\eta)\in\Omega} v(\omega)\, v(\eta) = \sum_{(\omega,\eta)\in\Omega'} v(\omega)\, v(\eta)$ similar to (6). A bijective proof is given by constructing an involution $\Omega\setminus\Omega' \longrightarrow \Omega\setminus\Omega'$ satisfying (7).

Curiously, the three related involutions are almost the same. In fact it would be possible to construct a single involution, from which the identities (5), (8) and (10) appear as particular cases of a more general result.

The above considerations are samples of this so-called "combinatorial theory of general orthogonal polynomials".

As shown by Flajolet [10], the generating function $J(t) = \sum_{\omega} v(\omega)\, t^{|\omega|}$ for weighted Motzkin paths with endpoints at level 0 can be expanded into Jacobi continued fractions (J-fraction)

$$J(t) = \cfrac{1}{1-b_o t - \cfrac{\lambda_1 t^2}{1-b_1 t - \cfrac{\lambda_2 t^2}{\cdots\cdots}}} \tag{11}$$

and the generating function $J_k(t)$ is nothing but the convergent of order k of this continued fraction.

If $b_k = 0$ for any $k \geq 0$, we get the so-called Stieltjes continued fraction (S-fraction). We call the corresponding paths Dyck paths, that is paths with only North-East and South-East steps.

More generally, all the Padé approximants for the generating function $\sum_{n\geq 0} \mu_n t^n$ can be obtained (formally) by bounding the level of appropriate weighted paths. Many classical identities about continued fractions and Padé approximants (as for example Wynn's identity) can be deduced from certain geometric considerations about these weighted paths. Usually, classical proofs involve many determinant manipulations. Such determinants also appear in the classical theory of orthogonal polynomials. Combinatorial interpretations can be given, as shown in the next section.

§ 3. Determinants of moments.

Combinatorial interpretations of many determinants appearing in combinatorics has been given by Gessel, Viennot [18]. They follow from a general methodology using configurations of non-crossing weighted paths. This section is a combination of this methodology and of the interpretation of the moments μ_n of orthogonal polynomials with weighted Motzkin paths.

Let $0 \leq \alpha_1 < \ldots < \alpha_k$ and $0 \leq \beta_1 < \ldots < \beta_k$ be any two strictly increasing sequences of positive integers. Let $H\begin{pmatrix}\alpha_1, \ldots, \alpha_k \\ \beta_1, \ldots, \beta_k\end{pmatrix}$ be the Hankel $k \times k$ determinant which (i,j)-term is $\mu_{\alpha_i+\beta_j}$.

In the case $b_k = 0$ for any $k \geq 0$ (i.e. Dyck paths) we have the following interpretation

$$(12) \qquad H\begin{pmatrix}\alpha_1, \ldots, \alpha_k \\ \beta_1, \ldots, \beta_k\end{pmatrix} = \sum_{\omega_1, \ldots, \omega_k} v(\omega_1) \ldots v(\omega_k)$$

where the summation is over all configurations $C = (\omega_1, \ldots, \omega_k)$ of weighted two by two disjoint Dyck paths such that for any i, $1 \le i \le k$, the path ω_i goes from $A_i = (-2\alpha_i, 0)$ to $B_i = (2\beta_i, 0)$, (see figure 3). In the general case of Motzkin path a slightly more complicated interpretation can also be given.

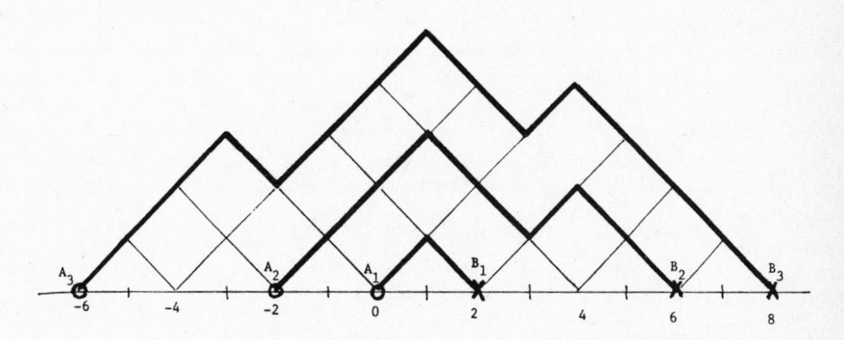

Figure 3. - The Hankel determinant $H\begin{pmatrix}0, 2, 6 \\ 2, 6, 8\end{pmatrix}$.

Many classical identities involving Hankel determinants can be deduced from the geometry of non-crossing configurations of weighted Motzkin paths. Typical examples are $\lambda_n = \dfrac{\Delta_n}{\Delta_{n-1}} : \dfrac{\Delta_{n-1}}{\Delta_{n-2}}$ and $b_n = \dfrac{\chi_n}{\Delta_n} - \dfrac{\chi_{n-1}}{\Delta_{n-1}}$, where $\Delta_n = H\begin{pmatrix}0, 1, \ldots, n \\ 0, 1, \ldots, n\end{pmatrix}$ and $\chi_n = H\begin{pmatrix}0, 1, \ldots, n-1, n \\ 0, 1, \ldots, n-1, n+1\end{pmatrix}$ (see figure 4 and 5).

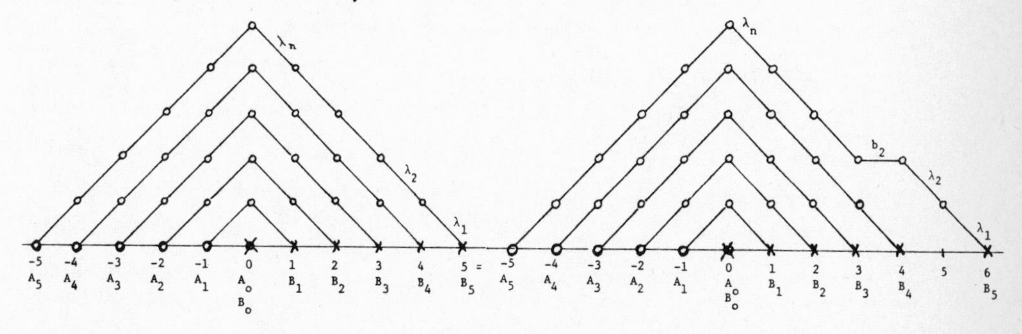

Figure 4. - The determinant Δ_n.

Figure 5. - The determinant χ_n.

§ 4. Histories.

Each particular family of orthogonal polynomials can be defined from (3) by specifying the valuations $\{b_k\}$ and $\{\lambda_k\}$ (which where considered above as formal variables).

The case of the Laguerre polynomials is fundamental here. By Laguerre polynomial $L_n^{(\alpha)}$ we mean the monic polynomials (i.e. the coefficient of x^n is 1) (usually the polynomials $(-1)^n L_n^{(\alpha)}$ or $\frac{(-1)^n}{n!} L_n^{(\alpha)}$). They are defined by the valuation

$$b_k = 2k+\alpha+1 , \quad \lambda_k = k(k+\alpha) \quad (k \geq 0). \tag{13}$$

It is well known that the corresponding moments are $\mu_n^{(\alpha)} = (\alpha+1)(\alpha+2)\dots(\alpha+n)$ (denoted by $(\alpha+1)_n$). If $\alpha = 1$, we get $\mu_n^{(1)} = (n+1)!$. From the general combinatorial interpretation of the moments given in section 1, this last identity is equivalent to

$$\sum_{\omega} v(\omega) = (n+1)! , \tag{14}$$

where the summation is over all Motzkin paths of length n with endpoints at level 0 (and valuation defined by (13)). In order to give a combinatorial proof, we introduce the following definitions.

A colored Motzkin path ω_c is a Motzkin path ω where the East steps are colored in blue or red. We define the valuation v^* of the elementary steps of a colored Motzkin path $\omega_c = (s_0, \dots, s_n)$ by $v^*(s_{i-1}, s_i) = k+1$ if s_{i-1} is at level k (same valuation for the four kind of elementary steps North East, East blue, East red, South-East). A Laguerre history is a pair $h = (\omega_c, p)$ where ω_c is a colored Motzkin path with endpoints at level 0 and $p = (p_1, \dots, p_n)$ is an n-uple of positive integers such that $1 \leq p_i \leq v^*(s_{i-1}, s_i)$ for any i, $1 \leq i \leq n = |\omega_c|$. The length of the history is n . It is easy to check that for any Motzkin path ω with endpoints at level 0 , we have $v(\omega) = \sum_{\xi} v^*(\xi)$ where the summation is over all colored Motzkin paths ξ having ω as underlying Motzkin path.

Thus, a combinatorial proof of (14) is given by constructing a bijection between the $(n+1)!$ permutations on $\{1, \dots, n+1\}$ and the set of Laguerre histories of length n . Such bijection has been given in Françon, Viennot [15] and has been used several times in the solution of various enumerative combinatorics problem, (see also Goulden, Jackson [21] p.300). From this bijection it is easy to get a combinatorial interpretation of the moments $\mu_n^{(\alpha)}$ of $L_n^{(\alpha)}$ by introducing a "weight" α in the Laguerre histories and using the so-called "left to right" minimum elements of the permutations.

A very remarkable fact is that one can get, from the bijection between Laguerre histories and permutations, the moments of the following orthogonal polynomials : Hermite $H_n(x)$, Charlier $C_n(x ; a)$, Meixner first kind $m_n(x ; \delta, c)$ and Meixner second kind $M_n(x ; \delta, \eta)$. This is done by applying the bijection for certain subclass of permutations (case Hermite, Charlier) and for all permutations with certain "weight" for the Laguerre histories (case Meixner first and second kind).

Recall that the polynomials $\{P_n(x)\}_{n\geq 0}$ are called Sheffer polynomials iff their (exponential) generating function has the form

$$\sum_{n\geq 0} P_n(x) \frac{t^n}{n!} = f(t) \exp(x\, g(t)). \tag{15}$$

These polynomials have been extensively studied in Combinatorics. A survey is given by Rota et al. [28] and various combinatorial models have been proposed, as for example the Foata-Schützenberger "composé partitionnel" (Foata [12]), or the modern version "espèce de structure" by Joyal [26].

It is well known that the polynomials which are both Sheffer and orthogonal are of one of the following five types : Laguerre, Hermite, Charlier, Meixner first or second kind. The notion of Laguerre histories is basic for the combinatorics of these polynomials. In particular, we obtain an interpretation of the corresponding S and Q operators (using the notations of Rota et al. [28]) for each class of polynomials in terms of certain weighted Laguerre histories. Also, one can deduced the (exponential) generating function for these polynomials.

§ 5. Duality.

All along this work, a certain "duality" appears. This duality takes several different forms.

One of these forms is the matrix inversion (8). Favard paths interpret the coefficients of the orthogonal polynomials while weighted Motzkin paths (together with "histories") interpretate the coefficients of the inverse matrix. In the case $\lambda_k = 0$ for any $k \geq 0$, there are no more orthogonal polynomials, but the above bijections and identities are still valid. In particular, if we let $b_k = k+1$, $\lambda_k = 0$, Favard paths (resp. Motzkin paths) interpretate the Stirling numbers $s(n,k)$ (resp. Stirling numbers $S(n,k)$) and (8) becomes the classical inversion matrix formula between the two kind of Stirling numbers. More generally this duality is a particular case of the duality between the elementary symmetric functions and the homogeneous symmetric functions (in variables $x_1, \ldots, x_n$) obtained respectively from weighted Favard and Motzkin paths by putting $b_k = x_k$, $\lambda_k = 0$.

In another context appears a duality between Favard and Motzkin paths. The Hankel determinant Δ_n is interpretated by a single configuration of non crossing Motzkin paths (see figure 4). The cofactor (n,i) of the matrix $(\mu_{i+j})_{0\leq i,j\leq n}$ is interpretated by configurations as shown on figure 6.

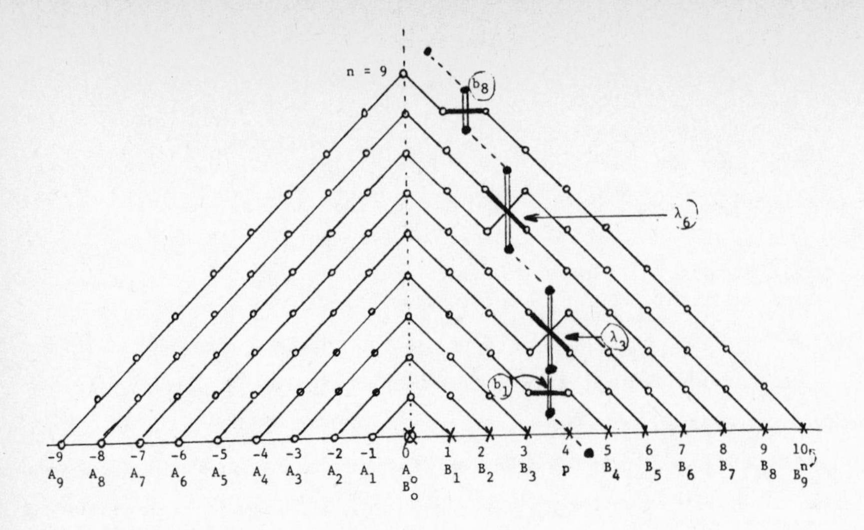

Figure 6. - The duality between Motzkin and Favard paths .

Such configurations are in bijection with Favard paths. From such geometric considerations, we get immediately the expression of the orthogonal polynomial $P_n(x)$ in terms of determinants $P_n(x) = \frac{1}{\Delta_n} H_n(x)$, where $H_n(x)$ is the determinant obtained by replacing the last row of Δ_n by $(1, x, \ldots, x^n)$. This fact is general in the Gessel-Viennot methodology [17], [18] : for each family of paths such that a certain determinant can be interpretated by a single configuration of non-crossing paths, a family of dual paths can be defined, interpretating cofactors of the inverse matrix. This duality is in fact the duality expressed by the Jacobi theorem relating the minors of a matrix with the "complementary minors" of the inverse matrix.

In the case of Sheffer orthogonal polynomials, the Laguerre histories defined above give naturally the generating functions $s(t)$ and $q(t)$ for the corresponding operators S and Q (in the notations of Rota et al. [28]) for each of the five classes of polynomials $P_n(x)$. The generating function for these polynomials can be written in the form

$$\sum_{n \geq 0} P_n(x) \frac{t^n}{n!} = \frac{1}{s(q^{<-1>}(t))} \exp(x\, q^{<-1>}(t)). \tag{16}$$

This generating function is related to the coefficients of the orthogonal polynomials themselves, that is weighted Favard paths. Thus, the duality is now the functional inversion $q(t) \to q^{<-1>}(t)$. Note that an extension of the inversion matrix formula (8) is closely related to the classical Lagrange inversion formula (and also q-analog of this inversion), see below.

II - Extensions and applications.

§ 1. Lukasiewicz paths.

Many bijections for orthogonal polynomials can be extended to arbitrary sequences of polynomials. Let $\{P_n(x)\}_{n\geq 0}$ be such sequence (with $P_n(x)$ monic polynomial of degree n). The analog of (3) is

$$P_{n+1}(x) = x\,P_n(x) - \sum_{\ell=0}^{n} \lambda_{n,\ell}\, P_\ell(x)\,. \tag{17}$$

The analog of Motzkin paths are Lukasiewicz paths, that is paths of $\mathbb{N}\times\mathbb{N}$ such that each elementary step (s_{i-1}, s_i) satisfies $s_i = (x_i, y_i)$, $s_{i-1} = (x_{i-1}, y_{i-1})$ with $y_i \leq 1+y_{i-1}$ and with valuation 1 (resp. $\lambda_{k,\ell}$) if $y_i = 1+y_{i-1}$ (resp. $\ell = y_i \leq y_{i-1} = k$). Analog of identities (5) (with $k = 0$), (8) and (10) can be stated. The extension of (8) is closely related to the Lagrange inversion.

Classical Lagrange inversion corresponds to a valuation satisfying $\lambda_{k,\ell} = a_{k-\ell}$. A q-analog is given by $\lambda_{k,\ell} = q^{k-\ell+1} a_{k-\ell}$, related to the q-analogs of Lagrange inversion given by Garsia [16] and Gessel [17].

§ 2. Matching polynomials of graphs and branched continued fractions.

Let $G = (V, E)$ be a graph with set of vertices V and set of edges E. A matching of G is a set $\alpha \subseteq E$ of two by two disjoint edges. The matching polynomial of G is

$$\mathbf{M}(\mathbf{x}\,;\,G) = \sum_{\alpha} (-1)^{|\alpha|}\, x^{n-2|\alpha|}\,, \tag{18}$$

where the summation is over all matchings α of G and $n = |V|$. These polynomials are important in statistical physics. Some orthogonal polynomials (Hermite, Laguerre, Tchebycheff) are matching polynomials of certain graphs (see for example [6]). Many analogies exist between these two classes of polynomials. Some bijections valid for orthogonal polynomials can be extended to matching polynomials, in relation with works of Godsil [19], [20]. Godsil's tree-like paths play the role of the Motzkin paths.

Edges can be weighted and the analog of the continued fraction are the so-called branched continued fractions. Such fractions are defined with respect to an underlying (infinite) tree. They have been introduced by Skorobogat'ks et al. [29]. A systematic study is developped, Siemaszko [30]. The bijective theory of Stieltjes and Jacobi continued fractions is easily extended, including T-fractions (Jones, Thron [25] p.130) closely related the M-fractions of Murphy and Mc Cabe (see [25]).

§ 3. Heaps of pieces.

A general theory can be developped with the new notion of heaps of pieces (see [9],[38]). This notion is a formalization of the intuitive idea, such as the "heaps of dimers" on a chessboard displayed on figure 7.

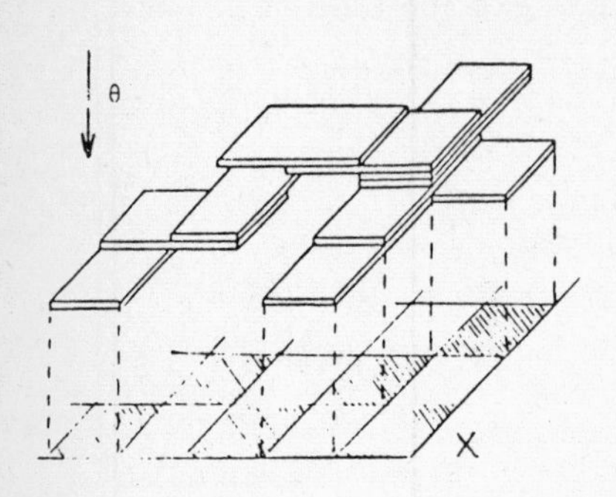

Figure 7. - A heap of pieces.

A heap E is a finite poset (partially ordered set with $\preceq$ as order relation), together with two sets P and X and two maps $\theta : E \to P$ and $\pi : P \to \mathcal{P}(X)$ (set of subsets of X), satisfying the two conditions

(19a) if $\alpha, \beta \in E$ and $\pi\circ\theta(\alpha) \cap \pi\circ\theta(\beta) \neq \emptyset$, then $\alpha \preceq \beta$ or $\beta \preceq \alpha$,

(19b) if $\alpha, \beta \in E$ and β covers α, then $\pi\circ\theta(\alpha) \cap \pi\circ\theta(\beta) \neq \emptyset$.

Remind that "β covers α" means $\alpha \prec \beta$ and no γ of E are such that $\alpha \prec \gamma \prec \beta$. Heaps are in fact defined up to "isomorphisms". The elements of P are called the pieces.

An example is displayed on figure 8, with $X = \mathbb{N}$, P is the set of monomers $\{i\}$ and dimers $\{i, i+1\}$ (for $i \geq 0$). The map π is the restriction of the identity map of $\mathcal{P}(\mathbb{N})$. The order relation is defined by the so-called "Hasse diagram". The heap of figure 8 is a pyramid, that is the poset has only one maximal element.

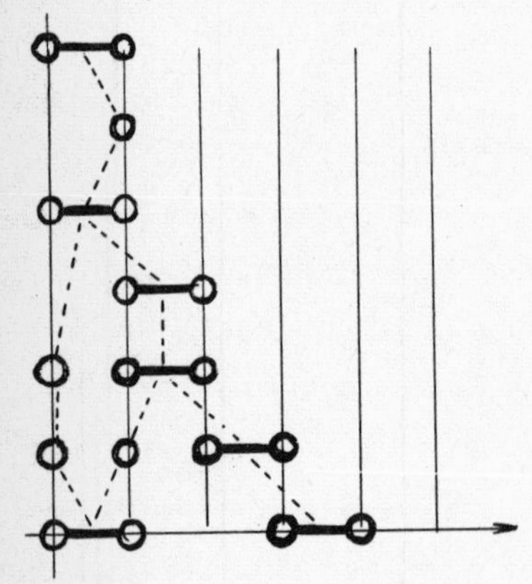

Figure 8. - A pyramid of monomers and dimers on $\mathbb{N}$.

When the order relation $\preceq$ is trivial (i.e. no two elements are comparable), the heap is said to be trivial. This is equivalent to say that the subsets $\pi\circ\theta(\alpha)$, $\alpha \in E$, are two by two disjoints. Let $v : P \to \mathbb{K}$ be any map. The valuation of a heap E is the product $v(E) = \prod_{\alpha \in E} v(\theta(\alpha))$. Let X and P be finite sets. We introduce the polynomial

$$(20) \qquad D(x) = \sum_{E} (-1)^{|E|} \, v(E) \, x^{ip(E)} ,$$

where the summation is over all trivial heaps E related to $P \xrightarrow{\pi} \mathcal{P}(X)$ and $ip(E)$ is the number of elements of X such that $x \notin \pi\circ\theta(\alpha)$ for any α of E.

Many bijections related to orthogonal polynomials can be extended to the family of polynomials $D(x)$ defined by (20). Trivial heaps play the role of Favard paths, while heaps (in fact pyramids) play the role of Motzkin paths. This general theory appears as a revised version of the Cartier-Foata commutation monoid [4] and contains the following particular cases.

Example 1. - Let $X = [0, n-1]$ with pieces monomers $\{i\}$ and dimers $\{i, i+1\}$ and map π as in figure 8. The valuation is $v(\{i\}) = b_i$ and $v(\{i, i+1\}) = \lambda_{i+1}$. The polynomials (20) are the general orthogonal polynomials. Favard paths are in bijection with trivial heaps. The moments μ_n can also be interpretated as $\mu_n = \sum_E v(E)$, where the summation is over all pyramids E formed with m monomers and d dimers such that $n = m+2d$ and the (unique) maximal piece α of E contains 0 (i.e. $\theta(\alpha)$ is $\{0\}$ or $\{0,1\}$), see figure 8.

Example 2. - More generally, let $X = [0, n-1]$ with pieces the segments $[k, \ell]$ $(0 \leq k \leq \ell \leq n-1)$ and valuation $\lambda_{k,\ell}$. The polynomials $D(x)$ defined by (20) are the same as the ones defined by (17) and pyramids are in bijection with the Lukasiewicz paths of II, § 1.

Example 3. - Let $G = (V, E)$ be a graph, $X = V$, $P = V \cup E$, π is the restriction to P of the identity map of $\mathcal{P}(X)$. Let $v : P \to \mathbb{K}$. In that case, we call the polynomials $D(x)$ defined by (20) the pavage polynomial of G. This class of polynomials contains both the orthogonal polynomials (exemple 1) and the matching polynomials (II, § 2).

Example 4. - Let $A = (a_{ij})$ be any $n \times x$ matrix. We take $X = \{1, \ldots, n\}$, P the set of cycles of X, that is the set of circular permutations $\gamma = (x_1, \ldots, x_p)$ (i.e. $\gamma(x_i) = x_{i+1}$ for $1 \leq i < p$ and $\gamma(x_p) = x_1$) on subsets $\{x_1, \ldots, x_p\}$ of X. The valuation is $v(\gamma) = a_{x_1 x_2} \ldots a_{x_{p-1} x_p} a_{x_p x_1}$. Then the polynomial (20) is the characteristic polynomial $\det(xI-A)$. The classical inversion matrix formula (cofactor divided by determinant) and MacMahon Master theorem appear as particular cases of (10). The same bijection gives Cayley-Hamilton theorem. If A is the classical tridiagonal Jacobi matrix, $\det(xI-A)$ is the general orthogonal polynomial and A is the "transition matrix" of Motzkin paths.

Example 5. - Let $G = (V, E)$ be a graph. We define the polynomial $Z_G(x) = \sum_\beta x^{|\beta|}$, where the summation is over all independent subsets β of V (i.e. any two vertices x, y of β are not connected by an edge). The polynomials $Z_G(x)$ appear in statistical physics as the partition function of a gaz model with "hard molecules". In general G is a finite part of an infinite regular lattice. The case of the hexagonal lattice is the "hard hexagons" model, recently solved by Baxter [2]. Up to a change of variable, the reciprocal of $Z_G(x)$ is of the form (20).

Example 6. - We can extend the definition (20) with formal power serie. Let $X = \mathbb{N}$, P be the set of dimers $\{i-1, i\}$, with valuation q^i. The q-serie $R_1(q) = \sum_\alpha v(\alpha)$, with α finite trivial heaps, is the left hand-side of the famous Rogers-Ramanujan identity. If the valuation is replaced by q^{i+1}, we get the left hand-side $R_2(q)$ of the second Rogers-Ramanujan identity. In that case, applying the extension to heaps of the bijection proving (10), we get Andrew's interpretation [40] of $1/R_1(q)$, $1/R_2(q)$ and $R_2(q)/R_1(q)$.

§ 4. The directed animal problem in statistical physics

In 1982, physicists have introduced and studied the following problem. A directed animal is a set A of points of $\mathbb{N} \times \mathbb{N}$ such that $(0,0) \in A$ and any point (x,y) of A can be reached by a path going from $(0,0)$ to (x,y), with vertices in A, and using elementary steps North or East. The point $(0,0)$ is called the source point. North-East is called priviligied direction. The size of the animal A is described by the width and the length (i.e. length of the edges of the smallest rectangle containing A with edges parallel or perpendicular to the main diagonal).

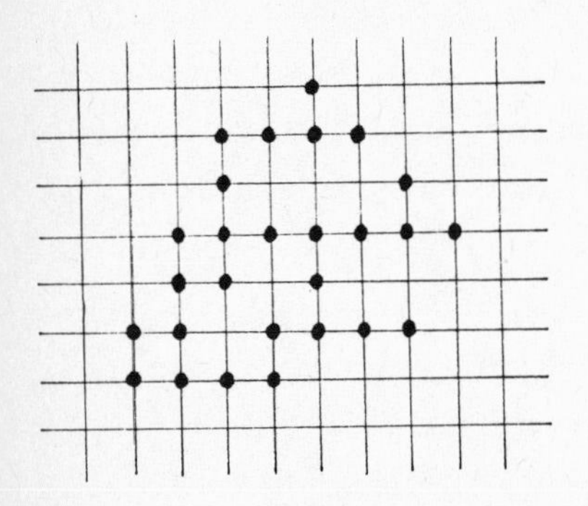

Figure 9. - A directed animal (one source point, square lattice).

Let a_n be the number of directed animals with n points. Considering theses animals equidistributed, let ℓ_n (resp. L_n) the average width (resp. length). Physicists expect the following asymptotic behaviour

$$(21) \quad a_n \sim \mu^n n^{-\theta}, \quad \ell_n \sim n^{\nu_\perp}, \quad L_n \sim n^{\nu_{\parallel}}.$$

The constants θ, $\nu_\perp$, $\nu_{\parallel}$ are called critical exponent. Such numbers are of particular importance in the models for phase transitions and critical phenomena. A survey of the directed animals model is given in Viennot [35], with both physics and combinatorial solution.

Let $A_n(x)$ be the orthogonal polynomials defined by the valuation $b_k = 1$ for $k \geq 1$, $b_0 = 2$ and $\lambda_k = 1$ for $k \geq 1$. A very remarquable fact is $a_{n+1} = \mu_n$ (n^{th} moment). The proof is given by a bijection in Gouyou-Beauchamps, Viennot [22]. Another proof is given in Viennot [36]. Directed animals are in bijection with certain heaps of dimers on $\mathbb{Z}$. The key step is then to give a bijection between this family of heaps and heaps of monomers-dimers on $\mathbb{Z}$ (in bijection with Motzkin paths). This step presents some analogy with another bijection proving the classical properties of contractions, changing a Stieltjes continued fraction into a Jacobi continued fraction (see [25]).

In the physics solution, Nadal et al. [27], Hakim, Nadal [23] consider directed animal on a bounded strip : several source points are now possible, the borders may be identified (circular strip), see figure 10. They give formulae for the number of such animals with given source points.

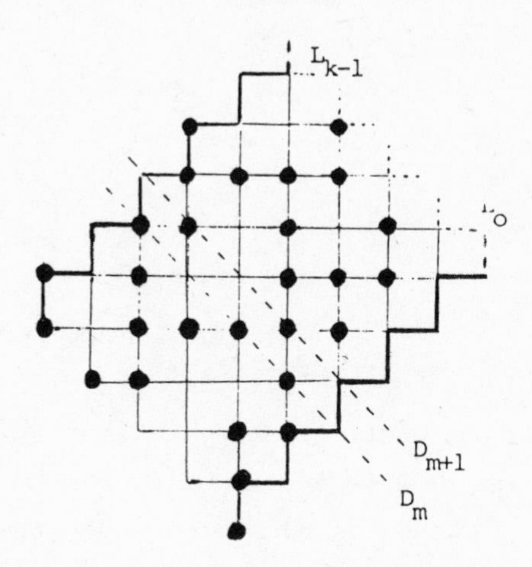

Figure 10. - Directed animals on a bounded strip .

These formulae are easily obtained from the generating function of such animals, which is of the form $N(x)/D(x)$. Using the bijection between directed animals and certain heaps of dimers, the fraction $N(x)/D(x)$ appears as an extension of formula (10) for the convergents of Jacobi continued fraction. The extension of the bijective proof of (10) gives the polynomials $N(x)$ and $D(x)$ as product of reciprocal of Tchebycheff polynomials (up to a change of variables) of second kind. Circular strip corresponds to matching polynomials of the "cycle graph" that is Tchebycheff polynomials of first kind.

Analogously, directed animals on a triangular lattice can be considered and exact formulae can be given (see [35], [36]), proving some conjectures of Dhar [7].

§5. Generating functions for secondary structures in molecular biology

The primary structure of single-stranded nucleic acids (RNA, tRNA, mRNA,...) is the linear sequence of basis (A, C, G, U) linked by phosphodiester bonds. Hydrogen bonds fold the molecule into a planar picture called the secondary structure. All possible secondary structures form a class of planar graphs defined by Waterman [39]. Much work has been done in Biology for the prediction of the most stable secondary structure, once primary structure and rules for evaluation of the Helmotz free energy are known (see for example Tinoco and al. [32]). In relation with such energy computations, Mitiko Gô and Waterman [39] have defined the complexity (or order) of a secondary structure. Waterman [39] raised the problem of enumerating secondary structures with complexity k. An explicit expression for the generating function is given in Vauchaussade, Viennot [33].

First, we give a bijection between secondary structures of complexity k and certain Motzkin paths. Then, the orthogonal polynomials $F_n(x;\alpha)$ are introduced. They are defined by their moments $\mu_n(\alpha) = \sum_{0\le k<n} \frac{1}{n}\binom{n}{k}\binom{n}{k+1}\alpha^k$, that is the polynomial (in α) enumerating Dyck paths of length $2n$ according to the number of peaks (i.e. North-East step followed by South-East step). In fact $\mu_n(1) = C_n$ (Catalan number) and thus $F_n(x;1) = U_n(x/2)$ where $U_n(x)$ is the Tchebycheff polynomial of second kind.

Some identities about these polynomials $F_n(x;\alpha)$, extending some known identities about $U_n(x)$, are needed for the solution of our problem. The proof follows from the "geometry" of Motzkin paths. Remark that the polynomials $F_n(x;\alpha)$ are in fact certain sieve polynomials defined by the valuation : $b_k = 0$, $k \ge 0$ and $\lambda_k = \alpha$ (resp. $\lambda_k = 1$) if k is even (resp. odd). For more details see [33].

§ 6. Integrated costs of data structures in Computer Science

Roughly speaking, a data structure is a finite set of keys (i.e. numbers) $F = \{x_1 < \dots < x_k\}$ where some primitive operations can be performed : adjunction (add a new key y to F), suppression (delete the key $y = x_i$) and query (searching the key y in F). Each primitive operations can be implemented in various ways. A major problem is the estimation of the integrated cost (maximal, average) that is the cost under an arbitrary sequence of primitive operations. Usually, the average cost of each single primitive operation is known. It is a function $C(k)$ of the size k of F, and depends of the particular implementation. Under certain hypothesis of "randomness", the average integrated cost can be computed, once the average cost of each primitive operations is known. This program has been completely done by Flajolet, Françon, Vuillemin, using the combinatorial theory of Sheffer orthogonal polynomials, see for example [11].

Here the cost is the number of comparisons needed to perform the primitive operations. At the more abstract level, whithout implementation considerations, a data structure is defined by the "number of possibilities" each primitive operation can be performed. There is k (resp. $k+1$) ways for a key y to be (resp. not to k) in $F = \{x_1 < \dots < x_k\}$, (remark that $x_i < y_1 < x_{i+1}$ and $x_i < y_2 < x_{i+1}$ are considered to be the same choice). When everything is allowed : insert (A), delete (S), search (Q) any key, we have a dictionnary. We distinguish between a successful search (Q^+) and unsuccessful search (Q^-). Other classical data structures are mentionned in table 2. For example in a priority queue, suppressions are performed only for the minimal key.

For each of these data structures, the "average" integrated cost is taken among different "ways" to perform a sequence of n operations. A precise formalization is given by Françon [14] with the notion of history. This notion is equivalent to the one given in §4. Each Motzkin path corresponds to a sequence of primitive operations. The level of a vertex of the path is the size of the data structure at time t. The number of possibilities corresponds to the valuation of each elementary step. It is remarkable that the valuations giving the Laguerre histories (corresponding to the polynomials $L_n^{(o)}$) of I, §4, are exactly the number of possibilites for dictionnaries (table 2). Thus, for dictionnaries, the number of histories of length n (sequence of n primitive operations), starting and ending with an empty set of keys, is the moment $\mu_n = n!$ of the Laguerre polynomials $L_n^{(o)}$. Similarly, each data structure of table 2, is related to a classical family of orthogonal polynomial. Except for stacks, they are Sheffer polynomials (see I, § 4).

	number of possibilities				Number of histories	Orthogonal polynomial
	A	S	Q^+	Q^-		
Dictionnary	k+1	k	k	k+1	n!	Laguerre $L_n^{(o)}$
Priority Queue	k+1	1	0	0	1. 3. . . (2n-1)	Hermite H_n
Symbol table	k+1	1	k	0	2-Bell numbers	Charlier C_n
Linear list	k+1	k	0	0	Secant number E_{2n}	Meixner II $M_n(x\,;\,0,1)$
Stack	1	1	0	0	Catalan number C_n	Tchebycheff $U_n(x/2)$

Table 2. Data structures and orthogonal polynomials.

The average interated cost is performed using the number of times each primitive operations is performed on a set F of size k (among all histories of length n). These coefficients are computed using the Sheffer and orthogonality properties of the related polynomials, and the above interpretation with weighted Motzkin paths. There are certain analogies with the classical Karlin-Mc Gregor birth and death process. For more details, see [11] [14].

Extensions of this theory have been given by Françon and Puech : histories using "merging" and corresponding to Lukasiewicz paths, q-analog for exact distribution of the integrated cost.

REFERENCES

[1] G. E. ANDREWS, The Rogers-Ramanujan reciprocal and Minc's partition function, Pacific J. Math., 95 (1981), 251-256.

[2] R. BAXTER, Exactly solved models in statistical mechanics, Academic Press, New York, 1982.

[3] F. BERGERON, Une approche combinatoire de la méthode de Weisner, in this volume.

[4] P. CARTIER, D. FOATA, Problèmes combinatoires de commutation et réarrangements, Lecture Notes in Maths, n° 85, Springer Verlag, New York/Berlin, 1969.

[5] T. S. CHIHARA, An introduction to orthogonal polynomials, Gordon an Breach, New York/London/Paris, 1978.

[6] M. DESAINTE-CATHERINE, G. VIENNOT, Combinatorial interpretation of integrals of products of Hermite, Laguerre and Tchebycheff polynomials, in this volume.

[7] D. DHAR, Equivalence of the two-dimensional directed-site animal problem to Baxter's hard-square lattice-gas model, Phys. Rev. Lett., 49 (1982), 959-962.

[8] A. DRAUX, Polynômes orthogonaux formels, applications, Lecture Notes in Maths, n° 974, Springer-Verlag, New York/Berlin, 1983.

[9] S. DULUCQ, G. VIENNOT, The Cartier-Foata commutation monoid revisited with heaps of pieces, in preparation.

[10] P. FLAJOLET, Combinatorial aspects of continued fractions, Discrete Maths., 32 (1980), 125-161.

[11] P. FLAJOLET, J. FRANÇON, J. VUILLEMIN, Sequence of operations analysis for dynamic data structures, J. of Algorithms, 1 (1980), 111-141.

[12] D. FOATA, La série génératrice exponentielle dans les problèmes d'énumération, Presses de l'Univ. de Montréal, Montréal, 1974.

[13] D. FOATA, Combinatoire des identités sur les polynômes orthogonaux, Proc. du Congrès International des Mathématiciens, section 16, Combinatorics and Mathematical Programming, Warsaw, 1983.

[14] J. FRANÇON, Histoires de fichiers, RAIRO Info. Théor., 12 (1978), 49-67.

[15] J. FRANÇON, G. VIENNOT, Permutations selon les pics, creux, doubles montées, doubles descentes, nombres d'Euler et nombres de Genocchi, Discrete Math., 28 (1979), 21-35.

[16] A. GARSIA, A q-analogue of the Lagrange inversion formula, Houston J. Math., 7 (1981), 205-237.

[17] I. GESSEL, A non commutative generalization and q-analog of the Lagrange inversion formula, Trans. Amer. Math. Soc., 257 (1980), 455-481.

[18] I. GESSEL, G. VIENNOT, Combinatorial interpretation of determinants with weighted paths, in preparation ; Binomial determinant, paths and hook lengths formulae, to appear in Adv. in Maths.

[19] C. D. GODSIL, Matchings and walks in graphs, J. Graph Th., 5 (1981), 285-291.

[20] C. D. GODSIL, Real graph polynomials, Proc. Conf. Waterloo, 1982.

[21] I. GOULDEN, D. JACKSON, Combinatorial enumeration, John Wiley and sons, New York, 1983.

[22] D. GOUYOU-BEAUCHAMPS, G. VIENNOT, The number of directed animals, preprint.

[23] V. HAKIM, J.-P. NADAL, Exact results for 2d directed animals on a strip of finite width, J. Phys. A : Math. Gen., 16 (1983), L 213-L 218.

[24] J. HEILMAN, E. H. LIEB, Theory of monominer-dimer systems, Comm. Math. Phys., 25 (1972), 190-232.

[25] W. B. JONES, W. J. THRON, Continued fractions, Analytic Theory and Applications, Encycl. of Math. and its Appl., vol. 11, G. C. Rota ed., Addison-Wesley, Reading, 1980.

[26] A. JOYAL, Une théorie combinatoire des séries formelles, Adv. in Math., 42 (1981), 1-82.

[27] J.-P. NADAL, B. DERRIDA, J. VANNIMENUS, Directed lattice animals in two dimensions : numerical and exact results, J. Physique, 43 (1982), 1561.

[28] G. C. ROTA, D. KAHANER, A. ODLYZKO, Finite operator calculus, J. Math. Anal. Appl., 42 (1973), 685-760.

[29] V. J. SKOROBOGAT'KO, N. S. DRONJUK, O. I. BOBIK, B. I. PTASNIK, Branching continued fractions (in ukrainian), Dopovidi Akad. Nauk. Ukrain. RSR, Ser. A (1967), 131-134.

[30] W. SIEMASZKO, On some conditions for convergence of branched continued fractions, in "Padé Approximation and its applications", Proc. Amsterdam 1980, De Bruin and van Rossum ed., Lecture Notes in Math. n° 888, Springer Verlag, New York/Berlin, 1981, 363-370.

[31] V. STREHL, Quelques constructions combinatoires reliées aux polynômes orthogonaux classiques, in this volume.

[32] I. TINOCO, O. C. UHLENBECK, M. D. LEVINE, Estimation of secondary structure in rilonucleic acids, Nature 230 (1971), 362-367.

[33] M. VAUCHAUSSADE de CHAUMONT, G. VIENNOT, Enumeration of RNAs secondary structures by complexity, in preparation. Abstract in "Internat. Conf. on Maths. in Biology and Medicine", Bari, Italy, 1983.

[34] G. VIENNOT, Une théorie combinatoire des polynômes orthogonaux généraux, Notes de conférences, Univ. du Québec à Montréal, Montréal, 1984, 217 pages.

[35] G. VIENNOT, Problèmes combinatoires posés par la physique statistique, Séminaire Bourbaki, 36ème année, 1983/84, n° 626, in "Astérisque" n° 121-122 (1985), 225-246, Soc. Math. France.

[36] G. VIENNOT, Combinatorial solution of the 2D directed lattice animals problem with heaps of dimers, in preparation.

[37] G. VIENNOT, Directed animals and combinatorial interpretation of the density of a gaz, in preparation.

[38] G. VIENNOT, Empilements : théorie et applications, in Proc. Congrès "Combinatoire énumérative" UQAM, Montréal, 1985.

[39] M. S. WATERMAN, Secondary structure of single-stranted nucleic acids, in "Studies in Foundations and Combinatoris", Adv. in Maths. Suppl. Studies, 1 (1978), 167-212.

CORRESPONDANCE ENTRE SUITES DE POLYNÔMES ORTHOGONAUX ET FONCTIONS DE LA BOULE UNITÉ DE $H_o^\infty(D)$

M. Alfaro[1] J.J. Guadalupe[2]

Ma. P. Alfaro[1] L. Vigil[1]

[1] Departamento de Teoría de Funciones
Universidad de Zaragoza. España.

[2] Colegio Universitario de La Rioja
Logroño. España.

I. L'objet de cet article est d'établir une correspondance entre les fonctions f de la boule unité de H_o^∞ , $B(H_o^\infty)$, et la famille des suites $(P_n(0))_o^\infty$, où $(P_n(z))_o^\infty$ est une suite quelconque de polynômes orthonormaux sur $T = \{z: |z| = 1\}$. En utilisant partiellement les t cniques de Geronimus, on associe à chaque suite $(P_n(0))$ une seule $f \in B(H_o^\infty)$. Réciproquement, à $f \in B(H_o^\infty)$, excepté le cas où f est un produit de Blaschke fini, on fait correspondre une suite $(P_n(0))$, au moyen d'un algorithme formellement semblable à celui de Schur.

La correspondance précedente nous permet d'étudier des proprietés de polynômes orthonormaux en termes des fonctions $f \in B(H_o^\infty)$ et réciproquement.

II. Soit $(u_n)_o^\infty \subset \mathbb{C}$, avec $u_o = 1$. La relation

$$e_n^{-1} = \sum_{o}^{n} |u_h|^2$$

détermine une suite $(e_n)_o^\infty$ de nombres positifs, décroissante et convergente, telle que

$$e_n \longrightarrow 0 \iff (u_n) \notin l^2 \qquad (2)$$

On peut construire la suite $(w_n)_1^\infty$

$$w_n = -e_{n-1} e_n^{1/2} u_n \qquad (3)$$

et, en employant la formule de récurrence déjà connue:

$$\begin{cases} (e_n/e_{n-1})^{1/2} P_n(z) = zP_{n-1}(z) - (w_n/e_{n-1}) K_{n-1}(z,0) & n \geq 1 \\ P_o(z) = 1 \end{cases}$$

on obtient une suite de polynômes orthonormaux sur T , $(P_n(z))_o^\infty$, et sa correspondante suite de noyaux $(K_n(z,0))_o^\infty$. On remarque que $P_n(0) = u_n \ \forall n$, et que le coefficient de z^n dans $P_n(z)$ est $e_n^{-1/2}$

(v. [2] ou [5]). Dorénavant on écrira $P_n(0)$ au lieu de u_n .

Si l'on emploie le même procédé avec la suite $(v_n)_o^\infty$

$$v_o = 1 \quad ; \quad v_n = -u_n \qquad n \geq 1$$

on obtient respectivement les suites

$$(e_n)_o^\infty \quad , \quad (-w_n)_1^\infty \quad , \quad (Q_n(z))_o^\infty \quad , \quad (L_n(z,0))_o^\infty$$

où les $Q_n(z)$ sont les polynômes de deuxième espèce et $L_n(z,0)$ leurs noyaux associés.

On considère la suite de fonctions $(F_n)_o^\infty$,

$$F_n(z) = L_n(z,0)/K_n(z,0) \qquad (4) \; ;$$

chaque F_n ne possède ni racines ni pôles dans $\overline{D}$ ($D = \{z:|z| < 1\}$) et $\forall n$, $F_n(0) = 1$.

De la relation

$$K_{n-1}(z,0)L_n(z,0)-L_{n-1}(z,0)K_n(z,0) = 2\overline{w}_n(e_{n-1}e_n)^{-1/2}z^n$$

(v. [5] ou [8]) on déduit que si $m > n$, les $n+1$ premiers coefficients de MacLaurin de $F_m(z)$ et ceux de $F_n(z)$ coïncident. Alors, $(F_n)_o^\infty$ converge uniformément sur tout compact de D à une fonction F(z), analytique sur D.

D'autre part, Re $F_n(z)$ est harmonique sur $\overline{D}$ et Re $F_n(e^{i\theta}) = |K_n(e^{i\theta},0)|^{-2} > 0$; donc, Re $F_n(z) \geq 0$ pour $|z| \leq 1$ et alors, Re $F(z) \geq 0$ sur $\overline{D}$.

D'après le théorème de Herglotz, il existe une mesure μ sur T , telle que

$$F(z) = \frac{1}{2\pi} \int_T \frac{e^{i\theta}+z}{e^{i\theta}-z} \, d\mu(\theta) \qquad \forall z \in D \qquad (5)$$

L'unicité de solution du problème des moments assure que μ est la mesure associée à $(P_n(z))_o^\infty$.

En plus,

$$F(z) = 1+2 \sum_1^\infty c_{-n} z^n \qquad (6)$$

où $\forall n \; c_{-n} = \overline{c_n}$ et $(c_n)_o^\infty$ est la matrice de moments de μ ; il convient de remarquer que $e_n = \Delta_n/\Delta_{n-1}$ avec $\Delta_n = \det(c_h)_o^n$.

La relation

$$[1+f(z)].[1+F(z)] = 2 \qquad (7)$$

nous permet de définir une fonction f analytique sur D, vérifiant

$f(0) = 0$ et $|f(z)| < 1$ si $|z| < 1$. C'est à dire, f appartient à la boule unité de H_o^∞ .

Remarquons que

$$\mu'(\theta) = \text{Re } F(e^{i\theta}) = (1-|f(e^{i\theta})|^2).|1+f(e^{i\theta})|^{-2} \qquad (8)$$

C'est connu que (2) est caractéristique de la situation appellée cas D (v. [1]), tandis que $(u_n) \in l^2$ (ou équivalemment $e_n \to e > 0$) correspond au cas C . C'est aussi connu que dans le cas C , les suites $(K_n(z,0))$ et $(L_n(z,0))$ convergent respectivement aux fonctions $K(z,0)$ et $L(z,0)$, uniformément sur tous les compacts de D ; par conséquent, dans le cas C

$$F(z) = L(z,0)/K(z,0)$$

Réciproquement, soit f une fonction de $B(H_o^\infty)$ qui n'appartient pas à la famille des produits de Blaschke finis. D'après (7) on obtient $F(z)$; son développement de MacLaurin nous fournit $(c_n)_o^\infty$; on peut, alors, construire les suites $(e_n)_o^\infty$ et $(P_n(z))_o^\infty$ et, finalement, la $(P_n(0))_o^\infty$.

En appliquant cette méthode-là à un produit de Blaschke fini d'ordre m, on obtient $e_m = 0$ (par conséquent $P_m(0) = \infty$), donc on arrive à construire seulement l'ensemble fini $(P_h(z))_o^{m-1}$.

Pour illustrer la correspondance ci-dessus nous présentons les cas suivants:

1) $P_n(0) = 0 \quad , \quad n \geq k$

La fonction f(z) associée est rationelle. En particulier:

a) Si $k = 1$, $f(z) = 0$; en plus, $F(z) = 1$, $\mu'(\theta) = 1$ et $(c_n)_o^\infty = I$.

b) Si $P_n(0) = 0$ ($n \neq k$, $k \geq 1$) et $P_k(0) = u_k \neq 0$, $f(z) = -\bar{c}_k z^k$ et $\mu'(\theta) = P_r(k\theta - t)$ où $re^{it} = c_k$ et P_r indique le noyau de Poisson.

2) $(P_n(0)) \subset \mathbb{R}$.

Dans ce cas, $\mu'(\theta)$ est une fonction paire.

3) Soit $(P_n(0))$ quelconque et $F(z)$, $f(z)$ et $\mu'(\theta)$ obtenues à l'aide de la méthode décrite ci-dessus. On obtient:

a) $(-P_n(0)) \longrightarrow 1/F(z) \longrightarrow -f(z) \longrightarrow \nu'(\theta) = \dfrac{1-|f(e^{i\theta})|^2}{|1-f(e^{i\theta})|^2}$

b) $(\overline{P_n(0)}) \longrightarrow \bar{F}(z) \longrightarrow \bar{f}(z) \longrightarrow \sigma'(\theta) = \mu'(-\theta)$

où $\bar{g}(z)$ est la fonction analytique dont les coefficients de MacLaurin sont, respectivement, les conjugués de ceux de $g(z)$.

c) $(e^{i\alpha}P_n(0)) \longrightarrow \dfrac{F(z)+i\,\mathrm{tg}\,\frac{\alpha}{2}}{1-iF(z)\,\mathrm{tg}\,\frac{\alpha}{2}} \longrightarrow e^{-i\alpha}f(z) \longrightarrow \mu'_\alpha(\theta) =$

$$= \frac{1-|f(e^{i\theta})|^2}{|1+e^{-i\alpha}f(e^{i\theta})|^2}$$

4) Soit, réciproquement, $f(z) = z/(2-z)$. On a $d\mu = (1-\cos\theta)d\theta$, absolument continue par rapport à $d\theta$; en outre $e_n = (n+2)/2(n+1)$ $\forall n$ (cas C) et $P_n(0) = (\frac{n+2}{2})^{-1/2}$ $\forall n$. Cependant, si l'on prend $f(z) = -z/(2-z)$ on obtient une mesure dont la décomposition de Lebesgue est

$$d\mu(\theta) = \frac{1}{2}\,d\theta + \frac{1}{2}\,\delta_o(\theta)\ .$$

5) L'opérateur shift.

Soit $f \in B(H_o^\infty)$, $(P_n(0))$ sa suite correspondante et $(c'_n)_o^\infty$ la matrice de moments associée à zf . De la relation (7) il découle immediatement que

$$c'_o = 1\ ,\quad c'_1 = 0\ ,\quad c'_n = c_{n-1} \quad \forall n \geq 2\ ;$$

c'est à dire, la suite paramétrique de zf est

$$\{1,\ 0,\ P_1(0),\ P_2(0),\ldots\} \qquad (9)$$

Réciproquement, si à $(P_n(0))_o^\infty$ donnée, correspond $f \in B(H_o^\infty)$, la fonction associée à (9) est zf .

En somme, l'opérateur shift dans l'espace $B(H_o^\infty)$ est correspondant avec l'opérateur shift de l'espace des suites $\{(u_n)_o \subset \mathbb{C}\ ;\ u_o = 1\}$.

III. On a déjà remarqué que la condition (2) définit les cas C et D en termes de la suite $(P_n(0))_o^\infty$. La correspondance qu'on vient d'établir en II, permet d'obtenir la caractérisation de ces deux cas à l'aide de la fonction f:

PROPOSITION 1.

Soit $f \in B(H_o^\infty)$ la fonction associée à $(P_n(0))_o^\infty$. Le cas C a lieu si, et seulement si, $\log\,(1-|f|) \in L^1(\mu)$.

Démonstration:

C'est connu que le cas C a lieu si et seulement si $\log \mu'(\theta) \in L^1$. Puisque $f \in H^\infty$ et $1+f(0) \neq 0$, on a $\log|1+f| \in L^1$ (voir [6], par exemple). La proposition est maintement immédiate d'après (8). #

Cette condition est équivalente à que f ne soit pas un point extrémale de la boule unité de H^∞ (v. [3] et [7]) , et dans ce cas

$$f(z) = \lim_n \frac{l_n(z,0)}{k_n(z,0)} = \frac{l(z,0)}{k(z,0)} \quad \text{(presque uniformément sur D)}$$

où

$$l_n(z,0) = (K_n(z,0)-L_n(z,0))/2 ,$$

$$k_n(z,0) = (L_n(z,0)+K_n(z,0))/2$$

et k(z,0) est une fonction extérieure.

Quant à la caractérisation des fonctions $f \in B(H_o^\infty)$ que définissent des mesures μ soit absolument continues, soit purement singulières, on a:

PROPOSITION 2.

i) μ est singulière si, et seulement si, f est intérieure.

ii) μ est absolument continue si, et seulement si,

$$Re \int_T \frac{f}{1+f} d\theta = 0$$

Démonstration:

i) Soit f intérieure, c'est à dire $|f(e^{i\theta})| = 1$ a.e. Remarquons que $f(e^{i\theta}) \neq -1$ dans un sousensemble de T à mesure positive, car dans le cas contraire nécessairement $f(z) = -1$ dans D ([4]) . Alors,

$$\mu'(\theta) = 0 \text{ a.e. } \Longleftrightarrow |f(e^{i\theta})| = 1 \text{ a.e. } \Longleftrightarrow f \text{ intérieure.}$$

ii) Il suffit de noter que, puisque μ est absolument continue, $\frac{1}{2\pi}\int_T \mu'(\theta)d\theta = 1$ et que d'après (7) et (8)

$$\mu'(\theta) = 1-2 \operatorname{Re} \frac{f(e^{i\theta})}{1+f(e^{i\theta})}$$ #

Finalement, on a etudié à l'aide de la fonction f , quels son les points de T sur lesquels est concentrée la mesure μ et la masse de μ sur chacun d'eux. On obtient:

PROPOSITION 3.

Soit $\alpha \in [0,2\pi)$.

i) $\mu(\{e^{i\alpha}\}) > 0 \Longleftrightarrow \lim_{r\to 1} (1-r)\frac{1-|f(re^{i\alpha})|^2}{|1+f(re^{i\alpha})|^2} > 0$

ii) Si i) est verifié, $\mu(\{e^{i\alpha}\}) = 2\pi \lim_{r\to 1} \frac{1-r}{1+f(re^{i\alpha})}$

Démonstration:

L'expression

$$\frac{1-|f(z)|^2}{|1+f(z)|^2} = \operatorname{Re} F(z) = \frac{1}{2\pi}\int_T \frac{1-|z|^2}{|e^{i\theta}-z|^2}\, d\mu(\theta)$$

pour $z = re^{i\alpha}$ peut s'écrire

$$\frac{1-|f(z)|^2}{|1+f(z)|^2} = \frac{1}{2\pi}\,\frac{1-|z|^2}{|e^{i\alpha}-z|^2}\,\mu(\{e^{i\alpha}\}) +$$

$$+\frac{1}{2\pi}\,\frac{1-|z|^2}{|e^{i\alpha}-z|^2}\int_T \frac{|e^{i\alpha}-z|^2}{|e^{i\theta}-z|^2}\, d\,\mu_1(\theta)$$

où $d\mu_1 = d\mu - \delta_\alpha(\theta)$; autrement dit, la mesure μ_1 a masse zéro au point $e^{i\alpha}$.

La proposition i) en résulte en appliquant le théorème de la convergence dominée.

Pour prouver ii) tout revient à utiliser un raisonnement analogue, en prenant au début la formule

$$\frac{1-f(z)}{1+f(z)} = \frac{1}{2\pi}\int_T \frac{e^{i\theta}+z}{e^{i\theta}-z}\, d\mu(\theta) \qquad . \qquad \#$$

[1] N.I. AKHIEZER: "The classical moment problem". Oliver and Boyd, Edinburgh, 1965.

[2] M. ALFARO: "Teoría paramétrica de polinomios ortogonales sobre la circunferencia unidad". Publ. Sem. Mat., Zaragoza 19, 79 p. (1974).

[3] D.W. BOYD: "Schur's algorithm for bounded holomorphic functions". Bull. London Math. Soc., 11 (1979), 145-150.

[4] P.L. DUREN: "Theory of H^p Spaces", Academic Press, New York and London, 1970.

[5] L. Ya. GERONIMUS: "Orthogonal polynomials: Estimates, asymptotic formulas, and series of polynomials orthogonal on the unit circle and on an interval". Consultants Bureau, New York, 1961.

[6] K. HOFFMAN: "Banach Spaces of Analytic Functions". Prentice-Hall, Englewood Cliffs, New Jersey, 1962.

[7] K. de LEEUW; W. RUDIN: "Extreme points and extremum problems in H_1". Pacific J. Math. 8, (1958) 476-485.

[8] E.A. RAKHMANOV : "On the asymptotics of the ratio of orthogonal polynomials. II". Math. USSR Sbornik, 46 (1983) 1, 105-117.

TWO SPACES OF GENERALIZED FUNCTIONS

BASED ON HARMONIC POLYNOMIALS

J. de Graaf

Department of Mathematics and Computing Science
Eindhoven University of Technology
Eindhoven, the Netherlands

Summary

Two spaces of generalized functions on the unit sphere $\Omega^{q-1} \subset \mathbb{R}^q$ are introduced. Both types of generalized functions can be identified with suitable classes of harmonic functions. They are projective and inductive limits of Hilbert spaces. Several natural classes of continuous and continuously extendible operators are discussed: Multipliers, differentiations, harmonic contractions/expansions and harmonic shifts. The latter two classes of operators are "parametrized" by the full affine semi-group on $\mathbb{R}^n$.

AMS Classifications: 46F05, 46F10, 31B05, 20G05.

1. Introduction and notations

In this note I describe two natural theories of generalized functions on the unit sphere Ω^{q-1} in $\mathbb{R}^q$ and some natural classes of linear operators acting on those generalized functions. The test functions in both theories are restrictions to Ω^{q-1} of suitable classes of harmonic functions on open sets in $\mathbb{R}^q$. The generalized functions appear to be "boundary values" of harmonic functions.

The theories we introduce here are very special concrete cases of the general functional analytic constructions in [G1-3], [E], [EGK].

The classes of operators that we introduce are based on simple geometric considerations and on the properties of harmonic functions as derived in Section 2. For example a continuous linear operator is associated with each element of the full affine semi-group on $\mathbb{R}^q$. In the Hilbert space $L_2(\Omega^{q-1})$ these operators are (strongly) unbounded in general. The precise "representation properties" of these operators are not yet clear.

In the sequel the following notations and conventions will be used. For theory and proofs see [S], [M].

$\Omega^{q-1}(\underline{0};R)$, sphere with centre $\underline{0}$ and radius R in $\mathbb{R}^q$. $\Omega^{q-1} = \Omega^{q-1}(\underline{0};1)$.

$\underline{\xi}, \underline{\eta}$, points on Ω^{q-1}. $\underline{x} = r\,\underline{\xi}$, $\underline{y} = R\,\underline{\eta}$, vectors in $\mathbb{R}^q$.

$B^q(\underline{0};R)$, open ball with centre $\underline{0}$ and radius R in $\mathbb{R}^q$. $B^q = B^q(\underline{0};1)$.

$d\omega_q$, the usual $(q-1)$-dimensional surface measure on Ω^{q-1}.

$\omega_q = 2\pi^{q/2}(\Gamma(\frac{q}{2}))^{-1}$, the total surface measure of Ω^{q-1}.

$\mathrm{Harm}(B^q(0;R))$, the vector space of harmonic functions on the open ball $B^q(\underline{0};R)$.

$\mathrm{Harm}(\overline{B^q(\underline{0};R)}) = \bigcup_{r>R} \mathrm{Harm}(B^q(\underline{0};r))$, the vector space of functions which are harmonic on an open neighbourhood of the closed ball $\overline{B^q(\underline{0};R)}$.

$\mathrm{Harm}(\mathbb{R}^q)$, the vector space of all harmonic functions on $\mathbb{R}^q$.

$\mathrm{Harm}(0) = \bigcup_{r>0} \mathrm{Harm}(B^q(\underline{0};r))$, the vector space of functions which are defined and harmonic on an open neighbourhood of $\underline{0}$. This neighbourhood may depend on the function. ("Harmonic germs".)

$\mathrm{HHP}(q;n)$, the vector space of harmonic homogeneous polynomials of degree n in q variables.

$N(q,n) = \dim \mathrm{HHP}(q;n)$, we have, see [M], $N(q,n) \le K_q\, n^{q-2}$, K_q is a constant.

$S_n(\underline{\xi})$, $S_{n,f}(\underline{\xi})$, spherical harmonics, i.e. restrictions of elements in $\mathrm{HHP}(q;n)$ to Ω^{q-1}.

$L_2(\Omega^{q-1})$, $\|\cdot\|$, $(\cdot,\cdot)$, the complex Hilbert space of square integrable functions on Ω^{q-1}.

The inner product is

$$(f,g) = (f(\cdot),g(\cdot)) = \int_{\Omega^{q-1}} f(\underline{\xi})\, g(\underline{\xi})\, d\omega_q, \text{ and } \|f\|^2 = (f,f) .$$

The restriction of an arbitrary element in HHP(q;n) to Ω^{q-1} is orthogonal to the restriction of an arbitrary element in HHP(q;m) to Ω^{q-1} if $m \neq n$. The mentioned restrictions of HHP(q;n), $n = 0,1,2,\dots$, establish a complete set in $L_2(\Omega^{q-1})$. We do not introduce a special orthonormal basis in $L_2(\Omega^{q-1})$. The restriction to Ω^{q-1} of any polynomial of degree m in q variables is a finite linear combination of restriction of elements in HHP(q;n) with $0 \le n \le m$.

P_n denotes the orthogonal projection of $L_2(\Omega^{q-1})$ onto HHP(q,n). Often we write $(P_n f)(\underline{\xi}) = S_{n,f}(\xi)$.

From [M] we quote the estimate

$$|S_n(\underline{x})| \le |\underline{x}|^n \left(\frac{N(q,n)}{\omega_q}\right)^{\frac{1}{2}} \| S_n \| , \tag{1.1}$$

with

$$\| S_n \| = \left\{ \int |S_n(\underline{\xi})|^2 \, d\omega_q \right\}^{\frac{1}{2}} ,$$

for any $S_n \in$ HHP(q;n).

2. Some lemmas on harmonic functions

Let $f \in L_2(\Omega^{q-1})$. Decompose f in spherical harmonics $f(\underline{\xi}) = \sum_{n=0}^{\infty} (P_n f)(\underline{\xi}) = \sum_{n=0}^{\infty} S_{n,f}(\underline{\xi})$. In the first lemma we give conditions on f such that it can be extended to an harmonic function on $B^q(0;R)$ for some $R > 1$. The extension is again denoted by f.

Lemma 2.1.

(i) $f \in L_2(\Omega^{q-1})$ can be extended to an element in Harm($B^q(0;R)$, $R > 1$, iff

$$\sum_{n=0}^{\infty} r^{2n} \| S_{n,f} \|^2 < \infty \quad \text{for all } r,\ 0 \le r < R .$$

(ii) If $f \in$ Harm($B^q(0;R)$) then the sequence $\sum_{n=0}^{\infty} r^n S_{n,f}(\underline{\xi})$ converges uniformly to f on each ball $B^q(\underline{0};R_1)$ with $R_1 < R$.

Proof. Follows from the property $S_{n,f}(r\underline{\xi}) = r^n S_{n,f}(\underline{\xi})$ and simple estimates based on (1.1). □

If f and g belong to Harm($B^q(\underline{0};R)$) the product $f \cdot g$ is usually not harmonic. For this reason the following lemma is not a trivial result.

Lemma 2.2.

Let $f,g \in \mathrm{Harm}(B^q(\underline{0};R))$, $R > 1$. The restriction of the pointwise product $f \cdot g$ to Ω^{q-1} can be extended to a harmonic function in $\mathrm{Harm}(B^q(\underline{0};R))$. We will call this product the harmonized product of f and g.

Proof. Write $f(\underline{\xi}) = \sum_{n=0}^{\infty} S_{n,f}(\underline{\xi})$, $g(\underline{\xi}) = \sum_{m=0}^{\infty} S_{m,g}(\underline{\xi})$.

In case of the absolute convergence we have

$$f(\underline{\xi})\, g(\underline{\xi}) = \sum_{\ell=0}^{\infty} \sum_{m+n=\ell} S_{n,f}(\underline{\xi})\, S_{m,g}(\underline{\xi}) . \tag{2.1}$$

Let $1 < R_1 < R$. Uniform convergence of (2.1) on Ω^{q-1} follows from the estimate

$$|S_{0,f}(\underline{\xi})\, S_{\ell,g}(\underline{\xi})| + |S_{1,f}(\underline{\xi})\, S_{\ell-1,g}(\underline{\xi})| + \ldots + |S_{\ell,f}(\underline{\xi})\, S_{0,g}(\underline{\xi})| \le$$
$$\le \frac{K_q}{2\omega_q}\, \ell^{q-2}\, R_1^{-\ell} \left\{ \sum_{k=0}^{\ell} R_1^{2k} \| S_{k,f}\|^2 + \sum_{k=0}^{\ell} R_1^{2k} \| S_{k,g}\|^2 \right\} \le$$
$$C_{fg}\, \ell^{q-2}\, R_1^{-\ell} .$$

Here C_{fg} is a constant which only depends on f and g. From the last inequality it also follows that

$$\| \sum_{m+n+\ell} S_{n,f}(\cdot)\, S_{m,g}(\cdot) \| \le \omega_q^{\frac{1}{2}}\, C_{fg}\, \ell^{q-2} R_1^{-\ell}.$$

Therefore the sequence (2.1) also converges in L_2-sense. Next we estimate the norm of the projection of $f(\xi) \cdot g(\underline{\xi})$ on the space of spherical harmonics of degree k.

$$P_k(f \cdot g) = P_k \sum_{\ell=k}^{\infty} \sum_{m+n=\ell} S_{n,f}(\cdot) \cdot S_{m,g}(\cdot) .$$

Note that the second sum in the above expression presents a homogeneous (not necessarily harmonic) polynomial of degree ℓ. When restricted to Ω^{q-1} this polynomial can be regarded as the restriction of a harmonic polynomial of degree $\le \ell$ to Ω^{q-1}. So the projection P_k applied to terms with $\ell < k$ yields zero.

$$\| P_k(f \cdot g) \| \le \sum_{\ell=k}^{\infty} \| \sum_{m+n=\ell} S_{n,f}(\cdot) \cdot S_{m,g}(\cdot) \| \le$$

$$\le \omega_q^{\frac{1}{2}}\, C_{fg} \sum_{\ell=k}^{\infty} R_1^{-\ell}\, \ell^{q-2} \le R_1^{-k}\, \omega_q^{\frac{1}{2}}\, C_{fg} \sum_{\ell=k}^{\infty} R_1^{-(\ell-k)}\, \ell^{q-2} \le c_1\, R_1^{-k}$$

where c_1 does not depend on k.

Hence, for all R_2, $1 < R_2 < R_1 < R$

$$\sum_{k=0}^{\infty} R_2^{2k} \| P_k(f \cdot g) \|^2 < \infty .$$

Now apply Lemma 2.1. □

Lemma 2.3.

Let $f \in \mathrm{Harm}(B^q(\underline{0};R))$, $R > 1$. Let $A : \mathbb{R}^q \to \mathbb{R}^q$ be a linear mapping.
Suppose $\|A\| = R_1 < R$.
Define $g(\underline{\xi}) = f(A\,\underline{\xi}) \in L_2(\Omega^{q-1})$. g can be extended to a harmonic function in $\mathrm{Harm}(B^q(\underline{0};\frac{R}{R_1}))$.

Proof. Again write $f(\underline{\xi}) = \sum_{n=0}^{\infty} S_{n,f}(\underline{\xi})$. Consider $S_{n,f}(A\,\underline{x})$. This is homogeneous poly- of degree n. With (1.1) it follows

$$\| S_{n,f}(A\,\underline{\xi}) \,| \le \|A\|^n \left(\frac{N(q,n)}{\omega_q}\right)^{\frac{1}{2}} \| S_{n,f} \| .$$

Hence,

$$\| S_{n,f}(A\cdot)\| \le R_1^n (\omega_q\, N(q,n))^{\frac{1}{2}} \; \| S_{n,f} \| .$$

Now consider

$$(P_k\, g)(\underline{\xi}) = P_k \sum_{n=k}^{\infty} S_{n,f}(A\,\underline{\xi})$$

and proceed similarly to the proof of Lemma 2.2. □

3. A metrizable space of generalized functions

A theory of generalized functions on Ω^{q-1} is a Gel'fand triple

$$S(\Omega^{q-1}) \subset L_2(\Omega^{q-1}) \subset T(\Omega^{q-1}) .$$

Here $S(\Omega^{q-1})$ is the test space of smooth functions. The space $T(\Omega^{q-1})$ can be regarded as the continuous dual of $S(\Omega^{q-1})$. Moreover, $S(\Omega^{q-1})$ is embedded in $T(\Omega^{q-1})$ via $L_2(\Omega^{q-1})$. In this section we take for the elements of $S(\Omega^{q-1})$ restrictions of functions which belong to $\mathrm{Harm}(B^q(\underline{0};1))$. So each $f \in S(\Omega^{q-1})$ can be extended to a function $f \in \mathrm{Harm}(B^q(\underline{0};R))$ for some $R > 1$ dependent on f. We will (somewhat loosely) identify $S(\Omega^{q-1})$ and $\mathrm{Harm}(B^q(\underline{0};1))$.

Definition 3.1. A sequence $(f_n) \subset S(\Omega^{q-1})$ is said to converge iff $(f_n) \subset \mathrm{Harm}(B^q(\underline{0};R))$, for some $R > 1$, and (f_n) converges uniformly on $B^q(0;R)$. This is equivalent to saying that $(f_n(R\,\underline{\xi}))$ converges in $L_2(\Omega^{q-1})$ for some $R > 1$.

For $T(\Omega^{q-1})$ we take $\mathrm{Harm}(B^q(\underline{0};1))$. It "contains" (possibly diverging) series F of spherical harmonics $\sum_{n=0}^{\infty} S_{n,F}(\underline{\xi})$ with the property that $\sum_{n=0}^{\infty} r^{2n} \| S_{n,F} \|^2 < \infty$ for all r, $0 < r < 1$.

Definition 3.2. A sequence $(F_n) \subset T(\Omega^{q-1})$ is said to converge iff $(F_n(r\underline{\xi}))$ converges in $L_2(\Omega^{q-1})$ for each $0 < r < 1$.

Remark 3.3. $S(\Omega^{q-1})$ is a space of type $S_{Y,B}$ and $T(\Omega^{q-1})$ is a space of type $T_{Y,B}$ with $Y = L_2(\Omega^{q-1})$ and $B = -\frac{1}{2}(q-1)I + \{\frac{1}{2}(q-1)^2 I - \Delta_{LB}\}^{\frac{1}{2}}$. Here Δ_{LB} denotes the Laplace-Beltrami operator on the unit sphere Ω^{q-1} and I denotes the identity operator. See [G1-3], [EGK]. All general considerations of these papers apply here. $S(\Omega^{q-1})$ and $T(\Omega^{q-1})$ are complete nuclear topological vector spaces. $T(\Omega^{q-1})$ is Fréchet (i.e. metrizable). $S(\Omega^{q-1})$ and $T(\Omega^{q-1})$ are both inductive limits and projective limits of Hilbert spaces. A few general functional analytic results are presented here in an *ad hoc* manner.

Definition 3.4. Let $f \in S(\Omega^{q-1})$, $F \in T(\Omega^{q-1})$. The pairing $\langle f,F\rangle$ is defined by

$$\langle f,F\rangle = (f(R\xi), F(R^{-1}\underline{\xi})) \ . \tag{3.1}$$

The inner product makes sense for $R > 1$ sufficiently small. The result does not depend on the choice of R. This can easily be seen by decomposing f and F in spherical harmonics.

It is a trivial exercise to prove that the mappings $f \mapsto \langle f,F\rangle$ and $F \mapsto \langle f,F\rangle$ are sequentially continuous. Moreover, all continuous linear functionals can be represented in the way of (3.1):

Theorem 3.5. For each continuous linear functional $\ell \in S'(\Omega^{q-1})$ there exists $F_\ell \in T(\Omega^{q-1})$ such that for all $f \in S(\Omega^{q-1})$ one has $\ell(f) = \langle f,F\rangle$.

Proof. Let $\psi \in L_2(\Omega^{q-1})$ Denote the solution of the Dirichlet problem on $B^q(\underline{0};1)$ with ψ as a boundary condition again by ψ. For each r, $0 < r < 1$, $\psi(r\xi)$ belongs to $S(\Omega^{q-1})$. Let $\ell \in S'(\Omega^{q-1})$ be given. The functional $\psi \mapsto \ell(\psi(r\cdot))$, r fixed, is continuous on $L_2(\Omega^{q-1})$. Hence, by Riesz' theorem there exists $g_r \in L_2(\Omega^{q-1})$ such that $\ell(\psi(r\cdot)) = (\psi, g_r)$. Replacing ψ by $\psi(r_1\cdot)$ we find $\ell(\psi(r_1 r\cdot)) = (\psi(r_1\cdot), g_r) = (\psi, g_r(r_1\cdot)) = (\psi, g_{r_1 r})$. Define F_ℓ by $F_\ell(r\underline{\xi}) = g_r(\underline{\xi})$. It is harmonic and reproduces ℓ in the desired way.

□

Now we come to some natural classes of operators which map $S(\Omega^{q-1})$ continuously into itself. Most of these operators use the harmonic extension of the test functions for their definition.

3.A. Multipliers

Let $h \in S(\Omega^{q-1})$ be fixed. Consider the mapping $f \mapsto M_h F = h \cdot f$. Following Lemma 2.2 we see that $h \cdot f \in S(\Omega^{q-1})$.

3.B. Differentiation operators

Let $\underline{a} \in \mathbb{R}^q$. The operator $f \mapsto (\underline{a} \cdot \underline{\nabla})f$ is defined as follows. First extend f to a harmonic function, then calculate $a_1 \frac{\partial f}{\partial x_1} + \ldots + a_q \frac{\partial f}{\partial x_q}$ and restrict this to Ω^{q-1}. Instead of the constants we can also use multipliers, thus getting differential operators with variable coefficients. An interesting subclass of this type is obtained in the following way: Take a matrix $A \in \mathbb{R}^{q\times q}$. The operator $f \mapsto (\underline{x}, A\,\underline{\nabla})f$ maps $S(\Omega^{q-1})$ into itself. If $A = I$ then $(\underline{x}, A\,\underline{\nabla}) = \frac{\partial}{\partial n}$. If A is antisymmetric, $A^T = -A$, the vector fields $(\underline{x}, A\,\underline{\nabla})$ are tangent to Ω^{q-1}, they are linear combinations of the moment of momentum operators in quantum mechanics.

3.C. Harmonic contractions

Take a matrix $A \in \mathbb{R}^{q\times q}$ with $\|A\| \leq 1$. Define $(L_A f)(\underline{\xi}) = f(A\,\underline{\xi})$. In this definition the harmonic extension of f is used. From Lemma 2.3 we obtain that L_A maps $S(\Omega^{q-1})$ into itself. If A is orthogonal the harmonic extension of f is not needed because then $\|A\,\underline{\xi}\| = 1$. Notice that $L_{AB} \neq L_A \circ L_B$ in general!

Theorem 3.6. The operators mentioned in 3.A, 3.B and 3.C map $S(\Omega^{q-1})$ continuously into itself.

The proof can be given by ad hoc arguments or by applying [G_3].

Finally we come to the question whether the operators 3.A, 3.B and 3.C can be extended to operators from the distribution space $T(\Omega^{q-1})$ into itself. If a mapping $L : S(\Omega^{q-1}) \to S(\Omega^{q-1})$ has a $L_2(\Omega^{q-1})$-adjoint L^* which maps $S(\Omega^{q-1})$ continuously into itself, then L can be extended to $\bar{L} : T(\Omega^{q-1}) \to T(\Omega^{q-1})$ by $\langle f, \bar{L}F\rangle = \langle L^* f, F\rangle$ which is a continuous linear functional on $S(\Omega^{q-1})$. This easily proves the extendibility of the multipliers.

The extendibility of differential operators with constant coefficients follows because they map $\mathrm{Harm}(B^q(0;1))$ into itself. The general differential operators are extendible because they are compositions of differential operators with constant coefficients and multipliers.

The extendibility of L_A with A orthogonal follows from $L_A^* = L_{\underline{A}^T}$. If $\|A\| < 1$ then

$$\|\sum_{n=0}^{\infty} R^n S_{n,f}(A\,\underline{\xi})\| \leq c\|f\|$$

if $R\|A\| < 1$. This implies the extendibility. Cf. [G_2]. If $\|A\| < 1$ the operator L_A is even smoothing, i.e. it maps $T(\Omega^{q-1})$ into $S(\Omega^{q-1})$.

We will not discuss the extendibility of L_A for the general case $\|A\| \leq 1$ here.

4. A space of generalized functions with a metrizable testspace

In this section we consider a different Gel'fand triple

$$E(\Omega^{q-1}) \subset L_2(\Omega^{q-1}) \subset U(\Omega^{q-1}) .$$

The test space $E(\Omega^{q-1})$ consists of restrictions to Ω^{q-1} of functions in $\mathrm{Harm}(\mathbb{R}^q)$. We will (somewhat loosely) identify $E(\Omega^{q-1})$ and $\mathrm{Harm}(\mathbb{R}^q)$.

<u>Definition 4.1.</u> A sequence $(f_n) \subset E(\Omega^{q-1})$ is said to converge iff (f_n) converges uniformly on each ball $B^q(\underline{0};R)$ for all $R > 0$. This is equivalent to saying that $(f_n(R\,\underline{\xi}))$ converges in $L_2(\Omega^{q-1})$ for all $R > 0$.

For $U(\Omega^{q-1})$ we take $\mathrm{Harm}(\underline{0})$. It "contains" (possibly diverging) series of spherical harmonics $\sum_{n=0}^{\infty} S_{n,F}(\underline{\xi})$ with the property that $\sum_{n=0}^{\infty} r^{2n} \|S_{n,F}\|^2 < \infty$ for r sufficiently small.

<u>Definition 4.2.</u> A sequence $(F_n) \subset U(\Omega^{q-1})$ is said to converge iff $(F_n) \subset \mathrm{Harm}(B^q(\underline{0};r))$, for some $r > 0$, and (F_n) converges uniformly on $B^q(\underline{0};r)$. This is equivalent to saying that $(F_n(r\,\underline{\xi}))$ converges in $L_2(\Omega^{q-1})$ for $r > 0$ sufficiently small.

<u>Remark 4.3.</u> $E(\Omega^{q-1})$ is a space of type $\tau(Y,\mathcal{B})$ and $U(\Omega^{q-1})$ is a space of type $\sigma(Y,\mathcal{B})$. See [E]. For Y and $\mathcal{B}$ see Remark 3.3. All general (topological) considerations of [E] apply here. In particular $E(\Omega^{q-1})$ and $U(\Omega^{q-1})$ are complete nuclear topological vector spaces. Both are inductive and projective limits of Hilbert spaces. $E(\Omega^{q-1})$ is a Fréchet space. Some of the results in [E] are presented here in an *ad hoc* manner.

<u>Definition 4.4.</u> Let $f \in E(\Omega^{q-1})$, $F \in U(\Omega^{q-1})$. The pairing $\langle f,F\rangle_U$ is defined by

$$\langle f,F\rangle_U = (f(R\,\underline{\xi}),\ F(R^{-1}\,\underline{\xi})) . \tag{4.1}$$

The inner product makes sense for $R > 0$ sufficiently large and does not depend on the choice of R.

It is a simple exercise to prove that the mappings $f \mapsto \langle f,F\rangle_U$ and $F \mapsto \langle f,F\rangle_U$ are sequentially continuous. Without proof we mention, cf. [E],

Theorem 4.5. For each continuous linear functional $\ell \in \mathcal{E}'(\Omega^{q-1})$ there exists $F_\ell \in \mathcal{U}(\Omega^{q-1})$ such that for all $f \in \mathcal{E}(\Omega^{q-1})$ one has $\ell(f) = \langle f, F_\ell \rangle_{\mathcal{U}}$.

Now we come to some natural classes of operators which map $\mathcal{E}(\Omega^{q-1})$ continuously into itself. Most of these operators use the harmonic extension of the testfunctions to the whole of $\mathbb{R}^q$ for their definition.

4.A. Multipliers

Let $h \in \mathcal{E}(\Omega^{q-1})$ be fixed. With Lemma 2.2 we see that the mapping $f \mapsto M_h f = h \cdot f$ acts from $\mathcal{E}(\Omega^{q-1})$ into itself.

4.B. Differentiation operators

Just like in 3.B we can introduce the operators $(\underline{a} \cdot \underline{\nabla})$, $(\underline{x}, A\, \underline{\nabla})$, etc. The comments in 3.B also apply here.

4.C. Harmonic contractions and expansions

Take any matrix $A \in \mathbb{R}^{q \times q}$. Define $(L_A f)(\underline{\xi}) = f(A\, \underline{\xi})$ with the aid of the harmonic extension of f. The comments in 3.C also apply here.

4.D. Harmonic translations

Let $\underline{w} \in \mathbb{R}^q$. Define $(T_{\underline{w}} f)(\underline{\xi}) = f(\underline{\xi} + \underline{w})$. $T_{\underline{w}}$ clearly maps $\mathcal{E}(\Omega^{q-1})$ into itself.

Theorem 4.6. The operators mentioned in 4.A, 4.B, 4.C and 4.D map $\mathcal{E}(\Omega^{q-1})$ continuously into itself.

The proof can be given by ad hoc arguments or with the aid of [E].

Finally a few words on the extendibility problem. The operators 4.A and 4.B are extendible to operators from $\mathcal{U}(\Omega^{q-1})$ into itself. The proof runs along similar lines as in the cases 3.A and 3.B. The extendibility of the operators 4.C and 4.D is an open problem.

With each element $[A;\underline{w}]$ of the affine (semi)group on $\mathbb{R}^q$ we can associate the operator $L_{[A;\underline{w}]}$ by

$$(L_{[A;\underline{w}]} f)(\underline{\xi}) = f(A\, \underline{\xi} + \underline{w}) .$$

In general we have

$$\mathcal{L}_{[B;\underline{z}]} \circ \mathcal{L}_{[A;\underline{w}]} \neq \mathcal{L}_{[BA;B\,\underline{w}+\underline{z}]} .$$

As yet I do not know in which way the operators $\mathcal{L}_{[A;\underline{w}]}$ "represent" the affine semi-group $\{[A;\underline{w}]\}$ on $\mathbb{R}^q$.

References

[E] Eijndhoven, S.J.L. van, A theory of generalized functions based on one-parameter groups of unbounded self-adjoint operators. T.H.-Report 81-WSK-03, Eindhoven University of Technology.

[EGK] Eijndhoven, S.J.L. van, J. de Graaf, P. Kruszynski, Dual systems of inductive-projective limits of Hilbertspaces originating from self-adjoint operators. Preprint. Department of Maths. Eindhoven University of Technology.

[G_1] Graaf, J. de, A theory of generalized functions based on holomorphic semi-groups.
Part A: Introduction and Survey. Proceedings Koninklijke Nederlandse Academie van Wetenschappen, A86(4),1983, 407-420.

[G_2] Idem.
Part B: Analyticity spaces, trajectory spaces and their pairing.
Proc. KNAW. A87(2), 1984, 155-171.

[G_3] Idem.
Part C: Linear mappings, tensor products and Kernel theorems.
Proc. KNAW. A87(2), 1984, 173-187.

[M] Müller, C., Spherical Harmonics. Springer Lecture Notes in Mathematics, Vol. 17, Springer Verlag, Berlin etc. 1966.

[S] Seidel, J.J., Spherical Harmonics and Combinatorics. Preprint, Memorandum 1981-07, Juni 1981, Eindhoven University of Technology.

SPECIAL ORTHOGONAL POLYNOMIAL SYSTEMS MAPPED ONTO EACH OTHER BY THE FOURIER-JACOBI TRANSFORM

T.H. Koornwinder
Centre for Mathematics and Computer Science

P.O. Box 4079, 1009 AB Amsterdam, The Netherlands

1. INTRODUCTION

R. Askey, in his contribution to these proceedings, emphasized unitary mappings

$$L^2(\text{interval}) \to L^2(\text{discrete set})$$

or

$$L^2(\text{discrete set}) \to L^2(\text{discrete set})$$

with hypergeometric orthogonal polynomial kernel. More generally, one might consider unitary mappings

$$L^2(\text{interval}) \to L^2(\text{interval})$$

with hypergeometric function kernel. As an example consider the *Hankel transform* pair

$$\begin{cases} g(\lambda) = \int_0^\infty f(t) J_\alpha(\lambda t) t\, dt, \\ f(t) = \int_0^\infty g(\lambda) J_\alpha(\lambda t) \lambda d\lambda, \end{cases} \tag{1.1}$$

where

$$J_\alpha(x) := (\tfrac{1}{2}x)^\alpha {}_0F_1(\alpha+1; -\tfrac{1}{4}x^2) / \Gamma(\alpha+1) \tag{1.2}$$

denotes a *Bessel function.* A well-known formula (cf. [7, 8.9 (3)]) states that

$$\int_0^\infty t^\alpha e^{-\frac{1}{2}t^2} L_n^\alpha(t^2) J_\alpha(\lambda t) t\, dt \tag{1.3}$$

$$= (-1)^n \lambda^\alpha e^{-\frac{1}{2}\lambda^2} L_n^\alpha(\lambda^2), \alpha > -1, n = 0,1,2,...,$$

where

$$L_n^\alpha(x) := \frac{(\alpha+1)_n}{n!} {}_1F_1(-n; \alpha+1; x) \tag{1.4}$$

denotes a *Laguerre polynomial.* The functions $t \mapsto t^\alpha e^{-\frac{1}{2}t^2} L_n^\alpha(t^2)$, $n = 0,1,2,...$, form a complete orthogonal basis of $L^2(\mathbb{R}_+, t\, dt)$ and they are eigenfunctions for the Hankel transform with eigenvalues $(-1)^n$.

Another important, but more complicated example of a unitary transform with hypergeometric function kernel is given by the *Fourier-Jacobi transform*, cf. for instance [10] or the survey [11]. It involves the *Jacobi function*

$$\phi_\lambda^{(\alpha,\beta)}(t) := {}_2F_1(\tfrac{1}{2}(\alpha+\beta+1+i\lambda),\tfrac{1}{2}(\alpha+\beta+1-i\lambda);\alpha+1;-\mathrm{sh}^2 t). \tag{1.5}$$

Note that

$$\phi_{i(2n+\alpha+\beta+1)}^{(\alpha,\beta)}(i\theta) = {}_2F_1(-n,n+\alpha+\beta+1;\alpha+1;\sin^2\theta) = \tag{1.6}$$

$$= \frac{n!}{(\alpha+1)_n} P_n^{(\alpha,\beta)}(\cos 2\theta)$$

is a normalized *Jacobi polynomial;* this explains the terminology. Note the special cases

$$\phi_\lambda^{(-\frac{1}{2},-\frac{1}{2})}(t) = \cos\lambda t, \tag{1.7}$$

$$\phi_\lambda^{(0,0)}(t) = P_{\frac{1}{2}(i\lambda-1)}(\mathrm{ch}2t)\,(\text{Legendre function}), \tag{1.8}$$

and the limit relation

$$\lim_{r\to\infty} \phi_{r\lambda}^{(\alpha,\beta)}(r^{-1}t) = 2^\alpha\Gamma(\alpha+1)(\lambda t)^{-\alpha}J_\alpha(\lambda t). \tag{1.9}$$

Let

$$\Delta_{\alpha,\beta}(t) := (2\mathrm{sh}t)^{2\alpha+1}(2\mathrm{ch}t)^{2\beta+1},\ t>0, \tag{1.10}$$

$$c_{\alpha,\beta}(\lambda) := \frac{2^{\alpha+\beta+1-i\lambda}\Gamma(\alpha+1)\Gamma(i\lambda)}{\Gamma(\frac{1}{2}(i\lambda+\alpha+\beta+1))\Gamma(\frac{1}{2}(i\lambda+\alpha-\beta+1))}. \tag{1.11}$$

The Fourier-Jacobi transform $f\mapsto g$ and its inverse are given by

$$\begin{cases} g(\lambda) = \int_0^\infty f(t)\phi_\lambda^{(\alpha,\beta)}(t)\Delta_{\alpha,\beta}(t)dt, \\ f(t) = (2\pi)^{-1}\int_0^\infty g(\lambda)\phi_\lambda^{(\alpha,\beta)}(t)|c_{\alpha,\beta}(\lambda)|^{-2}d\lambda, \end{cases} \tag{1.12}$$

where $\alpha,\beta\in\mathbb{R}$, $|\beta|\leqslant\alpha+1$. The pair (1.12) is certainly valid for $f\in C_c^\infty(\mathbb{R})$ and even. The transform $f\mapsto g$ extends to an isometry of L^2-spaces:

$$\int_0^\infty |f(t)|^2\Delta_{\alpha,\beta}(t)dt = (2\pi)^{-1}\int_0^\infty |g(\lambda)|^2|c_{\alpha,\beta}(\lambda)|^{-2}d\lambda. \tag{1.13}$$

By (1.7), (1.8), (1.9) the Fourier-Jacobi transform becomes the Fourier-cosine transform for $\alpha=\beta=-\frac{1}{2}$, the Mehler-Fock transform for $\alpha=\beta=0$ and converges to the Hankel transform under suitable changes of λ and t.

The present paper will deal with an analogue of (1.3) for the Fourier-Jacobi transform. Since the integral kernel in (1.12) is not symmetric in λ and t, we cannot expect an explicit orthogonal basis consisting of eigenfunctions for the Fourier-Jacobi transform. But we can hope for some nice explicit orthogonal basis in the t-space which is mapped onto another explicit orthogonal basis in the λ-space, and with (1.3) as a limit case. A decisive hind for finding such systems lies in the combination of the two papers Boyer & Ardalan [1] (cf. § 2) and Wilson [16] (cf. § 3). I presented the resulting generalization of (1.3) already in [11, (9.4)], but not yet for the most general values of the parameters. A next advancement was made after Mourad Ismail, in August 1984 in Tunis, called my attention to the papers Diestler [3] and Broad [2], where an analogous problem is considered for the Whittaker transform. This resulted in sections 4 and 5 of this paper.

A more definitive paper will follow later. Because of space restrictions the proofs here will be sketchy or are omitted.

2. A GROUP THEORETIC INTERPRETATION

Let G be the generalized Lorentz group $SO_0(1,p)$ with closed subgroups $K:=SO(p)$ and $H:=S(O_0(1,p-1)\times O(1))$. The groups K and H have a common closed subgroup $M_1:=S(O(p-1)\times O(1))$ and M_1 has connected component $M:=SO(p-1)$. Let $G=KAN$ be an Iwasawa decomposition. Here A is a one-parameter group $\{t\mapsto a_t\}$.

Let π_μ $(\mu\in\mathbb{R})$ be the *unitary spherical principal series representation* of G induced by the one-dimensional representation $ma_tn\mapsto e^{i\mu t}$ of the subgroup MAN. Boyer & Ardalan [1] extended the regular representation of H on $L^2(H/M)$ to a realization of the representation π_μ of G. For convenience, let us restrict our discussion to the subspace $L^2(M_1\backslash H/M)$ of M_1-invariant L^2-functions on H/M. These functions are completely determined by their restrictions to a certain one-parameter subgroup $B=\{t\mapsto b_t\}$ of H. In [1], $L^2(M_1\backslash H/M)$ is decomposed with respect to the π_μ-action of either of the subgroups K and H. The action of K yields the orthogonal system

$$M_1b_tM\mapsto(\operatorname{ch}t)^{-i\mu-\frac{1}{2}p+\frac{1}{2}}P_n^{(\frac{1}{2}p-\frac{3}{2},-\frac{1}{2})}(1-2\operatorname{th}^2t),\; n=0,1,2,..., \tag{2.1}$$

where the Jacobi polynomial $P_n^{(\alpha,\beta)}(x)$, orthogonal on (-1,1) with respect to the weight function $(1-x)^\alpha(1+x)^\beta$, is defined by (1.6). The action of H yields the generalized orthogonal system

$$M_1b_tM\mapsto\phi_\lambda^{(\frac{1}{2}p-\frac{3}{2},-\frac{1}{2})}(t),\; \lambda\geq 0, \tag{2.2}$$

where the Jacobi function ϕ_λ is defined by (1.5). The integral transform which maps basis (2.1) onto basis (2.2) has kernel

$$K(\lambda,n) = \int_0^\infty(\operatorname{ch}t)^{i\mu-\frac{1}{2}p+\frac{1}{2}}P_n^{(\frac{1}{2}p-\frac{3}{2},-\frac{1}{2})}(1-2\operatorname{th}^2t) \tag{2.3}$$

$$\cdot\phi_\lambda^{(\frac{1}{2}p-\frac{3}{2},-\frac{1}{2})}(t)(2\operatorname{sh}t)^{p-2}dt.$$

Boyer & Ardalan [1] evaluated (2.3) as a ${}_4F_3$ hypergeometric function of unit argument which has the form of a Wilson polynomial of degree n in $\frac{1}{4}\lambda^2$, thus giving a group theoretic interpretation avant la lettre of Wilson polynomials.

3. A connection between Jacobi polynomials, Jacobi functions and Wilson polynomials

Wilson polynomials were introduced by Wilson [15], [16]. In the notation of J. Labelle's poster [12] they are given by

$$W_n(x^2;a,b,c,d):=(a+b)_n(a+c)_n(a+d)_n \tag{3.1}$$

$$\cdot{}_4F_3\left[\begin{matrix}-n,n+a+b+c+d-1,a+ix,a-ix\\ a+b,a+c,a+d\end{matrix}\;\middle|\;1\right],$$

where $n=0,1,2,....$ They are symmetric in the four parameters a,b,c,d. If $a,b,c,d\in\mathbb{R}$ or $a,b\in\mathbb{R}$, $c=\bar{d}$ or $a=\bar{b}$, $c=\bar{d}$ and if $x\in\mathbb{R}$ then W_n is real-valued. If, moreover, a,b,c,d have positive real parts then the functions $x\mapsto W_n(x^2)$ are complete and orthogonal on $\mathbb{R}_+$ with respect to the weight function

$$\left|\frac{\Gamma(a+ix)\Gamma(b+ix)\Gamma(c+ix)\Gamma(d+ix)}{\Gamma(2ix)}\right|^2 \tag{3.2}$$

The key formula of this paper reads as follows:

$$\int_0^\infty (\operatorname{ch}t)^{-\alpha-\beta-\delta-\mu-2}P_n^{(\alpha,\delta)}(1-2\operatorname{th}^2t)\phi_\lambda^{(\alpha,\beta)}(t)\Delta_{\alpha,\beta}(t)dt \tag{3.3}$$

$$=\frac{2^{2\alpha+2\beta+1}\Gamma(\alpha+1)(-1)^n\Gamma(\frac{1}{2}(\delta+\mu+1+i\lambda))\Gamma(\frac{1}{2}(\delta+\mu+1-i\lambda))}{n!\Gamma(\frac{1}{2}(\alpha+\beta+\delta+\mu+2)+n)\Gamma(\frac{1}{2}(\alpha-\beta+\delta+\mu+2)+n)}$$

$$\cdot W_n(\tfrac{1}{4}\lambda^2;\tfrac{1}{2}(\delta+\mu+1),\tfrac{1}{2}(\delta-\mu+1),\tfrac{1}{2}(\alpha+\beta+1),\tfrac{1}{2}(\alpha-\beta+1)),$$

where $\beta,\delta,\lambda\in\mathbb{R}$, $\alpha,\delta>-1$, $\delta+\operatorname{Re}\mu>-1$. Then the integral in (3.3) certainly absolutely converges. In order to prove (3.3), first compute $g(\lambda)$ in (1.12) when $f(t)$ is some complex power of $\operatorname{ch}t$. This can be done by rewriting (1.5) in terms of a ${}_2F_1$ of argument th^2t and by termwise integration of the power series. Next expand $P_n^{(\alpha,\delta)}(1-2\operatorname{th}^2t)$ as a power series in $(\operatorname{ch}t)^{-2}$.

The right hand side of (2.3) is the special case $\alpha=\frac{1}{2}p-\frac{3}{2}$, $\beta=\delta=-\frac{1}{2}$, $\mu\in i\mathbb{R}$ of the left hand side of (3.3).

By the orthogonality relations for Jacobi polynomials, the functions

$$t\mapsto(\operatorname{ch}t)^{-\alpha-\beta-\delta-\mu-2}P_n^{(\alpha,\delta)}(1-2\operatorname{th}^2t),\, n=0,1,2,...$$

form, for $\mu\in i\mathbb{R}$, a complete orthogonal system in $L^2(\mathbb{R}_+;\,\Delta_{\alpha,\beta}(t)dt)$. For $\mu\in\mathbb{R}$ they form a complete system biorthogonal to similar functions with μ replaced by $-\mu$. This, together with (1.13), implies the orthogonality relations for the Wilson polynomials occurring at the right hand side of (3.3) ($\alpha\pm\beta+1>0$). Conversely, the Plancherel formula (1.13) for the Fourier-Jacobi transform follows from (3.3) and the orthogonality relations for Jacobi and Wilson polynomials.

The limit transition from (3.3) to (1.3) can be done as follows. In (3.3) replace λ by $\lambda\delta^{\frac{1}{2}}$, make the change of integration variable $t\mapsto t\delta^{-\frac{1}{2}}$ in the integral at the left hand side and multiply both sides by $\delta^{\alpha+1}$. Then (3.3) becomes

$$2^{2\alpha+2\beta+2}\int_0^\infty(\operatorname{ch}(\delta^{-\frac{1}{2}}t))^{\alpha+\beta-\mu-\delta}P_n^{(\alpha,\delta)}(1-2\operatorname{th}^2(\delta^{-\frac{1}{2}}t)) \tag{3.4}$$

$$\cdot \phi^{(\alpha,\beta)}_{\lambda\delta^{\frac{1}{2}}}(\delta^{-\frac{1}{2}}t)(\delta^{\frac{1}{2}}\operatorname{th}(\delta^{-\frac{1}{2}}t))^{2\alpha+1}dt = 2^{3\alpha+2\beta+2}\Gamma(\alpha+1)(-1)^n$$

$$\cdot \frac{(\frac{1}{2}\delta)^{2n+\alpha+1}\Gamma(\frac{1}{2}(\delta+\mu+1+i\lambda\delta^{\frac{1}{2}}))\Gamma(\frac{1}{2}(\delta+\mu+1-i\lambda\delta^{\frac{1}{2}}))}{\Gamma(\frac{1}{2}(\alpha+\beta+\delta+\mu+2)+n)\Gamma(\frac{1}{2}(\alpha-\beta+\delta+\mu+2+n)}$$

$$\cdot \frac{2^{2n}}{\delta^{2n}n!} W_n(\tfrac{1}{4}\delta\lambda^2; \tfrac{1}{2}(\delta+\mu+1), \tfrac{1}{2}(\delta-\mu+1), \tfrac{1}{2}(\alpha+\beta+1), \tfrac{1}{2}(\alpha-\beta+1)).$$

By use of (3.1), (1.4) and Stirling's formula, the right hand side of (3.4) converges, as $\delta \to \infty$, to

$$2^{3\alpha+2\beta+2}\Gamma(\alpha+1)(-1)^n e^{-\frac{1}{2}\lambda^2} L_n^\alpha(\lambda^2).$$

By (1.9) and

$$\lim_{\delta\to\infty} P_n^{(\alpha,\delta)}(1-2\delta^{-1}x) = L_n^\alpha(x), \tag{3.5}$$

the integrand in (3.4) converges, as $\delta \to \infty$, to

$$e^{-\frac{1}{2}t^2} L_n^\alpha(t^2) 2^\alpha \Gamma(\alpha+1)(\lambda t)^{-\alpha} J_\alpha(\lambda t) t^{2\alpha+1}.$$

If $\alpha \geqslant -\frac{1}{2}$ then I can give an integrable upper bound for the absolute value of the integrand in (3.4) which is independent of δ. Then (1.3) follows by the dominated convergence theorem.

Remark 3.1. Flensted-Jensen [9, Appendix 1] extended (1.13) to the case that $\alpha > -1$, $\beta \in \mathbf{R}$. If $|\beta| > \alpha+1$ then there are additional discrete terms $\sum_{\lambda\in D_{\alpha,\beta}} d_{\alpha,\beta}(\lambda)|g(\lambda)|^2$ in the right hand side of (1.13), where $D_{\alpha,\beta}$ is a finite subset of the positive imaginary axis. Because of (3.3) this must correspond to a mixed continuous and discrete orthogonality for the Wilson polynomials if one of their parameters is negative. This is indeed a known phenomenon, cf. Wilson [16, (3.3)].

Remark 3.2. It is tempting to obtain a group theoretic interpretation of Wilson polynomials and of (3.3) which is valid for more general parameter values than the one given by Boyer & Ardalan [1], cf. § 2. In view of the interpretation of Racah polynomials as $6-j$ symbols (cf. Wilson [16, § 5]) it would be natural to look at some noncompact real form of $SL(2,\mathbf{C}) \times SL(2,\mathbf{C}) \times SL(2,\mathbf{C})$ in order to obtain a similar interpretation for Wilson polynomials. However, I did not succeed until now. A different group theoretic interpretation of Racah polynomials is suggested by Dunkl's [5, Theorem 1.7] observation that orthogonal polynomials on the triangle have three different canonical orthogonal bases mapped onto each other by matrices with Racah polynomials as entries. The three canonical bases have group theoretic interpretations as $O(p)\times O(q) \times O(r)$-invariant spherical harmonics on the unit sphere in $\mathbf{R}^{p+q+r}$, decomposed with respect to one of the three subgroups $O(p+q)\times O(r)$, $O(q+r)\times(p)$, $O(r+p)\times O(q)$. A noncompact analogue of this are the $O(p)\times O(q)\times O(r)$-invariant eigenfunctions of the Laplace-Beltrami operator on the hyperboloid $\{(x,y,z)\in \mathbf{R}^p\times \mathbf{R}^q\times \mathbf{R}^r \mid -|x|^2-|y|^2+|z|^2=1\}$, decomposed with respect to one of the two subgroups $O(p+q)\times O(r)$ and $O(q,r)\times O(p)$. For fixed eigenvalue I get respectively an ordinary and generalized orthogonal basis for the eigenspace. The integral transform mapping the one basis onto the other has a kernel expressed in terms of Wilson polynomials. If, in this expansion, one lets $z \to \infty$ on the hyperboloid, one gets a formula equivalent to (3.3).

4. Representation of the Jacobi function differential operator as a tridiagonal matrix

The most remarkable thing about (3.3) is that its right hand side again involves orthogonal polynomials. In particular, the right hand side must satisfy a three term recurrence relation. In analogy to Broad [2, Appendix], where the Whittaker function transform is considered, we can obtain this recurrence from a tridiagonalization of the Jacobi function differential operator $\mathcal{L}_{\alpha,\beta}$.

Let $\Delta_{\alpha,\beta}$ be given by (1.10) and

$$(\mathcal{L}_{\alpha,\beta}f)(t) := (\Delta_{\alpha,\beta}(t))^{-1}\frac{d}{dt}\left(\Delta_{\alpha,\beta}(t)\frac{df(t)}{dt}\right),\ t>0. \tag{4.1}$$

Then

$$\mathcal{L}_{\alpha,\beta}\phi_\lambda^{(\alpha,\beta)} = -(\lambda^2+(\alpha+\beta+1)^2)\phi_\lambda^{(\alpha,\beta)} \tag{4.2}$$

and, if g is related to f and G to $F:=\mathcal{L}_{\alpha,\beta}f$ according to (1.12) then $G(\lambda)=-(\lambda^2+(\alpha+\beta+1)^2)g(\lambda)$. Put

$$p_n(t):=(\mathrm{ch}t)^{-\alpha-\beta-\delta-\mu-2}P_n^{(\alpha,\delta)}(1-2\mathrm{th}^2t), \tag{4.3}$$

$$q_n(\lambda):=\frac{(-1)^n(\alpha+1)_n(\frac{1}{2}(\alpha+\beta+\delta-\mu+2))_n}{n!(\frac{1}{2}(\alpha-\beta+\delta+\mu+2))_n} \tag{4.4}$$

$$\cdot {}_4F_3\left[\begin{matrix}-n,\alpha+\delta+1,\frac{1}{2}(\alpha+\beta+1+i\lambda),\frac{1}{2}(\alpha+\beta+1-i\lambda)\\ \alpha+1,\frac{1}{2}(\alpha+\beta+\delta+\mu+1),\frac{1}{2}(\alpha+\beta+\delta-\mu+1)\end{matrix}\,\middle|\,1\right].$$

It follows from the differential equation [6, 10.8 (14)] for Jacobi polynomials that

$$\begin{aligned}\mathcal{L}_{\alpha,\beta}p_n(t) &= -2(\mu+1)\mathrm{th}t\ p_n'(t) \\ &+((\alpha+\beta+\delta+\mu+2)(\alpha-\beta+\delta+\mu)\mathrm{th}^2t-2(\alpha+1)(\alpha+\beta+\delta+\mu+2) \\ &-4n(n+\alpha+\delta+1)\mathrm{ch}^{-2}t)p_n(t).\end{aligned} \tag{4.5}$$

By use of the differential recurrence relation [6, 10.8 (15)] and three term recurrence relation [6, 10.8 (11)] for Jacobi polynomials it follows from (4.5) that $\mathcal{L}_{\alpha,\beta}$ becomes *tridiagonal* with respect to the orthogonal basis of functions p_n:

$$-\mathcal{L}_{\alpha,\beta}p_n = A_np_{n+1} + B_np_n + C_np_{n-1}, \tag{4.6}$$

where

$$A_n = \frac{(n+1)(n+\alpha+\delta+1)(2n+\alpha+\beta+\delta+\mu+2)(2n+\alpha-\beta+\delta+\mu+2)}{(2n+\alpha+\delta+1)(2n+\alpha+\delta+2)}$$

$$C_n = \frac{(n+\alpha)(n+\delta)(2n+\alpha+\beta+\delta-\mu)(2n+\alpha-\beta+\delta-\mu)}{(2n+\alpha+\delta)(2n+\alpha+\delta+1)},$$

$$B_n = \frac{n+\alpha+1}{n+1}A_n + \frac{n}{n+\alpha}C_n.$$

It follows from (4.6) that

$$(\lambda^2+(\alpha+\beta+1)^2)q_n(\lambda) = A_n q_{n+1}(\lambda)+B_n q_n(\lambda)+C_n q_{n-1}(\lambda). \tag{4.7}$$

Thus we have obtained the recurrence relation in Wilson [15, (4.40)].

5. A connection between Laguerre polynomials, Whittaker functions and continuous dual Hahn polynomials

In (3.3) replace (α,β) by $(\alpha+\gamma,\beta+\gamma)$, make the change of integration variable $t \mapsto t+\frac{1}{2}\log\gamma$ in the integral at the left hand side and multiply both sides by $\gamma^{\frac{1}{2}(-\alpha+\beta+\delta+\mu)}\,2^{-(4\gamma+\alpha+\beta+\delta+\mu+2)}(-1)^n$. We obtain

$$\int_{-\frac{1}{2}\log\gamma}^{\infty} P_n^{(\delta,\alpha+\gamma)}(1-2\mathrm{ch}^{-2}(t+\tfrac{1}{2}\log\gamma)) \tag{5.1}$$

$$\cdot 2^{-2\gamma}\gamma^{\beta+\gamma}e^{2\gamma t}\phi_\lambda^{(\alpha+\gamma,\beta+\gamma)}(t+\tfrac{1}{2}\log\gamma)$$

$$\cdot e^{-2\gamma t}(2\gamma^{-\frac{1}{2}}\mathrm{sh}(t+\tfrac{1}{2}\log\gamma))^{2\alpha+2\gamma+1}$$

$$\cdot(2\gamma^{-\frac{1}{2}}\mathrm{ch}(t+\tfrac{1}{2}\log\gamma))^{-\alpha+\beta-\delta-\mu-1}dt$$

$$= \frac{2^{\alpha+\beta-\delta-\mu-1}\Gamma(\frac{1}{2}(\delta+\mu+1+i\lambda))\Gamma(\frac{1}{2}(\delta+\mu+1-i\lambda))}{n!\Gamma(\frac{1}{2}(\alpha-\beta+\delta+\mu+2)+n)}$$

$$\cdot\frac{\gamma^{\frac{1}{2}(-\alpha+\beta+\delta+\mu)}\Gamma(\alpha+\gamma+1)}{\Gamma(\frac{1}{2}(\alpha+\beta+\delta+\mu+2)+n+\gamma)}$$

$$\cdot\gamma^{-n}W_n(\tfrac{1}{4}\lambda^2;\tfrac{1}{2}(\delta+\mu+1),\tfrac{1}{2}(\delta-\mu+1),\tfrac{1}{2}(\alpha+\beta+1)+\gamma,\tfrac{1}{2}(\alpha-\beta+1)).$$

Now let $\gamma\to\infty$. Then, pointwise:

$$P_n^{(\delta,\alpha+\gamma)}(1-2\mathrm{ch}^{-2}(t+\tfrac{1}{2}\log\gamma))\to L_n^{\delta}(4e^{-2t}), \tag{5.2}$$

$$\gamma^{-n}W_n(\tfrac{1}{4}\lambda^2;\tfrac{1}{2}(\delta+\mu+1),\tfrac{1}{2}(\delta-\mu+1),\tfrac{1}{2}(\alpha+\beta+1)+\gamma,\tfrac{1}{2}(\alpha-\beta+1))$$

$$\to S_n(\tfrac{1}{4}\lambda^2;\tfrac{1}{2}(\delta+\mu+1),\tfrac{1}{2}(\delta-\mu+1),\tfrac{1}{2}(\alpha-\beta+1)). \tag{5.3}$$

Here S_n, in the notation of Labelle [12], is the *continuous dual Hahn polynomial:*

$$S_n(x^2;a,b,c):=(a+b)_n(a+c)_n\,{}_3F_2\left[\begin{matrix}-n,a+ix,a-ix\\ a+b,a+c\end{matrix}\,\middle|\,1\right]. \tag{5.4}$$

If $c>0$ and $a,b>0$ or $a=\bar{b}$ with $\mathrm{Re}\,a>0$ then the functions $x\mapsto S_n(x^2)$ are complete and orthogonal on $\mathbb{R}_+$ with respect to the weight function

$$\left|\frac{\Gamma(a+ix)\Gamma(b+ix)\Gamma(c+ix)}{\Gamma(2ix)}\right|^2, \text{ cf. Wilson [16, (4.4)].} \tag{5.5}$$

In order to find the limit of the Jacobi function in (5.1) as $\gamma\to\infty$, consider

$$\Phi_\lambda^{(\alpha,\beta)}(t):=(2\mathrm{ch}\,t)^{i\lambda-\alpha-\beta-1} \tag{5.6}$$

$$\cdot {}_2F_1(\tfrac{1}{2}(\alpha+\beta+1+i\lambda),\tfrac{1}{2}(\alpha-\beta+1+i\lambda);1-i\lambda;\mathrm{ch}^{-2}t),$$

a second solution of the differential equation (4.2) such that $\Phi_\lambda^{(\alpha,\beta)}(t)= e^{(i\lambda-\alpha-\beta-1)t}(1+o(1))$ as $t\to\infty$. Then

$$\phi_\lambda^{(\alpha,\beta)} = c_{\alpha,\beta}(\lambda)\Phi_\lambda^{(\alpha,\beta)}+c_{\alpha,\beta}(-\lambda)\Phi_{-\lambda}^{(\alpha,\beta)}, \tag{5.7}$$

$c(\lambda)$ being given by (1.11). It follows from (5.6) respectively (1.11) that

$$\lim_{\gamma\to\infty} \gamma^{\frac{1}{2}(-i\lambda+\alpha+\beta+1+2\gamma)} e^{2\gamma t}\,\Phi_\lambda^{(\alpha+\gamma,\beta+\gamma)}(t+\tfrac{1}{2}\log\gamma) \tag{5.8}$$
$$= e^{(i\lambda-\alpha-\beta-1)t}\exp(-2e^{-2t})\,{}_1F_1(\tfrac{1}{2}(\alpha-\beta+1-i\lambda);1-i\lambda;4e^{-2t}),$$

$$\lim_{\gamma\to\infty} 2^{-2\gamma}\gamma^{\frac{1}{2}(i\lambda-\alpha+\beta-1)} c_{\alpha+\gamma,\beta+\gamma}(\lambda) = \frac{2^{\alpha+\beta+1-i\lambda}\Gamma(i\lambda)}{\Gamma(\frac{1}{2}(i\lambda+\alpha-\beta+1))}. \tag{5.9}$$

Hence, by (5.7) and [6, 6.7 (8)]:

$$\lim_{\gamma\to\infty} 2^{-2\gamma}\gamma^{\beta-\gamma}e^{2\gamma t}\,\phi_\lambda^{(\alpha+\gamma,\beta+\gamma)}(t+\tfrac{1}{2}\log\gamma)$$
$$= 2^{\alpha+\beta+1-i\lambda}e^{(i\lambda-\alpha-\beta-1)t}\exp(-2e^{-2t}) \tag{5.10}$$
$$\cdot\Psi(\tfrac{1}{2}(\alpha-\beta+1-i\lambda);1-i\lambda;4e^{-2t})$$
$$= 2^{\alpha+\beta}e^{-(\alpha+\beta)t}\,\mathcal{W}_{\frac{1}{2}(\beta-\alpha),\frac{1}{2}i\lambda}(4e^{-2t}),$$

where Ψ is Tricomi's confluent hypergeometric function of the second kind and $\mathcal{W}$ is the *Whittaker function of the second kind* (cf. [6, 6.5 (2), 6.9 (2)]).

The Whittaker function transform and its inverse are given by

$$\begin{cases} g(\lambda) = \int_0^\infty f(x)(2x)^{-\frac{1}{2}}\mathcal{W}_{\kappa,i\lambda}(2x)x^{-1}dx, \\ f(x) = (2\pi)^{-1}\int_0^\infty g(\lambda)(2x)^{-\frac{1}{2}}\mathcal{W}_{\kappa,i\lambda}(2x)\left|\dfrac{\Gamma(2i\lambda)}{\Gamma(\frac{1}{2}+i\lambda-\kappa)}\right|^2 d\lambda, \end{cases} \tag{5.11}$$

where $\kappa\leq\frac{1}{2}$ and f is in a suitable function class. The inversion formula follows by spectral theory of ordinary differential operators, cf. Titchmarsh [14, § 4.16], Dunford & Schwartz [4, Exercise XIII.9.I.6] and, in particular, Faraut [8, § IV]. For $\kappa=0$ we get (cf. [6, 6.9 (14)])

$$(2x)^{-\frac{1}{2}}\mathcal{W}_{0,i\lambda}(2x) = \pi^{\frac{1}{2}}K_{i\lambda}(x), \tag{5.12}$$

where K denotes the modified Bessel function of the third kind, and (5.11) then reduces to the *Kontorovich-Lebedev transform pair.*

We can now take formal limits in (5.1) as $\gamma\to\infty$ and obtain

$$2^{\alpha+\beta}\int_{-\infty}^{\infty} L_n^\delta(4e^{-2t})\mathcal{W}_{\frac{1}{2}(\beta-\alpha),\frac{1}{2}i\lambda}(4e^{-2t}) \tag{5.13}$$
$$\cdot e^{-(\delta+\mu)t}\exp(-2e^{-2t})dt$$
$$= \frac{2^{\alpha+\beta-\delta-\mu-1}\Gamma(\frac{1}{2}(\delta+\mu+1+i\lambda))\Gamma(\frac{1}{2}(\delta+\mu+1-i\lambda))}{n!\,\Gamma(\frac{1}{2}(\alpha-\beta+\delta+2)+n)}$$
$$\cdot S_n(\tfrac{1}{4}\lambda^2;\tfrac{1}{2}(\delta+\mu+1),\tfrac{1}{2}(\delta-\mu+1),\tfrac{1}{2}(\alpha-\beta+1)).$$

For $\alpha \geqslant -\frac{1}{2}$, $|\beta| \leqslant \max\{\frac{1}{2},\alpha\}$, $\lambda > 0$ I can show that the integrand in (5.1) is in absolute value bounded by

$$\text{const. } e^{-(2n+\delta+\text{Re}\mu+1)t}\exp(-2e^{-2t}),\ t\in\mathbb{R},$$

uniformly in γ, which justifies (5.13) by the dominated convergence theorem. (Recall that $\delta+\text{Re}\mu > -1$.)

We can rewrite (5.13) as

$$\int_0^\infty (2x)^{\frac{1}{2}(\delta+\mu+1)} e^{-x} L_n^\delta(2x)(2x)^{-\frac{1}{2}} \mathcal{W}_{\kappa,i\lambda}(2x)x^{-1}dx \tag{5.14}$$
$$= \frac{\Gamma(\frac{1}{2}(\delta+\mu+1)+i\lambda)\Gamma(\frac{1}{2}(\delta+\mu+1)-i\lambda)}{n!\Gamma(-\kappa+\frac{1}{2}(\delta+\mu)+n+1)}$$
$$\cdot S_n(\lambda^2;\tfrac{1}{2}(\delta+\mu+1),\tfrac{1}{2}(\delta-\mu+1),\tfrac{1}{2}-\kappa),\kappa\leqslant\tfrac{1}{2},\ \delta+\text{Re}\mu > -1,\ \lambda\in\mathbb{R}.$$

The functions $x \mapsto (2x)^{\frac{1}{2}(\delta+\mu+1)} e^{-x} L_n^\delta(2x)$ $(n=0,1,2,...)$ form a complete orthogonal system in $L^2(\mathbb{R}_+;x^{-1}dx)$ and are mapped by the Whittaker function transform onto a similar comlete (bi) orthogonal system in

$$L^2\left(\mathbb{R}_+;\ \left|\frac{\Gamma(2i\lambda)}{\Gamma(\frac{1}{2}+i\lambda-\kappa)}\right|^2 d\lambda\right).$$

Remark 5.1. Formula (5.14) can also be proved independently of (3.3) and it can be continued for $\kappa > \frac{1}{2}$. For $\kappa > \frac{1}{2}$ discrete terms have to be added in the inversion formula in (5.12), cf. Faraut [8, § IV]. Also the polynomials S_n at the right hand side of (5.14) get mixed continuous and discrete orthogonality relations if $\kappa > \frac{1}{2}$.

Remark 5.2. In Broad [2, Appendix] (see also Diestler [3, § 4]) a special case of (5.14) is discussed with $\mu=0$ and $\kappa-\frac{1}{2}\delta\in\mathbb{N}$. Then, for $n=0,1,...,\kappa-\frac{1}{2}\delta-1$, the right hand side of (5.14) vanishes if $\lambda\in\mathbb{R}$, but is nonzero at certain imaginary λ of discrete mass.

Remark 5.3. Formulas (3.3) and (5.14) are not only related to each other by a limit transition, but, for special values of the parameters, also by a Hankel transform connecting Jacobi with Laguerre polynomials and a quadratic transformation connecting Wilson with continuous dual Hahn polynomials, cf. the factorization of Jacobi transform as a composition of Hankel and Kontorovich-Lebedev transform given in Roehner & Valent [13].

Remark 5.4. Labelle's tableau [12] suggests the existence of more limit cases of (3.3). Group theoretic interpretations of such limit cases, in particular of (5.14) should also be found.

References

[1] C.P. Boyer & F. Ardalan, *On the decomposition* $SO(p,1)\supset SO(p-1,1)$ *for most degenerate representations,* J. Math. Phys. 12 (1971), 2070-2075.

[2] J.T. Broad, *Extraction of continuum properties from* L^2 *basis set matrix representations of the Schrödinger equation: The Sturm sequence polynomials and Gauss quadrature,* in *"Numerical integration of differential equations and large linear systems"* (J. Hinze, ed.), Lecture Notes in Math. 968, Springer, 1982, pp. 53-70.

[3] D.J. Diestler, *The discretization of continuous infinite sets of coupled ordinary linear differential equations: Application to the collision-induced dissociation of a diatomic molecule by an atom,* ibidem, pp. 40-52.

[4] N. Dunford & J.T. Schwartz, *Linear operators II,* Interscience, 1963.

[5] C.F. Dunkl, *Orthogonal polynomials with symmetry of order three,* preprint, 1983.

[6] A. Erdélyi e.a., *Higher transcendental functions I, II,* McGraw-Hill, 1953.

[7] A. Erdélyi e.a., *Tables of integral transforms II,* McGraw-Hill, 1954.

[8] J. Faraut, *Un théorème de Paley-Wiener pour la transformation de Fourier sur un espace Riemannien symétrique de rang un,* J. Funct. Anal. 49 (1982), 230-268.

[9] M. Flensted-Jensen, *Spherical functions on a simply connected semisimple Lie group II. The Paley-Wiener theorem for the rank one case,* Math. Ann. 228 (1977), 65-92.

[10] T.H. Koornwinder, *A new proof of a Paley-Wiener type theorem for the Jacobi transform,* Ark. Mat. 13 (1975), 145-159.

[11] T.H. Koornwinder, *Jacobi functions and analysis on noncompact semisimple Lie groups,* in *"Special functions: group theoretical aspects and applications"* (R.A. Askey, T.H. Koornwinder & W. Schempp, eds.), Reidel, 1984, pp. 1-85.

[12] J. Labelle, *Tableau d' Askey: Polynômes orthogonaux hypergéométriques,* Département de Mathématiques et d' Informatique, Université du Québec, Montréal.

[13] B. Roehner & G. Valent, *Solving the birth and death processes with quadratic asymptotically symmetric transition rates,* SIAM J. Appl. Math. 42 (1982), 1020-1046.

[14] E.C. Titchmarsh, *Eigenfunction expansions associated with second-order differential equations I,* Oxford University Press, 2nd ed., 1962.

[15] J.A. Wilson, *Hypergeometric series, recurrence relations and some new orthogonal functions,* Thesis, Univ. of Wisconsin, Madison, 1978.

[16] J.A. Wilson, *Some hypergeometric orthogonal polynomials,* SIAM J. Math. Anal. 11 (1980), 690-701.

SUR QUELQUES ESPACES DE DISTRIBUTIONS
QUI SONT DES FORMES LINEAIRES SUR L'ESPACE VECTORIEL DES POLYNÔMES.

Pascal MARONI
Université Pierre et Marie Curie
Laboratoire d'Analyse Numérique
4, place Jussieu
75230 PARIS CEDEX 05

§ 1. L'aspect algébrique. [1]

Soit $\mathbb{C}[[X]]$ l'espace vectoriel des séries formelles sur $\mathbb{C}$:

$$u = \sum_{\nu\geqslant 0} u_\nu X^\nu ,$$

noté aussi ζ .

Soit $\mathbb{C}[X]$ l'espace vectoriel des polynômes sur $\mathbb{C}$, noté aussi $\mathcal{P}$.

On a

$$\mathcal{P} \subset \zeta .$$

On peut mettre en dualité les espaces vectoriels $\mathcal{P}$ et ζ à l'aide de la forme bilinéaire suivante :

$$< u,p > = \sum_{\nu\geqslant 0} u_\nu p_\nu \tag{1.1}$$

où la somme au second membre est finie.

Il est clair que $\mathcal{P}$ et ζ constituent une paire duale et on peut identifier $\mathcal{P}$ à un sous-espace vectoriel de $\zeta^\star$ (dual algébrique de ζ) et ζ à un sous-espace vectoriel de $\mathcal{P}^\star$. En fait, on peut identifier ζ à $\mathcal{P}^\star$ et poser

$$\zeta = \mathcal{P}^\star .$$

La forme bilinéaire (1.1) permet de munir $\mathcal{P}$ de la topologie définie par ζ , notée $\sigma(\mathcal{P},\zeta)$, définie par la famille de semi-normes :

$$|p|_u = |< u , p >| \quad , \quad u \in \zeta .$$

De même, la forme bilinéaire (1.1) permet de munir ζ de la topologie définie par $\mathcal{P}$, notée $\sigma(\zeta,\mathcal{P})$, définie par la famille de semi-normes :

$$|u|_p = |< u , p >| \quad , \quad p \in \mathcal{P}.$$

On a alors :

$$\begin{aligned} &\mathcal{P}' = \zeta = \mathcal{P}^\star \\ &\zeta' = \mathcal{P} \subset \zeta^\star \quad \text{(inclusion stricte)} \end{aligned} \tag{1.2}$$

où $\mathcal{P}'$ (resp. ζ') est le dual topologique de $\mathcal{P}$(resp. ζ) muni de $\sigma(\mathcal{P},\zeta)$ (resp. $\sigma(\zeta,\mathcal{P})$).

Le fait important ici est que toute forme linéaire sur $\mathcal{P}$ est continue dans la topologie la moins fine rendant continues toutes les formes linéaires $p \to \langle u,p \rangle$. On a aussi :

$$\mathcal{P} \subsetneq \zeta \quad \text{et} \quad \bar{\mathcal{P}} = \zeta .$$

§ 2. L'aspect fonctionnel.

On considère dorénavant chaque élément de $\mathcal{P}$ comme un élément de $\mathcal{F}(\mathbb{R},\mathbb{C})$. De ce point de vue, on a :

$$\mathcal{P} \subset C^{\infty} .$$

Si $\mathcal{P}_n$ désigne l'espace vectoriel des polynômes de degré au plus égal à n, on a :

$$\mathcal{P}_0 \subset \mathcal{P}_1 \subset \ldots \subset \mathcal{P}_n \subset \mathcal{P}_{n+1} \subset \ldots$$

$$\mathcal{P} = \bigcup_{n \geq 0} \mathcal{P}_n .$$

Chaque $\mathcal{P}_n$ est muni de sa topologie naturelle qui en fait un espace de Banach et la topologie de $\mathcal{P}_n$ est identique à celle induite par la topologie de $\mathcal{P}_{n+1}$. Une topologie naturelle pour $\mathcal{P}$ est donc la topologie limite stricte des topologies des espaces $\mathcal{P}_n$. L'espace $\mathcal{P}$ devient ainsi un L.F. (limite inductive stricte de Fréchet). Dans la suite, l'espace $\mathcal{P}$ sera toujours muni de cette topologie. On a alors

(2.1) $$\mathcal{P} \subsetneq \varepsilon$$

(2.2) $$\bar{\mathcal{P}} = \varepsilon$$

où ε désigne C^{∞} muni de la topologie de la convergence uniforme sur tout compact, définie par la famille de semi-normes :

$$\|\varphi\|_{n,K} = \max_{\nu \leq n} \max_{x \in K} |\varphi^{(\nu)}(x)| .$$

Pour démontrer la relation (2.1), il suffit de voir que la restriction à chaque $\mathcal{P}_n$ de l'injection de $\mathcal{P}$ dans ε est continue. Or en notant :

$$p(x) = \sum_{\nu=0}^{n} a_{n\nu}\, x^{\nu} ,$$

pour chaque compact K et chaque entier $m \geq 0$, il existe $B_m(K) > 0$ tel que

$$\|p\|_{m,K} \leq B_m(K) \sum_{\nu=0}^{n} |a_{n,\nu}|$$

Démontrons (2.2). Soit $u \in \varepsilon'$ telle que $< u,x^n > = 0$, $\forall\, n \geq 0$. Considérons l'image de Fourier de u :

$$\begin{aligned}\mathcal{F}(u)(a) &= < u_x \,,\, e^{-2i\pi ax} > \\ &= < u_x \,,\, \sum_{\nu\geq 0} (-1)^\nu \frac{(2i\pi ax)^\nu}{\nu!} > \\ &= \sum_{\nu\geq 0} (-1)^\nu \frac{(2i\pi a)^\nu}{\nu!} < u_x, x^\nu > = 0\end{aligned}$$

car $\sum_{\nu=0}^{n} (-1)^\nu \frac{(2i\pi ax)^\nu}{\nu!}$ converge dans ε lorsque $n \to +\infty$.

Donc $\mathcal{F}(u)(a) = 0$ pour chaque $a \in \mathbb{R}$, ce qui implique $u = 0$. On déduit de (2.1) et (2.2) :

(2.3) $$\varepsilon' \underset{\to}{\subsetneq} \mathcal{P}' .$$

De façon plus détaillée, on a :

(2.4) $$\mathcal{D} \underset{\to}{\subsetneq} L^\infty_c \underset{\to}{\subsetneq} L^p_c \underset{\to}{\subsetneq} L^1_c \underset{\to}{\subsetneq} \varepsilon'_0 \underset{\to}{\subsetneq} \varepsilon'_m \underset{\to}{\subsetneq} \varepsilon' \underset{\to}{\subsetneq} \mathcal{P}'$$

où $\mathcal{D}$ désigne C^∞_0 muni de sa topologie naturelle et L^p_c $(1 \leq p \leq +\infty)$ est l'espace vectoriel des fonctions à support compact de puissance p sommable.

C'est un premier ensemble de sous-espaces de $\mathcal{P}'$: toutes les distributions à support compact.

La forme linéaire associée aux polynômes de Jacobi se trouve dans L^1_c ; la forme linéaire associée aux polynômes de type Jacobi, en particulier celle associée aux polynômes de Krall se trouve dans ε'_0 [4].

Il est possible d'allonger la chaîne (2.4) d'un élément. Soit E l'espace vectoriel de C^∞ des fonctions qui se prolongent dans $\mathbb{C}$ en une fonction entière. On a :

$$\mathcal{P} \underset{\to}{\subsetneq} E \underset{\to}{\subsetneq} \varepsilon$$

où on a muni E de la topologie induite par celle de ε . On a $\overline{E} = \varepsilon$ en vertu de (2.2) et $\overline{\mathcal{P}} = E$ de sorte que :

(2.5) $$\varepsilon' \underset{\to}{\subsetneq} E' \underset{\to}{\subsetneq} \mathcal{P}' .$$

Soit δ la distribution de Dirac définie par :

$$< \delta,\varphi > = \varphi(0) \quad , \quad \varphi \in \varepsilon .$$

Notons Δ le sous-espace vectoriel de ε' engendré par $\{D^n\delta\}_{n\geq 0}$. Il est clair que l'opérateur de Fourier est un isomorphisme algébrique de $\mathcal{P}$ sur Δ :

$$\mathcal{F}(\mathcal{P}) = \Delta \quad \text{et} \quad \mathcal{P} = \mathcal{F}(\Delta) .$$

On munit Δ de la topologie image réciproque par $\mathcal{F}$ de la topologie de $\mathcal{P}$: Δ devient ainsi un L.F. et $\mathcal{F}$ est un isomorphisme topologique de $\mathcal{P}$ sur Δ. On a

(2.6) $$\Delta \underset{\rightarrow}{\subsetneq} \varepsilon' .$$

D'autre part, soit $\mathcal{O}$ le sous-espace vectoriel de ε des fonctions qui sont images de Fourier d'un élément de ε' :

$$\mathcal{F}(\varepsilon') = \mathcal{O} \quad \text{et} \quad \varepsilon' = \mathcal{F}(\mathcal{O}) .$$

On munit $\mathcal{O}$ de la topologie image réciproque par $\mathcal{F}$ de la topologie duale forte de ε' (ε'_b) : la topologie de $\mathcal{O}$ est plus fine que celle induite par la topologie de ε. On sait que chaque élément de $\mathcal{O}$ se prolonge dans $\mathbb{C}$ en une fonction entière ; on a donc, selon (2.6) :

$$\mathcal{P} \underset{\rightarrow}{\subsetneq} \mathcal{O} \underset{\rightarrow}{\subsetneq} E .$$

Mais $\overline{\mathcal{P}} \subset \mathcal{O}$ strictement, car

$$\mathcal{F}(\overline{\mathcal{P}}) = \overline{\mathcal{F}(\mathcal{P})} = \overline{\Delta} = \Delta \subset \varepsilon' .$$

Il en résulte que $\mathcal{O}'$ n'est pas contenu dans $\mathcal{P}'$ et que $\mathcal{P}$ muni de la topologie induite par celle de $\mathcal{O}$, noté $\mathcal{P}_{\mathcal{O}}$, est fermé dans $\mathcal{O}$. On a donc :

(2.7) $$E' \underset{\rightarrow}{\subsetneq} \mathcal{P}'_{\mathcal{O}} \underset{\rightarrow}{\subsetneq} \mathcal{P}' .$$

§ 3. La transformée de Fourier d'un élément de $\mathcal{P}'$.

Notons S l'espace vectoriel des fonctions de C^∞ à décroissance rapide ainsi que chacune de leurs dérivées, c'est-à-dire telles que :

$$\varphi \in S \iff \forall\, m, \mu \in N , \quad \sup_{x \in \mathbb{R}} |x^m D^\mu \varphi(x)| < +\infty .$$

La topologie naturelle de S peut être définie par la famille suivante de semi-normes :

(3.1) $$q_{m,n}(\varphi) = \max_{\nu \leq n} \int |x^m \varphi^{(\nu)}(x)|dx \quad , \quad m,n \geq 0 .$$

Soit Z le sous-espace vectoriel de S des fonctions telles que

$$\mathcal{F}(Z) = \mathcal{D} .$$

Le sous-espace Z est muni de la topologie image réciproque par $\mathcal{F}$ de celle de $\mathcal{D}$, de sorte que $\mathcal{F}(\mathcal{D}') = Z'$ (ultradistributions). On a :

(3.2) $$Z \underset{\rightarrow}{\subsetneq} \mathcal{O} \underset{\rightarrow}{\subsetneq} \varepsilon$$

(3.3) $$Z \underset{\rightarrow}{\subsetneq} S \underset{\rightarrow}{\subsetneq} \varepsilon$$

où les injections sont à image dense, et donc :

(3.4) $\varepsilon' \underset{\to}{\subsetneq} \mathcal{O}' \underset{\to}{\subsetneq} Z'$ (3.5) $\varepsilon' \underset{\to}{\subsetneq} S' \underset{\to}{\subsetneq} Z'$.

On a aussi

(3.6) $Z \underset{\to}{\subsetneq} \mathcal{O} \underset{\to}{\subsetneq} Z'$ (3.7) $Z \underset{\to}{\subsetneq} \mathcal{O}' \underset{\to}{\subsetneq} Z'$.

Montrons maintenant que $\overline{\Delta} = Z'_\sigma$.

Soit $u \in (Z'_\sigma)' = Z$ telle que $< u,v > = 0$, $\forall\, v \in \Delta$, c'est-à-dire $< u , D^n \delta > = 0$, $\forall\, n \geq 0$. Or il existe $\psi \in C_0^\infty$ telle que $u = \mathcal{F}(\psi)$ et ainsi :

$$< \mathcal{F}(\psi) \, , D^n \delta > = 0 \quad , \quad \forall\, n \geq 0$$

soit

$$< \mathcal{F}(D^n \delta) \, , \psi > = 0 \quad , \quad \forall\, n \geq 0 \, .$$

Finalement : $$< x^n , \psi > = 0 = \int_K x^n \psi(x)dx \quad , \quad \forall\, n \geq 0$$

ce qui entraîne $\psi = 0$ et donc $u = 0$.

On en déduit :

(3.8) $$Z \underset{\to}{\subsetneq} \Delta' \, .$$

On a aussi

(3.9) $$\overline{Z} = \Delta'_\sigma$$

car cette relation est équivalente à $\Delta \underset{\to}{\subsetneq} Z'$ qui est réalisée. On peut maintenant définir la transformée de Fourier d'un élément de $\mathcal{P}'$. On a vu que $\overline{\mathcal{F}} \in \mathrm{Isom}(\mathcal{P},\Delta)$ et donc ${}^t\overline{\mathcal{F}} \in \mathrm{Isom}(\Delta',\mathcal{P}')$ c'est-à-dire :

$$< {}^t\overline{\mathcal{F}}(u),p > = < u,\overline{\mathcal{F}}(p) > \quad , \quad u \in \Delta' \, , \, p \in \mathcal{P} \, .$$

En particulier, pour $u \in Z$, on a :

$$< u \, , \overline{\mathcal{F}}(p) > = < \overline{\mathcal{F}}(u) \, , p >$$

et donc :

$$ {}^t\overline{\mathcal{F}}(u) = \overline{\mathcal{F}}(u) \quad , \quad \forall\, u \in Z \, .$$

Mais d'après (3.9) et compte tenu de ${}^t\overline{\mathcal{F}} \in \mathrm{Isom}(\Delta'_\sigma , \mathcal{P}'_\sigma)$, on a

$$ {}^t\overline{\mathcal{F}} = \overline{\mathcal{F}} \quad \text{sur} \quad \Delta' \, .$$

Ainsi $\overline{\mathcal{F}}$ est un isomorphisme topologique de Δ' sur $\mathcal{P}'$ et on a :

(3.10) $$\overline{\mathcal{F}}(\Delta') = \mathcal{P}' \quad ; \quad \mathcal{F}(\mathcal{P}') = \Delta' \, .$$

On peut donc définir la transformée de Fourier d'un élément de $\mathcal{P}'$ par transposition :

$$< \mathcal{F}(u) \, , v > = < u \, , \, \mathcal{F}(v) > \quad , \quad u \in \mathcal{P}' \, , \, v \in \Delta \, .$$

De (3.10), on déduit :

(3.11) $$Z \underset{\to}{\subsetneq} \mathcal{O} \underset{\to}{\subsetneq} \Delta' \, .$$

§ 4. L'espace $\mathcal{O}_M$.

Définissons le produit de convolution d'un élément de $\mathcal{P}'$ et d'un élément de $\mathcal{P}$ par :

$$v \star p(x) = < v_y \, , \, p(x-y) > \quad , \quad v \in \mathcal{P}' \, , \, p \in \mathcal{P} \, .$$

Lorsque $p \in \mathcal{P}_n$, alors $v \star p \in \mathcal{P}_n$; de plus, $p \to v \star p \in \mathcal{L}(\mathcal{P},\mathcal{P})$, car

$$\|v\star p\| \leqslant \|p\| \; n! \sum_{\mu=0}^{n} \frac{|< v,y^{\mu} >|}{\mu!}$$

où $p(x) = \sum_{\nu=0}^{n} a_{n\nu} x^{\nu}$ et $\|p\| = \max_{0\leqslant\nu\leqslant n} |a_{n\nu}|$.

On peut ainsi définir le produit de convolution de deux éléments de $\mathcal{P}'$ par :

$$< u\star v , p > = < u , \check{v}\star p > \quad , \quad u,v \in \mathcal{P}' \; , \; p \in \mathcal{P}$$

et $u \star v \in \mathcal{P}'$.

Soit $C_\star$ l'espace vectoriel des fonctions continues à décroissance rapide, qui s'injecte dans $\mathcal{P}'$: cet espace vectoriel n'est pas réduit à $\{0\}$, car $C_0^\infty \subset C_\star$. Lorsque $u,v \in C_\star$, alors $u \star v \in C_\star$ où $u \star v$ désigne le produit ordinaire de convolution.

Notons $S_\star$ le sous-espace vectoriel de S contenu dans $C_\star$; on munit $S_\star$ de la topologie induite par celle de S . Si on désigne par E_s le sous-espace vectoriel de S des éléments qui se prolongent dans $\mathbb{C}$ en une fonction entière et $\hat{E}_s$ son image de Fourier, on a :

$$\hat{E}_s \underset{\to}{\subsetneq} S_\star$$

car de $\overline{E}_s = S$, on a $\overline{\hat{E}}_s = S$ et donc $\mathcal{P} \underset{\to}{\subsetneq} S' \underset{\to}{\subsetneq} \hat{E}'_s$. De plus : $\overline{\mathcal{P}} = (\hat{E}_s)'_\sigma$,

car soit $u \in (\hat{E}_s)'_\sigma = \hat{E}_s$ tel que $< u,x^n > = 0$, $\forall\, n \geqslant 0$. Il existe $v \in E_s$ telle que $\hat{v} = u$, d'où $< u,x^n > = < v,\mathcal{F}(x^n) >$, ce qui entraîne $< v,D^n \delta > = 0$, $n \geqslant 0$, c'est-à-dire $v^{(n)}(0) = 0$, $n \geqslant 0$ et donc $v = 0$, soit $u = 0$. D'où $\hat{E}_s \underset{\to}{\subsetneq} \mathcal{P}'$.

Remarque : La forme linéaire associée aux polynômes d'Hermite est dans $\hat{E}_s$ [5] [6]. Introduisons maintenant le sous-espace vectoriel, noté $\mathcal{O}_M$, des fonctions de C^∞ à croissance polynomiale ainsi que chacune de leurs dérivées. On munit $\mathcal{O}_M$ de la topologie définie par la famille suivante de semi-normes :

$$(4.1) \qquad P_{\omega,n}(f) = \max_{\nu\leqslant n} \int |\omega(x)| \; |f^{(\nu)}(x)| dx \quad , \quad n \in \mathbb{N} \; , \; \omega \in C_\star \; .$$

On a

$$(4.2) \qquad S \underset{\to}{\subsetneq} \mathcal{O}_M \underset{\to}{\subsetneq} \varepsilon \; .$$

Car si $f \in S$: $p_{\omega,n}(f) \leqslant \|\omega\|_\infty \, q_{o,n}(f)$

et si $f \in \mathcal{O}_M$, on a, de l'identité suivante :

$$f(x)\, e^{-x^2} = f(a)\, e^{-a^2} + \int_a^x (f(\xi)\, e^{-\xi^2})'\, d\xi$$

$$|f(x)| \leqslant e^{x^2} \int_{-\infty}^{x} (|f'(\xi)| + 2|\xi f(\xi)|) e^{-\xi^2}\, d\xi \; .$$

Or, à chaque $0 < r < 1$, on peut associer $b_r > 0$ tel que

$$|x|e^{-x^2} \leqslant b_r\, e^{-rx^2} \quad , \quad x \in \mathbb{R} ,$$

de sorte que :

$$|f(x)| \leqslant C_r\, e^{x^2} \max_{0\leqslant\mu\leqslant 1} \int |f^{(\mu)}(\xi)|\, e^{-r\xi^2}\, d\xi \quad ,$$

d'où, pour un compact K quelconque :

$$\max_{\nu\leqslant n} \max_{x\in K} |f^{(\nu)}(x)| \leqslant B_r(K) \max_{\mu\leqslant n+1} \int_{-\infty}^{+\infty} |f^{(\mu)}(\xi)|\, e^{-r\xi^2}\, d\xi \ .$$

D'autre part, on a $\overline{\mathcal{O}}_M = \varepsilon$ et donc $\varepsilon' \subsetneq \mathcal{O}'_M$. Ensuite : $\mathcal{O}_M \subsetneq (S'_\star)_\sigma$ car $f \in \mathcal{O}_M$ définit $u(f) \in S'_\star$ par

$$< u(f) , \varphi > = \int f(x)\, \varphi(x) dx \quad , \quad \varphi \in S_\star \ .$$

Cette application est injective et vérifie $|< u(f) , \varphi >| \leqslant P_{\varphi,o}(f)$.
On a également $\overline{\mathcal{O}}_M = (S'_\star)_\sigma$ de sorte que $S_\star \subsetneq \mathcal{O}'_M$.

L'intérêt d'introduire $\mathcal{O}_M$ réside dans le fait que $\mathcal{P} \subsetneq \mathcal{O}_M$. Car si $p \in \mathcal{P}_n$ et $p(x) = \sum_{\nu=0}^{n} a_{n\nu}\, x^\nu$, on a $p_{\omega,m}(p) \leqslant B_{n,m}(\omega) \sum_{\nu=0}^{n} |a_{n\nu}|$. De plus :

$$\overline{\mathcal{P}} = \mathcal{O}_M \ . \tag{4.3}$$

Les paragraphes suivants préparent la démonstration de (4.3).

§ 5. Le produit de convolution.

Définissons le produit de convolution d'un élément de $\mathcal{O}'_M$ et d'un élément de $\mathcal{O}_M$ par :

$$u\star\varphi(x) = < u_y , \varphi(x-y) > \quad , \quad u \in \mathcal{O}'_M , \varphi \in \mathcal{O}_M \ . \tag{5.1}$$

Lemme 5.1. *On a* $\varphi \to u\star\varphi \in \mathcal{L}(\mathcal{O}_M , \mathcal{O}_M)$.

Le fait que $u\star\varphi \in \mathcal{O}_M$ sera démontré dans le lemme 6.1. On a donc :

$$D(u\star\varphi(x)) = < u_y, D_x\, \varphi(x-y) > = - < u_y, D_y\, \varphi(x-y) > = < Du_y, \varphi(x-y) >$$

et ainsi

$$D^n(u\star\varphi) = D^n\, u\star\varphi = u\star D^n\, \varphi \quad , \quad n \geqslant 0 \ .$$

Il reste à voir que $\varphi \to u\star\varphi$ est continue de $\mathcal{O}_M$ dans lui-même. Considérons :

$$P_{\chi,n}(u\star\varphi) = \max_{\nu\leqslant n} \int |\chi(x)|\, |D^\nu\, u\star\varphi(x)| dx$$

Or il existe $C_\nu(u) > 0$, $m_\nu \geqslant 0$ et $\omega_\nu \in C_\star$ tels que :

$$|D^\nu\, u\star\varphi(x)| \leqslant C_\nu(u)\, P_{\omega_\nu,m_\nu}(\tau_\chi\, \check{\varphi}) \qquad (\tau_\chi = \text{translation})$$

de sorte que :

$$P_{\chi,n}(u\star\varphi) \leqslant C(u)\, P_{\sigma,m}(\varphi)$$

où $C(u) = \max_{\nu\leqslant n} C_\nu(u)$; $m = \max_{\nu\leqslant n} m_\nu$; $\sigma = (\sum_{\nu=0}^{n} |\check{\omega}_\nu|) \star |\chi| \in C_\star$.

On peut ainsi définir le produit de convolution de deux éléments de $\mathcal{O}'_M$ par :

(5.2) $$< v\star u , \varphi > = < v , \check{u}\star \varphi > \quad , \quad u,v \in \mathcal{O}'_M \quad , \quad \varphi \in \mathcal{O}_M \, .$$

En posant $\varphi\star u(x) = < \check{\varphi}'' , \tau_{-x} u >$ où $\varphi \to \varphi''$ est l'injection canonique de $\mathcal{O}_M$ dans $\mathcal{O}''_M$, on voit que $\varphi\star u = u\star\varphi$ et alors le produit (5.1) vérifie :

(5.3) $$< u\star\varphi , \psi > = < u , \check{\varphi}\star\psi > \quad , \quad u \in \mathcal{O}'_M \, , \varphi \in \mathcal{O}_M \, , \psi \in S \, .$$

Lemme 5.2. *Si* $u \in \mathcal{O}'_M$ *et* $\varphi \in S$ *, alors* $\varphi \to u\star\varphi \in \mathcal{L}(S,S)$.

Démonstration analogue à la précédente.

Lemme 5.3. *Soit* $K \in S$ *telle que* $\int K(x)dx = 1$. *Posons* $K_\nu(x) = \nu K(\nu x)$ *pour* $\nu \geq 1$. *Alors pour chaque* $\psi \in \mathcal{O}_M$, $K_\nu \star \psi \to \varphi$ *dans* $\mathcal{O}_M$ *lorsque* $\nu \to +\infty$.

Posons $f_\nu(x) = K_\nu\star\psi(x) - \psi(x)$. On a

$$P_{\omega,n}(f_\nu) \leq \int |K(t)| \; \Delta(\tfrac{t}{\nu})dt$$

où

$$\Delta(\tfrac{t}{\nu}) = \max_{\mu\leq n} \int |\omega(x)| \; |D^\mu \psi(x - \tfrac{t}{\nu}) - D^\mu \varphi(x)| dx \, .$$

Or il existe $B > 0$ et $\tau \geq 0$ tels que :

$$|D^\mu \varphi(u)| \leq B(1 + u^2)^\tau \quad , \quad 0 \leq \mu \leq n$$

d'où l'existence de $A_1, A_2 > 0$ tels que :

$$|D^\mu \psi(x - \tfrac{t}{\nu}) - D^\mu \psi(x)| \leq A_1(1 + 2x^2)^\tau + A_2 \, t^{2\tau} \, , \, 0 \leq \mu \leq n \, , \, \forall \, \nu \geq 1 \, .$$

Le premier membre tend vers zéro lorsque $\nu \to +\infty$ pour chaque $x,t \in \mathbb{R}$, $0 \leq \mu \leq n$, et donc $\Delta(\frac{t}{\nu}) \to 0$ pour chaque $t \in \mathbb{R}$, d'après le théorème de Lebesgue. De plus :

$$\Delta(\tfrac{t}{\nu}) \leq A_1 \int |\omega(x)| (1 + 2x^2)^\tau \, dx + A_2 \|\omega\|_1 \, t^{2\tau}$$

et donc $P_{\omega,n}(f_\nu) \to 0$ lorsque $\nu \to +\infty$, toujours d'après le théorème de Lebesgue.

Corollaire. *Pour chaque* $u \in \mathcal{O}'_M$ *, on a* $u\star K_\nu \to u$ *lorsque* $\nu \to +\infty$ *dans* $\mathcal{O}'_M$ *dual faible.*

D'après (5.2) et le lemme précédent.

Lemme 5.4. *On a* $\mathfrak{T} = \mathcal{O}_M$.

Soit $\psi \in \mathcal{O}_M$, considérons la suite $f_\nu(x) = e^{-\frac{x^2}{\nu}} (K_\nu \star \psi)(x)$, $\nu \geq 1$. Puisque $K_\nu\star\psi \in \mathcal{O}_M$, on a $f_\nu \in S$. On a :

$$D^m(f_\nu(x) - \psi(x)) = \sum_{\mu=0}^{m} C_m^\mu \, D^\mu(e^{-\frac{x^2}{\nu}}) D^{m-\mu}(K_\nu \star \psi(x) - \psi(x))$$

$$+ \sum_{\mu=0}^{m} C_m^\mu \, D^\mu(e^{-\frac{x^2}{\nu}} - 1) \, D^{m-\mu}\psi(x)$$

d'où pour $\omega \in C_\star$:

$$\int |\omega(x)|\ |D^m(f_\nu(x)-\psi(x))|dx \leq \sum_{\mu=0}^{m} C_m^\mu \frac{1}{\nu^{\mu/2}}\int |\omega(x)||H_\mu(\frac{x}{\sqrt{\nu}})||D^{m-\mu}(K_\nu \star \psi-\psi)(x)|dx$$

$$+ \int |\omega(x)|(1-e^{-\frac{x^2}{\nu}})|D^m\psi(x)|dx + \sum_{\mu=1}^{m} C_m^\mu \frac{1}{\nu^{\mu/2}} \int |\omega(x)||H_\mu(\frac{x}{\sqrt{\nu}})||D^{m-\mu}\psi(x)|dx$$

car
$$D^\mu(e^{-\frac{x^2}{\nu}}) = \frac{(-1)^\mu}{\nu^{\mu/2}} e^{-\frac{x^2}{\nu}} H_\mu(\frac{x}{\sqrt{\nu}}) .$$

Il est évident d'après le lemme 5.3 que $P_{\omega,n}(f_\nu-\psi) \to 0$ lorsque $\nu \to +\infty$. D'où le corollaire :

<u>Proposition 5.1</u>. *On a* $\mathcal{O}_M' \subsetneq S'$.

<u>Remarque</u>. En fait, on a $\mathcal{O}_M' \subsetneq \mathcal{O}_c'$ où $\mathcal{O}_c'$ désigne le sous-espace vectoriel de S' des éléments u (convoleurs de S) tels que :

$$\varphi \to u\star\varphi \in \mathcal{L}(S,S) .$$

§ 6. La transformée de Fourier d'un élément de $\mathcal{O}_M'$.

On définit la transformée de Fourier de $u \in \mathcal{O}_M'$ de la même façon qu'on peut le faire pour un élément de ε'.

Pour cela, considérons $(x,y) \to \varphi(x,y) \in \mathcal{O}_M(\mathbb{R}^2)$, $u \in \mathcal{O}_M'(\mathbb{R})$ et soit :

$$\Phi(x) = < u_y , \varphi(x,y) >$$

<u>Lemme 6.1</u>. *Pour chaque* $u \in \mathcal{O}_M'$, *on a* $\Phi \in \mathcal{L}(\mathcal{O}_M(\mathbb{R}^2) , \mathcal{O}_M(\mathbb{R}))$.

Montrons d'abord que $\Phi \in C^\infty$. On a :

$$\int |\omega(y)|D^\mu\Delta_h(y)|dy \leq |h|\int |\omega(y)|dy\int_0^1 |D_y^\mu D_x^2 \varphi(x+h\tau,y)|d\tau \quad , \quad |h| \leq 1$$

où

$$\Delta_h(y) = \frac{1}{h}(\varphi(x+h,y) - \varphi(x,y) - \varphi_x'(x,y) = h\int_0^1 (1-h\tau)\ \varphi''_{x^2}(x+h\tau,y)d\tau .$$

Or il existe $B > 0$ et $p \geq 0$ tels que :

$$|D_y^\mu D_x^2 \varphi(x+h\tau,y)| \leq B(3+2x^2+y^2)^p \quad , \quad 0 \leq \mu \leq n$$

et donc $P_{\omega,n}(\Delta_h) \to 0$ lorsque $h \to 0$, pour chaque $x \in \mathbb{R}$. On a ainsi :

$$D^\mu\ \Phi(x) = < u_y , D_x^\mu\ \varphi(x,y) > .$$

Il existe donc $c(u) > 0$ et $\omega \in c_\star$, $n \geq 0$ tels que pour chaque $m \in \mathbb{N}$:

$$|D^\mu\ \Phi(x)| \leq c(u) \max_{\nu\leq n} \int |\omega(y)||D_x^\mu D_y^\nu \varphi(x,y)|dy \quad , \quad 0 \leq \mu \leq m$$

Ensuite, il existe $K > 0$ et $p \geq 0$ tels que

$$|D_x^\mu D_y^\nu \varphi(x,y)| \leq K(1+x^2+y^2)^p \quad , \quad 0 \leq \mu \leq m \ , \ 0 \leq \nu \leq n$$

d'où
$$|D^\mu\ \Phi(x)| \leq B_1 + B_2\ x^{2p} \quad , \text{ c'est-à-dire } \Phi \in \mathcal{O}_M .$$

Finalement, on a de ce qui précède

$$p_{\chi,m}(\Phi) \leq c(u)\ p_{\chi\otimes\omega,\ n+m}(\varphi) .$$

Définissons maintenant le produit direct de $u_x \in \mathcal{O}'_M(\mathbb{R}_x)$ et $v_y \in \mathcal{O}'_M(\mathbb{R}_y)$. D'après les résultats précédents, il existe $w_1, w_2 \in \mathcal{O}'_M(\mathbb{R}^2)$ tels que :

$$\begin{matrix} < w_1, \varphi > = < u_x , < v_y , \varphi(x,y) > > \\ < w_2, \varphi > = < v_y , < u_x , \varphi(x,y) > > \end{matrix} \quad , \quad \varphi \in \mathcal{O}_M(\mathbb{R}^2)$$

Si on montre que $w_1 = w_2 = w$, on écrira $w = u \otimes v$. Or l'égalité est vraie actuellement lorsque $u_x \in S(\mathbb{R}_x)$ et $v_y \in S(\mathbb{R}_y)$. On en déduit :

<u>Proposition 6.1</u>. *Pour chaque* $u, v \in \mathcal{O}'_M(\mathbb{R})$, *on a* :

$$< w_1, \varphi > = < w_2, \varphi > \quad , \quad \varphi \in \mathcal{O}_M(\mathbb{R}^2) \ .$$

Soit $p \in S(\mathbb{R}_x)$ et $q \in S(\mathbb{R}_y)$ vérifiant les conditions du lemme 5.3 ; on a

$$< u_\nu(x) , < v_\mu(y), \varphi(x,y) \gg \; = \; < v_\mu(y) , < u_\nu(x), \varphi(x,y) \gg$$

où on a posé $u_\nu(x) = u \star p_\nu(x)$, $v_\mu(y) = v \star q_\mu(y)$.

Or $< v_\mu(y), \varphi(x,y) > = < v(y), \check{q}_\mu \star \varphi_x(y) > \underset{\mu \to \infty}{\to} < v(y), \varphi_x(y) >$ et il existe $K_1, K_2 > 0$, $p \geqslant 0$ tels que :

$$|< v_\mu(y), \varphi(x,y) >| \leqslant K_1 + K_2(1+x^2)^p \quad , \quad \forall \mu \geqslant 1$$

de sorte que, lorsque $\mu \to +\infty$.

$$< u_\nu(x) \ , < v(y) \ , \varphi(x,y) \gg \; = \; < v(y) \ , < u_\nu(x) \ , \varphi(x,y) \gg \ .$$

D'autre part, on peut voir facilement que $\check{p}_\nu \star \varphi_y(x) \to \varphi(x,y)$, $\nu \to +\infty$ dans $\mathcal{O}_M(\mathbb{R}^2)$ et ainsi $< u(x) , \check{p}_\nu \star \varphi_y(x) > \to < u(x) , \varphi(x,y) >$, $\nu \to +\infty$ dans $\mathcal{O}_M(\mathbb{R}_y)$ d'après le lemme 6.1, d'où le résultat.

On peut maintenant définir la transformée de Fourier de $u \in \mathcal{O}'_M$:

$$\mathcal{F}(u)(x) = < u_y , e^{-2i\pi xy} > .$$

La fonction $(x,y) \to e^{-2i\pi xy}$ est dans $\mathcal{O}_M(\mathbb{R}^2)$ et donc $\mathcal{F}(u) \in \mathcal{O}_M$.

On vérifie, à l'aide de la proposition 6.1 que $\mathcal{F}(u)$ ainsi définie coïncide bien avec la transformée de Fourier de u comme élément de S' .

<u>Lemme 6.2</u>. *Pour chaque* $u \in \mathcal{O}'_M$, *on a* $\varphi \to u \star \varphi \in \mathcal{L}(S_\star, S_\star)$.

Soit $\varphi \in S_\star$ et $u \in \mathcal{O}'_M$, alors $u \star \varphi \in S$ et $\mathcal{F}(u \star \varphi) \in S$. Mais $\mathcal{F}(u \star \varphi) = \mathcal{F}(u)\ \mathcal{F}(\varphi)$ et $\mathcal{F}(u) \in \mathcal{O}_M$, $\mathcal{F}(\varphi) \in \Delta'$, puisque $\varphi \in \mathcal{P}'$. Or $\psi\, v \in \Delta'$ pour chaque $\psi \in C^\infty$ et $v \in \Delta'$ car $\psi\, D^n\, \delta \in \Delta$, $\forall\, n \geqslant 0$. Et donc $\mathcal{F}(u \star \varphi) \in \Delta'$, ce qui entraîne $u \star \varphi \in \mathcal{P}'$, d'où le résultat d'après le lemme 5.2.

On peut maintenant énoncer :

<u>Théorème</u>. *On a* $\mathcal{O}'_M \subsetneq \mathcal{P}'$.

C'est la conséquence de $\overline{\mathcal{P}} = \mathcal{O}_M$. Car soit $u \in \mathcal{O}'_M$ tel que $< u, x^n > = 0$, $\forall n \geqslant 0$. D'autre part, soit $K \in S_\star$ telle que $\int K(x)dx = 1$ et $K_\nu(x) = \nu\, K(\nu x)$, $\nu \geqslant 1$. Alors $K_\nu \star x^n \in \mathcal{P}$ et donc $< u , K_\nu \star x^n > = 0$ c'est-à-dire $< u \star \check{K}_\nu , x^n > = 0$, $\forall\, n \geqslant 0$. D'après le lemme précédent, on a $u \star \check{K}_\nu \in S_\star$ et donc $u \star \check{K}_\nu = 0$, $\forall\, \nu \geqslant 1$, et donc $u = 0$ d'après le corollaire du lemme 5.3.

Conclusion : on a ainsi mis en évidence la chaîne suivante de sous-espaces de $\mathcal{P}'$:

$$\mathcal{D} \subsetneq \hat{E}_s \subsetneq S_\star \subsetneq C_\star \subsetneq \mathcal{O}'_M \subsetneq \mathcal{P}'_{\mathcal{O}} \subsetneq \mathcal{P}' \ .$$

Références.

[1] F. Trèves. Topological vector spaces, distributions and Kernels. Acad. Press. (1967).

[2] A.M. Krall. Orthogonal polynomials through moment generating functionals. SIAM. J. Math. Anal. 9 (1978), p. 600-603.

[3] R.D. Morton, A.M. Krall. Distributional weight functions for orthogonal polynomials. Ibid, p. 604-626.

[4] T.H. Koorwinder. Orthogonal polynomials with weight function $(1-x)^{\alpha}$ $(1+x)^{\beta}$ + $M\delta(x+1)$ + $N\delta(x-1)$. Canad. Math. Bull. 27 (2) (1984), p. 205-214.

[5] R. Askey, J. Wilson. A set of hypergeometric orthogonal polynomials. SIAM. J. Math. Anal. 13 (1982), p. 651-655.

[6] P. Nevai. Orthogonal polynomials associated with $\exp(-x^4)$. Canad. Math. Soc. Conf. Proc. 3 (1983), p. 263-285.

CHRISTOFFEL FORMULAS FOR N-KERNELS ASSOCIATED TO JORDAN ARCS

P.García-Lázaro and F.Marcellán
Departamento de Matemáticas
E.T.S. Ingenieros Industriales
Universidad Politécnica. Madrid (España)

Introduction.

It is well known that on the real line there exists a relationship known as the Theorem or formula of Christoffel-Darboux between the orthogonal polynomials associated with an m-distribution function and those associated with a new m-distribution, this new m-distribution resulting from a polynomic modification of the original function; thus for the n-Kernels the same representation is also valid since they constitute a sequence of orthogonal polynomials. (See [1]).

In considering Jordan curves in the complex plane, it is also known that the m-distribution function for which the n-Kernels form a sequence of orthogonal polynomials does not allows for a simple representation in terms of the original m-distribution function. (See [7]). At the same time, it has been shown that in particularly simple situations there exists no Christoffel-Darboux (C-D) representation for orthogonal polynomials in the traditional sense. A fact which prompts the study of explicit relationships among both the n-Kernels as well as the orthogonal polynomials which, from a computational point of view facilitates the calculations.

In another paper (See [3]), a direct method has been presented which allows one to obtain a generic polynomial from the new sequence of monic orthogonal polynomials (M.O.P.S.) in terms of the preceeding polynomials and of a determined number of polynomials of the initial sequence. Such method results inefficient from an operative point of view and therefore motivates one to translate the techniques employed by Gautschi (See [5]) on the real line to the curves of the complex plane. This enables a simple formula to construct the new sequence of orthogonal polynomials to be found, and further, confirms that the study of all polynomial modification is reduced to the iterative study of linear modifications.

In this paper, using simple techniques, an expression of the n-Kernel $K_n^{(h)}(z,y)$ in function of the $K_n(z,y)$ is obtained, the n-Kernels associated respectively with the m-distribution τ y σ, with $d\tau(z) = |A(z)|^2 d\sigma(z)$, where $A(z)$ is a monic complex polynomial and of h degree. This expression is none other that the formula of Christoffel for the n-Kernels which guarantees the existence of the recurrence formula for any pair of families of orthogonal polynomials joined by a polynomic modification.

1- C-D. Relation for the n-Kernels.

Given a Jordan curve γ, and an m-distribution $\sigma(z)$ on the curve under normal conditions, (See [2]), we define from $\sigma(z)$ the m-distribution $\tau(z)$ in the following sense: $d\tau(z)=|A(z)|^2 d\sigma(z)$, where $A(z) = \prod_{i=1}^{h}(z-\alpha_i)$ with $\alpha_i \neq \alpha_j$. Associated with the m-distribution $\tau(z)$ the following inner product is defined: $\langle z^i,z^j\rangle_\tau = \int_\gamma z^i \bar{z}^j |A(z)|^2 d\sigma(z) = \langle A(z)\, z^i, A(z)\, z^j\rangle_\sigma$ $\forall\, i,j \in \mathbb{N}$. We call $\{\hat{P}_n(z)\}$ the orthonormalized polynomial sequence (O.N.P.S) associated to $\sigma(z)$. We have:

$\{\tilde{P}_n(z)\}$ M.O.P.S. associated to $\sigma(z)$	$\{\tilde{Q}_n(z)\}$ M.O.P.S. associated to $\tau(z)$
$\{\hat{P}_n(z)\}$ O.N.P.S. " " "	$\{\hat{Q}_n(z)\}$ O.N.P.S. " " "
$M_n=(c_{ij})_{ij=0}^{n}$; $c_{ij}=\langle z^i,z^j\rangle_\sigma$	$M_n^{(h)}=(d_{ij})_{ij=0}^{n}$; $d_{ij}=\langle z^i,z^j\rangle_\tau$
$\Delta_n = \det M_n$	$\Delta_n^{(h)} = \det M_n^{(h)}$
$e_n = \Delta_n/\Delta_{n-1}$	$e_n^{(h)} = \Delta_n^{(h)}/\Delta_{n-1}^{(h)}$
$K_n(z,y)=\sum_{j=0}^{n} \hat{P}_j(z)\,\overline{\hat{P}_j(y)}$	$K_n^{(h)}(z,y)=\sum_{j=0}^{n} \hat{Q}_j(z)\,\overline{\hat{Q}_j(y)}$

Proposition-1: Given the curve γ and the $\sigma(z)$ m-distribution on such curve, the n-Kernels associated with the $\tau(z)$ m-distribution verify the following relationship:

$$A(z)\,\overline{A(y)}\,K_{n-h}^{(h)}(z,y)=\frac{1}{\det N_n}\begin{vmatrix} K_n(z,y) & K_n(z,\alpha_1) & \cdots & K_n(z,\alpha_h) \\ K_n(\alpha_1,y) & & & \\ \vdots & & N_n & \\ K_n(\alpha_h,y) & & & \end{vmatrix}$$

where

$$N_n = \begin{bmatrix} K_n(\alpha_1,\alpha_1) & \cdots\cdots & K_n(\alpha_1,\alpha_h) \\ \vdots & & \vdots \\ K_n(\alpha_h,\alpha_1) & \cdots\cdots & K_n(\alpha_h,\alpha_h) \end{bmatrix}$$

Proof. With respect to the inner product space $\{\Pi_n, \langle\ \rangle_\sigma\}$ (Π_n is the vector space of the polynomials of degree equal to or less than n) and the linear and continuous operator $A:\Pi - \Pi$ defined by $A(p(z)) = A(z)\,P(z)$, the orthogonal descomposition is $\Pi_n = A\Pi_{n-h} \oplus (A\Pi_{n-h})^{\perp n}$ $(n \geq h)$.

Thus, since $A(z)\overline{A(y)}\ K_{n-h}^{(h)}(z,y) - K_n(z,y) \in \Pi_n$, the following representation is obtained keeping in mind that $\{K_n(z,\alpha_i)\}_{i=1}^h$ is a basis of $(A\Pi_{n-h})^{\perp n}$:

$$A(z)\overline{A(y)}\ K_{n-h}^{(h)}(z,y) - K_n(z,y) = \sum_{j=0}^{n-h} \beta_j\ A\hat{Q}_j(z) + \sum_{j=1}^{h} \lambda_j\ K_n(z,\alpha_j) \quad (1)$$

Since $\langle AP(z), AQ(z)\rangle_\sigma = \langle P(z), Q(z)\rangle_\tau$, in order to determine the parameters it suffices to do the inner product in (1) with $A\hat{Q}_j(z)$ for $j = 0,1, \ldots, n-h$:

$$\langle A(z)\overline{A(y)}\ K_{n-h}^{(h)}(z,y),\ A\hat{Q}_j(z)\rangle_\sigma - \langle K_n(z,y),\ A\hat{Q}_j(z)\rangle_\sigma =$$

$$\overline{A(y)}\ \langle K_{n-h}^{(h)}(z,y),\ \hat{Q}_j(z)\rangle_\tau - \overline{A(y)\hat{Q}_j(y)} = \beta_j,$$

thus $\beta_j = 0$ with $j = 0,1,\ldots,n-h$.

On the other hand, in order to calculate the parameters $\{\lambda_i\}_{i=1}^h$, α_j is substituted for z with $j = 1,2,\ldots,h$, obtaining the following system of h equations with h unknowns:

$$-K_n(\alpha_i,y) = \sum_{j=1}^{h} \lambda_j\ K_n(\alpha_i,\alpha_j) \qquad i = 1,2,\ldots,h,$$

wich, in matrix form, can be expressed

$$\begin{bmatrix} -K_n(\alpha_1,y) \\ \vdots \\ -K_n(\alpha_h,y) \end{bmatrix} = N_n \begin{bmatrix} \lambda_1 \\ \vdots \\ \lambda_h \end{bmatrix}$$

Then, its solution is unique since the matrix N_n is regular (see [6]). Appliyng the Cramer's rule to resolve this system, we have:

$$\lambda_j = \frac{-1}{\det N_n} \begin{vmatrix} K_n(\alpha_1,\alpha_1)\ldots K_n(\alpha_1,\alpha_{j-1})\ K_n(\alpha_1,y)\ K_n(\alpha_1,\alpha_{j+1})\ldots\ K_n(\alpha_1,\alpha_h) \\ \cdots\cdots\cdots\cdots\cdots\cdots\cdots\cdots\cdots\cdots\cdots \\ K_n(\alpha_h,\alpha_1)\ldots K_n(\alpha_h,\alpha_{j-1})\ K_n(\alpha_h,y)\ K_n(\alpha_h,\alpha_{j+1})\ldots\ K_n(\alpha_h,\alpha_h) \end{vmatrix} \qquad (j=1,\ldots,h)$$

As a consequence, the formula (1) is as follows:

$$A(z)\overline{A(y)}\ K_{n-h}^{(h)}(z,y) = K_n(z,y) +$$

$$+ \frac{-1}{\det N_n} \sum_{j=1}^{h} \begin{vmatrix} K_n(\alpha_1,\alpha_1)\ldots K_n(\alpha_1,\alpha_{j-1})\ K_n(\alpha_1,y)\ K_n(\alpha_1,\alpha_{j+1})\ldots K_n(\alpha_1,\alpha_h) \\ \cdots\cdots\cdots\cdots\cdots\cdots\cdots\cdots\cdots\cdots\cdots \\ K_n(\alpha_h,\alpha_1)\ldots K_n(\alpha_h,\alpha_{j-1})\ K_n(\alpha_h,y)\ K_n(\alpha_h,\alpha_{j+1})\ldots K_n(\alpha_h,\alpha_h) \end{vmatrix}\ K_n(z,\alpha_j)$$

And, thus the aforementioned proposition is verified.

2- Recurrence Formulas.

From the formula (1), since $K_n^{(h)}(z,y) = \hat{Q}_n(z)\,\overline{\hat{Q}_n(y)} + K_{n-1}^{(h)}(z,y)$ and $A(y)$ is a monic polynomial of h degree, the first member of the equality can be expressed thusly:

$$A(z)\,\overline{A(y)}\,K_{n-h}^{(h)}(z,y) = \frac{1}{e_{n-h}^{(h)}}\,A(z)\,\overline{A(y)}\,\left[\tilde{Q}_{n-h}(z)\,\overline{\tilde{Q}_{n-h}(y)} + K_{n-h-1}^{(h)}(z,y)\right]$$
$$= \frac{1}{e_{n-h}^{(h)}}\,A(z)\,\tilde{Q}_{n-h}(z)\,\bar{y}^n + R_{n-1}(z,\bar{y}) \qquad (2)$$

where $R_{n-1}(z,\bar{y})$ represents a polynomial in z and in $\bar{y}$ whose highest degree is n-1 in $\bar{y}$. On the other hand the second member of (1) is expressed:

$$\frac{1}{\sqrt{e_n}\,\det N_n}\begin{vmatrix} \hat{P}_n(z) & K_n(z,\alpha_1)\ldots K_n(z,\alpha_h) \\ \hat{P}_n(\alpha_1) & \\ \vdots & N_n \\ \hat{P}_n(\alpha_h) & \end{vmatrix}\,\bar{y}^n + S_n(z,\bar{y}) \qquad (3)$$

with polynomial $S_n(z,\bar{y})$ in z and in $\bar{y}$ whose highest degree is n-1.

Identifying the terms which are multiplied by $\bar{y}^n$ in (2) and in (3) we obtain:

$$A(z)\,\tilde{Q}_{n-h}(z) = \frac{e_{n-h}^{(h)}}{\sqrt{e_n}\,\det N_n}\begin{vmatrix} \hat{P}_n(z) & K_n(z,\alpha_1)\ldots K_n(z,\alpha_h) \\ \hat{P}_n(\alpha_1) & \\ \vdots & N_n \\ \hat{P}_n(\alpha_h) & \end{vmatrix} \qquad (4)$$

Subtracting in the j+1 nth column of (4) the first multiplied by $\overline{\hat{P}_n(\alpha_j)}$ with j=1,2...h and developing the determinant through the first column we obtain:

$$\frac{e_n\,\det N_n}{e_{n-h}^{(h)}}\,A(z)\,\tilde{Q}_{n-h}(z) =$$

$$\tilde{P}_n(z)\,\det N_{n-1} + \sum_{j=1}^{h}(-1)^j\,\tilde{P}_n(\alpha_j)\begin{vmatrix} K_{n-1}(z,\alpha_1) & \cdots\cdots & K_{n-1}(z,\alpha_h) \\ \vdots & & \vdots \\ K_{n-1}(\alpha_{j-1},\alpha_1) & \cdots\cdots & K_{n-1}(\alpha_{j-1},\alpha_h) \\ K_{n-1}(\alpha_{j+1},\alpha_1) & \cdots\cdots & K_{n-1}(\alpha_{j+1},\alpha_h) \\ \vdots & & \vdots \\ K_{n-1}(\alpha_h,\alpha_1) & \cdots\cdots & K_{n-1}(\alpha_h,\alpha_h) \end{vmatrix} \qquad (5)$$

Further, identifying the coefficients of z^n in both members of formula

Taking $z=\alpha_i$ with $i=1,2...h$ we have $w_n^{(j}(\alpha_i)=\lambda_n^{(j}\tilde{P}_n(\alpha_i)+\mu_i^{(j}$, moreover:

$$\text{If } j \neq i \quad \mu_i^{(j} = -\lambda_n^{(j}\tilde{P}_n(\alpha_i)$$

$$\text{If } j = i \quad \mu_i^{(j} = 1-\lambda_n^{(j}\tilde{P}_n(\alpha_i)$$

Equally, $\lambda_n^{(j}$ is the coefficient of z^n in $w_n^{(j}(z)$ or:

$$\lambda_n^{(j} = \frac{(-1)^j}{\det N_n \sqrt{e_n}} \begin{vmatrix} \hat{P}_n(\alpha_1) & \cdots\cdots\cdots & \hat{P}_n(\alpha_h) \\ K_n(\alpha_1,\alpha_1) & \cdots\cdots\cdots & K_n(\alpha_1,\alpha_h) \\ \vdots & & \vdots \\ K_n(\alpha_{j-1},\alpha_1) & \cdots\cdots\cdots & K_n(\alpha_{j-1},\alpha_h) \\ K_n(\alpha_{j+1},\alpha_1) & \cdots\cdots\cdots & K_n(\alpha_{j+1},\alpha_h) \\ \vdots & & \vdots \\ K_n(\alpha_h,\alpha_1) & \cdots\cdots\cdots & K_n(\alpha_h,\alpha_h) \end{vmatrix} \tag{10}$$

Subtracting the first row, multiplied by $\overline{\hat{P}_n(\alpha_j)}$ from the j+1 nth row and, developing the determinant through its first row the result is multiplied and divided by $\det N_{n-1}$, realizing that $\frac{e_{n-h}^{(h)}}{e_n} = \frac{\det N_n}{\det N_{n-1}}$:

$$\lambda_n^{(j} = \frac{-1}{e_{n-h}^{(h)}} \sum_{k=1}^{h} \overline{\tilde{P}_n(\alpha_k)}\, m_{jk}^{(n-1)} \tag{11}$$

The formula (9) remains, thusly:

$$w_n^{(j}(z) = w_{n-1}^{(j}(z) + \lambda_n^{(j}\left[\tilde{P}_n(z) - \sum_{i=1}^{h} \tilde{P}_n(\alpha_i)\, w_{n-1}^{(i}(z)\right] \tag{12}$$

Another way to obtain the $\{\tilde{Q}_n(z)\}$ sequence in a recurrent form is to substitute (6) for (12) obtaining:

$$w_n^{(j}(z) = \lambda_n^{(j} A(z)\, \tilde{Q}_{n-h}(z) + w_{n-1}^{(j}(z) \tag{13}$$

Further, since $w_{h-1}^{(j}(z)$ are the polynomical coefficients of the Lagrange interpolation polynomial in $\alpha_1 \ldots \alpha_h$, the parameter $\lambda_h^{(j}$ is easily determined. Such that from (13) we calculate directly $w_h^{(j}$, allowing us to express, such formula (6):

$$A(z)\, \tilde{Q}_1(z) = \tilde{P}_{h+1}(z) - \sum_{i=1}^{h} \tilde{P}_{h+1}(\alpha_i)\, w_h^{(i}(z)$$

Reiterating the process according to the recurrent scheme which follows, the sequence $\{\tilde{Q}_n(z)\}$ is obtained.

$$w_{n+1}^{(i}(z) = \lambda_{n+1}^{(i} A\tilde{Q}_{n-h+1}(z) + w_n^{(i}(z)$$

$$A\tilde{Q}_{n-h+2}(z) = \tilde{P}_{n+2}(z) - \sum_{i=1}^{h} \tilde{P}_{n+2}(\alpha_i)\, w_{n+1}^{(i}(z)$$

(5) we have: $$\frac{e_{n-h}^{(h)}}{e_n} = \frac{\det N_n}{\det N_{n-1}} .$$

We define:

$$w_n^{(j}(z) = \frac{(-1)^j}{\det N_n} \begin{vmatrix} K_n(z,\alpha_1) & \cdots & K_n(z,\alpha_h) \\ \vdots & & \vdots \\ K_n(\alpha_{j-1},\alpha_1) & \cdots & K_n(\alpha_{j-1},\alpha_h) \\ K_n(\alpha_{j+1},\alpha_1) & \cdots & K_n(\alpha_{j+1},\alpha_h) \\ \vdots & & \vdots \\ K_n(\alpha_h,\alpha_1) & \cdots & K_n(\alpha_h,\alpha_h) \end{vmatrix}$$

It is evident that the family $\{w_n^{(j}(z)\} \in (A\Pi_{n-h})^{\perp n}$ and fulfills the property $w_n^{(j}(\alpha_i) = \delta_{ij}$ with $ij = 1,2...h$.

Moreover, the formula (5) in function of the polynomials $w_n^{(j}(z)$ results as:

$$A(z)\ \tilde{Q}_{n-h}(z) = \tilde{P}_n(z) - \sum_{j=1}^{h} \tilde{P}_n(\alpha_j)\ w_{n-1}^{(j}(z) \qquad (6)$$

Squaring the norm in (6), there results an expression which allows the determination of the excesses associated with the new m-distribution in terms of the original n-Kernels:

$$e_{n-h}^{(h)} = e_n - \sum_{ij=1}^{h} m_{ij}^{(n-1)}\ \tilde{P}_n(\alpha_i)\ \overline{\tilde{P}_n(\alpha_j)} \qquad (7)$$

We denote $m_{ij}^{(n-1)} = \langle w_{n-1}^{(i}(z),\ w_{n-1}^{(j}(z)\rangle_\sigma$, which is nothing but the element (i,j) in the inverse of the matrix N_{n-1} (See [6]).

In the expression (6) the dependence of the $\tilde{Q}_{n-h}(z)$ polynomial on the $\tilde{P}_n(z)$ polynomial can be seen. The term $w_{n-1}^{(j}(z)$, is derived through an iterative process.

In the vector space Π_n, the following decompositions are observed:

$$\Pi_n = A\Pi_{n-h-1} \oplus (A\Pi_{n-h-1})^{\perp n-1} \oplus L[\tilde{P}_n(z)]$$

$$\Pi_n = A\Pi_{n-h-1} \oplus L[A\tilde{Q}_{n-h}(z)] \oplus (A\Pi_{n-h})^{\perp n}$$

$L[P_n(z)]$ is the vector space generated by $P_n(z)$. Identifying the orthogonal complements of $A\Pi_{n-h-1}$:

$$(A\Pi_{n-h-1})^{\perp n-1} \oplus L[\tilde{P}_n(z)] = L[A\tilde{Q}_{n-h}(z)] \oplus (A\Pi_{n-h})^{\perp n} \qquad (8)$$

which allows us to express $w_n^{(j}(z)$ as:

$$w_n^{(j}(z) = \lambda_n^{(j}\ \tilde{P}_n(z) + \sum_{i=1}^{h} \mu_i^{(j}\ w_{n-1}^{(i}(z) \qquad (9)$$

Conclusion:

Since the method adopted by Gautschi requires h linear steps, the method expressed herein is direct and allows us to determine the entire $\{\tilde{Q}_n(z)\}$ sequence.

3- Linear modifications on the Unit Circle.

With respect to the unit circle U, the M.O.P.S. $\{\tilde{Q}_n(z)\}$ associated with a m-distribution function, such resulting from a linear modification of the original m-distribution on the curve, the following relationship is verified:

$$\tilde{Q}_{n-1}(z) = \frac{\tilde{P}_n(z)-\tilde{P}_n(\alpha)}{z-\alpha} - \frac{\tilde{P}_n(\alpha)}{\alpha^{n-1}K_{n-1}(\alpha,\alpha)} \quad \frac{\alpha^{n-1}\left[K_{n-1}(z,\alpha)-K_{n-1}(\alpha,\alpha)\right]}{z-\alpha}$$

where M.O.P.S. $\{\tilde{P}_n(z)\}$ is associated with the initial m-distribution function.

On the other hand the n-Kernels can be expressed:

a) If $\alpha \notin U$ $\quad K_{n-1}(z,\alpha) = \dfrac{1}{e_n} \dfrac{\tilde{P}_n(z)\,\overline{\tilde{P}_n(\alpha)}-\tilde{P}^*_n(z)\,\overline{\tilde{P}^*_n(\alpha)}}{\bar{\alpha}z-1}$

b) If $\alpha \in U$ $\quad K_{n-1}(z,\alpha) = \dfrac{1}{e_n} \dfrac{\tilde{P}_n(z)\,\tilde{P}^*_n(\alpha)-\tilde{P}^*_n(z)\,\tilde{P}_n(\alpha)}{\alpha^{n-1}(z-\alpha)}$

where $P^*_n(z) = z^n\,\bar{P}_n(1/z)$.

Given the above, the $\tilde{Q}_{n-1}(z)$ is determined once the $\tilde{P}_n(z)$ is known. Another factor which must be considered is the algorithm of the calculation. In the particular case of $\alpha \in U$ (See [4]), an explicit formula for the M.O.P.S. associated with a linear modification of Lebesgue measure is determined. In addition, a similar representation is given for linear modifications of any measure on the unit circle.

We have:

$$\frac{\alpha^{n-1}}{z-\alpha}\left[K_{n-1}(z,\alpha)-K_{n-1}(\alpha,\alpha)\right] = \frac{e_n^{-1}}{z-\alpha}\left[\begin{vmatrix} \dfrac{\tilde{P}_n(z)}{z-\alpha} - \tilde{P}'_n(\alpha) & \dfrac{\tilde{P}^*_n(z)}{z-\alpha} - \tilde{P}^{*\prime}_n(z) \\ \tilde{P}_n(\alpha) & \tilde{P}^*_n(\alpha) \end{vmatrix}\right] =$$

$$= e_n^{-1}\begin{vmatrix} a_{n2}+a_{n3}(z-\alpha)+\ldots+a_{nn}(z-\alpha)^{n-2} & a^*_{n2}+a^*_{n3}(z-\alpha)+\ldots+a^*_{nn}(z-\alpha)^{n-2} \\ a_{n0} & a^*_{n0} \end{vmatrix}$$

where:

$$\tilde{P}_n(z) = \sum_{k=0}^{n} a_{nk}(z-\alpha)^k \qquad a_{nn} = 1$$

$$\tilde{P}^*_n(z) = \sum_{k=0}^{n} a^*_{nk}(z-\alpha)^k$$

and

$$a^*_{nk} = \sum_{j=0}^{k} \bar{a}_{nj} (-1)^j \binom{n-j}{k-j} \alpha^{n-j-k}$$

Therefore: $\tilde{Q}_{n-1}(z) = a_{n1} + a_{n2}(z-\alpha) + \ldots\ldots + a_{nn}(z-\alpha)^{n-1} -$

$$- \frac{a_{n0}}{a_{n1}\, a^*_{n0} - a^*_{n1}\, a_{n0}} \begin{vmatrix} a_{n2}+a_{n3}(z-\alpha)+\ldots+a_{nn}(z-\alpha)^{n-2} & a^*_{n2}+a^*_{n3}(z-\alpha)+\ldots+a^*_{nn}(z-\alpha)^{n-2} \\ a_{n0} & a^*_{n0} \end{vmatrix}$$

$$= \left[a_{n1} - a_{n0} \frac{a_{n2}\, a^*_{n0} - a^*_{n2}\, a_{n0}}{a_{n1}\, a^*_{n0} - a^*_{n1}\, a_{n0}}\right] + \left[a_{n2} - a_{n0} \frac{a_{n3}\, a^*_{n0} - a^*_{n3}\, a_{n0}}{a_{n1}\, a^*_{n0} - a^*_{n1}\, a_{n0}}\right](z-\alpha) + \ldots\ldots +$$

$$+ \left[a_{nn-1} - a_{n0} \frac{a_{nn}\, a^*_{n0} - a^*_{nn}\, a_{n0}}{a_{n1}\, a^*_{n0} - a^*_{n1}\, a_{n0}}\right](z-\alpha)^{n-2} + a_{nn}(z-\alpha)^{n-1} \quad \text{with } a_{nn} = 1$$

In a numerical representation:

$\tilde{P}_n(z) = \sum_{k=0}^{n} a'_{nk}\, z^k$	HORNER'S rule →	$\tilde{P}_n(z) = \sum_{k=0}^{n} a_{nk}(z-\alpha)^k$
		↓
$\tilde{Q}_{n-1}(z) = \sum_{k=0}^{n-1} b'_{n-1,k}\, z^k$	HORNER'S rule →	$\tilde{Q}_{n-1}(z) = \sum_{k=0}^{n-1} b_{n-1,k}(z-\alpha)^k$

where

$$b_{n-1,k} = a_{n,k+1} - \frac{a_{n0}}{a_{n1}\, a^*_{n0} - a^*_{n1}\, a_{n0}} \left(a_{n,k+2}\, a^*_{n0} - a^*_{n,k+2}\, a_{n0}\right)$$

REFERENCES

[1] BREZINSKI C.: "Padé-Type Approximation and general orthogonal polynomials". Birkhauser Verlag. Basel 1.980

[2] CHIHARA T.: "An introduction to orthogonal polynomials". Gordon and Breach. New York 1.978.

[3] GARCIA-LAZARO P.: "Modificaciones polinómicas. Recurrencias". Act. II Simp. Pol. Ort. Zaragoza 1.984. (to appear)

[4] GARCIA-LAZARO P. and MARCELLAN F.: "Modificaciones lineales de funciones de distribución en la circunferencia unidad". In "Contribuciones matemáticas en honor de Luis Vigil". Edited by M. Alfaro, J. Bastero and J. L. Rubio de Francia. Zaragoza 1,984. pp. 179-187

[5] GAUTSCHI W.: "An algorithmic implementation of the Christoffel Theorem". In "Numerical Integration". Edited by G. Hammerlin. Birkhauser Verlag Basel 1.982. 89-106

[6] MARCELLAN F.: "Polinomios ortogonales sobre cassinianas". Ph. D. Thesis. Zaragoza 1.976.

[7] VIGIL L.: "Ortogonalización de una sucesión de polinomios". Rev. Real Acad. Cien. Madrid. LXIV (1.970) pp. 421-442

CLOSURE OF ANALYTIC POLYNOMIALS IN WEIGHTED JORDAN CURVES

J.J. Guadalupe
Colegio Universitario de
La Rioja (ESPAÑA)

M.L. Rezola
Departamento de Teoría de Funciones
Universidad de Zaragoza (ESPAÑA)

I. INTRODUCTION AND NOTATIONS

This paper deals with $H^p(\Gamma,\mu)$ space $0 < p < \infty$, where Γ is a rectifiable Jordan curve and $d\mu = wds$ is a finite nonnegative measure on Γ, which is absolutely continuous with respect to arc length ds.

The purpose of this paper is to describe the elements of $H^p(\Gamma,\mu)$ and to obtain some results for this space that have some similarity with those of classical Hardy spaces $H^p(T)$.

We denote by Ω the inside region on Γ, and by ϕ a conformal mapping from $|z|\leq 1$ onto $\overline{\Omega}$ that, without loss of generality, we may suppose ϕ normalized by $\phi(0) = 0$ and $\phi'(0) > 0$. The function ψ will be the inverse function of ϕ. Smirnov domains (ϕ' is an outer function) are the most general domains in which it is possible to develop a consistent theory of Hardy spaces. In this paper we always consider Ω a Smirnov domain. $L^p(\Gamma,\mu)$ is the space of μ-measurable complex functions defined on Γ such that, $\int_\Gamma |f(z)|^p d\mu < \infty$, and $H^p(\Gamma,\mu)$ is the closed subspace of $L^p(\Gamma,\mu)$ generated by the analytic polynomials $P(z) = \sum_0^n a_k z^k$, $z \in \Gamma$. We denote by $L^p(\Gamma) = L^p(\Gamma,ds)$ and $H^p(\Gamma) = H^p(\Gamma,ds)$.

We can associate to measure μ a new measure ν on T (unit circle), given by, $d\nu = w\circ\phi|\phi'|d\theta$, where $d\theta$ is the normalized Lebesgue measure on T. Of course, $f \in L^p(\Gamma,\mu)$ iff $f\circ\phi \in L^p(T,\nu)$. By using Mergelyan's theorem (see [8]), $f \in H^p(\Gamma,\mu)$ if and only if $f\circ\phi \in H^p(T,\nu)$. The subspace S spanned by the polynomials $\{ \sum_0^m a_k z^k + \sum_1^n b_k \bar{z}^k \; ; \; z \in \Gamma\}$ is dense in $L^p(\Gamma,\mu)$.

We need that $H^p(\Gamma,\mu) \subsetneq L^p(\Gamma,\mu)$, and by that w and Γ cannot be arbitrary. It is not difficult to see that a neccesary and sufficent condition for $H^p(\Gamma,\mu)$ is a proper subspace of $L^p(\Gamma,\mu)$ is $\log(w\circ\phi|\phi'|) \in L^1(T)$, or, equivalently, $\log(w\circ\phi) \in L^1(T)$, since $\phi' \in H^1$ ([3]). We would like to obtain a equivalent condition on w with rapport to arc length ds. Unfortunately this is not possible and we must restrict the class of curves that we shall consider

<u>Definition 1</u>. Let p be a real number $1 < p < \infty$ and w an integrable nonnegative function of Γ. We say that $w \in A_p(\Gamma)$ (*Muckenhoupt's A_p classes*, [1]) if there exists a constant $C > 0$, such that, for all intervals $J \subseteq \Gamma$

$$\left(\frac{1}{s(J)}\int_J w\,ds\right)\left(\frac{1}{s(J)}\int_J w^{-1/p-1}ds\right)^{p-1} \leq C$$

where $s(J)$ is the arc length of J. The A_∞ class is the union of all A_p classes and the A_1 class is the limit of A_p classes

Definition 2. Let Γ be a rectifiable Jordan curve. Γ is said to be a *chord-arc curve* if there is a constant $C > 0$, such that, for all points $z_1, z_2 \in \Gamma$, $s(z_1,z_2) \leq C|z_1-z_2|$, where $s(z_1,z_2)$ is the arc length of the shorter arc along Γ with endpoints z_1 and z_2.

If Γ is chord-arc, then Ω is Smirnov's (see [9]).

II. A DESCRIPTION OF $H^p(\Gamma,\mu)$

In the sequel Γ will be a chord-arc curve and then $|\phi'| \in A_q$ for some $q \in (1,\infty)$, ([9]).

Fixed a q of them, it follows

Theorem 1. *If w is a weight on Γ such that $\log w \in L^q(\Gamma)$ and $0 < p < \infty$, we have:*

i) $H^p(\Gamma,\mu) \subsetneq L^p(\Gamma,\mu)$.

ii) $H^p(\Gamma,\mu) = K_p H^p(\Gamma)$, where $K_p = \left(\frac{w}{c_1}\right)^{-1/p} \exp\left[\frac{-i}{p}\left(\log\frac{w}{c_1}\right)^{\sim}\right]$, $c_1 = \exp\int_T \log(w\circ\phi)\,d\theta$ and $\sim$ denotes the conjugation operator defined on Γ by $\tilde{f} = (f\circ\phi)^{\sim}\circ\psi$.

Proof. i) As $|\phi'|^{-q'/q} \in L^1(T)$ and $(\log(w\circ\phi))^q \in L^1(T,|\phi'|d\theta)$, by applying Hölder's inequality, we obtain

$$\int_T |\log w\circ\phi|\,d\theta = \left(\int_T |\log w\circ\phi|^q |\phi'|\,d\theta\right)^{1/q}\left(\int_T |\phi'|^{-q'/q}\right)^{1/q'} < \infty$$

and, then, as we said before, it holds.

ii) Let $d\nu = w\circ\phi|\phi'|d\theta$ the image measure of μ on T. By [5], we have $H^p(T,\nu) = K_{p,\nu} H^p(T)$, $0 < p < \infty$, where

$$K_{p,\nu} = \left(\frac{w\circ\phi|\phi'|}{c}\right)^{-1/p} \exp\left[\frac{-i}{p}\left(\log\frac{w\circ\phi|\phi'|}{c}\right)^{\sim}\right]$$

and $c = \exp\int_T \log(w\circ\phi|\phi'|)\,d\theta$. Using the same result for $d\alpha = w\circ\phi\,d\theta$ and $d\beta = |\phi'|d\theta$, we obtain ii), denoting $K_p = K_{p,\alpha}\circ\psi$. #

Remarks.

1) The condition $\log w \in L^q(\Gamma)$ is sharp, because, if $\log w \in L^r(\Gamma)$ always implies $H^p(\Gamma,\mu) \subsetneq L^p(\Gamma,\mu)$, then, $|\phi'|^{-r'/r} \in L^1$ (or, equivalently, $\int_T g|\phi'|^{-1/r} < \infty$ for all $g \in L^r$).

2) The sequence of polynomials $\{P_n(z)\}$, obtained by orthonormalization of the sequence $\{z^n\}$ on $H^2(\Gamma)$, is a basis of $H^2(\Gamma)$, (see [3]),

applying the preceding theorem $\{K_2 P_n(z)\}$ is an orthonormal basis of $H^2(\Gamma, d\mu)$.

Corollary 1. *$H^r(\Gamma,\mu) = H^p(\Gamma,\mu) \,.\, H^q(\Gamma,\mu)$ whenever $1/p+1/q = 1/r$.*

Proof. It suffices to show that $K_r = K_p . K_q$ and $H^r(\Gamma) = H^p(\Gamma).H^q(\Gamma)$ which is trivial.

III. BASIS IN $H^p(\Gamma,\mu)$ AND ITS DUAL SPACE

Let X be a Banach space and let X* be its dual space. The sequences $\{x_i\}$ in X and $\{x_i^*\}$ in X* form a biorthogonal system if $\langle x_i, x_j^* \rangle = \delta_{i,j}$, $i,j \in N$. The sequence $\{x_i\}$ is a basis of X if and only if $\{x_i\}$ and $\{x_i^*\}$ form a biorthogonal system and for every $x \in X$ the serie $\sum_1^\infty \langle x, x_i^* \rangle x_i$ converges to x (in the norm sense). Moreover, if X is reflexive, then, $\{x_i^*\}$ is a basis of X* , (see [7]).

Denote by $\hat{K}_{\nu,p} = K_{\nu,p} \| K_{\nu,p} \|^{-1}_{L^p(T,\nu)}$ and by $K_p = \hat{K}_{\nu,p} \circ \psi$. We start in this section with the following theorem.

Theorem 2. *$\{K_p \psi^n\}_0^\infty$ is a basis of $H^p(\Gamma,\mu)$ and $\{|K_p|^{p-2} K_p \psi^n\}$ is a basis of $H^p(\Gamma,\mu)^*$, $1 < p < \infty$.*

Proof. Since $H^p(\Gamma,\mu)$ is reflexive, we only have to show that $\{K_p \psi^n\}$ and $\{|K_p|^{p-2} K_p \psi^n\}$ form a biorthogonal system and that $\sum_0^n \left(\int_T |K_p|^{p-2} \bar{K}_p \bar{\psi}^i d\mu\right) \psi_i$ converge, in $L^p(\Gamma,\mu)$ sense, to f , for all $f \in H^p(\Gamma,\mu)$. In order to prove this we have

$$\int_\Gamma K_p \psi^n |K_p|^{p-2} \bar{K}_p \bar{\psi}^m d\mu = \int_T e^{i(n-m)\theta} |\hat{K}_{\nu,p}|^p d\nu = \delta_{n,m}$$

Moreover, if $f \in H^p(\Gamma,\mu)$, $f \circ \phi = \hat{K}_{p,\nu} . h$, where $h \in H^p(T)$ and, then,

$$a_m = \int_\Gamma f |K_p|^{p-2} \bar{K}_p \bar{\psi}^m d\mu = \int_T h e^{-im\theta} d\theta = \hat{h}(m) .$$

Hence, $\| f - \sum_0^n a_m \psi^m K_p \|_{L^p(\Gamma,\mu)} = \| h - \sum_0^n \hat{h}(m) e^{im\theta} \|_{L^p(T)}$ and the theorem holds, because of convergence of Fourier series in L^p-norm if $1 < p < \infty$. #

This result permits us to offer a representation of dual space $H^p(\Gamma,\mu)^*$ in the following sense

Theorem 3. *If $1 < p < \infty$, there exists an isomorphism $T: H^p(\Gamma,\mu)^* \longrightarrow H^{p'}(\Gamma,\mu)$ which transforms the basis $\{\psi^n |K_p|^{p-2} K_p\}$ of $H^p(\Gamma,\mu)^*$ into the basis $\{K_{p'} \psi^n\}$ of $H^{p'}(\Gamma,\mu)$, $p^{-1} + (p')^{-1} = 1$.*

Proof. We only must prove that there exists a constant $C > 0$, such that

$$C^{-1}\left\|\sum_{o}^{n} a_m K_{p'}\psi^m\right\|_{H^{p'}(\Gamma,\mu)} \leq \left\|\sum_{o}^{n} a_m\psi^m|K_p|^{p-2}K_p\right\|_{H^p(\Gamma,\mu)^*} \leq$$

$$\leq C\left\|\sum_{o}^{n} a_m K_{p'}\psi^m\right\|_{H^{p'}(\Gamma,\mu)}$$

for all finite sequence $a_1,\ldots,a_n$ of complex numbers.

$H^p(T)^*$ is isomorphic (no isometric) to $H^{p'}(T)$ ([3]) and there is a constant $\lambda > 0$ such that

$$\lambda\|h\|_{H^{p'}(T)} \leq \|h\|_{H^p(T)^*} \leq \|h\|_{H^{p'}(T)}$$

for all $h \in H^{p'}(T)$. Denote, $f_n = \sum_{o}^{n} a_m\psi^m|K_p|^{p-2}K_p$. If $g \in H^p(\Gamma,\mu)$ $g \circ \phi = \widehat{K}_{p,\nu}.h$ with $h \in H^p(T)$ and $\|g\circ\phi\|_{H^p(T,\nu)} = \|h\|_{H^p(T)}$

$$\langle g,f_n\rangle = \int_\Gamma g\left(\sum_{o}^{n} \bar{a}_m\bar{\psi}^m|K_p|^{p-2}\bar{K}_p\right)d\mu = \sum_{o}^{n} \bar{a}_m\int_T e^{-im\theta}h\,d\theta$$

Then, we have

$$\|f_n\|_{H^p(\Gamma,\mu)^*} = \sup\{|\sum_{o}^{n} a_m\hat{h}(m)| ; h \in H^p(T) , \|h\|_p \leq 1\} =$$

$$=\left\|\sum_{o}^{n} a_m e^{im\theta}\right\|_{H^p(T)^*}$$

But

$$\lambda\left\|\sum_{o}^{n} a_m e^{im\theta}\right\|_{H^{p'}(T)} \leq \left\|\sum_{o}^{n} a_m e^{im\theta}\right\|_{H^p(T)^*} \leq \left\|\sum_{o}^{n} a_m e^{im\theta}\right\|_{H^{p'}(T)}$$

$$\text{and } \left\|\sum_{o}^{n} a_m\psi^m K_{p'}\right\|_{H^{p'}(\Gamma,\mu)} = \left\|\sum_{o}^{n} a_m e^{im\theta}\right\|_{H^{p'}(T)}$$

Hence, the inequalities hold trivially. #

Now, we consider the subspace of $L^p(\Gamma,\mu)$, $\widetilde{H}^p(\Gamma,\mu)$, spanned by the conjugate of polynomials $P(z) = \sum_{o}^{n} a_m z^m$. For this subspace, we may do a similar development to that of $H^p(\Gamma,\mu)$ and so we shall obtain $\widetilde{H}^p(\Gamma,\mu) = \bar{K}_p\widetilde{H}^p(\Gamma,ds)$. Since the sequences $\{K_p\psi^n\}_{-\infty}^{\infty}$ and $\{|K_p|^{p-2}K_p\psi^n\}_{-\infty}^{+\infty}$ are basis of $L^p(\Gamma,\mu)$ and $L^{p'}(\Gamma,\mu)$, respectively, it follows.

Corollary 2. *Let f a function of $L^p(\Gamma,\mu)$; f belongs to $H^p(\Gamma,\mu)$ if and only if*

$$\int_\Gamma f|K_p|^{p-2}\bar{K}_p\bar{\psi}^n d\mu = 0 \quad \text{for all } n < 0 .$$

When $w = 1$ and $\Gamma = T$ we obtain the classical result $\hat{f}(n) = 0$ for all $n < 0$. #

IV. THE CONJUGATION OPERATOR

If f is a μ-measurable complex function defined on Γ and $f \circ \phi \in L^1(T)$ we may define $\tilde{f} = (f \circ \phi)^{\sim} \circ \psi$, where $(f \circ \phi)^{\sim}$ is the conjugation operator of $f \circ \phi$. If $P(z)$ is a polynomial and $f(z) = \mathrm{Re}(P(z)/\Gamma)$, then $\tilde{f} = \mathrm{Im}(P(z)/\Gamma)$. The conjugate function operator, defined on Γ is bounded from $L^p(\Gamma)$ into $L^p(\Gamma)$ if and only if $|\phi'| \in A_p(T)$, $1 < p < \infty$. Jones and Zinsmeister (see [6]) have proved that for every p there is a chord-arc curve Γ such that $|\phi'| \notin A_p$. Then, we must restrict our class of curves because we went that the conjugation operator is bounded for a fixed p. In order to do it,we consider a well known special class of curves.

Definition 3. Let Γ be a rectifiable Jordan curve. Γ is said *quasiregular* if for each $\varepsilon > 0$ there is a $\eta > 0$ such that if $z_1, z_2 \in \Gamma$ verifying $|z_1 - z_2| \leq \eta$, then $s(z_1,z_2) \leq (1+\varepsilon)|z_1-z_2|$.

Γ is quasiregular if and only if $\log \phi' \in \mathrm{VMOA}(D) = H^1(D) \cap \mathrm{VMO}(T)$, where VMO(T) is the span of trigonometric polynomials in BMO(T). Particulary, if Γ is quasiregular, Γ is chord-arc and $|\phi'| \in A_p(T)$ for all $p > 1$ (see [9]).

Lemma 1. *If Γ is quasiregular and $w \in A_p(\Gamma)$, then, $w \circ \phi |\phi'| \in A_p(T)$.*

Proof. Let J be an arc of Γ and $\psi(J) = I$ the corresponding arc of T. Since $w \in A_p(\Gamma)$, $w \in A_{p-\varepsilon}(\Gamma)$ for some $\varepsilon > 0$, and by using Hölder's inequality, we have

$$\left(\frac{1}{|I|}\int_I w \circ \phi |\phi'|\right)\left(\frac{1}{|I|}\int_I (w \circ \phi |\phi'|)^{-1/p-1}\right)^{p-1} \leq$$

$$\leq \left(\frac{1}{|I|}\int_I (w \circ \phi).|\phi'|\right).\left(\frac{1}{|I|}\int_I (w \circ \phi)^{-1/p-\varepsilon-1}.|\phi'|\right)^{p-\varepsilon-1}$$

$$\left(\frac{1}{|I|}\int_I |\phi'|^{-(p-\varepsilon)\varepsilon}\right)^{\varepsilon} \leq$$

$$\leq \left(\frac{1}{|I|}\int_I w \circ \phi |\phi'|\right)\left(\frac{1}{|I|}\int_I (w \circ \phi)^{-1/p-\varepsilon-1}|\phi'|\right)^{p-\varepsilon-1}\left(\frac{|I|}{s(J)}\right)^{p-\varepsilon} C \leq$$

$$\leq \left(\frac{1}{s(J)}\int_J w\right)\left(\frac{1}{s(J)}\int_J w^{-1/p-\varepsilon-1}\right)^{p-\varepsilon-1} C'$$

and the conclusion of Lemma is proved.

Lemma 2. *Let f be a real function on T and $w = \exp(f)$. The following are equivalent:*

i) $f \in \overline{L^\infty(T)}_{BMO}$ (BMO-closure of $L^\infty(T)$).
ii) If $q > 1$, w and w^{-1} satisfy the reverse Hölder inequality (w and $w^{-1} \in RHI(q)$), i.e., there exists a constant $C_q > 0$ such that

$$\left(\frac{1}{|I|}\int_I w^q\right)^{1/q} \leq \frac{C_q}{|I|}\int_I w \quad \textit{for all intervals} \quad I \subseteq T$$

Proof. ii) $\Rightarrow$ i) .

Since w and $w^{-1} \in RHI(q)$ for all $q > 1$, is not difficult to prove that w^q and $w^{-q} \in A_\infty(T)$ for all $q > 1$ or equivalentely $w, w^{-1} \in A_p(T)$ $\forall p > 1$ or f belongs to BMO-closure of $L^\infty(T)$.

i) $\Rightarrow$ ii) .

As VMO(T) is in the closure in BMO of L^∞, for each $\varepsilon > 0$ we can put $f = f_1 + f_o$, where $f_1 \in L^\infty$, $f_o \in$ BMO and $||f_o||_* < \varepsilon$. Thus, $w = e^{f_1} . e^{f_o}$ and w is equivalent to $e^{f_o} = w_o$. By using John-Niremberg's inequality and Garnett-Jones theorems ([4]) there is a fixed constant C such that if $g \in$ BMO with $||g||_* < \varepsilon$, then $\exp(g) \in A_2(T)$ with constant (smaller or equal to C) and therefore $\exp(g) \in RHI(1+\delta)$ with $\delta > 0$. Particulary, $w_o \in RHI(1+\delta)$ and, also, $w \in RHI(1+\delta)$. By applying the same argument to the function $qf(q > 1)$, we get $w^q \in RHI(1+\delta)$. Choosing $q = 1+\delta$, we obtain $w \in RHI(1+\delta)^2$ and by iterating this argument, we conclude $w \in RHI(q)$, for all $q > 1$.

The same reasons work for -f and the result holds also for w^{-1}.

Theorem 4. *If Γ is quasiregular then, the conjugation operator is bounded on $L^p(\Gamma, wds)$ $(1 < p < \infty)$ if and only if $w \in A_p(\Gamma)$.*

Proof. Since the conjugate function operator is bounded on $L^p(\Gamma, w \circ \phi |\phi'| d\theta)$ if and only if $w \circ \phi . |\phi'| \in A_p(T)$ the "if part" of the theorem is an inmediate consequence of lemma 1.

For the converse we suppose that $w \circ \phi |\phi'| \in A_p(T)$ and then, for some $\varepsilon > 0$, $w \circ \phi . |\phi'| \in A_{p-\varepsilon}(T)$. Since Γ is quasiregular then $|\phi'|, |\phi'|^{-1} \in RHI(q)$ for all $q > 1$ (lemma 2). Thus

$$\left(\frac{1}{s(J)}\int_J w\right)\left(\frac{1}{s(J)}\int_J w^{-1/p-1}\right)^{p-1} \leq \left(\frac{1}{|I|}\int_I w \circ \phi . |\phi'|\right) .$$

$$\left(\frac{1}{|I|}\int_I (w \circ \phi |\phi'|)^{-1/p-\varepsilon-1}\right)^{p-\varepsilon-1} \left(\frac{1}{|I|}\int_I |\phi'|^{p/\varepsilon}\right)^{\varepsilon} \left(\frac{|I|}{s(J)}\right)^p \leq C$$

In a similar way as in the case $|z| = 1$,

Corollary 3. *If Γ is quasiregular, then $w \in A_p(\Gamma)$ iff*

$$L^p(\Gamma,\mu) = H^p(\Gamma,\mu) \oplus \tilde{H}^p_o(\Gamma,\mu) \quad \textit{where} \quad \tilde{H}^p_o(\Gamma,\mu) = \bar{z}\,\tilde{H}^p(\Gamma,\mu) .$$

Remark 1. In the proof of preceding theorem we only use $\log|\phi'| \in$ VMO, therefore, $|\phi'|, |\phi'|^{-1} \in A_p$ for all $p > 1$. Quasiregular curves verify this condition and also every curve which is transformed of a quasiregular curve by a conformal mapping with bounded derivate (they are not neccesarily quasiregular). The class of curves (boundaries of Smirnov domains) for which the conjugate function operator is bounded, strictly contains the quasiregular curves.

Remark 2. Let $Tf(z) = P.V.\int_\Gamma \frac{f(w)}{w-z}\, ds(w)$ a singular integral on Γ .

For $\Gamma = T$, it is known that T is bounded on $L^p(T)$ if and only if $\sim$ is bounded on $L^p(T)$. We could ask if the same is true for general Γ's , the answer is no. Indeed, T is bounded on $L^2(\Gamma)$ iff Γ is regular (see [2]) and if $\sim$ is bounded then Γ is regular (see [10]), but the converse is not true (see [6]).

Abounding in these reasons we have: if we denote

$H^2(\Omega_1)$ the closure on $L^2(\Gamma)$ of the polynomials in z and

$H^2(\Omega_2)$ the closure on $L^2(\Gamma)$ of the polynomials in z^{-1} ,

then T is bounded on $L^2(\Gamma)$ iff $L^2(\Gamma) = H^2(\Omega_1) \oplus H^2(\Omega_2)$ ([2])

while $\sim$ is bounded on $L^2(\Gamma)$ iff $L^2(\Gamma) = H^2(\Gamma) \oplus \bar{z}\,\tilde{H}^2(\Gamma)$.

REFERENCES

[1] R.R. COIFMAN; C. FEFFERMAN: Weighted norm inequalities for maximal functions and singular integrals. Stud. Math. 51, 241-249 (1974).

[2] G. DAVID: Operateurs intégraux singuliers sur certaines courbes du plan complexe. Ann. Scient. Ec. Norm. Sup., IV. Ser. 17, 157-189 (1984).

[3] P. DUREN: Theory of H^p spaces. Academic Press. 1970.

[4] J.B. GARNETT; P.W. JONES: The distance in BMO to L^∞. Ann. of Math. II. Ser. 108, 373-393 (1978).

[5] J.J. GUADALUPE: Invariant subspaces and H^p spaces with respect to arbitrary measures. Boll Unione Mat. Ital., VI. Ser., B1, 1067-1077 (1982).

[6] P. JONES; M. ZINSMEISTER: Sur la transformation conforme des domaines de Laurentiev. C.R. Acad. Sci. (Paris), 295, 563-566 (1982).

[7] J.T. MARTI: Introduction to the theory of basis. Springer. Berlin. 1969.

[8] W. RUDIN: Real and complex analysis. Second edition, McGraw-Hill, New York, 1974.

[9] M. ZINSMEISTER: Courbes de Jordan vérifiant une condition corde-arc. Ann. Inst. Fourier, 32, No. 2, 13-21, (1982).

[10] M. ZINSMEISTER: Représentation conforme et courbes presque lispchitziennes. Ann. Inst. Fourier 34, No. 2, 29-44 (1984).

MINIMAL RECURRENCE FORMULAS FOR ORTHOGONAL POLYNOMIALS ON BERNOULLI'S LEMNISCATE

F. Marcellán and L. Moral.
Departamento de Matemáticas.
E.T.S. Ingenieros Industriales.
Madrid (Spain)

INTRODUCTION.

The study of the recurrence formulas as a method of generating orthogonal polynomial sequences associated with a m-distribution function, defined on a curve of the complex plane, began in [5] as an algebraic alternative to the classical asymptotical results (see [9] and [10]) in the case of Jordan curves and analytic arcs. In this paper is presented the election of a family of parameters by which an inner product relative to the Bernouilli's lemniscate can be generated as well as the classification of the "short" recurrence formulas, which verify the associated orthogonal plynomials, keeping in mind the algebraic properties of such parameter sequence. Finally, results related to the asymptotical behavior of the quotient $\hat{P}_n(z)/\hat{P}_{n-2}(z)$ outside of the Bernouilli's lemniscate, are also obtained, where $\{\hat{P}_n(z)\}$ is the sequence of orthonormal polynomials associated with a particular m-distribution function on such a curve.

1. ORTHOGONAL POLYNOMIALS ASSOCIATED WITH A DOUBLE FAMILY OF PARAMETERS.

It is well known (see [1] and [6]) that the elements of the matrix $(c_{kj})_{k,j\in N}$, associated to an m-distribution function on the Bernouilli's lemniscate

$$BL = \{z \in \mathbb{C} : |z^2-1| = 1\},$$

satisfy the recurrence relation

$$(1) \quad c_{k+2,j+2} = c_{k+2,j} + c_{k,j+2} \quad (k, j \in N)$$

Generalizing the preceding result, a matrix $(c_{kj})_{k,j\in N}$ is said to be relative to BL if it is hermitian positive definite and its elements verify a recurrent relation analogous to (1).

Let $\mathcal{P}$ the vector space $\mathbb{C}[z]$. We define a moment functional

$$\mathcal{L} : \mathcal{P}\times\mathcal{P} \longrightarrow \mathbb{C}$$

through linear extension of $\mathcal{L}[z^k, z^j] = c_{kj}$. Thus, the matrix (c_{kj}), relative to BL, has associated a moment functional $\mathcal{L}$, which is said relative to BL, uniquelly determined by (c_{kj}). $\mathcal{L}$ induces an inner product in $\mathcal{P}$. If $\{\tilde{P}_n(z)\}_{n\in N}$ is the sequence of monic orthogonal polynomials (MOPS) defined by this inner product, our pourpose is to construct such a MOPS and the functional $\mathcal{L}$ by using the parameters $\{\tilde{P}_n(1)\}$ and $\{\tilde{P}_n(-1)\}$ in instead of the moments c_{kj}.

Consider the two families of parameters in $\mathbb{C}$:

$$\{a_n^{(1)}\}_{n\in N}, \quad \{a_n^{(2)}\}_{n\in N} \tag{2}$$

verifying

$$a_o^{(i)} = 1, \quad a_1^{(1)} - a_1^{(2)} = 2, \tag{3}$$

which implies that $\det\left[\left(a_j^{(i)}\right)_{j=0,1}^{i=1,2}\right] \neq 0$.

Let e_o, e_1 arbitrary positive real numbers.

Having stablished these initial conditions, a polynomial sequence $\{\tilde{P}_n(z)\}_{n\in N}$ is desired, such that:

[SP 1] degree of $\tilde{P}_n(z) = n$;

[SP 2] leading coefficient of $\tilde{P}_n(z) = 1$;

[SP 3] $\tilde{P}_n(1) = a_n^{(1)}$, $\tilde{P}_n(-1) = a_n^{(2)}$.

Define:

1st. The monic polynomials

$$\tilde{P}_o(z) = 1, \quad \tilde{P}_1(z) = z - 1 + a_1^{(1)}. \tag{4}$$

2nd. The n-kernel

$$K_o(z,y) = 1/e_o, \tag{5}$$

which verifies $K_o(\alpha_i, \alpha_j) = 1/e_o$ $(\alpha_1 = 1, \alpha_2 = -1)$.

Generally, for $(a_n^{(i)})_{i=1,2}$ verifying

$$e_{n-2} - \sum_{i,j=1}^{2} a_n^{(i)} \overline{a_n^{(j)}} M_{ji}^{(n-1)} = e_n > 0, \quad \forall n \geq 2, \tag{6}$$

where $[M_{ji}^{(k)}]_{j,i=1,2} = \left([K_k(\alpha_i, \alpha_j)]_{i,j=1,2}\right)^{-1}$, we define

$$K_n(\alpha_i, \alpha_j) = \frac{1}{e_n} a_n^{(i)} \overline{a_n^{(j)}} + K_{n-1}(\alpha_i, \alpha_j), \quad \forall n \geq 1. \tag{7}$$

Proposition 1. If the family of parameters in (2) verifies (3) and (6) for $n = 2,\ldots,p$, then $[K_p(\alpha_i, \alpha_j)]$ is regular. (See [6]).

Corollary. (i) The matrix $[K_p(\alpha_i, \alpha_j)]$ is hermitian positive definite.

(ii) The $\{e_{2n} : n\in N\}$ and $\{e_{2n+1} : n\in N\}$ are decreasing sequences.

(iii) The parameter system (2) verifying (3) and (6) allows us to define $K_n(\alpha_i, \alpha_j)$ by (7), and

(8) $\quad [M_{ji}^{(n)}] = [K_n(\alpha_i,\alpha_j)]^{-1} \quad (n \geq 1),$

which is an hermitian positive definite matrix. (See [6]).

Definition. Let (2) be the parameter system which verifies (3) and (6), the following is defined:

$$\tilde{P}_{n+1}(z) = (z^2-1)\tilde{P}_{n-1}(z) + \sum_{i=1}^{2} a_{n+1}^{(i)} \phi_n^{(i)}(z) \quad (n \geq 1);$$

$$\tilde{P}_o(z) = 1, \quad \tilde{P}_1(z) = z - 1 + a_1^{(1)}.$$

$$K_{n+1}(z,y) = \frac{1}{e_{n+1}} \tilde{P}_{n+1}(z)\, \tilde{P}_{n+1}(y) + K_n(z,y) \quad (n \geq 0),$$

$$K_o(z,y) = 1/e_o.$$

$$[\phi_{n+1}^{(i)}(z)]_{i=1,2} = [M_{ji}^{(n+1)}]\,[K_{n+1}(z,\alpha_i)]_{i=1,2} \quad (n \geq 0).$$

Proposition 2. In the conditions of the above definition, the following is proved:

(i) The polynomials $\{\tilde{P}_n(z)\}_{n\in N}$ satisfy [SP 1]-[SP 3].

(ii) The polynomials $\{K_n(z,y)\}_{n\in N}$ satisfy (7) for $z = \alpha_1$, $y = \alpha_2$.

(iii) The polynomials $\{\phi_n^{(i)}(z)\}_{n\in N}$ are such that $\phi_n^{(i)}(\alpha_k) = \delta_{ik}$ $(i,k = 1,2)$, and, in addition, for all $n \geq 1$,

(9) $\quad \phi_{n+1}^{(i)}(z) = \phi_n^{(i)}(z) + \frac{1}{e_{n+1}} \sum_{j=1}^{2} M_{ji}^{(n+1)} \overline{a_{n+1}^{(j)}} (z^2-1)\, \tilde{P}_{n-1}(z).$

Proof. By induction, follows inmediatly. #

It is clear that $\{\tilde{P}_n(z)\}$ is a basis of $\mathcal{P}$. We define a moment functional

$$\mathcal{L} : \mathcal{P}\times\mathcal{P} \longrightarrow \mathbb{C}$$

through the linear extension of

$$\mathcal{L}\,[\tilde{P}_n(z),\, \tilde{P}_m(z)] = e_n\, \delta_{nm} \quad (n,\, m \in N).$$

The functional $\mathcal{L}$ is positive definite (since $e_n > 0$, $\forall\, n \in N$), and induces an inner product <,> in $\mathcal{P}$; $\{\tilde{P}_n(z)\}_{n\in N}$ is the MOPS with such an inner product. Evidently, the following is true:

$\langle\tilde{P}_n(z),\, p(z)\rangle = 0$ for every polynomial p of degree $m < n$;

$\langle\tilde{P}_n(z),\, p(z)\rangle \neq 0$ for every polynomial p of degree n.

We note here a few additional properties:

1st. Reproductive property of n-kernel $K_n(z,y)$: Given $p \in \mathcal{P}_n$ (subspace of $\mathcal{P}$ of the polynomials of degree less than or equal to n),

$$\langle K_n(z,y),\, p(z)\rangle = \overline{p(y)}.$$

2nd. $\{K_n(z,1),\, K_n(z,-1)\}$ constitutes a linearly independent system (which is inmediate because $\det[K_n(\alpha_i,\alpha_j)] \neq 0$), and the n-kernel being orthogonal to the vector subspace $(z^2-1)\mathcal{P}_{n-2}$ of $\mathcal{P}_n$. Then, $\{K_n(z,\alpha_i)\}_{i=1,2}$ constitutes a basis of the orthogonal subspace of

$(z^2-1)\mathcal{P}_{n-2}$ in $\mathcal{P}_n$, $[(z^2-1)\mathcal{P}_{n-2}]^{\perp n}$.

In the same way, since $[M_{ji}^{(n)}]$ is regular, $\{\phi_n^{(i)}(z)\}_{i=1,2}$ constitutes a basis of $[(z^2-1)\mathcal{P}_{n-2}]^{\perp n}$, with $<\phi_n^{(i)}(z),\phi_n^{(j)}(z)> = M_{ji}^{(n)}$.

3rd. $\{(z^2-1)\tilde{P}_n(z)\}_{n\in N}$ is an orthogonal system in $\mathcal{P}$, and a basis of the ideal $(z^2-1)\mathcal{P}$.

Through linear extension of the third property, we have:

Proposition 3. Let $A:\mathcal{P}\longrightarrow\mathcal{P}$ be the operator defined by

$$A[p(z)] = (z^2-1)p(z).$$

Then, A is isometric related to $\mathcal{L}$, $<Ap(z),Aq(z)> = <p(z),q(z)>$.

2. RECURRENCE.

Having obtained the MOPS $\{\tilde{P}_n(z)\}$ in the above paragraph, if $n \geq 1$ is verified:

$$(10) \quad \tilde{P}_{n+1}(z) = (z^2-1)\,\tilde{P}_{n-1}(z) + \sum_{i=1}^{2} a_{n+1}^{(i)}\,\phi_n^{(i)}(z)$$

$$(11) \quad \phi_{n+1}^{(i)}(z) = \phi_n^{(i)}(z) + \frac{1}{e_{n+1}}\,A_{n+1}^{(i)}\,(z^2-1)\tilde{P}_{n-1}(z) \qquad (i=1,2),$$

where

$$A_n^{(i)} = \sum_{j=1}^{2} M_{ji}^{(n)}\,\overline{a_n^{(j)}} \qquad (i = 1,2).$$

Proposition 4. For $n \geq 1$, it is shown that

$$\sum_{i=1}^{2} A_n^{(i)}\,a_n^{(i)} = \frac{e_n}{e_{n-2}}\,(e_{n-2} - e_n).$$

Therefore,

$$0 \leq \sum_{i=1}^{2} A_n^{(i)}\,a_n^{(i)} \leq e_{n-2} - e_n\,,$$

and $A_n^{(i)} = 0$, $\sum A_n^{(i)}a_n^{(i)} = 0$ iff $a_n^{(1)} = a_n^{(2)} = 0$.

Proof. Since (10) and (11):

$$\tilde{P}_{n+1}(z) = \left[1 - \frac{1}{e_{n+1}}\sum A_{n+1}^{(i)}\,a_{n+1}^{(i)}\right]\,(z^2-1)\,\tilde{P}_{n-1}(z) +$$

$$+ \sum a_{n+1}^{(i)}\ {}_{n+1}^{(i)}(z)\ .$$

Thus,

$$<\tilde{P}_{n+1}(z),(z^2-1)\tilde{P}_{n-1}(z)> = e_{n-1}\left[1 - \frac{1}{e_{n+1}}\quad A_{n+1}^{(i)}\,a_{n+1}^{(i)}\right].\ (*)$$

By (10):

$$<\tilde{P}_{n+1}(z),(z^2-1)\tilde{P}_{n-1}(z)> = e_{n+1}\ .\ (**)$$

Since (*) and (**), the proposition follows. #

From the formulas (10) and (11), the equation system follows

$$(12)\begin{cases} \tilde{P}_{n+1}(z) = (z^2-1)\tilde{P}_{n-1}(z) + \frac{1}{e_n}\sum A_n^{(i)}\, a_{n+1}^{(i)}\,(z^2-1)\tilde{P}_{n-2}(z) + \\ \qquad + \frac{1}{e_{n-1}}\sum A_{n-1}^{(i)}\, a_{n+1}^{(i)}\,(z^2-1)\tilde{P}_{n-3}(z) + \sum a_{n+1}^{(i)}\,\phi_{n-2}^{(i)}(z). \\ \tilde{P}_n(z) = (z^2-1)\tilde{P}_{n-2}(z) + \frac{1}{e_{n-1}}\sum A_{n-1}^{(i)}\, a_n^{(i)}\,(z^2-1)\tilde{P}_{n-3}(z) + \\ \qquad + \sum a_n^{(i)}\,\phi_{n-2}^{(i)}(z). \\ \tilde{P}_{n-1}(z) = (z^2-1)\tilde{P}_{n-3}(z) + \sum a_{n-1}^{(i)}\,\phi_{n-2}^{(i)}(z) \end{cases}$$

(valid if $n \geqslant 3$), which represents a system of equations in the unknown quantities $\phi_{n-2}^{(i)}(z)$ $(i=1,2)$, and must be compatible. We note that, in setting the determinant in (12) equal to zero, an expression in $\tilde{P}_k(z)$ appears, with $n-3 \leqslant k \leqslant n+1$, being minimal respect to the number of polynomials $\tilde{P}_k(z)$, and thereby is called "short recurrence" (SR):

$$\begin{vmatrix} a_{n+1}^{(1)} & a_{n+1}^{(2)} & -\tilde{P}_{n+1} + (z^2-1)\tilde{P}_{n-1} + \frac{1}{e_n}\sum A_n^{(i)} a_{n+1}^{(i)}(z^2-1)\tilde{P}_{n-2} + \frac{1}{e_{n-1}}\sum A_{n-1}^{(i)} a_{n+1}^{(i)}(z^2-1)\tilde{P}_{n-3} \\ a_n^{(1)} & a_n^{(2)} & -\tilde{P}_n + (z^2-1)\tilde{P}_{n-2} + \frac{1}{e_{n-1}}\sum A_{n-1}^{(i)} a_n^{(i)}(z^2-1)\tilde{P}_{n-3} \\ a_{n-1}^{(1)} & a_{n-1}^{(2)} & -\tilde{P}_{n-1} + (z^2-1)\tilde{P}_{n-3} \end{vmatrix}$$

are equal to 0.

The coefficients of the polynomials $\tilde{P}_k(z)$ in the SR can be obtained adding a column to the matrix

$$(13)\qquad \begin{pmatrix} a_{n+1}^{(1)} & a_{n+1}^{(2)} \\ a_n^{(1)} & a_n^{(2)} \\ a_{n-1}^{(1)} & a_{n-1}^{(2)} \end{pmatrix},$$

with the following columns:

coeff. of	$\tilde{P}_{n+1}$	$\tilde{P}_n$	$\tilde{P}_{n-1}$	$(z^2-1)\tilde{P}_{n-2}$	$(z^2-1)\tilde{P}_{n-3}$
Column	-1	0	z^2-1	$\frac{1}{e_n}\sum A_n^{(i)} a_{n+1}^{(i)}$	$\frac{1}{e_{n-1}}\sum A_{n-1}^{(i)} a_{n+1}^{(i)}$
	0	-1	0	1	$\frac{1}{e_{n-1}}\sum A_{n-1}^{(i)} a_n^{(i)}$
	0	0	-1	0	1

If we denominate

$$U^{(n)} = \begin{vmatrix} a_{n+1}^{(1)} & a_{n+1}^{(2)} \\ a_n^{(1)} & a_n^{(2)} \end{vmatrix}, \qquad V^{(n)} = \begin{vmatrix} a_{n+1}^{(1)} & a_{n+1}^{(2)} \\ a_{n-1}^{(1)} & a_{n-1}^{(2)} \end{vmatrix},$$

the coefficients of $(z^2-1)\tilde{P}_{n-3}(z)$ and $(z^2-1)\tilde{P}_{n-2}(z)$ are, respectively:

$$\frac{e_{n-1}}{e_{n-3}}U^{(n)};\ \frac{U^{(n-1)}}{e_n}\sum A_n^{(i)} a_{n+1}^{(i)} - V^{(n)} = -\frac{e_n}{e_{n-2}}V^{(n)} - U^{(n)}\sum A_n^{(i)} a_{n+1}^{(i)}.$$

Here ist must be noted that (12) represents a short recurrence when the matrix (13) has the characteristic 2. In this case, the coefficients of the $\tilde{P}_k(z)$ are:

$\tilde{P}_{n+1}$	$\tilde{P}_n$	$\tilde{P}_{n-1}$	$(z^2-1)\tilde{P}_{n-2}$	$(z^2-1)\tilde{P}_{n-3}$
$-U^{(n-1)}$	$V^{(n)}$	$(z^2-1)U^{(n-1)}-U^{(n)}$	$\frac{U^{(n-1)}}{e_n}\sum A^{(i)}a^{(i)} - V^{(n)} = \frac{e_n}{e_{n-2}}V^{(n)} - U^{(n)}\sum A_n^{(i)}a_{n+1}^{(i)}$	$\frac{e_{n-1}}{e_{n+1}}U^{(n)}$

Related to the number of terms which appear in the SR, the following situations must be considered:

Char. of (13)	Other conditions	Type of SR	
2	$U^{(n)}, U^{(n-1)}, V^{(n)} \neq 0$	5 terms	(SR 1)
2	$V^{(n)} = 0;\ U^{(n)}, U^{(n-1)} \neq 0$	4 terms non-consec.	(SR 2)
2	$U^{(n)} = 0;\ V^{(n)}, U^{(n-1)} \neq 0$		
2	$U^{(n-1)} = 0;\ U^{(n)}, V^{(n)} \neq 0$	4 consec. terms.	(SR 3)
1	$a_n^{(i)}, a_{n-1}^{(i)} \neq 0$ for some i		
0,1,2	$a_n^{(i)} = 0$, for each $i = 1,2$	2 terms	(SR 4)

Must be noted that, in (SR 1) and (SR 2), the coefficient of $(z^2-1)\tilde{P}_{n-2}(z)$ can be equal to zero. In this case, (SR 1) and (SR 2) as recurrence relationship of 4 and 3 non-consecutive terms remains.

3. ORTHOGONAL POLYNOMIALS OVER BERNOUILLI'S LEMNISCATE.

Let $\mu(z)$ an m-distribution function, defined over BL. Note the inner product in

$$(14) \qquad \langle p,q\rangle_\mu = \int_{BL} p(z)\,\overline{q(z)}\,d\mu(z) \ ; \ p,\ q \in \mathcal{P}.$$

It can be shown that both the inner product (14) as well as the MOPS $\{\hat{P}_n(z)\}$ induced and univocally determinated by such inner product, satisfy the properties indicated in §1 and §2. (See [1], [6] and [7]).

It is necessary here to sumarize two results obtained by G. Szegö and P. Duren (see [10] and [3]).

Given a Jordan analytic curve C in the complex plane, a continuous and positive function $w(z)$ defined on C, and $\{\hat{P}_n(z)\}$ the orthonormalized polynomial sequence induced by the inner product

$$\langle p,q\rangle = \int_C p(z)\,\overline{q(z)}\,w(z)\,|dz| \ ,$$

the following statements are true:

1) $\lim \hat{P}_{n+1}(z)/\hat{P}_n(z) = \psi(z) = cz + c_o + c_1 z^{-1} + \ldots$, uniformly outside C, where $\zeta = \psi(z)$ is a function which gives the conformal mapping of the exterior of C onto $|\zeta| > 1$.

2) If $\{\hat{P}_n(z)\}$ satisfies a three terms recurrence relation, as

$$a_n \hat{P}_n(z) + (b_n - z)\hat{P}_{n+1}(z) + c_n \hat{P}_{n+2}(z) = 0,$$

then C is an ellipse.

This last result is obtained through the first one. Duren presents the validity of both as an open problem when C is a rectifiable Jordan curve.

In this paper, it shall be demostrated the convergence of the quotient $\hat{P}_n(z)/\hat{P}_{n-2}(z)$ towards a function $\psi(z)$ uniformly outside BL (union of Jordan curves), being $\mu(z) = \mathrm{Arg}(z)$.

Consider $\phi = \mathrm{Arg}(z)$. We have:

1. $$\langle (z^2-1)^k, (z^2-1)^j \rangle = \int_{BL} (z^2-1)^k (\bar{z}^2-1)^j \, d\phi = \int_{-\pi/4}^{\pi/4} e^{4i(k-j)\phi} \, d\phi + \int_{3\pi/4}^{5\pi/4} e^{4i(k-j)\phi} \, d\phi = 4\int_0^{\pi/4} \cos 4(k-j)\phi \, d\phi = \pi \, \delta_{kj}.$$

2. $$\langle z(z^2-1)^k, (z^2-1)^j \rangle = \int_{BL} z(z^2-1)^k (\bar{z}^2-1)^j \, d\phi =$$
$$= \int_{-\pi/4}^{\pi/4} \sqrt{2\cos 2\phi}\, e^{i\phi} e^{4i(k-j)\phi} \, d\phi + \int_{3\pi/4}^{5\pi/4} \sqrt{2\cos 2\phi}\, e^{i\phi} e^{4(k-j)\phi} \, d\phi =$$
$$= 0.$$

3. $$\langle z(z^2-1), z(z^2-1) \rangle = \int_{BL} (z^2-1)^k (\bar{z}^2-1)^j |z|^2 \, d\phi =$$
$$= \int_{-\pi/4}^{\pi/4} \cos 2\phi \, e^{4i(k-j)\phi} \, d\phi + \int_{3\pi/4}^{5\pi/4} \cos 2\phi \, e^{4i(k-j)\phi} \, d\phi =$$
$$= 2\int_{-\pi/4}^{\pi/4} (e^{2i\phi} + e^{-2i\phi})\, e^{4i(k-j)\phi} \, d\phi = \frac{(-1)^{k-j}\, 4}{1-4(k-j)} = d_{kj}.$$

In particular:

<u>Proposition 5</u>. The MOPS $\{\tilde{P}_n(z)\}$ associated to the m-distribution function over BL $\phi(z) = \mathrm{Arg}(z)$, is given by:

$$\tilde{P}_o(z) = 1; \quad \tilde{P}_1(z) = z; \quad \tilde{P}_{2n}(z) = (z^2-1)^n \quad (n \geq 1);$$

$$\tilde{P}_{2n+1}(z) = \frac{z}{D_{n-1}} \begin{vmatrix} d_{oo} & \ldots & d_{no} \\ \ldots & \ldots & \ldots \\ d_{o,n-1} & \ldots & d_{n,n-1} \\ 1 & \ldots & (z^2-1)^n \end{vmatrix} \quad (n \geq 1),$$

where $D_n = \det[(d_{kj})_{k,j=0}^n]$.

Furthermore, the sequence $\{\tilde{P}_{2n+1}(z)\}_{n \in N}$ verifies:

(15) $\tilde{P}_{2n+1}(z) = (z^2-1)\, \tilde{P}_{2n-1}(z) + \tilde{P}_{2n+1}(1)\, \tilde{P}^*_{2n-1}(z)$,

where

$$\tilde{P}^*_{2n+1}(z) = \frac{z}{D_{n-1}} \begin{vmatrix} d_{oo} & \dots & d_{on} \\ \dots & \dots & \dots \\ d_{n-1,0} & \dots & d_{n-1,n} \\ (z^2-1)^n & \dots & 1 \end{vmatrix} .$$

Note that (15) is a recurrence relation of two terms.

Proof. Since

$$\mathcal{P}_{2n}(z) = \mathcal{P}_n(z^2-1) \oplus z\, \mathcal{P}_{n-1}(z^2-1)$$

$$\mathcal{P}_{2n+1}(z) = \mathcal{P}_n(z^2-1) \oplus z\, \mathcal{P}_n(z^2-1) ,$$

we have:

(a) For the polynomials $\tilde{P}_{2n}(z)$ $(n \in N)$:

$$\tilde{P}_{2n}(z) = \sum_{k=0}^{n} a_{kn}\, (z^2-1)^k + z \sum_{k=0}^{n-1} b_{kn}\, (z^2-1)^k$$

and $a_{kn} = \frac{1}{\pi} < \tilde{P}_{2n}(z), (z^2-1)^k > = 0$ if $k < n$. But, $\tilde{P}_{2n}$ is a monic polynomial, hence $a_{nn} = 1$.

On the other hand, $< \tilde{P}_{2n}(z), z(z^2-1) > = 0$ $(j = 0,1,\dots,n-1)$. Thus, b_{kn} are given by the system

$$\sum_{k=0}^{n-1} < z(z^2-1)^k, z(z^2-1)^j > b_{kn} = 0 \quad (j = 0,1,\dots,n-1),$$

being the coefficients matrix Gramm's type. Hence, $b_{kn} = 0$, and

$$\tilde{P}_{2n} = (z^2-1)^n , \quad \hat{P}_{2n} = \frac{1}{\sqrt{\pi}} (z^2-1)^n \quad (n \in N).$$

(b) For the polynomials $\tilde{P}_{2n+1}(z)$ $(n \in N)$:

$$\tilde{P}_{2n+1}(z) = \sum_{k=0}^{n} a_{kn}\, (z^2-1)^k + z \sum_{k=0}^{n} b_{kn} (z^2-1)^k,$$

where $a_{kn} = \frac{1}{e_{2n+1}} < \tilde{P}_{2n+1}(z), (z^2-1)^k > = 0$, and $< \tilde{P}_{2n+1}(z), z(z^2-1)^j > =$ $= e_{2n+1}\, \delta_{jn}$ $(j=0,1,\dots,n)$. Thus, b_{kn} are given by

$$\sum_{k=0}^{n} < z(z^2-1)^k, z(z^2-1)^j > b_{kn} = e_{2n+1}\, \delta_{jn} \quad (j = 0,1,\dots,n),$$

with $b_{nn} = 1$. Hence the above system remains

$$\begin{cases} \sum_{k=0}^{n} d_{kj}\, b_{kn} = 0 \quad (j = 0,1,\dots,n-1) \\ b_{nn} = 1 \end{cases}$$

i.e.,

$$\begin{cases} d_{00}\, b_{0n} + d_{10}\, b_{1n} + \dots + d_{n-1,0}\, b_{n-1,n} = \\ d_{0,n-1} b_{0n} + d_{1,n-1} b_{1n} + \dots + d_{n-1,n-1}\, b_{n-1,n} = - d_{n,n-1} \end{cases}$$

But, $z\, b_{0n} + \dots + z(z^2-1)^{n-1}\, b_{n-1,n} = \tilde{P}_{2n+1}(z) - z(z^2-1)^n$, hence

$$\tilde{P}_{2n+1}(z) = \frac{z}{D_{n-1}} \begin{vmatrix} d_{oo} & \cdots & d_{no} \\ \cdots & \cdots & \cdots \\ d_{o,n-1} & \cdots & d_{n,n-1} \\ 1 & \cdots & (z^2-1)^n \end{vmatrix} = \frac{z}{D_{n-1}} Q_n(z^2-1) = z\, \tilde{Q}_n(z^2-1)$$

follows, where

$$Q_n(w) = \begin{vmatrix} d_{oo} & \cdots & d_{no} \\ \cdots & \cdots & \cdots \\ d_{o,n-1} & \cdots & d_{n,n-1} \\ 1 & \cdots & w^n \end{vmatrix}, \quad \tilde{Q}_n(w) = \frac{1}{D_{n-1}} Q_n(w) \quad \text{monic polynomial.}$$

Also, $\hat{P}_{2n+1}(z) = z\, \hat{Q}_n(z^2-1)$.

Let $w = z^2-1$ be, or, equivalently, $\theta = 4\phi$ (where $\theta = \mathrm{Arg}(w)$ and $\phi = \mathrm{Arg}(z)$). We have:

$$d_{kj} = \int_{BL} (z^2-1)^k (\bar{z}^2-1)^j\, |z|^2\, d\phi = 4 \int_{-\pi/4}^{\pi/4} \cos 2\phi\, e^{4i(k-j)\phi}\, d\phi =$$

$$= 4 \int_{-\pi}^{\pi} \cos \frac{\theta}{2}\, e^{i(k-j)\theta}\, d\theta = \int_{-\pi}^{\pi} \cos \frac{\theta}{2}\, e^{i(k-j)\theta}\, d\theta .$$

Hence, $(d_{kj})_{k,j\in N}$ is the moment matrix with respect to the m-distribution function $\sigma(\theta)$ over the unit circle U, defined as

$$d\sigma(\theta) = \cos \frac{\theta}{2}\, d\theta.$$

Thus, $\{\tilde{Q}_n(w)\}$ is a MOPS over U, satisfying a recurrence relationship

$$(16) \qquad \tilde{Q}_n(w) = w\, \tilde{Q}_{n-1}(w) + \tilde{Q}_n(0)\, \tilde{Q}^*_{n-1}(w),$$

being

$$w^{n-1}\, \overline{\tilde{Q}_{n-1}(\tfrac{1}{\bar{w}})} = \frac{1}{D_{n-2}} \begin{vmatrix} d_{oo} & \cdots & d_{on} \\ \cdots & \cdots & \cdots \\ d_{n-1,0} & \cdots & d_{n-1,n} \\ w^n & \cdots & 1 \end{vmatrix} = \tilde{Q}^*_{n-1}(w).$$

If $w = z^2-1$, $z\, \tilde{Q}^*_{n-1}(z^2-1) = \tilde{P}^*_{2n-1}(z)$, and (16) remains

$$\frac{1}{z}\, \tilde{P}_{2n+1}(z) = \frac{z^2-1}{z}\, \tilde{P}_{2n-1}(z) + \tilde{P}_{2n+1}(1)\, \frac{1}{z}\, \tilde{P}^*_{2n-1}(z),$$

being $z \neq 0$. Thus, we obtained

$$\tilde{P}_{2n+1}(z) = (z^2-1)\, \tilde{P}_{2n-1}(z) + \tilde{P}_{2n+1}(1)\, \tilde{P}^*_{2n-1}(z),$$

also holds for $z = 0$, because $\tilde{P}_{2n+1}(0) = \tilde{P}_{2n-1}(0) = \tilde{P}^*_{2n-1}(0) = 0$. #

It is well known that $\{\tilde{Q}_n(w)\}$ satisfies a recurrence relationship of three terms

$$\tilde{Q}_{n+1}(w) = (w - a_n)\, \tilde{Q}_n(w) + b_n w\, \tilde{Q}_{n-1}(w) ,$$

hence, the $\{\tilde{P}_{2n+1}\}$ sequence verifies a three terms relation, (SR 2) type.

Proposition 6. The quotient $\hat{P}_n(z)/\hat{P}_{n-2}(z)$ converges to z^2-1 pointwise in Ext(BL), and uniformly for each compact subset of Ext(BL).

Proof. For $\hat{P}_{2n}(z)$, we have that $\hat{P}_{2n}(z)/\hat{P}_{2n-2}(z) = z^2-1$ $(z \neq \pm 1)$.

For $\hat{P}_{2n+1}(z)$,

$$\frac{\hat{P}_{2n+1}(z)}{\hat{P}_{2n-1}(z)} = \frac{z\,\hat{Q}_n(z^2-1)}{z\,\hat{Q}_{n-1}(z^2-1)} = \frac{\hat{Q}_n(z^2-1)}{\hat{Q}_{n-1}(z^2-1)} .$$

Making $w = z^2-1$, the above quotient remains as $\hat{Q}_n(w)/\hat{Q}_{n-1}(w)$, which converges to w, pointwise in $|w| > 1$, and uniformly for each compact subset of $|w| > 1$ (see [10]). #

REFERENCES.

[1] ATENCIA, E.: "Polinomios ortogonales relativos a la lemniscata de Bernouilli". Ph. D. Thesis. Zaragoza, 1974.

[2] CACHAFEIRO, A.: "Polinomios ortogonales sobre curvas armónicas de tipo racional". Ph. D. Thesis. Santiago, 1984.

[3] DUREN, P.: "Polynomials orthogonal over a curve". Mich. Math. Jour. 12 (1965), 313-316.

[4] FREUD, G.:"Orthogonal Polynomials". Pergamon Press. New York, 1971.

[5] LEMPERT, L.: " Recursion for orthogonal polynomials on complex domains". Coll. Math. Soc. Janos Bolyai, 481-494. North Holland, 1976.

[6] MARCELLAN, F.: "Polinomios ortogonales sobre cassinianas". Ph. D. Thesis. Zaragoza, 1976.

[7] MARCELLAN, F. and BOADA, C.: "Extensión de productos escalares relativos a lemniscatas". Rev. Univ. Santander, 2 (I)(1979) 161-168.

[8] MARCELLAN, F, and MORAL, L.: "Clasificación de fórmulas de recurrencia para polinomios ortogonales sobre la lemniscata de Bernouilli". Tech. Repport. Madrid, 1984.

[9] MORAL, L.: "Polinomios ortogonales sobre curvas equipotenciales racionales". Ph. D. Thesis. Zaragoza, 1983.

[10] SZEGÖ, G.: "Orthogonal Polynomials". A.M.S. (4th. ed.). Rhode Island, 1975.

[11] WIDOM, H.: "Extremal polynomials associated with a system curves in the complex domain". Adv. in Math. Academic Press. New York, 1969.

EVEN ENTIRE FUNCTIONS ABSOLUTELY MONOTONE IN $[0,\infty)$ AND WEIGHTS ON THE WHOLE REAL LINE

D.S. Lubinsky

National Research Institute for Mathematical Sciences, CSIR, P O Box 395, Pretoria 0001, South Africa.

1. Introduction

Let $W^2(x)$ be a function, positive in $\mathbb{R}$, having all power moments finite. Corresponding to W^2, there is the Gauss-quadrature formula

$$I_n[f] = \sum_{j=1}^{n} \lambda_{nj} f(x_{nj}) ,$$

such that for all polynomials P of degree $\leq 2n-1$,

$$I_n[P] = \int_{-\infty}^{\infty} P(x)W^2(x)dx .$$

We assume the abscissas are ordered so that $x_{n1} > x_{n2} > \dots$. The following result of Shohat [4, p. 93, Thm. III.1.6] is classical:

Theorem 1

Let W^2 be the unique solution of its Hamburger moment problem. Let f be Riemann integrable in each finite interval. Assume there exists a function G, infinitely differentiable in $\mathbb{R}$, such that

$$G^{(2n)}(x) \geq 0 \ , \ x \in \mathbb{R} \ , \ n = 0,1,2\dots , \tag{1.1}$$

$$\int_{-\infty}^{\infty} G(x)W^2(x)dx < \infty ,$$

and

$$\lim_{|x| \to \infty} f(x)/G(x) = 0 .$$

Then

$$\lim_{n \to \infty} I_n[f] = \int_{-\infty}^{\infty} f(x)W^2(x)dx . \tag{1.2}$$

An obvious question is whether the existence of such a G imposes any growth restriction on f beyond that required for integrability of fW^2. For the class of "admissible weights", defined below, and which includes $W^2(x) = \exp(-|x|^\alpha)(\alpha > 1)$ and $W^2(x) = \exp(-\exp(|x|^\alpha))(\alpha > 0)$, very little is required:

Theorem 2

Let W^2 be an admissible weight. Let f be Riemann integrable in each finite interval, and assume

$$\lim_{|x| \to \infty} f(x)W^2(x)\phi(x) = 0 ,$$

where for some $\varepsilon > 0$ and large $|x|$,

$$\phi(x) = |x|^{1+\varepsilon} \text{ or } \phi(x) = |x|(\log|x|)^{1+\varepsilon} \text{ or } \phi(x) = |x|(\log|x|)(\log\log|x|)^{1+\varepsilon}$$

and so on. Then (1.2) holds.

For the class of "Freud weights", which includes $\exp(-|x|^{\alpha})$, $\alpha \geq 1$, an analogue of Theorem 2 appears in [7]. The results here differ from those in [7], in that we remove the restriction of [7] that $Q = \log 1/W$ be of polynomial growth.

In [8, p. 170], Nevai raised the question of how to estimate $I_n[W^{-2}]$. For certain weights, this was performed in Lemma 2.4 in [6]. Using the method of Lemma 2.4 in [6] and Theorem 6 below, one may prove the following result. Throughout $C, C_1, C_2 \ldots$ denote positive constants independent of n, u, v and x. Further, we say $a_n \sim b_n$ if for large enough n, and some C_1 and C_2, we have $C_1 \leq a_n/b_n \leq C_2$.

Theorem 3

Let W^2 be an admissible weight. For large positive u, let q_u denote the positive root of the equation

$$q_u Q'(q_u) = u . \tag{1.3}$$

Assume that

$$x_{n1} \sim x_{n2} \sim q_n , \; n \to \infty . \tag{1.4}$$

Let $a, b, c \ldots$ be arbitrary real numbers of which at most finitely many are non-zero. For $r \in [0,\infty)$, let

$$\phi(r) = (2+r)^a(\log(2+r))^b(\log(2+\log(2+r)))^c \ldots . \tag{1.5}$$

Then

$$I_n[W^{-2}\phi] \sim \int_0^{q_n} \phi(u)du \quad , \quad n \to \infty .$$

When, among other things, $Q = \log 1/W$ is of polynomial growth, a result of Freud [5, p. 296, Thm. 4.1] implies (1.4). When Q is of faster than polynomial growth, a result of Erdös [3, pp. 146-148] implies (1.4). We can now define the class of admissible weights.

Definition 4

Let $W(x) = \exp(-Q(x))$, $x \in \mathbb{R}$, where

(i) Q is even, and bounded in each finite interval.

(ii) There exists C_1 such that $Q''(x)$ exists for $x \in [C_1,\infty)$ and

$$Q'(x) > 0 \text{ and } Q''(x) > 0 \ , \ x \in [C_1,\infty). \tag{1.6}$$

(iii) There exists C_2 and a function $\psi(x)$ such that

$$\psi(x) > 0 \ , \ x \in [C_2,\infty) \ , \tag{1.7}$$

$$Q^{(j)}(x) \sim Q(x)(\psi(x))^j \ , \ x \in [C_2,\infty) \ , \ j = 1,2, \tag{1.8}$$

and

$$\psi(x) = o((Q(x))^{1/3}/x) \ , \ x \to \infty \ . \tag{1.9}$$

(iv) There exists C_3 such that $\psi''(x)$ exists for $x \in [C_3,\infty)$ and

$$|\psi^{(j)}(x)| = o((Q(x))^{1/2}(\psi(x))^{j+1}) \ , \ x \to \infty \ , \ j = 1,2 \ . \tag{1.10}$$

Then we shall call W^2 an admissible weight.

As examples we mention $Q(x) = |x|^\alpha$ $(\alpha > 1)$ and $\psi(x) = |x|^{-1}$; $Q(x) = \exp(|x|^\alpha)(\alpha > 0)$ and $\psi(x) = |x|^{\alpha-1}$; and $Q(x) = \exp(\exp(|x|^\alpha))$ $(\alpha > 0)$ and $\psi(x) = \exp(|x|^\alpha)|x|^{\alpha-1}$.

Theorem 5

Let W^2 be an admissible weight, except that (iv) of Definition 4 need not hold. Let q_n, given by (1.3), exist for $n \geq A$, and let

$$G_Q(x) = 1 + \sum_{n=A}^{\infty} (x/q_n)^{2n} \exp(2Q(q_n))n^{-1/2} \ , \ x \in \mathbb{R} \ . \tag{1.11}$$

Then G_Q is even, entire, absolutely monotone in $[0,\infty)$ and satisfies (1.1). Further, there exists C_1 such that

$$G_Q(x) \sim (T(x))^{1/2}W^{-2}(x) \ , \ |x| \geq C_1 \ , \tag{1.12}$$

where, for large $|x|$,

$$T(x) = 1 + xQ''(x)/Q'(x) \ . \tag{1.13}$$

If $Q'''(x)$ exists for large x, and (1.8) holds for $j = 3$, one can prove a more precise asymptotic formula than (1.12) (compare Theorem 5(ii) in [7]). As a corollary, we have:

Theorem 6

Let W^2 be an admissible weight. Let $a,b,c...$ be arbitrary real numbers, of which at most finitely many are non-zero. Let $\phi(r)$ be defined by (1.5). Then there exists an even entire function $G(x)$, which is absolutely monotone in $[0,\infty)$, which satisfies (1.1) and such that for some C_1,

$$G(x) \sim W^{-2}(x)\phi(|x|) \ , \ |x| \geq C_1 \ .$$

Finally, we remark that the functions $G(x)$ and their partial sums may also be used in estimating Christoffel functions and the distance between adjacent zeros of orthonormal polynomials.

2. Proofs

We note that Theorem 2 follows easily from Theorems 1 and 6, while Theorem 3 follows from Theorem 6, using the exact same proof of Lemma 2.4 in [6]. Thus we need prove only Theorems 5 and 6. The proof of Theorem 5 is similar to that of Theorems 5(ii) and 6(ii) in [7], but requires non-trivial modifications. We outline the proof below, assuming W^2 is as in the statement of Theorem 5.

Lemma 2.1

For $x > 0$, and $u \geq A$, let

$$h(x,u) = 2u\log(x/q_u) - (1/2)\log u + 2Q(q_u) . \tag{2.1}$$

Let ' denote differentiation with respect to u, for fixed x. There exists C_1 such that for $x > 0$ and $u \in [C_1,\infty)$,

(i) $$G_Q(x) = 1 + \sum_{n=A}^{\infty} \exp(h(x,n)) . \tag{2.2}$$

(ii) $$h'(x,u) = 2\log(x/q_u) - 1/(2u) . \tag{2.3}$$

(iii) $$h''(x,u) = -2q_u'/q_u + 1/(2u^2) . \tag{2.4}$$

(iv) $$q_u'/q_u = 1/(uT(q_u)) . \tag{2.5}$$

Proof

This follows directly from (1.3), (1.11), (1.13) and (2.1). □

Lemma 2.2

There exist C_1 and C_2 such that

(i) $$Q''(u) \sim (Q'(u))^2/Q(u) , \quad u \in [C_1,\infty) . \tag{2.6}$$

(ii) $$v\psi(v) \geq C_2 , \quad v \in [C_1,\infty) . \tag{2.7}$$

(iii) $$T(v) \sim v\psi(v) , \quad v \in [C_1,\infty) . \tag{2.8}$$

(iv) $$T(q_u) \sim u/Q(q_u) , \quad u \in [C_1,\infty) . \tag{2.9}$$

(v) $$h''(x,u) = -2/(uT(q_u))\,(1+o(1)) , \quad u \to \infty . \tag{2.10}$$

(vi) $$Q(q_u) = O(u) , \quad u \to \infty . \tag{2.11}$$

(vii) $$q_{2u} \geq q_u(1+1/u) , \quad u \in [C_1,\infty) . \tag{2.12}$$

Proof

(i) This follows from (1.8).

(ii) For some C and $v \in [C,\infty)$,

$$\begin{aligned} Q(v) &= Q(C) + \int_C^v Q'(u)du \\ &\leq 2vQ'(v) \quad \text{(by (1.6), for large v)} \\ &\leq C_3 v\psi(v)Q(v) \quad \text{(by (1.8), for large v)} . \end{aligned}$$

Cancelling $Q(v)$, we obtain (2.7).

(iii) This follows from (1.13), (1.8) and (2.7).

(iv) By (2.8) and (1.8) with $j = 1$,

$T(q_u) \sim q_u Q'(q_u)/Q(q_u) = u/Q(q_u)$ (by (1.3)).

(v) In view of (2.4) and (2.5), it suffices to show

$T(q_u) = o(u)$, $u \to \infty$. But this follows from (2.9).

(vi) This follows directly from (2.7), (2.8) and (2.9).

(vii) For large enough u, there exists $v \in [u,2u]$ such that

$$q_{2u} = q_u + uq_v' = q_u + uq_v/(vT(q_v)) \quad \text{(by (2.5))}$$
$$\geq q_u + 4uq_v/v^2 \quad \text{(by (2.9) for } v \text{ large)}$$
$$\geq q_u(1 + 1/u) \quad \text{(as } u \leq v \leq 2u\text{)} .$$

□

Lemma 2.3

For large positive x, let y denote the root of the equation

$$h'(x,y) = 0 . \tag{2.13}$$

Then

(i) y exists and is unique, and

$$x = q_y \exp(1/(4y)) \tag{2.14}$$
$$= q_y + q_y/(4y) + O(q_y y^{-2}) . \tag{2.15}$$

(ii) $$q_y \leq x \leq q_{2y} . \tag{2.16}$$

(iii) $$Q(x) = Q(q_y) + 1/4 + O((Q(x))^{-1}) , \quad x \to \infty . \tag{2.17}$$

(iv) $$h(x,y) = 2Q(x) - (1/2)\log y + O((Q(x))^{-1}) , \quad x \to \infty . \tag{2.18}$$

(v) $$Q'(x) = Q'(q_y) + O(Q'(x)/Q(x)) , \quad x \to \infty . \tag{2.19}$$

(vi) $$Q''(x) \sim Q''(q_y) , \quad x \to \infty . \tag{2.20}$$

(vii) $$T(x) \sim T(q_y) , \quad x \to \infty . \tag{2.21}$$

Proof

(i) The existence and uniqueness of y for large x, follows easily from (2.3), (2.9), (2.10) and the fact that $h''(x,u)$ is independent of x. Further (2.3) and (2.13) imply (2.14) and (2.15).

(ii) If x is large enough, (2.14) and (2.15) yield

$$q_y \leq x \leq q_y + q_y/y$$
$$\leq q_{2y} \quad \text{(by (2.12))}.$$

(iii) There exists v between x and q_y such that

$$Q(x) = Q(q_y) + (x - q_y)Q'(q_y) + (x - q_y)^2 Q''(v)/2$$
$$= Q(q_y) + 1/4 + O(y^{-1}) + O((q_y/y)^2 Q''(v)) , \tag{2.22}$$

by (1.3) and (2.15). Further, by (1.6), (2.6) and (2.16), for some C,

$$Q''(v) \leq C(Q'(q_{2y}))^2/Q(q_y)$$
$$= C(2y/q_{2y})^2/Q(q_y),$$

by (1.3). Together with (2.22) and (2.11), this yields (2.17).

(iv) This follows directly from (2.1), (2.14) and (2.17).

(v) This is similar to, but easier than, (2.19).

(vi) This follows from (2.6), (2.17) and (2.19).

(vii) This follows from (1.13), (2.14), (2.19) and (2.20). □

Lemma 2.4

For large positive x, and y as in (2.13), let

$$g(y) = \{(Q(q_y))^{1/3}/(q_y\psi(q_y))\}^{1/2} , \tag{2.23}$$

and

$$w = w(y) = y^{2/3}/(g(y))^{1/2} . \tag{2.24}$$

Then

$$I(x) = \int_{y-w}^{y+w} \exp(h(x,u))du \sim W^{-2}(x)(T(x))^{1/2} , \quad x \to \infty . \tag{2.25}$$

Proof

Let $u \in [y-w, y+w]$. Then there exists v between u and y such that

$$\begin{aligned} h(x,u) &= h(x,y) + (u-y)h'(x,y) + (u-y)^2 h''(x,v)/2 \\ &= 2Q(x) - (1/2)\log y + o(1) + (u-y)^2 h''(x,v)/2 , \end{aligned} \tag{2.26}$$

, by (2.18) and (2.13). Next, by (2.9) and (2.10) independently of x,

$$-h''(x,v) \sim Q(q_v)/v^2 . \tag{2.27}$$

Now, there exists s between v and y such that

$$\begin{aligned} Q(q_v) &= Q(q_y) + (v-y)Q'(q_s)q_s' \\ &= Q(q_y) + O(w)(s/q_s)(q_s/(sT(q_s))) \\ &\quad \text{(by (1.3) and (2.5))} \\ &= Q(q_y) + O(w)O(Q(q_s)/s) , \end{aligned} \tag{2.28}$$

by (2.9). Now by (1.9) and (2.23), $g(y) \to \infty$ as $y \to \infty$. Then (2.24) shows that $s \sim y$ and $w = o(y)$. Further, $Q(q_s) \le \max\{Q(q_v), Q(q_y)\}$. Then (2.27) and (2.28) yield

$$\begin{aligned} -h''(x,v) &\sim Q(q_y)/y^2 \\ &\sim 1/(yT(x)) , \end{aligned} \tag{2.29}$$

by (2.9) and (2.21). Let

$$\eta = \eta(x) = w(T(x)y)^{-1/2} . \tag{2.30}$$

By definition of $I(x)$ in (2.25), and by (2.26), with $v = v(u)$,

$$\begin{aligned} I(x) &= W^{-2}(x)y^{-1/2}(1+o(1)) \int_{y-w}^{y+w} \exp(h''(x,v)(u-y)^2/2)du \\ &= W^{-2}(x)(T(x))^{1/2}(1+o(1)) \int_{-\eta}^{\eta} \exp(h''(x,v)T(x)yz^2/2)dz . \end{aligned} \tag{2.31}$$

In view of (2.29), the integral in the right member of (2.31) is bounded above and below by integrals of the form $\int_{-\eta}^{\eta} \exp(-Cz^2)dz$, with suitable constants C. Then (2.31) yields (2.25) if we can show $\eta \to \infty$ as $y \to \infty$. But by (2.30), (2.24), (2.21) and (2.8),

$$\begin{aligned} \eta &\sim y^{2/3}(g(y))^{-1/2}(q_y\psi(q_y))^{-1/2}y^{-1/2} \\ &= \{y/Q(q_y)\}^{1/6}(g(y))^{1/2} \quad \text{(by (2.23))} \\ &\to \infty \text{ as } y \to \infty \text{ (by (2.11), (1.9) and (2.23))}. \end{aligned}$$

□

Proof of Theorem 5

It follows from (1.11) and (2.11) that G_Q is entire. In much the same way as in the proof of Theorem 5(ii) in [7], one may show

$$\left(\int_A^{y-w} + \int_{y+w}^{\infty}\right)\exp(h(x,u))du = O(W^{-2}(x)(T(x))^{1/2}) \ , \ x \to \infty \ ,$$

and

$$G_Q(x) = \int_A^{\infty} \exp(h(x,u))du + o(W^{-2}(x)(T(x))^{1/2}) \ , \ x \to \infty \ .$$

Then Lemma 2.4 yields the result. □

Proof of Theorem 6

This follows by applying Theorem 5 to $W^*(x) = \exp(-Q^*(x))$, where $Q^*(x) = Q(x) - \log(x\psi(x)) - \log\phi(x)$ and by using (1.10) and (2.8). □

3. Further Remarks

A fairly thorough search of the literature, including work of Boas, Edrei, Fuchs, Hayman, Hille, Levin, Olver, Saff and Varga on entire and meromorphic functions, did not turn up entire functions G or G_Q with the properties listed in Theorems 5 and 6 above, even in special cases. In any event, at least the application of such entire functions to Theorems 2 and 3 is new.

Let $0 < \varepsilon < 1$, and let $W^2(x)$ be a function positive and continuous on $\mathbb{R}$. It follows from an old theorem of Carleman [1, p. 248, Section 12.11] or [2] that one can find an entire function H(x) such that

$$H(x)(1-\varepsilon) \le W^{-2}(x) \le H(x)(1+\varepsilon) \ , \ x \in \mathbb{R} \ .$$

However H will not in general have non-negative even order derivatives, and further the growth of $\max\{H(z) : |z| = r\}$ will not bear any relation to the growth of $W^{-2}(r)$ as $r \to \infty$.

By constrast, the entire function G of Theorems 5 and 6 has non-negative Maclaurin series coefficients and so $\max\{G(z) : |z| = r\} = G(r)$. This is useful for a number of applications. For example if we let $a = b = c = \ldots = 0$ in Theorem 6, we obtain an entire function G(x) such that, among other things,

$$G(x) \sim W^{-2}(x) \ , \ |x| \ge C_1 \ .$$

Since both G and W^{-2} are positive in $\mathbb{R}$, we obtain

$$G(x) \sim W^{-2}(x) \ , \ x \in \mathbb{R} \ .$$

Let $P_n(x)$ be the (n+1)th partial sum of the Maclaurin series of G(x), so that $P_n(x)$ is a polynomial of degree $\le n$. Using Cauchy's integral formula for the difference $G(z) - P_n(z)$, one may show that for some C independent of n,

$$P_n(x) \sim W^{-2}(x) \ , \ |x| \le Cq_n \ . \tag{3.1}$$

The relation (3.1) may be used, for example, in obtaining upper bounds for the Christoffel functions for $W^2(x)$.

A more difficult, but more useful, relation than (3.1) is the following: There exists polynomials P_n^* of degree $\le n$ such that

$$P_n^*(x) \sim W^2(x) \ , \ |x| \le Cq_n \ , \tag{3.2}$$

and

$$|P_n^{*\,\prime}(x)| \le C_1(n/q_n)W^2(x) \ , \ |x| \le Cq_n \ , \tag{3.3}$$

where C and C_1 are independent of n. The relations (3.2) and (3.3) may be used to give almost trivial proofs of L_p weighted Markov-Bernstein inequalities ($0 < p \le \infty$). For weights such as $W^2(x) = \exp(-x^m)$, m a positive even integer, the partial sums of the Maclaurin series satisfy (3.2) and (3.3). For weights such as $W^2(x) = \exp(-|x|^\lambda)$, $\lambda \ge 2$, it is harder to construct such polynomials. One successful approach is to construct entire functions G(x) such that

$$G(x) \sim \exp(-|x|^\lambda) \ , \ x \in \mathbb{R} \ ,$$

and

$$\max\{G(z) : |z| = r\} \le \exp(Cr^\lambda) \ , \ r \to \infty \ .$$

One may choose $G(x) = H(x^2)$, where H(x) is a canonical product of Weierstrass primary factors having only negative real zeros. It is possible that interpolation operators may yield suitable polynomials, but convolution operators do not seem to yield anything.

References

1. R.P. Boas, "Entire Functions", Academic Press, New York, 1954.

2. T. Carleman, Sur un theoreme de Weierstrass, Arkiv för Matematik, Astronomi och Fysik, 20B (1927), pp. 1-5.

3. P. Erdös, On the Distribution of the Roots of Orthogonal Polynomials, (in) Proceedings of the Conference on the Constructive Theory of Functions (G. Alexits, et al., eds.), pp. 145-150, Akademiai Kiado, Budapest, 1972.

4. G. Freud, "Orthogonal Polynomials", Pergamon Press, Budapest, 1971.

5. G. Freud, On the Theory of One Sided Weighted Polynomial Approximation, (in) Approximation Theory and Functional Analysis (P.L. Butzer, et al., eds.), pp. 285-303, Birkhauser, Basel, 1974.

6. A. Knopfmacher and D.S. Lubinsky, Mean Convergence of Lagrange Interpolation for Freud's Weights with Application to Product Integration Rules, submitted.

7. D.S. Lubinsky, Gaussian Quadrature, Weights on the Whole Real Line and Even Entire Functions with Non-negative Even Order Derivatives, to appear in J. of Approximation Theory.

8. P. Nevai, Lagrange Interpolation at Zeros of Orthogonal Polynomials, (in) Approximation Theory II (G.G. Lorentz, et al., eds.) pp. 163-203, Academic Press, New York, 1976.

EXTENSIONS OF SZEGÖ'S THEORY OF ORTHOGONAL POLYNOMIALS

Paul Nevai
Department of Mathematics
The Ohio State University
Columbus, OH 43210

This paper is dedicated to my friends Attila Máté and Vili Totik
on the occasion of their combined seventieth birthday

Let $d\mu$ be a finite positive Borel measure on the interval $[0,2\pi]$ such that its support, $\mathrm{supp}(d\mu)$, is an infinite set. Then there is a unique system $\{\phi_n\}_{n=0}^{\infty}$ of polynomials orthonormal with respect to $d\mu$ on the circle, i.e. polynomials

$$\phi_n(z) = \phi_n(d\mu,z) = \kappa_n z^n + \ldots \qquad (\kappa_n = \kappa_n(d\mu) > 0)$$

such that

$$\frac{1}{2\pi}\int_0^{2\pi} \phi_n(z)\overline{\phi_m(z)}\, d\mu(\theta) = \delta_{nm} \qquad (z = e^{i\theta}; m,n \geq 0) .$$

Szegö's theory of orthogonal polynomials is concerned with asymptotic behavior of $\phi_n(d\mu,z)$ and related functions when $\log\mu' \in L^1[0,2\pi]$ and z lies off the unit circle. The principal result of Szegö's theory is the limit relation [4, p. 44], [21, p. 300]

$$\lim_{n\to\infty} \kappa_n(d\mu) = \exp\left\{ -\frac{1}{4\pi}\int_0^{2\pi} \log\mu'(t)dt\right\} \tag{1}$$

which holds for every finite positive Borel measure $d\mu$. In fact, G. Szegö originally proved (1) for absolutely continuous measures and it was A. N. Kolmogorov [5] and M. G. Krein [6] who settled the general case, whereas G. Szegö in [4] produced what is perhaps the simplest proof on (1). The remaining asymptotics which constitute Szegö's theory are fairly easy and straightforward consequences of (1). Two of the most useful asymptotics are [3, p. 51]

This material is based upon research supported by the National Science Foundation under Grant No. MCS-83-00882.

$$\lim_{n \to \infty} z^{-n}\phi_n(d\mu,z) = \overline{D(\mu',\bar{z}^{-1})}^{-1} , \qquad |z| > 1 , \tag{2}$$

and [2, p. 219]

$$\lim_{n \to \infty} \int_0^{2\pi} |\phi_n(d\mu,z)z^{-n}\, \overline{D(\mu',z)} - 1|^2 d\theta = 0 , \qquad z = e^{i\theta} . \tag{3}$$

Here and in what follows the Szegö function $D(f)$ for $f \geq 0$, $\log f \in L^1[0,2\pi]$, $f \in L^1[0,2\pi]$ is defined by

$$D(f,z) = \exp\{ \frac{1}{4\pi} \int_0^{2\pi} \log f(t)\, \frac{1 + ze^{-it}}{1 - ze^{-it}}\, dt\} , \qquad |z| < 1 . \tag{4}$$

It is well known that $D(f)$ $H^2(|z| < 1)$,

$$\lim_{r \to 1-0} D(f,re^{i\theta}) = D(f,e^{i\theta})$$

exists for almost every θ , and $|D(f,e^{i\theta})|^2 = f(\theta)$ a.e. [21].

The first steps towards extending Szegö's theory to orthogonal polynomials when the corresponding measure does not satisfy Szegö's condition of logarithmic integrability were taken by E. A. Rahmanov [19] and myself in [16] and [17]. E. A. Rahmanov [19] proved the following weak version of (3)

$$\lim_{n \to \infty} \int_0^{2\pi} F(\theta)|\phi_n(d\mu,z)|^2 d\mu(\theta) = \int_0^{2\pi} F(\theta)d\theta , \qquad z = e^{i\theta} , \tag{5}$$

for every continuous function F provided that $\mu' > 0$ almost everywhere in $[0,2\pi]$, and he also claimed to have proved the following variants of (1) and (2)

$$\lim_{n \to \infty} \kappa_n(d\mu)/\kappa_{n-1}(d\mu) = 1 \tag{6}$$

and

$$\lim_{n \to \infty} \phi_n(d\mu,z)/\phi_{n-1}(d\mu,z) = z , \qquad |z| \geq 1 , \tag{7}$$

if $\mu' > 0$ a.e. However, it was pointed out by A. Máté and myself in [7] that the proof of (6) and (7) in [19] was erroneous because it contained a gap. E. A. Rahmanov corrected this problem in [20] and thus (6) and (7) are indeed true. A conceptually simpler proof of (6) and (7) was given by A. Máté, V. Totik and myself in [9]. What I proposed in [16] and [17] amounts to considering Szegö's theory as one describing the behavior of orthogonal polynomials and related quantities in terms of another system, the one corresponding to Lebesgue measure, and in terms of Szegö functions of ratios of (the absolutely continuous portions of) the associated measures. Then I went one step/leap further by comparing two orthogonal polynomial systems when the corresponding measures $d\mu_1$ and $d\mu_2$ did not satisfy Szegö's condition of logarithmic integrability. More precisely, assuming that one did have appropriate information regarding $d\mu_1$ and the associated orthogonal polynomials, and one knew that $d\mu_2$ could be expressed in terms of $d\mu_1$ as

$$d\mu_2 = g\, d\mu_1 \tag{8}$$

where g was a reasonably well behaved function, one could then deduce information on the orthogonal polynomials associated with $d\mu_2$. This was I found asymptotics for the leading coefficients of the (real) orthogonal polynomials corresponding to the (absolutely continuous) weight function

$$w(x) = \exp\left(-\frac{1}{\sqrt{1-x^2}}\right), \qquad -1 \le x \le 1,$$

which is perhaps the simplest weight not belonging to Szegö's class. In this example I used the Pollaczek polynomials [18], [21] as the comparison system. My methods in [16] and [17] did not allow me to consider sufficiently general measures in (8), and I was restricted to work with measures when the function g in (8) was Riemann integrable.

The next breakthrough in extending Szegö's theory came in [10] by A. Máté, V. Totik and myself where we proved various strong and weak convergence properties of real and complex orthogonal polynomials. In particular, we proved that

$$\lim_{n\to\infty} \int_0^{2\pi} \left| |\phi_n(d\mu,z)|^2 \mu'(\theta) - 1 \right| d\theta = 0 , \qquad z = e^{i\theta} , \tag{9}$$

whenever $\mu' > 0$ a.e. in $[0,2\pi]$. Thus we not only greatly improved upon E. A. Rahmanov's theorem (4), but also found the right generalization of G. Szegö's theorem (3) for measures which do not necessarily satisfy Szegö's condition of logarithmic integrability.

In this paper the appropriate extension of Szegö's fundamental result (1) will be found for measures $d\mu$ with $\mu' > 0$ a.e. Let us notice that if we are given two measures $d\mu_1$ and $d\mu_2$ with $\log\mu_1' \in L^1[0,2\pi]$ and $\log\mu_2' \in L^1[0,2\pi]$ then in view of (1) and (4) we have

$$\lim_{n\to\infty} \kappa_n(d\mu_1)/\kappa_n(d\mu_2) = D(\mu_2'/\mu_1',0) . \tag{10}$$

However, the right hand side in (10) satisfies

$$0 < D(\mu_2'/\mu_1',0) < \infty$$

if and only if $\log(\mu_2'/\mu_1') \in L^1[0,2\pi]$, and therefore there seems to be no apriori reason necessitating the condition that both $\log\mu_1'$ and $\log\mu_2'$ be integrable. As a matter of fact I expect the following to be true.

CONJECTURE. *If the measures* $d\mu_1$ *and* $d\mu_2$ *satisfy* $\mu_1' > 0$ *and* $\mu_2' > 0$ *almost everywhere in* $[0,2\pi]$ *then (10) holds.*

Although at the present time I cannot prove this Conjecture in its entire generality, I can still handle the following proposition which resolves the Conjecture for a fairly wide class of measures not satisfying Szegö's condition.

THEOREM. *Let* $d\mu_1$ *satisfy* $\mu_1' > 0$ *almost everywhere in* $[0,2\pi]$ *and let* $d\mu_2$ *be defined by* $d\mu_2 = g\, d\mu_1$ *where the function* $g > 0$ *is such that* $Rg^{\pm 1} \in L^\infty(d\mu_1)$ *with a suitably chosen trigonometric polynomial* R. *Then formula (10) holds.*

PROOF. The proof of (10) will be based on the well known formula [21]

$$\kappa_n(d\mu)^{-2} = \min \frac{1}{2\pi} \int_0^{2\pi} |\pi_n(z)|^2 d\mu(\theta) , \qquad z = e^{i\theta} , \tag{11}$$

where the minimum is taken with respect to all n-th degree polynomials π_n such that $\pi_n(0) = 1$ and $\pi_n(z) \neq 0$ for $|z| < 1$. We will prove (10) in two steps which consist of establishing the inequalities

$$\limsup_{n\to\infty} \kappa_n(d\mu_1)/\kappa_n(d\mu_2) \leq D(\mu_2'/\mu_1',0) \tag{12}$$

and

$$\limsup_{n\to\infty} \kappa_n(d\mu_2)/\kappa_n(d\mu_1) \leq D(\mu_1'/\mu_2',0) . \tag{13}$$

In order to prove (12) let us pick a polynomial Q such that $Q(0) = 1$, $Q(z) \neq 0$ for $|z| < 1$ and $Q(e^{i\theta})g(\theta) \in L^\infty(d\mu_1)$ where g is defined by (8). Let m_1 be the degree of Q. Let m_2 be a positive integer and let π_{m_2} be an arbitrary polynomial of degree m_2 such that $\pi_{m_2}(0) = 1$ and $\pi_{m_2}(z) \neq 0$ for $|z| < 1$. Let $m = m_1 + m_2$, $n > m$ and let π_n be defined by

$$\pi_n(z) = \kappa_{n-m}^{-1}(d\mu_1) z^{n-m} \overline{\phi_{n-m}(d\mu_1, \bar{z}^{-1})} Q(z) \pi_{m_2}(z) .$$

Then $\pi_n(0) = 1$, $\pi_n(z) \neq 0$ for $|z| < 1$ [21], and therefore by (11)

$$\kappa_n(d\mu_2)^{-2} \leq \frac{1}{2\pi} \int_0^{2\pi} |\pi_n(z)|^2 d\mu_2(\theta) , \qquad z = e^{i\theta} ,$$

that is by (8)

$$\frac{\kappa_{n-m}(d\mu_1)^2}{\kappa_n(d\mu_2)^2} \leq \frac{1}{2\pi} \int_0^{2\pi} |\phi_{n-m}(d\mu_1, z) \pi_{m_2}(z) Q(z)|^2 g(\theta) d\mu_1(\theta) , \qquad z = e^{i\theta} . \tag{14}$$

By E. A. Rahmanov's theorem (6)

$$\lim_{n\to\infty} \frac{\kappa_{n-m}(d\mu_1)}{\kappa_n(d\mu_1)} = 1 \tag{15}$$

as long as m is fixed. Moreover, by (9)

$$\lim_{n\to\infty}\int_0^{2\pi} F(\theta)|\phi_n(d\mu_1,z)|^2 d\mu_1(\theta) = \int_0^{2\pi} F(\theta)d\theta\ , \qquad z = e^{i\theta} \tag{16}$$

holds for every $F \in L^\infty(d\mu_1)$. Now we can combine (14), (15) and (16), keep m_2 fixed and let $n \to \infty$. We obtain

$$\limsup_{n\to\infty} \frac{\kappa_n(d\mu_1)^2}{\kappa_n(d\mu_2)^2} \leq \frac{1}{2\pi}\int_0^{2\pi} |\pi_{m_2}(z)\ Q(z)|^2\ g(\theta)d\theta\ , \qquad z = e^{i\theta}\ . \tag{17}$$

Since the left hand side in (17) is independent of π_{m_2} , we can take the minimum on the right hand side of (17) over all admissible polynomials π_{m_2} . Proceeding this way we arrive at

$$\limsup_{n\to\infty} \frac{\kappa_n(d\mu_1)^2}{\kappa_n(d\mu_2)^2} \leq \kappa_{m_2}(d\mu)^{-2} \tag{18}$$

where $d\mu(\theta) = |Q(e^{i\theta})|^2\ g(\theta)d\theta$. The measure $d\mu$ in (18) clearly satisfies Szegö's condition $\log\mu' \in L^1[0,2\pi]$. Therefore we can let $m_2 \to \infty$ in (18) and use Szegö's theorem (1) to conclude

$$\limsup_{n\to\infty} \frac{\kappa_n(d\mu_1)^2}{\kappa_n(d\mu_2)^2} \leq D(\mu',0)^2 = D(|Q(e^{i\cdot})|^2,0)^2\ D(g,0)^2\ . \tag{19}$$

However, $D(|Q(e^{i\cdot})|^2,0) = 1$ since $Q(0) = 1$ and $Q(z) \neq 0$ for $|z| < 1$ [21], and thus (12) follows from (19) and (8). Having proved (12) the next step is to verify (13). If we had $d\mu_1 = g^{-1}d\mu_2$ then (13) would be a straightforward consequence of (12) by applying (12) with the roles of $d\mu_1$ and $d\mu_2$ interchanged. Alas $d\mu_2 = g d\mu_1$ and $d\mu_1 = g^{-1}d\mu_2$ are not equivalent, and thus we cannot infer (13) directly from (12). We will prove (13) as follows. First we pick a polynomial R of degree k_1 such that $R(0) = 1$, $R(z) \neq 0$ for $|z| < 1$ and

$R(e^{i\theta})\, g(\theta)^{-1} \in L^\infty(d\mu_1)$. Then we fix k_2 and let π_{k_2} be an arbitrary polynomial of degree k_2 such that $\pi_{k_2}(0) = 1$ and $\pi_{k_2}(z) \neq 0$ for $|z| < 1$. Let $k = k_1 + k_2$, and define π_{n+k} by

$$\pi_{n+k}(z) = \kappa_n(d\mu_2)^{-1} \phi_n(d\mu_2, z) z^k \, \overline{R(\bar{z}^{-1})}\, \overline{\pi_{k_2}(\bar{z}^{-1})} . \tag{20}$$

Then π_{n+k} is a monic polynomial of degree $n + k$ and by orthogonality relations

$$\frac{1}{\kappa_{n+k}(d\mu_1)} = \frac{1}{2\pi} \int_0^{2\pi} \pi_{n+k}(z) \overline{\phi_{n+k}(d\mu_1, z)} d\mu_1(\theta) , \qquad z = e^{i\theta} . \tag{21}$$

Substituting (20) in (21), using Schwarz's inequality and applying (8) we obtain

$$\frac{\kappa_n(d\mu_2)^2}{\kappa_{n+k}(d\mu_1)^2} \leq \frac{1}{2\pi} \int_0^{2\pi} |\phi_{n+k}(d\mu_1, z)\pi_{k_2}(z) R(z)|^2 \, g(\theta)^{-1} d\mu_1(\theta) , \qquad z = e^{i\theta} . \tag{22}$$

Inequality (22) is analogous to (14) and it can be handled in a similar fashion. Namely, in view of (15) and (16), we obtain from (22) the estimate

$$\limsup_{n \to \infty} \frac{\kappa_n(d\mu_2)^2}{\kappa_n(d\mu_1)^2} \leq \frac{1}{2\pi} \int_0^{2\pi} |\pi_{k_2}(z) R(z)|^2 \, g(\theta)^{-1} d\mu_1(\theta) , \qquad z = e^{i\theta} , \tag{23}$$

and then we pass to the minimum on the right hand side of (23) with respect to all admissible polynomials π_{k_2} and apply Szegö's theorem (1). This way we establish

$$\limsup_{n \to \infty} \frac{\kappa_n(d\mu_2)^2}{\kappa_n(d\mu_1)^2} \leq D(|R(e^{i\cdot})|^2, 0)^2 \, D(g^{-1}, 0)^2$$

which implies (13) since $D(|R(e^{i\cdot})|^2, 0) = 1$. Having verified (12) and (13) the Theorem has completely been proved.

This proof of the Theorem uses (16) in an essential way. It is easy to see that (16) does not necessarily remain valid for functions F which do not belong to $L^{\infty}(d\mu_1)$, and thus it is unlikely that my proof of the Theorem could be applied to prove the Conjecture regarding (10).

In the upcoming papers [14] and [15] by A. Máté, V. Totik and myself the analogues of Szegö's results (2) and (3) are given for measures which do not satisfy Szegö's condition in terms of comparative asymptotics of type (10). Moreover, we also discuss pointwise asymptotics for the orthogonal polynomials on the unit circle and thereby generalize S. N. Bernstein's [1], G. Freud's [2], L. Ya. Geronimus' [3] and G. Szegö's [4], [21] results.

References

[1] S. N. Bernstein, On orthogonal polynomials on a finite interval (in French), J. Mathématiques 9(1930), 127-177 and 10(1931), 219-286.

[2] G. Freud, Orthogonal Polynomials, Pergamon Press, New York, 1971.

[3] L. Ya. Geronimus, Orthogonal Polynomials, Consultants Bureau, New York, 1961.

[4] U. Grenander and G. Szegö, Toeplitz Forms and Their Applications, University of California Press, Berkeley and Los Angeles, 1958.

[5] A. N. Kolmogorov, Stationary sequences in Hilbert spaces (in Russian), Bull. Moscow State University 2:6(1941), 1-40.

[6] M. G. Krein, Generalization of investigations of G. Szegö, V. I. Smirnov and A. N. Kolmogorov (in Russian), Doklady Akad. Nauk SSSR 46(1945), 91-94.

[7] A. Máté and P. Nevai, Remarks on E. A. Rahmanov's paper "On the asymptotics of the ratio of orthogonal polynomials", J. Approximation Th. 36(1982), 64-72.

[8] A. Máté, P. Nevai and V. Totik, What is beyond Szegö's theory of orthogonal polynomials, in "Rational Approximation and Interpolation", ed. P. R. Graves-Morris et al., Springer-Verlag, LN 1105, 1984, 502-510.

[9] A. Máté, P. Nevai and V. Totik, Asymptotics for the ratio of leading coefficients of orthonormal polynomials on the unit circle, Constructive Approximation 1(1985), 63-69.

[10] A. Máté, P. Nevai and V. Totik, Strong and weak convergence of orthogonal polynomials, manuscript.

[11] A. Máté, P. Nevai and V. Totik, Necessary conditions for weighted mean convergence of orthogonal polynomials, manuscript.

[12] A. Máté, P. Nevai and V. Totik, Oscillatory behavior of orthogonal polynomials, manuscript.

[13] A. Máté, P. Nevai and V. Totik, Mean Cesaro summability of orthogonal polynomials, manuscript.

[14] A. Máté, P. Nevai and V. Totik, Extensions of Szegö's theory of orthogonal polynomials, II, manuscript.

[15] A. Máté, P. Nevai and V. Totik, Extensions of Szegö's theory of orthogonal polynomials, III, manuscript.

[16] P. Nevai, Orthogonal Polynomials, Memoirs of the Amer. Math. Soc., vol. 213, Providence, Rhode Island, 1979.

[17] P. Nevai, Orthogonal polynomials defined by a recurrence relation, Trans. Amer. Math. Soc. 250(1979), 369-384.

[18] F. Pollaczek, On a Generalization of Jacobi Polynomials (in French), Mémorial des Sciences Mathématiques, vol. 131, Paris, 1956.

[19] E. A. Rahmanov, On the asymptotics of the ratio of orthogonal polynomials, Math. USSR Sbornik 32(1977), 199-213.

[20] E. A. Rahmanov, On the asymptotics of the ratio of orthogonal polynomials, II, Math. USSR Sbornik 46(1983), 105-117.

[21] G. Szegö, Orthogonal Polynomials, 4th ed., Amer. Math. Soc. Colloquium Publ. vol. 23, Providence, Rhode Island, 1975.

SUR DES TRANSFORMATIONS D'UNE FONCTION DE POIDS

Stefan Paszkowski
Instytut Niskich Temperatur i Badań Strukturalnych PAN
Pl. Katedralny 1, 50-950 Wrocław, Pologne

1. Soit $\{R_n\}$ une suite des polynômes orthogonaux sur un intervalle $[a,b]$ par rapport à une fonction de poids ω. Soit ϕ un polynôme de degré $m > 0$, à coefficients réels, ne changeant pas de signe dans $[a,b]$. On note $\xi_1, \xi_2, \ldots, \xi_s$ tous les zéros deux à deux différents du polynôme ϕ et $m_1, m_2, \ldots, m_s$ leurs multiplicités respectives. On a donc $m_1+m_2+\ldots+m_s = m$.

Conformément à un théorème bien connu, un polynôme P_n de degré n, orthogonal sur $[a,b]$ par rapport au produit $\omega\phi$, s'exprime sous forme d'une fraction dont le numérateur est un déterminant dépendant de R_n, $R_{n+1}, \ldots, R_{n+m}$ et le dénominateur est égal à ϕ. On peut aussi exprimer P_n sous forme d'une combinaison linéaire de $R_0, R_1, \ldots, R_n$:

<u>Théorème 1</u>.

$$P_n = \sum_{k=0}^{n} \frac{1}{r_k} \begin{vmatrix} R_k(\xi_1) & R_{n+1}(\xi_1) & \ldots & R_{n+m-1}(\xi_1) \\ \ldots & \ldots & \ldots & \ldots \\ R_k^{(m_1-1)}(\xi_1) & R_{n+1}^{(m_1-1)}(\xi_1) & \ldots & R_{n+m-1}^{(m_1-1)}(\xi_1) \\ \ldots & \ldots & \ldots & \ldots \\ R_k(\xi_s) & R_{n+1}(\xi_s) & \ldots & R_{n+m-1}(\xi_s) \\ \ldots & \ldots & \ldots & \ldots \\ R_k^{(m_s-1)}(\xi_s) & R_{n+1}^{(m_s-1)}(\xi_s) & \ldots & R_{n+m-1}^{(m_s-1)}(\xi_s) \end{vmatrix} R_k \qquad (n = 0, 1, \ldots) \quad (1)$$

où

$$r_k := \int_a^b \omega(x) R_k^2(x)\,dx \qquad (k = 0, 1, \ldots).$$

Démonstration. Soit Π_p l'espace de tous les polynômes réels de degré $\le p$. Quel que soit $U \in \Pi_{n-1}$,

$$U = \sum_{k=o}^{n+m-1} u_k R_k, \quad \int_a^b \omega(x)\phi(x)P_n(x)U(x)\,dx = \sum_{k=o}^{n} u_k \Delta_k$$

où Δ_k est le déterminant de (1). La dernière somme s'exprime sous forme d'un déterminant dont la première colonne a les éléments

$(\phi(x)U(x))^{(2)}|_{x=\xi_j}$ et les autres colonnes proviennent de Δ_k. Ces éléments sont nuls.□

En utilisant les deux expressions de P_n on aboutit à une généralisation de l'identité de Christoffel-Darboux:

Théorème 2. Soit

$$\phi(x) = \prod_{j=1}^{s} (x-\xi_j)^{m_j}$$

où les entiers $m_1, m_2, \ldots, m_s$ sont strictement positifs et les nombres complexes ou réels ξ_j sont deux à deux différents. Soit $m := m_1+m_2+\ldots+m_s$. Les polynômes orthogonaux sur $[a,b]$ par rapport à une fonction de poids ω satisfont, quelle que soit leur normalisation, la relation

$$\frac{(-1)^{m-1}mc_n}{c_{n+m-1}r_n}\begin{vmatrix} R_n(\xi_1) & R_{n+1}(\xi_1) & \cdots & R_{n+m-1}(\xi_1) \\ \cdots & \cdots & \cdots & \cdots \\ R_n^{(m_1-1)}(\xi_1) & R_{n+1}^{(m_1-1)}(\xi_1) & \cdots & R_{n+m-1}^{(m_1-1)}(\xi_1) \\ \cdots & \cdots & \cdots & \cdots \\ R_n(\xi_s) & R_{n+1}(\xi_s) & \cdots & R_{n+m-1}(\xi_s) \\ \cdots & \cdots & \cdots & \cdots \\ R_n^{(m_s-1)}(\xi_s) & R_{n+1}^{(m_s-1)}(\xi_s) & \cdots & R_{n+m-1}^{(m_s-1)}(\xi_s) \end{vmatrix}$$

$$= \sum_{k=0}^{n} \frac{1}{r_k}\begin{vmatrix} 0 & R_k(\xi_1) & R_{n+1}(\xi_1) & \cdots & R_{n+m-2}(\xi_1) \\ \cdots & \cdots & \cdots & \cdots & \cdots \\ \phi^{(m_1)}(\xi_1)R_k(\xi_1) & R_k^{(m_1-1)}(\xi_1) & R_{n+1}^{(m_1-1)}(\xi_1) & \cdots & R_{n+m-2}^{(m_1-1)}(\xi_1) \\ \cdots & \cdots & \cdots & \cdots & \cdots \\ 0 & R_k(\xi_s) & R_{n+1}(\xi_s) & \cdots & R_{n+m-2}(\xi_s) \\ \cdots & \cdots & \cdots & \cdots & \cdots \\ \phi^{(m_s)}(\xi_s)R_k(\xi_s) & R_k^{(m_s-1)}(\xi_s) & R_{n+1}^{(m_s-1)}(\xi_s) & \cdots & R_{n+m-2}^{(m_s-1)}(\xi_s) \end{vmatrix} \quad (2)$$

$(n = 0, 1, \ldots)$

où c_k est le coefficient de x^k du polynôme R_k et où chaque déterminant du second membre ne contient dans la première colonne que les s éléments non nuls du type indiqué ci-dessus.

Démonstration. Le théorème de Christoffel et le théorème 1 donnent deux expressions du $n^{\text{ième}}$ polynôme orthogonal par rapport à $\omega(x)\phi(x)/(x-\xi_j)$. Pour $x = \xi_j$ il en résulte une identité E_j concernant les polynômes $R_n, R_{n+1}, \ldots, R_{n+m-1}$. En combinant les E_j d'une certaine façon on obtient (2).□

L'identité de Christoffel-Darboux est un cas particulier de (2) $(s = 2,\ m_1 = m_2 = 1)$.

2. On suppose désormais qu'une suite $\{P_n\}$ est orthogonale par rapport à ω et une autre suite $\{R_n\}$ est orthogonale par rapport au quotient ω/ϕ. Il est facile de démontrer que, quel que soit $n \geq m$, le polynôme R_n est une combinaison linéaire des polynômes $P_{n-m}, P_{n-m+1}, \ldots, P_n$, le coefficient de P_n étant différent de 0. Pour $n < m$ le polynôme R_n est, bien entendu, une combinaison linéaire des $P_0, P_1, \ldots, P_n$. Pour chaque m naturel les coefficients d'une telle combinaison linéaire s'expriment par des intégrales dépendant des polynômes P_ℓ (théorème 3). En transformant ces intégrales on exprime les coefficients en question par les différences divisées des fonctions associées Q_ℓ aux polynômes P_ℓ (théorème 4) ou par des valeurs des fonctions Q_ℓ (théorème 5).

On numérote les zéros $\xi_1, \xi_2, \ldots, \xi_m$ de ϕ de façon que les zéros complexes conjugués aient des indices consécutifs, soit i_1 et i_1+1, i_2 et $i_2+1, \ldots, i_p$ et i_p+1. On note

$$I := \{i_1, i_2, \ldots, i_p\},$$

$$\phi_k(x) := (x-\xi_1)(x-\xi_2)\ldots(x-\xi_k) \qquad (k = 1, 2, \ldots, m),$$

$$\lambda_{k\ell} := \begin{cases} \int_a^b \frac{\omega(x)}{\phi_k(x)} P_\ell(x)dx & (k \notin I), \\ \int_a^b \frac{x\omega(x)}{\phi_{k+1}(x)} P_\ell(x)dx & (k \in I). \end{cases}$$

Tous les $\lambda_{k\ell}$ sont réels. Soit, enfin,

$$\Lambda_{mn} := \begin{vmatrix} \lambda_{m-n+1,0} & \lambda_{m-n+1,1} & \ldots & \lambda_{m-n+1,n-1} \\ \lambda_{m-n+2,0} & \lambda_{m-n+2,1} & \ldots & \lambda_{m-n+2,n-1} \\ \ldots & \ldots & \ldots & \ldots \\ \lambda_{m0} & \lambda_{m1} & \ldots & \lambda_{m,n-1} \end{vmatrix} \qquad (n = 1, 2, \ldots, m),$$

$$\Lambda_{mn} := \begin{vmatrix} \lambda_{1,n-m} & \lambda_{1,n-m+1} & \ldots & \lambda_{1,n-1} \\ \lambda_{2,n-m} & \lambda_{2,n-m+1} & \ldots & \lambda_{2,n-1} \\ \ldots & \ldots & \ldots & \ldots \\ \lambda_{m,n-m} & \lambda_{m,n-m+1} & \ldots & \lambda_{m,n-1} \end{vmatrix} \qquad (n = m, m+1, \ldots).$$

Théorème 3. Quel que soit $n = 1, 2, \ldots, \Lambda_{mn} \neq 0$. Les polynômes orthogonaux $R_0, R_1, \ldots$ peuvent être exprimés comme suit:

$$R_n = \begin{vmatrix} P_0 & P_1 & \ldots & P_n \\ \lambda_{m-n+1,0} & \lambda_{m-n+1,1} & \ldots & \lambda_{m-n+1,n} \\ \ldots & \ldots & \ldots & \ldots \\ \lambda_{m0} & \lambda_{m1} & \ldots & \lambda_{mn} \end{vmatrix} \qquad (n = 0, 1, \ldots, m), \tag{3}$$

$$R_n = \begin{vmatrix} P_{n-m} & P_{n-m+1} & \dots & P_n \\ \lambda_{1,n-m} & \lambda_{1,n-m+1} & \dots & \lambda_{1n} \\ \dots & \dots & \dots & \dots \\ \lambda_{m,n-m} & \lambda_{m,n-m+1} & \dots & \lambda_{mn} \end{vmatrix} \quad (n = m, m+1, \dots). \tag{4}$$

Démonstration. Il faut vérifier que

$$\forall\, W \in \Pi_{n-1},\ \int_a^b \frac{\omega(x)}{\phi(x)} R_n(x) W(x)\, dx = 0 \tag{5}$$

et que le coefficient de P_n dans R_n (c'est à dire Λ_{mn}) est différent de 0. Si $n < m$, alors les polynômes

$$U_k(x) := \begin{cases} \dfrac{\phi(x)}{\phi_k(x)} & (k \notin I) \\ \dfrac{x\phi(x)}{\phi_{k+1}(x)} & (k \in I) \end{cases}$$

pour $k = m-n+1, \dots, n$ forment une base de Π_{n-1}. Il suffit donc de démontrer (5) pour $W = U_{m-n+1}, \dots, U_n$. L'intégrale de (5) s'exprime alors sous forme d'un déterminant dont la première ligne est identique à une de ses autres lignes. Si $n \geq m$, alors $W = U\phi + V$ où $U \in \Pi_{n-m-1}$, $V \in \Pi_{m-1}$. Par conséquent, l'intégrale de (5) est la somme de deux termes. Le premier terme,

$$\int_a^b \omega(x) R_n(x) U(x)\, dx,$$

s'annule car R_n est orthogonal, par rapport à ω, à Π_{n-m-1}. Le deuxième terme se transforme comme pour $n < m$.

Il est évident que $\Lambda_{m1} = \lambda_{m0} \neq 0$. Si $\Lambda_{mn} \neq 0$ où $0 < n < m$, alors R_n est bien défini par (3) et

$$\int_a^b \frac{\omega(x)}{\phi(x)} R_n^2(x)\, dx \neq 0, \tag{6}$$

$$R_n = \sum_{k=m-n}^{m} u_k U_k \quad \text{où } u_{m-n} \neq 0.$$

On prouve facilement que l'intégrale (6) est égale à $u_{m-n}\Lambda_{m,n+1}$, d'où $\Lambda_{m,n+1} \neq 0$. Soit $\Lambda_{mn} \neq 0$ où $n \geq m$. Le nombre Λ_{mn} est, au signe près, le coefficient de P_{n-m} dans (4). S'il était nul, le polynôme R_n, comme combinaison linéaire de $P_{n-m+1}, \dots, P_n$, vérifierait la condition

$$0 = \int_a^b \omega(x) R_n(x) x^{n-m} dx = \int_a^b \frac{\omega(x)}{\phi(x)} R_n(x) \phi(x) x^{n-m} dx.$$

Cela est pourtant impossible car $\phi(x) x^{n-m} = cR_n(x) + S_{n-1}(x)$ ($c \neq 0$, $S_{n-1} \in \Pi_{n-1}$) et l'intégrale vaut

$$c \int_a^b \frac{\omega(x)}{\phi(x)} R_n^2(x)\, dx \neq 0. \square$$

On appelle fonction associée à P_ℓ la fonction

$$Q_\ell(\xi) := \int_a^b \frac{\omega(x)}{x-\xi} P_\ell(x)\,dx \qquad (\xi \notin [a,b]).$$

Tous les $\lambda_{k\ell}$ s'expriment par les différences divisées (généralisées) de Q_ℓ, d'où

Théorème 4. Les déterminants Λ_{mn} et les polynômes R_n du théorème 3 s'expriment comme suit:

$$\Lambda_{mn} = \begin{vmatrix} Q_0[\xi_1,\xi_2,\ldots,\xi_{m-n+1}] & \ldots & Q_{n-1}[\xi_1,\xi_2,\ldots,\xi_{m-n+1}] \\ Q_0[\xi_1,\xi_2,\ldots,\xi_{m-n+2}] & \ldots & Q_{n-1}[\xi_1,\xi_2,\ldots,\xi_{m-n+2}] \\ \cdots & \cdots & \cdots \\ Q_0[\xi_1,\xi_2,\ldots,\xi_m] & \ldots & Q_{n-1}[\xi_1,\xi_2,\ldots,\xi_m] \end{vmatrix} \qquad (n = 1, 2, \ldots, m),$$

$$\Lambda_{mn} = \begin{vmatrix} Q_{n-m}[\xi_1] & \ldots & Q_{n-1}[\xi_1] \\ Q_{n-m}[\xi_1,\xi_2] & \ldots & Q_{n-1}[\xi_1,\xi_2] \\ \cdots & \cdots & \cdots \\ Q_{n-m}[\xi_1,\xi_2,\ldots,\xi_m] & \ldots & Q_{n-1}[\xi_1,\xi_2,\ldots,\xi_m] \end{vmatrix} \qquad (n = m, m+1,\ldots),$$

$$R_n = \begin{vmatrix} P_0 & \ldots & P_n \\ Q_0[\xi_1,\xi_2,\ldots,\xi_{m-n+1}] & \ldots & Q_n[\xi_1,\xi_2,\ldots,\xi_{m-n+1}] \\ \cdots & \cdots & \cdots \\ Q_0[\xi_1,\xi_2,\ldots,\xi_m] & & Q_n[\xi_1,\xi_2,\ldots,\xi_m] \end{vmatrix} \qquad (n = 0, 1,\ldots, m),$$

$$R_n = \begin{vmatrix} P_{n-m} & \ldots & P_n \\ Q_{n-m}[\xi_1] & \ldots & Q_n[\xi_1] \\ \cdots & \cdots & \cdots \\ Q_{n-m}[\xi_1,\xi_2,\ldots,\xi_m] & \ldots & Q_n[\xi_1,\xi_2,\ldots,\xi_m] \end{vmatrix} \qquad (n = m, m+1,\ldots).$$

En utilisant l'expression des différences divisées d'une fonction f par ses valeurs on démontre

Théorème 5. Si les zéros $\xi_1, \xi_2,\ldots, \xi_m$ de ϕ sont simples, alors pour $n = m, m+1,\ldots$

$$\begin{vmatrix} Q_{n-m}(\xi_1) & Q_{n-m+1}(\xi_1) & \ldots & Q_{n-1}(\xi_1) \\ Q_{n-m}(\xi_2) & Q_{n-m+1}(\xi_2) & \ldots & Q_{n-1}(\xi_2) \\ \cdots & \cdots & \cdots & \cdots \\ Q_{n-m}(\xi_m) & Q_{n-m+1}(\xi_m) & \ldots & Q_{n-1}(\xi_m) \end{vmatrix} \neq 0,$$

$$R_n = \alpha_n \begin{vmatrix} P_{n-m} & P_{n-m+1} & \cdots & P_n \\ Q_{n-m}(\xi_1) & Q_{n-m+1}(\xi_1) & \cdots & Q_n(\xi_1) \\ \cdots & \cdots & \cdots & \cdots \\ Q_{n-m}(\xi_m) & Q_{n-m+1}(\xi_m) & \cdots & Q_n(\xi_m) \end{vmatrix} \qquad (\alpha_n \neq 0)$$

(pour $n < m$ une simplification analogue n'est plus possible).

3. Si $\omega(x) = (1-x^2)^{\pm 1/2}$, alors l'expression d'un polynôme orthogonal par rapport à ω/ϕ se simplifie considérablement. Supposons que tous les zéros ξ_j d'un polynôme ϕ de degré $m > 0$, à coefficients réels, se trouvent en dehors de l'intervalle $[-1,1]$. A chaque zéro ξ_j correspond un et un seul nombre ρ_j tel que $0 < |\rho_j| < 1$, $\xi_j = \frac{1}{2}(\rho_j+\rho_j^{-1})$. Tous les coefficients du polynôme

$$\psi(t) := \prod_{j=1}^{m} (t-\rho_j) = \beta_0 t^m + \beta_1 t^{m-1} + \ldots + \beta_m \qquad (\beta_0 = 1)$$

sont réels. Il est possible de calculer les β_j approximativement sans trouver auparavant les ξ_j ou ρ_j (cf. l'appendice de [1]).

Soit

$$V_n := \sum_{j=0}^{m} \beta_j T_{n-j} \qquad (n = 1, 2, \ldots)$$

où T_k est le $k^{\text{ième}}$ polynôme de première espèce de Tchebichev: $T_k(x) = \cos(k \arccos x)$, $T_{-k} \equiv T_k$.

Théorème 6 (trouvé indépendamment par M. Marc Prévost). Quel que soit $n \geq 1$, le polynôme V_n est orthogonal à tous les polynômes de degré $\leq n-1$ par rapport à $(1-x^2)^{-1/2}/\phi(x)$.

Démonstration. La fonction $1/\phi$ se développe dans $[-1, 1]$ en série de Tchebichev

$$\frac{1}{\phi} = \frac{1}{2}c_0 + \sum_{k=1}^{\infty} c_k T_k$$

dont les coefficients c_k vérifient la relation de récurrence

$$\sum_{j=0}^{m} \beta_j c_{k-j} = 0 \quad (k = 1, 2, \ldots ; \; c_{-l} = c_l \text{ pour } l = 1, 2, \ldots) \tag{7}$$

(cf., p.ex., [1], p. 59). En l'utilisant on démontre que

$$\frac{V_n(x)}{\phi(x)} = \frac{1}{2} \sum_{k=n}^{\infty} \Big(\sum_{j=0}^{m} \beta_j c_{n-k-j} \Big) T_k(x).$$

Il en résulte l'orthogonalité demandée de V_n.□

Les polynômes R_n orthogonaux sur $[-1,1]$ par rapport à $(1-x^2)^{-1/2}/\phi(x)$ s'expriment directement à l'aide de la suite $\{V_k\}$:

Théorème 7. On peut définir les R_n comme suit:

$$R_n = V_n \qquad (n \geq \max\{1, \tfrac{1}{2}m\}), \tag{8}$$

$$R_n = \begin{vmatrix} V_n & \gamma_{n,n+1} & \cdots & \gamma_{n,m-n} \\ V_{n+1} & \gamma_{n+1,n+1} & \cdots & \gamma_{n+1,m-n} \\ \cdots & \cdots & \cdots & \cdots \\ V_{m-n} & \gamma_{m-n,n+1} & \cdots & \gamma_{m-n,m-n} \end{vmatrix} \qquad (m \geq 3,\ 1 \leq n < \tfrac{1}{2}m) \tag{9}$$

où

$$\gamma_{ni} := \begin{cases} \beta_n & (i = 0), \\ \beta_{n-i} + \beta_{n+i} & (i > 0), \end{cases} \qquad \beta_\ell := 0 \text{ si } \ell < 0 \text{ ou } \ell > m.$$

Démonstration. Pour $p < m$,

$$V_p = \sum_{i=o}^{\max\{p,m-p\}} \gamma_{pi} T_i .$$

Si $n \leq p \leq m-n$, alors $\max\{p, m-p\} \leq m-n$ et

$$R_n = \sum_{i=o}^{m-n} \Delta_{ni} T_i$$

où

$$\Delta_{ni} := \begin{vmatrix} \gamma_{ni} & \gamma_{n,n+1} & \cdots & \gamma_{n,m-n} \\ \gamma_{n+1,i} & \gamma_{n+1,n+1} & \cdots & \gamma_{n+1,m-n} \\ \cdots & \cdots & \cdots & \cdots \\ \gamma_{m-n,i} & \gamma_{m-n,n+1} & \cdots & \gamma_{m-n,m-n} \end{vmatrix}$$

Evidemment, $\Delta_{ni} = 0$ pour $i = n+1, \ldots, m-n$, d'où $R_n \in \Pi_n$. Il suffit donc de démontrer en plus que $\Delta_{nn} \neq 0$ pour $1 \leq n < \frac{1}{2}m$. On procède par récurrence. Il résulte de (7) que

$$\sum_{i=o}^{\max\{k,m-k\}} \gamma_{ki} c_i = 0 \quad (k = 1, 2, \ldots, m-1)$$

où $c_o \neq 0$. Ce système d'équations par rapport à $c_1, \ldots, c_{m-1}$ doit avoir une et une seule solution. Par conséquent, son déterminant Δ_{11} est différent de 0. Soit $\Delta_{nn} \neq 0$ pour un certain n tel que $1 \leq n < \frac{1}{2}m$. On vérifie que dans (9) le polynôme V_n est multiplié par $\pm\beta_0\Delta_{n+1,n+1}$. Il faut que ce coefficient soit non nul (sinon le polynôme (9) de degré n serait orthogonal à lui même), d'où $\Delta_{n+1,n+1} \neq 0$.□

Des résultats analogues concernent la fonction de poids $(1-x^2)^{1/2}/\phi(x)$. Il suffit de remplacer 1°) V_n par

$$W_n := \sum_{j=0}^{m} \beta_j U_{n-j}$$

où U_k est le $k^{ième}$ polynôme de seconde espèce de Tchebichev: $U_k(x) = T'_{k+1}(x)/(k+1)$, $U_{-k} \equiv -U_{k-2}$, 2°) γ_{ni} par $\delta_{ni} := \beta_{n-i} - \beta_{n+i+2}$. Alors des formules analogues à (8), (9) sont valables pour $n \geq \max\{1, \frac{1}{2}m-1\}$ et pour

$m \geq 5$, $1 \leq n < \frac{1}{2}m-1$, respectivement.

Le rapport [2] constitue une vertion élargie de la présente communication. On peut y trouver des théorèmes supplémentaires et des exemples d'applications.

Bibliographie

[1] G.A. BAKER, Jr., P. GRAVES-MORRIS, Padé approximants. Part II : Extensions and applications, Addison-Wesley Publ. Co., Reading, Mass. 1981.

[2] S. PASZKOWSKI, Sur des transformations de polynômes orthogonaux (multiplication et division de fonction de poids par un polynôme), Univ. Sci. Tech. de Lille, U.E.R. d'I.E.E.A., Publ. ANO-139, Juin 1984.

ORTHOGONAL POLYNOMIALS FOR GENERAL MEASURES-II

Joseph L. Ullman
Department of Mathematics
University of Michigan
Ann Arbor, MI 48109-1003/USA

Abstract. We have written a survey article [4] on orthogonal polynomials for general measures, and a paper on new results in exterior asymptotics [5]. This paper contains the statement and proof of a new result on norm asymptotics, and can be read independently of the other papers.

1. Introduction

Let μ be a unit measure defined on the Borel subsets of $I = [-1,1]$, whose support $S(\mu)$ is an infinite set. There are unique polynomials $\{P_n(z)\}$ or $\{P_n(z,\mu)\}$, $P_n(z) = z^n+\ldots$, and unique positive constants $\{N_n(\mu)\}$, $n=0,1,\ldots$, such that $\int P_m(z)\, P_n(z)d\mu = \delta_{m,n}(N_n(\mu))^2$, $n,m=0,1,\ldots$, where $\delta_{n,m} = 0$ if $n \neq m$ and 1 if $n=m$. These are the orthogonal polynomials and their norms for the weight measure μ. Let $\lambda_n(\mu) = (N_n(\mu))^{1/n}$, and call this the linearized norm.

For a compact $K \subset I$, we denote the logarithmic capacity by $C(K)$ ([3], p.55) and henceforth refer to this as the capacity of K. For a general set $E \subset I$, $C(E)$ is defined as the inner capacity, and is also referred to as the capacity of E.

If μ is a weight measure, then a Borel subset E of $S(\mu)$ with $\mu(E) = 1$ is called a carrier of μ. For a given weight measure μ we are interested in finding upper and lower bounds for the limit points of the sequence $\{\lambda_n(\mu)\}$, $n=0,1,\ldots$, based on measurements made on the carriers of μ. The general study of the behavior of $\lambda_n(\mu)$ for large n is called norm asymptotics. When we write $\alpha \leq \ell.p. \{\lambda_n(\mu)\} \leq \beta$, we mean that each limit point of the sequence $\{\lambda_n(\mu)\}$, $n=0,1,\ldots$ lies in the interval $[\alpha,\beta]$. If a weight measure ν has the same carriers as μ, we write $\nu \sim \mu$ and say that ν is carrier related to μ. We can show that a bound is the best possible if we can prove the existence of a weight measure ν, $\nu \sim \mu$, for which the bound is attained.

Theorem. Let μ be a weight measure with support $S(\mu)$. Then a) $\overline{\lim}\, \lambda_n(\mu) \leq C(S(\mu))$ and b) this is the best bound in the sense that there is a weight measure ν, $\nu \sim \mu$, such that $\overline{\lim}\, \lambda_n(\nu) = C(S(\nu)) = C(S(\mu))$.

2. Proof of (a).

The proof of (a) is the easy part, and is achieved by combining two well known results. If $f(z)$ is a continuous function on a compact set K, then $\|f(z)\|_K = \max f(z)$ for $z \in K$. This is referred to as the uniform norm of $f(z)$ on K. Szegö ([3],p.73) showed that if $T_n(z)$ is the monic polynomial of degree n of least uniform norm on K, then $\lim (\|T_n(z)\|_K)^{1/n} = C(K)$. Next, if $Q_n(z)$ is any monic polynomial of degree n differing from $P_n(z,\mu)$, then $\int |P_n(z,\mu)|^2 d\mu < \int |Q_n(z)|^2 d\mu$. Part (a) is then obtained in a straightforward way from these two facts.

3. Proof of (b).

The proof of part (b) is presented here for the first time, since the proof given depends on the recent solution by Ancona [1], [2] of a conjecture of Choquet in potential theory. We present the proof in detail in sections labelled (b-1), (b-2),... since we believe that the ideas of each section can be expanded upon and be made part of a general technique for solving other problems concerning orthogonal polynomials for general measures.

(b-1). Definition 1. A compact set $K \subset I$ is called a regular set if the domain $\tilde{K}$ (complement of K) has a Green's function $G(z,\tilde{K})$. A Green's function $G(z,D)$ of a domain D in the finite plane containing a neighborhood of ∞ is defined as a function on D that is harmonic in D, tends to zero as z in D tends to the boundary of D, and is such that $G(z,D)-\log |z|$ tends to a finite constant as z tends to ∞.

(b-2). Lemma 1. ([1], [2]). If $K \subset I$ is a compact set and ε is a constant, $0 < \varepsilon < C(K)$, then there is a regular compact subset of K, say K_1, such that $C(K_1) \geq C(K) - \varepsilon$.

(b-3). Definition 2. Let $K \subset I$ be a regular compact set. Let $K_\alpha = \{z : d(z,K) \leq \alpha\}$ where $\alpha \geq 0$ and $d(z,K)$ is the distance from

z to K. Let $G_\alpha(\tilde{K}) = \max G(z,\tilde{K})$ for $z \in \tilde{K} \cap K_\alpha$, $0 \leq \alpha < \infty$.

(b-4). Lemma 2. Let $K \subset I$ be a regular compact set. There is a sequence of positive constants $\{a_n\}$, $n=0,1,\ldots$, such that $\lim(a_n)^{1/n} = 1$ and such that if $P_n(z)$ is a polynomial of degree n, $\| P_n'(z) \|_{K_{1/n}} \leq a_n \| P_n(z) \|_K$.

(b-5). Proof of Lemma 2. For a fixed z in $K_{1/n}$ apply the Cauchy inequality to $P_n'(z)$ for a circle of radius $1/n$ with center at z to obtain $|P_n'(z)| \leq n \| P_n(z) \|_{K_{2/n}}$. We then have $\| P_n'(z) \|_{K_{1/n}} \leq n \| P_n(z) \|_{K_{2/n}}$. Next, since $\log |P_n(z)| - nG(z,\tilde{K})$ is subharmonic in $\tilde{K}$ and regular at infinity, by the maximum principle we obtain $\log|P_n(z)| - nG(z,g\,\tilde{K}) \leq \log \| P_n(z) \|_K$, for $z \in \tilde{K}$. From this we obtain $\| P_n(z) \|_{K_{2/n}} \leq (\exp G_{2/n}(\tilde{K}))^n \| P_n(z) \|_K$. Thus we obtain $\| P_n'(z) \|_{K_{1/n}} \leq a_n \| P_n(z) \|_K$, $a_n = n\,(\exp G_{2/n}(\tilde{K}))^n$, and $\lim a_n^{1/n} = 1$ since $G(z,\tilde{K})$ is uniformly continuous in $K_{2/n} \cap \tilde{K}$.

(b-6). Lemma 3. If $K \subset I$ is a regular set, $P_n(z)$ is a polynomial of degree n and for $z_0 \in K$, $|P_n(z_0)| = \| P_n(z) \|_K$, then if

$$|z-z_0| \leq b_n\,,\quad b_n = \min\left\{\frac{1}{2a_n}\,,\ \frac{1}{n}\right\},\quad |P_n(z)| \geq \frac{\| P_n(z) \|_K}{2}\,.$$

Note that $\lim b_n^{1/n} = 1$.

(b-7). Proof of Lemma 3. Since $P_n(z)$ is analytic, $P_n(z) = P_n(z_0) + \int_{z_0}^{z} P_n'(z)dz$. Since $|z-z_0| \leq 1/n$,

$$|P_n(z)| \geq |P_n(z_0)| - |z-z_0| \; \| P_n'(z) \|_{K_{1/n}} \geq \| P_n(z) \|_K (1-|z-z_0|a_n)\,.$$

The last inequality uses Lemma 2. Thus if in addition $|z-z_0| \leq \frac{1}{2a_n}$, we obtain $|P_n(z)| \geq \dfrac{\| P(z) \|_K}{2}$.

(b-8). Lemma 4. Let μ be a weight measure. Then $\nu \sim \mu$ if there is Borel measurable function $w(x)$, positive a.e.μ such that a) $\int w(x)\,d\mu = 1$ and b) $\nu(E) = \int_E w(x)d\mu$ for any Borel set E, $E \subset I$.

We use the notation $\nu = \mu_w$ or $d\nu = w d\mu$ for the measure so constructed.

(b-9). Proof of Lemma 4. Clearly ν is defined on the Borel subsets of I by (b), and $\nu(I) = 1$. We will show that $S(\nu) = S(\mu)$, so $S(\nu)$ is an infinite set and ν is a weight measure. We next show that ν and μ have the same sets of measure zero. If $\mu(E) = 0$, then by (b) $\nu(E) = 0$. If $\nu(E) = 0$, we use the fact that $w(x) > 0$ a.e.μ to deduce $\mu(E) = 0$ from (b). The support of a unit Borel measure on I is the complement in I of the union of all the open intervals of measure zero. Hence ν and μ have the same support. Finally, if E is a carrier of ν, $E \subset S(\nu) = S(\mu)$, and $\nu(\tilde{E}) = 0$ so $\mu(\tilde{E}) = 0$ and $\mu(E) = 1$, so that E is a carrier of μ. Since the same argument applies if we start with a carrier of μ, the proof is complete.

(b-10). We can prove part (b) of the theorem by Lemma 4, if we can construct a Borel measurable function $w(x)$ positive a.e.μ for which $\overline{\lim}\ \lambda_n(\mu_w) \geqq C(S(\mu))$, since by part (a) $\overline{\lim}\ \lambda_n(\mu_w) \leqq C(S(\mu_w)) = C(S(\mu))$. We now proceed towards this objective.

(b-11). Lemma 5. If μ is a weight measure, $x \in S(\mu)$ and E is a carrier of μ, then $\mu(N_\varepsilon(x) \cap E) > 0$, where $N_\varepsilon(x) = \{x' : |x'-x| < \varepsilon\}$.

(b-12). Proof of Lemma 5. We know that $\mu(N_\varepsilon(x)) > 0$ so that if $\mu(N_\varepsilon(x) \cap E) = 0$, then $\mu(E \cap I \setminus N_\varepsilon(x)) = 1$. But $\mu(I \setminus N_\varepsilon(x)) < 1$ which is a contradiction.

(b-13). Lemma 6. Let μ be a weight measure and let E be a carrier. There are m_n compact sets, $A_{n,i}$, $i=1,\ldots,n$ such that $A_{n,i} \subset E$, $\mu(A_{n,i}) > 0$ $i=1,\ldots,m_n$ and $m_n \leqq \left[\frac{4}{b_n}\right] + 1$ where b_n is defined in Lemma 3, with the property that if x is a point of $S(\mu)$, then for some i, $d(x,y) \leqq b_n$ for all $y \in A_{n,i}$. Note that $\lim m_n^{1/n} = 1$.

(b-14). Proof of Lemma 6. Choose a positive integer n. Define $x_i = -1 + i\left(\frac{b_n}{2}\right)$, $i = 0,1,\ldots,\left[\frac{4}{b_n}\right] + 1 = c_n$. Then $\bigcup_0^{c_n - 1} [x_i, x_{i+1}]$ covers I since $\left(\left[\frac{4}{b_n}\right]\right) + 1 \quad \frac{b_n}{2} \geqq \frac{4}{b_n} \cdot \frac{b_2}{2} = 2$.

Let $m_{n,k}$, $k=1,\ldots,m_n$ be the intevals $[x_i,x_{i+1}]$ which intersect $S(\mu)$, so that each $x \in S(\mu)$ is in one of these intervals. Next let $x_{n,i}$ be a point in $S(\omega) \cap m_{n,i}$, $i=1,\ldots,m_n$. Since $\mu(N_{b_n/2}(x_{n,i})$

$\cap E) > 0$ (Lemma 5), and μ is a regular measure, there is a compact set $A_{n,i}$ in $N_{b_n/2}(x_{n,i}) \cap E$ with $\mu(A_{n,i}) > 0$. Finally, if

$x \in S(\mu)$, $x \in m_{n,i}$ for some i, and $d(x,y) \leqq d(x,x_{n,i}) + d(x_{n,i},y)$ $\leqq b_n$ for any $y \in A_{n,i}$.

(b-15). Since a weight measure is a regular measure, it has carriers E which are Borel sets of type F_σ. We can assume that $E = \bigcup_1^\infty E_n$, $\mu(E_n) > 0$, $E_n \subset E_{n+1}$, E_n compact, $n=1,2,\ldots,$ without loss of generality.

(b-16). Lemma 7. Given a weight measure μ with support $S(\mu)$ and a carrier E of Borel type F_σ. There is a Borel measurable function $w(x)$, positive on E, such that $\int w d\mu = 1$, and an increasing sequence of integers $\{n_p\}$ such that $\underline{\lim}\, \lambda_{n_p}(\mu_w) \geqq C(S(\mu))$. Because of the remarks made in (b-10), this completes the proof of part (b) of the Theorem.

(b-17). Proof of Lemma 7. This will require several sections. Let $\{\varepsilon_p\}$ $p=1,2,\ldots,$ be a null sequence of positive numbers, which will be used several times in what follows. Let K_p be a compact subset of $S(\mu)$ which satisfies $C(K_p) \geqq C(S(\mu))-\varepsilon_p$. These exist by Lemma 2. We can choose $K_p = S(\mu)$ if $S(\mu)$ is regular, and other similar simplifications can be made in what follows when $S(\mu)$ is regular.

(b-18). Choose a positive integer p. Since K_p is regular, we associate with K_p the numbers b_n of Lemma 3, denoting them by $b_n^{(p)}$. We also associate with K_p the sets $A_{n,i}$ and numbers m_n of Lemma 6 and denote them $A_{n,i}^{(p)}$, $m_n^{(p)}$ respectively. For each p, $(m_n^{(p)})^{1/n} \leqq 1+\varepsilon_p$ for sufficiently large n. Hence there is an increasing sequence of integers $\{n_p\}$, $p=1,2,\ldots$ such that $(m_n^{(p)})^{1/n}$ $\leqq 1 + \varepsilon_p$ for $n \geqq n_p$. We then construct the function

1) $$w_1(x) = \sum_{p=1}^{\infty} \sum_{i=1}^{m_{n_p}} \frac{\chi_{A^{(p)}_{n_p,i}}(x)}{n_p^2 \, m^{(p)}_{n_p} \, \mu(A^{(p)}_{n_p,i})} ,$$

where $\chi_B(x)$ is the characteristic function of B; for an arbitrary set B. Note that $\int w_1(x)\,d\mu = \sum_1^{\infty} \frac{1}{n_p^2} = C_1 < \infty$.

(b-19). As pointed out in (b-15), we can write $E = \bigcup E_p$ where E_p has the properties stated there.

Let

2) $$w_2(x) = \sum_1^{\infty} \frac{\chi_{E_p}(x)}{p^2 \, \mu(E_p)}$$

Note that $\int w_2(x)\,d\mu = \sum_1^{\infty} \frac{1}{p^2} = C_2 < \infty$.

Finally let

3) $$w(x) = \frac{1}{c_1 + c_2} \quad (w_1(x) + w_2(x))$$

Clearly $w(x) > 0$ on E so that $w(x) > 0$ a.e.μ. Also $w(x)$ is Borel measurable, and $\int w(x)\,d\mu = 1$. Hence by Lemma 4, $\nu = \mu_w$ satisfies $\nu \sim \mu$ and it remains to show that the inequality in Lemma 7 is satisfied.

(b-20). We find a lower bound for $\int |P_{n_p}(x,\nu)|^2 d\nu$, where n_p is defined in (b-18). From display (3) and the definition of ν

4) $$\begin{aligned} \int |P_{n_p}(x,\nu)|^2 d\nu &= \int |P_{n_p}(x,\nu)|^2 w(x)\,d\mu \\ &\geq \frac{1}{c_1 + c_2} \int |P_{n_p}(x,\nu)|^2 \, w_1(x)\,d\mu . \end{aligned}$$

Now, on K_p $|P_{n_p}(x,\nu)|$ takes on its maximum value, say at x_0, and let $A^{(p)}_{n_p,i}$ be the set associated with x_0 by Lemma 6. The last term in display 4 is greater than, or equal to

$$5)\qquad \frac{1}{c_1 + c_2} \int |P_{n_p}(x,\nu)|^2 \frac{\chi_{A^{(p)}_{n,i}}(x)}{n_p^2\, m^{(p)}_{n_p}\, \mu(A^{(p)}_{n_p,i})}\, d\mu$$

which in turn is

$$6)\qquad \geq \frac{1}{c_1 + c_2} \left(\frac{\| P_n(x,\nu) \|_{K_p}}{2} \right)^2 \frac{1}{n_p^2\, m^{(p)}_{n_p}},$$

using Lemma 3 to obtain display (6).

(b-21). Using [3, Theorem III.15, p.62] we find that $\| P_{n_p}(x,\nu) \|_{K_p} \geq (C(K_p))^{n_p}$. Then by (b-17)

$$7)\qquad \int |P_{n_p}(x,\nu)|^2\, d\,\nu \geq \frac{(C(S(\mu)) - \varepsilon_p)^{2n_p}}{n_p^2\, m^{(p)}_{n_p}}.$$

Thus, using the above and (b-18),

$$8)\qquad \lambda_{n_p}(\nu) \geq \frac{C(S(\mu))-\varepsilon_p}{n_p^{1/n_p} (m^{(p)}_{n_p})^{1/2n_p}} \geq \frac{C(S(\mu))-\varepsilon_p}{n_p^{1/n_p} (1+\varepsilon_p)^{1/2}}.$$

The inequality in Lemma 7 then follows by letting p tend to infinity.

References

1. Ancona, Alano, Demonstration d'une conjecture sur la capacité et l'effilement. C.R. Acad. Sci. Paris, t.297 (24 Octobre 1983) Serie I, 393-395.

2. Ancona, Alano, Sur une conjecture concernant la capacite et l'effilement, Colloque de Théorie du Potentiel (Jacques DENY) 1984 (Springer L.N., to appear).

3. Tsuji, M., Potential Theory in Modern Function Theory, Maruzen, Tokyo, 1959.

4. Ullman, J.L., A survey of exterior asymptotics for orthogonal polynomials associated with a finite interval and a study of the case of a general weight measure, Proceedings of the N.A.T.O. Advanced Study Institute, 1983, (1-18).

5. Ullman, J.L., Orthogonal polynomials for general measures, I, Proceedings of 1983 Tampa Conference on Rational Approximation and Interpolation, Springer-Verlag, 1984, LN1105 524-528.

ON POLYNOMIALS WITH INTERLACING ZEROS

Alvarez, M. and Sansigre, G.
Departamento de Matemáticas. E.T.S.I. Industriales
Universidad Politécnica de Madrid. SPAIN.

1.- Introduction

In Wendroff [7] it is proved that any pair of polynomials with real and simple zeros mutually separated, can be considered orthogonal polynomials; that is, they are consecutive members of some sequence of orthogonal polynomials. In Draux [2] this result is generalized to prove that any pair of coprime polynomials can be considered formal orthogonal polynomials. In this communication we give an approach to these questions by using properties of the Bezoutian matrix for two polynomials.

Bezoutian matrix plays an important role in the theory of linear dynamical systems, see Barnett [1] There have also interesting relations with problems of localization of zeros, Householder [3], and separation of zeros of polynomials, Krein and Naimark [5]. The key property we use to relate Bezoutian matrix with orthogonal polynomials is that its inverse matrix, when it exists, is a Hankel matrix. This property has been quoted in Kailath, Vieira and Morf [4]. More recently an interesting paper of Pták [6] goes deeply into relations of Bezoutian and Hankel matrices from the theory of discrete Lyapunov matrix equation. Our approach is taken from Barnett [1].

2.- A look at properties of Bezoutian matrix

We review here some properties of the Bezoutian matrix interesting in relations with the problems posed above. Given two real polynomials $p(z)$ and $q(z)$ with degree $q(z) \leq$ degree $p(z)=n$, introduce the two-variable symmetric polynomial:

$$f(x,y) = \frac{p(x)q(y)-p(y)q(x)}{x-y} = \sum_{k,l=1}^{n} r_{kl}\, x^{k-1} y^{l-1}$$

The n-order symmetric matrix $B=[r_{kl}]$ is known as the Bezoutian matrix of the polynomials $p(z)$ and $q(z)$. A well known result is the following:

Theorem 1: The Bezoutian matrix is nonsingular if and only if the polynomials $p(z)$ and $q(z)$ are coprime.

For a proof see [1].

If $z_1,\ldots,z_m$, $m\leq n$, are the distinct zeros of $p(z)$ we have:

$$f(z_i,z_j) = 0 \quad i \neq j$$

and on the other hand:

$$f(z_i, z_i) = p'(z_i)q(z_i)$$

From these equalities it is easy to see that all the zeros of p(z) are real and simple if the Bezoutian matrix is positive definite, and the same properties hold for the zeros of q(z). Moreover from the inequalities:

$$p'(z_i)q(z_i) > 0$$

we have in this case that the zeros of p(z) separate the zeros of q(z) and reciprocally.

Conversely, if the polynomials p(z) and q(z) have all their zeros simple and real and mutually separated then all the products $p'(z_i)\cdot q(z_i)$ have the same sign, and the Bezoutian matrix is positive or negative definite. In particular if the polynomials are monic and degree q(z)=n-1 we have $p'(z_i)q(z_i)>0$ and B is positive definite.

As a consequence of the previous discussion we have:

Theorem 2: The Bezoutian matrix of two monic polynomials of consecutive degrees is positive definite if and only if all the zeros of the polynomials are real and simple and mutually separated.

3.- Application to orthogonal polynomials

As an application of the previous section, we prove here that for any two coprime polynomials of different degree, there exist moment functionals with respect to which the given polynomials are formally orthogonal. Also if the polynomials are monic, of consecutive degrees and with real, simple and mutually separated zeros, the moment functional is positive definite.

The key property is in the following:

Theorem 3: For any nonsingular Bezoutian matrix, the inverse matrix is a Hankel matrix.

We give here a proof based on a self-interesting property of the Bezoutian matrix. Suppose, without loss of generality, that the polynomial of higher degree is monic. Let

$$p(z) = z^n + a_1 z^{n-1} + \dots + a_{n-1}z + a_n$$

be this polynomial and consider the companion matrix of p(z), that is the matrix:

$$C = \begin{bmatrix} 0 & 1 & \dots & 0 & 0 \\ 0 & 0 & \dots & 0 & 0 \\ \cdot & \cdot & & \cdot & \cdot \\ \cdot & \cdot & & \cdot & \cdot \\ \cdot & \cdot & & \cdot & \cdot \\ 0 & 0 & \dots & 0 & 1 \\ -a_n & -a_{n-1} & \dots & -a_2 & -a_1 \end{bmatrix}$$

Then the Bezoutian matrix of $p(z)$ and $q(z)$, with degree $q(z) \leq n$, intertwines the matrix C and its transpose, that is we have the matrix equality:

$$ {}^{t}C\ B = B\ C $$

For a proof see [1]. Let $B^{-1} = H = [h_{kl}]$; then:

$$ C\ H = H\ {}^{t}C $$

In view of the special structure of the companion matrix C it is an easy task to verify that:

$$ h_{kl} = h_{k+1,l-1} \qquad 1 \leq k \leq n-1, \quad 2 \leq l \leq n $$

and this merely establishes that H is a Hankel matrix.

Now suppose that degree $q(z)<n$. The proof that q is a polynomial formally orthogonal with respect to H is an easy consequence of the following:

<u>Lemma</u>: If $p(z)$ is monic and degree $q(z)<n$, then the last column of the Bezoutian matrix of $p(z)$ and $q(z)$ has as elements the coefficients of $q(z)$.

In fact from the lemma if:

$$ q(z) = b_1 z^{n-1} + \dots + b_{n-1} z + b_n $$

we have that the solution of the system of equations $Hx = e_n$, with $e_n = (0,\dots,0,1)^t$ is the vector $(b_1,\dots,b_n)^t$. This is equivalent to say that $q(z)$ is the formal orthogonal polynomial relative to H.

We give a proof of the above lemma by seeing that if

$$ \phi(x) = [1,x,\dots,x^{n-1}]\ B \begin{bmatrix} 0 \\ \cdot \\ \cdot \\ \cdot \\ 0 \\ 1 \end{bmatrix} $$

then $\phi(x)=q(x)$. From the definition of the Bezoutian polynomial $f(x,y)$ introduce:

$$ g(x,y) = y^{n-1} f(x,\tfrac{1}{y}) $$

Then clearly we have:

$$ \phi(x) = g(x,0) $$

On the other hand we have:

$$g(x,y) = \frac{p^*(y)q(x) - p(x)q^*(y)}{1 - xy}$$

where $p^*(z)=z^n p(1/z)$, $q^*(z)=z^n q(1/z)$. Trivially we have $p^*(0)=1$, $q^*(0)=0$, then the lemma.

Let $c_{k+l-2}=h_{kl}$ the elements of H. We have seen that the matrix H satisfies $CH=H^tC$. From this we have:

$$a_n c_k + a_{n-1} c_{k+1} + \ldots + a_1 c_{k+n-1} + c_{k+n} = 0$$

for $k=0,\ldots,n-2$. If we take:

$$c_{2n-1} = -(a_n c_{n-1} + \ldots + a_1 c_{2n-2})$$

and any c_{2n} such that:

$$a_n c_n + a_{n-1} c_{n+1} + \ldots + a_1 c_{2n-1} + c_{2n} \neq 0$$

we have a nonsingular (n+1)-order Hankel matrix with p orthogonal with respect to $c_0,\ldots, c_{2n}$. This matrix $\hat{H}$ is obtained by bordering H and then the polynomial q is as well orthogonal with respect to the same moments.

In the case that the given polynomials are both monic, with real, simple and mutually separated zeros, the matrix H is positive definite. Selecting c_{2n} adequately we can get the matrix $\hat{H}$ positive definite also, and the moment functional is positive definite.

REFERENCES

1.- Barnett, S. "Polynomials and linear control systems". Marcel Dekker, 1983.

2.- Draux, A. "Polynômes orthogonaux formels". Springer, 1983.

3.- Householder, A.S. "Bezoutians, elimination and localization". SIAM Review, 12, pp. 73-78, 1970.

4.- Kailath, T., Vieira, A., Morf, M. "Inverses of Toeplitz operators, innovations and orthogonal polynomials". SIAM Review, 20, pp. 106-119, 1978.

5.- Krein, M.G., Naimark, M.A. "The method of symmetric and Hermitian forms in the theory of the separation of the roots of algebraic equations". Linear and multilinear Algebra, 10, pp. 265-308, 1974.

6.- Pták, V. "Lyapunov, Bézout and Hankel". Linear Algebra and its - applications, 58, pp. 363-390, 1984.

7.- Wendroff, B. "On orthogonal polynomials". Proc. Amer. Math. Soc. 12 pp. 554-555, 1961.

ON THE SHARPNESS OF RESULTS IN THE THEORY OF LOCATION OF ZEROS OF POLYNOMIALS DEFINED BY THREE TERM RECURRENCE RELATIONS

J.GILEWICZ
Centre de Physique Théorique, C.N.R.S.
Luminy, Case 907
F -13288 Marseille Cédex 9 (France)
and
Toulon University
and
E. LEOPOLD
16, Avenue du Dr. Roux
F-78340 LES CLAYES SOUS BOIS (France)

INTRODUCTION

Our discussion deals with new results concerning the location of zeros in the complex plane of the polynomials $P_1, P_2, \ldots, P_N$. Many authors, de Bruin, Saff and Varga [5] , Runckel [6], van Doorn [7], as well as ourselves [1 - 4], have obtained some optimal, said "sharp" results, apparently in the same domain. The question: "who is sharper than the others ?" is dangerously formulated. Apparently all the authors are right because sharpness must be understood as the optimal result following the particular investigation. On the one hand the working regions: sector, disc, half-plane, parabolic region, real axes,..., distinguish the results ; on the other hand the approximations introduced in the definition of these regions distinguish the methods.

In our improved constructive theory we optimize the zero-free regions step by step [3,4] contrarily to the global optimization proposed in [1,2].

Of course, our new result is sharper than our old sharp result.

1. GENERAL RESULTS

Let $\{P_n\}_{n \geq 0}$ be a sequence of polynomials of respective degrees n which satisfy the three-term recurrence relation:

$$\forall n \geq 0: \qquad P_{n+1} = B_n P_n - A_n P_{n-1} \tag{1}$$

$$P_{-1}=0,\ P_0=1;\ \deg B_n=1,\ \deg A_n \leq 2.$$

If $A_{n+1}(z)P_n(z)P_{n+1}(z)\neq 0$ then relation (1) can be replaced, as in [2], by:

$$A_{n+1}\frac{P_n}{P_{n+1}} = \frac{A_{n+1}}{B_n - A_n P_{n-1}/P_n} \quad . \tag{2}$$

Let $\mathcal{A}$ denote the complex z-plane with the zeros of all A_n deleted; then for z in $\mathcal{A}$ $P_{n+1}(z)\neq 0$ if and only if

$$B_n \neq A_n \frac{P_{n-1}}{P_n} \quad . \tag{3}$$

The method aims to exploit the relation (3) in order to determine the zero-free regions for polynomials. The relation (2) is considered as the homographic transformation of P_{n-1}/P_n on P_n/P_{n+1}. For example in [2] we use the mapping of the half-plane $\{w\in\mathbb{C} \mid \mathrm{Re}\, w \leq \gamma\}$ which does not contain the pole B_n, into the closed disc of radius $|\omega_n|$ centered in ω_n which is imbedded in the new half-plane $\mathrm{Re}\, w \leq \mathrm{Re}\,\omega_n + |\omega_n|$. Finally we consider the transformations of half-planes in each step. Suppose $B_n(z)=b_n+b_n'z$ with real b_n; the most important point in the method is the optimal estimation of the value γ ensuring that the pole B_n does not belong to the half-plane $\mathrm{Re}\, w \leq \gamma$. To do this we introduce the parameter d as follows

$$d > -\frac{\mathrm{Re}\, b_n}{b_n'} \ ; \quad \gamma=\mathrm{Re}\, b_n+b_n'd \quad , \tag{4}$$

the "working" conditions being optimized over the parameter d.

In the following theorems $\mathrm{Re}\,\omega_n+|\omega_n|$ is denoted by f_n and γ by g_n (7). The "working" condition $f_n \leq g_{n+1}$ in (9) or (10) says: "all transformed points, i.e. also P_n/P_{n+1} which is the image of P_{n-1}/P_n, lie in the half-plane $\mathrm{Re}\, w \leq f_n$ which can not contain the new pole B_{n+1} estimated by g_{n+1}". The complete proof given in [2] develops the above idea to show (3) for each step, from n=1 to n=N.

Theorem 1.1

Let $\{P_n\}_{n=0}^{N}$ be a sequence of polynomials each of degree n which satisfy the three-term recurrence relation with complex coefficients:

$$P_{n+1}(z)=(b_n+b_n'z)P_n(z)-A_n(z)P_{n-1}(z) \qquad (n=0,1,\ldots,N-1) \tag{5}$$

where $P_{-1}=0$, $P_0=1$; $b_n'>0$. Then this family of polynomials has no zeros in the region $\mathcal{P}_N$ defined by:

$$\mathcal{A}_N=\left\{z\in\mathbb{C}\,\middle|\,A_n(z)\neq 0 \quad (n=0,1,\ldots,N-1)\right\} \tag{6}$$

$$f_n(z,d)=\frac{|A_{n+1}(z)|+\mathrm{Re}\,A_{n+1}(z)}{2b_n'(\mathrm{Re}\,z-d)}\,;\qquad g_n(d)=\mathrm{Re}\,b_n+b_n'd \tag{7}$$

$$I_N=\left]\max_{0<n<N}-\frac{\mathrm{Re}\,b_n}{b_n'},+\infty\right[\;\bigcap\;\left[-\frac{\mathrm{Re}\,b_0}{b_0'},+\infty\right[\tag{8}$$

$$\mathcal{P}_N=\bigcup_{d\in I_N}\left(\bigcap_{0\leqslant n<N-1}\left\{z\in\mathcal{A}_N\,\middle|\,f_n(z,d)\leqslant g_{n+1}(d),\ \mathrm{Re}\,z>d\right\}\right) \tag{9}$$

Remark 1

The zero- free region $\mathcal{P}_N$ is determined in the right half-plane Re $z>d$. In [2] similar regions are determined for Re $z<d$, Im $z>d$ and Im $z<d$; in [1] two regions are considered: $|z|<d$ and $|z|>d$. In the following we refer to these theorems as "old theorems".

Remark 2

In order to improve our old theorems we introduce in each step (4), instead of the parameter d independent of the step, the parameter d dependent of the step. The proof of the new theorem is similar [3,4], but the optimization is done over the set of all parameters $\{d_0,\ldots,d_{N-1}\}$ instead of over the one global parameter d.

Theorem 1.2

Under the assumptions (5),(6) and (7) of theorem 1.1 the zero-free region $\mathcal{R}_N$ for polynomials $\{P_n\}_{n=0}^{N}$ is defined by:

$$\mathcal{R}_N=\bigcup_{\substack{d_0\geqslant -\frac{\mathrm{Re}\,b_0}{b_0'}\\ n=1,\ldots,N-1:\ d_n>-\frac{\mathrm{Re}\,b_n}{b_n'}}}\left\{\bigcap_{n=0,\ldots,N-2}\left\{z\in\mathcal{A}_N\,\middle|\,f_n(z,d_n)\leqslant g_{n+1}(d_{n+1}),\ \mathrm{Re}\,z>d_n\right\}\cap\right.$$

$$\left.\cap\left\{z\in\mathcal{A}_N\,\middle|\,\mathrm{Re}\,z>d_{N-1}\right\}\right\}\;. \tag{10}$$

Remark 3

The symmetric region in the left half-plane is obtained by inversing all the inequalities in (10).

2. ORTHOGONAL POLYNOMIALS

Two theorems, old and new, adapted to the particular case of orthogonal polynomials, give the evolution of the global position of zeros on the real axis. The specific regions (9) and (10) reproduced here from [1,2,4] are sufficient to discuss the sharpness of our results. In fact we shall show that the old theorem gives approximative interval containing the zeros in question, however the new theorem gives the exact interval! This is a beautiful example where the theory of approximation leads to exactness.
The following theorems are translations of the previous theorems in minimax terminology.

Theorem 2.1 (old)
Let $\{P_n\}_{n=0}^{N}$ be a sequence of orthogonal polynomials which satisfy the general recurrence relation :

$$\forall n \geqslant 0: \quad P_{n+1}(x)=(x-b_n)P_n(x)-a_n P_{n-1}(x) \tag{11}$$

where:

$$P_{-1}=0,\ P_0=1;\ \ \forall n:\ a_n > 0,\ b_n \in \mathbb{R}$$

Then the region $\mathcal{P}_N$ contains no zero of $\{P_n\}_{n=0}^{N>1}$:

$$\mathcal{P}_N=\left\{x \,\middle|\, x > \min_{d:d\geqslant b_0;\, d > \max\limits_{n=1,..,N-1} b_n} \ \max_{n=1,..,N-1} \left(d+\frac{a_n}{d-b_n}\right)\right\} \tag{12}$$

Theorem 2.2 (new)
Let $\{P_n\}_{n=0}^{N}$ be a sequence of orthogonal polynomials defined by (11), then the region $\mathcal{R}_N$ contains no zero of this family:

$$\mathcal{R}_N=\left\{x \,\middle|\, x > \min_{\substack{\{d_0,\dots,d_{N-1}\}\ :\\ d_0\geqslant b_0;\, n>0:\, d_n > b_n}} \ \max_{n=0,..,N-2} \left(d_n+\frac{a_{n+1}}{d_{n+1}-b_{n+1}},\ d_{N-1}\right)\right\} \tag{13}$$

Theorem 2.3 (about the sharpness of theorem 2.2)
Let $\{P_n\}_{n=0}^{N}$ be a finite sequence of orthogonal polynomials, then the interval $\mathcal{R}_N$ containing no zero of these polynomials is defined by:

$$\mathcal{R}_N=\left\{x \,|\, x > x_N^{(N)}\right\} \tag{14}$$

where $x_N^{(N)}$ is the greatest zero of the polynomial P_N.

Remark 4

We attempt the trivial conclusion which says that the orthogonal polynomials $P_1, P_2, \ldots, P_N$ have no zero outside the interval where they have all their zeros (the extremal zeros of polynomial P_N define this interval). But at the same time we observe the optimal "sharpness" of our approximate method of estimates in this particular case.

We precede the proof of the last theorem by the following general lemma.

Lemma

Let $\{P_n\}$ be a sequence of polynomials satisfying the general three-term recurrence relation:

$$P_{-1}=0, \quad P_0=1; \quad n \geq 0: \qquad P_{n+1}=B_n P_n - A_n P_{n-1} \tag{15}$$

then the equation:

$$P_{n+1}=0 \tag{16}$$

can be expressed in one of the two following forms using the continued fraction expansions :

$$B_n - \frac{A_n}{B_{n-1}-} \frac{A_{n-1}}{B_{n-2}-} \cdots \frac{A_1}{B_0} = 0 \tag{17}$$

$$B_0 - \frac{A_1}{B_1-} \frac{A_2}{B_2-} \cdots \frac{A_n}{B_n-} = 0 \ . \tag{18}$$

Proof of the lemma

The recurrence (15) can be written in the two following forms:

$$\frac{P_{n+1}}{P_n} = B_n - \frac{A_n}{(P_n/P_{n-1})} \tag{19}$$

and

$$\frac{P_n}{P_{n-1}} = \frac{A_n}{B_n-(P_{n+1}/P_n)} \tag{20}$$

Iterating (19) with decreasing n we obtain:

$$\frac{P_{n+1}}{P_n} = B_n - \frac{A_n}{B_{n-1}-}\frac{A_{n-1}}{B_{n-2}-}\cdots\frac{A_1}{B_0}$$

and iterating (20) beginning by n=1, i.e. by $P_1 / P_0 = P_1 = B_0$, we obtain with increasing n :

$$B_0 = \frac{A_1}{B_1-}\frac{A_2}{B_2-}\cdots\frac{A_n}{B_n-(P_{n+1}/P_n)} \quad .$$

Putting $P_{n+1} = 0$ in both relations we complete the proof of the lemma.

Proof of the theorem 2.3

Firstly let us observe that the minimax (13) is :

$$\min_{\{d_0,d_1,\ldots,d_{N-1}\}} \max \left\{ d_0 + \frac{a_1}{d_1-b_1}, d_1+\frac{a_2}{d_2-b_2}, \ldots, d_{N-2} + \frac{a_{N-1}}{d_{N-1}-b_{N-1}}, d_{N-1} \right\} =$$

$$= \min_{\{d_1,\ldots,d_{N-1}\}} \max \left\{ b_0 + \frac{a_1}{d_1-b_1}, d_1 + \frac{a_2}{d_2-b_2}, \ldots \right\}. \tag{21}$$

If N=2, then minmax $\left\{ b_0 + \frac{a_1}{d_1-b_1}, d_1 \right\}$ is given by d_1, the greatest solution of:

$$b_0 + \frac{a_1}{d_1-b_1} = d_1 \quad . \tag{22}$$

In fact, we look for the greatest interval of x satisfying both inequalities:

$$x \geqslant b_0 + \frac{a_1}{d_1-b_1} \; ; \; x > d_1 \quad .$$

The first right hand member is decreasing in d_1, the second one is increasing, which gives (22).

For arbitrary N we obtain the same result for two neighbouring terms in (21) depending on d_j :

$$\min\max \left\{ d_{j-1} + \frac{a_j}{d_j-b_j}, d_j + \frac{a_{j+1}}{d_{j+1}-b_{j+1}} \right\}$$

is given by d_j, the greatest solution of:

$$d_{j-1} + \frac{a_j}{d_j - b_j} = d_j + \frac{a_{j+1}}{d_{j+1} - b_{j+1}} .$$

But this is true for all j, thus the minimax of (21) is given by the greatest solution of the following system of equations:

$$b_0 + \frac{a_1}{d_1 - b_1} = d_1 + \frac{a_2}{d_2 - b_2} = \dots = d_{N-2} + \frac{a_{N-1}}{d_{N-1} - b_{N-1}} = d_{N-1} \tag{23}$$

Because in (13) we have $x > \min\max$ and we know now that min max is the greatest solution d_{N-1}, then we must solve the last system in d_{N-1}. In order to do so we write (23) in the following form :

$$d_{N-1} = b_0 + \frac{a_1}{d_1 - b_1}$$

$$d_1 = d_{N-1} - \frac{a_2}{d_2 - b_2}$$

$$\dots\dots\dots\dots\dots\dots\dots\dots$$

$$d_{N-2} = d_{N-1} - \frac{a_{N-1}}{d_{N-1} - b_{N-1}} .$$

Replacing d_1 in the first equation by the second one and so on, we obtain the following continued fraction :

$$d_{N-1} = b_0 + \frac{a_1}{d_{N-1} - b_1 -} \; \frac{a_2}{d_{N-1} - b_2 -} \cdots \frac{a_{N-1}}{d_{N-1} - b_{N-1}} .$$

Putting $d_{N-1} - b_j = x - b_j$ we easily identify the last equation with (18) and consequently with (17). Finally, with the lemma and the remark given before (23) saying that we must select the greatest solution of (23) we have proved the theorem 2.3.

3. EXAMPLES

The Legendre polynomials having their zeros in $]-1,1[$ are defined by :

$$P_{-1} = 0, \; P_0 = 1, \qquad P_{n+1} = \frac{2n+1}{n+1} \, x \, P_n - \frac{n}{n+1} P_{n-1} . \tag{24}$$

The old theorem gives $\mathcal{P}_2 = \{ x \mid x \geq 2/\sqrt{3} \}$ which becomes also $\mathcal{P}_\infty$ (note then

$2/\sqrt{3} > 1$). The new theorem gives $\mathcal{R}_2 = \{x \mid x > 1/\sqrt{3}\}$ and we know that $1/\sqrt{3}$ is the positive zero of P_2.

The Tchebyscheff polynomials having their zeros in $]-1,1[$ are defined by :

$$T_{-1} = 0, \; T_0 = 1, \qquad T_{n+1} = 2x\, T_n - T_{n-1} \,. \tag{25}$$

The old theorem gives $\mathcal{P}_2 = \mathcal{P}_\infty = \{x \mid x \geqslant 1\}$; the new theorem gives $\mathcal{R}_2 = \{x \mid x > \frac{1}{2}\}$ with $T_2(\frac{1}{2}) = 0$.

REFERENCES

1. J. GILEWICZ and E. LEOPOLD, Location of the Zeros of Polynomials Satisfying Three-Term Recurrence Relations. I. General Case with Complex Coefficients, to appear in J. Approx. Theory 42 (1984)

2. E. LEOPOLD, Location of the Zeros of Polynomials Satisfying Three-Term Recurrence Relations. III. Positive Coefficients Case, to appear in J. Approx. Theory 42 (1984).

3. J. GILEWICZ, Sur l'amélioration des théorèmes de localisation des zéros de polynômes ; Congrès d'Analyse Numérique 1984, Bombannes (France).

4. J. GILEWICZ and E. LEOPOLD, Fine Optimization of the Zero-Free Region for the Polynomials Satisfying Three-Term Recurrence Relations, submitted to J. Approx. Theory.

5. M.G. de BRUIN, E.B. SAFF, and R.S. VARGA, On the Zeros of Generalized Bessel Polynomials, Nederl. Akad. Wetensch. Indag. Math. 84 (1981), 1-25.

6. H.-J. RUNCKEL, Zero-Free Parabolic Regions for Polynomials with Complex Coefficients, Proceedings of the American Mathematical Society, 88 (1983), 299.

7. E.A. VAN DOORN, On Orthogonal Polynomials with Positive Zeros and the Associated Kernel Polynomials, to appear in J. Math. Anal. Appl.

MONOTONICITY PROPERTIES FOR THE ZEROS OF ORTHOGONAL POLYNOMIALS AND BESSEL FUNCTIONS

A. LAFORGIA
Dipartimento di Matematica dell'Università
Via Carlo Alberto, 10 - 10123 Torino - I T A L Y

1. INTRODUCTION AND BACKGROUND

We are concerned in this paper with some methods which have been used to study monotonicity properties of the positive zeros of classical orthogonal polynomials and Bessel functions. In particular we describe some consequences of the Sturm comparison theorem concerning solutions of second order linear differential equations. The most interesting applications are to the zeros of some of the classical orthogonal polynomials.

It is also a purpose of this paper to describe a formula due to Watson for the derivative with respect to order of a zero $c_{\nu k}(k = 1,2, \cdots)$ of the general Bessel function

$$(1.1) \qquad C_\nu(x) = \cos\alpha\, J_\nu(x) - \sin\alpha\, Y_\nu(x) \quad , \quad 0 \leqslant \alpha < \pi$$

where $J_\nu(x)$ and $Y_\nu(x)$ indicate the Bessel functions of the first and second kind, respectively.

There are many formulations of the Sturm comparison theorem. One of these which seems to be very useful for the applications is the following due to G. Szegö [23, p. 19]

LEMMA 1.1 (Sturm comparison theorem). Let the functions $y(x)$ and $Y(x)$ be nontrivial solutions of the differential equations

$$y'' + f(x)\, y = 0 \quad , \quad Y'' + F(x)\, Y = 0$$

and let them have consecutive zeros at $x_1, x_2, \cdots x_m$ and $X_1, X_2, \cdots X_m$ respectively on an interval (a, b). Suppose that f and F are continuous, that

$$f(x) < F(x) \quad , \quad a < x < x_m \tag{1.2}$$

and that

$$\lim_{x \to a^+} [y'(x)\, Y(x) - y(x)\, Y'(x)] = 0 \quad .$$

Then

$$X_k < x_k \quad , \quad k = 1,2, \cdots m \quad .$$

It has been pointed out in [2] that the condition (1.2) can be replaced by the less restrictive

$$f(x) < F(x) \quad , \quad a < x < X_m \quad . \tag{1.2'}$$

In fact Lemma 1.1 with the condition (1.2) is not always adequate for the applications. For example we need the stronger condition (1.2') to prove that the function $\lambda\, x_{nk}^{(\lambda)}$ increases as λ increases, $0 < \lambda < 1$ [15]. Here $x_{nk}^{(\lambda)}$ is the k-th positive zero of the ultraspherical polynomial $P_n^{(\lambda)}(x)$. To show this property we have used the direct approach of scaling the independent variable, considering the equation

$$z'' + \lambda^{-2}\, p_n(\lambda^{-1}\, x)\, z = 0$$

where

$$p_n(x) = \frac{(n+\lambda)^2}{1-x^2} + \frac{2 + 4\lambda - 4\lambda^2 + x^2}{4(1-x^2)^2}$$

satisfied by $z_n(x) = y_n(\lambda^{-1}\, x)$ with $y_n(x) = (1-x\,)^{\lambda/2+1/4}\, P_n^{(\lambda)}(x)$. J. Vosmansky pointed out in a private communication that the monotonicity of $\lambda\, x_{nk}^{(\lambda)}$ can be extended to the larger interval $0 < \lambda < 3/2$. However since numerical evidence we can conjecture that the function $\lambda\, x_{nk}^{(\lambda)}$ increases for any $\lambda > 0$. We believe that this extension to any positive λ is interesting. In fact our result contrasts with $x_{nk}^{(\lambda)} > x_{nk}^{(\lambda+\varepsilon)}$ which follows from formula $\partial x_{nk}^{(\lambda)}/\partial\lambda < 0$, $k = 1,2, \cdots \frac{n}{2}$ proved by Stieltjes [23, p. 121]. Putting these results together we get

$$(1.3) \qquad 1 < \frac{x_{nk}^{(\lambda)}}{x_{nk}^{(\lambda+\varepsilon)}} < 1 + \frac{\varepsilon}{\lambda} \quad , \quad \varepsilon > 0 \ , \quad k = 1,2, \cdots \left[\frac{n}{2}\right]$$

So, when λ tends to infinite the upper bound tends to 1 which is exactly the lower bound. This proves that for numerical reasons it would be useful to extend the validity of the upper bound in (1.3) to <u>every</u> $\lambda > 0$.

Following a suggestion of R. Askey, S. Ahmed, M.E. Muldoon and R. Spigler [3] have studied the monotonicity of functions of the more general form $f(\lambda)\, x_{nk}^{(\lambda)}$, where $f(\lambda)$ is a suitable increasing function. However also in these results we find the restriction $\lambda < 3/2$.
It would be interesting to find increasing functions $g(\lambda)$ such that $g(\lambda)\, x_{nk}^{(\lambda)}$ is a decreasing function of λ. In this case we could improve the lower bound (Stieltjes' result) in (1.3). The above mentioned results by Ahmed, Muldoon and Spigler refer only to functions $f(\lambda)$ such that $f(\lambda)\, x_{nk}^{(\lambda)}$ increase with λ.

2. TURÁNIANS FOR THE ZEROS OF ULTRASPHERICAL POLYNOMIALS

P. Turán established [24] the inequality

$$\begin{vmatrix} P_n(x) & P_{n+1}(x) \\ P_{n+1}(x) & P_{n+2}(x) \end{vmatrix} < 0 \ , \quad -1 < x < 1 \ , \quad n = 0,1,2, \cdots$$

where $P_n(x)$ is the Legendre polynomial and an analogue property was established by O. Szász [22] for the Bessel functions of the first kind. We prove now corresponding results for the positive zeros of the ultraspherical polynomials.

Similar properties for the positive zeros of the general Bessel functions and zeros of derivative of Bessel functions have been established by L. Lorch [20] and the author [16], respectively .

THEOREM 2.1. Let $x_{nk}^{(\lambda)}$ $(k = 1,2, \cdots \left[\frac{n}{2}\right])$ be the k-th positive zero of the ultraspherical polynomial $P_n^{(\lambda)}(x)$. Then

$$\begin{vmatrix} x_{nk}^{(\lambda)} & x_{n,k+1}^{(\lambda)} \\ x_{n,k+1}^{(\lambda)} & x_{n,k+2}^{(\lambda)} \end{vmatrix} < 0$$

Proof. The function $u_{n,\lambda}(x) = (1-x^2)^{\lambda/2+1/4} P_n^{(\lambda)}(x)$ satisfies the differential equation

$$y'' + p_{n,\lambda}(x)\, y = 0$$

where

$$p_{n,\lambda}(x) = \frac{(n+\lambda)^2}{1-x^2} + \frac{2+4\lambda-4\lambda^2+x^2}{4(1-x^2)^2} .$$

Therefore the function $u_{n,\lambda}(x_{n,k}^{(\lambda)} x)$ is a solution of

$$z'' + q_{n,\lambda,k}(x)\, z = 0 \tag{2.1}$$

where

$$q_{n,\lambda,k}(x) = \left[x_{n,k}^{(\lambda)}\right]^2 p_{n,\lambda}(x_{nk}^{(\lambda)} x) .$$

Besides (2.1) we consider the differential equation

$$v'' + q_{n,\lambda,k+1}(x)\, v = 0$$

satisfied by $u_{n,\lambda}(x_{n,k+1}^{(\lambda)} x)$. Since the zeros $x_{nk}^{(\lambda)}$ are in decreasing order we get $x_{nk}^{(\lambda)} > x_{n,k+1}^{(\lambda)}$ and consequently

$$q_{n,\lambda,k}(x) > q_{n,\lambda,k+1}(x) \quad .$$

Moreover the functions $u_{n,\lambda}(x_{nk}^{(\lambda)} x)$ and $u_{n,\lambda}(x_{n,k+1}^{(\lambda)} x)$ have a common zero at $x = 1$, therefore by Lemma 1.1 we get that the next zero of $u_{n,\lambda}(x_{nk}^{(\lambda)} x)$ occurs before the next zero of $u_{n,\lambda}(x_{n,k+1}^{(\lambda)} x)$. This gives

$$\frac{x_{n,k-1}^{(\lambda)}}{x_{n,k}^{(\lambda)}} < \frac{x_{n,k}^{(\lambda)}}{x_{n,k+1}^{(\lambda)}}$$

whick completes the proof of Theorem 2.1.

Following the lines of the argument given in the proof of Theorem 2.1 it is possible to show other determinantal inequalities. See [12] for the proofs and references.

It would be possible to prove similar properties for the zeros $x_{nk}(\alpha)$ of the generalized Laguerre polynomials $L_n^{(\alpha)}(x)$, but the approach used above is ineffective in this case.

3. ZEROS OF BESSEL FUNCTIONS.

While the Sturm comparison theorem has proved to be a very useful tool in the study of zeros of Bessel functions, on the other hand integral formula

$$\text{(3.1)} \qquad \frac{d}{d\nu} c_{\nu k} = 2\, c_{\nu k} \int_0^\infty K_0\,(2 c_{\nu k} \sinh t)\, e^{-2\nu t}\, dt$$

given by Watson for the zeros $c_{\nu k}$ of the cylinder function $C_\nu(x)$ seems to be more useful for further applications. In (3.1) $K_0(x)$ is the modified Bessel function of order zero. For example (3.1) gives immediately that $c_{\nu k}$ increases with $\nu > 0$. Recently (3.1) has been applied to show further <u>monotonicity</u>, <u>concavity</u> and <u>convexity</u> properties for $c_{\nu k}$ with respect to ν. It was conjectured in [19] that the zeros

$j_{\nu k}$ of the Bessel function $J_\nu(x)$ of the first kind are a concave function of ν, on $0 < \nu < \infty$. This conjecture was proved by Á. Elbert using (3.1). This integral formula was also the main tool in the proof of many other concavity and convexity properties established for the more general function $c_{\nu k}$, [7, 8, 9, 10, 11].

Here we only observe that many applications of (3.1) depend on the property that $K_0(x)$ is positive and decreasing, or on the stronger property that $e^x K_0(x)$ decreases for $0 < x < \infty$.

Formula (3.1) can also be used to give a new definition of the zeros of cylinder functions. First we observe that the definition of $c_{\nu k}$ can be extended to negative values of ν in such a way that $c_{\nu k}$ varies continuously with ν and $c_{\nu k} \to 0$ when $\nu \to \frac{\alpha}{\pi} - k$ and on the interval

$$\frac{\alpha}{\pi} - k < \nu < \frac{\alpha}{\pi} - k + 1$$

$c_{\nu k}$ is the first positive zero of $C_\nu(x)$. Since the notation of $c_{\nu k}$ does not reflect the dependence on the values α, it is useful to define the function $j_{\nu\kappa}$ where κ is a real positive number, in the following way. The sequence $j_{\nu 1}, j_{\nu 2}, \ldots$ has been already defined as the sequence of the zeros of Bessel function of the first kind. Now for any κ, with $k - 1 < \kappa < k$ where k is some natural number, let $j_{\nu\kappa} = c_{\nu k}$ with $\alpha = (k - \kappa)\pi$. Clearly this correspondence between $j_{\nu\kappa}$ and $c_{\nu k}$ is one to one and by this notations the above mentioned limit relation for $c_{\nu k}$ reads as

$$\lim_{\nu \to -\kappa + 0} j_{\nu\kappa} = 0 \tag{3.2}$$

Moreover by (3.1) the function $j_{\nu\kappa}$ is the solution of the differential equation

$$\frac{d}{d\nu} j = 2\, j \int_0^\infty K_0\,(2\, j \sinh t)\, e^{-2\nu t}\, dt \tag{3.3}$$

for all $\kappa > 0$, with the boundary condition (3.2). Moreover the right-hand-side of (3.3) is Lipschitzian with respect to j for $j > 0$, therefore the solution of any initial value problem is unique. By the uniqueness we have that if $0 < \kappa' \leq \kappa''$ then

$$(3.4) \qquad j_{\nu\kappa'} < j_{\nu\kappa''} \qquad \text{for} \qquad \nu > -\kappa' \quad .$$

To show the usefulness of new notation we observe that the inequality (3.4) gives immediately that the function $c_{\nu k}$ with fixed ν and k, decreases as α increases $(\alpha = (k - \kappa)\pi)$, $0 \leq \alpha < \pi$. This result was proved by L. Lorch and D.J. Newman [21] using more sophisticated arguments.

The proof of formula (3.1) is based on the Nicholson formula

$$J_\nu^2(z) + Y_\nu^2(z) = 8\,\pi^{-2} \int_0^\infty K_0\,(2\,z \sinh t) \cosh 2\,\nu\, t\, dt \quad , \quad \text{Re}\, z > 0 \,.$$

Since L. Durand established a similar result for the sum of the square of the Gegenbauer functions, in view of the usefulness of (3.1) it would be interesting to give similar formula for the zeros of ultraspherical polynomials. In particular it would be possible to show the convexity of $x_{nk}^{(\lambda)}$ with respect to $\lambda > 0$, a property which should be true by numerical evidence. I have submitted to the consideration of L. Durand the problem to find an integral formula for $\frac{d}{d\lambda}\, x_{nk}^{(\lambda)}$. We hope to be able to refer on the results in a next future.

4. ZEROS OF $K_{i\nu}(x)$

The purpose of this section is to show monotonicity properties of the difference of consecutive zeros $x_k(\nu)$ of modified Bessel functions $K_\mu(x)$. It is known [14] that for real x the function $K_\mu(x)$ has no zeros if μ is real or complex. But when μ is a pure imaginary number $(\mu = i\,\nu)$ the function $K_{i\nu}(x)$ vanishes at $+\infty$ and has infinitely many positive zeros whose only point of accumulation is $x = 0$. These zeros occur in certain physical problems such as in the determination of the bound states for an inverse square potential with hard core in Schrödinger equation.

We indicate with $x_k(\nu)$ $(k = 1,2, \cdots)$ the positive zeros of $K_{i\nu}(x)$ in decreasing order $(x_1(\nu) > x_2(\nu) > \cdots > x_n(\nu) > > x_{n+1}(\nu) > \cdots > 0)$ and prove the following result.

THEOREM 4.1. For $\nu > 0$ let $x_k(\nu)$ be the k-th positive zero of the modified Bessel function $K_{i\nu}(x)$ of purely imaginary order. Then

$$x_{k-1}(\nu) - x_k(\nu) < x_{k-2}(\nu) - x_{k-1}(\nu) \quad .$$

Proof. We consider the differential equation

$$y'' + p_\nu(x)\, y = 0 \tag{4.1}$$

where $p_\nu(x) = -1 + \dfrac{1/4 + \nu^2}{x^2}$, satisfied by $y_\nu(x)$ $x^{1/2} K_{i\nu}(x)$ [1, p. 377] and, in addition, the new differential equation

$$z'' + p_\nu(x-h)\, z = 0 \tag{4.2}$$

where

$$h = x_{k-1}(\nu) - x_k(\nu) > 0$$

satisfied by $y_\nu(x-h)$. We get immediately $p_\nu(x) < p_\nu(x-h)$. Moreover $y_\nu(x)$ and $y_\nu(x-h)$ both vanishe at $x_{k-1}(\nu)$, therefore an application of Sturm comparison theorem gives that the next zero $x_{k-1}(\nu) + h$ of $y_\nu(x-h)$ occurs before the next zero $x_{k-2}(\nu)$ of $y_\nu(x)$, that is recalling the value of h

$$x_{k-1}(\nu) - x_k(\nu) < x_{k-2}(\nu) - x_{k-1}(\nu) \quad .$$

This completes the proof of Theorem 4.1.

The Theorem 4.1 is only a possible application of Sturm comparison theorem to the zeros of $K_{i\nu}(x)$. In fact if we use other differential equations for $K_{i\nu}(x)$ it is possible to obtain new monotonicity results for $x_k(\nu)$. We will refer on these results in the next future.

REFERENCES

1. ABRAMOWITZ M. and STEGUN I.A., eds., Hand-book of Mathematical Functions, Applied Mathematics Series, vol. 55, National Bureau of Standards, Washington, 1964.

2. AHMED S., LAFORGIA A., and MULDOON M.E., On the spacing of the zeros of some classical orthogonal polynomials, J. London Math. Soc., 25 (1982), pp. 246-252.

3. AHMED S., MULDOON M.E. and SPIGLER R., Inequalities and numerical bounds for zeros of ultraspherical polynomials, to appear.

4. DURAND L., Nicholson-type integrals for products of Gegenbauer functions and related topics. Theory and application of special functions (R. Askey ed.), Academic Press, New York, 1975, pp. 353-374.

5. DURAND L., Product formulas and Nicholson-type integrals for Jacobi functions. I: Summary of results, SIAM J. Math. Anal., 9 (1978), pp. 76-86.

6. DURAND L., Addition formulas for Jacobi, Gegenbauer, Laguerre and hyperbolic Bessel functions of the second kind, SIAM J. Math. Anal., 10 (1979), pp. 425-437.

7. ELBERT Á., Concavity of the zeros of Bessel functions, Studia Sci. Math. Hungar., 12 (1977), pp. 81-88.

8. ELBERT Á., GATTESCHI L. and LAFORGIA A., On the concavity of zeros of Bessel functions, Appl. Anal., 16 (1983), pp. 261-278.

9. ELBERT Á. and LAFORGIA A., On the square of the zeros of Bessel functions, SIAM J. Math. Anal., 15 (1984), pp. 206-212.

10. ELBERT Á. and LAFORGIA A., On the convexity of the zeros of Bessel functions, SIAM J. Math. Anal., (1985), to appear.

11. ELBERT Á. and LAFORGIA A., Some monotonicity properties for the zeros of Bessel functions, SIAM J. Math. Anal.,(1985), to appear.

12. ELBERT Á. and LAFORGIA A., Some monotonicity properties for the zeros of ultraspherical polynomials, Acta Math. Hung., to appear.

13. FERREIRA E.M. and SESMA G., Zeros of modified Hankel functions, Numer. Math., 16 (1970), pp. 278-284.

14. GRAY A., MATHEWS G.B. and MACROBERT, A treatise on Bessel functions and their applications to Physics, Macmillan, London, 1952.

15. LAFORGIA A., A monotonic property for the zeros of ultraspherical polynomials, Proc. Am. Math. Soc., 4 (1981), pp.757-758.

16. LAFORGIA A., Sturm theory for certain classes of Sturm-Liouville equations and Turánians and Wronskians for the zeros of derivative of Bessel functions, Indag. Math., 3 (1982), pp. 295-301.

17. LAFORGIA A. and MULDOON M.E., Monotonicity and concavity properties of zeros of Bessel functions, J. Math. Anal. Appl., 98 (1984), pp. 470-477.

18. LAFORGIA A. and MULDOON M.E., Inequalities and approximations for zeros of Bessel functions of small order, SIAM J. Math. Anal., 14 (1983), pp. 383-388.

19. LEWIS J.T. and MULDOON M.E., Monotonicity and convexity properties of zeros of Bessel functions, SIAM J. Math. Anal., 8 (1977), pp. 171-178.

20. LORCH L., Turánians and Wronskians for the zeros of Bessel functions, SIAM J. Math. Anal., 2 (1980), pp. 222-227.

21. LORCH L. and NEWMAN D.J., A supplement to the Sturm separation theorem with applications, Amer. Math. Monthly, 72 (1965), pp. 359-366.

22. SZÁSZ O., Inequalities concerning ultraspherical polynomials and Bessel functions, Proc. Amer. Math. Soc., 1 (1950), pp. 256-267.

23. SZEGÖ G., Orthogonal Polynomials, 4th ed., Amer. Math. Soc., Colloquium Publications, vol. 23, Amer. Math. Soc. Providence, RI, 1975.

24. TURÁN P. On the zeros of the polynomials of Legendre, Casopis pro Pestování Mat. a Fys. 75 (1950), pp. 113-122.

25. WATSON G.N., A treatise on the theory of Bessel functions, 2nd ed. Cambridge University Press, Cambridge, 1958.

ZEROS OF COMPLEX ORTHOGONAL POLYNOMIALS

Hans-J. Runckel
Department of Mathematics, Universität Ulm
Abt. Math. IV, P 4066, (D 7900) Ulm

1. Introduction. The classical orthogonal polynomials $Q_n(z)$ satisfy

$$Q_n(z)=(A_nz+B_n)Q_{n-1}(z)-C_nQ_{n-2}(z),\ n\in\mathbb{N},\text{ where} \tag{1}$$
$$Q_0=1, Q_{-1}=0,\text{ and } A_n,B_n,C_{n+1}\in\mathbb{R},\ A_n\neq 0,\ C_{n+1}>0,\ n\in\mathbb{N}.$$

We consider polynomials $Q_n(z)$ which satisfy (1) with $A_n,B_n,C_{n+1}\in\mathbb{C}$ and $A_n,C_{n+1}\neq 0$ for $n\in\mathbb{N}$. Using continued fraction methods convex sets in $\mathbb{C}$ are determined which contain all zeros of $Q_n(z)$ (Theorem 4).

The sequence (1) can be associated with the sequence of continued fractions

$$\frac{P_n(z)}{Q_n(z)}=\frac{1}{A_1z+B_1}-\frac{C_2}{A_2z+B_2}-\cdots-\frac{C_n}{A_nz+B_n},\quad n\in\mathbb{N}.$$

Therefore we consider, more generally, the sequence

$$w_n=\frac{p_n}{q_n}=\frac{1}{b_1}-\frac{a_2}{b_2}-\cdots-\frac{a_n}{b_n},\quad n\in\mathbb{N},$$

where $b_n,a_{n+1}\in\mathbb{C}$ for $n\in\mathbb{N}$ and $a_n\neq 0$, $n\geq 2$. Then $p_n=b_np_{n-1}-a_np_{n-2}$ and $q_n=b_nq_{n-1}-a_nq_{n-2}$ hold for $n\geq 1$ with $p_0=0, p_1=1$, $q_0=1$, $q_{-1}=0$. Because of $-q_np_{n-1}+p_nq_{n-1}=a_2\ldots a_n\neq 0$, p_n and q_n cannot vanish simultaneously. Therefore, $q_n\neq 0$ holds iff $w_n\neq\infty$.

The basic method used below consists in writing $w_n=s_1\circ\ldots\circ s_n(0), n\geq 1$, where $s_1(u):=1/(b_1+u), s_\nu(u):=-a_\nu/(b_\nu+u)$, $\nu\geq 2$, $u\in\overline{\mathbb{C}}=\mathbb{C}\cup\{\infty\}$, and then choosing closed halfplanes $H_n\subset\overline{\mathbb{C}}$, $n\in\mathbb{N}$, such that for each $N\geq 2$

a) $D_n:=s_n(H_n)\subset\mathbb{C}$ is a disc for $2\leq n\leq N$,
b) $D_n\subset H_{n-1}$ for $2\leq n\leq N$,
c) $0\in\mathring{H}_n$, the interior of H_n, for $2\leq n\leq N$,
d) $-b_1\notin\mathring{D}_2$, the interior of D_2.

Then for $2\leq n\leq N$ $s_2\circ\ldots\circ s_n(0)\in\mathring{D}_2\subset\mathring{H}_1$. Therefore $w_n=s_1\circ\ldots\circ s_n(0)\neq\infty$ and, hence, $q_n\neq 0$ for $2\leq n\leq N$.

2. The main results. Put $H_n:=\{z\in\mathbb{C}:\mathrm{Re}\,e^{i\varphi_n}(z+d_n)\geq 0\}\cup\{\infty\}$ with $\varphi_n\in\mathbb{R}$ and $d_n\in\mathbb{C}, n\geq 1$. Then (see [1], [2]) a) holds iff $\mathrm{Re}\,e^{i\varphi_n}(b_n-d_n)>0$ $2\leq n\leq N$, b) holds iff

$$|a_n|+\mathrm{Re}\,e^{i(\varphi_{n-1}+\varphi_n)}a_n\leq 2\mathrm{Re}(e^{i\varphi_{n-1}}d_{n-1})\mathrm{Re}\,e^{i\varphi_n}(b_n-d_n),\ 2\leq n\leq N \tag{2}$$

c) holds iff $\mathrm{Re}\,e^{i\varphi_n}d_n>0$, $2\leq n\leq N$, and d) is satisfied if $\mathrm{Re}\,e^{i\varphi_1}(b_1-d_1)\geq 0$. We observe that for each value of $a_n^{1/2}$

$(|a_n| + \mathrm{Re}\, e^{i(\varphi_{n-1}+\varphi_n)} a_n)/2 = (\mathrm{Re}\, e^{i(\varphi_{n-1}+\varphi_n)/2}\, a_n^{1/2})^2$ holds.

Using this and $t_n := \mathrm{Re}\, e^{i\varphi_n} d_n > 0$ for $n \geq 1$, b) reduces to

$$(\mathrm{Re}\, e^{i(\varphi_{n-1}+\varphi_n)/2}\, a_n^{1/2})^2 \leq t_{n-1}(\mathrm{Re}\, e^{i\varphi_n} b_n - t_n)\ , \quad 2 \leq n \leq N\ . \tag{3}$$

We now put $\varphi_n = \varphi$ (independent of n) and choose $a_n^{1/2}$ such that $0 \leq \alpha_n := \arg a_n^{1/2} < \pi$ holds for $n \geq 2$. Then for each $N \geq 2$ $\sigma_N := \max_{1 \leq n \leq N} \alpha_{n+1}$ satisfies $0 \leq \sigma_N < \pi$ and, hence, $\mathrm{Re}\, e^{i\varphi} a_{n+1}^{1/2} > 0$ holds

for $1 \leq n \leq N$ if $-\pi/2 < \varphi < (\pi/2) - \sigma_N$. For any such φ we choose $t_n := \mathrm{Re}\, e^{i\varphi} a_{n+1}^{1/2} > 0$, $1 \leq n \leq N$. Substituting this into (3) yields

$$\mathrm{Re}\, e^{i\varphi} a_n^{1/2} \leq \mathrm{Re}\, e^{i\varphi} b_n - \mathrm{Re}\, e^{i\varphi} a_{n+1}^{1/2}\ , \quad 2 \leq n \leq N\ .$$

Then b) holds if $\mathrm{Re}\, e^{i\varphi}(b_n - a_n^{1/2} - a_{n+1}^{1/2}) \geq 0$, $2 \leq n \leq N$. Because of $t_n > 0$, $1 \leq n \leq N$, c) is satisfied and a) holds, if $\mathrm{Re}\, e^{i\varphi}(b_n - a_{n+1}^{1/2}) > 0$, $2 \leq n \leq N$, which now is a consequence of b). d) holds if $\mathrm{Re}\, e^{i\varphi}(b_1 - a_2^{1/2}) \geq 0$. Altogether we thus have proved

<u>Theorem 1.</u> Assume that $a_n^{1/2}$ is chosen such that $0 \leq \alpha_n := \arg a_n^{1/2} < \pi$ holds for $2 \leq n \leq N+1$, and, hence, $\sigma_N := \max_{1 \leq n \leq N} \alpha_{n+1}$ satisfies

$0 \leq \sigma_N < \pi$. Then $q_n \neq 0$ for $2 \leq n \leq N$, if $\mathrm{Re}\, e^{i\varphi}(b_n - a_n^{1/2} - a_{n+1}^{1/2}) \geq 0$, $1 \leq n \leq N$, $(a_1 = 0)$ holds for some φ satisfying $-\pi/2 < \varphi < (\pi/2) - \sigma_N$. In other words $q_n \neq 0$ for $2 \leq n \leq N$, provided there exists a closed halfplane H with $H \subset M^+ := \{z \in \mathbb{C} : z = 0 \text{ or } -\pi + \sigma_N < \arg z < \pi\}$, such that $b_n - a_n^{1/2} - a_{n+1}^{1/2} \in H$ for $1 \leq n \leq N$ $(a_1 = 0)$.

If, next, we choose $-a_n^{1/2}$, where $a_n^{1/2}$ satisfies the conditions of Theorem 1, then $t_n := \mathrm{Re}\, e^{i\varphi}(-a_{n+1}^{1/2}) > 0$, $1 \leq n \leq N$, holds for each φ with $\pi/2 < \varphi < (3\pi/2) - \sigma_N$. This yields

<u>Theorem 2.</u> Assume that $a_n^{1/2}$, $2 \leq n \leq N+1$, is chosen as in Theorem 1. Then $q_n \neq 0$ for $2 \leq n \leq N$, if $\mathrm{Re}\, e^{i\varphi}(b_n + a_n^{1/2} + a_{n+1}^{1/2}) \geq 0$, $1 \leq n \leq N$ $(a_1 = 0)$ holds for some φ satisfying $\pi/2 < \varphi < (3\pi/2) - \sigma_N$. In other words $q_n \neq 0$ for

$2 \leq n \leq N$, provided there exists a closed halfplane H with $H \subset M^- := \{z \in \mathbb{C} : z = 0 \text{ or } \sigma_N < \arg z < 2\pi\}$ such that $b_n + a_n^{1/2} + a_{n+1}^{1/2} \in H$

for $1 \leq n \leq N$ $(a_1 = 0)$.

<u>Remark.</u> For fixed N a_{N+1} can be replaced by any other suitable number.

Next, we replace (2) by the stronger condition

$$|a_n| \leq t_{n-1}(\mathrm{Re}\, e^{i\varphi_n} b_n - t_n),\ 2 \leq n \leq N, \text{ with } t_n := \mathrm{Re}\, e^{i\varphi_n} d_n.$$ Here we put

$e^{i\varphi_n} := |b_n|/b_n$ and choose d_n such that $t_n := |a_{n+1}|^{1/2} > 0$ for $1 \leq n \leq N$. Then b) holds if $|b_n| \geq |a_n|^{1/2} + |a_{n+1}|^{1/2}$, $2 \leq n \leq N$. Because of $t_n > 0$, $1 \leq n \leq N$, c) is satisfied and a) holds if $|b_n| > |a_{n+1}|^{1/2}$, $2 \leq n \leq N$, which now is a consequence of b). d) holds if $|b_1| \geq |a_2|^{1/2}$.
We thus have proved

<u>Theorem 3.</u> If $|b_n| \geq |a_n|^{1/2} + |a_{n+1}|^{1/2}$ holds for $1 \leq n \leq N$ where $a_1 = 0$ and $|a_n|^{1/2} > 0$, $2 \leq n \leq N+1$, then $q_1, \ldots, q_N \neq 0$.

3. Application to polynomials of type (1).

<u>Theorem 4.</u> Assume that the polynomials $Q_n(z)$ satisfy (1) with $A_n, B_n, C_{n+1} \in \mathbb{C}$ and $A_n C_{n+1} \neq 0$ for $n \geq 1$. Put $T_1 := 0$ and $T_n := C_n / A_n A_{n-1}$, $n \geq 2$, $F_n^+ := (-B_n/A_n) + (T_{n+1})^{1/2} + (T_n)^{1/2}$, $F_n^- := (-B_n/A_n) - (T_{n+1})^{1/2} - (T_n)^{1/2}$, $n \geq 1$, where always $(T_n)^{1/2}$ is chosen such that $\alpha_n := \arg(T_n)^{1/2}$ satisfies $0 \leq \alpha_n < \pi$. For each fixed $N \geq 2$ put $\sigma_N := \max\limits_{1 \leq n \leq N} \alpha_{n+1}$. Next define

$S_n^+ := \{ w \in \mathbb{C} : w = F_n^+ + z, \text{ where } z \neq 0 \text{ and } \pi \leq \arg z \leq \pi + \sigma_N \}$,

$S_n^- := \{ w \in \mathbb{C} : w = F_n^- + z, \text{ where } z \neq 0 \text{ and } 0 \leq \arg z \leq \sigma_N \}$,

$D_n := \{ w \in \mathbb{C} : |w + B_n/A_n| < |T_{n+1}|^{1/2} + |T_n|^{1/2} \}$, $1 \leq n \leq N$.

Finally, let K_N^+ and K_N^- denote the closed convex hull of $\bigcup\limits_{n=1}^{N} S_n^+$ and $\bigcup\limits_{n=1}^{N} S_n^-$ respectively. Then all zeros of $Q_1(z), \ldots, Q_N(z)$ are contained in $K_N^+ \cap K_N^- \cap (\bigcup\limits_{n=1}^{N} D_n)$.

<u>Proof.</u> Since $q_n(z) := Q_n(z)/A_1 \ldots A_n$ satisfies $q_n(z) = (z + (B_n/A_n))q_{n-1}(z) - (C_n/A_n A_{n-1})q_{n-2}(z)$, $n \geq 1$, with $q_0 = 1$, $q_{-1} = 0$ we can apply Theorems 1-3 with $a_n = C_n/A_n A_{n-1} = T_n$, $n \geq 2$, and $b_n = z + B_n/A_n$, $n \geq 1$. Assume now that $w \in \mathbb{C} \setminus K_N^+$. Then there exists a closed halfplane H^+ satisfying $w \in H^+ \subset \mathbb{C} \setminus K_N^+$. Hence, $w - F_n^+ \in -F_n^+ + H^+ \subset M^+$, $1 \leq n \leq N$, where the half-planes $-F_n^+ + H^+$ have parallel boundary lines. Therefore, there exists a closed halfplane H such that $w - F_n^+ \in -F_n^+ + H^+ \subset H \subset M^+$ for $1 \leq n \leq N$. Since $w - F_n^+ = w + B_n/A_n - (T_n)^{1/2} - (T_{n+1})^{1/2} = b_n - a_n^{1/2} - a_{n+1}^{1/2}$, $1 \leq n \leq N$, and, since all these points lie in $H \subset M^+$, Theorem 1 yields $Q_n(w) \neq 0$ for $2 \leq n \leq N$. Similarly Theorem 2 yields $Q_n(w) \neq 0$, $2 \leq n \leq N$, for each

$w \in \mathbb{C} \setminus K_N^-$. If, finally, $w \in \mathbb{C} \setminus (\bigcup_{n=1}^{N} D_n)$, then $|w+B_n/A_n| \geq |T_{n+1}|^{1/2} +$

$+ |T_n|^{1/2}$, $1 \leq n \leq N$, i.e. $|b_n| \geq |a_{n+1}|^{1/2} + |a_n|^{1/2}$, $1 \leq n \leq N$ holds. Hence, Theorem 3 yields $Q_n(w) \neq 0$, $2 \leq n \leq N$, in this case.

Remark. The preceding proof remains valid if from $K_N^+ \cap K_N^-$ all corners are removed which coincide with some F_n^+ or F_n^-, $1 \leq n \leq N$. Furthermore any other boundary point of $K_N^+ \cap K_N^-$ can be deleted if it does not belong to the boundary of some S_n^+ or S_n^-, $1 \leq n \leq N$.

Corollary 1. Under the same assumptions as in Theorem 4 all zeros of $Q_n(z)$, $2 \leq n \leq N$, are contained in

$$Z_1 := \left\{ z \in \mathbb{C} : \min_{1 \leq n \leq N} \operatorname{Im} F_n^- \leq \operatorname{Im} z \leq \max_{1 \leq n \leq N} \operatorname{Im} F_n^+ \right\}.$$

If, in addition, $0 \leq \sigma_N \leq \pi/2$ holds, then all zeros of $Q_n(z)$, $2 \leq n \leq N$, are contained in

$$Z_2 := \left\{ z \in \mathbb{C} : \min_{1 \leq n \leq N} \operatorname{Re} F_n^- \leq \operatorname{Re} z \leq \max_{1 \leq n \leq N} \operatorname{Re} F_n^+ \right\}.$$

If $B_n/A_n \in \mathbb{R}$ and $C_{n+1}/A_n A_{n+1} > 0$ hold for $1 \leq n \leq N$, then all zeros of $Q_n(z)$, $2 \leq n \leq N$, are real.

Proof. This follows from $K_N^+ \cap K_N^- \subset Z_1$ and $K_N^+ \cap K_N^- \subset Z_2$.

4. Applications to Laguerre polynomials $L_n^{(\alpha)}(z)$. These polynomials satisfy (1) with $A_n = -1/n$, $B_n = (2n+\alpha-1)/n$, $C_{n+1} = (n+\alpha)/(n+1)$ for $n \geq 1$ with $\alpha \in \mathbb{C} \setminus \{-1, -2, \ldots\}$. According to the notations of Theorem 4 $-B_n/A_n = 2n+\alpha-1$, $T_n = (n+\alpha-1)(n-1)$,

$$F_n^+ = 2n+\alpha-1 + ((n-1)(n+\alpha-1))^{1/2} + (n(n+\alpha))^{1/2},$$

$$F_n^- = 2n+\alpha-1 - ((n-1)(n+\alpha-1))^{1/2} - (n(n+\alpha))^{1/2}, \quad n \geq 1, \text{ where}$$

$n^{1/2} > 0$ and $(n+\alpha)^{1/2}$ is chosen such that $\alpha_{n+1} = \arg(n+\alpha)^{1/2}$ satisfies $0 \leq \alpha_{n+1} < \pi$. Then Corollary 1 yields

Corollary 2. Assume that $0 \leq \arg(\alpha+1) \leq \pi$ and, hence, $0 \leq \sigma_N \leq \pi/2$. Then with the notations of Corollary 1 all zeros of $L_n^{(\alpha)}(z)$, $2 \leq n \leq N$, are contained in $Z_1 \cap Z_2$.

References

1. H.-J. Runckel, Zero-free parabolic regions for polynomials with complex coefficients, Proc. Amer.Math.Soc. 88 (1983), 299-304.

2. H.-J. Runckel, Zero-free regions for analytic continued fractions, to appear in Proc.Amer.Math.Soc.

SUR LES ZEROS DES SPLINES ORTHOGONALES

Paul Sablonnière
UER IEEA Informatique
Université de Lille I
59655 - Villeneuve d'Ascq Cedex (France)

ABSTRACT

Let $S_k(\tau_n)$ be the space of polynomial splines of degree k, class C^{k-1}, for a partition τ_n of $I = [0, 1]$, and $\{N_i^k, 0 \le i \le n+k-1 = d\}$ the associated basis of B-splines. The operator :

$$U_n^k f(x) = \sum_{i=o}^{d} \langle f, M_i^k \rangle N_i^k(x)$$

where $\langle f, g \rangle = \int_o^1 f(t)\, g(t)\, dt$ and $M_i^k = N_i^k / \int_o^1 N_i^k$,

is positive, self-adjoint, and its eigenfunctions form a basis $\{V_i^k, 0 \le i \le d\}$ of orthogonal splines. It is shown in this paper that V_j^k has exactly j simple zeros in (0, 1). These orthogonal splines coincide with the first k+1 Legendre polynomials on I when n = 1, i.e. when there is no knot in (0, 1).

1. INTRODUCTION

On sait qu'en général un système de fonctions $\{\phi_o, \phi_1, \ldots, \phi_n, \ldots\}$ orthogonales sur un intervalle I possède la *propriété d'oscillation* :

$$(0) \begin{cases} \text{pour tout } n \ge 0, \ \phi_n \text{ a exactement } n \text{ racines dans I} \\ \text{et change de signe à chaque racine} \end{cases}$$

Comme l'a montré Kellogg [9], cette propriété ne résulte pas seulement de l'orthogonalité, mais aussi du fait que, pour tout n et toute suite de points $x_o < x_1 < \ldots < x_n$ de l'intérieur de I :

$$(K) \begin{cases} \text{les déterminants } D\begin{pmatrix} x_o & x_1 & \ldots & x_n \\ \phi_o & \phi_1 & \ldots & \phi_n \end{pmatrix} = \det[\phi_j(x_i)]_{i,j=o}^{n} \\ \text{sont tous strictement positifs.} \end{cases}$$

La condition (K) permet de démontrer que les *polynômes de Legendre* $\{L_n, n \ge 0\}$ orthogonaux sur $I = [0, 1]$ possèdent la propriété (0). Cela résulte d'une part, comme l'a montré M.M. Derriennic [5] [6], que pour tout $k \ge 0$, $\{L_o, \ldots, L_k\}$ sont les *fonctions propres de l'opérateur de Bernstein modifié* de degré k :

$$\tilde{B}^k f(x) = (k+1) \sum_{i=o}^{k} \langle f, b_i^k \rangle\, b_i^k(x) \qquad (1)$$

$$(\text{où } \langle f,g\rangle = \int_o^1 f(t)g(t)dt \text{ et } b_i^k(x) = \binom{k}{i} x^i (1-x)^{k-i},\ 0\le i\le k)$$

et d'autre part que la matrice de $\tilde{B}^k$ dans la base de Bernstein $\{b_i^k,\ 0\le i\le k\}$ est *oscillatoire* au sens de Gantmacher et Krein [7] (voir la définition ci-dessous).

Plus généralement, nous avons défini dans [12] [13] des *opérateurs splines* positifs dont les fonctions propres sont des *splines orthogonales* possédant la propriété (0) : les opérateurs $\tilde{B}^k$ et les polynômes de Legendre en constituent des cas particuliers. Ces splines orthogonales diffèrent de celles introduites par Schoenberg [14].

Après avoir rappelé la définition et les propriétés de ces opérateurs, nous étudions les zéros des splines orthogonales en simplifiant et complétant les résultats de [12]. La difficulté vient ici du fait que la condition (K) n'est vérifiée que pour des suites de points convenablement choisies.

2. NOTATIONS ET RAPPELS

2.1. L'espace $S_k(\tau_n)$ et les B-splines

Soit $\tau_n = \{0 = x_o < x_1 < \ldots < x_n\}$ une subdivision de $I = [0, 1]$, $|\tau_n| = \max_i (x_{i+1} - x_i)$, et :

$$\tau_{n,k} = \{x_i : -k \le i \le n+k\ ;\ x_{-r} = x_o,\ x_{n+r} = x_n \text{ si } 0 \le r \le k\}$$

$$\mathbb{P}_k = \{\text{polynômes de degré} \le k\}$$

Soit $S_k(\tau_n) = \{S \in C^{k-1}(I) : S \mid (x_i, x_{i+1}) \in \mathbb{P}_k,\ 0 \le i \le n-1\}$ l'espace des splines de degré k sur la subdivision τ_n. Il admet comme base les B-splines $\{N_i^k(x),\ 0\le i\le n+k-1\}$ définies par les différences divisées d'ordre k+1 sur $\tau_{n,k}$:

$$N_i^k(x) = (x_{i+1} - x_{i-k})\ [x_{i-k}, \ldots, x_{i+1}]\ (.-x)_+^k$$

Rappelons que $N_i^k(x) \ge 0$, $\sum_{i=o}^{n+k-1} N_i^k(x) = 1$, et que si l'on pose $M_i^k(x) = (k+1)N_i^k(x)/(x_{i+1} - x_{i-k})$, on a alors $\int_o^1 M_i^k(t)dt = 1$ (voir de Boor [4], Powell [10] ou Schumaker [15]). Lorsque n = 1, $S_k(\tau_1) = \mathbb{P}_k$ et $N_i^k(x) = b_i^k(x)$ pour $0 \le i \le k$.

2.2. Matrices oscillatoires

Soit $A = (a_{ij},\ 1 \le i,j \le n)$, on note $A\binom{i_1 \ldots i_p}{j_1 \ldots j_p}$ le sous-déterminant de A formé des lignes d'indices $1 \le i_1 < \ldots < i_p \le n$ et des colonnes $1 \le j_1 < \ldots < j_p \le n$. A est totalement positive (TP) si tous ses sous-déterminants sont positifs ou nuls, et strictement totalement positive (STP) s'ils sont positifs. A est oscillatoire si elle est TP et si une certaine puissance de A est STP. Ces matrices ont des propriétés spectrales remarquables (voir GK [7] et Karlin [8]).

2.3. Changements de signe

Si $v = (v_1, v_2, \ldots, v_n)$ est une suite de réels, on note $S^-(v)$ le nombre de changements de signe dans v en ignorant les zéros. De même $S^+(v)$ désigne le nombre maximum de changements de signe quand chaque zéro est remplacé par +1 ou -1. Pour $f \in C(I)$, $S_I^-(f)$ est le supremum des $S^-(f(t_1),\ldots,f(t_n))$ pour toute suite $t_1 < t_2 < \ldots < t_n$ de I. En général $S_I^-(f) \le Z_I(f)$ = nombre de zéros de f dans I.

3. OPERATEURS SPLINES POSITIFS. SPLINES ORTHOGONALES

Les opérateurs de Bernstein modifiés (1) sont des cas particuliers (n=1) des opérateurs splines :

$$U_n^k f(x) = \sum_{i=o}^{n+k-1} \langle f, M_i^k \rangle N_i^k(x) \tag{2}$$

Théorème 1 [12] [13]. *Pour tous* n, k ≥ 1, U_n^k *est un opérateur, positif, auto-adjoint, de norme 1, de l'espace* $L^p(I)$, $1 \le p \le +\infty$. *De plus,* $U_n^k f$ *converge vers* f *dans* $L^p(I)$ *lorsque* $n \to +\infty$ *et* $|\tau_n| \to 0$.

Soit A_n^k la matrice de terme général :

$$a_{ij} = \langle M_i^k, N_j^k \rangle \qquad 0 \le i,\ j \le n+k-1$$

c'est à dire la matrice de U_n^k dans la base de $S_k(\tau_n)$.
D'une part A_n^k est une *matrice stochastique* en vertu des propriétés des B-splines (§ 2.1). D'autre part, A_n^k est une *matrice oscillatoire* : elle est TP d'après de Boor [1] [2] (où cette matrice est notée G_∞) et comme $a_{i,i-1}$ et $a_{i,i+1}$ sont strictement positifs, il résulte du théorème 2 de GK [7] qu'elle est oscillatoire. On en déduit le :

Théorème 2 [12] [13] *(i) Les valeurs propres* λ_j *de* A_n^k *sont réelles, positives, distinctes et pour* $1 \le j \le n+k-2$:

$$0 < \lambda_{n+k-1} < \lambda_j < \lambda_o = 1$$

(ii) le j-ième vecteur propre $\tilde{V}_j = (\omega_{ij}, 0 \le \ell \le n+k-1)$ *a des composantes présentant exactement* j *changements de signe stricts* :

$$S^-(\tilde{V}_j) = S^+(\tilde{V}_j) = j$$

Remarque : λ_j et $\tilde{V}_j$ dépendent de k et de la subdivision τ_n, mais nous pensons qu'il est inutile d'alourdir les notations. De même pour les splines orthogonales V_j définies ci-dessous.

Théorème 3 : Les fonctions propres de U_n^k, *définies par* :

$$V_j(x) = \sum_{\ell=o}^{n+k-1} \omega_{\ell,j} N_\ell^k(x)$$

sont deux à deux orthogonales et forment une base de $S_k(\tau_n)$. *De plus* :

(i) $V_j(0)V_j(1) \ne 0$ *et* $S^-(V_j) \le j$

(ii) V_j *ne peut être identiquement nulle sur un intervalle* $[x_i,x_{i+1}]$ *ni avoir un zéro d'ordre* k *en un noeud* x_i *pour* $k \ge 2$.

Preuve : Il suffit de prouver (i) et (ii) puisque U_n^k est auto-adjoint et a des valeurs propres distinctes. On a $S^-(V_j) \le j$ du fait de $S^-(\tilde{V}_j)=j$ et de la propriété de diminution de la variation des B-splines (voir de Boor [4], p. 156). Comme $V_j(0) = \omega_{oj}$ et $V_j(1) = \omega_{n+k-1,j}$, ces composantes ne peuvent être nulles sous peine de détruire l'égalité $S^-(\tilde{V}_j)= S^+(\tilde{V}_j)=j$. De même, si V_j admet un intervalle de zéros ou un zéro d'ordre $k \ge 2$ en un noeud x_i, au moins k composantes de $\tilde{V}_j$ sont nulles (en vertu des propriétés des B-splines) et l'on détruit encore l'égalité ci-dessus.

4. ZEROS DES SPLINES ORTHOGONALES

Le théorème suivant généralise aux splines orthogonales ci-dessus les résultats sur les zéros des polynômes de Legendre.

Théorème 4 : Pour $0 \le j \le n+k-1$, V_j *a exactement* j *zéros simples dans* (0,1). *De plus,* V_j *et* V_{j+1} *n'ont pas de racine commune et* V_j *change de signe entre deux racines de* V_{j+1}.

Ceci résulte à la fois des propriétés spectrales de la matrice A_n^k, de celles des B-splines et des zéros des splines de $S_k(\tau_n)$, et de la technique de Kellogg [9]. Décomposons la démonstration en plusieurs lemmes.

Lemme 1 : *Soient* $0 \le t_o \le t_1 \le \ldots \le t_\ell \le 1$ *des points distincts ou confondus. Posons* $r_i = \max\{j : t_i = t_{i-j}\}$ *et supposons que* $r_i \le k-1$ *pour* $0 \le i \le \ell \le n+k-1$. *Soit* $D(t_o,\ldots,t_\ell)$ *le déterminant ayant comme coefficients* $d_{ij} = D^{r_j} V_i(t_j)$ *pour* $0 \le i,j \le \ell$ *(avec* $D^r = d^r/dx^r$*). On a alors* $D(t_o,\ldots,t_\ell) \ge 0$ *et* $D(t_o,\ldots,t_\ell) > 0$ *si et seulement s'il existe* $0 \le i_o < i_1 < \ldots < i_\ell \le n+k-1$ *tels que* $N_{i_s}(t_s) \ne 0$ *pour* $0 \le s \le \ell$.

Preuve : Soit Ω la matrice ayant comme vecteurs-lignes les vecteurs propres $\tilde{V}_i$ de A_n^k et N la matrice de terme général $N_{ij} = D^{r_j} N_i^k(t_j)$. On a alors :

$$D(t_o,\ldots,t_\ell) = \sum_{i_o < i_1 < \ldots < i_\ell} \Omega\binom{0 \;\; 1 \; \ldots \; \ell}{i_o \; i_1 \ldots i_\ell} N\binom{i_o \; i_1 \ldots i_\ell}{0 \;\; 1 \; \ldots \; \ell} \ge 0$$

d'après GK [7], théorème 13 et de Boor [3], théorème 2. Puisque l'on peut toujours choisir les $\tilde{V}_i$ pour que les déterminants $\Omega\binom{0 \;\; 1 \; \ldots \; \ell}{i_o \; i_1 \ldots i_\ell}$ soit positifs, il suffit que l'un des $N\binom{i_o \; i_1 \ldots i_\ell}{0 \;\; 1 \; \ldots \; \ell}$ soit positif pour obtenir $D(t_o,t_1,\ldots,t_\ell) > 0$. La condition est assurée si $N_{i_s}(t_s) \ne 0$ pour $0 \le s \le \ell$ d'après le théorème 2 de [3].

Lemme 2 : *Soient* $0 < \alpha_o \le \alpha_1 \le \ldots \le \alpha_m < 1$ *des points distincts ou confondus dont tous, sauf un au plus, sont des zéros d'ordre* $\le k$ *d'une spline de* $S_k(\tau_n)$. *Il existe alors* $0 \le i_o < i_1 < \ldots < i_m \le n+k-1$ *tels que* $N_{i_s}(\alpha_s) \ne 0$ *pour* $0 \le s \le m$.

Preuve : Elle est donnée dans [12] pour des zéros simples et se fait par récurrence sur m et n. Comme on utilise les théorèmes sur les zéros des splines (voir [15], chap. 4) en tenant compte de leurs multiplicités, elle reste valable pour des zéros multiples : il suffit de remplacer un zéro d'ordre r par r zéros simples.

Les lemmes 1 et 2 ci-dessus permettent d'utiliser la technique de Kellogg [9] pour des points convenablement choisis.

Lemme 3 : $S^-(V_j) = j$ *pour* $0 \le j \le n+k-1$. *De plus,* V_j *a exactement* j *zéros simples dans* $(0, 1)$.

Preuve : On sait déjà que $S^-(V_j) \le j$. Il est clair que $S^-(V_o) = 0$ et $S^-(V_1) = 1$ car $V_o(x) = 1$ (le vecteur $\tilde{V}_o$ a toutes ses composantes égales à 1 car A_n^k est stochastique) et $\langle V_o, V_1\rangle = 0$. Supposons que $S^-(V_s) = s$ pour $0 \le s \le j$ et montrons que $S^-(V_{j+1}) = j+1$. Supposons que $S^-(V_{j+1}) = \ell \le j$ et désignons par $0 < \alpha_o < \alpha_1 < \ldots < \alpha_{\ell-1} < 1$ les points où V_{j+1} change de signe. Pour $\alpha_{\ell-1} < x < 1$, posons $\alpha_\ell = x$. D'après le lemme 2, il existe des indices i_s tels que $N_{i_s}(\alpha_s) \ne 0$, donc d'après le lemme 1, $\phi(x) = D(\alpha_o,\ldots,\alpha_{\ell-1},x) > 0$. De même, pour $\alpha_{\ell-2} < x < \alpha_{\ell-1}$, on a $\phi(x) \overset{<}{=} 0$ et ϕ change de signe quand x franchit l'un des points α_i. La fonction $\phi(x)V_{j+1}(x)$ garde un signe constant sur I, mais ceci est impossible car ϕ est combinaison linéaire de $V_o, V_1, \ldots, V_\ell$ avec $\ell \le j$, donc $\langle \phi, V_{j+1} \rangle = 0$.

Montrons que V_j a j racines : la propriété est vraie pour j = 0, 1. Supposons la vraie pour $V_o, V_1, \ldots, V_{j-1}$ et prouvons la pour V_j. Supposons que V_j ait $\ell+1 \ge j+1$ racines $0<\alpha_o<\alpha_1<\ldots<\alpha_\ell<1$. Les lemmes 2 et 1 impliquent alors $D(\alpha_o, \alpha_1, \ldots, \alpha_\ell)>0$, mais ceci contredit le fait que la ligne j de ce déterminant est nulle : $V_j(\alpha_s) = 0$ pour $0 \le s \le \ell$.

Supposons que V_j ait une racine multiple α_p d'ordre impair $3 \le r \le k$ et des racines simples α_s, $0 \le s \le j-1$, $s \ne p$. Pour la suite $0<\alpha_o<\alpha_1<\ldots<\underbrace{\alpha_p=\ldots=\alpha_p}_{r}<\alpha_{p+1}<\ldots<\alpha_{j-1}<1$, les lemmes 2 et 1 impliquent que $D(\alpha_o, \alpha_1, \ldots, \alpha_p, \ldots, \alpha_p, \alpha_{p+1}, \ldots, \alpha_{j-1})>0$, mais ceci contredit le fait que la ligne j de ce déterminant, d'ordre j+r-1, est nulle : $V_j(\alpha_s)=0$ pour $0 \le s \le j-1$ et $DV_j(\alpha_p)=\ldots=D^{r-1}V_j(\alpha_p)=0$.

Lemme 4 : *V_j et V_{j+1} n'ont pas de racine commune et V_j change de signe entre deux racines de V_{j+1}.*

Preuve : Comme pour le lemme 3, on utilise la technique de Kellogg [9] et les lemmes 1 et 2.

5. GENERALISATIONS

5.1) Lorsque $\langle f, g \rangle = \int_o^1 w(t)f(t)g(t)dt$, avec une fonction de poids positive $w(t)=t^\alpha(1-t)^\beta$ $(\alpha, \beta>-1)$, le théorème 1 reste valable. Il serait intéressant de prouver que la matrice A_n^k est encore oscillatoire dans ce cas : on obtiendrait ainsi des splines orthogonales de Jacobi comme fonctions propres d'opérateurs généralisant ceux de Bernstein-Jacobi [11].

D'autre part, les B-splines de Tchebycheff (voir [15], Chapitre 9) pourraient être utilisées pour définir des splines orthogonales généralisées : le problème principal reste celui de la matrice A_n^k.

5.2) L'extension aux splines orthogonales définies comme produits tensoriels sur $Q = I \times I$ est immédiate. Plus généralement, si Ω est un domaine de $\mathbb{R}^2$ sur lequel on peut définir des B-splines $\{N_i\}$ formant une partition de l'unité et une base d'un espace de fonctions polynômiales par morceaux, on peut introduire l'opérateur auto-adjoint :

$$Uf(x) = \sum_i \langle f, M_i \rangle N_i(x)$$

(avec $M_i = N_i / \int_\Omega N_i$ et $<f, g> = \int_\Omega f(t)g(t)dt$) et les splines orthogonales correspondantes comme fonctions propres de cet opérateur si sa matrice dans la base $\{N_i\}$ a de bonnes propriétés.

REFERENCES

[1] C. DE BOOR, "Bounding the error in spline interpolation". SIAM Review, vol. 16, n° 4 (1974), 531-544.

[2] C. DE BOOR, "A bound for the L_∞-norm of L_2-approximation by splines in terms of a global mesh ratio". Math. of Comp., vol 30, n° 136 (1976), 765-771.

[3] C. DE BOOR, "Total positivity of the Spline Collocation Matrix". Indiana Univ. Math. J., vol 25, n° 6 (1976), 541-551.

[4] C. DE BOOR, "A practical guide to splines". Springer Verlag (1978).

[5] M.M. DERRIENNIC, "Sur l'approximation des fonctions d'une ou plusieurs variables par des polynômes de Bernstein modifiés et application au problème des moments". Thèse de 3e cycle, Université de Rennes (1978).

[6] M.M. DERRIENNIC, "Sur l'approximation de fonctions intégrables sur [0, 1] par des polynômes de Bernstein modifiés". J. of Approximation Theory 31 (1981), 325-343.

[7] F. GANTMACHER, M. KREIN, "Sur les matrices complétement non négatives et oscillatoires". Compositio Math 4 (1937), 445-476.

[8] S. KARLIN, "Total Positivity", Stanford University Press (1968)

[9] O.D. KELLOGG,"The oscillation of Functions of an orthogonal set". Amer. J. Math. 38 (1916), 1-5.

[10] M.J.D. POWELL, "Approximation Theory and Methods". Cambridge University Press (1981).

[11] P. SABLONNIERE, "Opérateurs de Bernstein-Jacobi, de Bernstein-Laguerre et polynômes orthogonaux". Publ. ANO 37 et 38, Université de Lille (1981).

[12] P. SABLONNIERE, "Bases de Bernstein et Approximants Splines" Thèse, (Chapitre IV), Université de Lille (1982).

[13] P. SABLONNIERE, "Positive Spline Operators and Orthogonal Splines" Publ. ANO 128, Université de Lille (1984) (Soumis à J. of Approximation Theory).

[14] I.J. SCHOENBERG. "Notes on spline functions. V. Orthogonal or Legendre Splines". J. of Approximation Theory 13 (1975), 84-104.

[15] L.L. SCHUMAKER. "Spline functions.Basic theory", Wiley (1980).

ZÊROS EXTRÊMAUX DE POLYNÔMES ORTHOGONAUX

Jaime VINUESA & Rafael GUADALUPE
Dpto. de Teoría de Funciones
Facultad de Ciencias
Santander, Espagne

Abstract:

In this note we prove that the sequences of extreme (greatest and least) zeros of orthogonal polynomials on the real axis determine uniquely the "moments" of the "distribution function" and the polynomials. We establish a method of construction.

Introduction

Il est bien connu, que l'ensemble des zéros des polynômes d'une famille de Polynômes Orthogonaux sur R détermine le support de la distribution qui est à leur origine. Les cas correspondants à des intervalles finis, semi-infinis ou infinis sont donnés par les bornes supérieure et inférieure des zéros au premier cas, la borne supérieure ou inférieure au deuxième cas, et la non existence de borne au troisième. En vertu du theorème de séparation des zéros, qui en particulier détermine que l'enveloppe convexe des zéros d'un polynôme contient à l'intérieur celles de tous les polynômes précédents (voir [2]), l'intervalle support est déterminé par les limites des deux suites contenant les zéros extrêmaux de chaque polynôme. Nous montrons dans ce travail-ci que les suites en question déterminent de façon univoque les moments de la distribution et les polynômes orthogonaux. Les cas dont on a parlé ci-dessus correspondent à la convergence ou divergence des suites choisies. Puisque on n'impose aux suites de zéros extrêmaux rien d'autre que la condition de monotonie, la mèthode ici exposée permet de construire des familles de Polynômes Orthogonaux avec des zéros fixés à l'avance de la façon la plus générale possible.

Lemme

"Soit $\{s_k\}_{k=0}^{2n-1}$ *une suite positive, tronquée, de moments, et* $\{P_k(x)\}_{k=0}^{n}$ *la suite correspondante de Polynômes Orthogonaux, c'est-à-dire (voir* [1]*)*

$$\Delta_m = \begin{vmatrix} s_0 & s_1 & \cdots & s_m \\ s_1 & s_2 & \cdots & s_{m+1} \\ \cdots & \cdots & \cdots & \cdots \\ \cdots & \cdots & \cdots & \cdots \\ s_m & s_{m+1} & \cdots & s_{2m} \end{vmatrix} > 0 \qquad (m=0,1,\ldots,n-1)$$

$$P_m(x) = \begin{vmatrix} s_0 & s_1 & \cdots & s_m \\ s_1 & s_2 & \cdots & s_{m+1} \\ \cdots & \cdots & \cdots & \cdots \\ \cdots & \cdots & \cdots & \cdots \\ s_{m-1} & s_m & \cdots & s_{2m-1} \\ 1 & x & \cdots & x^m \end{vmatrix} \qquad (m=0,1,\ldots,n)$$

et on pose, comme d'habitude:

$$K_m(x,y) = \sum_{i=0}^{m} \frac{P_i(x)P_i(y)}{\Delta_i \Delta_{i-1}} = \frac{-1}{\Delta_m} \begin{vmatrix} s_0 & s_1 & \cdots & s_m & 1 \\ s_1 & s_2 & \cdots & s_{m+1} & y \\ \cdots & \cdots & \cdots & \cdots & \cdots \\ \cdots & \cdots & \cdots & \cdots & \cdots \\ s_m & s_{m+1} & \cdots & s_{2m} & y^m \\ 1 & x & \cdots & x^m & 0 \end{vmatrix} \qquad (m=0,1,\ldots,n-1)$$

Dans ces conditions-ci, si $\alpha < min\{x \mid P_n(x)=0\}$, $\beta > max\{x \mid P_n(x)=0\}$, *on a:*

i) sign $P_n(\alpha) = (-1)^n$
ii) sign $P_n(\beta) = 1$
iii) sign $K_{n-1}(\alpha,\beta) = (-1)^{n-1}$ *."*

Démonstration

Puisque le coefficient dominant de $P_n(x)$ est $\Delta_{n-1}>0$, i) et ii) sont evidents.

Par ailleurs, de la formule de sommation de Christoffel-Darboux, (voir [2])

$$K_{n-1}(\alpha,\beta) = \frac{P_{n-1}(\alpha)P_n(\beta) - P_n(\alpha)P_{n-1}(\beta)}{\Delta^2_{n-1}\ (\beta-\alpha)}$$

on déduit iii), compte tenu de i) et ii) pour les indices n-1, n et la proprieté de séparation des racines entre P_n et P_{n-1} .

#

Theorème

"Soient $\{\alpha_n\}_{n=1}^{\infty}$, $\{\beta_n\}_{n=1}^{\infty}$ *deux suites de nombres réels, la première monotone strictement croissante et la deuxième strictement décroissante avec* $\alpha_1 = \beta_1$ *.- Alors, il existe une suite de Polynômes Orthogonaux sur R,* $\{P_n(x)\}$, *pour laquelle* α_n *et* β_n *sont respectivement la plus grande et la plus petite des racines du* $P_n(x)$ *correspondant."*

Démonstration

Il suffit de prouver l'existence d'une suite de P.O., où chaque P_n a pour racines α_n et β_n. On déduit alors de la nature même des suites et d'après le theorème de séparation des racines, que ces racines seront les extrêmes.

On construit la suite des moments par récurrence en posant:

i) $s_0 = 1$; $s_1 = \alpha_1$

ii)

$$s_{2n} = \frac{1}{\Delta_{n-1}K_{n-1}(\alpha_{n+1},\beta_{n+1})} \begin{vmatrix} s_0 & s_1 & \cdots & s_{n-1} & s_n & 1 \\ s_1 & s_2 & \cdots & s_n & s_{n+1} & \alpha_{n+1} \\ \cdots & \cdots & \cdots & \cdots & \cdots & \cdots \\ \cdots & \cdots & \cdots & \cdots & \cdots & \cdots \\ s_{n-1} & s_n & \cdots & s_{2n-2} & s_{2n-1} & \alpha_{n+1}^{n-1} \\ s_n & s_{n+1} & \cdots & s_{2n-1} & 0 & \alpha_{n+1}^{n} \\ 1 & \beta_{n+1} & \cdots & \beta_{n+1}^{n-1} & \beta_{n+1}^{n} & 0 \end{vmatrix}$$

et

$$s_{2n+1} = \frac{1}{P_n(\beta_{n+1})} \begin{vmatrix} s_0 & s_1 & \cdots & s_n & s_{n+1} \\ s_1 & s_2 & \cdots & s_{n+1} & s_{n+2} \\ \cdots & \cdots & \cdots & \cdots & \cdots \\ \cdots & \cdots & \cdots & \cdots & \cdots \\ s_{n-1} & s_n & \cdots & s_{2n-1} & s_{2n} \\ s_n & s_{n+1} & \cdots & s_{2n} & 0 \\ 1 & \beta_{n+1} & \cdots & \beta_{n+1}^n & \beta_{n+1}^{n+1} \end{vmatrix}$$

Nous devons démontrer que:

a) $\Delta_n > 0$

b) $P_{n+1}(\alpha_{n+1}) = P_{n+1}(\beta_{n+1}) = 0$

Afin de vérifier a) il suffit de tenir compte que, par construction,

$$K_n(\alpha_{n+1},\beta_{n+1}) = 0 = K_{n-1}(\alpha_{n+1},\beta_{n+1}) + \frac{P_n(\alpha_{n+1})P_n(\beta_{n+1})}{\Delta_n\Delta_{n-1}} ,$$

d'où

$$\Delta_n = - \frac{P_n(\alpha_{n+1})P_n(\beta_{n+1})}{\Delta_{n-1}K_{n-1}(\alpha_{n+1},\beta_{n+1})}$$

qui est positif en vertu du lemme.

b) $P_{n+1}(\beta_{n+1}) = 0$ par construction, et la formule d'interpolation de Christoffel (voir [2]) :

$$P_{n+1}(x) = \frac{\Delta_n^2}{P_n(\beta_{n+1})} K_n(x,\beta_{n+1})(x-\beta_{n+1})$$

nous conduit à

$$P_{n+1}(\alpha_{n+1}) = 0$$

puisque

$$K_n(\alpha_{n+1},\beta_{n+1}) = 0 .$$

#

REFERENCES.

(1) N.I. AKHIEZER, "The Classical Moment Problem". Univ. Math. Monog., Oliver & Boyd Ltd. (1965)

(2) G. SZEGŐ, "Orthogonal Polynomials". A.M.S., Colloquium Publications, XXIII, Providence (1939)

POLYNOMES DE BERNSTEIN MODIFIES SUR UN SIMPLEXE T DE $\mathbb{R}^\ell$
PROBLEME DES MOMENTS

M.M. DERRIENNIC
Laboratoire d'Analyse Numérique
Institut National des Sciences Appliquées
20, avenue des Buttes de Coësmes 35043 RENNES CEDEX - France

Introduction

Les opérateurs polynomiaux de type Bernstein dont l'étude est poursuivie ici sont définis sur l'espace des fonctions intégrables sur un simplexe T de $\mathbb{R}^\ell$. Rappelons que ces opérateurs possèdent de nombreuses propriétés des opérateurs de Bernstein classiques [4]. Etant auto-adjoints sur l'espace $L^2(T)$, ils possèdent en outre la particularité de s'écrire sous forme de sommes de Fourier pondérées de polynômes orthonormés de degrés globaux croissants. Ils seront utilisés pour traiter le problème des moments de Haussdorff dans les espaces de Sobolev $W_{k,p}(T)$, $p>1$, et fourniront explicitement une suite qui converge vers la solution du problème. Certains résultats utilisés et énoncés rapidement ici sont démontrés dans [2].

Définition

Le polynôme de Bernstein modifié de degré n, associé à une fonction f intégrable sur le simplexe T de $\mathbb{R}^\ell$:

$$T = \{ X = (x_1,\dots,x_\ell) \; ; \; x_i \geq 0 \, , \; i=1,\dots,\ell \; ; \; \sum_{i=1}^{\ell} x_i \leq 1 \}$$

est défini par :

$$M_n f(X) = \int_T K_n(X,U)\, f(U)\, dU \qquad \text{pour tout } X \in T \qquad \text{où}$$

$$K_n(X,U) = \frac{(n+\ell)!}{n!} \sum_{|h| \leq n} p_{nh}(X)\, p_{nh}(U) \qquad \text{et} \qquad p_{nh}(X) = \binom{n}{h} X^h (1-|X|)^{n-|h|} \quad ;$$

(pour $h = (h_1,\dots,h_\ell)$ dans $\mathbb{N}^\ell$ et $X = (x_1,\dots,x_\ell)$ dans T, nous avons noté :

$$|h| = \sum_{i=1}^{\ell} h_i \; , \; h! = h_1!\, h_2! \dots h_\ell! \; , \; |X| = \sum_{i=1}^{\ell} x_i \; , \; X^h = x_1^{h_1} x_2^{h_2} \dots x_\ell^{h_\ell} ,$$

$$\binom{n}{h} = \frac{n!}{h!(n-|h|)!} \; \Big).$$

Rappel des premières propriétés

Pour tout entier n, l'opérateur M_n est linéaire positif ; il conserve les constantes et les degrés des polynômes par rapport à chaque variable si leur degré global est inférieur à n. Enfin, l'opérateur M_n est auto-adjoint, il vérifie pour tous f et g dans $L^2(T)$ l'égalité :

$$\int_T M_n f(X)\, g(X)\, dX = \int_T f(X)\, M_n g(X)\, dX .$$

Théorème 1

Soit $\mathcal{P}_m$ l'espace des polynômes de degré global m et $\mathcal{Q}_m$ le supplémentaire orthogonal, pour le produit scalaire sur $L^2(T)$, de $\mathcal{P}_{m-1}$ dans $\mathcal{P}_m$. Pour tout entier $m \geq 1$, l'espace $\mathcal{Q}_m$ est un sous-espace propre de chaque opérateur M_n, la valeur propre associée étant :

$$\lambda_{nm} = \frac{(n+\ell)!\ n!}{(n+m+\ell)!(n-m)!} \quad \text{si} \quad m \leq n , \qquad \lambda_{nm} = 0 \quad \text{si} \quad m > n .$$

Par conséquent, pour toute fonction f intégrable sur T et tout entier n, le polynôme $M_n f$ peut s'écrire :

$$M_n f = \sum_{m=0}^{n} \lambda_{nm} \sum_{j=0}^{d_m} \langle f, Q_{jm} \rangle \ Q_{jm} \quad ,$$

où les Q_{jm}, $j=1,2,\ldots, d_m$ forment un système orthonormal quelconque engendrant $\mathcal{Q}_m$, pour tout $m \in \mathbb{N}$.

Nous généralisons ensuite des propriétés de convergence ponctuelle démontrés sur [0,1] dans [1].

Théorème 2

Soit f une fonction intégrable bornée sur T.

1/ Si f est continue au point $X \in T$, nous avons : $\lim\limits_{n\to\infty} M_n f(X) = f(X)$

2/ Si f admet des dérivées d'ordre 2 continues au point $X \in T$, nous avons :

$$\lim_{n\to\infty} n\Big(M_n f(X) - f(X)\Big) =$$

$$\sum_{i=1}^{\ell}\Big(1-(\ell+1)x_i\Big) \frac{\partial f}{\partial x_i}(X) + \sum_{i=1}^{\ell} x_i(1-x_i) \frac{\partial^2 f}{\partial x_i^2}(X) - \sum_{i=1}^{\ell} \sum_{\substack{j=1 \\ j\neq i}}^{\ell} x_i x_j \frac{\partial^2 f}{\partial x_i\, \partial x_j}(X).$$

Démonstration

1/ Puisque M_n conserve les constantes, nous avons :

$$|M_n f(X) - f(X)| \leqslant \int_T K_n(X,U) \, |f(U) - f(X)| \, dU.$$

Soit $\varepsilon > 0$, il existe $\delta > 0$ tel que $||U-X|| < \delta$ implique $|f(U)-f(X)| < \varepsilon$.
En partageant l'ensemble d'intégration T suivant que $||U-X|| < \delta$ ou non, nous obtenons la majoration :

$$|M_n f(X) - f(X)| \leqslant \varepsilon + \frac{B}{\delta^2} \int_T K_n(X,U) \, ||X-U||^2 \, dU$$

où B est la borne supérieure de $|f|$ sur T. Le résultat est alors une conséquence de l'évaluation démontrée dans [2]: $\int_T K_n(X,U) \, ||X-U||^2 \, dU = O(\frac{1}{n})$.

2/ Nous écrivons la formule de Taylor à l'ordre 2 au voisinage du point X :

$$f(U) = f(X) + \sum_{i=1}^{\ell} (u_i - x_i) \frac{\partial f}{\partial x_i}(X) + \sum_{i=1}^{\ell} \sum_{j=1}^{\ell} (u_i - x_i)(u_j - x_j) \frac{\partial^2 f}{\partial x_i \partial x_j}(X) + ||U-X||^2 \, \varepsilon(U)$$

où $\lim_{u \to 0} \varepsilon(u) = 0$. L'opérateur M_n appliqué aux 2 membres de cette relation nous donne :

$$n\Big(M_n f(X) - f(X)\Big) = \frac{n}{n+\ell+1} \sum_{i=1}^{\ell} \Big(1-(\ell+1)x_i\Big) \frac{\partial f}{\partial x_i}(X)$$

$$+ \frac{n}{2(n+\ell+1)(n+\ell+2)} \left[\sum_{i=1}^{\ell} \Big(2nx_i(1-x_i) + (\ell+1)(\ell+2)x_i^2 - 2(\ell+2)x_i + 2\Big) \frac{\partial^2 f}{\partial x_i^2}(X) \right.$$

$$\left. + \sum_{i=1}^{\ell} \sum_{j \neq i, j=1}^{\ell} \Big((\ell+1)(\ell+2)x_i x_j - 2n \, x_i x_j - (\ell+2)(x_i + x_j) + 1\Big) \frac{\partial^2 f}{\partial x_i \, \partial x_j}(X) \right]$$

$$+ n \int_T \varepsilon(U) \, K_n(X,U) \, ||X-U||^2 \, dU .$$

Le même argument que dans la 1e partie de la démonstration nous permet de démontrer que le dernier terme ci-dessus a une limite nulle quand $n \to \infty$ et le résultat s'ensuit.

Théorème 3

Pour tout $f \in L^p(T)$ si $p \geqslant 1$ et tout $f \in \mathscr{C}(T)$ si $p = \infty$, la suite $M_n f$ converge vers f dans $L^p(T)$ et :

$$||M_n f - f||_{L^p(T)} \leqslant \alpha_p \, \omega_p(f, n^{-1/2})$$

où α_p est une constante indépendante de f et de n et ω_p est le module de régularité d'ordre p ou le module de continuité ($p=\infty$) définis par :

$$\omega_p(f,h) = \sup_{||u|| \leqslant h} ||\tau_u f - f||_{L^p(T)}$$

avec $T_u = \{X | X \in T,\ X+u \in T\}$, $\tau_u f(X) = f(X+u)$ pour $X \in T_u$.

Application au problème des moments

Le problème (P_k) qu'on se propose de traiter s'énonce ainsi : "Quelles conditions devons-nous imposer à la suite (μ_r) de réels indexés par $\mathbb{N}^\ell$, pour qu'il existe un élément f de l'espace de Sobolev $W_{k,p}(T)$ où $p > 1$, tel que $\int_T f(X)\, X^r\, dX = \mu_r$ pour tout $r \in \mathbb{N}^\ell$?" . Cette étude généralise des résultats de J.L. DURRMEYER obtenus dans $W_{k,p}(0,1)$, [3] . (Cf. aussi [5]).

Rappelons que $W_{k,p}(T)$ est l'espace des éléments f de $L^p(T)$ admettant des dérivées $D^q f$, au sens des distributions, appartenant à $L^p(T)$ pour $|q| \leq k$, muni de la norme :

$$||f||_{k,p} = \left(\sum_{|q| \leq k} ||D^q f||^p_{L^p(T)} \right)^{1/p} .$$

Pour toute suite $\mu = (\mu_r)_{r \in \mathbb{N}^\ell}$, nous définissons la suite $(D_n(\mu))_{n \in \mathbb{N}}$ par :

$$D_n(\mu) = \sum_{|q| \leq k,\, |h+q| \leq n} \frac{(n-|q|)!}{(n-|q|+\ell)!} |C^q_{nh}|^p$$

$$\text{où} \quad C^q_{nh} = \frac{n!}{(n-|q|)!} \sum_{i=0}^{q} \binom{q}{i} (-1)^{|q-i|}\, C_{n,h+i}$$

$$\text{et} \quad C_{nh} = \frac{(n+\ell)!}{n!} \binom{n}{h} \sum_{|h+j| \leq n} (-1)^{|j|} \binom{n-|h|}{j} \mu_{h+j} .$$

(Remarquons que $C^o_{nh} = C_{nh}$; pour simplifier l'écriture, nous avons noté pour les multi-entiers q et i :

$$\sum_{i=0}^{q} = \sum_{i_1=0}^{q_1} \cdots \sum_{i_\ell=0}^{q_\ell} , \quad D^q f = \frac{\partial^{|q|}}{\partial x_1^{q_1} \cdots \partial x_\ell^{q_\ell}} f \quad)$$

Théorème 4 : Pour que le problème (P_k) admette une solution, il faut et il suffit que la suite $D_n(\mu)$ soit bornée.

Démonstration : Montrons d'abord que la condition est nécessaire. Si f est solution de (P_k) les coefficients C_{nh} s'écrivent :

$$C_{nh} = \frac{(n+\ell)!}{n!} \int_T p_{nh}(U)\, f(U)\, du.$$

La formule de Leibniz nous donne :

$$D^q \left(p_{n+|q|,h+q}(X) \right) = \frac{(n+|q|)!}{n!} \sum_{i=0}^{q} \binom{q}{i} (-1)^{|i|}\, p_{n,h+i}(X)$$

pour tou $X \in T$ et $q \in \mathbb{N}^\ell$.

En intégrant par parties et en utilisant l'inégalité de Hölder, nous obtenons :

$$\left|C^q_{nh}\right|^p \leqslant \left(\frac{(n+|q|)!}{(n+|q|+\ell)!}\right)^{p-1} \left(\frac{(n+\ell)!\ n!}{(n-|q|)!(n+|q|)!}\right)^p \int_T P_{n+|q|,h+q}(U) \left|D^q f(U)\right|^p dU .$$

A l'aide de l'inégalité :

$$\sum_{|h+q|\leqslant n} P_{n+|q|,h+q}(U) \leqslant 1 \quad , \quad \text{pour tout } q \ , \quad |q|\leqslant k \quad \text{et}$$

pour tout $U\in T$, nous obtenons la majoration :

$$\sum_{|h+q|\leqslant n,\, |q|\leqslant k} \frac{(n-|q|)!}{(n-|q|+\ell)!} \left|C^q_{nh}\right|^p \leqslant Cte\|f\|^p_{k,p}$$

Pour démontrer que la condition est suffisante, nous construisons la suite (f_n) en posant pour tout $X\in T$:

$$f_n(X) = \sum_{|h|\leqslant n} C_{nh} P_{nh}(X)$$

et nous vérifions que cette suite converge dans $W_{k,p}(T)$ vers la solution du problème (P_k).

Pour tout $r \in N^\ell$, calculons l'intégrale :

$$\int_T f_n(X)\, X^r\, dX = \frac{(n+\ell)!}{(n+|r|+\ell)!} \sum_{|h+j|\leqslant n} \frac{n!}{(n-|h+j|)!} \frac{(-1)^{|j|}}{h!\ j!} \frac{(h+r)!}{h!} \mu_{h+j}$$

$$= \frac{(n+\ell)!}{(n+|r|+\ell)!} \sum_{|s|\leqslant n} \frac{n!}{(n-|s|)!} \frac{\mu_s}{s!} \sum_{h=0}^{s} (-1)^{|s-h|} \binom{s}{h} \frac{(h+r)!}{h!}$$

$$= \frac{(n+\ell)!\ r!}{(n+|r|+\ell)!} \sum_{s=0}^{r} \binom{r}{s} \binom{n}{s} \mu_s .$$

Cette dernière forme a été obtenue en calculant $D^r(X^r(X+Y)^s)$, d'une part à l'aide de la formule de Leibniz, d'autre part à l'aide de la formule du binôme, en $X = (1,1,\ldots,1) = -Y$.

Nous passons alors à la limite quand $n\to\infty$ dans l'égalité ci-dessus, en utilisant :

$$\lim_{n\to\infty} \frac{(n+\ell)!}{(n+|r|+\ell)!} \binom{n}{s} = \begin{cases} 0 & \text{si } |s| < |r| \\ \frac{1}{r!} & \text{si } s = r \end{cases}$$

pour obtenir : $\lim_{n\to\infty} \int_T f_n(X)\ X^r\, dX = \mu_r$.

Ainsi, pour tout polynôme Q, la suite $\int_T f_n(X)\, Q(X)\, dX$ est convergente.

De plus, la condition imposée dans l'énoncé du théorème implique que $||f_n||_{L^p(T)}$ est borné uniformément en n. La suite (f_n) est donc une suite de Cauchy faible dans $L^p(T)$, elle converge faiblement vers un élément f de $L^p(T)$ qui est solution du problème (P_o). Il reste à prouver que $f \in W_{k,p}(T)$.

Puisque f est solution de (P_o), $M_n f$ s'écrit :

$$M_n f = \sum_{|h| \leq n} P_{nh}(X)\, C_{nh} .$$

Un calcul utilisant la formule de Leibniz nous amène à :

$$D^q M_n f(X) = \sum_{|h+q| \leq n} P_{n-|q|,h}(X)\, C^q_{nh} \quad \text{pour tout } X \in T \quad \text{et} \quad |q| \leq k .$$

La condition imposée aux C^q_{nh} implique que la norme dans $W_{k,p}(T)$ de $M_n f$ est bornée uniformément en n. La proposition ci-dessous nous permet alors d'affirmer que f appartient à $W_{k,p}(T)$. C'est donc la solution du problème (P_k).

<u>Proposition</u> : Une condition nécessaire et suffisante pour que f, intégrable sur T, soit dans $W_{k,p}(T)$ est que $||M_n f||_{k,p}$ soit borné uniformément en n $(p > 1,\ k \geq 0)$.

<u>Références</u>

[1] M.M. DERRIENNIC : Sur l'approximation des fonctions intégrables sur [0,1] par des polynômes de Bernstein modifiés. Journal of Approximation Theory, Vol. 31, N° 7, April 1981.

[2] M.M. DERRIENNIC : On multivariate approximation by Bernstein-type polynomials. Journal of Approximation Theory. (à paraître)

[3] J.L. DURRMEYER : Une forme d'inversion de la transformée de Laplace : applications à la théorie des moments. Thèse de 3e cycle, Paris, 1967.

[4] G.G. LORENTZ : Bernstein polynomials. University of Toronto. 1953.

[5] D.V. WIDDER : The Laplace Transform. Princeton University Press, 1941.

ON THE SIZE OF SOME TRIGONOMETRIC POLYNOMIALS

T. Kano
Dept. Math., Fac. Sci.
Okayama University
Okayama 700, Japan

Let $E_n(f)$ denote the best approximation of $f \in C[0,2\pi]$, i.e.,

$$E_n(f) = \inf \|f - T_n\| ,$$

where $\| \cdot \|$ is the supremum norm and $T_n(x)$ are trigonometric polynomials of degree $\leq n$. It was Bernstein [3] who first showed the close connection between absolute convergence of the Fourier series of $f(x) \in \mathrm{Lip}\,\alpha$ and $E_n(f)$. In particular, he obtained the following theorem which shows his result being best possible.

Theorem A. For any given sequence $\varepsilon_n \downarrow 0$ such that

$$\sum_{n=1}^{\infty} \varepsilon_n/\sqrt{n} = \infty ,$$

we can find an $f \in C[0,2\pi]$ whose Fourier series is not absolutely convergent at any point at all and yet satisfies the inequality $E_n(f) \leq \varepsilon_n$.

To prove this theorem, he invented the following lemma which may well deserve an independent interest.

Lemma A. For any given natural number N, we can find a trigonometric polynomial of the form

$$T_N(x) = \sum_{N/2 \leq n \leq N} \cos(nx + \rho_n)$$

such that uniformly in x,

$$T_N(x) \ll \sqrt{N} .$$

Bernstein's original proof of this lemma is due to the theory of characters, while Bari [1] applied Kuzmin's lemma instead and Kahane[4]used Rudin-Shapiro theorem. Actually Bernstein considered the sum

$$(1) \qquad S = \sum_{A \leq n \leq B} e\left(a\left(\frac{n^2}{N} + xn\right)\right), \quad (\, e(u) = \exp(2\pi iu))$$

where $a > 0$, $0 \leq x \leq 1$ and $A, B, N \in \mathbf{N}$ are such that $1 \leq A < B \leq N$.
First we remark that if we apply Salem's lemma(Lemma 2 below)to S, then we obtain

$$(2) \qquad S \ll (\sqrt{a} + 1/\sqrt{a})\sqrt{N},$$

which holds uniformly in x,A,B.
On the one hand, from a different stand point, there is a problem of finding the polynomials

$$(3) \qquad P_N(z) = \sum_{n \leq N} c_{n,N}\, z^n ,$$

with $|c_{n,N}| = 1$ and $|z| = 1$ such that

$$(4) \qquad \sqrt{N} \ll P_N(z) \ll \sqrt{N} ,$$

for all z. Parseval's formula shows

$$(5) \qquad \max_{|z|=1} \left|P_N(z)\right| \geq \sqrt{N} .$$

See e.g. Kahane[5] for recent results. The next example of (3) in the literature seems to be the following one due to Hardy and Littlewood[cf. 7, p.199]:

$$(6) \qquad P_N(z) = \sum_{n \leq N} e(cn\log n + xn), \quad z = e(x)$$

which satisfies $P_N(z) \ll \sqrt{N}$ uniformly in x. However, as far as I know, it seems open whether it satisfies $P_N(z) \gg \sqrt{N}$ for all x. We notice that in their example the coefficients $c_n = e(cn\log n)$ are independent of N.

The main purpose of this note is to show that the size of (3) may be sometimes smaller than $\sqrt{N}$. We shall show it effectively by constructing examples.

First we prove

Theorem 1. For any given $N > 1$, we can find a sequence $c_{n,N} \in \mathbb{C}$ with $|c_{n,N}| = 1$ $(1 \le n \le N)$ such that

$$\sum_{n \le N} c_{n,N}\, z^n \ll N^{1/4}, \tag{7}$$

for all $z \in \mathbb{C}$ with $|z| = 1$, where $\ll$ depends on z.

Proof. Consider the sum

$$S_N = \sum_{n \le N} e(xn - 2s\sqrt{n}), \tag{8}$$

where $0 < x \le 1$ and $s \ge 1$ will be suitably chosen(as a function of N)later. If we put $f(t) = xt - 2s\sqrt{t}$ $(1 \le t \le N)$, then

$$-s/\sqrt{t} < f'(t) \le 1 - s/\sqrt{t} \le 1 - s/\sqrt{N}\,.$$

Therefore, if $4s^2 \le t \le N$, then

$$|f'(t)| \le 1 - s/\sqrt{N}\,,$$

because then $-(1 - s/\sqrt{N}) \le -s/\sqrt{t}$.
Now we shall apply the following known lemma due to van der Corput[cf.2].

Lemma 1. If $f'(t)$ is monotone and satisfies

$$|f'(t)| \le 1 - \varepsilon\ , \quad (0 < \varepsilon < 1)$$

throughout (a, b), then

$$\sum_{a \le n \le b} e(f(n)) = \int_a^b e(f(t))dt + O(1/\varepsilon),$$

where the constant implied by O is absolute.

If we insert $\varepsilon = s/\sqrt{N}$ in the above lemma, then we obtain

$$\sum_{4s^2 \leq n \leq N} e(xn - 2s\sqrt{n}) = \int_{4s^2}^{N} e(xt - 2s\sqrt{t})dt + O(\sqrt{N}/s).$$

Thus we have

$$(9) \qquad S_N = \sum_{1 \leq n \leq 4s^2} e(xn - 2s\sqrt{n}) + \int_{4s^2}^{N} e(xt-2s\sqrt{t})dt + O(\sqrt{N}/s).$$

We appeal to the known lemma below to estimate the first sum in (9).

Lemma 2 (Salem[cf. 7, p.226]). If $f''(t) > 0$ is monotone, then

$$\sum_{a \leq n \leq b} e(f(n)) = O(\operatorname{Max}_{a \leq t \leq b} \frac{1}{\sqrt{f''(t)}}) + O(\int_a^b (\sqrt{f''(t)} + f''(t))dt),$$

where the implied constants by O's are absolute.

Now for $f(t) = xt - 2s\sqrt{t}$ we have $f''(t) = \frac{s}{2} t^{-3/2}$. Hence by Lemma 2 we have

$$(10) \qquad \sum_{1 \leq n \leq 4s^2} e(f(n)) = O(\operatorname{Max}_{1 \leq t \leq 4s^2} \frac{1}{\sqrt{s}} t^{3/4}) + O(\int_1^{4s^2} \sqrt{s} t^{-3/4} dt +$$

$$+ \int_1^{4s^2} st^{-3/2}dt) = O(s) + O(s) + O(s) = O(s).$$

Next we shall estimate the integral

$$I_N = \int_{4s^2}^{N} e(xt - 2s\sqrt{t})dt.$$

If we put $t = u^2$, then

$$I_N = 2 \int_{2s}^{\sqrt{N}} u \cdot e(xu^2 - 2su)du$$

$$= \frac{1}{2\pi i x} \int_{2s}^{\sqrt{N}} (e(xu^2-2su))'du + \frac{2s}{x} \int_{2s}^{\sqrt{N}} e(xu^2-2su)du$$

$$= \frac{2s}{x} \int_{2s}^{\sqrt{N}} e(xu^2 - 2su)du + O(1/x).$$

Lemma 3 [cf.6 & 7]. If $f''(t) \geq r > 0$ throughout (a, b), then

$$\int_a^b e(f(t))dt \ll 1/\sqrt{r} ,$$

where $\ll$ is absolute.

From this lemma we have

$$\int_{2s}^{\sqrt{N}} e(xu^2 - 2su)du = O(1/\sqrt{x}). \tag{11}$$

Thus we obtain from (9)-(11)

$$S_N = O(s) + O(sx^{-3/2}) + O(\sqrt{N}/s) + O(1/x).$$

Finally, by choosing $s = \frac{1}{2} N^{1/4}$, we get

$$S_N = O(N^{1/4}),$$

where the implied constant by O depends on x. □

If the coefficients $c_{n,N}$ are independent of N, then the situation in general becomes more difficult and we then have the following result.

Theorem 2. For any given $\varepsilon > 0$, there exist a natural number $N_0 = N_0(\varepsilon)$ and a sequence $c_n = c_n(\varepsilon) \in \mathbb{C}$ with $|c_n| = 1$ $(1 \leq n \leq N)$ such that for all $N \geq N_0$ and z with $|z| = 1$,

$$\sum_{n \leq N} c_n z^n \ll_{\varepsilon,z} N^{2/5 + \varepsilon} .$$

Proof. We only indicate the outline of the proof since it is similar to that of Theorem 1. In this case we consider the sum

$$S_N = \sum_{n \leq N} e(xn - n^c/c),$$

where $0 < x \leq 1$ and $0 < c < 1$. If we put $f(t)=xt - t^c/c$ $(2 \leq t \leq N)$, then we have by Lemma 1

$$\sum_{2 \leq n \leq N} e(f(n)) = \int_2^N e(f(t))dt + O(N^{1-c}).$$

Next we apply a known lemma [7, p.62] in order to estimate the above integral, say $I(N)$. Then after simple calculation, we have for

$$N \geq 2(2/x)^{1/(1-c)}$$

$$I(N) - I(N/2) = O(N^{1-3c/5}),$$

where O depends on c and x. Hence substituting in N successively

$$N/2,\ N/2^2, \ldots\ldots$$

and adding them all, we get $I(N) = O(N^{1-3c/5})$.
Therefore we finally obtain

$$S_N = O(N^{1-3c/5}) + O(N^{1-c}) = O(N^{1-3c/5})$$

$$= O(N^{2/5+\varepsilon}), \quad (c = 1 - 5\varepsilon/3).$$

References

[1] N.K. Bari: A treatise on trigonometric series, vol.2, Pergamon Press, 1964.

[2] E. Beller: Polynomial extremal problems in L^p, Proc. Amer. Math. Soc., 30(1971), 249-259.

[3] S.N. Bernstein: Sur la convergence absolue des séries trigonométriques, Comptes Rendus, Paris, 158(1914), 1661-1664.

[4] J.-P. Kahane: Séries de Fourier absolument convergentes, Springer, 1970.

[5] J.-P. Kahane: Sur les polynomes a coefficients unimodulaires, Bull. London Math. Soc.,12(1980), 321-342.

[6] E.C. Titchmarsh: The theory of the Riemann zeta-function, Oxford, 1951.

[7] A. Zygmund: Trigonometric series, vol.1, Cambridge, 1959.

SURVEY ON MULTIPOINT PADÉ APPROXIMATION TO MARKOV TYPE MEROMORPHIC FUNCTIONS AND ASYMPTOTIC PROPERTIES OF THE ORTHOGONAL POLYNOMIALS GENERATED BY THEM.

G. LÓPEZ LAGOMASINO
Fac. of Math. and Cib.
University of HAVANA
HAVANA (CUBA)

§ INTRODUCTION.

Let μ be a finite positive Borel measure whose support $\operatorname{supp}\mu$ is contained in $[0,+\infty[$, and for all $\nu \in \mathbb{N}$, $c_\nu = \int t^\nu d\mu(t) < +\infty$.*) The space of all such measures we denote by $S[0,+\infty[$. If additionally $\mu' > 0$ a.e. on $[0,+\infty[$ (almost everywhere with respect to Lebesgue's measure) we write $\mu \in W[0,+\infty[$. Whenever $\operatorname{supp}\mu \subset [a,b]$ we also use the notation $\mu \in S[a,b]$ (respectively $\mu \in W[a,b]$ if also $\mu' > 0$ on $[a,b]$). A simple change of variables indicates that for all that follows we can restrict our attention to the four following spaces of measure $S[0,1]$, $S[0,+\infty[$, $W[0,1]$ and $W[0,+\infty[$. By Δ we denote generically either $[0,1]$ or $[0,+\infty[$.

Let $\alpha \subset E \subset \bar{\mathbb{C}} \setminus \Delta$, where E is a regular compact set (in $\bar{\mathbb{C}}$) symmetric with respect to $\mathbb{R}$ and whose complement is a region, and $\alpha = \{\alpha_{n,k}\}$, $n \in \mathbb{N}$, $k = 1,2,\ldots,2n$, is a table of points also symmetric with respect to $\mathbb{R}$ (this means that for each $n \in \mathbb{N}$ the polynomial $\omega_{2n}(z) = \prod_{k=1}^{2n} (z-\alpha_{n,k})$ has all its coefficients in $\mathbb{R}$; if $\alpha_{n,k} = \infty$ we take $z - \alpha_{n,k} = 1$, also we consider $\omega_0(z) = 1$). Obviously, ω_{2n} has no zeros on Δ; without loss of generality we may assume that $\omega_{2n}(x) > 0$, $x \in \Delta$.

Suppose that $\mu \in S(\Delta)$ and r is a rational function whose poles belong to $\mathbb{C} \setminus \Delta = D$, $r(\infty) = 0$. The coefficients of r are in general complex numbers in which case we say that r is complex, to specify that all the coefficients of r are real numbers we say that r is real. In the following, we shall denote :

*) *We also consider that* $\operatorname{supp}\mu$ *contains an infinite set of points.*

$$f(z) = \int \frac{d\mu(t)}{z-t} + r(z) = \hat{\mu}(z) + r(z).$$

It's easy to prove that there exists a unique rational function $\pi_n^\alpha(f) = \pi_n^\alpha = \frac{P_{n-1}}{Q_n}$, such that :

i) P_{n-1}, Q_n are polynomial, $\deg P_{n-1} \leq n-1$, $\deg Q_n \leq n$, $Q_n \not\equiv 0$ (for which we can suppose that Q_n is monic) ;

ii) $\frac{Q_n f - P_{n-1}}{\omega_{2n}} \in H(D')$, $D = \mathbb{C} \setminus \Delta$, $D' = D \setminus [r = \infty]$, where as usual $H(D')$ stands for the space of analytic functions on D' ;

iii) $\frac{Q_n f - P_{n-1}}{\omega_{2n}}(z) = \frac{A_{n,1}}{z^{n+1}} + \frac{A_{n,2}}{z^{n+2}} + \ldots$, where the right hand side is the asymptotic expansion of the left hand (for example as $z \to \infty$, $z < 0$).

Condition iii) is trivial if $\alpha_{n,1}, \ldots, \alpha_{n,2n}$ are all finite. Whenever some $\alpha_{n,k}$ are infinite (n fixed) then iii) imposes as many interpolation conditions at $z = \infty$ as points $\alpha_{n,k}$, $k = 1,2,\ldots, 2n$, are infinite. The rational function π_n^α is called the $(n-1,n)$ multipoint Padé approximant associated to f with respect to α .

When all the interpolation data is assigned to $z = \infty$ ($\alpha_{n,k} = \infty$, $n \in \mathbb{N}$, $k = 1,2,\ldots, 2n$) we obtain the main diagonal sequence of the classical Padé approximants associated to f at $z = \infty$ and we write $\{\pi_n\}$, $n \in \mathbb{N}$, instead of $\{\pi_n^\alpha\}$, $n \in \mathbb{N}$. There are two classical results concerning the uniform convergence on each compact set for the main diagonal of the Padé table. They are :

<u>MARKOV'S THEOREM</u>. *If* $\mu \in S[0,1]$, $f = \hat{\mu}$ $(r \equiv 0)$ *and* $\pi_n = \pi_n(\hat{\mu})$, *then*

$$\pi_n(z) \rightrightarrows \hat{\mu}(z), \ K \subset \bar{\mathbb{C}} \setminus [0,1], \ n \to \infty .$$

<u>STIELTJES' THEOREM</u>. *Let* $\mu \in S[0,+\infty[$ *be such that the moment problem for the sequence* $\{c_\nu\}$, $\nu \in \mathbb{N}$, *is determined. If* $f = \hat{\mu}$ *and* $\pi_n = \pi_n(\hat{\mu})$, *then*

$$\pi_n(z) \rightrightarrows \hat{\mu}(z), \ K \subset \bar{\mathbb{C}} \setminus [0,+\infty[.$$

Obviously, Stieltjes' theorem contains that of Markov since in a finite interval the moment problem is always determined (has a unique solution). A well known sufficient condition for the moment problem to be determined was given by

Carleman. It says :

CARLEMAN'S THEOREM. *If* $\sum_{\nu\geq 1} \frac{1}{2\nu\sqrt{c_\nu}} = \infty$ *then the moment problem for the sequence* $\{c_\nu\}$, $\nu \in \mathbb{N}$, *is determined.*

Reference to the proofs of these results may be found in [1].

In the present paper, we wish to point out several extensions of these result's in two directions. The first, considering meromorphic functions in D obtained adding to $\hat{\mu}$ either real or complex r's. The second, considering multipoint $(n-1,n)$ type Padé approximants. We will not consider other types of extensions as for instance consider sequences parallel to the main diagonal or weak convergence results. We will also discuss results concerning the asymptotics of the ratio of orthogonal polynomials because of its intimate relation to one type of problem considered here.

§ 2. CLASSICAL PADÉ APPROXIMANTS.

Trying to widen the class of functions for which strong convergence of the main diagonal sequence of Padé approximants took place, A.A. Gončar considered functions of type $\hat{\mu} + r$, $\mu \in S[0,1]$. His idea was the following :

Let $a_1,\ldots,a_\ell$ be the distinct poles of f in $D = \mathbb{C} \setminus [0,1]$ whose multiplicities are $m_1, m_2,\ldots, m_\ell$ respectively. Let $m = m_1 + m_2 +\ldots+ m_\ell$ and $t_m(z) = \prod_{k=1}^{\ell} (z-a_k)^{m_k}$. From the definition immediately follows that

$$0 = \int x^\nu Q_n(x)\, t_m(x)\, d\mu(x), \qquad \nu = 0, 1,\ldots, n-m-1. \tag{1}$$

From these equations we obtain (we remind that Q_n is supposed monic), for each n such that $\deg Q_n = n$ (n normal), the following

$$\frac{(t_m Q_n)}{L_{n-m}}(z) = \frac{L_{n+m}}{L_{n-m}}(z) + \lambda_{n,1} \frac{L_{n+m-1}}{L_{n-m}}(z) + \ldots + \lambda_{n,2m} \tag{2}$$

where L_k denotes the kth monic orthogonal polynomial with respect to μ.
The problem consists of finding a suitable system of equations on $\lambda_{n,1},\ldots, \lambda_{n,2m}$ which allow us to find the limit in (2), as $n\to\infty$. He was able to do this under the condition that μ is such that

$$\frac{L_{n+1}}{L_n}(z) \overrightarrow{\longrightarrow} \frac{\varphi(z)}{4}, \quad K \subset D, \tag{3}$$

where φ is the conformal representation of $\bar{\mathbb{C}} \setminus [0,1]$ into $[|\omega| > 1]$ such that $\varphi(\infty) = \infty$ and $\varphi'(\infty) > 0$.

More precisely, in [2] A.A. Gončar proved the following :

THEOREM 1. *Let* $\mu \in W[0,1]$ *be such that* (3) *is satisfied,* $f = \hat{\mu} + r$ *where* r *is complex and* $\pi_n = \pi_n(f)$. *Then*

i) $$\lim_n \frac{Q_n(z)}{L_n(z)} = \frac{\prod_{k=1}^{\ell} (\varphi(z) - \varphi(a_k))^{2m_k}}{4^m \, t_m(z) \, \varphi^m(z)}$$

ii) $\overline{\lim} \, \|f - \pi_n\|_k^{1/2n} \leq \frac{1}{\rho(K)}$, $K \subset D' = D \setminus \{a_1, \ldots, a_\ell\}$, *where* $\|.\|_k$ *is the sup-norm on* K *and* $\rho(K) = \|\frac{1}{\varphi}\|_K$.

It's well known that (3) is satisfied in particular if μ satisfies Szego's condition. That is, if

$$\int \frac{\log \mu'(x)}{\sqrt{x(1-x)}} \, dx > -\infty.$$

E.A. Rahmanov gave a much weaker condition for (3) to take place. In a series of two papers [3,4] he proved that

THEOREM 2. *If* $\mu \in W[0,1]$ *then* (3) *holds.*

In [5], Rahmanov gave examples of very simple measures supported on two disjoint segments contained in $[0,1]$ for which an analogue of theorem 1 is not true, thus showing that a complete extension of Markov's theorem is not possible if we add to $\hat{\mu}$ a complex r $(W[0,1] \subsetneq S[0,1])$. Now, if r has real coefficients then the linear system of equations which gives π_n can be solved in $\mathbb{R}$. In particular, Q_n has real coefficients and then from (1) can be deduced that at least $n-m$ zeros of Q_n lie on $[0,1]$. Thus, if r is real, the number of possible poles of π_n in D is bounded above by m for all n. Using this fact, Rahmanov in that same paper proved :

THEOREM 3. *If* $\mu \in S[0,1]$, $f = \hat{\mu} + r$ *where* r *is real and* $\pi_n = \pi_n(f)$, *then*

i) for all sufficiently large n, Q_n *has degree* n ; $n-m$ *zeros of* Q_n

lie on $[0,1]$ *and* m *on* $D = \mathbb{C} \setminus [0,1]$; *each pole of* f *in* D *"attracts" as many zeros of* Q_n *in* D *as its order of multiplicity ;*

ii) $\overline{\lim} \|f - \pi_n\|_K^{1/2n} \leq \frac{1}{\rho(K)}$, $K \subset D'$.

Whenever property i of this theorem is true with respect to Δ we will say that "the poles of π_n are well behaved on $D = \mathbb{C} \setminus \Delta$".

Based on the same idea but using a different method we obtained a generalization of theorem 3 in the same sense that Stieltjes' result extends that of Markov. In [1] (see also [6] for a version and proof in terms of determined moment problems) we proved.

THEOREM 4. *If* $\mu \in S[0, +\infty[$ *is such that* $\sum_{\nu \geq 1} \frac{1}{\sqrt[2\nu]{c_\nu}} = \infty$, $f = \hat{\mu} + r$ *where* r *is real and* $\pi_n = \pi_n(f)$, *then :*

i) *"the poles of* π_n *are well behaved on* $D = \mathbb{C} \setminus [0,+\infty[$ " ,

ii) $\pi_n \rightrightarrows f$, $K \subset D'$, $n \to \infty$.

Since in this case the interpolation process is carried on at a point where f is possibly not analytical it is natural that a priori a geometrical rate of convergence cannot be expected.

§ 3. MULTIPOINT PADÉ APPROXIMANTS.

The results in [1] were extended in [7] to multipoint Padé approximants. In order to avoid new notation we shall only state a simplified version, when $\mu \in S[0,1]$.

THEOREM 5. *If* $\mu \in S[0,1]$, $f = \hat{\mu} + r$ *where* r *is real, and* $\pi_n^\alpha = \pi_n^\alpha(f)$, *then*

i) *"the poles of* π_n^α *are well behaved in* D " .

ii) $\overline{\lim_n} \|f - \pi_n^\alpha\|_K^{1/2n} \leq \tau \leq 1$, $K \subset D'$, *where* τ *is a constant that depends on* K, α *and* supp μ.

For details about τ see [8] where several interesting cases are considered. When $\mu \in S[0,+\infty]$ and r is real, convergence results are given in terms of generalized moments and a sufficient condition which reduces to that of Carleman for the case of classical Padé approximation (see [7] and [9]). In [10] there are overlapping results with theorem 5 for the case when $r \equiv 0$.

Following Gončar's ideas we tried to extend theorem 1 to multipoint Padé approximation. In this case

$$0 = \int x^{\nu} Q_n(x)\, t_m(x)\, d\mu_n(x), \quad \nu = 0,1,\dots,n-m-1$$

where $d\mu_n(x) = \dfrac{d\mu(x)}{\omega_{2n}(x)}$. So one gets that

$$\frac{(t_m Q_n)}{L_{n,n-m}}(z) = \frac{L_{n,n+m}}{L_{n,n-m}}(z) + \lambda_{n,1} \frac{L_{n,n+m-1}}{L_{n,n-m}}(z) + \dots + \lambda_{n,2m} \tag{4}$$

where $L_{n,k}$ denotes the monic polynomial of degree k orthogonal with respect to $d\mu_n$. In order to find the limit in (4) we were precised to obtain an analogue of theorem 2 for sequences of ratios of orthogonal polynomials with respect to varying measures depending on μ and ω_{2n}. In [11] we proved :

<u>THEOREM 6</u>. *If* $\mu \in W[0,1]$ *and* $j \in \mathbb{Z}$ *is fixed, then*

$$\frac{L_{n,n+j+1}}{L_{n,n+j}}(z) \rightrightarrows \frac{\varphi(z)}{4}, \quad K \subset D.$$

In our proof, we combine several ideas of [4] and [12] (where a simplified proof of theorem 2 may be found) making the necessary arrangements. Using theorem 6 we were able to obtain convergence results for multipoint Padé approximants to $f = \hat{\mu} + r$, where r is complex for certain type of tables which we define below.

As said, E is a regular compact set contained in $\bar{\mathbb{C}} \setminus [0,1]$ whose complement is connected and is symmetric with respect to $\mathbb{R}$. Let h be the harmonic measure of $G = \bar{\mathbb{C}} \setminus (E \cup [0,1])$ such that $h|_{[0,1]} = 0$ and $h|_E = 1$; and $g(.,\xi)$ be the Green's function with respect to $[0,1]$ with singular point at ξ. The capacity of the condenser $(E,[0,1])$ is defined as the value $C = \dfrac{1}{2\pi} \displaystyle\int_\Gamma \frac{\partial h}{\partial \eta}\, ds$, where Γ is an arbitrary contour in G that "separates" E from $[0,1]$, $\dfrac{\partial}{\partial \eta}$ is the normal derivative to Γ in the direction "from $[0,1]$ to E" and ds is the arc element.

We say that α is *extremal* with respect to the condenser $(E,[0,1])$ if

$$\frac{1}{2n} \sum_{k=1}^{2n} g(z,\alpha_{n,k}) \rightrightarrows \frac{h(z)}{C}, \; K \subset \mathbb{C} \setminus [0,1], \quad n \to \infty .$$

For more details with respect to this definition see [8], there you can also find reference to different types of construction of such tables.

We have the following result in [11] .

<u>THEOREM 7</u>. *If* $\mu \in W[0,1]$, $f = \hat{\mu} + r$ *where* r *is complex,* α *is extremal with respect to the condenser* $(E,[0,1])$ *and* $\pi_n^\alpha = \pi_n^\alpha(f)$, *then :*

i) $$\lim_n \frac{Q_n(z)}{L_{n,n}(z)} = \frac{\prod_{k=1}^{\ell} (\varphi(z) - \varphi(a_k))^{2m_k}}{4^m \, t_m(z) \, \varphi^m(z)} ,$$

ii) $$\overline{\lim} \, \|f - \pi_n\|_k^{1/2n} \leq \exp\{-\frac{\tau(K)}{C}\} < 1, \; K \subset D' \text{ , and } \tau(K) = \inf\{h(z) : z \in K\}.$$

References.

1. G. LÓPEZ, *On the convergence of the Padé approximants for meromorphic functions of Stieltjes type*, Math. Sb. 111 (1980), 308-316 ; English transl. in Math. USSR Sb. 38 (1981), 281-288.

2. A.A. GONČAR, *On the convergence of Padé approximants for some classes of meromorphic functions*, Mat. Sb. 97 (1975), 607-629 ; English transl. in Math. USSR Sb 26 (1975), 555-575.

3. E.A. RAHMANOV, *On the asymptotics of the ratio of orthogonal polynomials*, Math. Sb. 103 (1977), 237-252 ; English transl. in Math. USSR Sb. 32 (1977), 199-213.

4. E.A. RAHMANOV, *On the asymptotics of the ratio of orthogonal polynomials II*, Mat. Sb. 118 (1982), 104-117 ; English transl. in Math. USSR Sb. 46 (1983), 105-117.

5. E.A. RAHMANOV, *On the convergence of diagonal Padé approximants*, Mat. Sb. 104 (1977), 271-291 ; English transl. in Math. USSR Sb. 33 (1977), 243-260.

6. G. LÓPEZ, *On the moment problem and the convergence of Padé approximants for meromorphic functions of Stieltjes type*. Proc. Int. Conf. on Const. Function Theory, Sofia, 1983, 419-424.

7. J. ILLÁN and G. LÓPEZ, *Multipoint Padé approximation to meromorphic functions of Stieltjes type*, Revista Ciencias Mat. 2 (1981), 43-65.

8. A.A. GONČAR and G. LÓPEZ, *On Markov's theorem for multipoint Padé approximants*, Mat. Sb. 105 (1978), 512-524 ; English transl. in Math USSR Sb. 34 (1978), 449-459.

9. G. LÓPEZ, *Conditions for convergence of multipoint Padé approximants for functions of Stieltjes type*, Mat. Sb. 107 (1978), 69-83 ; English Transl. in Math. USSR Sb. 35 (1979), 363-376.

10. J. GELFGREN, *Multipoint Padé approximants converging to functions of Stieltjes type*, Proc. Conf. Padé approximation and its appl., Amsterdam, L. Notes in Math. 888, Springer-Verlag, Berlin, 1981, 197-207.

11. G. LÓPEZ, *On the asymptotics of the ratio of polynomials orthogonal with respect to varying measures*, to appear in Mat. Sb.

12. A. MATE, P. NEVAI and V. TOTIK, *Asymptotics for the ratio of the leading coefficients of orthonormal polynomials on the unit circle*, Constructive Approximation 1 (1985), 63-69.

UNE RELATION ENTRE LES SERIES DE JACOBI ET L'APPROXIMATION DE PADE

Stefan Paszkowski
Instytut Niskich Temperatur i Badań Strukturalnych PAN
Pl. Katedralny 1, 50-950 Wrocław, Pologne

L'approximation de Padé (et, plus généralement, l'approximation de type Padé) et la théorie des polynômes orthogonaux sont étroitement liées. Une autre relation, plus particulière, des deux théories, peut être exprimée brièvement de la façon suivante.

Soit $P_k^{(\alpha,\beta)}$ le $k^{\text{ième}}$ polynôme de Jacobi dépendant des paramètres α, $\beta > -1$. Soit f une fonction suffisamment régulière dans $[-1,1]$ et soit

$$\sum_{k=0}^{\infty} a_k^{(\alpha,\beta)}[f]P_k^{(\alpha,\beta)}$$

son développement en série de Jacobi. Soit u un paramètre réel qui peut prendre au moins toutes les valeurs de $]0,1[$. On démontre que

si f satisfait à une équation différentielle suffisamment simple, alors il existe une suite $\{c_k\}$ des réels, des fonctions ρ, σ, τ, ϕ et ψ et des suites d'entiers $\{\ell_k\}$ et $\{m_k\}$ monotones et tendant vers l'infini telles que

$$a_k^{(\alpha,\beta)}[f(ux)] = c_k[\rho(u)]^k\sigma(u)(P_{[\ell_k/m_k]}(t)\psi(t)-Q_{[\ell_k/m_k]}(t)\phi(t)) \qquad (k = 1, 2,\ldots) \qquad (1)$$

où $t := \tau(u)$ et où $P_{[\ell/m]}$, $Q_{[\ell/m]}$ désignent le numérateur et le dénominateur (normalisés d'une certaine manière) de l'approximant de Padé $[\ell/m]$ du quotient ϕ/ψ.

En choisissant convenablement tous les paramètres du deuxième membre de (1) on obtient, bien entendu, une suite de coefficients d'une série convergente de Jacobi. Il serait cependant bien difficile d'en déduire une forme explicite et suffisamment simple de la somme de cette série.

Le théorème est illustré par plusieurs exemples. Pour ne pas compliquer inutilement les formules on choisit chaque fois des valeurs concrètes de α, β. Pour $\alpha = \beta = -\frac{1}{2}$ (exemples A-C, F) on obtient une série de Tchebichev par rapport aux polynômes $T_k(x) := \cos(k \arccos x)$. Pour $\alpha = \beta = 0$ (exemple D) on obtient une série orthogonale par rapport aux polynômes de Legendre $C_k^{1/2}$ normalisés de façon que $C_k^{1/2}(1) = 1$. Pour $\alpha \neq \beta$ (exemple E) on normalise les polynômes de Jacobi de façon que

$$P_k^{(\alpha,\beta)}(1) = (\alpha+1)_k/k!.$$

Les approximants de Padé sont généralement normalisés de façon que leur numérateur prenne la valeur 1 en $t = 0$. Dans l'exemple F on suppose cependant que $Q_{[\ell_k/m_k]}(0) = 1$.

Exemples:

A. $a_k^{(-1/2,-1/2)}[(1-ux)^{-1/2}]$

$$= \frac{4^k(k-1)!}{(2k-1)!!\pi u^k\sqrt{1+u}} P_{[\ell_k/m_k]}(t)\underbrace{\mathbb{K}\left(\sqrt{\frac{2\sqrt{t}}{1+\sqrt{t}}}\right)}_{\psi(t)}-Q_{[\ell_k/m_k]}(t)\underbrace{(1+\sqrt{t})\mathbb{E}\left(\sqrt{\frac{2\sqrt{t}}{1+\sqrt{t}}}\right)}_{\phi(t)}$$

$(k = 1, 2,...)$

où $0 < |u| < 1$, $t := u^2$, $\ell_k := [\frac{1}{2}k]$, $m_k := [\frac{1}{2}(k-1)]$ ($\mathbb{K}$, $\mathbb{E}$ - les intégrales elliptiques complètes).

B. $a_{2k+1}^{(-1/2,-1/2)}[\arcsin ux]$

$$= \frac{2^{3k+2}k!}{(2k+1)(2k+1)!!\pi u^{2k+1}}[P_{[k/k]}(t)\underbrace{\mathbb{E}(\sqrt{t})}_{\psi(t)}-Q_{[k/k]}(t)\underbrace{(1-t)\mathbb{K}(\sqrt{t})}_{\phi(t)}]$$

$(k = 0, 1,...)$

où $0 < |u| < 1$ et $t := u^2$.

C. $a_{2k}^{(-1/2,-1/2)}[(1-u^2x^2)^{-3/2}]$

$$= \frac{c_{2k}}{u^{2k}(1-u^2)}[P_{[k/k-1]}(t)\underbrace{\mathbb{E}(\sqrt{t})}_{\psi(t)}-Q_{[k/k-1]}(t)\underbrace{(1-t)\mathbb{K}(\sqrt{t})}_{\phi(t)}] \qquad (k = 0, 1,...)$$

où $0 < |u| < 1$, $t := u^2$ et

$$c_{2k} := \begin{cases} \frac{4}{\pi} & (k = 0), \\ \frac{8^k(k-1)!}{\pi(2k-3)!!} & (k > 0). \end{cases}$$

D. $$a_k^{(0,0)}[(1-ux)^{-1}] = \frac{(2k+1)!!}{k!u^k}[P_{[\ell_k/m_k]}(t)\underbrace{\frac{1}{2\sqrt{t}}\mathrm{Log}\frac{1+\sqrt{t}}{1-\sqrt{t}}}_{\psi(t)} - Q_{[\ell_k/m_k]}(t)] \qquad (\phi(t) \equiv 1)$$

$(k = 0, 1,...)$

où $0 < |u| < 1$, $t := u^2$, $\ell_k := [\frac{1}{2}k]$, $m_k := [\frac{1}{2}(k-1)]$.

E. $a_k^{(1/2,-1/2)}[e^{ux}]$

$$= \frac{(-1)^k 2^{2k-1}(k!)^2}{(2k-1)!!u^{k-1}}[P_{[j-1/j-1]}(u)\underbrace{(I_0(u)-I_1(u))}_{\psi(u)}$$

$$-Q_{[j-1/j-1]}(u)\underbrace{(I_1(u)-I_2(u))}_{\phi(u)} \qquad (k = 1, 2, \ldots)$$

où $u \neq 0$.

F. Soit

$$G_0(x) := \int_0^x \exp y^2\, dy,$$

$$G_1(x) := 2xG_0(x) - \exp x^2,$$

$$G_m(x) := 2xG_{m-1}(x) - 2(m-1)G_{m-2}(x) \qquad (m = 2, 3, \ldots)$$

(G_m est dite fonction de seconde espèce d'Hermite).

$$a_{2k+1}^{(-1/2,-1/2)}[\exp(-u^2x^2)G_{2\ell}(ux)]$$

$$= \frac{2^{2\ell}(2k)!}{(k-\ell)!u^{2k+1}}(P_{[k-\ell/k+\ell]}(t) - \underbrace{e^t}_{\phi(t)} Q_{[k-\ell/k+\ell]}(t)) \qquad (k = \ell, \ell+1, \ldots),$$

$$(\psi(t) \equiv 1)$$

$$a_{2k}^{(-1/2,-1/2)}[\exp(-u^2x^2)G_{2\ell+1}(ux)]$$

$$= \frac{2^{2\ell+1}(2k-1)!}{(k-\ell-1)!u^{2k}}(P_{[k-\ell-1/k+\ell]}(t) - \underbrace{e^t}_{\phi(t)} Q_{[k-\ell-1/k+\ell]}(t))$$

$$(\psi(t) \equiv 1) \qquad (k = \ell+1, \ell+2, \ldots)$$

où $u \neq 0$, $t := -u^2$.

Un schéma de démonstration est le même dans tous les exemples (le rapport [6] contient les détails supplémentaires) :

(i) Chaque fois la suite des coefficients $a_k \equiv a_k^{(\alpha,\beta)}[f(ux)]$ constitue une solution minimale d'une équation aux différences d'ordre 2 :

$$y_{k+1} = \lambda_k y_{k+1} + \mu_k y_k \qquad (k = 1, 2, \ldots). \tag{2}$$

Pour calculer les λ_k, μ_k on part d'une expression de f par des fonctions hypergéométriques ou d'une équation différentielle linéaire vérifiée par f(ux) ; cf. [4], §§ 12.4 et 9.3.4, [5], chap. 13, [3]. En utilisant une méthode de [1] on démontre que la suite $\{a_k\}$ est une solution minimale de (2).

(ii) En vertu d'un théorème de Pincherle ([2], p. 164),

$$-\frac{a_1}{a_0} = \frac{\lambda_1|}{|\mu_1} + \frac{\lambda_2|}{|\mu_2} + \ldots, \tag{3}$$

$$a_k = P_{k-1}a_0 + Q_{k-1}a_1 \qquad (k = 0, 1, \ldots) \tag{4}$$

où P_k, Q_k sont le numérateur et le dénominateur du $k^{\text{ième}}$ convergent de la fraction continue (3).

(iii) Dans tous les exemples il existe une relation entre les convergents P_k/Q_k et les approximants de Padé de la fonction $-a_1/a_0$

en u ; cf., p.ex., [2], p. 190, où une telle relation est présentée pour les C-fractions continues.

(iv) Afin d'obtenir de (4) un cas particulier de (1) il faut en plus trouver une expression explicite des coefficients a_0, a_1. Elle résulte directement de la définition des a_k ou d'une expression de f par des fonctions hypergéométriques ; [4], chap. 9.

Malgré des différences entre les exemples A-F on pourrait naturellement tenter de généraliser les résultats exposés plus haut, tout en supposant que les coefficients $a_k^{(\alpha,\beta)}[f(ux)]$ vérifient une relation de récurrence d'ordre 2. Dans le cas de relations d'ordre supérieur à 2 il n'existe probablement aucun lien naturel entre les séries de Jacobi et l'approximation de Padé (ou celle de Padé-Hermite). Remarquons aussi qu'un quotient ϕ/Ψ peut correspondre à plusieurs fonctions f (cf. les deux fonctions des exemples B et C et la suite infinie du dernier exemple).

Bibliographie

[1] J. DENEF, R. PIESSENS, The asymptotic behaviour of solutions of difference equations of Poincaré's type, Bull. Soc. Math. Belg. 26 (1974), 133-146.

[2] W.B. JONES, W.J. THRON, Continued fractions. Analytic theory and applications, Addison-Wesley Publ. Co., Reading, Mass. 1980.

[3] S. LEWANOWICZ, Construction of the lowest-order recurrence relation for the Jacobi coefficients, Zastos. Mat. 17 (1983), 655-675.

[4] Y.L. LUKE, The special functions and their approximations, vol. II, Academic Press, New York 1969.

[5] S. PASZKOWSKI, Zastosowania numeryczne wielomianów i szeregów Czebyszewa (en polonais), PWN, Warszawa 1975.

[6] S. PASZKOWSKI, Une relation entre les séries de Jacobi et l'approximation de Padé, Univ. Sci. Tech. de Lille, U.E.R. d'I.E.E.A., Publ. ANO-137, mai 1984

ON THE DIVERGENCE OF CERTAIN PADE APPROXIMANT AND THE BEHAVIOUR OF THE ASSOCIATED ORTHOGONAL POLYNOMIALS

Herbert Stahl
Technische Universität Berlin - FB 20
Franklinstraße 28/29
D-1000 Berlin 10

ABSTRACT

In this paper we show the existence of a very simply constructed non-positive weight function $w(x)$, $x \in [-1,1]$, with the property that the diagonal sequence of (ordinary) Padé approximants as well as the diagonal sequence of certain generalized Padé approximants to the Hamburger function

$$f(z) = \int_{-1}^{1} \frac{w(x)\,dx}{x-z}$$

have poles asymptotically dense everywhere in $\mathbb{C}$. The zeros of the sequence of polynomials $\{Q_n(z) = z^n + \dots,\ n \in \mathbb{N}\}$ orthogonal with respect to the measure $w(x)\,dx$ cluster in every point of $\mathbb{C}$. These results demonstrate that certain theorems upon the convergence of Padé approximants donot allow essential improvements.

1. It seems that for the understanding and the development of the theory of Padé approximation often counterexamples are as typical and important as definitive convergence results. So the classical example of an entire function constructed by Perron [1, § 78] gives insight to the essential difference between Taylor series and the rows of the Padé table. In a modified form it demonstrates the limitations of Montessus de Ballore's theorem on convergence of rows and columns of the Padé table. Most interesting in Padé approximation are diagonal and close-to-diagnonal sequences. Gammel (cf.[2]) has shown how to construct an entire function $f(z)$ with a diagonal sequence of Padé approximants $\{[n/n],\ n \in \mathbb{N}\}$ which has poles asymptotically dense in the whole complex plane $\mathbb{C}$. Thus, this sequence can nowhere in $\mathbb{C}$ converge locally uniformly to $f(z)$. This example again underlines the differences between Taylor series and Padé approximation, but now with regard to diagonal sequences. In addition it shows that a theorem proved by Pommerenke [3], which asserts convergence in capacity, can in general not be improved to locally uniform convergence. Of course, counterexamples are the more usefull the closer they come to know results. In this paper we prove the existence of functions which

show that a theorem of Markoff [4] and its generalization by Nuttall [5] cannot be generalized much further without loosing uniform convergence. Besides of this special purpose the results give further insight in the problem of uniform convergence of Padé approximants.

2. Let $f(z)$ be defined as

$$(1) \qquad f(z) = \int_{-1}^{1} \frac{w(x)dx}{x-z},$$

where $w(x)$ is a weight function on the interval $I = [-1,1]$. We will investigate ordinary and generalized diagonal Padé approximants $[n/n](z)$, $n \in \mathbb{N}$, to this function. For a definition of (ordinary) Padé approximants see [1, § 73] or [2] and for generalized Padé approximants [6] or [7]. We suppose that the ordinary Padé approximants are developed at infinity, the sets of interpolation points for the generalized Padé approximants will be specified below in no. 10. In the first part of the paper we deal only with ordinary Padé approximants $[n/n](z)$, $n \in \mathbb{N}$, to function (1).

If $w(x) \geq 0$ then from Markhoff's theorem [4] it follows that the sequence $\{[n/n]\}$ converges locally uniformly to $f(z)$ everywhere in $\mathbb{C} \sim I$. (For generalized Padé approximants Markoff's theorem has been proved in [6].) The two proofs given by Markoff essentially depend on the positivity of $w(x)$, but in [5] Nuttall shows that also for certain complex-valued weight functions $w(x)$ in (1), the sequence $\{[n/n]\}$ converges locally uniformly in $\mathbb{C} \sim I$ to $f(z)$. Let $g(\theta) := w(\cos\theta)\sin\theta$, $0 \leq \theta \leq \pi$, then in Nuttall's theorem it is assumed that

$$(2) \qquad \begin{aligned} &0 < K_1 \leq |g(\theta)| \leq K_2 < \infty, \\ &|g(\theta)^{-1} - g(\theta+\delta)^{-1}| \leq K_3 |\log\delta|^{1-\lambda}, \quad \delta > 0, \end{aligned}$$

where K_1, K_2, K_3, and $\lambda > 0$ are constants. This result raises the question how general can the weight function $w(x)$ in (1), or if we substitute $w(x)dx$ by a measure $d\mu$, how general can this measure μ be without loosing locally uniform convergence in $\mathbb{C} \sim I$. The following theorem shows that the assumptions of Nuttall's theorem cannot be weakened much.

THEOREM 1

Let $\alpha_1, \alpha_2, 1$, $0 < \alpha_1 < \alpha_2 < 1$, be rationally independent real numbers and let the weight function $w(x)$ in (1) be defined by

$$(3) \qquad w(x) = \frac{(x - \cos\pi\alpha_1)(x - \cos\pi\alpha_2)}{\sqrt{1 - x^2}}, \quad x \in I.$$

The sequence of Padé approximants $\{[n/n]\}$ to $f(z)$ at infinity has poles which are asymptotically dense in $\mathbb{C}$. The sequence $\{[n/n]\}$ converges nowhere in $\mathbb{C}$ locally uniformly.

3. Remarks to theorem 1:

1) The assumptions (2) of Nuttall's theorem are violated by the weight function given in (3) only at the two zero points $\cos\pi\alpha_j$, $j = 1,2$. Baxter [8] proved results on orthogonal polynomials which are equivalent to Nuttall's theorem, but his conditions on the weight function $w(x)$ are some what different: He assumes that $g(\theta)$ and $\log g(\theta)$ possess absolutly convergent Fourier series. This again is not true for the function (3) because of the two zeros of the numerator

2) In the proof of theorem 1 it will be shown that only two poles of every approximant $[n/n](z)$, $n \in \mathbb{N}$, can be outside of the interval I. The two poles are conjugated, but this is the only restriction on there position in $\mathbb{C} \sim I$. If the degree of the numerator in (3) is greater than 2, then there may be more poles outside of the interval I.

3) From a theorem in [9] it follows that the sequence $\{[n/n]\}$ converges in capacity in $\mathbb{C} \sim I$ to the function $f(z)$. This is also true for more complicated weight functions than that givin in (3), e.g. it is true for an arbitrary polynomial in the numerator of (3).

4. Proof of theorem 1: Let $[n/n](z) = p_n(\frac{1}{z})/q_n(\frac{1}{z})$, $n \in \mathbb{N}$, and $Q_n(z) = z^n q_n(\frac{1}{z})$. It is easy to show that Q_n is a polynomial of degree $\leq n$ and orthogonal with respect to the measure $d\mu(x) = w(x)dx$ (cf. [1, § 67, Equ.

(17)]). The main part of the following proof is concerned with an investigation of the zeros of the polynomials $Q_n(z)$, $n \in \mathbb{N}$. We note that the situation is here different from the classical theory of orthogonal polynomials (cf. [10]) because of the non-positivity of the measure μ. As basic idea we use a connection between $Q_n(z)$ and the Tchebycheff polynomials of the first kind $T_n(x) = \cos(n \cos^{-1} x)$, $x \in I$, which are orthogonal with respect to the measure $d\mu_1(x) = w_1(x)dx$, $w_1(x) = [1-x^2]^{-\frac{1}{2}}$ [10, § 1.12].

We denote $\beta_j := \pi\alpha_j$, $x_j := \cos\beta_j$, $j=1,2$. If we represent $(z-x_1)(z-x_2)Q_{n-2}(x)$, $n \geq 2$, by a linear combination of Tchebycheff polynomials $T_j(z)$, $j = 0, \dots, n$, then from the orthogonality of Q_{n-2} with respect to the measure μ and of T_j with respect to the measure μ_1 it follows immediately that with an appropriate standardization of Q_{n-2} we have the identity

$$(z-x_1)(z-x_2)Q_{n-2}(z) = T_n(z) + a_{1,n}T_{n-1}(z) + a_{2,n}T_{n-2}(z), \tag{4}$$

where the coefficients a_{jn}, $j=1,2$, $n=2,3,\dots$, are determind by the system of equations

$$T_n(x_j) + a_{1,n}T_{n-1}(x_j) + a_{2,n}T_{n-2}(x_j) = 0, \quad j=1,2, \tag{5}$$

Since the numbers α_1, α_2, and 1 are supposed to be rationally independent, the values $T_n(x_j)$, $j=1,2$, $n \in \mathbb{N}$, are algebraically independent [11, § 12], and therefore the system (5) has a determinant unequal to zero. Thus, form (4) and (5) it follows that the polynomial Q_n is uniquely determined by its orthogonality and standardization, and it is exactly of degree n.

In the sequel we use the notations $t_{jn} := \operatorname{tg}\beta_j$, $u_{jn} := \frac{\cos(n-1)\beta_j}{\cos n\beta_j} = \cos\beta_j + t_{jn}\sin\beta_j$, $j=1,2$, $n \in \mathbb{N}$. It follows that $\frac{\cos(n-1)\beta_j}{\cos n\beta_j} = \cos 2\beta_j + t_{jn}\sin 2\beta_j = 2x_j u_{jn} - 1$. Equivalent to system (5) we get $u_{jn}a_{1,n} + (2x_j u_{jn} - 1)a_{2,n} = -1$, and from that the solutions

$$a_{1,n} = \frac{2(x_1 u_{1,n} - x_2 u_{2,n})}{2(x_1 - x_2)u_{1,n}u_{2,n} - (u_{1,n} - u_{2,n})}$$

$$a_{2,n} = \frac{u_{1,n} - u_{2,n}}{2(x_1 - x_2)u_{1,n}u_{2,n} - (u_{1,n} - u_{2,n})} \tag{6}$$

5. First we now show that the set $\{(a_{1,n}, a_{2,n}) ; n \in \mathbb{N}\}$ is dense in $\hat{\mathbb{R}}^2$, where $\hat{\mathbb{R}}$ denotes the real axis extended to $-\infty$ and ∞. If we replace u_{jn} and a_{jn} by independent and dependent variables $u_j, a_j \in \hat{\mathbb{R}}, j = 1,2,$ then the equations (6) define a mapping $\varphi(u_1, u_2) = (a_1, a_2)$ from $\hat{\mathbb{R}}^2$ on $\hat{\mathbb{R}}^2$, which is surjective and continuous for all $(u_1, u_2) \in \hat{\mathbb{R}}^2$ with a denominator in (6) which is unequal to zero. The surjectivity follows immediately from the equalities

$$\frac{a_1}{a_2} = \frac{2(x_1 u_1 - x_2 u_2)}{u_1 - u_2}$$

(7)

$$a_2 = \left[\left(\frac{a_2}{a_1} - 2x_1\right)u_2 - 1\right]^{-1}$$

which can be derived from (6).

From this and the definition of the u_{jn} as well as the fact that the vectors $(\cos\beta_1, \cos\beta_2)$ and $(\sin\beta_1, \sin\beta_2)$ are linearly independent, it immediately follows that if the set

$$(8) \qquad E_n := \{(t_{1n}, t_{2n}) \in \mathbb{R}^2, n = 1,2,\dots\}$$

is dense in $\hat{\mathbb{R}}^2$ then the same is true for the set $\{(a_{1,n}, a_{2,n}) \in \mathbb{R}^2, n = 1,2,\dots\}$. Since α_1, α_2, and 1 are assumed to be rationally independent, from Weyl's uniform distribution theorem [12, Ch. VIII] we know that the set of remainders $\{(r_1, r_2) \in [0,1)^2 ; (r_1, r_2) = (n\alpha_1, n\alpha_2) \bmod (1,1)\}$ is asymptotically uniformly distributed in the square $[0,1]^2$. As $tg(\pi r)$, $r \in [0,1]$, maps $[0,1]$ on $\hat{\mathbb{R}}$, we immediately see that E_n is dense in $\hat{\mathbb{R}}$. We note that for our purpose already Kronecker's theorem, which only asserts that the set of remainders is dense in $[0,1]^2$, would be sufficient.

6. In the next step we shall deduce informations about the position of the zeros of the polymials Q_n from our knowledge about the asymptotic distribution of the coefficients $a_{1,n}, a_{2,n}, n \in \mathbb{N}$. From (5) we get

$$(9) \qquad (z - x_1)(z - x_2) Q_{n-2}(z) = T_{n-2}(z) \left\{ \frac{T_n(z)}{T_{n-2}(z)} + a_{1,n} \frac{T_{n-1}(z)}{T_{n-2}(z)} + a_{2,n} \right\}.$$

With $z = \frac{1}{2}(w + w^{-1})$ we define a mapping of $\mathbb{C} \sim I$ on $\{|w| > 1\}$. We have $T_n(z) = \frac{1}{2}(w^n + w^{-n})$ and

$$(10) \qquad \begin{aligned} \frac{T_n(z)}{T_{n-2}(z)} &\to w^2 \quad \text{for } n \to \infty \\ \frac{T_{n-1}(z)}{T_{n-2}(z)} &\to w \quad \text{for } n \to \infty \end{aligned}$$

locally uniformly in $\mathbb{C} \sim I$. Let $\zeta \in \mathbb{C} \sim I$ be an arbitrary point and $\zeta = \frac{1}{2}(\eta + \eta^{-1})$ with $|\eta| > 1$. Since $\{(a_{1,n}, a_{2,n}), n \in \mathbb{N}\}$ is dense in $\hat{\mathbb{R}}^2$, there exists a subsequence $N \subseteq \mathbb{N}$ with $\lim_{n\to\infty, n \in N}(a_{1,n}, a_{2,n}) = (-\eta - \bar{\eta}, |\eta|^2)$. From (9) and (10) it follows that for every $n \in N$ sufficiently large there exists $\zeta_{n-2} \in \mathbb{C} \sim I$ with $Q_{n-2}(\zeta_{n-2}) = 0$ and $\lim \zeta_n = \zeta$. With the same arguments as applied in [11, § 3.3] we can show that at least $n-4$ zeros of $Q_{n-2}(z)$, $n \geq 4$, are contained in I. With ζ_n also $\bar{\zeta}_n$ is a zero of Q_n. Hence these zeros are simple if $\zeta_n \notin \mathbb{R}$, and double if $\zeta_n \in \mathbb{R} \sim I$.

7. With no. 6 we have proved that the zeros of the sequence of polynomials $Q_n(z)$, $n \in \mathbb{N}$, are asymptotically dense in $\mathbb{C}$. Since under the specific assumptions about α_1 and α_2 the polynomials Q_n are all unique up to a constant factor, it follows from a result about Padé approximants [14, Lem.2] that every zero of Q_n is a pole of the Padé approximant $[n/n]$, i.e. the denominator polynomial $q_n(\frac{1}{z})$ and the nominator polynomial $p_n(\frac{1}{z})$ of $[n/n](z)$ have no non-trivial common factor. These proves that the poles of the sequence $\{[n/n]\}$ are asymptotically dense in $\mathbb{C}$. From this it immediately follows that there cannot be locally uniform convergence anywhere in $\mathbb{C}$.

q.e.d.

8. The proof of theorem 1 is mainly an investigation of the orthogonal polynomials Q_n, $n \in \mathbb{N}$, which are orthogonal with respect to the measure $d\mu(x) = w(x)dx$. The results obtained are formulated in the next theorem.

THEOREM 2

Let the numbers α_1 and α_2 satisfy the assumptions of theorem 1 and let $Q_n(z)$, $n \in \mathbb{N}$, be a non-trivial polynomial of degree $\leq n$ with

$$(11) \qquad \int_{-1}^{1} x^l Q_n(x) w(x) dx = 0, \quad l = 0, \ldots, n-1,$$

where $w(x)$ is defined in (3). For every $n \in \mathbb{N}$ the polynomial Q_n is uniquely determined, up to a constant factor, by (11) and its degree is equal to n. Every point of $\mathbb{C}$ is a cluster point of zeros of the sequence of polynomials $\{Q_n, n \in \mathbb{N}\}$.

Remark: If $w(x) \geq 0$, then all zeros of Q_n are contained in I [10, Thm. 3.3.1]. This property is fundamental for the uniform convergence in Markoff's theorem.

9. Already in remark 2 to theorem 1 it has been mentioned that the uniform convergence of the sequence $\{[n/n]\}$ is only disturbed by at most two poles of every approximant $[n/n]$, $n \in \mathbb{N}$, which vagabondize through $\mathbb{C} \sim I$. For more complicated weight functions than that in (3) the number of poles outside of I may increase. Nevertheless it cannot be excluded that a certain type of convergence is true, for instance convergence in capacity. The question araises wether for all possible measures μ on I the Padé approximants to the function (1) will converge in some weak form. The answer is negative. In [14] we construct a measure μ on I so that the diagonal Padé approximants $[n/n]$, $n \in \mathbb{N}$, to the function (1) with this measure essentially diverge, i.e. for every $x \in \mathbb{C} \sim I$ there exist a subsequence $N_x \subseteq \mathbb{N}$, $d_x > 0$, $r_x > 1$, and

$$(12) \qquad |f(z) - [n/n](z)| \geq r_x^n \quad \text{for} \quad |x - z| \leq d_x, \ n \in N_x.$$

Of course, this measure μ is more complicated than the weight function (3). Actually, μ turns out to be singular with respect to the Lebesgue measure on I.

10. The concept of ordinary Padé approximants, which is closely related to the Taylor expansion of $f(z)$, has been extended to general interpoation. The new functions are known as multipoint or generalized Padé approximants. (For a definition see [6] or [7]). We shall now show that theorem 1 is also true for generalized Padé approximants. To do this in an easy way we use special sets of interpolation points.

Let $R > 1$ be a rational number and let $V := \{z \in \hat{\mathbb{C}};\ z = \frac{1}{2}(w + w^{-1}),\ |w| \geq R\}$. The boundary ∂V is an ellipse with foci 1 and -1. For every $j \in \mathbb{N}$ we define $\mathbb{B}_j = \{z \in \mathbb{C};\ z = \frac{1}{2}(w + w^{-1}),\ w^{j+1} = R^{j+1}\}$. The set $\mathbb{B}_j$ contains $j+1$ points in ∂V. The interpolations scheme $\mathbb{B}$ is given by the triangular matrix $(\mathbb{B}_0, \mathbb{B}_1, \dots)'$. Associated with this scheme are the polynomials

$$\omega_j(z) = \prod_{x \in \mathbb{B}_j} \frac{(z - x)}{|x|} = R^{-(j+1)} \prod_{x \in \mathbb{B}_j} (z - x). \tag{13}$$

The generalized Padé approximant of degree n, n to the function $f(z)$ with interpolation scheme $\mathbb{B}$ is denoted by $\pi_{nn}^{\mathbb{B}}(z)$ and defined as

$$\pi_{nn}^{\mathbb{B}}(z) = \frac{P_n(z)}{Q_n(z)}, \tag{14}$$

where P_n and Q_n are polynomials of degree $\leq n$ which satisfy

$$f(z) Q_n(z) - P_n(z) = \omega_{2n}(z) r(z), \tag{15}$$

where $r(z)$ is analytic in the same domain as $f(z)$.

11. The next theorem is an analogon to theorem 1.

THEOREM 3

Let the numbers α_1 and α_2 satisfy the assumptions of theorem 1 and let the weight function $w(x)$ be defined as in (3). The sequence of generalized Padé approximants $\{\pi_{nn}^{\mathbb{B}}(z),\ n \in \mathbb{N}\}$ to the function (1) with interpolation scheme $\mathbb{B}$ has poles which are asymptotically dense in $\mathbb{C}$. The sequence $\{\pi_{nn}^{\mathbb{B}}\}$ converges nowhere in $\mathbb{C}$ locally uniformly.

Proof: We shall show that the denominator polynomial Q_n in (14) is the same as the polynomial $Q_n(z) \cdot z^n q_n(\frac{1}{z})$ introduced at the beginning of the proof of theorem 1. The polynomial Q_n in (14) satisfies the orthogonality relation

$$(16) \qquad \int_{-1}^{1} x^{l} Q_n(x) \frac{w(x)\,dx}{\omega_{2n}(x)} = 0 \quad , \quad l = 0, \ldots, n-1,$$

(cf. [7, Equ. (11)]). Because of the special definition of the sets B_j, we have the representation

$$(17) \qquad \omega_j(z) = 2^{-j} R^{-(j+1)} \{ T_{j+1}(r) - T_{j+1}(z) \},$$

where $r = \frac{1}{2}(R + R^{-1})$. Regarding that $T_j(z) = \frac{1}{2}(w^j + w^{-j})$ it follows that the Tchebycheff polynomials $T_j(z)$ satisfy the orthogonal relation (16) if we there take as weight function $w_1(x) \cdot [1-x^2]^{-\frac{1}{2}}$ instead of $w(x)$. Since the polynomials $T_j(z)$ are also orthogonal with respect to the measure $d\mu_1 = w_1(x)dx$ in the ordinary sense [10, § 1.12], it follows that for the plynomials Q_n, $n \in \mathbb{N}$, in (14) the representation (4) is true and the coefficients a_{jn}, $j = 1,2$, $n = 2,3,\ldots$, are again determind by the system of equations (5). Hence we have proved that the polynomials Q_n in (14) are the same as those investigated in the proof of theorem 1.

Since R is supposed to be rational, all numbers in B_j, $j \in \mathbb{N}$, are algebraic. By the assumptions on α_1 and α_2 it follows from (5) and (9) that $Q_n(x) \neq 0$ for all $x \in B_{2n}$. With the same arguments as used in the proof of theorem 1 it follows from [14, Lem. 2] that the polynomials $Q_n(z)$ and $P_n(z)$ in (14) have no common non-constant factors. This proves that all zeros of $Q_n(z)$ are poles of $\pi_{nn}^{B}(z)$. This completes the proof of theorem 3.

q.e.d.

12. Since by the special definition of the interpolation points in B the orthogonality relations (11) and (16) have, dispite of their different structure, identical polynomials Q_n as solutions, we get the next theorem, which is practically a corollary to theorem 2.

THEOREM 4

Let the numbers α_1 and α_2 satisfy the assumptions of theorem 1 and let Q_n, $n \in \mathbb{N}$, be a non-trivial polynomial of degree $\leq n$ which satisfies the orthogonality relation (16). For every $n \in \mathbb{N}$ the polynomial Q_n is uniquely determind, up to a constant factor, by (16) and its degree is exactly n. Every point of $\mathbb{C}$ is a cluster point of zeros of the sequence of polynomials $\{Q_n ; n \in \mathbb{N}\}$.

References

[1] PERRON, O. (1929): Die Lehre von den Kettenbrüchen. 2. Aufl., Chelsea, New York.

[2] CHISHOLM, J.S.R. (1973): Mathematical theory of Padéapproximants, in: Padé Approximants, ed. P.R. Graves-Morris, Instituto of Physics, London, PP. 1-18.

[3] POMMERENKE, Ch. (1973): Padé approximants and convergence in capacity, J. Math. Anal. Appl. 41, PP. 775-780.

[4] MARKOFF, A. (1895): Deux démonstrations de la convergence de certaines fractions continues, Act. Math. 19, PP. 385-388.

[5] NUTTALL, J. (1972): Orthogonal polynomials for complex weight functions and the convergence of related Padé approximants (manuscript).

[6] LOPES, G. (1979): Conditions of convergence of multipoint Padé approximants for functions of Stieltjes type, Math. USSR Sb. 35, PP. 363-375.

[7] STAHL, H. (1984): On the convergence of generalized Padé approximants, (unpublished manuscript).

[8] BAXTER, G. (1971): A convergence equivalence related to polynomials orthogonal on the unit circle, Trans. Am. Soc. 99, PP. 471-487.

[9] STAHL, H. (1974): Orthogonal polynomials of complex measures and the convergence of Padé approximants, Coll. Math. Soc. Bolyai, 19. Fourier Analysis and Approximation Theory, Budapest, PP. 771-787.

[10] SZEGÖ, G. (1967): Orthogonal Polynomials, 3. ed., Am. Math. Soc. Publ. New York.

[11] SIEGEL, C.L. (1967): Transzendente Zahlen, Bibliographisches Inst., Mannheim.

[12] CHANDRASEHHARAN, K. (1968): Analytic Number Theory, Springer, Berlin.

[13] STAHL, H. (1983): The convergence of Padé approximants to functions with branch points, (unpublished manuscript).

[14] STAHL, H. (1981): Divergence of diagonal Padé approximants and the assymptotic behaviour of orthogonal polynomials associated with non-positive measures, to be published in constructive Approximation.

LAGRANGIAN DIFFERENTIATION, GAUSS-JACOBI INTEGRATION, AND STURM-LIOUVILLE EIGENVALUE PROBLEMS

Loyal Durand
Physics Department, University of Wisconsin-Madison
Madison, WI 53706, USA

Summary

A general Sturm-Liouville eigenvalue problem can be formulated as the variational problem

$$\delta \int_a^b [\hat{p}(x)[u'(x)]^2 + \hat{q}(x)u^2(x) - \lambda u^2(x)]w(x)dx = 0 .$$

I show that the problem can be reduced to a rapidly convergent matrix eigenvalue problem by approximating the integral using the Gauss-Jacobi integration scheme for the weight $w(x)$, and approximating derivatives using Calogero's Lagrangian differentiation scheme. The fractional error in the mth eigenvalue decreases with the matrix size n as $|\delta\lambda_m/\lambda_m| \propto n^{1/2}(m\pi e/4n)^{2n-2}$. I give some examples which illustrate this behavior.

Background

Sturm-Liouville eigenvalue problems defined by differential equations of the form

$$Lu(x) = [-\frac{d}{dx}\, p(x)\, \frac{d}{dx} + q(x)]u(x) = \lambda w(x)u(x) \ , \quad a \le x \le b \ , \tag{1}$$

with, e.g., $u(a) = u(b) = 0$, appear frequently in problems in applied mathematics. In a 1983 paper,[1] F. Calogero proposed a new and potentially very powerful method for the numerical solution of these problems. This method was based on his observation[2,3] that the $n \times n$ matrices X and Z defined in terms of n arbitrary points $x_1, \ldots x_n \in [a,b]$ by

$$X_{ij} = x_i \delta_{ij} \ , \tag{2}$$

$$Z_{ij} = (x_i - x_j)^{-1} \ , \quad i \neq j \ , \tag{3a}$$

$$Z_{ii} = \sum_{\substack{j=1 \\ j \neq i}}^{n} (x_i - x_j)^{-1} \ , \tag{3b}$$

satisfy the Heisenberg algebra of x and d/dx when acting on the finite basis $\{x^{(k)}, k = 0, \ldots, n-1\}$ with

$$\chi_i^{(k)} = x_i^k/\pi_i(x_i) \ , \quad m = 0,\ldots,n-1 \ , \tag{4}$$

where

$$\pi_i(x) = \prod_{\substack{j=1 \\ j\neq i}}^{n} (x-x_j) \ . \tag{5}$$

Specifically,[3]

$$X\, \chi^{(k)} = \chi^{(k+1)} \ , \quad 0 \le k \le n-2 \ , \tag{6}$$

and

$$Z\, \chi^{(k)} = k\, \chi^{(k-1)}, \quad 0 \le k \le n-1 \ . \tag{7}$$

These results are closely connected to Lagrangian interpolation.[2] The π's are the Lagrange interpolation polynomials, Z is given in terms of π by[4]

$$Z_{ij} = \frac{\partial}{\partial x_i} \ell n\, \pi_j(x_j) \ , \tag{8}$$

and the χ's give a column matrix representation of the monomials x^k,

$$x^k = (\pi(x), \chi^{(k)}) = \sum_{i=1}^{n} x_i^k \pi_i(x)/\pi_i(x_i) \ , \quad 0 \le k \le n-1 \ . \tag{9}$$

Calogero's procedure in Ref. 1 is to map the differential equation in Eq. (1) to the matrix equation

$$\hat{L}\, u = [-Z\, p(X) Z + q(X)]u = \hat{\lambda}\, w(X) u \tag{10}$$

by the substitutions $x \to X$, $d/dx \to Z$, $u(x) \to u$. If the original differential operator L has polynomial eigenfunctions, the mapping is exact. The n eigenvalues $\hat{\lambda}_m$, m = 1,... n of $\hat{L}$ are then the lowest n eigenvalues of L, and the components of the vector $u^{(m)}$ are the Lagrange interpolation coefficients for $u^{(m)}(x)$,

$$u_i^{(m)} = u_i^{(m)}(x)/\pi_i(x_i) \ , \quad u^{(m)}(x) = \sum_{i=1}^{n} \pi_i(x) u_i^{(m)} \ . \tag{11}$$

It is therefore plausible that the matrix equation will also give good approximations for some of the lowest eigenvalues and eigenvectors of L for more general problems.

The most remarkable feature of this method is in fact its accuracy. Calogero showed under reasonable assumptions that (a subset of) the matrix eigenvalues converge extremely rapidly to the true eigenvalues,[1] with

$$|\delta\lambda_m/\lambda_m| \propto (m\pi/2n)^{n-2} \quad \text{(Calogero)} \ . \tag{12}$$

I subsequently tested Calogero's method - which appeared to be useful for a variety of problems in physics - and found that the convergence was indeed very rapid, even for problems which involved functions which were singular at the endpoints $x = a,b$.[4] However, I also found some flaws in the method which detracted from its usefulness.

In the most interesting case, the differential equation in Eq. (1) is self adjoint, e.g., p, q, and w are real and finite for $x \in (a,b)$, with $p > 0$ and $w > 0$ except possibly for zeros at the endpoints. The operator L then has real eigenvalues and eigenfunctions. Because the matrix Z which replaces d/dx in Eq. (10) is not symmetric (see Eqs. (3)), the eigenvalues of the matrix $\hat{L}$ need not be real. Pairs of complex conjugate eigenvalues appear even in simple problems. Furthermore, there is no guarantee that all the real matrix eigenvalues converge with increasing matrix size to eigenvalues of L, only that those which do converge, converge rapidly.[1] While there is no difficulty in practice in picking out the convergent eigenvalues, it is awkward to have to do so. Finally, the choice of the n points $x_1, \ldots x_n \in [a,b]$ is still arbitrary. The points have not been chosen to optimize the calculation, and different (unreasonable) choices can give quite different results.

In the remainder of this paper, I present a new matrix method for the solution of Eq. (1) which is based on Calogero's ideas, but eliminates the problems with self adjointness and spurious eigenvalues, and is optimal. All of the matrix eigenvalues and eigenfunctions give approximations to the exact quantities. Furthermore, the convergence of the matrix eigenvalues to the exact values is even more rapid than in Calogero's method; the fractional error in λ_m is essentially the square of that in Eq. (12).

$$|\delta\lambda_m/\lambda_m| \propto n^{\frac{1}{2}}(m\pi e/4n)^{2n-2} \quad \text{(Durand)} . \tag{13}$$

The Variational Method

The differential equation in Eq. (1) is the Euler-Lagrange equation for the variational problem

$$\delta \int_a^b [\hat{p}(x)(du/dx)^2 + \hat{q}(x)u^2(x) - \lambda u^2(x)]w(x)dx = 0 \tag{14}$$

with $\delta u(x) = 0$ for $x = a,b$. Here

$$\hat{p} = p/w , \quad \hat{q} = q/w . \tag{15}$$

The essence of my method is the approximation of the integral variational problem in Eq. (14) by a matrix variational problem.

I begin by supposing that I have found n-2 points $x_2, \ldots x_{n-1} \in (a,b)$ and n constants c_i such that the integration formula

$$\int_a^b f(x)w(x)dx = \sum_{i=1}^{n} c_i f(x_i) + R_n(fw) , \quad x_1 = a, \; x_n = b , \tag{16}$$

is exact for f any polynomial of degree less than or equal to 2n - 3 (generalized Gauss-Jacobi integration). This is always possible.[5] Then assuming that the factor in brackets in Eq. (14) can be adequately approximated by a polynomial, Eq. (14) can be written as

$$\delta \left\{ \sum_{i=1}^{n} c_i [\hat{p}(x_i)(u'(x_i))^2 + \hat{q}(x_i)u^2(x_i) - \lambda u^2(x_i)] + R_n \right\} = 0 , \tag{17}$$

with R_n small.

I next approximate $u'(x) = du/dx$ using Calogero's formula[2,3]

$$\frac{du}{dx}(x) = \sum_{i,j=1}^{n} \pi_i(x) Z_{ij} \frac{u(x_j)}{\pi_i(x_j)} + r_n'(x) . \tag{18}$$

Then, introducing a column vector

$$\upsilon_i = c_i^{1/2} u(x_i) , \tag{19}$$

defining a matrix z by

$$z_{ij} = c_i^{1/2} \pi_i(x_i) Z_{ij} \pi_j^{-1}(x_j) c_j^{-1/2} , \tag{20}$$

and neglecting the remainders in Eqs. (17) and (18), the variational problem can be reduced to the matrix form

$$\delta\{\tilde{\upsilon}[\tilde{z}\hat{p}z + \hat{q} - \lambda \mathbb{1}]\upsilon\} = 0 , \tag{21}$$

where $\hat{p}$ and $\hat{q}$ are diagonal matrices and $\mathbb{1}$ is the unit matrix. The corresponding "Euler-Lagrange" equation obtained by varying υ element-by-element is

$$L\upsilon = [\tilde{z}\hat{p}z - \hat{q}]\upsilon = \lambda\upsilon . \tag{22}$$

This equation replaces Calogero's equation, Eq. (10).

The boundary conditions on u(x) at x = a,b are easily enforced. For example, if u(a) = 0, the first row and column of the matrix operator in Eq. (22) can be deleted, and the problem is reduced to an (n-1)-dimensional matrix problem. (I should note also that if u(a) ≠ 0, the position of the point x_1 can be allowed to vary, and the integration formula in Eq. (16) can be made exact for polynomials of degree 2n-2.)

The matrix L in Eq. (22) is real and symmetric, hence has real eigenvalues $\hat{\lambda}_m$ and real eigenvectors $\upsilon^{(m)}$. The $\hat{\lambda}$'s are the best (approximate) variational estimates for the eigenvalues λ_m of Eq. (14) for trial functions in the class of polynomials of degree n-1 ($r_n \equiv 0$), approximate in that I have neglected the remainder in the integration formula. The eigenvectors $\upsilon^{(m)}$ corresponding to different eigenvalues are of course orthogonal. This implies that the polynomial approximations $\hat{u}^{(m)}(x)$ to the exact eigenfunctions of Eq. (14) are almost orthogonal with respect to the weight w(x),

$$\int_a^b \hat{u}^{(\ell)}(x)\hat{u}^{(m)}(x)w(x)dx = \sum_{i=1}^{n} c_i\, \hat{u}^{(\ell)}(x_i)\hat{u}^{(m)}(x_i) + R_n$$

$$= \tilde{\upsilon}^{(\ell)}\upsilon^{(m)} + R_n \tag{23}$$

$$= \delta_{\ell m} + R_n ,$$

where

$$\hat{u}^{(m)}(x) = \sum_{i=1}^{n} \frac{\pi_i(x)}{\pi_i(x_i)} \hat{u}^{(m)}(x_i) \tag{24}$$

and $\hat{u}^{(m)}(x_i) = c_i^{-\frac{1}{2}} \upsilon_i^{(m)}$. The remainder R_n is nonzero only because Eq. (16) is not exact for polynomials of degree 2n-2.

These results suggest that $\hat{\lambda}_m$ and $u^{(m)}(x)$ should converge rapidly to the exact eigenvalue and eigenfunction λ_m and $u^{(m)}(x)$ as the size of the matrix L (hence the degree of the approximating polynomial) is increased. Since the error in a variational approximation for λ_m is quadratic in the error in $u^{(m)}$, the convergence of the eigenvalues should be especially fast.

Error Estimates

To obtain an expression for the error $\delta\lambda_m$ in the eigenvalue λ_m, $\delta\lambda_m = \lambda_m - \hat{\lambda}_m$, I begin with the Sturm-Liouville equation for $u^{(m)}$, Eq. (1), multiply by the approximate polynomial eigenfunction $\hat{u}^{(m)}$ defined in Eq. (24), and integrate over the interval [a,b]. The result after a partial integration is

$$\lambda \int_a^b \hat{u}uw dx = \int_a^b [\hat{u}'pu + \hat{u}qu]dx , \tag{25}$$

where I have dropped the label m for simplicity. I next use the Lagrange interpolation formula for u(x),

$$u(x) = \sum_{i=1}^{n} \frac{\pi_i(x)}{\pi_i(x_i)} u(x_i) + r(x) = u^o(x) + r(x) , \tag{26a}$$

$$r(x) = \frac{1}{n!} \frac{d^n u}{dx^n}(\xi(x)) \prod_{i=1}^{n} (x-x_i) , \quad a \le \xi(x) \le b , \tag{26b}$$

and the expression in Eq. (18) for u'(x) to rewrite Eq. (25) as

$$\lambda \int_a^b \hat{u}u^o w dx = \int_a^b [(\hat{u}'pu^{o\prime} + \hat{u}qu^o) + r(L - \lambda w)\hat{u}]dx . \tag{27}$$

Here L is the Sturm-Liouville operator in Eq. (1). Use of the generalized Gauss-

Jacobi integration scheme for the weight function w(x), the differentiation formula in Eq. (18) for polynomial functions u and u^o, and the definitions $\nu_i = c_i^{1/2}\hat{u}_i$ and $\nu_i^o = c_i^{1/2}u_i^o = c_i^{1/2}u(x_i)$, then gives the equation

$$\lambda\, \tilde{\nu}\, \nu^o = \tilde{\nu}\, L\, \nu^o + R_n([\hat{u}'pu^{o\prime} + \hat{u}qu^o - \lambda\hat{u}u^o w) + r[L-\lambda w]\hat{u}) \;, \tag{28}$$

where the matrix L is defined in Eq. (22), and I have used the fact that $r(x_i) = 0$, $i = 1, \ldots n$. Finally, by using the fact that $\tilde{\nu}L = \hat{\lambda}\,\tilde{\nu}$ for ν an eigenvector, I obtain the exact expression

$$\delta\lambda\, \tilde{\nu}\, \nu^o = R_n([\hat{u}'pu^{o\prime} + \hat{u}qu^o - \lambda\hat{u}u^o w) + r[L-\lambda w]\hat{u}) \;. \tag{29}$$

It is now straightforward to estimate $\delta\lambda$. For $\hat{u}(x)$ a reasonable normalized polynomial approximation to the exact eigenfunction u(x), $\nu^o \approx \nu$, and $\tilde{\nu}\,\nu^o \approx 1$. Furthermore,

$$\int_a^b [\hat{u}'pu^{o\prime} + \hat{u}qu^o]dx \approx \lambda \int_a^b \hat{u}u^o w dx \;, \tag{30}$$

so

$$|R(\hat{u}'pu^{o\prime} + \hat{u}qu^o - \lambda\hat{u}u^o w)| \lesssim 2|\lambda|\; |R_n(\hat{u}u^o w)| \;. \tag{31}$$

The term which involves r is of order $\delta\lambda R_n(r\hat{u}w)$, and can be neglected. Thus, reinstating the label m,

$$|\delta\lambda_m/\lambda_m| \lesssim 2|R_n(\hat{u}^{(m)}u^{o(m)}w)| \;. \tag{32}$$

The remainder R_n is easily estimated for any given integration scheme. I will assume for definiteness that w(x) is a Jacobi weight function, $w(x) = x^\beta(1-x)^\alpha$, $0 \le x \le 1$. Then for n points including x = 0 and x = 1, R_n is given for $n >> |\alpha|,|\beta|$ by[6]

$$|R_n| \sim \frac{\pi}{2^{4n-4}\,\Gamma(2n-1)} \left(\frac{d}{dx}\right)^{2n-2} [\hat{u}^{(m)}(x)u^{o(m)}(x)]\Big|_{\xi(x)} \;. \tag{33}$$

I will estimate the derivative by noting that for the high eigenvalues, $u^{(m)}(x) \sim A(x)\sin(m\pi x + \phi(x))$ where A and ϕ are slowly varying functions with $\int_0^1 \frac{1}{2}A^2 w dx \approx 1$. The derivative is therefore of order $\frac{1}{2}A^2(2\pi m)^{2n-2}\cos(2\pi mx + 2\phi)$, and

$$|\delta\lambda_m/\lambda_m| \lesssim 2\pi\left(\frac{m\pi}{2}\right)^{2n-2} \frac{1}{\Gamma(2n-1)} \times O(1) \sim 2(\pi n)^{\frac{1}{2}} \left(\frac{m\pi e}{4n}\right)^{2n-2} \times O(1) \;, \tag{34}$$

where the factor O(1) is independent of n.

The rate of convergence of the matrix eigenvalues to the exact eigenvalues predicted by Eq. (34) is extremely rapid. This convergence is illustrated numerically in Table I for the simple eigenvalue problem

$$\left[\frac{d^2}{dx^2} + \lambda\right]u(x) = 0 \tag{35}$$

with two sets of boundary conditions,

$$\text{A:}\quad u(0) = 1\ ,\quad u(1) = 0\ ,\quad \lambda_m = (m-\tfrac{1}{2})^2\pi^2\ ,\quad m = 1,2,\ \ldots\ ,$$

$$\text{B:}\quad u(0) = u(1) = 0\ ,\quad \lambda_m = m^2\pi^2\ ,\quad m = 1,2,\ \ldots\ .$$

Table I. Convergence of the eigenvalues λ_m of Eq. (35) with increasing matrix size. The eigenvalues were calculated using Lobatto integration on [0,1] with n points including 0,1. The effective matrix size is (n-1)×(n-1) for case A (u(0) = 1, u(1) = 0) and (n-2)×(n-2) for case B (u(0) = u(1) = 0). The exact eigenvalues are $\lambda_m^{1/2}/\pi = m-\frac{1}{2}$ for case A, and $\lambda_m^{1/2}/\pi = m$ for case B, m = 1,2, ...

m	$\sqrt{\lambda}/\pi$, n = 4	$\sqrt{\lambda}/\pi$, n = 10	$\sqrt{\lambda}/\pi$, n = 16
		Case A	
1	0.4999875	0.499999999999	0.500000000000
2	1.473	1.499999999984	1.499999999999
3	2.627	2.499999822	2.500000000000
4		3.4999330	3.499999999999
5		4.49529	4.499999998959
6		5.44578	5.499999723
7		6.679	6.49997654
8		9.475	7.4991034
9		18.407	8.48419
10			9.44698
11			10.7321
12			12.899
13			16.73
14			24.65
15			48.80
		Case B	
1	1.00658	0.999999999999	0.999999999999
2	1.743	1.9999999476	1.999999999999
3		3.0000511	3.000000000000
4		3.99452	3.999999999126
5		5.077	5.000000377
6		5.673	5.99995347
7		9.436	7.001457
8		9.514	7.9730
9			9.1475
10			9.6485
11			12.854
12			12.942
13			24.648
14			24.668

The results in Table I were obtained by using the classical Lobatto integration scheme[6] to reduce the associated variational problem

$$\delta \int_0^1 [u'^2 - \lambda u^2] dx = 0 \tag{36}$$

to matrix form. The results for the low eigenvalues in case A are already quite good for $n = 4$, a 3×3 matrix problem as discussed following Eq. (22). There are only three points in this case to define the three loops of the third eigenfunction! (I could also use Radau integration for boundary conditions A, with a further gain in accuracy.)

The accuracy of the matrix eigenfunctions is somewhat more difficult to assess, but is expected to be of the same order in the mean as $|\delta\lambda_m/\lambda_m|^{1/2}$,

$$<(\delta u^{(m)})^2>^{1/2} \propto (cm/n)^n \ , \quad c = \text{constant} \ . \tag{37}$$

This is of the same order as the error in the polynomial approximation to $u^{(m)}$ given by the Lagrange interpolation formula, Eq. (26).

Remarks

The method presented here for the numerical solution of Sturm-Liouville eigenvalue problems uses Calogero's approach of converting the continuum eigenvalue problem to a finite matrix problem. However, by emphasizing the variational rather than the differential formulation of the problem, I eliminate the difficulties with Calogero's method discussed earlier, and substantially improve the rate of convergence (comp. Eqs. (34) and (12)). Since Calogero's method is already quite successful for problems with singular p's and q's,[4] this method should be also. The error estimates, however, are different in that case.

It should be emphasized that the present method, though connected to expansions in orthogonal polynomials through the use of Gauss-Jacobi integration, is quite different from methods in which Eq. (14) is reduced to a matrix equation by expanding all factors in the integrand Eq. (14) in the polynomial basis. Here I have used Lagrangian interpolation to represent u and u' by polynomials, and Gauss-Jacobi integration to approximate the integral as a whole.

Finally, the method can clearly be modified with some loss of accuracy, but a gain in flexibility, by replacing the interpolation and integration schemes I have used with non-optimum schemes, e.g. Simpson's rule for integration. This modification would allow the method to be extended easily to higher dimensional problems,[7] and can be used to restrict the matrix approximations to band diagonal rather than full matrices. I have not investigated this approach in detail.

This work was supported in part by the U.S. Department of Energy under contract DE-AC02-76ER00881.

References

1. F. Calogero, *Computation of Sturm-Liouville Eigenvalues via Lagrangian Interpolation*, Lett. Nuovo Cimento 37, 9 (1983).
2. F. Calogero, *Lagrangian Interpolation and Integration*, Lett. Nuovo Cimento 35, 273 (1982); erratum, Lett. Nuovo Cimento 36, 447 (1983).
3. F. Calogero, *Matrices, Differential Operators, and Polynomials*, J. Math. Phys. 22, 919 (1981).
4. L. Durand, *Lagrangian Differentiation, Integration, and Eigenvalue Problems*, Lett. Nuovo Cimento 38, 311 (1983).
5. See, for example, P. J. Davis and P. Rabinowitz, *Numerical Integration*, Blaisdell Publishing Co., 1967.
6. A. Ghizzetti and A. Ossicini, *Quadrature Formulae*, Birkhauser Verlag, Basel, 1970, Sec. 4.8.
7. F. Calogero, *Interpolation, Differentiation, and Solution of Eigenvalue Problems in More than One Dimension*, Lett. Nuovo Cimento 38, 453 (1983).

CONSTRUCTION AND PROPERTIES OF TWO SEQUENCES OF ORTHOGONAL POLYNOMIALS AND THE INFINITELY MANY, RECURSIVELY GENERATED SEQUENCES OF ASSOCIATED ORTHOGONAL POLYNOMIALS, DIRECTLY RELATED TO MATHIEU'S DIFFERENTIAL EQUATION AND FUNCTIONS
– PART I –

C.C. Grosjean
Seminarie voor Wiskundige Natuurkunde
Rijksuniversiteit te Gent
Krijgslaan 281, B-9000 Gent, Belgium

Abstract

When an attempt is made to construct an even particular solution of Mathieu's differential equation (written in a slightly modified notation), either with period 2π or with period 4π, by inserting into it an appropriate trigonometric series of the cosine type, it appears that the coefficients of this series satisfy a recurrence relation of a kind encountered in the theory of orthogonal polynomials. After splitting off a certain proportionality factor in each coefficient, there ultimately result two infinite sequences of parameter-dependent orthogonal polynomials constituting, respectively, a generalization of the Chebyshev polynomials of the first kind $\{T_n(x)\}$ and a generalization of another special case of the Jacobi polynomials, namely $\{P_n^{(1/2,-1/2)}(x)\}$. The weight function corresponding to each of these orthogonal sequences consists of an infinite series of Dirac δ-peaks ("mass-points") whose locations and (positive) coefficients are given by quantities appearing in the standard theory of Mathieu functions. With the aid of the author's theory of recursive generation of systems of orthogonal polynomials, each of the two orthogonal sequences may be complemented with infinitely many systems of associated orthogonal polynomials whose recurrence relations present a positive integer shift on the discrete independent variable compared to the recursion of the orthogonal sequence from which they originate. The treatment of Mathieu's differential equation with trigonometric series of the sine type, in view of constructing an odd particular solution with 2π or 4π as period, does not produce any sequence of orthogonal polynomials which is in essence not already comprised in those previously obtained.

The basic properties of all resulting sequences of orthogonal polynomials (for each of them the recurrence formula, the weight function and its moments, the orthogonality relation, properties of zeros, the functions of the second kind, etc.), the many relations existing between the initial and the associated orthogonal polynomials of different orders, as well as the role they play within the framework of the theory of Mathieu's differential equation and functions are expressed by a multitude of formulae. Because of strict limitation of space, the present paper contains only a tiny part of the outlined study, namely, the construction and a few properties of the orthogonal polynomials directly related to the Mathieu functions with even subscript $\{ce_{2r}\}$ and $\{se_{2r+2}\}$.

Keywords : orthogonal polynomials, associated orthogonal polynomials, Mathieu's differential equation, Mathieu functions

---

Let the differential equation of Mathieu be written in the form

$$\frac{d^2f(z)}{dz^2} + (a + h\cos z)f(z) = 0, \qquad \forall z \in \mathbb{C}, \; h \neq 0, \tag{1}$$

slightly deviating from the standard notations used by various authors in their monographs ([1]) and papers, but better suited for our present purpose. If f(z) is a solution of (1), then f(-z) and -f(-z) are also solutions which shows that the general integral of (1) may be expressed as a linear combination of the even particular solution and the odd particular solution, both completely determined apart from an arbitrary proportionality factor, playing the role of integration constant. It is well-known that (1) can have solutions of different nature depending on the relation between a and h. The solutions which are of particular interest to us in this paper, are those with periodicity 2π

([1]) Every time a result obtained in this article will be compared to a formula comprised in the standard theory of Mathieu functions, I shall refer to McLachlan's well-known treatise [1]. This author writes as canonical form of Mathieu's differential equation :

$$\frac{d^2u(z)}{dz^2} + (a - 2q\cos 2z)u(z) = 0.$$

It is easy to see that in order to rewrite formulae taken from McLachlan's book in our notation, the following translation scheme should be used :

$$z \to \frac{z}{2}, \quad u(z) \to f(z) = u(\frac{z}{2}), \quad \frac{a}{4} \to a, \quad -\frac{q}{2} \to h.$$

and 4π, namely,

Mathieu functions	parity	periodicity	
$ce_{2r}(z/2,-2h)$	even	2π	
$se_{2r+2}(z/2,-2h)$	odd	2π	$\forall\, r \in \mathbb{N}$. (2)
$ce_{2r+1}(z/2,-2h)$	even	4π	
$se_{2r+1}(z/2,-2h)$	odd	4π	

Each of these four sets of Mathieu functions contains the solutions of an eigenvalue problem consisting of eq.(1) and some restrictive conditions. For example, $\{ce_{2r}(z/2,-2h)\,|\,r \in \mathbb{N}\}$ comprises the eigenfunctions of

$$\begin{cases} \left(\dfrac{d^2}{dz^2} + h\cos z\right)f(z) + af(z) = 0 \\ f(-z) = f(z) \\ f(z+2\pi) = f(z)\ , \end{cases} \qquad \forall\, z \in \mathbb{C}, \tag{3}$$

and the standard treatises contain methods to compute an arbitrary number of terms of the series expansion of the $\underline{a}$-eigenvalues or characteristic numbers, symbolized in this paper by $\{\alpha_r(h)\,|\,r \in \mathbb{N}\}$ (²), and the corresponding ce_{2r}-eigenfunctions in integer powers of h, e.g.,

$$\alpha_0(h) = -\frac{1}{2}h^2 + \frac{7}{32}h^4 - \frac{29}{144}h^6 + \frac{68687}{294912}h^8 + O(h^{10}), \tag{4}$$

$$ce_0(z/2,-2h) = 1 + h\cos z + \frac{h^2}{8}\cos 2z + \frac{h^3}{144}(\cos 3z - 63\cos z) + \frac{h^4}{4608}(\cos 4z - 320\cos 2z) + O(h^5), \tag{5}$$

$$\alpha_1(h) = 1 + \frac{5}{12}h^2 - \frac{763}{3456}h^4 + \frac{1002401}{4976640}h^6 - \frac{1669068401}{7166361600}h^8 + O(h^{10}), \tag{6}$$

$$ce_2(z/2,-2h) = \cos z + \frac{h}{6}(\cos 2z - 3) + \frac{h^2}{96}\cos 3z + \frac{h^3}{8640}(3\cos 4z + 215\cos 2z + 1800) + \frac{h^4}{138240}(\cos 5z + 293\cos 3z) + O(h^5), \tag{7}$$

(²) The relation between the quantities $\alpha_r(h)$ and the characteristic numbers called a_m by McLachlan is

$$\alpha_r(h) = \frac{1}{4}a_{2r}(-2h) = \frac{1}{4}a_{2r}(2h)\ ,$$

the last equality stemming from the fact that $a_0, a_2, a_4, \ldots$ are even functions of h.

and analogous results for $\alpha_2(h)$, $ce_4(z/2,-2h)$, $\alpha_3(h)$, $ce_6(z/2,-2h)$, etc. Similarly for the other three sets of Mathieu functions mentioned in (2). Concentrating our attention on (3), it is clear that instead of trying to solve the eigenvalue problem in terms of Maclaurin series expansion with respect to h, one can also propose a trigonometric series expansion for f(z), i.e.,

$$f(z) = \frac{A_0}{2} + \sum_{n=1}^{+\infty} A_n \cos nz \ , \tag{8}$$

directly satisfying the conditions comprised in (3). Substitution of (8) into (1) leads to the following infinite system of homogeneous linear equations with $A_0, A_1, \ldots$ as unknowns :

$$\begin{cases} \frac{a}{2}A_0 + \frac{h}{2}A_1 = 0 \ , \\ \frac{h}{2}A_{n-1} + (a-n^2)A_n + \frac{h}{2}A_{n+1} = 0 \ , \qquad \forall n \in \mathbb{N}_0 . \end{cases} \tag{9}$$

Before discussing the nature of this system, we notice that it can be used at any rate as a recursion to calculate $A_1, A_2, \ldots$ in terms of A_0, under the assumption $h \neq 0$ made in (1) :

$$A_1 = -\frac{a}{h}A_0 \ ,$$

$$A_2 = \frac{2a^2-2a-h^2}{h^2} A_0 \ ,$$

$$A_3 = -\frac{4a^3-20a^2+(16-3h^2)a+8h^2}{h^3} A_0 \ , \text{ etc.} \tag{10}$$

A_n/A_0 appears to be a polynomial of degree n with respect to <u>a</u> regarded as an independent variable and it is also a polynomial in h^2. Introducing the notation

$$A_n = (-1)^n \frac{t_n(a,h)}{h^n} A_0 \ , \qquad \forall n \in \mathbb{N}, \tag{11}$$

gives rise to an infinite sequence of polynomials $\{t_n(a,h) | n \in \mathbb{N}\}$ in integer powers of the independent variable <u>a</u> ($\in \mathbb{R}$ or $\mathbb{C}$), with h ($\neq 0$) as a parameter :

$t_0(a,h) = 1$,

$t_1(a,h) = a$,

$t_2(a,h) = 2a^2-2a-h^2$,

$$t_3(a,h) = 4a^3-20a^2+(16-3h^2)a+8h^2,$$

$$t_4(a,h) = 8a^4-112a^3+(392-8h^2)a^2-(288-72h^2)a-(144h^2-h^4)$$

...

$$t_n(a,h) = 2^{n-1}a^n - \frac{2^{n-2}}{3}(n-1)n(2n-1)a^{n-1}$$

$$+ 2^{n-3}[\tfrac{1}{90}(n-2)(n-1)n(2n-3)(2n-1)(5n+1)-nh^2]\,a^{n-2} + \ldots + (\ldots)a^0, \quad \forall n \in \mathbb{N}_0, \quad (^3) \qquad (12)$$

polynomials which are clearly related to the construction of the trigonometric series representation of the even solutions of eq.(1) with period 2π. These polynomials satisfy the recursive system :

$$\begin{cases} t_1(a,h) - at_0(a,h) = 0 \\ t_{n+1}(a,h) - 2(a-n^2)t_n(a,h) + h^2 t_{n-1}(a,h) = 0, \quad \forall n \in \mathbb{N}_0. \end{cases} \qquad (13)$$

Applying Favard's theorem [2,3] to (13), one is able to conclude that $\{t_n(a,h) \mid n \in \mathbb{N}\}$ is a sequence of orthogonal polynomials with respect to some real distribution function Ψ on the real line in $\mathbb{C}$ if and only if h^2 is real and positive which means as sole condition

$$h \in \mathbb{R}_0. \qquad (14)$$

Under this condition we have :

$$\int_{-\infty}^{+\infty} t_m(s,h)t_n(s,h)d\Psi(s,h) = I_n(h)\delta_{mn} \quad (I_n(h) > 0),\ \forall (m,n) \in \mathbb{N}^2. \qquad (15)$$

From the recurrence relation in (13), it follows that

$$\frac{I_n(h)}{I_{n-1}(h)} = \frac{h^2}{2} \cdot \frac{(\text{the coefficient of } a^n \text{ in } t_n(a,h))}{(\text{the coefficient of } a^{n-1} \text{ in } t_{n-1}(a,h))}, \quad \forall n \in \mathbb{N}_0.$$

Hence,

$$\frac{I_1(h)}{I_0(h)} = \frac{h^2}{2}, \quad \frac{I_n(h)}{I_{n-1}(h)} = h^2 \quad \text{for all } n \in \{2,3,\ldots\}. \qquad (16)$$

Since $\Psi(s,h)$ may be regarded as containing an arbitrary proportionality factor, one can always propose to normalize it so that

$$\int_{-\infty}^{+\infty} d\Psi(s,h) = 1 \qquad (17)$$

(³) Up to now, I have not found the fully explicit general formula for $t_n(a,h)$.

which fixes Ψ apart from an arbitrary additive constant, in other words, defining the weight function $w(s,h)$ uniquely via

$$d\Psi(s,h) = w(s,h)ds, \qquad \forall s \in \mathbb{R}. \tag{18}$$

$w(s,h)$ is positive semi-definite on $\mathcal{I}$ by which we represent the smallest real interval enclosing all the points of increase of $\Psi(s,h)$, and it is zero on $\mathbb{R}\setminus\mathcal{I}$. Thus,

$$\int_{\mathcal{I}} w(s,h)ds = 1 \tag{19}$$

and in this convention, we have

$$I_0(h) = 1 , \qquad I_n(h) = \frac{h^{2n}}{2} , \qquad \forall n \in \mathbb{N}_0 .$$

The orthogonality relation of the t-polynomials reads

$$\int_{\mathcal{I}} t_m(s,h)t_n(s,h)w(s,h)ds = \varepsilon_n h^{2n}\delta_{mn} , \qquad \forall (m,n) \in \mathbb{N}^2 , \tag{20}$$

where $\varepsilon_0=1$ and $\varepsilon_n=1/2$ for all $n \in \mathbb{N}_0$, and whereby the weight function $w(s,h)$ is momentarily not known explicitly although its existence is guaranteed by Favard's theorem.

It is interesting to draw the attention upon two limiting cases :

(i) $h \to 0$: in the limit there comes

$$t_0(a,0)=1, \; t_n(a,0)=2^{n-1}a(a-1)(a-4)\ldots[a-(n-1)^2] , \; \forall n \in \mathbb{N}_0 , \tag{21}$$

following from (13) in which h is put equal to zero. Note that these polynomials do not constitute an infinite orthogonal sequence since $I_n(0)=0$, $\forall n \in \mathbb{N}_0$;

(ii) $h \to -\infty$ or $+\infty$: in this case we have

$$\lim_{h \to \pm\infty} \frac{t_n(ha,h)}{h^n} = T_n(a) , \qquad \forall n \in \mathbb{N}, \tag{22}$$

whereby T_n is the familiar symbol for the Chebyshev polynomials of the first kind. This important result follows from taking the indicated limit in

$$\begin{cases} \dfrac{t_1(ha,h)}{h} - at_0(ha,h) = 0 \\[2mm] \dfrac{t_{n+1}(ha,h)}{h^{n+1}} - 2\left(a - \dfrac{n^2}{h}\right)\dfrac{t_n(ha,h)}{h^n} + \dfrac{t_{n-1}(ha,h)}{h^{n-1}} = 0 , \quad \forall n \in \mathbb{N}_0 , \end{cases}$$

which follows directly from (13), and noticing that the resulting recursive system is that of $\{T_n(a)|n\in\mathbb{N}\}$. Hence, the orthogonal polynomials $\{t_n(a,h)\}$ which I have defined constitute some sort of generalization of the Chebyshev polynomials of the first kind, depending on a supplementary non-zero real parameter h being an additional degree of freedom. It is for this reason that I have chosen the character t to represent these orthogonal polynomials. From (20), one easily deduces that

$$\lim_{h\to\pm\infty} hw(hs,h) = \begin{cases} \dfrac{1}{\pi\sqrt{1-s^2}} & \text{for } -1\leqslant s\leqslant 1 , \\ 0 & \text{for } |s|>1. \end{cases} \tag{23}$$

It would be overhasty to conclude from this that $w(s,h)$ is also a continuous function on some open or closed real interval. As a matter of fact, according to a criterion established by Chihara [4], it may be expected that the spectrum of $\Psi(s,h)$ consisting of infinitely many points of increase is denumerable, with only one limit point, namely, at $+\infty$.

As a consequence of (21), (22) and (13), we can also write for all $n\in\mathbb{N}_0\setminus\{1\}$:

$$t_n(a,h) = 2^{n-1}a(a-1)(a-4)\ldots[a-(n-1)^2] + O(h^2) , \tag{24}$$

$$t_n(ha,h) = h^n T_n(a) + O(h^{n-1}). \tag{25}$$

The function of the second kind associated with $t_n(a,h)$ reads :

$$v_n(a,h) = \int_{\mathcal{J}} \frac{t_n(s,h)}{a-s} w(s,h)ds , \ \forall a\in\mathbb{C}\setminus\mathcal{J} , \ \forall n\in\mathbb{N}. \tag{26}$$

The v-functions satisfy the following recursive system :

$$\begin{cases} v_1(a,h) - av_0(a,h) = -1 \\ v_{n+1}(a,h) - 2(a-n^2)v_n(a,h) + h^2 v_{n-1}(a,h) = 0, \ \forall n\in\mathbb{N}_0. \end{cases} \tag{27}$$

This enables us to represent $v_0(a,h)$ at least formally by means of an infinite continued fraction :

$$v_0(a,h) = \cfrac{1}{a - \cfrac{h^2}{2(a-1^2) - \cfrac{h^2}{2(a-2^2) - \cfrac{h^2}{2(a-3^2) - \ldots}}}} \tag{28}$$

If this expression is transformed into a series expansion in ascending positive integer powers of 1/a (by reducing the consecutive convergents to simple fractions and carrying out euclidian division of the polynomial in the numerator by the one in the denominator), we find as usually :

$$v_0(a,h) = \int_{\mathcal{J}} \frac{w(s,h)}{a-s}\,ds = \sum_{m=0}^{+\infty} \frac{M_m(h)}{a^{m+1}} \qquad (^4) \tag{29}$$

with

$$M_m(h) = \int_{\mathcal{J}} s^m w(s,h)\,ds\,, \qquad \forall\, m \in \mathbb{N}\,, \tag{30}$$

from which there follows a procedure to calculate an arbitrary number of moments of the weight function :

$$M_0(h) = 1,\quad M_1(h) = 0,\quad M_2(h) = \tfrac{1}{2}h^2,\quad M_3(h) = \tfrac{1}{2}h^2,$$

$$M_4(h) = \tfrac{1}{2}h^2 + \tfrac{3}{8}h^4,\ M_5(h) = \tfrac{1}{2}h^2 + \tfrac{5}{4}h^4,\ M_6(h) = \tfrac{1}{2}h^2 + \tfrac{33}{8}h^4 + \tfrac{5}{16}h^6,\ldots \tag{31}$$

which can also be deduced from the orthogonality relation (20) whereby one makes use of (12). In general, $M_{2n}(h)$ and $M_{2n+1}(h)$ are polynomials of degree n in h^2, with zero independent term and $h^2/2$ as fixed term of the first degree in h^2 from n=1 onward, but at this moment I have not yet succeeded in finding an explicit general expression for $M_m(h)$.

Through the intermediary of the functions of the second kind, one can define the associated polynomials of the second kind (with respect to $\{t_n(a,h)\}$), i.e.,

$$t_{n-1}^{(1)}(a,h) = \int_{\mathcal{J}} \frac{t_n(a,h)-t_n(s,h)}{a-s}\, w(s,h)\,ds, \qquad \forall\, n \in \mathbb{N}, \quad (^5) \tag{32}$$

stemming from the usual decomposition :

$$\begin{aligned} v_n(a,h) &= t_n(a,h)\int_{\mathcal{J}} \frac{w(s,h)}{a-s}\,ds - \int_{\mathcal{J}} \frac{t_n(a,h)-t_n(s,h)}{a-s}\,w(s,h)\,ds \\ &= t_n(a,h)\,v_0(a,h) - t_{n-1}^{(1)}(a,h). \end{aligned} \tag{33}$$

Explicitly, we have :

([4]) Since the real interval $\mathcal{J}$ will turn out to be infinitely extended on the right-hand side when h is finite, this series expansion is asymptotic.

([5]) Here I make use of a notation derived from the theory of recursive generation of systems of orthogonal polynomials [5,6].

$$t_{-1}^{(1)}(a,h) = 0 \ , \quad t_0^{(1)}(a,h) = 1 \ , \quad t_1^{(1)}(a,h) = 2a-2 \ ,$$

$$t_2^{(1)}(a,h) = 4a^2-20a+(16-h^2) \ ,$$

$$\ldots$$

$$t_n^{(1)}(a,h) = 2^n a^n - \frac{2^{n-1}}{3} n(n+1)(2n+1)a^{n-1}$$
$$+ 2^{n-2}[\frac{1}{90}(n-1)n(n+1)(2n-1)(2n+1)(5n+6)-(n-1)h^2]\, a^{n-2}$$
$$+ \ldots + (\ldots)a^0 \ , \qquad \forall n \in \mathbb{N}. \tag{34}$$

In virtue of the second equations in (13) and (27), these polynomials satisfy the following recurrence relation :

$$t_{n+1}^{(1)}(a,h) - 2[a-(n+1)^2]t_n^{(1)}(a,h) + h^2 t_{n-1}^{(1)}(a,h) = 0, \quad \forall n \in \mathbb{N}. \tag{35}$$

They are related to $v_0(a,h)$ in the expected way : if one represents the nth convergent of (28) by $C_n(a,h)$, then one gets :

$$C_n(a,h) = \frac{t_{n-1}^{(1)}(a,h)}{t_n(a,h)} \ , \qquad \forall n \in \mathbb{N}_0 \ . \tag{36}$$

Again as a consequence of Favard's conditions being fulfilled by the recurrence formula (35) when $h^2 > 0$ or as a consequence of certain results obtained in the theory of recursive generation of systems of orthogonal polynomials, we can state that the associated polynomials $\{t_n^{(1)}(a,h) | n \in \mathbb{N}\}$ constitute an orthogonal sequence to some real distribution function Ψ_1 on the real line in $\mathbb{C}$ so that

$$\int_{-\infty}^{+\infty} t_m^{(1)}(s,h)t_n^{(1)}(s,h)d\Psi_1(s,h) = I_n^{(1)}(h)\delta_{mn} \quad (I_n^{(1)} > 0), \quad \forall (m,n) \in \mathbb{N}^2, \tag{37}$$

in which, on account of the recurrence relation (35)

$$\frac{I_n^{(1)}(h)}{I_{n-1}^{(1)}(h)} = h^2 \ , \qquad \forall n \in \mathbb{N}_0 \ . \tag{38}$$

If, again for simplicity, we convene to define Ψ_1 in such a manner that

$$\int_{-\infty}^{+\infty} d\Psi_1(s,h) = 1 \ , \tag{39}$$

then,

$$I_n^{(1)}(h) = h^{2n} \ , \qquad \forall n \in \mathbb{N}. \tag{40}$$

Introducing the corresponding weight function $w_1(s,h)$, positive semi-definite on $\mathcal{J}_1$ and zero on $R\setminus\mathcal{J}_1$ whereby $\mathcal{J}_1$ represents the smallest real interval enclosing all the points of increase of $\Psi_1(s,h)$, (39) and (37) may be rewritten as :

$$\int_{\mathcal{J}_1} w_1(s,h)ds = 1 , \tag{41}$$

$$\int_{\mathcal{J}_1} t_m^{(1)}(s,h)t_n^{(1)}(s,h)w_1(s,h)ds = h^{2n}\delta_{mn} , \quad \forall(m,n)\in\mathbb{N}^2. \tag{42}$$

In the two limiting cases previously considered for the t-polynomials, we find on the basis of the same techniques :

(i) $h\to 0$: $t_0^{(1)}(a,0)=1$, $t_n^{(1)}(a,0)=2^n(a-1)(a-4)\dots(a-n^2)$,

$$\forall n\in\mathbb{N}_0 \tag{43}$$

which is not an infinite orthogonal sequence;

(ii) $h\to-\infty$ or $+\infty$: $$\lim_{h\to\pm\infty}\frac{t_n^{(1)}(ha,h)}{h^n} = U_n(a) , \qquad \forall n\in\mathbb{N} , \tag{44}$$

whereby U_n is the usual symbol for the Chebyshev polynomials of the second kind, and

$$\lim_{h\to\pm\infty} hw_1(hs,h) = \begin{cases} \frac{2}{\pi}\sqrt{1-s^2} & \text{for } -1\leq s\leq 1 , \\ 0 & \text{for } |s|>1. \end{cases} \tag{45}$$

That the associated polynomials $\{t_n^{(1)}(a,h)\}$ generalize the Chebyshev polynomials of the second kind is not surprising since the polynomials $\{U_n(z)\}$ are precisely those associated with $\{T_n(z)\}$:

$$\frac{1}{\pi}\int_{-1}^{1}\frac{T_{n+1}(z)-T_{n+1}(s)}{z-s}\,\frac{ds}{\sqrt{1-s^2}} = U_n(z) , \qquad \forall n\in\mathbb{N}. \tag{46}$$

As in the case of the t-polynomials, we also have for all $n\in\mathbb{N}_0\setminus\{1\}$:

$$t_n^{(1)}(a,h) = 2^n(a-1)(a-4)\dots(a-n^2)+O(h^2) , \tag{47}$$

$$t_n^{(1)}(ha,h) = h^nU_n(a)+O(h^{n-1}). \tag{48}$$

The $t^{(1)}$-polynomials may be brought in connection with the eigenvalue problem

$$\begin{cases} \left(\frac{d^2}{dz^2} + h\cos z\right)f(z) + af(z) = 0 \\ f(-z) = -f(z) & \forall z \in \mathbb{C} , \qquad (49) \\ f(z+2\pi) = f(z) , \end{cases}$$

by means of which the Mathieu functions $se_{2r+2}(z/2,-2h)$, $\forall r \in \mathbb{N}$, are generated. If

$$f(z) = \sum_{n=1}^{+\infty} B_n \sin nz$$

is inserted into (1), the following infinite system of homogeneous linear equations with $B_1, B_2, \dots$ as unknown results :

$$\begin{cases} (a-1)B_1 + \frac{h}{2}B_2 = 0 , \\ \frac{h}{2}B_{n-1} + (a-n^2)B_n + \frac{h}{2}B_{n+1} = 0 , \quad \forall n \in \mathbb{N}_0 \setminus \{1\} , \end{cases} \qquad (50)$$

or simply

$$\frac{h}{2}B_{n+2} + [a-(n+1)^2]B_{n+1} + \frac{h}{2}B_n = 0 , \qquad \forall n \in \mathbb{N} , \qquad (50')$$

if we agree to define $B_0=0$. It now suffices to put

$$B_n = (-1)^{n-1} \frac{t_{n-1}^{(1)}(a,h)}{h^{n-1}} B_1 , \qquad \forall n \in \mathbb{N} , \qquad (51)$$

and to substitute this into (50') in order that this equation goes over into (35) which shows that the $t^{(1)}$-polynomials are indeed involved in the construction of the odd solutions of (1) having period 2π.

Because of limitation of space, the treatments of many interesting topics in our study of orthogonal polynomials existing within the framework of the theory of Mathieu's differential equation and functions have to be omitted here, for instance :

- the complete discussion of the solution of the infinite systems of linear equations (9) and (50) and related infinite systems of similar nature;
- the use of the t- and the $t^{(1)}$-polynomials in the series representation of Mathieu functions with or without period 2π;
- the construction of infinitely many sequences of associated orthogonal polynomials $\{t_n^{(k)}(a,h) \mid n \in \mathbb{N}, k \in \mathbb{N}_0 \setminus \{1\}\}$ of higher order resulting from the application of the author's theory of recursive generation of systems of orthogonal polynomials [5,6], and their importance in the Mathieu theory;

- the deduction of the explicit form of the corresponding weight functions $w(s,h)$, $w_1(s,h)$, $w_2(s,h)$,... . As an example, let us mention here that making use of the completeness relation of the polynomials $\{t_n(a,h)\}$, we have proven that

$$w(s,h) = \sum_{j=0}^{+\infty} \lambda_j(h)\delta(s-\alpha_j(h)) , \qquad \forall s \in \mathbb{R},$$

whereby the mass-points are the characteristic numbers corresponding to $\{ce_{2r}(z/2,-2h)\}$ and the (positive) coefficients $\lambda_j(h)$ are connected with the normalization of these Mathieu functions. In the customary normalization to π ([1], p.24) which entails

$$\frac{1}{\pi}\int_{-\pi}^{\pi} ce_{2r}(s/2,-2h)ce_{2r'}(s/2,-2h)ds = \delta_{rr'} , \quad \forall (r,r') \in \mathbb{N}^2,$$

$ce_{2r}(z/2,-2h)$ is given by

$$ce_{2r}(z/2,-2h) = \sqrt{2\lambda_r(h)}\left(\frac{1}{2} + \sum_{n=1}^{+\infty} (-1)^n \frac{t_n(\alpha_r(h),h)}{h^n}\cos nz\right).$$

The λ-coefficients being connected with the moments $\{M_m(h)\}$ defined in (30) by means of

$$M_m(h) = \sum_{j=0}^{+\infty} \lambda_j(h)(\alpha_j(h))^m , \qquad \forall m \in \mathbb{N},$$

it turns out that

$$\lambda_0(h) = 1 - \frac{1}{2}h^2 + \frac{87}{128}h^4 - \dots$$

$$\lambda_1(h) = \frac{1}{2}h^2 - \frac{49}{72}h^4 + \dots$$

$$\lambda_2(h) = \frac{1}{1152}h^4 - \dots$$

and generally,

$$\lambda_j(h) = \frac{1}{2^{2j-3}(2j!)^2}h^{2j} + O(h^{2j+2}) , \qquad \forall j \in \mathbb{N}_0 ;$$

- the proof of the following property of the zeros of the polynomial $t_n(a,h)$ (with $n \geq 2$) :

  since the weight function $w(s,h)$ is positive semi-definite on $\mathcal{J}$, $t_n(a,h)$ is known to have n distinct real zeros

$$\tau_1^{(n)}(h) , \quad \tau_2^{(n)}(h) , \dots , \tau_n^{(n)}(h) \in]\alpha_0(h),+\infty[,$$

  which can be arranged in ascending order, say,

$$\alpha_0(h) < \tau_1^{(n)}(h) < \tau_2^{(n)}(h) < \ldots < \tau_n^{(n)}(h) < +\infty .$$

Just as the characteristic numbers $\{\alpha_r(h)\}$, each of these zeros can also be developed into powers of h (actually only non-negative integer powers of h^2). Then, it appears that

- the expansion of $\tau_1^{(n)}(h)$ has its first n terms (in $h^0, h^2, \ldots, h^{2n-2}$) in common with that of $\alpha_0(h)$ (as given by (4)),
- the expansion of $\tau_2^{(n)}(h)$ has its first (n-1) terms in common with that of $\alpha_1(h)$ (as given by (6)),

...

- the expansion of $\tau_n^{(n)}(h)$ has only its first term in common with that of $\alpha_{n-1}(h)$.

Summarizing, we have :

$$\tau_r^{(n)}(h) = \alpha_{r-1}(h) + O(h^{2n-2r+2}) , \qquad \forall r \in \{1,2,\ldots,n\}.$$

valid for all $n \geq 2$, but actually also for n=1.

A corollary is that at least for those real values of h for which the series expansion of $\alpha_{r-1}(h)$ is convergent, there comes :

$$\lim_{n\to+\infty} \tau_r^{(n)}(h) = \alpha_{r-1}(h) , \qquad \forall r \in \mathbb{N}_0 .$$

Let me finally mention that the entire theory may be repeated for the Mathieu functions with period 4π, i.e. $\{ce_{2r+1}(z/2,-2h)\}$ and $\{se_{2r+1}(z/2,-2h)\}$. This leads to a sequence of orthogonal polynomials $\{s_n(a,h)\}$ constituting a generalization of the Jacobi polynomials $\{P_n^{(1/2,-1/2)}(a)\}$, and the infinite set of sequences of associated orthogonal polynomials $\{s_n^{(k)}(a,h)\}$, $\forall k \in \mathbb{N}_0$. It is my intention to publish all these results and their proofs in one or several future papers under the same title as the present article.

NOTE ADDED DURING THE LAGUERRE SYMPOSIUM

It was pointed out to me by Prof. Dr. R. Askey (University of Wisconsin) six months after I submitted the abstract of the paper which I presented at the Laguerre Symposium that Prof. Dr. J. Meixner [7] had already discovered and studied to some extent four sets of orthogonal polynomials being in essence the same as $\{t_n(a,h)\}$, $\{t_n^{(1)}(a,h)\}$, $\{s_n(a,h)\}$ and $\{s_n(a,-h)\}$ in my notation. It is therefore not surprising that the contents of [7] and my results partially overlap. But, if the study of the considered sets of orthogonal polynomials has remained limited to what is comprised in [7] between 1981 and 1984, it is clear that my research work on the subject has yielded a good deal more results, as can be inferred from the last pages of the present article. The restricted size of this article has not permitted me to do much more than give an introduction to my study, mainly defining my own notation. The bulk of my results which I hope will be entirely original, is still to be published if such appears to be the case.

REFERENCES

[1] N.W. McLachlan, *Theory and Applications of Mathieu Functions* (Dover Publ., New York, 1964).

[2] J. Favard, Sur les polynômes de Tchebicheff, *C.R. Acad. Sci. Paris* 200 (1935) 2052-2053.

[3] T.S. Chihara, Orthogonal polynomials whose zeros are dense in intervals, *J. Math. An. Appl.* 24 (1968) 362-371.

[4] T.S. Chihara, Chain sequences and orthogonal polynomials, *Trans. Amer. Math. Soc.* 10 (1962) 1-16.

[5] C.C. Grosjean, Theory of recursive generation of systems of orthogonal polynomials : an illustrative example, Proceeding of the 1984 Internat. Conf. on Comp. and Appl. Math., *J.C.A.M.* 12 (1985).

[6] C.C. Grosjean, Theory of recursive generation of systems of orthogonal polynomials : general formalism (to be published).

[7] J. Meixner, Orthogonal polynomials in the theory of Mathieu functions, I, *Arch. Math.* 36 (1981) 162-167.

SEMI-CLASSICAL ORTHOGONAL POLYNOMIALS

E. Hendriksen and H. van Rossum
Department of Mathematics
University of Amsterdam
Roetersstraat 15, 1018 WB Amsterdam (The Netherlands)

1. INTRODUCTION

We introduce a class of orthogonal polynomial systems (OPS') that generalizes the class of classical OPS'.

Definition 1.1 Let ρ be a real positive function continuously differentiable on an interval (a,b) of $\mathbb{R}$, (finite or infinite) satisfying:

1) ρ is the solution of a linear first order differential equation with polynomial coefficients

$$A\rho' + B\rho = 0, \tag{1.1}$$

on the interval (a,b) where $A(x) > 0$.

2) All moment integrals

$$c_n = \int_a^b x^n \rho(x)\,dx \quad (n = 0,1,\ldots) \quad \text{exist.} \tag{1.2}$$

The OPS with respect to the weight function ρ is called semi-classical with $(A,B;\rho)$ specification on (a,b).

We denote such OPS by SCOPS.

Remark The classical OPS' are SCOPS'. Compare the following table.
The last two entries concern non-classical SCOPS'.

All numbers in this paper are real.

Table of SCOPS'
with $(A,\beta;\rho)$ specification.

$\rho(x)$	Interval	A(x)	B(x)	Name of Polynomial
$(1-x)^{\alpha}(1+x)^{\beta}$ $(\alpha > -1,\ \beta > -1)$	$[-1,1]$	$1-x^2$	$\alpha-\beta+(\alpha+\beta)x$	Jacobi
e^{-x^2}	$(-\infty,\infty)$	1	$2x$	Hermite
e^{-x}	$[0,\infty)$	1	1	Laguerre, ordinary
$x^{\alpha}e^{-x}(\alpha > -1,\ \alpha \neq 0)$	$[0,\infty)$	x	$x-\alpha$	Laguerre, generalized-
$x^{\alpha}e^{-Q(x)}$ ($\alpha > -1$; Q a polynomial with ℓ.c. > 0)	$[0,\infty)$	x	$-\alpha + xQ'(x)$	Laguerre, Ronveaux-
$D\exp[-\frac{c}{4}(x-b)^4 - \frac{K}{2}(x-b)^2]$ ($D > 0$, $c \geq 0$; if $c = 0$ then $K > 0$)	$(-\infty,\infty)$	1	$c(x-b)^3+K(x-b)$	-

Laguerre's name is featured prominently in this table as seems fitting to the occasion. Moreover, in the case of the interval $[0,\infty)$, we have to distinguish between $A(0) \neq 0$ and $A(0) = 0$, and Laguerre's polynomials on rows 3 and 4 offer a good example of this situation (see also p. 389).
Ronveaux discovered the quasi orthogonality of the special non-classical SCOPS on row 5. His note [6] in 1979 was the starting point of our research in this direction.
The SCOPS on the last row was introduced and studied by Bonan and Nevai in [2].

2. COMPLETENESS PROPERTIES OF SCOPS'

The class of SCOPS's naturally falls into three main divisions. For reasons of standardization we will assume these to correspond to orthogonality intervals $(-\infty,\infty)$, $[0,\infty)$ and $[0,1]$. In the intervals A(x) is assumed to be positive.
The leading coefficient (ℓ.c.) of A(x) is taken to be 1.
We remark that singularities of ρ can only occur at the zeros of A(x). See p. 388

The completeness proofs we give are, apart from an analysis of the solution of (1.1), based on a result due to Hardy [4] which we cite here in a form as given by Higgins [5]:

Completeness criterion for polynomials.

Let (a,b) be a finite or infinite interval of $\mathbb{R}$ and w a non-negative measurable weight function on (a,b), such that there exists $r > 0$ for which

$$\int_a^b e^{r|x|} w(x)\,dx < \infty .$$

Then any simple set of polynomials $\{p_n : n = 0,1,\ldots\}$ is complete in $L^2((a,b),w)$. □

Theorem 2.1 The SCOPS with $(A,B;\rho)$ specification on $(-\infty,\infty)$ is complete in the space $L^2((-\infty,\infty),\rho)$.

Proof The solution of (1.1) is $\exp(-\int(B(x)/A(x))dx)$.
From the convergence of the moment integrals (1.2) at $+\infty$ it follows:

1) deg A ≦ deg B.

2) ℓ.c. b_0 of B is positive.

The convergence of those integrals at $-\infty$ implies moreover

3) deg A + deg B is odd.

From 1), 2) and 3) it follows that for any positive r the conditions of the completeness criterion are met. □

Theorem 2.2 The SCOPS with $(A,B;\rho)$ specification on $[0,\infty)$ is complete in the space $L^2([0,\infty),\rho)$.

Proof From the convergence of the integrals

$$\int_0^\infty x^n \rho(x)\,dx \quad (n = 0,1,2,\ldots)$$

at ∞ it follows:

1) deg A ≦ deg B.

2) b_0, the ℓ.c. of B is positive.

Hence

$$(2.1) \qquad \int_0^\infty e^{r|x|} \rho(x)\,dx$$

converges at $+\infty$ for sufficiently small positive r.

From

$$(2.2) \quad \int_0^\infty \rho(x)dx < \infty$$

it follows: the integral in (2.1) also converges at zero. □

Theorem 2.3 The SCOPS with $(A,B;\rho)$ specification on $[0,1]$ is complete in the space $L^2([0,1],\rho)$.

Proof An immediate consequence of the completenesss criterion. □

In the sequel we need some results on the limiting behaviour of $x^n A(x)\rho(x)$ for arbitrary $n = 0,1,\ldots$, at the endpoints of the orthogonality intervals $(-\infty,\infty)$, $[0,\infty)$, $(0,1)$. We collect these results in the following lemma:

Lemma 2.1 Let ρ be a semi-classical weight function. Then we have the following implications

1) $\forall x\,(A(x) > 0) \Rightarrow \lim_{x\to\infty} x^n\rho(x) = \lim_{x\to-\infty} x^n\rho(x) = 0 \; (n = 0,1,\ldots)$.

2) $A(0) = 0 \wedge A(x) > 0$ if $x > 0 \Rightarrow \lim_{x\downarrow 0} x^n A(x)\rho(x) = 0 \; (n = 0,1,\ldots)$.

3) $A(0) = A(1) = 0 \wedge A(x) > 0$ if $0 < x < 1 \Rightarrow \lim_{x\downarrow 0} x^n A(x)\rho(x) = \lim_{x\uparrow 1} x^n A(x)\rho(x) = 0$ $(n = 0,1,\ldots)$.

Proof The assertion in 1) follows directly from the form of ρ in Theorem 2.1.
2) The only part in the partial fraction expansion of $B(x)/A(x)$ that yields upon integration a factor of $\rho(x)$, unbounded in a right neighbourhood of 0 is of the form

$$\frac{\alpha}{x} + \frac{\gamma_1}{x^2} + \ldots + \frac{\gamma_{m-1}}{x^m} \qquad (x > 0), \text{ if it is assumed that } m \geq 2.$$

Integration yields

$$T(x) = \alpha \ln x + \frac{\beta_1}{x} + \ldots + \frac{\beta_{m-1}}{x^{m-1}}.$$

If $\beta_{m-1} \neq 0$ this means: 0 is a zero of multiplicity m.
The solution of (1.1) can be written as

$$\rho(x) = e^{T_1(x) + T(x)},$$

where $T_1(x)$ is bounded in a right neighbourhood of zero.

$$e^{T(x)} = x^\alpha e^{\frac{\beta_1}{x} + \frac{\beta_2}{x^2} + \ldots + \frac{\beta_{m-1}}{x^{m-1}}} \qquad (\beta_{m-1} \neq 0).$$

From (2.2) it follows $\beta_{m-1} < 0$ and

$$\lim_{x\downarrow 0} x^{\alpha} e^{\frac{\beta_1}{x}+\frac{\beta_2}{x^2}+\dots+\frac{\beta_{m-1}}{x^{m-1}}} = 0 \quad \forall\alpha .$$

Hence

$$\lim_{x\downarrow 0} x^n A(x)\rho(x) = 0 \quad (n = 0,1,\dots) . \tag{2.3}$$

In the special case where $m = 1$, we have $\exp(T(x)) = x^{\alpha}$. From the convergence of the moment integrals it follows $\alpha > -1$. But then again (2.3) holds.
The case 3) can be treated similarly to case 2). □

3. DIFFERENTIATION PROPERTIES

It is well-known that the derivatives of a classical OPS form an OPS with positive weight function. Apart from some trivial cases, this property is characteristic for the classical OPS'. See Hahn [3].

Recently Bonan and Nevai [2] have given a characterization of a subclass of the class of SCOPS' in terms of a differentiation property. The weight function they used is on the last row of the table. To some extent it is possible to characterize the <u>whole</u> class of SCOPS' using the concept of quasi orthogonality.
We give two theorems in this direction. We restrict ourselves to the case of the interval $[0,\infty)$. Hence $A(x) > 0$, if $x > 0$.
In connection with (1.1) we introduce furthermore the following notations:

$$\hat{A} = \ell.c.m(x,A);\ \hat{B} = \begin{cases} B \text{ if } A(0) = 0, \deg A = \alpha, \deg \hat{A} = \hat{\alpha}, \\ xB \text{ if } A(0) \neq 0, \deg B = \beta, \deg \hat{B} = \hat{\beta}. \end{cases}$$

<u>Theorem 3.1</u> Let (P_n) be a SCOPS with $(A,B;\rho)$ specification on $[0,\infty)$. Then the sequence of derivatives (P_n') is quasi orthogonal of order $\hat{\beta}-1$ on $[0,\infty)$ with respect to $\hat{A}\rho$.

<u>Proof</u> $A(0) = 0 \Rightarrow \hat{A}\rho' = A\rho' = -B\rho = -\hat{B}\rho$.
$A(0) \neq 0 \Rightarrow \hat{A}\rho' = xA\rho' = -xB\rho' = -\hat{B}\rho$.
Partial integration yields:

$$\int_0^{\infty} x^m P_n'\hat{A}\rho dx = [x^m P_n\hat{A}\rho]_0^{\infty} - \int_0^{\infty} mx^{m-1}P_n\hat{A}\rho dx - \int_0^{\infty} x^m P_n\hat{A}'\rho dx - \int_0^{\infty} x^m P_n\hat{A}\rho' dx . \tag{3.1}$$

Appealing to Lemma 2.1 and the definition of $\hat{A}$, we see that the first term in the right-hand member of (3.1) is equal to zero. By the orthogonality of (P_n) with respect to ρ, the first two integrals in the right-hand member are equal to zero if $0 \leq m < n - (\hat{\alpha}-1)$. Now by (1.1),

$$-\int_0^\infty x^m P_n \hat{A}\rho' dx = \int_0^\infty x^m P_n \hat{B}\rho dx .$$

The last integral in (3.1) is zero if $0 \leq m < n - \hat{\beta}$.
Finally we notice $\alpha \leq \beta$ (see Proof of Theorem 2.3).
Hence $\max\{\hat{\alpha} - 1, \hat{\beta}\} = \hat{\beta}$, whence

$$\int_0^\infty x^m P_n' \hat{A}\rho dx = 0 \quad \text{if} \quad m < n - \hat{\beta} = n - 1 - (\hat{\beta} - 1) . \qquad \square$$

Remark 1 In the special case where (P_n) is the Laguerre-Ronveaux OPS, the theorem was first proved by Ronveaux [6] in 1979.

Remark 2 Theorems like Theorem 3.1 also hold for intervals $(-\infty,\infty)$, $[0,1]$ (or $[-1,1]$ for that matter).

Remark 3 For every member of the subclass of classical OPS', (P_n) we have quasi-orthogonality of order zero for (P_n') i.e. (P_n') is an OPS with respect to a positive weight function, a well-known classical result.

Remark 4 The result in Theorem 3.1 can be generalized to the statement:
The m-th derivatives of the SCOPS, (P_n) with $(A,B;\rho)$ specification form a sequence $(P_n^{(m)})$, quasi-orthogonal of order $m(\hat{\beta} - 1)$ with respect to the weight function $\hat{A}^m\rho$ on $[0,\infty)$. We omit the proof and merely remark, that, apart from an induction argument, the proof is based on the following observation: Let

$$\rho_m(x) \overset{\text{def}}{=} \hat{A}(x)^m \rho(x) \ (n = 0,1,\ldots); \ \rho_0(x) \overset{\text{def}}{=} \rho(x) .$$

Then ρ_m satisfies

$$\hat{A}\rho_m' + (-m\hat{A} + \hat{B})\rho_m = 0 \quad \text{on} \quad [0,\infty) .$$

Since $\deg(-m\hat{A} + \hat{B}) = \hat{\beta}$ for $m = 0,1,\ldots$, upon each differentiation the order of quasi orthogonality increases by $\hat{\beta} - 1$. As a special case we find:
The m-th derivatives of a classical OPS with $(A,B;\rho)$ specification form an OPS with respect to a positive weight function.

A converse of Theorem 3.1 is contained in

Theorem 3.2 Let the OPS (P_n) be orthogonal with respect to ρ and complete in $L^2([0,\infty),\rho)$; $A(x) > 0$ if $x > 0$. ρ is assumed to be positive and continuously differentiable for $x > 0$. Furthermore we assume

$$(3.2) \qquad \forall k \ \lim_{x\to\infty} x^k \rho(x) = 0$$

(3.3) $\frac{\hat{A}\rho'}{\rho} \in L^2([0,\infty),\rho)$, where $\hat{A} = \ell.c.m\ (x,A)$

(3.4) $\lim_{x\downarrow 0} \hat{A}\rho = 0$

Then, if (P_n') is quasi orthogonal of order k with respect to $\hat{A}\rho$, (P_n) is a SCOPS.

Proof We may assume $k \geqq \hat{\alpha} - 1$. Using (3.1), (3.2) and (3.4) we see that (P_n) is quasi-orthogonal of order $k' = k + 1 \geqq \hat{\alpha}$ with respect to $\hat{A}\rho'$. We put

$$\gamma_n = \int_0^\infty P_n \hat{A}\rho' dx \quad (n = 0,1,\ldots) ,$$

then $\gamma_n = 0$ if $n > k'$. Using this we write

$$(3.5) \quad \int_0^\infty P_n\left(\frac{\hat{A}\rho'}{\rho} + \sum_{\ell=0}^{k'} \beta_\ell P_\ell\right)\rho dx = \begin{cases} 0, & n > k', \\ \gamma_n + \beta_n \int_0^\infty P_n^2 \rho dx, & (n = 0,1,\ldots,k'). \end{cases}$$

Setting

$$\beta_n = -\gamma_n \left[\int_0^\infty P_n^2 \rho dx \right]^{-1} \quad (n = 0,1,\ldots,k')$$

we obtain from (3.5)

$$(3.6) \quad \int_0^\infty P_n\left(\frac{\hat{A}\rho'}{\rho} + \sum_{\ell=0}^{k'} \beta_\ell P_\ell\right)\rho dx = 0 \quad (n = 0,1,\ldots) .$$

Let $B = \Sigma_{\ell=0}^{k'} \beta_\ell P_\ell$. From (3.3) and the completeness of (P_n) we see that (3.6) leads to

$$\hat{A}\rho' + B\rho = 0 . \qquad \square$$

Theorem 3.3 Let (P_n) be a SCOPS with $(A,B;\rho)$ specification on (a,b). Assume $[x^k A\rho]_a^b = 0$ $(k = 0,1,\ldots)$. Let $\deg \hat{A} = \hat{\alpha}$, $\deg \hat{B} = \hat{\beta}$ and $q = \max\{\hat{\alpha} - 1, \hat{\beta}\}$.
Then the polynomial P_n satisfies a linear second order differential equation of the the form

$$JP_n'' + KP_n' + LP_n = 0 ,$$

where,
1) J, K and L are polynomials of bounded degrees, i.e.
2) $\deg J \leqq 2q$, $\deg K \leqq 2q-1$, $\deg L \leqq 2q-2$. $\square$

This result, together with several other, related, differentiation properties of SCOPS, has been proven by the first author and will be published elsewhere.

Remark 5 The first part of Theorem 3.3 is due to Atkinson and Everitt [1]. The present first author's proof is more elementary and leads directly to the inequalities in 2).

REFERENCES

1. ATKINSON, F.V. and W.N. EVERITT, Orthogonal polynomials which satisfy second order differential equations. In: E.B. Christoffel, the influence of his work on mathematics and the phys. sciences. Eds. P.L. Butzer and F. Fehér, Basel, Birkhauser (1981) 173-181.

2. BONAN, S. and P. NEVAI, Orthogonal polynomials and their derivatives I. Journ. of Approx. Theory 40, 2, (1984) 134-147.

3. HAHN, W., Über die Jacobischen Polynome und Zwei verwandte Polynomklassen. Math. Zet., 39 (1935) 634-638.

4. HARDY, G.H., On Stieltjes' "Problème des moments". Messenger of Math., 46, 175-182 and 47, 81-88, (1917).

5. HIGGINS, J.R., Completeness and basic properties of sets of special functions. Cambridge University Press, Cambridge (1977).

6. RONVEAUX, A., Polynômes orthogonaux dont les polynômes derivés sont quasi orthogonaux. C.R. Acad. Sc. Paris, t. 289 (1979) serie A, 433-436.

A PROOF OF FREUD'S CONJECTURE ABOUT THE ORTHOGONAL POLYNOMIALS RELATED TO $|x|^{\rho}\exp(-x^{2m})$, FOR INTEGER m.

Alphonse P. MAGNUS

ABSTRACT

Let $a_n p_n(x) = x p_{n-1}(x) - a_{n-1} p_{n-2}(x)$ be the recurrence relation of the orthonormal polynomials related to the weight function $|x|^{\rho}\exp(-|x|^{\alpha})$, $\rho > -1$, $\alpha > 0$, on the whole real line. Freud's conjecture states that

$$(1) \quad \lim_{n\to\infty} \frac{a_n}{[n/C(\alpha)]^{1/\alpha}} = 1, \quad C(\alpha) = \frac{2\Gamma(\alpha)}{(\Gamma(\alpha/2))^2} = \frac{2^{\alpha}\,\Gamma((\alpha+1)/2)}{\sqrt{\pi}\,\Gamma(\alpha/2)} .$$

The proof for an even integer $\alpha = 2m$ uses nonlinear equations $F_n(a) = n + \rho\ \mathrm{odd}(n)$, considered by Freud himself. It is shown that $F_n(a^*) - n = o(n)$ when $n \to \infty$, where a_n^* is the expected asymptotically valid estimate $[n/C(\alpha)]^{1/\alpha}$. Bounds on $a_n - a_n^*$ are obtained through the invertibility properties of the matrix $[a_k\, \partial F_n(a)/\partial a_k]$, shown to be symmetric and positive definite. The numerical computation of the solution by Newton's method is considered.

INTRODUCTION

Important studies have been devoted recently to orthogonal polynomials related to weight functions whose support is the whole real line. If $\{p_n\}$ is the sequence of orthonormal polynomials related to w : $\int_{-\infty}^{\infty} p_n(x)p_m(x)w(x)dx = \delta_{n,m}$ $n,m = 0,1,\ldots,$ $w(x) \geq 0$, one tries to link the behaviour of $w(x)$ for large $|x|$, the behaviour of $p_n(x)$ for large n, including the distribution of the zeros $x_{1,n} < x_{2,n} < \ldots < x_{n,n}$ of p_n, and the behaviour for large n of the coefficients a_n and b_n of the recurrence relation

$$(2) \quad a_{n+1}\, p_{n+1}(x) = (x - b_n)p_n(x) - a_n\, p_{n-1}(x) \quad n \geq 0 \quad [a_0\, p_{-1} = 0].$$

Interesting applications occur in statistical physics [1][6] [30].

Here are some general results about the solution of this problem :

a) $w(x)p_n^2(x)$ is negligible outside an interval $S_n = [\alpha_n, \beta_n]$ where bounds for α_n and β_n can be given by the extreme abscissaeof the maximal values of $|x|^{2n}w(x)$ (see [11] §6, [12], [14] for conditions on w and precise formulation); $|a_n|$ and $|b_n|$ are also bounded by $c^t \max(|\alpha_n|, |\beta_n|)$; most of the zeros of p_n are in S_n.

b) If $w(x)p_n^2(x)$ is assumed to be approximately equioscillating on S_n (this seems to hold, up to a factor $[(x-\alpha_n)(\beta_n - x)]^{-1/2}$ [22] §2),

(3) $$\underset{\alpha_n,\,\beta_n}{\text{maximum}} \quad \log(\beta_n - \alpha_n)/4 + \frac{1}{2n\pi}\int_{-1}^{1} (1-x^2)^{-1/2} \log w\left(\frac{\alpha_n+\beta_n}{2} + \frac{\beta_n - \alpha_n}{2}x\right)dx$$

gives sharp estimates of α_n and β_n [19]. Many works on these subjects suggest a connection with the Szegö's theory of orthogonal polynomials on a bounded interval. A promising extension of Szegö's estimates is $\log p_n(z) = \sum_{k=1}^{n} \log\left(z - \frac{\alpha_k+\beta_k}{2} + [(z-\alpha_k)(z-\beta_k)]^{1/2}\right)$ $+ o(n)$ for nonreal z. When $z = x + i\varepsilon$ is almost real ($\varepsilon > 0$), the imaginary part is close to π times the number of zeros of p_n between x and β_n. A fair estimate of the density of zeros of p_n is therefore $\pi^{-1} \sum_{k\leqslant n,\, x\in[\alpha_k, \beta_k]} [(x-\alpha_k)(\beta_k - x)]^{-1/2}$, with α_k and β_k given by (3).

c) Important simplifications in proofs and increase of knowledge occur if the recurrence coefficients behave smoothly

(4) $$\lim_{n\to\infty} \frac{a_{n+1}}{a_n} = 1 \quad , \quad \lim_{n\to\infty} \frac{b_n}{a_n} \text{ exists.}$$

Then, one has

(5) $$\alpha_n \sim x_{1,n} \sim b_n - 2a_n \quad , \quad \beta_n \sim x_{n,n} \sim b_n + 2a_n,$$

where α_n and β_n agree with (3), and general asymptotic behaviour, [21] distribution of zeros ([24], [29]) can be investigated with accuracy.

In 1973, Freud and Nevai initiated intensive study of the case $w(x) = |x|^\rho \exp(-|x|^\alpha)$, $\alpha > 0$. Advances that have been made include : inequalities and bounds ([4] [11] [13] [20][23]); launching of the conjecture (1) by Freud [5] with a proof for $\alpha = 4$ and 6 ($\alpha = 2$ is almost classical [2] p. 157 [26]); asymptotics for these polynomials in these cases ([20][21][27]) and other conjectures [22] ; distribution of zeros ([24] [29]); sharp estimates of the extreme zeros [25] for $\alpha > 1$ (i.e., $x_{1,n} = - x_{n,n}$, $x_{n,n}/[n/C(\alpha)]^{1/\alpha} \xrightarrow[n\to\infty]{} 2$, with the $C(\alpha)$ of (1), but not using nor establishing (1)); proof of expected behaviour of geometric mean of $a_1,\ldots,a_n$, compatible with (1) for $\alpha > 0$ [18]. Much more must clearly be expected...

If the general tools involved (bounds for Freud-Christoffel function [4] [20] [11] [12], function spaces identities [12][18], potential theory methods [18] [19][25]) are fairly powerful, they do not seem to be able to reach (4) naturally. For this reason, the Freud's proof [5] will be expanded here.

FREUD'S EQUATIONS.

The weight function is $w(x) = |x|^{\rho} \exp(-|x|^{2m})$ $-\infty < x < \infty$, with integer m. The factor $|x|^{\rho}$ is not essential, but useful if one wants to investigate weight functions $\exp(-x^m)$ on the positive real axis [2] chap. 1 §8,9. As w is an even function, $b_n = 0$. Equations for the a_n's will be obtained by equivalent forms of $\int_{-\infty}^{\infty} (p_n(x)p_{n-1}(x))'w(x)dx$. First, by expanding the derivative of the product, using the orthonormality of the p_n's and the recurrence relation (2), one finds n/a_n. Next, integration by parts, using $w'(x) = (\rho/x - 2m\, x^{2m-1})w(x)$, yields $-(\rho/a_n)\text{odd}(n) + 2m \int_{-\infty}^{\infty} x^{2m-1}\, p_n(x)p_{n-1}(x)w(x)dx$ where the odd-eveness of the p_n's with respect to n has been used (odd(n) = 1 if n is odd; 0 if n is even). Finally, the last integral is found to be a combination of $a_{n-m+1},\ldots,a_{n+m-1}$ from repeated application of the recurrence (2) written in the form $xp_n(x) = a_n p_{n-1}(x) + a_{n+1}p_{n+1}(x)$,

or $\quad x\,[p_0(x),p_1(x),\ldots]^T = A\,[p_0(x),p_1(x),\ldots]^T$, $A = \begin{bmatrix} 0 & a_1 & & \\ a_1 & 0 & a_2 & \\ & a_2 & 0 & \ddots \\ & & \ddots & \ddots \end{bmatrix}$

Let the result be called Freud's equations :

(6) $\quad F_n(a) = 2m\, a_n (A^{2m-1})_{n,n+1} = n + \rho \text{ odd } (n), \quad n = 1,2,\ldots$

where $(X)_{n,m}$ means the nth row - m^{th} column entry of the matrix X.

The simplest examples are [5]

$m = 1 \qquad F_n(a) = 2\, a_n^2$

$m = 2 \qquad F_n(a) = 4\, a_n^2(a_{n-1}^2 + a_n^2 + a_{n+1}^2)$ [3], [28] eq. (42)

$m = 3 \quad F_n(a) = 6a_n^2\,(a_{n-2}^2 a_{n-1}^2 + a_{n-1}^4 + 2a_{n-1}^2 a_n^2 + 2a_n^2 a_{n+1}^2 + a_{n+1}^2 a_{n-1}^2 + a_{n+1}^4 + a_{n+1}^2 a_{n+2}^2 + a_n^4)$

for $m = 4$ and $m = 5$, the expressions of $F_n(a)$ contain respectively 20 and 48 terms (problem : show that this number is $(m+1)2^{m-2}$).

The production of equations for the recurrence coefficients can obviously be extended to other weight functions, at least to exponentials of polynomials [16]. One can continue up to weight functions satisfying $w'(x)/w(x)$ = rational function. Linear 2^d order differential equations for the orthogonal polynomials can also be constructed in theses cases [1] [7] [8] [9][15] [22] [28] .

Let us propose now an explicit form of (6) :

$$(7) \quad F_n(a) = 2m\, a_n^2 \sum_{i_1=-1}^{m-1} a_{n+i_1}^2 \sum_{i_2=i_1-1}^{m-2} a_{n+i_2}^2 \cdots \sum_{i_{m-1}=i_{m-2}-1}^{1} a_{n+i_{m-1}}^2 .$$

Indeed, by accumulating sums of products in the upper half of powers of the matrix A, one obtains

$$(A^r)_{n,n+r-2p} = a_n a_{n+1} \cdots a_{n+r-2p-1} \sum_{i_1=-1}^{r-p-1} a_{n+i_1}^2 \sum_{i_2=i_1-1}^{r-p-2} a_{n+i_2}^2 \cdots \sum_{i_p=i_{p-1}-1}^{r-2p} a_{n+i_p}^2 \qquad 0 \leqslant 2p < r$$

readily checked by induction on p.

PROPERTIES OF THE POSITIVE SOLUTION.

First, we look for bounds : as we are investigating solution(s) with positive a_n^2 of (6), and as $F_n(a) > 2m\, a_n^{2m}$ (take $i_1 = \ldots = i_{m-1} = 0$ in (7)), one has $a_n < [(n + \rho\, \mathrm{odd}(n))/2m]^{1/2m}$. With this upper bound for $a_{n\pm 1}, a_{n\pm 2}, \ldots$, one solves for a_n in (6). As $F_n(a)$ is a polynomial in a_n with positive coefficients, one obtains a *lower* bound for a_n, also behaving like $c^t\, n^{1/2m}$ for large n, so that

$$(8) \qquad (n/C_1)^{1/2m} < a_n < (n/C_2)^{1/2m}, \quad n \geqslant 1.$$

Such bounds were already established by other means in 1973 [20] for any $\alpha \geq 1$; the upper bound can be deduced from the Freud-Lubinsky theory ([11] lemma 7.2).

What are the best bounds that can be obtained in this way ? From a lower (resp. upper) bound a'_n behaving like $c'n^{1/2m}$ for large n, used for $a_{n\pm1}, a_{n\pm2}, \ldots$ in (6), one solves for a_n and find an upper (resp. lower) bound behaving like $c''n^{1/2m}$, and the process can be iterated. Concentrating on the relation between c' and c", one finds a polynomial equation $(4c''^2(2c'^2 + c''^2) = 1$ for $m = 2$, $6c''^2(5c'^4+4c'^2c''^2+c''^4)=1$ for $m = 3, \ldots)$ that can be written $c'' = f(c')$. The iteration will converge if $-1 < f'(c) < 0$ at the fixed point (f is decreasing), which happens for m=1,2 and 3 (the values are 0, -1/2 and -7/8), allowing a proof of the Freud's conjecture in these cases [5]. Unfortunately, this argument breaks down for $m > 3$: the values of f' for m = 4 and 5 are -19/16 and -187/128... (the formula seems to be $\sum_{k=1}^{m-1} (-1)^k \binom{-1/2}{k}$).

Next, one tries an expression a^*_n that we hope to be close to the solution, at least for large n : $F_n(a^*) - n - \rho\, \mathrm{odd}(n) = o(n)$. Returning to (4) as guiding principle, one has, if $a^*_{n+i} \sim a^*_n$, $F_n(a^*) \sim C(2m)(a^*_n)^{2m}$, where C(2m) is the function of (1), i.e., $2m\binom{2m-1}{m}$, found by using (6) and knowing that the elements of a power of a matrix A with equal elements (Toeplitz matrix) are the coefficients of the expansion of the same power of $az^{-1} + az$. With $a^*_n = (n/C(2m))^{1/2m}$, it is easy to show that $F_n(a^*) - n - \rho\, \mathrm{odd}(n) = O(1)$, using $(\frac{n+i}{n})^{1/2m} \sim 1 + i/(2mn)$. One can go further, and build an asymptotic series satisfying formally the equations [17] : for our problem, the two first terms are $a_n \sim (\frac{n}{C(2m)})^{1/2m} [1 + \frac{\rho-(-1)^n(2m-1)\rho}{4mn}]$.

Finally, we must show how such an a* is actually close to the true solution a. Indeed, the preceding manipulations show only that F(a*) and F(a) are close together, which is not conclusive. Should F be a linear operator, say F(a) = Xa, the relation would be $a^* - a = X^{-1}(F(a^*) - F(a))$: one should investigate the bounded invertibility of X (and unicity of the solution appears as a byproduct). For a nonlinear F, the role of X is played by the Jacobian operator (or Fréchet derivative)

$$J(a) = [\,\partial F_n(a)/\partial a_k\,].$$

The importance of J^{-1} appears also in Newton's algorithm, producing a new estimate of the solution from an old one by $a^* - (J(a^*))^{-1}(F(a^*) - F(a))$, a very powerful method for the actual computation of the solution [10] (a slightly different form will be used, for reasons that will appear very soon).

Here is how the programme is fulfilled.

THEOREM The equations (6) have only one positive solution; the solution satisfies (1) ($\alpha = 2m$).

As announced, information on the invertibility of the Jacobian operator is essential.

LEMMA The matrix $J(a) = [\,a_k\, \partial F_n(a)/\partial a_k\,]$, $n,k = 1,2,\ldots$, is symmetric and positive definite for any positive sequence $\{a_n\}$. In this case,

$$(J(a)u,u) = \sum_{n=1}^{\infty} \sum_{k=1}^{\infty} u_n\, u_k\, a_k\, \partial F_n(a)/\partial a_k \geq 4m^2 \sum_{n=1}^{\infty} a_n^{2m}\, u_n^2$$ holds for any finite real sequence $\{u_n\}$.

Proof of the theorem. The matrix $J(a)$ of the lemma is actually the Jacobian operator of F with respect to the variables $\log a_n$. To appreciate the distance between two sequences a' and a'' in term of $F(a'') - F(a')$, we join them by the rectilinear path $\log a_n(t) = \log a_n' + t(\log a_n'' - \log a_n')$, $0 \leq t \leq 1$, $n=1,2,\ldots$, and integrate J on this path :

$$F_n(a'') - F_n(a') = \int_0^1 \sum_{k=n-m+1}^{n+m-1} a_k\, \partial F_n(a)/\partial a_k\, \delta_k\, dt \quad , \quad \delta_k = \log a_k'' - \log a_k' ,$$

knowing that $F_n(a)$ depends only on $a_{n-m+1},\ldots,a_{n+m-1}$ ($a_0 = a_{-1} = \ldots = 0$). In order to introduce the quadratic form of the lemma,

$$(9) \quad \sum_{n=1}^{N} \delta_n\, (F_n(a'') - F_n(a')) = \int_0^1 \sum_{n=1}^{N} \sum_{k=n-m+1}^{\max(n+m-1,N)} a_k\, \partial F_n(a)/\partial a_k\, \delta_k\, \delta_n\, dt \; +$$

$$+ \int_0^1 \sum_{n=N-m+2}^{N} \sum_{k=N+1}^{n+m-1} a_k \frac{\partial F_n(a)}{\partial a_k}\, \delta_k\, \delta_n\, dt.$$

We are interested in sequences satisfying (8), as they are the only candidates for positive solution. Therefore, the sequence $\{\delta_n\}$ is *bounded*. Using the lower bound of (8) and the lemma, with $\delta_1,\ldots,\delta_N$ as the finite sequence u, the first integral is *larger* than $S_N = c^t \sum_{n=1}^{N} n\delta_n^2$. The second integral is a quadratic form in $\delta_{N-m+2},\ldots,\delta_{N+m-1}$, with coefficients bounded by c^t N, and is therefore also bounded by $c^t \sum_{N-m+2}^{N+m-1} n\delta_n^2 = c^t(S_{N+m-1} - S_{N-m+1})$. If a' and a" are both positive solutions of (6), $S_N \leqslant c^t\,(S_{N+m-1} - S_{N-m+1})$, or $S_{N+m-1}/S_{N-m+1} >$ a constant > 1 : a subsequence of $\{S_n\}$ would increase exponentially , which is impossible (the δ_n's being bounded, S_N is bounded by N^2), establishing unicity. With a' the positive solution of (6), and a" the expected asymptotic estimate $\{[n/C(2m)]^{1/2m}\}$, we recall that $F_n(a") - F_n(a') = O(1)$, so that the left-hand side of (9) is bounded by $c^t \sqrt{\log N}\sqrt{S_N}$ (Schwarz inequality), and one has $S_N \leqslant c^t \sqrt{\log N}\sqrt{S_N} + c^t(S_{N+m-1} - S_{N-m+1})$. In order to avoid exponential increase of a subsequence of $\{S_n\}$, one must have $S_N \leqslant c^t \log N$, implying

$$\delta_N \leqslant c^t(\log N/N)^{1/2} \xrightarrow[N\to\infty]{} 0, \quad \text{or} \quad a'_N/a''_N \xrightarrow[N\to\infty]{} 1 \text{ : Q.E.D.}$$

The form of the Newton's algorithm that takes full advantage of the theorem is :

1) solve $J(a^*)\ \delta^* = F(a^*) - F(a)$ through the Cholesky factorisation of $J(a^*)$

2) the new estimate of a_n is $a^*_n \exp(-\delta^*_n)$, n=1,2,... . One remarks that any positive estimate of the solution produces an new estimate that is still positive.

Proof of the lemma. Symmetry of J(a) : $\dfrac{\partial A^{2m-1}}{\partial a_k} = \sum_{i=0}^{2m-2} A^i \dfrac{\partial A}{\partial a_k} A^{2m-2-i}$,

$$a_k\ \partial F_n(a)/\partial a_k = 2^m a_k a_n \sum_{i=0}^{2m-2} (A^i)_{n,k+1} (A^{2m-2-i})_{k,n+1} + (A^i)_{n,k} (A^{2m-2-i})_{k+1,n+1},$$

$n \neq k$, using (6), the only two nonzero elements of $\partial A/\partial a_k$, and the symmetry of A itself, establishes the symmetry. Positive definiteness : one uses directly (7)

$$2 \sum_{n=1}^{\infty} \sum_{k=1}^{\infty} u_n u_k a_k^2\ \partial F_n(a)/\partial a_k^2 = 4m \sum_{n=1}^{\infty} u_n \sum_{i_1,\ldots,i_{m-1}} \sum_{k=1}^{\infty} u_k a_k^2 \frac{\partial}{\partial a_k^2}(a_n^2 a_{n+i_1}^2 \ldots a_{n+i_{m-1}}^2)$$

which means that one keeps a product $a_n^2 \ldots a_{n+i_{m-1}}^2$ times u_k whenever k is one of the numbers $n, n+i_1, \ldots, n+i_{m-1}$, subject to the conditions in (7). Some product $a_{j_1}^2 \ldots a_{j_m}^2$, if it is present in the sum, will therefore be multiplied by $u_{j_1} + \ldots + u_{j_m}$ (the indexes playing the role of k), and another sum of the u's, the indexes playing the role of n. The admissible values of n will be such that, after some permutation,

$n = j_1,\ j_1 - 1 \leqslant j_2,\ j_2 - 1 \leqslant j_3, \ldots, j_{m-1} - 1 \leqslant j_m \leqslant j_1 + 1$, i.e.,

$j_1 \leqslant j_2 + 1 \leqslant \ldots \leqslant j_m + m - 1 \leqslant j_1 + m$. If a permutation is valid, so are all the circular permutations $(j_2, \ldots, j_m, j_1), \ldots,$ of this one, until the initial permutation is recovered, which will happen after m, or m/2, or m/3...steps, producing the corresponding multiple of $u_{j_1} + \ldots + u_{j_m}$:

$$(J(a)u,u) = 4m \sum_{j_1,\ldots,j_m \text{ admissible}} a_{j_1}^2 \ldots a_{j_m}^2 \; c(j_1,\ldots,j_m)(u_{j_1} + \ldots + u_{j_m})^2 > 0.$$

For instance (m = 4), the complete factor of $a_n^4\ a_{n+1}^4$ is $6(u_n + u_{n+1})^2$, $4(u_n + u_{n+1})^2 = (u_n + u_n + u_{n+1} + u_{n+1})^2$ coming from the 4 circular permutations of (n,n,n+1,n+1) and $2(u_n + u_{n+1})^2 = (u_n + u_{n+1} + u_n + u_{n+1})(u_n + u_{n+1})$ coming from the 2 different circular permutations of (n,n+1,n,n+1). For $j_1 = j_2 = \ldots = j_m = n$, there is only one permutation, whence the factor $(u_n + \ldots + u_n)u_n = m\,u_n^2$ and the lower bound in the lemma.

A more elegant, but less explicit proof is given in [16] .
See eq. (15) of [31] for an ingenious simplification.

ACKNOWLEDGEMENTS.

It is a pleasure to thank B. Danloy for early discussions of Freud's equations, and P. Nevai for his very careful and critical reading of the manuscript.

REFERENCES.

[1] D. BESSIS A new method in the combinatorics of the topological expansion. Commun. Math. Phys. *69*(1979)147-163.

[2] T.S. CHIHARA An Introduction to Orthogonal Polynomials. Gordon & Breach,NY,1978.

[3] B. DANLOY Construction of gaussian quadrature formulas for $\int_0^\infty e^{-x^2} f(x)dx$. NFWO-FNRS Meeting Leuven 20 Nov. 1975 (unpublished). Numerical construction

of orthonormal polynomials associated with an exponential weight function on a finite interval. To appear in J. Comp. Appl. Math.

[4] G. FREUD On the greatest zero of an orthogonal polynomial I Acta Sci. math. Szeged. *34*(1973)91-97. II *36*(1974)45-54.

[5] G. FREUD On the coefficients in the recursion formulae of orthogonal polynomials. Proc. Royal Irish Acad. *76A*(1976)1-6.

[6] J.P. GASPARD Personal communication.

[7] W. HAHN Über Orthogonalpolynome und Polynomketten mit Differentialgleichung. Bericht Nr. 29(1975) Matn.-Stat. Sektion Graz. Orthogonal polynomials satisfying linear functional equations, these Proceedings.

[8] E. HENDRIKSEN, H. van ROSSUM A Padé-type approach to non-classical orthogonal polynomials. J. Math. An. Appl. Semi-classical orthogonal polynomials, these Proceedings.

[9] E. LAGUERRE Sur la réduction en fractions continues d'une fraction qui satisfait à une équation différentielle linéaire du premier ordre dont les coefficients sont rationnels. J. de Math. *1*(1885)135-165 = Oeuvres II 685-711, Chelsea 1972.

[10] J.S. LEW, D.A. QUARLES Jr. Nonnegative solutions of a nonlinear recurrence. J. Approx. Th. *38*(1983)357-379.

[11] D.S. LUBINSKY Estimates of Freud-Christoffel functions for some weights with the whole real line as support. J. Approx. Th.

[12] D.S. LUBINSKY A weighted polynomial inequality. Proc. AMS *92*(1984)263-267.

[13] D.S. LUBINSKY On Nevai's bounds for orthogonal polynomials associated with exponential weights. Submitted to J. Approx. Th.

[14] D.S. LUBINSKY, A. SHARIF On the largest zeroes of orthogonal polynomials for certain weights. Math. Comp. *41*(1983)199-202.

[15] A.P. MAGNUS Riccati acceleration of Jacobi continued fractions and Laguerre-Hahn

orthogonal polynomials, pp. 213-230 in H. WERNER, H.J. BÜNGER editors : Padé Approximation and its Applications Bad Honnef 1983, Lecture Notes Math. 1071, Springer, Berlin 1984.

[16] A.P. MAGNUS On Freud's equations for exponential weights. Submitted to J. Approx. Th.

[17] A. MÁTÉ, P. NEVAI, J. ZASLAVSKY Asymptotic expansions of ratios of coefficients of orthogonal polynomials with exponential weights. Trans. AMS

[18] H.N. MHASKAR, E.B. SAFF Extremal problems for polynomials with exponential weights. Trans. AMS *285*(1984)203-234.

[19] H.N. MHASKAR, E.B. SAFF Where does the sup norm of a weighted polynomial live ? (A generalization of incomplete polynomials). Constructive Approx. *1*(1985)71-91 see also Bull. AMS *11*(1984)351-354.

[20] P. NEVAI Polynomials orthogonal on the real line with weight $|x|^{\alpha}e^{-|x|^{\beta}}$, I. Acta Math. Acad. Sci. Hung. *24*(1973)335-342 (in Russian).

[21] P. NEVAI Orthogonal polynomials associated with $\exp(-x^4)$. Canad. Math. Soc. Conf. Proc. *3*(1983)263-285. Asymptotics for orthogonal polynomials associated with $\exp(-x^4)$. SIAM J. Math. An. *15*(1984)1177-1187.

[22] P. NEVAI Two of my favorite ways of obtaining asymptotics for orthogonal polynomials, in P.L. BUTZER, R.L. STENS, B. SZ.-NAGY, editors : Functional Analysis and Approximation, ISNM 65 Birkhauser, Basel 1984 pp 417-436.

[23] P. NEVAI Exact bounds for orthogonal polynomials associated with exponential weights. J. Approx. Th.

[24] P. NEVAI, J.S. DEHESA On asymptotic average properties of zeros of orthogonal polynomials. SIAM J. Math. An. *10*(1979)1184-1192.

[25] E.A. RAKHAMANOV On asymptotic properties of polynomials orthogonal on the real axis. Math. USSR Sb. *47*(1984)155-193.

[26] H. van ROSSUM Systems of orthogonal and quasi orthogonal polynomials connected

with the Padé table III. Proc. Kon. Nederl. Akad. Wetensch. *A58*(1955)675-682.

[27] R. SHEEN Orthogonal polynomials associated with $\exp(-x^6/6)$. Ph. D.Ohio State. 1984

[28] J. SHOHAT A differential equation for orthogonal polynomials. Duke Math. J. *5*(1939)401-417.

[29] J.L. ULLMAN Orthogonal polynomials associated with an infinite interval. Michigan Math. J. *27*(1980)353-363; pp. 889-895 in E. CHENEY, editor : Approximation Theory III, Ac. Press, N.Y. 1980.

[30] E.P. O'REILLY, D. WEAIRE On the asymptotic form of the recursion method basis vectors for periodic Hamiltonians. J. Phys. A *17*(1984)2389-2397.

[31] P. NEVAI Orthogonal polynomials on infinite intervals. Rend. Sem. Mat. Univ. Politec. Torino.

Institut de Mathématique
Université Catholique de Louvain
chemin du Cyclotron, 2
1348 LOUVAIN-LA-NEUVE
BELGIUM

SOME REMARKS ON A RESULT OF LAGUERRE CONCERNING CONTINUED FRACTION SOLUTIONS OF FIRST ORDER LINEAR DIFFERENTIAL EQUATIONS

John McCabe
The Mathematical Institute
The University of St Andrews, Fife, Scotland.

1. Introduction

Lagrange, in 1776, was possibly the first to put forward a method of solving differential equations with the aid of continued fractions, ([3], but see Khovanskii [1], page 76). The continued fraction that is obtained corresponds to a series solution of the equation but the general term of the continued fraction is not always available.

Just over a century later Laguerre, [4], in taking a much different approach when considering a particular type of differential equation, obtained results which provide considerable information about the continued fraction solution.

Laguerre concerned himself with the following problem. Consider a function y(x) which satisfies the differential equation

$$W(x)y'(x) = 2V(x)y(x) + U(x), \qquad y' = \frac{dy}{dx} \tag{1}$$

where W, V and U are polynomials in x. For a (formal) solution of the equation he took a series in decreasing powers of x and then showed that y can be approximated by a sequence of rational functions and so by a continued fraction. Letting $A_n(x)$ and $B_n(x)$ be polynomials of degree n or less, Laguerre chose these polynomials such that

$$y(x) = \frac{A_n(x)}{B_n(x)} + \left(\frac{1}{x^{2n+1+\rho}}\right)$$

where ρ is a positive integer or zero. He then obtained differential-difference relations for the polynomials, including a second order differential equation for the denominator. The sequence of rational functions are Padé approximations for the series and the continued fraction representation is available from the three term recurrence relation for the denominator and numerator polynomials. In [6] Murphy and Drew provide a modified treatment of Laguerre's methods which expresses the continued fraction more clearly. Convergence properties of the continued fractions obtained by Laguerre's method are found in Perron [8]. Luke [5] applied Laguerre's results to the equation

$$x(cx + d)y'(x) = (Cx + D)y(x) - Cx$$

and obtained rational approximations with error estimates for several transcendental functions.

2. Laguerre's Theory

Analogous results to those obtained by Laguerre for continued fractions which correspond to the power series solution about the point at infinity can easily be obtained for continued fractions which correspond to series expansions about other points. Additionally the theory extends to continued fractions which correspond to two formal series solutions simultaneously.

Suppose that the algebraic continued fraction

$$y(x) = \frac{a_1(x)}{b_1(x)} + \frac{a_2(x)}{b_2(x)} + \frac{a_3(x)}{b_3(x)} + \frac{a_4(x)}{b_4(x)} + \frac{a_5(x)}{b_5(x)} + \ldots \tag{2}$$

is such that the nth convergent is a ratio of two polynomials of degree n or less and the fraction itself is a particular integral of the differential equation (1) in the sense that it corresponds to one or possibly two series expansions which formally satisfy the equation. The correspondence properties are not specified.

Denoting the nth convergent by $A_n(x)/B_n(x)$ and setting

$$y(x) = \frac{A_n(x)}{B_n(x)} + s(x)$$

in the differential equation yields

$$W(x)\{B_n(x)A_n'(x) - A_n(x)B_n'(x)\} - 2V(x)A_n(x)B_n(x) - U(x)B_n^2(x) = T_n(x). \tag{3}$$

The left hand side is clearly a polynomial and the form of the right hand side will depend on U, V and W and on the correspondence properties of the continued fraction. In Laguerre's work the right hand side is a single term in x^ν where ν is the degree of $\{W(x) - 2xV(x)\}/x^2$, and its coefficient will depend on n. In particular if W is quadratic and V is linear then $A_n(x)$ has no term in x^n, the series is of the form

$$\frac{b_1}{x} + \frac{b_2}{x^2} + \frac{b_3}{x^3} + \ldots \tag{4}$$

and $T_n(x)$ is a constant. If $W(0) = 0$ and if the continued fraction corresponds to (4) and to the ascending series solution

$$c_0 + c_1x + c_2x^2 + \ldots \tag{5}$$

then $T_n(x)$ is a single term in x^m, $0 \leqslant m \leqslant 2n$. The value of m will depend on how many terms of each series the convergent $A_n(x)/B_n(x)$ agrees with when expanded accordingly. If the correspondence is with (5) entirely then $m = 2n$, while if $A_n(x)/B_n(x)$ 'fits' n terms each of (4) and (5) then $m = n$. Whatever the value of m $T_n(x)$ can be written as

$$T_n(x) = C_n\{B_n(x)A_{n+1}(x) - A_n(x)B_{n+1}(x)\} \tag{6}$$

where C_n is a constant. This is so because

$$B_n(x)A_{n+1}(x) - A_n(x)B_{n+1}(x) = (-)^n a_1(x)....a_{n+1}(x) \tag{7}$$

and the partial numerators are either constants, multiples of x or multiples of x^2. Substituting for $T_n(x)$ in (3) from (6) and rearranging the terms then yields

$$\{C_nA_{n+1}(x) + U(x)B_n(x) + 2V(x)A_n(x) - W(x)A_n'(x)\}B_n(x)$$
$$= \{C_nB_{n+1}(x) - W(x)B_n'(x)\}A_n(x). \tag{8}$$

Since all the terms are polynomials each side of (8) can be equated to $G_n(x)A_n(x)B_n(x)$ where $G_n(x)$ is a linear factor. Thus

$$C_nB_{n+1}(x) = W(x)B_n'(x) + G_n(x)B_n(x)$$
$$C_nA_{n+1}(x) = W(x)A_n'(x) + G_n(x)A_n(x) - 2V(x)A_n(x) - U(x)B_n(x).$$

From these relations it is then possible to obtain the three-term recurrence relations for $A_n(x)$ and $B_n(x)$ and the differential equation satisfied by $B_n(x)$. These equations are similar whatever the value of m. For example when $m = 0$, n and 2n the differential equations are

$$W(x)u'' + \{W(x) + 2V(x)\}u' + K_0u = 0$$
$$W(x)u'' + \{W(x) + 2V(x) - nW(x)/x\}u' + K_1u = 0$$
$$W(x)u'' + \{W(x) + 2V(x) - 2nW(x)/x\}u' + K_2u = 0$$

in which K_0, K_1 and K_2 are dependent on n but not on x.

It is the equation (8) that is the mainspring of Laguerre's theory, all the differential-difference relations are derived from it. Under certain circumstances the equation (8) holds for continued fractions which do not necessarily correspond to either of the series solutions in ascending and descending powers of x.

Writing

$$y(x) = \frac{a_1(x)}{a_2(x)} + \ldots + \frac{a_n(x)}{b_n(x) + a_{n+1}(x)R_{n+1}(x)}$$

it follows that

$$y(x) - \frac{A_n(x)}{B_n(x)} = \frac{(-)^n a_1(x)\ldots a_n(x)a_{n+1}(x)R_{n+1}(x)}{B_n(x)\{B_n(x) + a_{n+1}(x)R_{n+1}(x)B_{n-1}(x)\}}.$$

Since

$$W(x)\frac{d}{dx}\{y(x) - A_n(x)/B_n(x)\} - 2V(x)\{y(x) - A_n(x)/B_n(x)\}$$

$$= \frac{U(x)B_n^2(x) + 2V(x)A_n(x)B_n(x) - W(x)\{B_n(x)A_n'(x) - A_n(x)B'(x)\}}{B_n^2(x)} \tag{9}$$

then, provided that the factors of $W(x)$ include any factor that appears in the product of the partial numerators, the right hand side of (9) is a multiple of $a_1(x).a_2(x)\ldots a_{n+1}(x)$. This product can again be replaced by $A_{n+1}(x)B_n(x) - B_{n+1}(x)A_n(x)$ to yield the equation (8) except that the constant C_n is possibly replaced by a polynomial. In the recurrence relations that follow the factor $G_n(x)$ will not necessarily be linear.

The differential equation that the polynomial $B_n(x)$ satisfies is derived from the relation

$$C_n(x)B_{n+1}(x) = W(x)B_n'(x) + G_n(x)B_n(x) \tag{10}$$

and the three term recurrence relation for the polynomials $B_n(x)$. It is easily seen that the function

$$e_n(x) = \{A_n(x) - B_n(x)y(x)\}\exp\left(\int^x \frac{-2V(t)}{W(t)}\,dt\right)$$

satisfies the three term recurrence relation because the integrating factor and $y(x)$ are independent of n. Following the path taken by Laguerre it can also be established that $e_n(x)$ satisfies (10), and hence $e_n(x)$ is a second solution of the second order differential equation for $B_n(x)$. The Wronskian of the two solutions $B_n(x)$ and $e_n(x)$ can be shown to be equal to

$$\frac{C_n(x)a_1(x).a_2(x)\ldots a_{n+1}(x)}{W(x)}\exp\left(-\int \frac{2V(x)}{W(x)}\,dx\right) \neq 0$$

and hence the solutions are linearly independent. The ratio of the two solutions thus provides an expression for the error $y(x) - A_n(x)/B_n(x)$.

3. Euler's Method

The relations and equations for $A_n(x)$ and $B_n(x)$, obtained by Laguerre before the continued fraction is yielded, are much easier to obtain if the continued fraction can be derived directly from the differential equation itself. In simple particular cases a continued fraction expansion may be obtained by the method of successive differentiation, or Euler's method.

As an example consider the equation

$$x(1+x)y'(x) + (\omega + \lambda x)y(x) = 1 \tag{11}$$

in which λ and ω are constants. Differentiating the equation r times yields

$$\frac{y^{(r)}(x)}{y^{(r-1)}(x)} = \frac{-r(r-1+\lambda)}{\left\{(r+\omega) + (2r+\lambda)x + x(1+x)\dfrac{y^{(r+1)}(x)}{y^{(r)}(x)}\right\}}$$

and hence, from (11), the continued fraction

$$y(x) = \frac{1}{\omega + \lambda x -}\ \frac{\lambda x(1+x)}{(1+\omega) + (2+\lambda)x -}\ \frac{2(1+\lambda)x(1+x)}{(2+\omega) + (4+\lambda)x - \ldots}. \tag{12}$$

This continued fraction corresponds simultaneously and equally to the series solutions of (11) about $x = 0$ and $x = -1$. The nth convergent is a ratio of polynomials of degrees $(n-1)$ and n respectively and 'fits' n terms of each series when expanded accordingly. The only factors in the partial numerators are x and $(1+x)$ and these are the factors of $W(x)$. Hence the above theory applies. Assuming the existence of the generating function

$$g(x,t) = \sum_{n=0}^{\infty} t^n B_n(x)/n!$$

for the denominators $B_n(x)$ then it is easily shown that

$$g(x,t) = \frac{(1-xt)^{\omega-\lambda}}{\{1-(1+x)t\}^{\omega}}$$

and from this the differential-difference relations

$$B_n'(x) = n(n-1+\lambda)x\, B_{n-1}(x)$$

$$B_{n+1}(x) = \{(n+\omega) + (2n+\lambda)x\}B_n(x) - x(1+x)B_n'(x)$$

is derived. Finally, the differential equation

$$x(1+x)B_n''(x) - \{(n+1-\omega) + (2n+2-\lambda)x\}B_n'(x) + n(n-1+\lambda)B_n(x) = 0.$$

The second solution of this equation is

$$\{A_n(x) - B_n(x)y(x)\}x^{\omega}(1+x)^{\lambda-\omega}.$$

By setting $\lambda = \omega = 1$ the expansion

$$\log_e(1+x) = \frac{x}{1+x} - \frac{x(1+x)}{2+3x} - \frac{4x(1+x)}{3+5x} - \frac{9x(1+x)}{4+7x} - \ldots$$

is obtained.

(In the complex plane cut along the real axis from -1 to infinity this expansion is valid when $R\ell\ x > -\frac{1}{2}$.) Other continued fractions can be obtained from the equation by Laguerre's method on Lagrange's method. For example the continued fraction that corresponds equally to the ascending series solution and the descending series solution of the equation (11) is

$$y(x) = \frac{1}{\omega + (\lambda-1)x} + \frac{(\omega+1-\lambda)x}{(\omega+1) + (\lambda-2)x} + \frac{2(\omega+2-\lambda)x}{(\omega+2) + (\lambda-3)x}. \tag{13}$$

The denominators of this continued fraction, expressed in hypergeometric form, are ${}_2F_1(-n,1-\lambda;\ 1-\omega-n;\ -x)$ while those of the continued fractions which correspond to the two series separately are ${}_2F_1(-n,1-\lambda-n;\ 1-\omega-2n;\ -x)$ and ${}_2F_1(-n,1-\lambda+n,1-\omega,-x)$. The latter is a multiple of the Jacobi polynomial $P_n^{(\omega-\lambda,-\omega)}(-1-2x)$ and the others are Jacobi polynomials whose parameters vary with the order of the polynomial.

4. Critical Lines

Ince [2] who studied the continued fractions obtained by successive differentiation of second order differential equations and then Norlund [7], in a general treatment of homogeneous linear differential equations, introduced the terms critical lines or barriers with regard to a phenomena that can occur when continued fractions are constructed to correspond to two series simultaneously. These lines in the complex plane, the positions of which depends on the singularities of the differential equation, divide the complex plane into regions in which the continued fraction may converge to different functions.

As an illustration, consider the differential equation (11) and the continued fraction (13) with x replaced by the complex variable z. The ascending series solution of (11) defines a function that is analytic inside the unit circle. This function can be analytically continued, for $|\arg(z-1)| < \pi$, into the region outside the unit circle and the descending series solution is a part of this analytic continuation. The value of the continued fraction jumps suddenly at the barrier formed by the unit circle. For example, if ω and λ are given the values 2 and -1 in the continued fraction (13) it becomes

$$\frac{1}{2-2z} + \frac{4z}{3-3z} + \dots + \frac{(r-1)(r+2)z}{(r+1)(1-z)} + \dots .$$

For $|z| < 1$ this continued fraction converges to $(1+z/3)/2$ while for $|z| > 1$ it will converge to $-(1+1/3z)/2z$. Clearly when $z=1$ the continued fraction diverges.

References

1. Khovanskii, A.N., The applications of continued fractions and their generalizations to problems in approximation theory. Translated by P. Wynn, Noordhoff 1963.

2. Ince, E.L., On continued fractions connected with the hypergeometric equation. Proc. Lond. Math. Soc., (2), Vol. 18, 1919, pp 236-248.

3. Lagrange, J.L., Sur l'usage des fractions continues dans le calcul intégral. Nouveaux mémoires Acad. Royale Sci. Belles. Lettres de Berlin, 1776, pp.236-264, and Oeuvres, Vol. IV, p. 301 ff.

4. Laguerre, E., Sur la réduction en fractions continues d'une fonction qui satisfait à une équation différentielle linéaire du premier ordre dont les coefficients sont rationels. Jour. math. pures et appl. (4) 1885, and Oeuvres, Vol. II, pp.685-711.

5. Luke, T.L., The Padé table and the τ method. Jour. Mathematics and Physics, Vol. 37, 1958, pp. 110-127.

6. Murphy, J.A. and Drew, D.M., 'Continued fraction solutions of linear differential equations'. Tech. Report 26, Brunel University 1973.

7. Norlund, N.E., 'Vorlesungen über Differenzenrechnung', Springer Verlag 1924.

8. Perron, O., 'Die Lehre von den Kettenbrüchen', Chelsea Publishing Company 1950.

Asymptotic expansion of Jacobi polynomials

H.G.Meijer
Department of Mathematics and Informatics
Delft University of Technology
Julianalaan 132
2628 BL Delft, The Netherlands

1. INTRODUCTION.

In this paper we study the asymptotic expansion of Jacobi polynomials starting from the integral representation

$$P_n^{(\alpha,\beta)}(x) = \tag{1.1}$$

$$\frac{2^{n+\alpha+\beta}\Gamma(\alpha+n+1)\Gamma(\beta+n+1)}{\pi\Gamma(\alpha+\beta+n+1)n!}\int_{-\pi/2}^{\pi/2}(x\cos\phi+i\sin\phi)^n.(\cos\phi)^{n+\alpha+\beta}e^{i(\beta-\alpha)\phi}d\phi.$$

This relation is a special case of a more general formula due to Koornwinder (see [1], formula (1.21), compare also [2], formula (3.19)). In an appendix we give a direct proof of (1.1).
As is usual (compare [4], Ch. VIII, XII) we make the transformation $x = \frac{z+z^{-1}}{2}$, where the z-plane is restricted to the set

$$\{z \,|\, |z| > 1\} \cup \{z \,|\, z = re^{i\phi},\ 0 \le \phi \le \pi\}.$$

With $z = e^{i\phi}$, $0 \le \phi \le \pi$, corresponds $x = \cos\phi \in [-1,1]$ and $|z| > 1$ implies $x \notin [-1,1]$. Since the asymptotic behaviour in the endpoints $x = \pm 1$ deviates from that in the other points, we always assume $x \neq \pm 1$, i.e. $z \neq \pm 1$.
We put

$$f(\phi) = \left(\frac{z+z^{-1}}{2}\cos\phi + i\sin\phi\right)\cos\phi, \tag{1.2}$$

or

$$f(\phi) = \tfrac{1}{2}\,\frac{z+z^{-1}}{2}(1+\cos 2\phi) + \tfrac{1}{2}\,i\sin 2\phi, \tag{1.3}$$

$$h(\phi) = \log f(\phi), \tag{1.4}$$

$$g(\phi) = (\cos\phi)^{\alpha+\beta}e^{i(\beta-\alpha)\phi}. \tag{1.5}$$

Then the integral in (1.1) becomes

$$\int_{-\pi/2}^{\pi/2} f(\phi)^n g(\phi)d\phi = \int_{-\pi/2}^{\pi/2} e^{nh(\phi)} g(\phi)d\phi. \tag{1.6}$$

We apply the saddlepoint method to (1.6) for $n \to \infty$. Since h is independent of α and β the saddlepoints and the paths of steepest descent are independent of α and β.
In section 2 we show that the path of integration in (1.6) can be replaced by a curve which is a combination of two or three paths of steepest descent throught different saddlepoints. This enables us in section 3 to derive an asymptotic expansion for $P_n^{\alpha,\beta}(x)$ for $n \to \infty$ in functions of the form

$$\frac{\Gamma(\alpha+n+1)\Gamma(\beta+n+1)}{\Gamma(\alpha+\beta+n+1)\Gamma(n+k+3/2)} \qquad k = 0,1,2,...$$

where the coefficients are explicitely given functions of z.

2. PATHS OF STEEPEST DESCENT.

The saddlepoints in (1.6) follow from $h'(\phi) = 0$, i.e. by (1.4) $f'(\phi) = 0$ and then (1.3) implies

$$-\frac{z+z^{-1}}{2} \sin 2\phi + i\cos 2\phi = 0.$$

We obtain

$$\phi = \frac{i}{2} \log\left(\frac{1+z^{-1}}{1-z^{-1}}\right) + \frac{k\pi}{2} \quad , \quad k \in \mathbb{Z} .$$

(The log and all other multi-valued functions in this paper denote their principal values). By ϕ_0 we denote the principal saddlepoint

$$\phi_0 = \frac{i}{2} \log \left(\frac{1+z^{-1}}{1-z^{-1}}\right) . \tag{2.1}$$

We observe :

1. if $|z| = 1$, then $\mathrm{Re}\ \phi_0 = \frac{\pi}{4}$;

2. if $|z| > 1$, then $-\frac{\pi}{4} < \mathrm{Re}\ \phi_0 < \frac{\pi}{4}$.

Furthermore we put

$$\phi_1 = \frac{i}{2} \log \left(\frac{1+z}{1-z}\right) . \tag{2.2}$$

Then $\phi_0 - \phi_1 = \pm\frac{\pi}{2}$ and ϕ_1 is another saddlepoint with $-\frac{\pi}{2} \leq \text{Re}\,\phi_1 < \frac{\pi}{2}$.
In particular $|z| = 1$ gives $\text{Re}\,\phi_1 = -\frac{\pi}{4}$.
We note that z real implies $\text{Re}\,\phi_0 = 0$, $\text{Re}\,\phi_1 = \frac{-\pi}{2}$. For this case we introduce $\phi_2 = \phi_1 + \pi$, so that $\text{Re}\,\phi_2 = \frac{\pi}{2}$. Since, by (1.3), f is periodic mod.π, ϕ_2 is a saddlepoint of same type as ϕ_1.

Zeros of f.
The zeros of f are singular points of h (see (1.4)). By (1.2) they follow from $\cos\phi = 0$ and $\frac{z+z^{-1}}{2}\cos\phi + i\sin\phi = 0$.
This yields

$$\phi = \frac{\pi}{2} + k\pi \text{ and } \phi = i\log\left(\frac{1+z^{-1}}{1-z^{-1}}\right) + \frac{\pi}{2} + k\pi\ ,\ k \in \mathbb{Z}\ .$$

We observe that the zeros of f are symmetric relative to ϕ_0 and ϕ_1.

Path of steepest descent through ϕ_0.
Under the substitution $\phi = \phi_0 + \psi$ we obtain from (1.3) and (2.1)

$$f(\phi) = \frac{z}{2}\left[1 - (1-z^{-2})\sin^2\psi\right]\ .$$

The path of steepest descent C_0 through ϕ_0 is given by $\text{Im}\,h = \text{Arg}\,f =$ constant, while $\text{Re}\,h = \log|f|$ has to descent. This implies

$$f(\phi) = (1-s^2)f(\phi_0)\ ,\ \text{with } 0 \leq s^2 < s_1^2 \leq 1.$$

This equals

$$\sin\psi = s(1-z^{-2})^{-\frac{1}{2}}\ ,\ -s_1 < s < s_1.$$

Put

$$\tau = (1-z^{-2})^{-\frac{1}{2}} \tag{2.3}$$

then C_0 is given by

$$\sin\psi = s\tau\ ,\ -s_1 < s < s_1. \tag{2.4}$$

In general $s_1 = 1$. Since $s = \pm 1$ is a zero of f the path C_0 runs between two zeros of f.
In the special case τ is real and $\tau > 1$ the variable s has to be restricted to $-\tau^{-1} < s < \tau^{-1}$, since +1 and -1 are singular points of the function $w \to \arcsin w$. This special case occurs when z is real. Then ψ

runs through the interval $\frac{-\pi}{2} < \psi < \frac{\pi}{2}$ and C_0 is the interval $(\phi_0 - \frac{\pi}{2}, \phi_0 + \frac{\pi}{2})$. We remark that $\phi_0 - \frac{\pi}{2} = \phi_1$ and $\phi_0 + \frac{\pi}{2} = \phi_2$ are saddlepoints of type ϕ_1.
Write $\psi = u + iv$ and $\tau = \alpha + \beta i$, then (2.4) implies

$$\begin{cases} \sin u \cosh v = s\alpha \\ \cos u \sinh v = s\beta \end{cases} \quad -s_1 < s < s_1 . \tag{2.5}$$

From $|z| \geq 1$ it follows $\mathrm{Re}\ \tau^2 = \mathrm{Re}(1 - z^{-2})^{-1} \geq \frac{1}{2}$, hence $\alpha^2 - \beta^2 \geq \frac{1}{2}$. Then $\alpha > 0$ and $\alpha > |\beta|$. We conclude that C_0 is a part of the curve

$$\operatorname{cotan} u \tanh v = \frac{\beta}{\alpha} \text{ , with } |\frac{\beta}{\alpha}| < 1. \tag{2.6}$$

The tangent to (2.6) in $(u,v) = (0,0)$ is the line $v = \frac{\beta}{\alpha} u$. If $\beta \neq 0$ the curve (2.6) has two asymptotes : the lines $\tan u = \pm \frac{\alpha}{\beta}$.

Path of steepest descent through ϕ_1.
The path of steepest descent C_1 through ϕ_1 can be found in the following way.
From (2.1) and (2.2) it follows that the transformation $z \to z^{-1}$ transforms ϕ_0 in ϕ_1, while (1.3) implies that f is invariant under this transformation . This implies that the substitution $\phi = \phi_1 + \psi$ gives C_1 in the form, compare (2.4) and (2.3),

$$\sin\psi = s\sigma \text{ , } -1 < s < 1 \text{ ,} \tag{2.7}$$

with

$$\sigma = (1-z^2)^{-\frac{1}{2}} = \alpha_1 + i\beta_1. \tag{2.8}$$

[We remark that if σ is real, then $0 < \sigma \leq \frac{1}{2}\sqrt{2}$, so that the range for s always is the interval (-1,1)].
Write as above $\psi = u + iv$, then (2.7) gives

$$\begin{cases} \sin u \cosh v = s\alpha_1 \\ \cos u \sinh v = s\beta_1 \end{cases} \quad -1 < s < 1. \tag{2.9}$$

From $\tau^2 + \sigma^2 = 1$ it follows $\alpha\beta = -\alpha_1\beta_1$. We recall $\alpha > 0$, so $\beta \neq 0$ implies $\alpha_1 \neq 0$, $\beta_1 \neq 0$. Moreover the slope of the tangent $v = \frac{\beta_1}{\alpha_1} u$ in (0,0) to (2.9) has opposite sign to the slope of the tangent $v = \frac{\beta}{\alpha} u$ in (0,0) to (2.5).

Replacing the path of integration.

We show that the path of integration $[-\frac{\pi}{2},\frac{\pi}{2}]$ in (1.1) can be replaced by a curve in the complex ϕ-plane, which is a combination of paths of steepest descent. We distinguish two cases.

I. z is not real. Then it follows from (2.1) that $\mathrm{Re}\,\phi_0 \neq 0$. Let C_0 and C_1 denote the path of steepest descent through ϕ_0 respectively ϕ_1. Suppose $\mathrm{Re}\,\phi_0 > 0$, so that $-\frac{\pi}{2} < \mathrm{Re}\,\phi_1 < 0$. Then C_1 connects $\phi = -\frac{\pi}{2}$, zero of f, with a zero, say Z, at the other side of ϕ_1. On the other hand C_0 connects Z with $\phi = \frac{\pi}{2}$, which is also a zero of f.
We replace the path of integration $[-\frac{\pi}{2},\frac{\pi}{2}]$ by $C_1 \cup C_0$.
If $\mathrm{Re}\,\phi_0 < 0$ the roles of C_0 and C_1 are interchanged.
In the special case $x \in (-1,1)$, i.e. $|z| = 1$, we saw that $\mathrm{Re}\,\phi_0 = \frac{\pi}{4}$, $\mathrm{Re}\,\phi_1 = -\frac{\pi}{4}$. Then C_0 and C_1 are symmetric relative to the imaginary axis.

II. z is real, i.e. $x \in (-\infty,-1) \cup (1,\infty)$. Then $\mathrm{Re}\,\phi_0 = 0$, $\mathrm{Re}\,\phi_1 = -\frac{\pi}{2}$ and $\mathrm{Re}\,\phi_2 = \frac{\pi}{2}$. Now τ in (2.3) is real, $\tau > 1$, and C_0 is the interval $(\phi_0 - \frac{\pi}{2},\phi_0 + \frac{\pi}{2}) = (\phi_1,\phi_2)$. Moreover σ in (2.8) is pure imaginary, i.e. $\alpha_1 = 0$. Then the paths of steepest descent (2.9) through ϕ_1 and ϕ_2 reduce to

$$\begin{cases} u = 0 \\ \sinh v = s\beta_1 \end{cases} \qquad -1 < s < 1.$$

We replace the path of integration $[-\frac{\pi}{2}, \frac{\pi}{2}]$ by the curve consisting of the three linesegments $[-\frac{\pi}{2},\phi_1],[\phi_1,\phi_2],[\phi_2, \frac{\pi}{2}]$. The second segment is C_0, the path of steepest descent through ϕ_0 ; the first and the last segments are one branch of the paths of steepest descent through ϕ_1 respectively ϕ_2.

3. A COMPLETE EXPANSION.

We start from the integral representation (1.1), where the path of integration is replaced by the curve consisting of paths of steepest descent described in section 2. In order to determine the contribution of the integral over C_0, the path of steepest descent through ϕ_0, we make the substitution $\phi = \phi_0 + \psi$. Then the contribution of the integral over C_0 becomes

$$\frac{2^{\alpha+\beta}\Gamma(\alpha+n+1)\Gamma(\beta+n+1)}{\pi\Gamma(\alpha+\beta+n+1)n!}\; z^n(1 - z^{-1})^{-\alpha}(1 + z^{-1})^{-\beta} I, \tag{3.1}$$

where

$$I = \int_{C_0} (1 - \tau^{-2}\sin^2\psi)^n (\cos\psi - \tfrac{i}{z}\sin\psi)^{\alpha+\beta} e^{i\psi(\beta-\alpha)} d\psi.$$

With $\sin\psi = u$ we obtain by (2.4)

$$I = \int_{-s_1\tau}^{s_1\tau} (1 - \tau^{-2}u^2)^n w(u)du$$

where

$$w(u) = \left\{\sqrt{1-u^2} - \tfrac{i}{z}u\right\}^{\alpha+\beta} \left\{\sqrt{1-u^2} + iu\right\}^{\beta-\alpha} \left\{1-u^2\right\}^{-\frac{1}{2}}. \tag{3.2}$$

Suppose w has Taylor expansion

$$w(u) = \sum_{k=0}^{\infty} c_k u^k.$$

We have

$$I = \int_{-s_1}^{s_1} (1-s^2)^n w(\tau s)\tau ds, \tag{3.3}$$

from which it follows, compare [3], ch.7,

$$I \sim \sum_{k=0}^{\infty} c_{2k}\tau^{2k+1} \int_{-1}^{+1} (1-s^2)^n s^{2k} ds \quad \text{for } n \to \infty,$$

or

$$I \sim \sum_{k=0}^{\infty} c_{2k}\tau^{2k+1} \frac{n!\,\Gamma(k+\frac{1}{2})}{\Gamma(n+k+3/2)} \qquad \text{for } n \to \infty. \tag{3.4}$$

Write

$$\psi_k(n) = \Gamma(k+\tfrac{1}{2}) \frac{\Gamma(\alpha+n+1)\Gamma(\beta+n+1)}{\Gamma(\alpha+\beta+n+1)\Gamma(n+k+3/2)}.$$

Then we obtain from (3.1) and (3.4) that the asymptotic expansion of the integral over C_0 is

$$\frac{2^{\alpha+\beta}}{\pi} z^n (1-z^{-1})^{-\alpha}(1+z^{-1})^{-\beta} \sum_{k=0}^{\infty} c_{2k}\tau^{2k+1} \psi_k(n) \quad \text{for } n \to \infty. \tag{3.5}$$

The coefficients c_{2k}.
From (3.2) we obtain

$$w(u) = (1-u^2)^{\beta-\frac{1}{2}} \left\{1 - \frac{iu}{z\sqrt{1-u^2}}\right\}^{\alpha+\beta} \left\{1 + \frac{iu}{\sqrt{1-u^2}}\right\}^{\beta-\alpha} =$$

$$\sum_{j=0}^{\infty} \sum_{l=0}^{\infty} \binom{\alpha+\beta}{j}\binom{\beta-\alpha}{l}\left(\frac{-1}{z}\right)^j i^{j+l}\, u^{j+l}(1-u^2)^{\beta-\frac{1}{2}l-\frac{1}{2}j-\frac{1}{2}} =$$

$$\sum_{j=0}^{\infty} \sum_{l=0}^{\infty} \sum_{m=0}^{\infty} \binom{\alpha+\beta}{j}\binom{\beta-\alpha}{l}\binom{\beta-\frac{1}{2}l-\frac{1}{2}j-\frac{1}{2}}{m}\left(\frac{-1}{z}\right)^j i^{j+l}(-1)^m\, u^{j+l+2m}.$$

This yields

$$c_{2k} = (-1)^k \sum_{j=0}^{2k} \binom{\alpha+\beta}{j}\left(\frac{-1}{z}\right)^j \sum_{m=0}^{k-j/2} \binom{\beta-\alpha}{2k-j-2m}\binom{\beta+m-k-\frac{1}{2}}{m}.$$

The last sum equals

$$\sum_{m=0}^{k-j/2} (-1)^m \binom{\beta-\alpha}{2k-j-2m}\binom{-\beta+k-\frac{1}{2}}{m}, \tag{3.6}$$

which is the coefficient of x^{2k-j} in

$$(1+x)^{\beta-\alpha}(1-x^2)^{-\beta+k-\frac{1}{2}} = (1+x)^{-\alpha+k-\frac{1}{2}}(1-x)^{-\beta+k-\frac{1}{2}}. \tag{3.7}$$

Then (3.6) can be replaced by the more symmetric form

$$\sum_{m=0}^{2k-j} (-1)^m \binom{-\alpha+k-\frac{1}{2}}{2k-j-m}\binom{-\beta+k-\frac{1}{2}}{m}. \tag{3.8}$$

We have obtained

$$c_{2k} = (-1)^k \sum_{j=0}^{2k} \binom{\alpha+\beta}{j}\left(\frac{-1}{z}\right)^j \sum_{m=0}^{2k-j} (-1)^m \binom{-\alpha+k-\frac{1}{2}}{2k-j-m}\binom{-\beta+k-\frac{1}{2}}{m}.$$

In order to determine the contribution of the integral over C_1, the path of steepest descent through ϕ_1, we recall that (2.1) and (2.2) imply that the transformation $z \to z^{-1}$ transforms ϕ_0 in ϕ_1. Moreover f and g in (1.3) and (1.5) are invariant under this transformation. Hence the contribution of the integral over C_1 equals (3.5) with z replaced by z^{-1}.

For $|z| \gg 1$, obviously, the contribution of the integral over C_1 is of

lower order than that over C_0. For $|z| = 1$ the contributions are complex conjugated.
We have found the following result.

THEOREM.

1. If $|z| > 1$, i.e. $x = \frac{1}{2}(z + z^{-1}) \notin [-1,1]$, then

$$P_n^{(\alpha,\beta)}(x) \sim \frac{2^{\alpha+\beta}}{\pi} z^n(1 - z^{-1})^{-\alpha}(1 + z^{-1})^{-\beta} \sum_{k=0}^{\infty} c_{2k}(1 - z^{-2})^{-k-\frac{1}{2}}\psi_k(n)$$

for $n \to \infty$,

where

$$\psi_k(n) = \Gamma(k + \tfrac{1}{2}) \frac{\Gamma(\alpha+n+1)\Gamma(\beta+n+1)}{\Gamma(\alpha+\beta+n+1)\Gamma(n+k+3/2)} ,$$

$$c_{2k} = (-1)^k \sum_{j=0}^{2k} \binom{\alpha+\beta}{j}\left(\frac{-1}{z}\right)^j \sum_{m=0}^{2k-j} (-1)^m\binom{-\alpha+k-\frac{1}{2}}{2k-j-m}\binom{-\beta+k-\frac{1}{2}}{m}.$$

2. If $x = \cos\phi \in (-1,1)$, then

$$P_n^{(\alpha,\beta)}(\cos\phi) \sim \frac{2}{\pi(\sin\frac{\phi}{2})^{\alpha}(\cos\frac{\phi}{2})^{\beta}} \sum_{k=0}^{\infty} a_{2k} \frac{\psi_k(n)}{(2\sin\phi)^{k+\frac{1}{2}}} \qquad \text{for } n \to \infty,$$

where

$$a_{2k} = (-1)^k \sum_{j=0}^{2k} (-1)^j \binom{\alpha+\beta}{j} \sum_{m=0}^{2k-j} (-1)^m\binom{-\alpha+k-\frac{1}{2}}{2k-j-m}\binom{-\beta+k-\frac{1}{2}}{m}.$$

$$\cos\left\{(n-j+k+\frac{\alpha+\beta+1}{2})\phi - \frac{\pi}{2}(\alpha+k+\tfrac{1}{2})\right\}.$$

Gegenbauer-polynomials.
If $\alpha = \beta = \lambda - \frac{1}{2}$, then (3.7) reduces to $(1 - x^2)^{-\lambda+k}$, so that the sum (3.8) equals zero if j is odd and $(-1)^{k-j/2}\binom{-\lambda+k}{k-j/2}$ if j is even.
Hence for

$$P_n^{(\lambda)}(x) = \frac{\Gamma(\lambda+\frac{1}{2})}{\Gamma(2\lambda)} \frac{\Gamma(n+2\lambda)}{\Gamma(n+\lambda+\frac{1}{2})} P_n^{(\lambda-\frac{1}{2},\lambda-\frac{1}{2})}(x)$$

the theorem reads as follows.

1. If $|z| > 1$, then

$$P_n^{(\lambda)}(x) \sim \frac{z^n}{\sqrt{\pi}} \sum_{k=0}^{\infty} c_{2k}(1-z^{-2})^{-k-\lambda}\tilde{\psi}_k(n) \text{ for } n \to \infty,$$

where

$$\tilde{\psi}_k(n) = \frac{\Gamma(k+\frac{1}{2})}{\Gamma(\lambda)} \cdot \frac{\Gamma(n+\lambda+\frac{1}{2})}{\Gamma(n+k+3/2)},$$

$$c_{2k} = \sum_{j=0}^{k} (-1)^j \binom{2\lambda-1}{2j}\binom{-\lambda+k}{k-j} \frac{1}{z^{2j}} .$$

2. If $x = \cos\phi \in (-1,1)$, then

$$P_n^{(\lambda)}(\cos\phi) \sim \frac{2}{\sqrt{\pi}} \sum_{k=0}^{\infty} a_{2k} \frac{\tilde{\psi}_k(n)}{(2\sin\phi)^{k+\lambda}} \quad \text{for } n \to \infty,$$

where

$$a_{2k} = \sum_{j=0}^{k} (-1)^j \binom{2\lambda-1}{2j}\binom{-\lambda+k}{k-j} \cos\left\{(n-2j+k+\lambda)\phi - \frac{\pi}{2}(\lambda+k)\right\}.$$

Remark . If $\lambda \in \mathbb{Z}^+$, then $a_{2k} = 0$ for $k \geq \lambda$.

Legendre-polynomials.

1. For $\alpha = \beta = 0$ the theorem reduces to

1. If $|z| > 1$, then

$$P_n(x) \sim \frac{z^n}{\pi} \sum_{k=0}^{\infty} (-1)^k \binom{-\frac{1}{2}}{k}(1-z^{-2})^{-k-\frac{1}{2}} \frac{\Gamma(k+\frac{1}{2})n!}{\Gamma(n+k+3/2)} \quad \text{for } n \to \infty.$$

2. If $x = \cos\phi \in (-1,1)$, then

$$P_n(\cos\phi) \sim \frac{2}{\pi} \sum_{k=0}^{\infty} (-1)^k \binom{-\frac{1}{2}}{k} \frac{\Gamma(k+\frac{1}{2})n!}{\Gamma(n+k+3/2)} \frac{\cos\{(n+k+\frac{1}{2})\phi - \frac{\pi}{2}(k+\frac{1}{2})\}}{(2\sin\phi)^{k+\frac{1}{2}}}$$

$$\text{for } n \to \infty.$$

The last result is due to Stieltjes, see [4], theorem 8.21.5. We remark that the substitution $s^2 = 1-t$, $z = e^{i\phi}$ transforms (3.3) for $\alpha = \beta = 0$ in

$$I = -ie^{i\phi} \int_0^1 t^n(1-t)^{-\frac{1}{2}}(1-te^{2i\phi})^{-\frac{1}{2}}dt.$$

Hence

$$P_n(\cos\phi) = \frac{2}{\pi} \operatorname{Im} e^{(n+1)\phi} \int_0^1 t^n(1-t)^{-\frac{1}{2}}(1-te^{2i\phi})^{-\frac{1}{2}}dt,$$

the integral representation of Stieltjes, compare [4], (4.8.17).

APPENDIX.

We thank dr. van Haeringen for the following direct proof of formula (1.1).

The integral representation of the hypergeometric function implies

$$ {}_2F_1(-n,b;c;z) = \frac{\Gamma(c)}{\Gamma(b)\Gamma(c-b)} \int_0^1 t^{b-1}(1-t)^{c-b-1}(1-tz)^n dt. $$

for $b > 0$, $c-b > 0$, $c \neq 0,-1,-2,\ldots$.

From this relation one obtains for $b > 0$,

$$ \int_{|t-1|=1} t^{b-1}(t-1)^{c-b-1}(1-tz)^n dt = $$

$$ 2i\sin(1-c+b)\pi \, \frac{\Gamma(b)\Gamma(c-b)}{\Gamma(c)} \, {}_2F_1(-n,b;c;z) = $$

$$ 2\pi i \, \frac{\Gamma(b)}{\Gamma(c)\Gamma(1-c+b)} \, {}_2F_1(-n,b;c;z). $$

Subsequently the hypergeometric representation of $P_n^{(\alpha,\beta)}(x)$ yields for $\alpha + \beta > -n-1$,

$$ P_n^{(\alpha,\beta)}(x) = \frac{\Gamma(\alpha+n+1)}{\Gamma(\alpha+1)n!} \, {}_2F_1\left(-n,n+\alpha+\beta+1 \; ; \; \alpha+1; \; \frac{1-x}{2}\right) = $$

$$ \frac{\Gamma(\alpha+n+1)\Gamma(\beta+n+1)}{\Gamma(\alpha+\beta+n+1)n!} \, \frac{1}{2\pi i} \int_{|t-1|=1} t^{n+\alpha+\beta}(t-1)^{-n-\beta-1}\left(1 - \frac{1-x}{2}t\right)^n dt. $$

Finally the substitution $t = 1 + e^{-2i\phi}$ gives (1.1).

REFERENCES.

1. P.C.Greiner & T.H.Koornwinder : Variations on the Heisenberg spherical harmonics, Report ZW 186/83, Stichting Mathematisch Centrum, 1983
2. T.H.Koornwinder : Matrix elements of irreducible representations of SU(2)xSU(2) and vector-valued orthogonal polynomials, Report ZW 180/82, Stichting Mathematisch Centrum, 1982 ; to appear SIAM Journal.
3. H.A.Lauwerier : Asymptotic Analysis , Mathematical Centre Tracts 54, 1974.
4. G.Szegö : Orthogonal polynomials, A.M.S. Colloquium Publ. XXIII, 4e ed., 1975.

REPRESENTATION THEOREMS FOR SOLUTIONS OF THE HEAT EQUATION AND A NEW METHOD FOR OBTAINING EXPANSIONS IN LAGUERRE AND HERMITE POLYNOMIALS

Jet Wimp, Department of Mathematics & Computer Science
Drexel University, Philadelphia, PA 19104

1. *Representation theorems for solutions of the heat equation*

The polynomial sets defined by

$$h_\nu(x,t) = \nu! \sum_{k=0}^{[\nu/2]} \frac{x^{\nu-2k}\, t^k}{(\nu-2k)!\; k!}$$

$$= (-t)^{\nu/2}\, H_\nu(x/\sqrt{-4t}),\ \nu = 0,1,2,\cdots,$$

and

$$v_{\mu,\nu}^{\ c}(r,\theta,t) = \frac{\mu!\ \nu!}{(\mu+\nu)!}\, t^\mu\, r^\nu \cos(\nu\theta)\, L_\mu^\nu\left(\frac{-r^2}{4t}\right),$$

$$v_{\mu,\nu}^{\ s}(r,\theta,t) = \frac{\mu!\ \nu!}{(\mu+\nu)!}\, t^\mu\, r^\nu \sin(\nu\theta)\, L_\mu^\nu\left(\frac{-r^2}{4t}\right),$$

$$\mu,\nu = 0,1,2,\cdots.$$

where

$$x = r\cos\theta,\ y = r\sin\theta,$$

turn out to be of fundamental importance in representing analytic solutions of the heat equation in two space variables,

$$\frac{\partial^2 u}{\partial x^2} + \frac{\partial^2 u}{\partial y^2} = \frac{\partial u}{\partial t}.$$

(In this paper we assume all solutions discussed are real for x,y,t real.)

If u is a solution of the heat equation, then, under suitable conditions, the following expansions hold:

$$u(r,\theta,t) = \sum_{\mu,\nu} a_{\mu\nu}\, v_{\mu\nu}^{\ c}(r,\theta,t) + b_{\mu\nu}\, v_{\mu\nu}^{\ s}(r,\theta,t), \tag{A}$$

$$u(x,y,t) = \sum_{\mu,\nu} c_{\mu\nu}\, h_\mu(x,t)\, h_\nu(y,t). \tag{B}$$

It is an amazing fact, as established in [1], that only the behavior of u on the plane $\bar{z}=0$ (where $z = x+iy$, $\bar{z} = x-iy$, and x and y are considered independent complex variables) or at t=0, suffices to determine the coefficients in either (A) or (B). The cited reference gives three representation theorems.

Theorem 1. Let $U(z,\bar{z},t) = u(x,y,t)$ be a real-valued solution of the heat equation defined in $x^2 + y^2 < a^2$, $|t| < t_0$ such that for each fixed (x,y) in the disk $x^2+y^2<a^2$ u(x,y,t) is an analytic function of t in the disk $|t|<t_0$. Then u is uniquely determined by the function $U(z,0,t)$.

Theorem 2. Let u be a real-valued solution of the heat equation satisfying the hypotheses of Theorem 1. Then u is uniquely determined by its value at t=0.

Theorem 3. Let u be a real-valued solution of the heat equation satisfying the hypotheses of Theorem 1. Then u can be represented as in (A), where the series is absolutely and uniformly convergent on compact subsets of $x^2+y^2<a^2$, $|t|<t_0$.

The work of Widder [9] can be used to show that (B) holds uniformly on compact subsets of $-\infty<x, y<\infty$, $|t|<|t_0|$, provided u(x,y,0) does not grow too rapidly.

The above results were used in [1] to obtain an interesting generalization of Feldheim's formula [4,v.2,195(32)],

$$r^{2p}\cos(2p\theta)\, L_m^{2p}(r^2) = \frac{(-1)^m}{m!4^{p+m}} \sum_{k=0}^{p+m} c_k\, H_{2k}(x)\, H_{2p+2m-2k}(y),$$

and an inversion of this formula,

$$H_{2p}(x)\, H_{2q}(y) = (2p)!(2q)!(-1)^p \sum_{k=0}^{p+q} \epsilon_{2p+2q-2k}\, d_k\, r^{2p+2q-2k}$$

$$\times \cos\left[(2p+2q-2k)\theta\right] L_k^{2p+2q-2k}(r^2),$$

where

$$c_k := \sum_{j=0}^{k} (-1)^{p+j} \binom{2p}{2j} \binom{m}{k-j},$$

$$d_k := \frac{(-1)^k(2p+2q-2k)!}{(2p+2q-k)!} \sum_{j=0}^{k} \binom{k}{j} \frac{(-1)^j}{(2p-2j)!(2q-2k+2j)!},$$

p,q,m are integers, and ϵ_k is the Fourier coefficient

$$\epsilon_k := \begin{cases} 1, & k=0, \\ 2, & k\ 0. \end{cases}$$

In applying the above results, the following formulas are useful:

$$v_{\mu\nu}^{(c,s)}\Big|_{t=0} = \frac{\nu!\, r^{\nu+2}}{4^\mu(\mu+\nu)!} (\cos\nu\theta,\ \sin\nu\theta); \tag{A1}$$

$$v_{\mu\nu}^{c}(r,\theta,t)\Big|_{\bar{z}=0} = \frac{1}{2} z^\nu\, t^\mu\, (1+\delta_{\nu 0});$$

$$v_{\mu\nu}^{s}(r,\theta,t)\Big|_{\bar{z}=0} = \frac{1}{2i} z^\nu\, t^\mu\, (1-\delta_{\nu 0}); \tag{A2}$$

$$h_\mu(x,t)\, h_\nu(y,t)\Big|_{t=0} = x^\mu\, y^\nu; \tag{B1}$$

$$h_\mu(x,t)\, h_\nu(y,t)\Big|_{\bar{z}=0} = \frac{\mu!\,\nu!}{2^{\mu+\nu}\, i^\nu} \sum_{r=0}^{[\frac{\mu}{2}]+[\frac{\nu}{2}]} \epsilon_r\, 4^r\, t^r\, z^{\mu+\nu-2r}$$

$$e_r := \sum_{j=0}^{r} \frac{(-1)^j}{(\nu-2j)!\; j!\; (\mu+2j-2r)!\; (r-j)!} \;. \tag{B2}$$

We give an example of expansion (B). Let

$$u(x,y,t) = e^{-\lambda^2 t} \cos(n\theta)\, J_n(\lambda r),$$

$$\theta = \arccos(x/r),\; r = \sqrt{x^2+y^2}.$$

Let n=2p be even and, temporarily, p>0. Then

$$\cos(2p\theta) = (-1)^p \sum_{m=0}^{p} \frac{(-p)_m (p)_m}{(1/2)m\; m!}\, x^{2m}\, (x^2+y^2)^{-m}.$$

Expanding the Bessel function and selecting the coefficient of $x^{2\mu}y^{2\nu}$ in the product yields the expansion

$$e^{-\lambda^2 t} \cos(2p\theta)\, J_{2p}(\lambda \sqrt{x^2+y^2}) = \sum_{\mu+\nu\geq p} d_{\mu\nu}\, H_{2\mu}\!\left(\frac{x}{\sqrt{-4t}}\right) H_{2\nu}\!\left(\frac{y}{\sqrt{-4t}}\right),$$

$$d_{\mu\nu} = \frac{\left(\frac{t\,\lambda^2}{4}\right)^{\mu+\nu}}{(\mu+\nu+p)!\; \mu!\; \nu!} \sum_{m=0}^{p} \frac{(-p)_m (p)_m (-1)^m\, (-\mu)_m\, (\nu+\mu+1-p)_{p-m}}{m!\; (1/2)_m}$$

This expansion also holds when p=0, and a similar one can be derived for n odd. Letting $\lambda \to 0$ produces a curious expansion:

$$\cos(2p\theta)(-r^2)^p = t^p \sum_{\nu=0}^{p} \binom{p}{\nu} \frac{(1/2-p)_\nu}{(1/2)_\nu}\, H_{2p-2\nu}\!\left(\frac{x}{\sqrt{-4t}}\right)\; H_{2\nu}\!\left(\frac{y}{\sqrt{-4t}}\right),\quad \begin{array}{l} x = r\cos\theta, \\ y = r\sin\theta. \end{array}$$

The variable t plays essentially the role of a free parameter in the above expansion; A large class of such expansions follows immediately from the previous theory, for, let u(x,y) be any solution of Laplace's equation with Taylor series

$$u(x,y) = \sum_{\mu,\nu} c_{\mu\nu}\, x^\mu\, y^\nu, \qquad -\infty < x,y < \infty;$$

Then also

$$u(x,y) = \sum_{\mu,\nu} c_{\mu\nu}\, h_\mu(x,t)\, h_\nu(y,t),$$

wherever the later converges.

As an example, let $u = \mathrm{Re}\, \exp z^2$. Then we obtain

$$e^{x^2-y^2} \cos(2xy) = \sum_{\mu,\nu} \frac{(-1)^\nu\, (1/2)_{\mu+\nu}}{\mu!\nu!(1/2)_\mu (1/2)_\nu}\, h_{2\mu}(x,t)\, h_{2\nu}(y,t)\;,$$

which converges uniformly on compact subsets of (complex) (x,y,t) space.

The use of these kinds of representation theorems for the solutions of partial differential equations is not new. Henrici [5,6] did it for the axially bisymmetric wave equation to obtain expansions in Jacobi polynomials. However, the number of expansions he could obtain this way was rather small, since the equation is specialized and the number of known explicit solutions few. The heat equation has a large number of explicit solutions. As a matter of fact, if $g(x,t)$ is any solution of the heat equation in one space variable, then $g(x,t)xg(y,t)$ is a solution of the equation in two space variables. Furthermore, the symmetry group of the equation is quite large and, as we shall see, can be used to further enlarge the class of known solutions, and also to transform solutions not analytic at $t=0$ into solutions which are. In contrast, the symmetry group of the equation Henrici studied consists of only, essentially, the identity transformation.

2. *The symmetry group of the equation.*

There are some simple observations of a group theoretic character which are helpful in obtaining much more sophisticated expansions than those given in the reference [1].

Let

$$\vec{z} := [x,y,t]^T.$$

In the heat equation, let $\vec{z} \to g\vec{z}$ where $g \in G$, G being the subgroup of the Euclidean group $E(3)$ of the form

$$g\vec{z} = \{\vec{a},0\}\,\vec{z} = 0\,\vec{z} + \vec{a}\ ,$$

0 a matrix

$$0 = \begin{bmatrix} (A) & & 0 \\ & & 0 \\ 0 & 0 & 1 \end{bmatrix},$$

where A is $2x2$ and orthogonal with $\det A=1$.

It is easily verified that the substitution $\vec{z} \to g\vec{z}$ takes solutions of the heat equation into solutions. In fact, the mapping $U:G \to GL(V)$ given by

$$U(g)\,u(\vec{z}) = u(g^{-1}\vec{z})$$

defines an (infinite dimensional) representation of G on the solution space of the equation.

Let $u(\vec{z})$ be a solution. Then so is $u(g\vec{z})$, $g \in G$, and, referring to (A), we have

$$u(g\vec{z}) = \sum_{\mu,\nu} a_{\mu\nu}\, v_{\mu\nu}^{c} + b_{\mu\nu}\, v_{\mu\nu}^{s}\ .$$

when the analyticity conditions are satisfied.

Let

$$A:=\begin{bmatrix}\cos\psi & \sin\psi\\ -\sin\psi & \cos\psi\end{bmatrix},\ \vec{a}:=[-\xi,-\eta,\tau]^T,\ \xi+i\,\eta:=\rho e^{i\phi}=w.$$

Then the transformation has the effect

$$\begin{bmatrix}x\\y\end{bmatrix}\rightarrow A\begin{bmatrix}x\\y\end{bmatrix}-\begin{bmatrix}\xi\\ \eta\end{bmatrix},$$

$$r^2\rightarrow r^2-2\rho r\cos(\theta-\psi-\phi)+\rho^2:=R^2$$

$$\cos\theta\rightarrow\frac{r\cos(\theta-\psi)-\rho\cos\phi}{R}:=\cos\Theta \tag{1}$$

Let

$$R_o:=\lim_{\overline{z}\to 0}R,\quad \Theta:=\lim_{\overline{z}\to 0}\Theta. \tag{2}$$

We have

$$R_o^2=\rho^2-z\rho\ e^{-i(\psi+\phi)},$$

which follows by expressing $\cos(\theta-\psi-\phi)$ in exponential form writing $r^2=z\overline{z}$ and letting $\overline{z}\to 0$ in (1).

We give an example to show how the previous formulas can be used. The function $t^{-1}\exp(-r^2/4t)$ is a solution of the heat equation but, unfortunately, is not analytic at t=0, so the expansion (A) will not hold. However, the function

$$u(x,y,t)=\frac{e^{-R^2/4(t+\tau)}}{(t+\tau)}$$

analytic for $|t|<|\tau|$, so we may write

$$u(x,y,t)=\sum_{\mu,\nu}(a_{\mu\nu}v_{\mu\nu}^{\,c}+b_{\mu\nu}v_{\mu\nu}^{\,s}).$$

Now let $\overline{z}\to 0$ on both sides. We have

$$\frac{e^{-R_o/4(t+\tau)}}{(t+\tau)}=\exp\frac{\left[-\frac{(\rho^2-z\rho e^{-i(\psi+\phi)}}{4(t+\tau)}\right]}{(t+\tau)}$$

$$=\sum_{s=0}^{\infty}\frac{(-1)^s\,[\rho^2-z\rho\ e^{-i(\psi+\phi)}]^s(t+\tau)^{-s-1}}{s!\ 4^s}$$

$$=\sum_{s=0}^{\infty}\frac{(-1)^s\ \rho^{2s}}{s!\ 4^s}\left[1-\frac{z}{\rho}\ e^{-i(\psi+\phi)}\right]^s\tau^{-s-1}$$

$$\times\sum_{\mu=0}^{\infty}t^{\mu}\,\frac{(-1)^{\mu}(s+1)_{\mu}}{\tau^{\mu}\ \mu!}=\frac{1}{2}\sum_{\mu,\nu}z^{\nu}\ t^{\mu}\ [a_{\mu\nu}(1+\delta_{\nu o})+\frac{b_{\mu\nu}}{i}(1-\delta_{\nu o})]$$

Now equate like powers of z and t and then real and imaginary parts. The resulting expansion may be simplified a little by defining $\alpha:=\psi+\phi-\theta$, $r^2:=x$, $\rho^2:=y$, and the result is a bilinear generating function

$$\frac{\exp[-(x-2\sqrt{xy}\cos\alpha+y)/4(t+\tau)]}{(t+\tau)}$$

$$=\frac{e^{-y/4\tau}}{\tau}\sum_{\mu,\nu}\frac{\epsilon_\nu\,\mu![\sqrt{xy}/4\tau]^\nu\,(-t/\tau)^\mu}{(\mu+\nu)!}\quad L_\mu^\nu(-x/4t)\,L_\mu^\nu(y/4\tau)\cos(\nu\alpha);\quad |t|<|\tau|.$$

3. *Some more expansions in Laguerre polynomials.*

For the work that follows, we will need two Taylor's series expansions.

Lemma

i) Let $n=0,1,2,\cdots$. Then

$$\cos(n\,\Theta_o)\,J_n(\lambda\,R_o)=\frac{(-1)^n}{2}\sum_{k=0}^{\infty}\frac{(z\lambda/2)^k}{k!}[(-1)^k\,e^{i\phi(n-k)}\quad J_{n-k}(\rho\lambda)+e^{-i\phi(n+k)}\times J_{n+k}(\rho\lambda)]. \tag{3}$$

ii) Let $m,n=0,1,2,\cdots$. Then

$$R_o{}^n\cos(n\,\Theta_o)\,t^m\,L_m^n(-R_o^2/4t)=\frac{(-\rho)^n\,(m+n)!}{2}$$
$$\times\sum_{k=0}^{m+n}\frac{(-z/2)^k}{k!}\left[\frac{(\rho/2)^{-k}\,e^{i\phi(n-k)}\,t^m\,L_m^{n-k}(-\rho^2/4t)}{(m+n-k)!}\right. \tag{4}$$
$$\left.+(\rho/2)^k\,e^{-i\phi(n+k)}\,\frac{m!}{(m+n)!}\,t^{m-k}\,L_{m-k}^{n+k}\,(-\rho^2/4t)\right].$$

NOTE: In (ii) we make the interpretation

$$L_m^n(x)=0,\quad m<0,\quad \text{any } n;$$
$$L_m^n(x)=\frac{(-1)^n\,(m+n)!}{m!}\,x^{-n}\,L_{m+n}^{-n}(x),\ n<0,\ m+n\geqslant 0,$$

Also we define

$$x-\xi:=R\cos\Theta,\ y-\eta:=R\sin\Theta,$$
$$R^2:=(x-\xi)^2+(y-\eta)^2; \tag{5}$$
$$R_o:=\lim_{\bar{z}\to 0}R,\quad \Theta_o:=\lim_{\bar{z}\to 0}\Theta.$$

$$\xi:=\rho\cos\phi,\quad \eta:=\rho\sin\phi\ ;\quad \xi+i\eta=\rho i^{i\phi}=w.$$

Proof

In the expansion [4,v.2, 100(12)]:

$$(z+h)^{\pm\frac{\nu}{2}} J_\nu[\sqrt{z+h}] = \sum_{k=0}^{\infty} \frac{\left(\pm\frac{h}{2}\right)^k}{k!} z^{\pm\frac{\nu}{2}-\frac{k}{2}} J_{\nu\mp k}(z^{\frac{1}{2}}) ,$$

for

$$|h| < |z|. \tag{6}$$

replace z by $\rho^2\lambda^2$, h by $-z\bar{w}\lambda^2$, ν by n. This gives

$$\left(\frac{R_o}{\rho}\right)^{\pm n} J_n[\lambda\, R_o] = \sum_{k=0}^{\infty} \frac{(\mp)^k}{k!} \left(\frac{z\bar{w}\lambda}{2\rho}\right)^k J_{n\mp k}(\rho\lambda). \tag{7}$$

Now

$$-e^{i(\Theta_o-\phi)} = -\frac{\left[\left(\frac{z}{2}-\xi\right)+\left(\frac{z}{2}-i\eta\right)\right](\xi-i\eta)}{R_o\rho} = \frac{-z\bar{w}+\rho^2}{R_o\rho} = \frac{R_o}{\rho}. \tag{8}$$

Take the upper sign and then the lower in (7) and add the two together. Using (8) then gives (3). Obviously, both sides are entire in (7), so the restriction (6) may be dropped.

To get (4) we let $\lambda = u^{1/2}$, multiply by $e^{-tu}\, u^\alpha$ and take Laplace transforms by formula [4,v.2,49(16)] with appropriate identification of parameters. Then let $\alpha = -m-(n/2)-1$ (which is obviously permissible). This gives (4).

Now in expansion (A) let $u(r,\theta,t) = \cos(n\theta)\, J_n(\lambda r)\, e^{-\lambda^2 t}$, which is known to be a solution of the heat equation. By the property of the symmetry group, this is still a solution when r is replaced by R, θ by Θ. Thus, let

$$\cos(n\Theta)\, J_n(\lambda\, R)\, e^{-\lambda^2 t} = \sum_{\mu,\nu} a_{\mu\nu} v_{\mu\nu}^c + b_{\mu\nu} v_{\mu\nu}^s$$

On both sides, let $\bar{z}\to 0$ and use (A_2). Expanding $e^{-\lambda^2 t}$ in its Taylor's series and using (3) gives

$$\sum_{m=0}^{\infty} \frac{(-\lambda^2)^m}{m!} t^m \sum_{k=0}^{\infty} \frac{\Lambda^k(-1)^n}{k!} [(-1)^k J_{n-k}(\rho\lambda)\, e^{in\phi} + J_{n+k}(\rho\lambda)\, e^{-in\phi}]$$

$$= \sum_{\mu,\nu} [a_{\mu\nu}(1+\delta_{\nu o}) - ib_{\mu\nu}(1-\delta_{\nu o})]\, z^\nu\, t^\mu, \quad \Lambda = z\bar{w}\lambda/2\rho.$$

Thus, $m=\mu$ and $k=\nu$. This suffices to determine the coefficients $a_{\mu\nu}$, $b_{\mu\nu}$. Equating like powers of t and z gives an expansion which is probably best written in terms of Chebyshev polynomials

$$T_n\left[\frac{(x-\xi)}{\sqrt{(x-\xi)^2+(y-\eta)^2}}\right] J_n\left[\lambda\sqrt{(x-\xi)^2+(y-\eta)^2}\,\right] e^{-\lambda^2 t}$$

$$= \frac{(-1)^n}{2} \sum_{\mu,\nu} \frac{(-1)^\mu\, \lambda^{2\mu+\nu}\, \epsilon_\nu}{2^\nu(\mu+\nu)!} t^\mu\, r^\nu\, L_\mu^\nu\left(\frac{-r^2}{4t}\right) [(-1)^\nu J_{n-\nu}(\lambda\rho) \cos[\phi(n-\nu)+\nu\theta] +$$

$J_{n+\nu}(\lambda\rho)\cos[\phi(n+\nu) - \nu\theta]]$,

ρ,ϕ, r,θ as in (S).

Putting $n=0$ gives the expansion

$$J_o\left[\sqrt{(x-\xi)^2 + (y-\eta)^2}\right] e^{-\lambda^2 t}$$

$$= \sum_{\mu,\nu} \frac{(-1)^\mu \lambda^{2\mu+\nu}}{2^\nu(\mu+\nu)!} \epsilon_\nu t^\mu r^\nu L_\mu^\nu \left(\frac{-r^2}{4t}\right) J_\nu(\lambda\rho)\cos[\nu(\theta-\phi)]$$

Putting $\rho=0$ gives

$$\left(\frac{2}{\lambda r}\right)^n e^{-\lambda^2 t} J_n(\lambda r) = \sum_{\mu=0}^{\infty} \frac{(-1)^\mu(\lambda^2 t)^\mu}{(\mu+n)!} L_\mu^n\left(\frac{-r^2}{4t}\right)$$

which is probably known, and is easily verified by power series arguments.

Letting $\lambda\to u^{1/2}$ and taking Laplace transforms on u produces a large class of addition formulas for the Laguerre polynomials. However, another way of obtaining highly sophisticated addition theorems is to start with the function

$$r^n \cos(n\Theta)\, t^m L_m^n\left(\frac{-r^2}{4t}\right)$$

and let $r\to R$, $\Theta\to\Theta$, $t\to t+\tau$. As before, we determine the coefficient by letting $\bar{z}\to 0$.

Referring to (4) we find

$$R^n \cos(n\Theta)(t+\tau)^m L_m^n(-R^2/4(t+\tau)) = \frac{(-\rho)^n}{2}(m+n)!\left\{\sum_{\nu=0}^{m+n}\sum_{\mu=0}^{m} \frac{\epsilon_\nu(-1)^\nu t^\mu r^\nu \tau^{m-\mu}}{(\mu+\nu)!\,\rho^\nu(m+n-\mu-\nu)!}\right.$$

$$\times L_{m-\mu}^{n-\nu}\left(\frac{-\rho^2}{4\tau}\right) L_\mu^\nu\left(\frac{-r^2}{4t}\right)\cos[\phi(n-\nu)+\nu\theta] + \sum_{\nu=0}^{m}\sum_{\mu=0}^{m-\nu} \frac{\epsilon_\nu(-1)^\nu t^\mu r^\nu \tau^{m-\mu-\nu}}{(\mu+\nu)!\,4^\nu(m+n-\mu)!}$$

$$\left.\times L_{m-\mu-\nu}^{n+\nu}\left(\frac{-\rho^2}{4\tau}\right) L_\mu^\nu\left(\frac{-r^2}{4t}\right)\right\}, \quad |t| < |\tau|.$$

This is essentially an addition theorem for Laguerre polynomials, but it does not seem to be identifiable with any of the large number of addition formulas discovered by other writers, see [2,3,7,8].

REFERENCES

[1] Colton, D., and Wimp, J., Analytic solutions of the heat equation and some formulas for Laguerre and Hermite polynomials, J. Com. Var. Th. Appl. 3, 397-412 (1984).

[2] Durand, L., A symmetrical addition formula for the Laguerre polynomials, SIAM J. Math. Anal. 8, 541-546 (1977).

References (contd.)

[3] Durand, L., Addition formulas for Jacobi, Gegenbauer, Laguerre, and hyperbolic Bessel functions of the second kind, SIAM J. Math. Anal. 10, 425-437 (1979).

[4] Erdélyi, A., et. al., Higher transcendental functions, 3v., McGraw-Hill (1953).

[5] Henrici, P., On certain series expansions involving Whittaker functions and Jacobi polynomials, Pacific J. Math. 5, 725-743 (1955).

[6] Henrici, P., On generating functions of the Jacobi polynomials, Pacific J. Math. 5, 923-931 (1955).

[7] Koornwinder, T., Jacobi polynomials, III. An analytic proof of the addition formula, SIAM J. Math. Anal. 6, 533-543 (1975).

[8] Rainville, E.D., Special functions, Section 120, MacMillan, NY (1960).

[9] Widder, D.V., Analytic solutions of the heat equation, Duke Math. J. 29, 497-504 (1962).

ON A MIXED ONE STEP/CHEBYSHEV PSEUDOSPECTRAL TECHNIQUE FOR THE INTEGRATION OF PARABOLIC PROBLEMS USING FINITE ELEMENT PRECONDITIONING.

Michel DEVILLE
Université Catholique de Louvain
LOUVAIN-LA-NEUVE, BELGIUM

Ernest MUND
Université Libre de Bruxelles
Bruxelles, BELGIUM
and
Université Catholique de Louvain
LOUVAIN-LA-NEUVE, BELGIUM

1. INTRODUCTION

This paper deals with the numerical integration of parabolic equations in the same spirit as a previous investigation [1], where elliptic problems were considered.

In several areas of physics, evolution problems are encountered. In fluid dynamics for example, the non-linear Navier-Stokes equations describe the transition from laminar states to turbulence. This physical phenomenon is truly three-dimensional and is essentially time-dependent. Therefore, even though the computers of the next generation will present tremendous increase of number crunching, it is quite necessary to improve the numerical algorithms at hand in order to perform meaningful simulations of these complicated phenomena as soon as possible. To test the abilities of efficient numerical methods, simpler problems are designed. The aim of our work is the study of finite-order (though accurate) time marching schemes combined with a spectral representation of the spatial operator. Chebyshev polynomials of the first kind constitute the approximation basis for the latter.

Section 2 presents the basic methodology. Elliptic equations are treated first, with afterwards an extension to parabolic problems. Section 3 describes the numerical results and draws some conclusions from the computations.

2. BASIC ALGORITHM

2.1 The elliptic case.

Consider a two-dimensional second-order elliptic problem within a bounded domain Ω of R^2 with mixed homogeneous boundary conditions.

$$Lu(x,y) \triangleq - \overline{\nabla} (p(x,y)\overline{\nabla}u(x,y)) + q(x,y)u(x,y) = f(x,y) , \quad \forall\, x,y \in \Omega \subset R^2 \tag{1.a}$$

$$a(x,y)(p \frac{\partial u}{\partial n}) + b(x,y)u = 0 \qquad \forall\, x,y \in \partial\Omega \tag{1.b}$$

With the coefficient functions in Eq. (1) satisfying the conditions

$$p(x,y) \geq \gamma > 0 \quad , \quad q(x,y) \geq 0 \, , \; a \geq 0 \; , \; b \geq 0 \quad \text{and} \quad a+b > 0 \tag{2}$$

a classical solution to the problem is known to exist in the Sobolev space $H^1(\Omega)$ of functions having generalized derivatives of first order square integrable over Ω.

Suppose for the time being, Ω is the unit square. More complicated domains are treated in [1]. The pseudospectral approximation of problem (1) corresponds to orthogonal collocation using a global set of polynomial functions. Let u_N and f_N represent finite expansions in terms of first kind Chebyshev polynomials

$$u_N = \sum_{n=o}^{N_x} \sum_{m=o}^{N_y} u_{nm}\, T_n(2x-1)\, T_m(2y-1) \, ,$$

$$N = (N_x-1)(N_y-1) \tag{3}$$

$$f_N = \sum_{n=o}^{N_x} \sum_{m=o}^{N_y} f_{nm}\, T_n(2x-1)\, T_m(2y-1) \, ,$$

with $T_n(s) = \cos n\theta$, $s = \cos\theta$. Collocation at the internal nodes of the associated Gauss-Chebyshev-Lobatto quadrature rule leads to a NxN algebraic system

$$L_{ps}\, \overline{u}_N = \overline{f}_N \quad , \tag{4}$$

where the vectors $\overline{u}_N$ and $\overline{f}_N$ contain the spectral coefficients $\{u_{ij}\}$ and $\{f_{ij}\}$ of (3). The matrix of this algebraic system however, is full, non-symmetric and ill-conditioned when N becomes too large. Therefore, instead of solving (4) one uses a different strategy.

Let L_{ap} denote the matrix arising in a finite element approximation of problem (1) carried on the pseudospectral collocation grid defined by

$$x_i = (1+\cos \pi i/N_x)/2 \quad , \quad i=0,\ldots,N_x \quad ; \quad y_j = (1+\cos \pi j/N_y)/2, \quad j=0,\ldots,N_y \quad , \qquad (5)$$

and using bilinear lagrangian elements. Since L_{ap} has the usual positivity and sparseness properties required for efficient numerical computations, it can be used advantageously as a preconditioner for L_{ps} in the following iterative procedure.

Introducing an iteration index k, we set $\overline{u}_N^{(o)} = \hat{u}_N$ where $\hat{u}_N$ is the basic finite element approximation of problem (1) : $L_{ap}\ \hat{u}_N = f_N$. Then one has identically :

$$\overline{u}_N = \alpha\ \overline{u}_N^{(o)} + (\overline{u}_N - \alpha\ \overline{u}_N^{(o)}) = \alpha\ \overline{u}_N^{(o)} + \overline{\varepsilon}^{(o)}, \qquad (6)$$

where α is a relaxation parameter depending on the eigenvalue spectrum of $L_{ap}^{-1} L_{ps}$ and $\overline{\varepsilon}^{(o)}$ the correction term to be added to the first guess, $\overline{u}_N^{(o)}$. This correction term itself satisfies the equation

$$L_{ps}\ \overline{\varepsilon}^{(o)} = -\ \alpha(L_{ps}\ \overline{u}_N^{(o)} - \overline{f}_N/\alpha) = -\ \alpha\ \overline{R}^{(o)}, \qquad (7)$$

where $\overline{R}^{(o)}$ is the residue of Eq. (4) associated to the FEM solution $\overline{u}_N^{(o)}$. The advantage of the method lies in the fact that the residue $\overline{R}^{(o)}$ may be evaluated very efficiently by the use of the fast inverse and direct Chebyshev transforms as explained in reference [1]. The equation (7) in turn, is solved using the FEM preconditioning which yields an approximate correction term $\hat{\varepsilon}^{(o)} = -\ \alpha\ L_{ap}^{-1}\ \overline{R}^{(o)}$. Combining $\overline{u}_N^{(o)}$ and $\hat{\varepsilon}^{(o)}$ gives a new estimate $\overline{u}_N^{(1)}$ of the set of Chebyshev coefficients of the unknown

$$\overline{u}_N \simeq \overline{u}_N^{(1)} \triangleq \alpha\ \overline{u}_N^{(o)} + \hat{\varepsilon}^{(o)}. \qquad (8)$$

In principle, $\overline{u}_N^{(1)}$ should be closer to $\overline{u}_N$ than $\overline{u}_N^{(o)}$. The iteration index k is then incremented by one and the whole procedure is repeated iteratively starting from Eq. (6) until convergence is reached, i.e. until the ratio of residues in two successive iterations reaches a preassigned value.

As shown in reference [1], with sufficiently many coefficients in the Chebyshev expansions (3), typical values for convergence range from 8 to 15 iterations for problems having space dependent coefficients, with a relaxation parameter $\alpha = 1$.

2.2 The parabolic case.

We now turn to the pseudospectral solution of a parabolic boundary value problem in two space dimensions. For the sake of simplicity we suppose $\Omega = [0,1]x[0,1]$ and we restrict the analysis to Dirichlet boundary conditions.

The problem writes :

$$\frac{\partial u}{\partial t} = - Lu , \qquad \forall x,y \in \Omega \tag{9.a}$$

$$u(x,y,t) = 0 , \quad \forall x,y \in \partial\Omega , \quad t > 0 \tag{9.b}$$

$$u(x,y,0) = u_0(x,y) , \tag{9.c}$$

where L is the time independent differential operator given in Eq. (1.a) and $u_0(x,y)$, an initial condition.

With all these hypotheses one may apply the Hille-Yosida theorem for closed operators with dense domains in Banach spaces [2] : the operator L is the infinitesimal generator of a strongly continuous semigroup $E(t) = \exp(-Lt)$, $t \geqslant 0$, such that a formal solution of problem (9) is given by

$$u(t) = \exp(-L(t-s))u(s) . \tag{10}$$

The exponential of an operator is defined formally by its Maclaurin expansion. For computational purposes however, a rational approximation is used instead :

$$w_{pq}(Lt) = \pi_p(Lt)/\pi_q(Lt) \simeq \exp(-Lt) , \tag{11}$$

where π_p and π_q are some polynomials in Lt of degrees p and q

respectively. A common choice is the Padé approximant P_{pq} whose Maclaurin expansion coincides with the exponential function up to the order (p+q). As is well known the Padé approximants lead to A-stable algorithms in the sense of Dahlquist provided $p \leq q \leq p+2$ and for $q > p$, they are particularly well suited for stiff systems [3]. Another valuable choice consists in so-called "spectral matching" algorithms whereby selected eigenmodes of the operator are treated exactly [4]. Both families of time marching schemes have been used in this work as indicated below.

Let us turn back for a while, to Eq. (9) in order to introduce the spatial discretization. The standard weak formulation of semidiscrete approximations to parabolic PDEs leads to the initial value problem

$$M \frac{d\hat{u}}{dt} = - K\hat{u} \quad ; \quad \hat{u}(0) = \hat{u}_o \quad , \tag{12}$$

where M and K are the mass- and stiffness matrices associated to the FEM treatment of the space variables and $\hat{u}$ the vector of nodal variables. The operator L is thus approximated by $L_{ap} = M^{-1}.L$. The generalization of the preceding algorithm to parabolic problems is now straightforward. Suppose an approximation $\bar{u}_N^{(k)}$ has been determined for the *time dependent* Chebyshev coefficients (3) of the solution to problem (9). We set

$$\bar{u}_N = \alpha \, \bar{u}_N^{(k)} + \bar{\varepsilon}^{(k)} \quad , \tag{13}$$

with, as before, $\bar{\varepsilon}^{(k)}$ the correction term. Introducing (13) into the pseudospectral approximation of (9) yields

$$\frac{d\bar{\varepsilon}^{(k)}}{dt} = - L_{ps} \, \bar{\varepsilon}^{(k)} - \alpha \, \bar{R}^{(k)} \; ; \; \bar{R}^{(k)} \triangleq (\frac{d}{dt} + L_{ps})\bar{u}_N^{(k)} \quad , \tag{14}$$

Since L_{ps} has the drawbacks mentioned earlier, the FEM preconditioning is used instead and one solves

$$M \frac{d\hat{\varepsilon}^{(k)}}{dt} = - K \, \hat{\varepsilon}^{(k)} - \alpha \, M \, \bar{R}^{(k)} \quad , \tag{15}$$

which is slightly different from (12) because of the independent term due to the residue. Integration of (15) gives $\bar{u}_N^{(k+1)}$.

The iterative correction process is carried out at each time step such that spectral accuracy should be reached before advancing to the next step. Proceeding to time step t_{n+1}, the algorithm runs as follows :

<u>stage 1</u> : set the iteration counter k to zero and solve Eq. (12) to obtain $\bar{u}_N^{n+1(o)}$

<u>stage 2</u> : using an inverse Chebyshev transform [5], compute the coefficients $\{u_{ij}^{n+1(k)}\}$ of the Chebyshev expansion (3) from the nodal values of the grid

<u>stage 3</u> : with first order one-step algorithms $w_{11}(Lh) = (\alpha_o I+\alpha_1 Lh)/(\beta_o I+\beta_1 Lh)$, evaluate the residue in Chebyshev space by

$$\bar{R}^{n+1(k)} = [\beta_o \bar{u}_N^{n+1(k)} - \alpha_o \bar{u}_N^n]h^{-1} - L_{ps}[\alpha_1 \bar{u}_N^n - \beta_1 \bar{u}_N^{n+1(k)}] \ . \quad (16)$$

When L_{ps} involves the laplacian operator, the computation of second-order derivatives is performed by the formula

$$\Delta_{ij} = \frac{1}{c_i} \sum_{\substack{p=i+2 \\ p+i \text{ even}}}^{N_x} p(p^2-i^2)u_{pj}^{(k)} + \frac{1}{c_j} \sum_{\substack{q=j+2 \\ q+j \text{ even}}}^{N_y} q(q^2-j^2)u_{iq}^{(k)} \ , \quad 0 \leq i \leq N_x, \ 0 \leq j \leq N_y \quad (17)$$

with $c_o = 2$, $c_i = 1 \ \forall i > 0$.

<u>stage 4</u> : by the direct Chebyshev transform, obtain the residue on the physical grid

<u>stage 5</u> : using the FEM code and the w_{11} algorithm, integrate Eq. (15)

<u>stage 6</u> : compute $\bar{u}_N^{n+1(k+1)} = \alpha \ \bar{u}_N^{n+1(k)} + \hat{\varepsilon}^{(k)}$ and check for convergence.

If convergence fails, set $k := k+1$ and repeat from stage 2 onwards.

An important remark concerns stability considerations. In [6], it is shown that for heat equations, explicit marching schemes together with Chebyshev approximations are severely restricted on time steps by the condition $h \leq C N^{-4}$ where N is the cut-off value in a 1D-series expansion and C a generic constant. Implicit schemes are needed imperatively. Three first order one-step implicit schemes were used in this work : backward Euler (i.e P_{01}), Crank-Nicolson (P_{11}) and w_{11} $(Lh/\lambda_1 h, \lambda_2 h)$, a "spectral matching" algorithm developed in [4] allowing exact integration of two eigenmodes λ_1, λ_2 from L. Its growth function writes :

$$w_{11}(z/z_1,z_2) = \frac{z(1+w_1 \exp z_1) + z_1(1-w_1 \exp z_1)}{z(\exp z_1 + w_1) + z_1(\exp z_1 - w_1)} \simeq \exp(-z) \ , \quad (18.a)$$

$$w_1 = \frac{z_2 + z_1}{z_2 - z_1} \ \frac{\exp z_1 - \exp z_2}{\exp(z_1 + z_2) - 1} \ , \quad (18.b)$$

with

$$z = Lh \quad , \quad z_i = \lambda_i h \ , \quad i = 1,2 \ , \tag{18.c}$$

and the property

$$w_{11}(\lambda_i h/\lambda_1 h, \lambda_2 h) = \exp(-\lambda_i h) \ , \quad i = 1,2 \quad . \tag{18.d}$$

3. NUMERICAL RESULTS AND CONCLUSIONS

The algorithm described in section 2.2 has been applied to problem (9) with $L = \Delta - I$ and an initial condition corresponding to the excitation of the first eigenmode

$$u_o(x,y) = 2 \sin \pi x \sin \pi y \quad . \tag{19}$$

The solution of the problem is $u(x,y,t) = u_o(x,y)\exp(-\lambda t)$ with $\lambda = -(1+2\pi^2)$. The time interval is chosen as [0,0.1].

Table I presents the maximum absolute error denoted by $\|\varepsilon\|_{L^\infty}$ when $N_x = N_y = 17$ and and $h = 10^{-2}$ for the three time schemes P_{01}, P_{11} and w_{11}.

Table I

	$\|\varepsilon\|_{L^\infty}$ \ t	0.02	0.04	0.06	0.08	0.1
P_{01}	bef. corr.	4.92(-2)	6.75(-2)	6.85(-2)	6.16(-2)	5.20(-2)
	aft. corr.	5.09(-2)	6.86(-2)	6.93(-2)	6.22(-2)	5.23(-2)
P_{11}	bef. corr.	3.99(-3)	3.94(-3)	3.46(-3)	2.85(-3)	2.25(-3)
	aft. corr.	1.97(-3)	2.60(-3)	2.58(-3)	2.27(-3)	1.87(-3)
w_{11}	bef. corr.	1.94(-3)	1.28(-3)	8.49(-4)	5.61(-4)	3.70(-4)
	aft. corr.	2.32(-13)	3.07(-13)	3.05(-13)	2.68(-13)	2.22(-13)

For P_{01} (first-order accurate in time), the situation is worse after the iterative process than before. The reason is that the time error dominates the spatial error and therefore, the pseudospectral calculation does not bring any improvement. For P_{11} (second-order accuracy in time), the pseudospectral calculation corrects the first guess until the time error level is reached. Finally, for the w_{11} scheme which is exact in time for an eigenmode, the pseudospectral method yields spectral

(i.e. machine) accuracy because the error involved in the computation of the first guess is essentially due to the FEM discretization error with bilinear lagragian polynomials.
Table II compares two runs for P_{11} with $h = 10^{-2}$ and 5.10^{-3}.

Table II

P_{11}	$\|\epsilon\|_{L^\infty}$ \ t	0.02	0.04	0.06	0.08	0.1
$h=10^{-2}$	bef. corr.	3.99(-3)	3.94(-3)	3.46(-3)	2.85(-3)	2.25(-3)
	aft. corr.	1.97(-3)	2.60(-3)	2.58(-3)	2.27(-3)	1.87(-3)
$h=5.10^{-3}$	bef. corr.	1.51(-3)	1.32(-3)	1.09(-3)	8.59(-4)	6.61(-4)
	aft. corr.	4.92(-4)	6.49(-4)	6.43(-4)	5.66(-4)	4.67(-4)

This comparison shows that the reduction of the time step by a factor of 2 divides the error by a factor close to 4. The P_{11} scheme behaves as theoretically expected.

From these results one may conclude that :
1. If the time error dominates, no improvement can be obtained from the iterative pseudospectral procedure.
2. If the spatial error dominates, the iterative process improves the accuracy till the time error level is reached. That means finite errors for P_{01} and P_{11} schemes while w_{11} may produce spectral accuracy if the solution coincides with an eigenmode.
3. Better time schemes are needed and $O(h^3)$, $O(h^4)$ algorithms should be considered. Richardson extrapolation will also be included in future calculations.
4. Full pseudospectral time-space computation [7] may also lead to realistic algorithms with good precision.

Acknowledgments
One of us (E.M.) would like to acknowledge continuous financial support from the Belgian National Fund for Scientific Research.

References

[1] M. DEVILLE, E. MUND, "Chebyshev pseudospectral solution of second order elliptic equations with finite element preconditioning", submitted to J. Comput. Physics.

[2] R.D. RICHTMYER, "Principles of Advanced Mathematical Physics" Vol. 1, Springer Verlag, New York (1978).

[3] P.J. VAN DER HOUWEN "Construction of Integration Formulas for Initial Value Problems", North Holland, Amsterdam (1977).

[4] J. DEVOOGHT, E. MUND, "Numerical solution of neutron kinetics equations using A-stable algorithms", accepted in Progress in Nucl. Energy.

[5] M. DEVILLE, G. LABROSSE, "An algorithm for the evaluation of multidimensional (direct and inverse) discrete Chebyshev transforms", J. Comput. Appl. Math., Vol. 8, p. 293-304, 1982.

[6] D. GOTTLIEB, S.A. ORSZAG, "Numerical analysis of spectral methods : Theory and Applications", CBMS-NSF Regional Conference series in applied Math., Vol. 26, SIAM, Philadelphia, (1977).

[7] M. DEVILLE, P. HALDENWANG, G. LABROSSE, "Comparison of time integration (finite difference and spectral) for the non-linear Burgers equation",Proc. 4th GAMM Conf. on Num. Meth. in Fluid Mech., Vieweg Verlag, Braunschweig, p.64-76, 1982.

TWO POINTS PADE TYPE APPROXIMANTS FOR STIELTJES FUNCTIONS

Pablo González

Luis Casasús

Departamento de Ecuaciones Funcionales
Universidad de La Laguna (Spain)

Abstract: In this paper we study sequences of two point Padé type approximants for functions of the form

$$H(z) = \int_a^b \frac{d\phi(x)}{1 + zx}$$

through the interpolation of the generating function $(1 + zx)^{-1}$ by Laurent polynomials. We give results on geometric and uniform convergence when the interpolatory knots are chosen i) as the zeros of certain orthogonal polynomials and ii) equally spaced on the interval (a,b). We show several applications to special functions.

1. Two Point Padé type Approximants and Laurent Polynomials.

Let L_0 and L_∞ be two formal power series:

$$L_0 = \sum_0^\infty c_j z^j \quad \text{and} \quad L_\infty = \sum_1^\infty c^*_{-j} z^{-j} \tag{1.1}$$

Let $\tilde{W}_{km}$ be an arbitrary polynomial of degree m such that $\tilde{W}_{km}(0) = 1$, where m and k are non negative integers satisfying $0 \leqslant k \leqslant m$. We set $l = m-k$. In #1# a two point Padé type Approximant (2PTA) is defined as the following function

$$(k/m)_{(L_0,L_\infty)}(z) = \frac{\tilde{U}_{km}(z)}{\tilde{W}_{km}(z)}$$

where the coefficients of the numerator polynomial are given by the conditions

$$L_0(z) - (k/m)_{(L_0,L_\infty)}(z) = O(z^k)$$

$$L_\infty(z) - k/m_{(L_0,L_\infty)}(z) = O((z^{-1})^{l+1}) \quad .$$

This is an element in $R_{m-1,m}$ (the class of rational functions $r = p/q$ where p (resp. q) is a polynomial of degree at most m-1 (resp. m)).

We now give an interpretation of these approximants parallel to that one of Brezinski for one point Padé type Approximants (#2#). The Laurent polynomials lead to the desired result. Given two integers p, q ($p < q$), a Laurent polynomial (L-polynomial) of degree (p,q) is a function of the form (#3#)

$$\bar{P}_{p,q}(x) = \sum_{p}^{q} a_j x^j .$$

We denote by $\mathcal{P}_{-\infty,\infty}$ the space of the L-polynomials and by $\mathcal{P}_{p,q}$ the subspace of the L-polynomials of degree (i,j), $p \leqslant i < j \leqslant q$. Let us consider the doubly infinite sequence $(d_j)_{j \in Z}$ obtained from L_0 and L_∞ by taking $d_j = c_j - c_j^*$ with the conventions $c_j = 0$ if $j < 0$ and $c_j^* = o$ if $j \geqslant 0$. Thus we have the linear functional $\bar{C}(x^j) = d_j$ for any integer j. The function $(1 - xz)^{-1}$ (where z is a parameter) can be developed in increasing positive powers and in decreasing positive powers of (xz), so we can set, formally,

$$\bar{C}((1-xz)^{-1}) = L_0 \quad \text{and} \quad \bar{C}((1-xz)^{-1}) = L_\infty ,$$

$(1 - xz)^{-1}$ is said to be "the generating function" associated to the formal series L_0 and L_∞. We now consider the following interpolation problem

Let W(x) be the polynomial given by $W(x) = \prod_{1}^{n} (x-x_j)^{k_j}$, $k_1+k_2+\ldots+k_n = m$, k a nonnegative integer, $0 \leqslant k \leqslant m$ and $l = m-k$, and $V(x) = x^{-l}W(x)$ In these conditions two fundamental results hold.

Theorem 1. There is a unique L-polynomial of degree (-l,k-1) such that

$$\left.\frac{d^j\bar{P}}{dx^j}\right|_{x=x_i} = \frac{d^j}{dx^j}((1-xz)^{-1})_{x=x_i}$$

with $j = 0,1,\ldots,k_i-1$; $i = 1,2,\ldots,n$ and $\bar{P}(x) = \dfrac{1-V(x)/V(z^{-1})}{1 - xz}$.

Proof. By defining $\tilde{W}(x) = x^m W(x^{-1})$ we find

$$\bar{P}(x) = (1-xz)^{-1}(1-z^k V(x)/\tilde{W}(z)) .$$

It is easily verified that

$$\tilde{W}(z)\bar{P}(x) = (1-xz)^{-1}(\tilde{W}(z)-z^k V(x))$$

is a degree (-l,k-1) L-polynomial. Hence $\bar{P}(x)$ is also an L-polynomial of the same degree.

If $j = 0,1,\ldots,k_i-1$ and $i = 1,2,\ldots,n$ then we have

$W^{(j)}(x_i) = 0$ and also $V^{(j)}(x_i) = 0$. Hence $\frac{d^j}{dx^j}\left\{\frac{V(x)}{1-xz}\right\}_{x=x_i} = 0$.

Therefore

$$\bar{P}^{(j)}(x_i) = \frac{d^j}{dx^j}(1/(1-xz))_{x=x_i} .$$

Since the interpolating L-polynomial is unique, the theorem follows. Note that $\bar{P}$ is an L-polynomial in the variable x. Applying $\bar{C}$ to $\bar{P}$ we get

Theorem 2.

$$C(P) = (k/m)_{(L_0,L_\infty)}(z) = \frac{\tilde{U}_{km}(z)}{\tilde{W}_{km}(z)} \qquad \text{where } \tilde{W}_{km}(z) = z^m W(z^{-1}) .$$

Proof. The function

$$U_{km}(z) = z^1 D\left[\frac{V(x)-V(z)}{x-z}\right]$$

is a polynomial of degree at most m-1. Furthermore

$$\tilde{U}_{km}(z) = z^{m-1}U_{km}(z^{-1}) .$$

By using that

$$\bar{P}(x) = \frac{1}{V(z^{-1})}\ \frac{V(z^{-1})-V(x)}{z(z^{-1}-x)}$$

and taking $z^{-1} = t$ we get

$$D(\bar{P}) = \frac{tU_{km}(t)}{W(t)} = \frac{1}{z}\,\frac{U_{km}(z^{-1})}{W(z^{-1})} = \frac{\tilde{U}_{km}(z)}{\tilde{W}_{km}(z)} \qquad \text{Q.E.D.}$$

W(x) and V(x) will be called "the generating polynomial" and "the generating L-polynomial" respectively.

2. Stieltjes functions.

Jones et al. (#4#) solved an extension of the moment problem (the strong Stieltjes moment problem), that is, given the doubly infinite sequence $C = (c_j)$, $j \in Z$ and the associated formal power series

$$L_0^*(C) = -\sum_1^\infty c_{-m}z^m \quad \text{and} \quad L_\infty^*(C) = \sum_0^\infty c_m z^{-m}$$

they investigated the following problems:

(I) Does there exist an holomorphic function having $L_0^*(C)$ and $L_\infty^*(C)$ as asymptotic expansions at $z = 0$ and $z = \infty$ respectively ?

(II) Does there exist a real-valued, bounded, monotonically increasing funtion $\phi(t)$ with infinitely many points of increase on (a,b) such that for every integer n

$$c_n = \int_a^b (-x)^n d\phi(x) \ ?$$

Using the positive T-fractions they proved that the function

$$G(z) = \int_a^b \frac{z d\phi(x)}{z+x} \qquad (2.1)$$

is a solution for (I). We are interested in 2PTA's for the function G(z). For this reason we shall consider the formal power series

$$L_0(C) = \sum_0^\infty c_j z^j \quad \text{and} \quad L_\infty(C) = -\sum_1^\infty c_{-j} z^{-j}$$

and the function $H(z) = \int_a^b \frac{d\phi(x)}{1+zx}$, ϕ being solution of (II).

Taking into account that (L_0^*, L_∞^*) and (L_0, L_∞) are linked by the transformation $z \longrightarrow z^{-1}$ and that $H(z) = G(z^{-1})$, it is easy to deduce that

$$(k/m)_{(L_0,L_\infty)}(z) = (l/m)_{(L_0^*,L_\infty^*)}(z^{-1}) \qquad 0 \leqslant k \leqslant m \ , \quad l = m-k$$

Therefore it will be equivalent to study 2PTA's for the function H(z) and for the formal series

$$L_0 = \sum_0^\infty c_j z^j \quad \text{and} \quad L_\infty = \sum_1^\infty c_{-j}^* z^{-j}$$

$$-c_{-j} = c_{-j}^* \quad j = 1,2,\ldots, \text{ which have the form of (1.1)}$$

In this case the linear functional $\bar{C}$ is given by $\bar{C}(x^n) = c_n$ for any integer n. If $\bar{P}(z,x)$ is the (-l,k-1) degree interpolating L-polynomial to the function $(1-xz)^{-1}$ in the knots $x_1, x_2, \ldots, x_m$, one has

$$\bar{C}(\bar{P}(x,z)) = (k/m)_{(L_0,L_\infty)}(z)$$

But $\bar{C}(x^n) = c_n = \int_a^b (-x)^n d\phi(x)$. Then $\bar{C}(\bar{P}) = \int_a^b \bar{P}(-x)d\phi(x)$.

So we have $(k/m)_{(L_0,L_\infty)}(z) = \int_a^b \bar{P}(z,-x)d\phi(z) = \int_a^b \bar{Q}(z,x)d\phi(x)$

where $\bar{Q}(z,x)$ is the (-l,k-1) degree interpolating L-polynomial to the function $(1+xz)^{-1}$ in the knots $\{-x_j\}$ where $\{x_j^{-1}\}$ are the zeros of the denominator of the approximants.

Hence we see that approximating $H(z)$ with a 2PTA is equivalent to approximating $\int_a^b \frac{d\phi(x)}{1+zx}$ via the integration of the L-polynomial that interpolates the integrand. Hereafter we assume $0 < a < b < \infty$. Next we seek a choice of the interpolation knots such that the corresponding sequence of 2PTA's converges to $H(z)$. Jones et al. (#5#) used the zeros of the orthogonal L-polynomials with respect to $d\phi$ on (a,b); this would be the case of a gaussian formula generating a sequence of 2PTA's.

3. Zeros of Orthogonal Polynomials as Interpolatory Knots.

Following the notation of Freud in #6#, let μ be a distribution with support $Br(d\mu) \subset [-1,1]$ and $\mu'(x) \neq 0$ almost everywhere on $[-1,1]$. Let $\{Q_n\}$ be the sequence of orthogonal polynomials and $\{t_j\}$ the roots of the polynomial $Q_n(x)$. We define the transformation

$$\Psi : [-1,1] \longrightarrow [a,b]$$
$$t \longmapsto \Psi(t) = \frac{(b-a)t+a+b}{2} = x \qquad (3.1)$$

First we consider sequences of 2PTA's with constant order of correspondence L at infinity, that is sequences of the type

$$(n/L)_{(L_0,L_\infty)}(z) \qquad (n > L)$$

Let $\bar{P}_n(z,x)$ be the L-polynomial of degree $(-L,n-L-1)$ interpolating $(1+xz)^{-1}$ (z is a parameter) in the knots $\{x_j\} \subset [a,b]$, such that $x_j = \Psi(t_j)$.

By Theorem 1, $\bar{P}_n(z,x) = (1+zx)^{-1}(z-V_n(x)/V_n(-z^{-1}))$, where $V_n(x) = x^{-L}\prod_1^n (x-x_j)$, and by Theorem 2,

$$\int_a^b \bar{P}_n(z,x)d\phi(x) = (n-L/n)_{(L_0,L_\infty)}(z) .$$

Assume now that $z \in D(a,b) = C \setminus [-a^{-1},-b^{-1}]$ and A such that $\Psi(A) = -z^{-1}$, $A \notin [-1,1]$. Defining $E_n(z) = H(z) - (n-L/n)_{(L_0,L_\infty)}(z)$, it can be easily seen that there is a $t_0 \in [-1,1]$ satisfying

$$\overline{\lim_{n\to\infty}} \mid E_n(z) \mid^{1/n} < \overline{\lim_{n\to\infty}} \mid Q_n(t_0) \mid^{1/n} \cdot \lim_{n\to\infty} \mid Q_n(A) \mid^{-1/n} \qquad (3.2)$$

We now make use of two results on the behaviour of orthogonal polynomials in the complex domain (#6#).

Lemma 1. If $Br(d\mu) \subset [-1,1]$ then

$$\underline{\lim}_{n\to\infty} \left| (z + \sqrt{z^2-1})^{-1} \cdot \sqrt[n]{|Q_n(z)|} \right| > 1 \quad \text{for any } z \text{ in } C\setminus[-1,1].$$

Lemma 2. If $Br(d\mu) \subset [-1,1]$ and $\mu'(x) \neq 0$ almost everywhere in $[-1,1]$, then

$$\overline{\lim}_{n\to\infty} \sqrt[n]{|Q_n(x)|} < 1 \qquad x \in [-1,1].$$

Theorem 3. For any z in $D(a,b)$ $\quad \overline{\lim}_{n\to\infty} |E_n(z)|^{1/n} < |A-\sqrt{A^2-1}| < 1$, with $\Psi(A) = -z^{-1}$.

Proof. The result follows directly by using Lemmas 1 and 2 and (3.2).

Concerning uniform convergence, the following result holds.

Theorem 4. The sequence of 2PTA's $(n-L/n)_{(L_0,L_\infty)}(z)$ (with $n > L$) converges uniformly to $H(z)$ on any compact K of $D(a,b)$.

Proof.

(i) If $0 \in K$, there is a positive constant M' satisfying

$$|E_n(z)| < \frac{2^{L+1}}{(b-a)^L} \frac{M'}{|z|^{L+1}} \sup_{-1\leq t\leq 1} |Q_n(t)| \frac{\sup_{-1\leq t\leq 1} (|A-t|^{-1})}{|Q_n(A)|}$$

where $z \in K$ and $A = \Psi(-z^{-1})$. Hence A is in a compact K' of $C\setminus[-1,1]$. The function $F(A) = \sup_{x\in[-1,1]} (|A-x|^{-1})$ is bounded on K', therefore a positive constant M can be found such that

$$\sup_{z \in K} |E_n(z)| < M \frac{\sup_{-1\leq t\leq 1} |Q_n(t)|}{|Q_n(A)|} .$$

By Lemmas 1 and 2,

$$\sup_{z \in K} |E_n(z)| < M(\sup_{A \in K'} |A-\sqrt{A^2-1}|)^n$$

where $0 < \sup_{A \in K'} |A-\sqrt{A^2-1}| < 1$, so uniform convergence is obtained.

(ii) If $0 \notin K$, a constant B can be chosen such that $B > b$ and $K \subset \{ z \mid |z| < 1/B \}$. As in the first part of the proof, there is a constant M satisfying

$$\sup_{z \in K} |E_n(z)| \quad \frac{|z|^{n-L_B n}}{a^L} M \frac{\sup_{-1 \leq t \leq 1} |Q_n(t)|}{|Q_n(S)|} \qquad \text{where} \quad \Psi(S) = B.$$

Finally, by Lemmas 1 and 2,

$$\sup_{z \in K} |E_n(z)| < (B/a)^L M\rho^n \qquad \text{with} \quad \rho = |s-\sqrt{1-s^2}| < 1 .$$

In the case of an arbitrary sequence

$$(k(n)/n)_{(L_0,L_\infty)}(z) \qquad 0 < k(n) \leq n \quad , \tag{3.3}$$

we assume $\lim_{n\to\infty} l(n)/k(n) = 1$, where $l(n) = n-k(n)$, that is the orders of correspondence at the origin and the infinity are asymptotically the same. Consequently $\lim_{n\to\infty} k(n)/l(n) = 1$. Then the sequence of 2PTA's (3.3) converges geometrically to $H(z)$ for any z in $D(a,b)$ satisfying one of the following conditions:

(i) If $|z| \geq a^{-1}$, $z \neq -1/a$, then

$$\overline{\lim_{n\to\infty}} |E_n(z)|^{1/n} < |az|^{-1/2} \quad |A-\sqrt{A^2-1}|, \quad \text{where} \quad \psi(A) = -z^{-1} .$$

(ii) If $|z| < b^{-1}$, $z \neq -b^{-1}$, then

$$\lim_{n\to\infty} |E_n(z)|^{1/n} < |z/a|^{1/2} (b')^{3/2} |s-\sqrt{s^2-1}|$$

where $b' = \alpha b$, $\alpha < \min(a/b, 1/b)$ and also $s \notin [-1,1]$ with $\Psi(s) = b'$.

For the case of a real z in the annulus $1/b < |z| < 1/a$ we give a convergence result:

<u>Corollary 1</u>. If $b < 3a$ and $z \in [1/b, 1/a]$, then

$$\overline{\lim_{n\to\infty}} |E_n(z)|^{1/n} < \frac{a}{b} \frac{1}{|az|^{1/2}} < 1 .$$

4. <u>Equally spaced interpolatory knots</u>.

By using the fact that 2PTA's for Stieltjes functions are related with quadrature formulas, we now show that equally spaced knots on (a,b) yield geometric convergence of the approximants if $z \in R$.

Setting $x_j = a+jh$, $h = (b-a)/2n$ and $\Psi(t)$ as in (3.1) and defining the L-polynomial

$$V_{m+1}(x) = x^{-n} \prod_{0}^{n} (x-x_j) ,$$

we have

$$V_{m+1}(\Psi(t)) = 2^{-(n+1)}(b-a)^{m+1}((b-a)t+a+b)^{-n} \prod_{0}^{m} (t-t_j)$$

where $t_j = (2j-m)/m \qquad j = 0,1,2,\ldots,m$.

Introducing the notation $W_{m+1}(t) = \prod_{0}^{m} (t-t_j)$ one can easily deduce:

Lemma 3.

$$\overline{\lim_{m\to\infty}} \left\{ \sup_{t\in[-1,1]} \left|W_{m+1}(t)\right| \right\}^{1/m} < 2/e$$

Lemma 4. For any t in $[-1,1]$

$$\underline{\lim_{m\to\infty}} \ |W_{m+1}(t)|^{1/m} > |t+1|^{(t+1)/2}|t-1|^{(1-t)/2}.e^{-1}$$

Now let $\bar{P}_m$ be the L-polynomial of degree $(-n,n)$ interpolating $(1+xz)^{-1}$ in the knots $\{x_j\}$. A sequence of 2PTA's is defined by

$$\bar{C}(\bar{P}_m) = \left[(m/2 + 1)/m\right]_{(L_0,L_\infty)}$$

Defining $E_m(z) = H(z) - \bar{C}(\bar{P}_m)$, one has

Theorem 6. For any z in R , $z \notin [-a^{-1},-b^{-1}]$,

$$\overline{\lim_{m\to\infty}} |E_m(z)|^{1/m} < 2|az|^{-1/2}|s-1|^{(s-1)/2}|s+1|^{-(s+1)/2}$$

where $s\notin[-1,1]$ and $\Psi(s) = -z^{-1}$.

As in Theorem 4 it can be shown that $\overline{\lim}_{m\to\infty} |E_m(z)|^{1/m} < 1$ for z in R such that $|z| > 1/a$ or $|z| < 1/b$.

In order to have geometric convergence on the interval $[1/b,1/a]$ a restriction becomes necessary. Introducing the function

$$\Omega(x) = (x-a)\left[\frac{(2a)^{2a}}{(x+a)^{x+a}}\right]^{1/(x-a)}$$

one has

Theorem 7. If $0 < a < b < +\infty$ and $\Psi(b) < \sqrt{a/b}$, then the sequence

$$(n+1/2n+1)_{(L_0,L\infty)}$$

converges geometrically to H(z) on [1/a,1/b] .

Proof. By Theorem 6,

$$\overline{\lim_{n\to\infty}}|E_n(z)|^{1/n} < \frac{2}{|az|^{1/2}}\left(\frac{|s-1|^{s-1}}{|s+1|^{s+1}}\right)^{1/2}$$

where $s\notin[-1,1]$ and $\Psi(s) = -z^{-1}$.

With the change of variable $t = z^{-1}$, $t\in[a,b]$ and also

$|s-1| = \frac{2(b+t)}{b-a}$, $|s+1| = \frac{2(a+t)}{b-a}$. The function

$$g(t) = \left[\frac{s(t)-1^{\;s(t)-1}}{s(t)+1^{\;s(t)+1}}\right]^{1/2} = (b-a)\left[\frac{(t+a)^{t+a}}{(t+b)^{t+b}}\right]^{1/(b-a)}$$

is decreasing on [a,b] and $\max_{t\in[a,b]} g(t) = g(a) = (b-a)\left[\frac{(2a)^{2a}}{(a+b)^{a+b}}\right]^{\frac{1}{b-a}} =$

$= \Omega(b)$. Therefore $\overline{\lim_{n\to\infty}}|E_n(z)|^{1/n} < \frac{1}{|az|^{1/2}}(a/b)^{1/2} < 1$. Q.E.D.

In the case of an arbitrary sequence $(k(n)/n)_{(L_0,L_\infty)}$ with

$\lim_{n\to\infty} k(n)/l(n) = 1$ a similar result can be deduced.

5. Special Functions.

We now show that certain special functions studied by Jones (#5#) using continued fractions (Two Point Padé Approximants) can be expressed in the form

$$\int_a^b (1+zx)^{-1}d\phi(x), \qquad 0 < a < b < +\infty.$$

Thus, the results obtained above turn out to be useful for such functions.

5.1 The Natural Logarithm.

$$\mathrm{Log}(w) = \int_1^w t^{-1}dt$$

Given $r > 0$, consider the function

$$G(z) = \int_r^{1+r} (1+xz)^{-1} dx .$$

One has $\quad \mathrm{Log}(w) = (w-1)(1-r(w-1))^{-1} G((w-1)/(1-r(w-1)))$.

Here we take $r = (e-1)^{-1}$ as in #5#.

5.2 The Inverse Tangent.

$$\mathrm{Arctg}(w) = \int_0^w (1+u^2)^{-1} du$$

We introduce the function $\quad H(z) = \int_1^2 \frac{(t-1)^{-1/2}}{1+zt} dt$. One has

$$\mathrm{Arctg}(w) = \frac{w}{2(1-w^2)} H(w^2(1-w^2)^{-1}) .$$

In this case we consider 2PTA's to the function H(z) at points z such that $z \notin [-1,-1/2]$, that is $w \notin \{ [i,i_\infty) \cup [-i,-i_\infty) \}$.

5.3 The Integral Exponential.

$$E_n(w) = \int_1^\infty t^{-n} e^{-wt} dt , \quad \mathrm{Re}(w) > 0 .$$

Since $E_{n+1}(w) = (e^{-w} - wE_n(w))/n$, only the case $n = 1$ has to be considered.

$$E_1(w) = \int_1^\infty t^{-1} e^{-wt} dt \quad \text{or} \quad E_1 = \int_w^\infty s^{-1} e^{-s} ds , \quad |\mathrm{Arg}(w)| < \pi .$$

Introducing $\quad T(z) = \int_1^2 (1+zt)^{-1} e^{-1/(t-1)} dt \quad$ one has

$$E_1 = e^{1-w} \left[E_1(1) - \frac{(w-1)}{(2-w)} T\left(\frac{w-1}{2-w}\right) \right] , \quad E_1 = .2193339543955...$$

In order to compute the moments c_k $(k \in Z)$ we define

$$d_k = \int_1^2 t^k e^{-1/(t-1)} dt \quad \text{and} \quad g_k = \int_0^1 t^k e^{-1/t} dt$$

then $c_k = (-1)^k d_k$ and $g_0 = e^{-1} - E_1(1)$. Integration by parts yields

$$g_k = e^{-1} + (k+2) g_{k+1} \quad , \; k = 0, \pm 1, \pm 2, ...$$

Thus we have:

1. If $k = 0$, $c_0 = d_0 = g_0$.

$$2.\ \text{If}\ k \geq 1,\quad d_k = \sum_{0}^{k} \binom{k}{j} g_j\ .$$

In order to compute d_{-k} when $k \geq 1$, we estimate d_{-1} by gaussian quadrature and the use the formula

$$d_{-(k+1)} = k^{-1}\left[-(ek)^{-1} - kg_1 + g_2 + \sum_{1}^{k} (k+1-j)d_{-j}\right]$$

Remark. In these three examples the limits of the interval (a,b) satisfy the restrictions $b < 3a$ (Corollary 1) and $\Omega(b) < (a/b)^{1/2}$, which are sufficient conditions for geometric convergence.

REFERENCES

#1# A. DRAUX
"Approximants de type Padé en deux points".
Publication A.N.O. 110, 1983.

#2# C. BREZINSKI
"Padé-type Approximants and General Orthogonal Polynomials".
ISNM Vol. 50, Birkhauser Verlag, Basel, 1980.

#3# W.B. JONES and W.J. THRON
"Orthogonal Laurent Polynomials and Gaussian Quadrature".
In "Quantum Mechanics in Mathematics, Chemistry and Physics"
K. Gustafson and W.P. Reinhardt eds., Plenum Publ. Co., New York, 1981.

#4# W.B. JONES, W.J. THRON and W. WAADELAND
"A Strong Stieltjes Moment Problem".
Trans. Amer. Math. Soc., Vol. 261, 1980, pp. 503-528.

#5# W.B. JONES, O.NJASTAD and W.J. THRON
"Two-Point Padé expansions for a family of analytic functions".
J. of Comp. and Appl. Math., 9, 1983, pp. 105-123.

#6# G. FREUD
"Orthogonal Polynomials".
Pergamon Press, Oxford, 1971.

NEAR-MINIMAX APPROXIMATION AND TELESCOPING PROCEDURES BASED ON LAGUERRE AND HERMITE POLYNOMIALS

J.C. MASON
Computational Maths Group
Royal Military College of Science, Shrivenham
Swindon, Wilts, England

Abstract

Suitably chosen systems of generalized Laguerre and Hermite polynomials are shown to provide near-minimax approximations to zero with respect to the weight functions e^{-x} and $x^{\frac{1}{2}} e^{-x}$ on $[o,\infty)$ and the weight function e^{-x^2} on $(-\infty,\infty)$. For certain functions which decay exponentially and which may be well approximated by transformed Taylor series, these Laguerre and Hermite polynomials may be exploited in telescoping procedures so as to produce near-minimax approximations of lower degree. Such a procedure is illustrated in the determination of compact and accurate rational approximations to a classical solution on $[o,\infty)$ of the Blasius equation.

1. INTRODUCTION

In an earlier paper [1] we pointed out that, for β suitably chosen just below 1, the generalized Laguerre function $e^{-x}L_n^{-\frac{1}{2}}(2\beta x)$ has n + 1 extrema of alternating signs and very nearly equal magnitudes, and it is thus virtually indistinguishable from a minimax approximation to zero. In the present paper we extend this observation by demonstrating that a similar property holds for the functions $x^{\frac{1}{2}}e^{-x}L_n^{\frac{1}{2}}(2\beta x)$ on $[o,\infty)$ and $e^{-x^2} H_n(\sqrt{2\beta}\, x)$ on $(-\infty,\infty)$, and we give supporting numerical results for values of n up to 10. The usefulness of these results in practice is illustrated by adopting the polynomials $H_n(\sqrt{2}(x-c))$ in a telescoping procedure applied to an approximation of the form

$Ax - B + [\, D\,(x)]^{-r}$, where D is a polynomial, to the classical Blasius function (see [2], [3])

2. MINIMAX AND NEAR-MINIMAX POLYNOMIALS

For a number of given weight functions $w(x)$ it is possible to choose a suitably normalised polynomial $P_n(x)$ of degree n so that $w(x)\, P_n(x)$ is a minimax approximation to zero on $[-1,1]$. Details are given in Table 1 of four standard examples involving the Chebyshev polynomials $T_n(x)$ and $U_n(x)$ of the first and second kinds.

Each minimax property follows upon setting $x = \cos\theta$ and

TABLE 1 Minimax Approximations $w(x)\, P_n(x)$ to zero on [-1,1]

	$w(x)$	$P_n(x)$	$W(x)$
(i)	1	$T_n(x)$	$(1-x^2)^{-\frac{1}{2}}$
(ii)	$(1-x^2)^{\frac{1}{2}}$	$U_n(x)$	$(1-x^2)^{\frac{1}{2}}$
(iii)	$(1+x)^{\frac{1}{2}}$	$u^{-1}T_{2n+1}(u)$ where $u = [\frac{1}{2}(1+x)]^{\frac{1}{2}}$	$(1+x)^{\frac{1}{2}}(1-x)^{-\frac{1}{2}}$
(iv)	$(1-x)^{\frac{1}{2}}$	$U_{2n}(u)$	$(1+x)^{-\frac{1}{2}}(1-x)^{\frac{1}{2}}$

verifying that an appropriate equioscillation property holds. In each of the four cases we observe that the resulting polynomial belongs to a system orthogonal with respect to a certain weight function $W(x)$, the latter being given in Table 1.

In [1] we deduced a weighted near-minimax property for $P_n(x)=L_n^{-\frac{1}{2}}(2\beta x)$, by applying a bilinear trasformation of variables to result (i) of Table 1, and the reader is referred to [1] for details. We now follow the same route for result (ii) of Table 1 so as to obtain a similar property for $P_n(x) = L_n^{\frac{1}{2}}(2\beta x)$. (If the same route is followed for results (iii) and (iv), then we simply obtain the same pair of properties).

Result (ii) establishes that $(1-x^2)^{\frac{1}{2}}\, Q_n(x)$, where Q_n is a polynomial of degree n, is minimised in the L_∞ norm on [-1,1] if $\{Q_n\}$ satisfies

$$\int_{-1}^{1} (1-t^2)^{\frac{1}{2}}\, Q_j(t)\, Q_k(t)\, dt = o \quad \text{for } j< k,$$

The transformation $t = (Ax-1)/(1+Ax)$ takes [-1,1] of t into $[o,\infty)$ of x and $Q_k(t)$ into $(1+Ax)^{-k}P_k(x)$, where P_k is again a polynomial of degree k. Since

$$(1-t^2)^{\frac{1}{2}} = (4Ax)^{\frac{1}{2}}/(1+Ax) \text{ and } dt = 2A\,(1+Ax)^{-2}\, dx,$$

it follows that $x^{\frac{1}{2}}\,(1+Ax)^{-(k+1)}\, P_k(x)$ is minimised on $[o,\infty)$ when $\{P_k\}$ satisfy

$$\int_o^\infty x^{\frac{1}{2}}\,(1+Ax)^{-(j+k+3)}\, P_j(x)\, P_k(x)\, dx = o \quad j < k, \tag{1}$$

Now for k sufficiently large and $A = (k+1)^{-1}$,

$$(1+Ax)^{-(k+1)} \simeq e^{-x}$$

Thus $x^{\frac{1}{2}}\, e^{-x}\, P_k(x)$ is approximately minimised on $[0,\infty)$ when $\{P_k\}$ satisfy

$$\int_o^\infty x^{\frac{1}{2}}\, e^{-2\beta_{jk}x}\, P_j(x)\, P_k(x)\, dx = o \quad j < k \tag{2}$$

By way of comparison, the generalized Laguerre polynomial $L_k^{\frac{1}{2}}(2\beta x)$ satisfies

$$\int_o^\infty x^{\frac{1}{2}}\, e^{-2\beta x}\, P_j(x)\, P_k(x)\, dx = o \quad j < k. \tag{3}$$

The relations (2) and (3) cannot be matched for all j, but they do coincide for $j = k-1$, the most crucial case in practice, for $\beta=1$. In order to take account of lower values of j, a choice of β slightly below 1 is suggested. We formally express this proposal as a conjecture.

Conjecture

The functions (i) $e^{-x} P_n(x)$ and (ii) $x^{\frac{1}{2}} e^{-x} P_n(x)$ are approximately minimised in L_∞ on $[o,\infty)$ for the respective choices (i) $L_n^{-\frac{1}{2}}(2\beta x)$ and (ii) $L_n^{\frac{1}{2}}(2\beta x)$ of $P_n(x)$, where β is suitably chosen just below 1.

Corollary

The function $e^{-x^2} P_n(x)$ is approximately minimised in L_∞ on $(-\infty,\infty)$ by choosing $H_n(\sqrt{2\beta}x)$ for $P_n(x)$, for β suitably chosen just below 1.

Proof of Corollary

This follows immediately from the fact (see[4]) that

$$H_{2m}(x) = c_1 L_m^{-\frac{1}{2}}(x^2) \quad , \quad H_{2m+1}(x) = c_2 x L_m^{\frac{1}{2}}(x^2) \qquad (4)$$

where c_1 and c_2 are constants.

Confirmation of Conjecture

This was confirmed in [1] for the function (i) for $n = 4,5$ with $\beta = .94$. We now confirm, by computations summarised in Table 2 that the conjecture holds for both (i) and (ii) for n up to 10 at least, and we give roughly optimal choices of β for each n. In each case the error has n+1 extrema e_i $(i=1,\ldots,n+1)$ of alternating signs and nearly equal magnitudes, and for simplicity the closeness of the error to equioscillation is measured in terms of the single quantity.

$$\sigma_n = [(\max_i |e_i| / \min_i |e_i|) - 1].$$

(In [1] this is formalised by stating that the resulting approximation is "near-minimax by characterisation within the relative distance σ_n")
A value for σ_n of no more than about 0.1 gives an approxiamtion which may be justifiably described as "virtually indistinguishable from minimax" and we note that this has been achieved for each optimal β. A value of σ_n of up to about 1 certainly ensures a "near-minimax" approximation, and this has been achieved for $\beta=1$.

Table 2 Values of the Measure σ_n

	$e^{-x} L_n^{-\frac{1}{2}}(2\beta x)$				$x^{\frac{1}{2}} e^{-x} L_n^{\frac{1}{2}}(2\beta x)$			
n	β	σ_n	β	σ_n	β	σ_n	β	σ_n
3	1	.3	.94	.03	1	.3	.95	.04
4	1	.4	.95	.05	1	.4	.96	.06
5	1	.5	.96	.06	1	.4	.96	.06
6	1	.5	.965	.07	1	.5	.965	.07
7	1	.5	.97	.08	1	.5	.97	.08
10	1	.6	.975	.10	1	.6	.975	.10

Table 3 Normalised Extrema of Laguerre Functions (n=10)

	$e^{-x} L_{10}^{-\frac{1}{2}}(2\beta x)$		$x^{\frac{1}{2}} e^{-x} L_{10}^{\frac{1}{2}}(2\beta x)$	
	$\beta=1$	$\beta=.975$	$\beta=1$	$\beta=.975$
e_1	624	804	1414	1844
e_2	-625	-802	-1418	-1838
e_3	628	799	1426	1826
e_4	-633	-793	-1438	-1809
e_5	641	784	1457	1786
e_6	-651	-773	-1482	-1759
e_7	666	761	1517	1729
e_8	-688	-748	-1568	-1696
e_9	723	737	1647	1670
e_{10}	-786	-736	-1791	-1664
e_{11}	988	808	2254	1823

In order to provide more detailed information than is given in Table 2, we have listed all 11 extrema e_i (normalised for convenience) for the cases n=10. Note the amazing uniformity achieved in the magnitudes of the extrema for $\beta = .975$. Note also that, as a consequence of the relation (4), the Corollary to the Conjecture has now been confirmed for n up to 21.

It was pointed out in [1] that the Sonine-Polya Theorem (see [4]) ensures that the magintudes of the extrema of $e^{-x}L_n^o(2x)$ are monotonically decreasing. In fact this Theorem is applicable also to both Laguerre functions in Table 2 and establishes in these cases that the magnitudes of the extrema are monotically increasing (as if readily seen in Table 3 for n=10). It also follows from (4) that the magnitudes of the extrema of $e^{-x^2} H_n(\sqrt{2}x)$ are monotonically increasing for $x \geqslant o$.

3. TELESCOPING PROCEDURES

An exponentially decaying function can often be well approximated in the form

$$f(x) \simeq [D_n(x)]^{-r} \quad , r > 0, \tag{5}$$

where $D_n(x)$ is a polynomial of degree n. If $\varepsilon(x)$ is the pointwise error,

$$f + \varepsilon = (D_n)^{-r} \quad \text{and} \quad (f+\varepsilon)^{-1/r} = D_n.$$

Thus $\quad f^{-1/r} (1+\varepsilon/f)^{-1/r} = D_n.$

Expanding by the binomial theorem, and assuming that ε is small pointwise compared with f,

$$f^{-1/r} (1-\tfrac{1}{2}\varepsilon/f) \simeq D_n$$

and so $\quad 2 f^{1+1/r} (f^{-1/r} - D_n) \simeq \varepsilon \qquad (6)$

From (6) we deduce an approximation of form (5) may be obtained by fitting a polynomial D_n to $f^{-1/r}$ with weight function $f^{1+1/r}$.

From above, if we telescope

$$f(x) = [D_n (x)]^{-r} \quad \text{into} \quad f^*(x) = [D_{n-1}(x)]^{-r}$$

where $\quad D_n (x) = D_{n-1} (x) + c_n P_n (x),$

then the error becomes approximately

$$\varepsilon = f - f^* = 2 c_n [f(x)]^{1+1/r} P_n(x) \tag{7}$$

If f is an exponentially decaying function, namely e^{-x}, then the choice of $P_n(x)$ to approximately minimise ε, from above, is

$$P_n(x) = L_n^{\frac{1}{2}} (2\beta [1+1/r] x)$$

This choice was adopted in [1] in connection with the above telescoping procedure, and approximations of form (5) were obtained to e^{-x} which were virtually indistinguishable from minimax.

Let us now consider a slightly more sophisticated form of rational approximation, for which the Hermite polynomials may be used to advantage. The Blasius function y is the solution of the equation

$$y''' + y.y'' = 0 \quad ; \quad y(0) = y'(0) = 0, \; y'(\infty) = 2$$

A power series expansion for y may be determined in the form

$$y \sim c_2 x^2 + c_5 x^5 + c_8 x^8 + \dots\dots \quad , \tag{9}$$

and it may also be shown (see [2]) that

$$y = 2x - 1.72077 + R(x)$$

where $\quad R(x) \sim e^{-x^2} \quad$ as $\quad x \to \infty. \qquad (10)$

Effective transformed Taylor (Pade) series approximations have already been obtained in [2] of the form

$$y(x) \simeq 2x - 1.72077 + [D_n(x)]^{-4}, \tag{11}$$

where $\quad D_n(x) = d_0 + d_1x + d_2x^2 + \dots\dots + d_nx^n,$

and they were found to have an absolute accuracy of about 0.00001 on

$[o,\infty)$ for n = 11 and about 0.0004 on $[o,\infty)$ for n = 8.

Now D_n in (11) may be telescoped into a polynomial D_{n-1} of degree n-1 by subtracting a polynomial P_n of degree n, and then, by (7) above, the error incurred is approximately proportional to

$$[D_n(x)]^{5/4} \; P_n(x) \quad \sim \quad e^{-1.25x^2} \; P_n(x)$$

Hence, by the conjecture of §,2, an appropriate choice for $P_n(x)$ (taking β=1) would appear to be

$$P_n(x) \;=\; H_n(\sqrt{2.5}\; x) \tag{12}$$

However, the behaviour (10) is only valid for large x, and moreover it only accounts for the dominant term. Let us therefore assume, with slightly more flexibility, that $R(x) \simeq K \exp(-(x-c)^2)$ for some constants c,K, and this then leads to the more general choice

$$P_n(x) \;=\; H_n\,(\sqrt{2.5}\;\;(x-c)). \tag{13}$$

TABLE 4 Blasius Function - Comparison of Taylor and Telescoped Approximations

n=8	Taylor/Pade Form	Telescoped Form (c=o)	Telescoped Form (c=.2)
d_o	1	1	1.0000056
d_1	0.2905676	0.2905411	0.2905661
d_2	0.1145879	0.1145686	0.1144634
d_3	0.04381529	0.04398844	o.04385883
d_4	0.01373644	0.01380075	0.01408568
d_5	0.003869422	0.003618419	0.003752725
d_6	0.0008899849	0.0008256768	0.0006205371
d_7	0.0002047467	0.0003159628	0.0002828374
d_8	0.00004257333	0.00006554053	0.00001050007
max error	0.00043	0.00007	0.00004
n=5			
d_0	1	1.000133	1.000030
d_1	0.29057	0.290807	0.291696
d_2	0.11459	0.112642	0.113705
d_3	0.043815	0.0426614	0.0394533
d_4	0.013736	0.0168283	0.0159105
d_5	0.0038694	0.00494546	0.00667552
max error	0.012	0.0016	0.0010

Numerical approximations of form (11) were obtained by telescoping the Taylor (Pade) approximation of degree 11 of this form of absolute accuracy about 0.00001, obtained by equating terms in the power series expansion of (11) to corresponding terms in (9) (see[2]). The polynomials (13) for c=o,.2 were used to reduce the degree of D_n to 8 and then 5, and results were then compared with corresponding Taylor (Pade) approximations of these degrees. The coefficients and resulting errors are shown in Table 4, and it can be seen that the telescoping procedures produce substantially more accurate results. Indeed we have achieved an absolute accuracy of 0.00004 on $[o,\infty)$ for n = 8.and 0.001 on $[o,\infty)$ for n = 5. However, the approximations produced, although giving maximum errors quite close to best possible, could not be described as "virtually indistinguishable from minimax". In particular, the polynomial (13) has n + 1 extrema on $(-\infty,\infty)$, but only [n/2]+1 of these lie in the half range $[o,\infty)$ and so we do not achieve the full number of oscillations required on $[o,\infty)$. Nevertheless the results are very satisfactory.

REFERENCES

[1] J.C. Mason, Some methods of near-minimax approximation using Laguerre polynomials. SIAM J. Numer. Anal. 10 (1973), 470-477.

[2] J.C. Mason, Some applications and drawbacks of Pade approximants In: "Approximation Theory and Applications", Z.Ziegler(Ed), Academic Press, London, 1981, pp 207-223.

[3] M.R. Osborne and G.A. Watson,An algorithm for minimax approximation in the nonlinear case. Computer J.12 (1969), 64-69.

[4] A. Erdelyi, W. Magnus, F. Oberhettinger, and A. Tricomi, "Higher Transcendental Functions, Vol II", Bateman Manuscript Project, McGraw-Hill, London, 1953.

APPLICATION DES POLYNOMES ORTHOGONAUX DE LAGUERRE A L'IDENTIFICATION DES SYSTEMES NON-LINEAIRES

M. MONSION
Laboratoire LARFRA
E.N.S.E.R.B.
Université de Bordeaux I
33405 TALENCE FRANCE

Résumé

L'identification déterministe d'un système dynamique non-linéaire continu, stationnaire, est abordé sous l'angle suivant : à partir de la connaissance sur $[0,T]$ du couple d'entrée-sortie $u(t)$, $y(t)$, trouver une fonctionnelle H telle que $y(t) = H[u(o,t),t]$ approxime au mieux, au sens d'un critère, la sortie réelle du système. Un modèle de représentation de cette fonctionnelle supposée analytique est constitué par le développement polynominal de Volterra :

$$y(t) = H[u(o,t),t] = \sum_{k=1}^{N} \underbrace{\int_o^t}_{k} h_k \ (\tau_1,\tau_2 ,\ldots \tau_k) \prod_{j=1}^{k} u(t-\tau_j)d\tau_j$$

la fonctionnelle H est complètement déterminée dès que l'on connait les coefficients ou noyaux h_k de ce développement.
L'algorithme d'identification consiste à rechercher un développement de la fonction noyau sur la base complète constituée par les fonctions de Laguerre.

Introduction

Les transformations orthogonales très utilisées en traitement numérique du signal dans des domaines aussi variés que le traitement d'image, le traitement de la parole, la reconnaissance des formes, la transmission d'information trouvent aussi des applications très fréquentes en analyse des systèmes.
L'utilisation des fonctions de Laguerre est très classique en automatique linéaire car elles ont une transformée de Laplace particulièrement simple. T. KITAMORI (1), P.D. ROBERTS (2), G. BORGET et P. FAURE (3) et de nombreux autres auteurs ont appliqué les propriétés de ces fonctions à la résolution de problèmes d'identification. STEIGLITZ (4), lors de travaux sur les filtres discrets, a montré qu'il était possible de définir une base de fonctions de Laguerre possédant les propriétés

d'une base orthonormale de L^2 et donc d'introduire un isomorphisme entre L^2 et l^2 l'espace des signaux discrets. Ainsi tout signal $f(t) \in L^2 [o,\infty[$ peut être discrétisé en lui associant une séquence de nombres $f_n (n \in [o,\infty]) \in l^2$ déterminée par analyse de Fourier généralisée relativement à la base orthonormale constituée par les fonctions de Laguerre. Ce résultat a conduit à la définition de la transformée de Laguerre et à la notion de filtre numérique généralisé (5). Tout problème d'analyse et de synthèse d'un système continu linéaire peut être conduit avec les mêmes méthodes que le même problème posé en terme de système discret. En particulier, l'estimation des paramètres d'un système continu peut-être faite à partir des algorithmes développés dans le cadre des systèmes discrets.

Alors qu'il existe des méthodes générales, bien établies et couramment appliquées d'identification des systèmes linéaires, dans le cas non-linéaire, beaucoup plus complexe, il est difficile de développer des algorithmes applicables à une classe relativement large de système.

Ces algorithmes peuvent être regroupés en 3 familles (6) selon qu'ils seront fondés sur la représentation fonctionnelle de Volterra, la représentation par interconnexion de sous-systèmes linéaires dynamiques et non-linéaires statiques ou bien sur l'estimation des paramètres d'une équation différentielle. N. WIENER (7) qui fut un des premiers auteurs à traiter de l'identification non-linéaire, J.F. BARRETT (8) (9), A.G. BOSE (10), et M. SCHETZEN (11), notamment, proposèrent des méthodes de détermination des paramètres de la représentation fonctionnelle fondées sur les propriétés d'orthogonalité des fonctions de Laguerre et ou des polynômes d'Hermite. Ces méthodes qui sont spécifiques d'une entrée, un bruit blanc gaussien, sont de mise en oeuvre très lourde. Les développements multidimensionnels, généralisation du cas monodimensionnel, de fonctions multivariables jouent un rôle important dansl'étude des systèmes non-linéaires. Tout signal $f(t_1,...t_k)$ appartenant à $L^2(\mathcal{C}^k)$ peut être discrétisé en lui associant une séquence de nombre $f_{n_1...n_k}$ $(n_i \in [o,\infty]) \in l^2(N^k)$.

La transformée de Laguerre multivariable (12), (13) qui se déduit de cette généralisation a été appliquée à l'analyse (14) et à l'identification (15) de systèmes non-linéaires.

Dans cet article, nous présentons l'algorithme d'identification qui consiste à rechercher un développement des noyaux de Volterra sur la base constituée par les fonctions de Laguerre. Dans la première partie sont rappelées les principales propriétés des fonctions de Laguerre.

I- Quelques rappels sur les fonctions de Laguerre

I-1 Expression

La fonction de Laguerre d'ordre k a pour expression :

$$\Lambda_k(t) = (-1)^k \sqrt{2}\, e^{-t}\, L_k(2t)$$

où $L_k(t)$ est le kième polynôme de Laguerre défini par :

$$L_k(t) = \sum_{j=0}^{k} (-1)^j\, C_k^j\, \frac{t^j}{j!} = \frac{1}{k!} e^t \frac{d^k (t^k e^{-t})}{dt^k}$$

I-2 Base des fonctions de Laguerre

La famille infinie dénombrable $\Lambda_0, \Lambda_1, \ldots, \Lambda_k, \ldots$ constitue une base complète de $L^2(R^+)$ espace des fonctions de carré sommable. Elle est orthogonale et l'on a :

$$\langle \Lambda_j\ \Lambda_k \rangle_{L^2(R^+)} = \delta_{jk}$$

I-3 Meilleure approximation d'ordre N, en norme $L^2(R^+)$ sur une base de Laguerre.

La meilleure approximation $\hat{f}$ de $f \in L^2(R^+)$, en norme $L^2(R^+)$, dans $\Lambda^N(t)$ a pour expression :

$$\hat{f}_N(t) = \sum_{k=0}^{N} f_k \Lambda_k(t)$$

avec :

$$f_k = \langle f, \Lambda_k \rangle_{L^2(R^+)}$$

L'ensemble des f_k constitue le spectre normé de Laguerre de f.

I-4 Transformée de Laplace des fonctions de Laguerre

On montre que la transformée de Laplace de $\Lambda_k(t)$ a pour expression :

$$\mathcal{L}\ \Lambda_k(t) = \int_0^{\infty} e^{-pt} \Lambda_k(t)\, dt = \sqrt{2}\, \frac{(1-p)^k}{(1+p)^{k+1}}$$

I-5 Produit de convolution des fonctions de Laguerre

Ce produit évalué à partir de la transformée de Laplace a pour expression :

$$\int_0^t \Lambda_j(\tau)\, \Lambda_k(t-\tau)\, d\tau = \frac{1}{\sqrt{2}} \left[\Lambda_{j+k}(t) + \Lambda_{j+k+1}(t)\right]$$

I-6 Relation de récurrence

Les fonctions de Laguerre vérifient les relations :

$$(k+1)\Lambda_{k+1}(t) + (2k+1-2t)\Lambda_k(t) + k\Lambda_{k-1}(t) = 0$$

$$\dot{\Lambda}_k(t) + \dot{\Lambda}_{k-1}(t) = -\Lambda_k(t) + \Lambda_{k-1}(t)$$

$$2t\dot{\Lambda}_k(t) = -(k+1)\Lambda_{k+1}(t) - \Lambda_k(t) + k\Lambda_{k-1}(t)$$

I-7 Intégration des fonctions de Laguerre

Si l'on désigne par : $I_k(t) = \int_o^t \Lambda_k(\tau)\, d\tau$

on montre : $I_k(t) = \sqrt{2} - \Lambda_k(t) - 2\sum_{j=0}^{k-1} \Lambda_j(t)$

$$\lim_{t \to \infty} I_k(t) = \sqrt{2}$$

I-8 Transformée de Laguerre

Les fonctions de Laguerre $\Lambda_k(t)$ constituent une base orthonormale de $L^2(\mathcal{C})$. Toute fonction $f(t) \in L^2(\mathcal{C})$ peut-être mise sous la forme :

$$f(t) = \sum_{k=o}^{\infty} f_k \Lambda_k(t)$$

avec $$f_k = \int_o^{\infty} f(t)\, \Lambda_k(t)dt$$

L'ensemble des f_k constitue le spectre de Laguerre de f(t).

Par définition, la fonction

$$F^*(\zeta) = \sum_{k=o}^{\infty} f_k\, \zeta^{-k}$$

est la transformée de Laguerre de f(t).

Dans le domaine où la série entière $F^*(\zeta)$ converge, la fonction correspondante est analytique.

II - Représentation fonctionnelle de Volterra

Une large classe de systèmes dynamiques, non linéaires, continus, obéissant au principe de causalité peut-être représentée par la relation fonctionnelle entre l'entrée u(t), supposée bornée, et la sortie y(t) :

$$y(t) = H\left[u(o,t),t\right]$$

Le théorème de Stone-Weierstrass établit que, relativement à diverses topologies, toute fonctionnelle continue de u(t), peut, sur un compact

I-6 Relation de récurrence

Les fonctions de Laguerre vérifient les relations :

$$(k+1)\Lambda_{k+1}(t) + (2k+1-2t)\Lambda_k(t) + k\Lambda_{k-1}(t) = 0$$

$$\dot{\Lambda}_k(t) + \dot{\Lambda}_{k-1}(t) = -\Lambda_k(t) + \Lambda_{k-1}(t)$$

$$2t\dot{\Lambda}_k(t) = -(k+1)\Lambda_{k+1}(t) - \Lambda_k(t) + k\Lambda_{k-1}(t)$$

I-7 Intégration des fonctions de Laguerre

Si l'on désigne par : $I_k(t) = \int_o^t \Lambda_k(\tau)\, d\tau$

on montre : $I_k(t) = \sqrt{2} - \Lambda_k(t) - 2\sum_{j=0}^{k-1} \Lambda_j(t)$

$$\lim_{t \to \infty} I_k(t) = \sqrt{2}$$

I-8 Transformée de Laguerre

Les fonctions de Laguerre $\Lambda_k(t)$ constituent une base orthonormale de $L^2(\mathscr{C})$. Toute fonction $f(t) \in L^2(\mathscr{C})$ peut-être mise sous la forme :

$$f(t) = \sum_{k=o}^{\infty} f_k \Lambda_k(t)$$

avec $$f_k = \int_o^{\infty} f(t)\, \Lambda_k(t) dt$$

L'ensemble des f_k constitue le spectre de Laguerre de $f(t)$.

Par définition, la fonction

$$F^*(\zeta) = \sum_{k=o}^{\infty} f_k\, \zeta^{-k}$$

est la transformée de Laguerre de $f(t)$.

Dans le domaine où la série entière $F^*(\zeta)$ converge, la fonction correspondante est analytique.

II - Représentation fonctionnelle de Volterra

Une large classe de systèmes dynamiques, non linéaires, continus, obéissant au principe de causalité peut-être représentée par la relation fonctionnelle entre l'entrée $u(t)$, supposée bornée, et la sortie $y(t)$:

$$y(t) = H\left[u(o,t),t\right]$$

Le théorème de Stone-Weierstrass établit que, relativement à diverses topologies, toute fonctionnelle continue de $u(t)$, peut, sur un compact donné, être uniformément approchée par un polynôme de fonctionnelles :

$$y(t) = \sum_{k=1}^{N} \underbrace{\int_{o}^{t}}_{k} g_k(t,t_1,\ldots,t_k) \prod_{j=1}^{k} u(t_j)\, dt_j$$

Avec l'hypothèse de stationnarité, en posant :

$$g_k(t,t_1,..,t_k) = h_k(t-t_1,\ldots,t-t_k) = h_k(\tau_1,\ldots,\tau_k)$$

le développement s'écrit :

$$y(t) = \sum_{k=1}^{N} \underbrace{\int_{o}^{t}}_{k} h_k(\tau_1,\ldots,\tau_k) \prod_{j=1}^{k} u(t-\tau_j)\, d\tau_j$$

Les fonctions $h_k(\tau_1,\ldots,\tau_k)$ ou noyaux de Volterra, supposées symétriques par rapport à leur argument sont alors uniques et déterminent complètement le système quelles que soient les conditions initiales.

III - Caractérisation des noyaux

Avec l'hypothèse $h_k(\tau_1,\ldots,\tau_k) \in L^2(\mathcal{C}^k)$, on peut choisir une représentation des noyaux en les développant sur une base orthonormale de $L^2(\mathcal{C}^k)$.

On sait qu'une base orthonormale de $L^2(\mathcal{C}^k)$ s'obtient à partir de la base orthonormale $\{\Lambda_m\}$ de $L^2(\mathcal{C})$ en formant les produits directs.

$$\left\{\Lambda_{m_1} \otimes \cdots \otimes \Lambda_{m_k}\right\}$$

Toute fonction de $L^2(\mathcal{C}^k)$ admet un développement unique sur une telle base.

Le problème de la détermination de $h_k(\tau_1,\ldots,\tau_k)$ peut-être remplacé par celui de la recherche d'un développement fini d'ordre M sur les $(M+1)^k$ premiers vecteurs de la base $\left\{\Lambda_{m_1} \otimes \cdots \otimes \Lambda_{m_k}\right\}$.

La meilleure approximation de h_k notée $\hat{h}_k$ en norme $L^2(\mathcal{C}^k)$ sur ces $(M+1)^k$ premiers vecteurs a pour expression :

$$\hat{h}_k(\tau_1,\ldots,\tau_k) = \sum_{m_1=o}^{M} \cdots \sum_{m_k=o}^{M} C_{m_1\ldots m_k}\, \Lambda_{m_1}(\tau_1)\ldots\Lambda_{m_k}(\tau_k)$$

avec : $C_{m_1\ldots m_k} = \langle h_k, \Lambda_{m_1} \ldots \Lambda_{m_k} \rangle$

$\hat{h}_k$ vérifie :

$$\lim_{M \to \infty} \left\| h_k - \hat{h}_k \right\| = 0$$

Les noyaux étant symétriques, le nombre de paramètres à déterminer est égal à :

$$\frac{(M+1)\ \ldots\ (M+k)}{k!}$$

IV - Identification des noyaux

Nous nous limiterons, sans qu'il y ait perte de généralité, à l'identification du noyau d'ordre 2 dont le modèle approché a pour expression

$$\hat{h}_2(\tau_1,\tau_2) = \sum_{m_1=o}^{M} \sum_{m_2=o}^{M} C_{m_1m_2} \Lambda_{m_1}(\tau_1)\, \Lambda_{m_2}(\tau_2)$$

soit encore :

$$\hat{h}_2(\tau_1,\tau_2) = \sum_{m_1=o}^{M} \sum_{m_2=o}^{m_1-1} C_{m_1m_2} \left[\Lambda_{m_1}(\tau_1)\Lambda_{m_2}(\tau_2) + \Lambda_{m_1}(\tau_2)\Lambda_{m_2}(\tau_1)\right]$$

$$+ \sum_{m_1=o}^{M} C_{m_1m_1} \Lambda_{m_1}(\tau_1)\, \Lambda_{m_1}(\tau_2)$$

La sortie du modèle approché du noyau d'ordre 2, notée $\hat{v}_2(t)$, a pour expression :

$$\hat{v}_2(t) = \sum_{m_1=o}^{M} \sum_{m_2=o}^{m_1-1} C_{m_1m_2} \underbrace{\int_o^t}_{2} \left[\Lambda_{m_1}(\tau_1)\Lambda_{m_2}(\tau_2) + \Lambda_{m_1}(\tau_2)\Lambda_{m_2}(\tau_1)\right] u(t-\tau_1)u(t-\tau_2)$$

$$d\tau_1 d\tau_2 + \sum_{m_1=o}^{M} C_{m_1m_1} \underbrace{\int_o^t}_{2} \Lambda_{m_1}(\tau_1)\Lambda_{m_1}(\tau_2) u(t-\tau_1)u(t-\tau_2)\, d\tau_1 d\tau_2$$

soit, en posant :

$$I_{m_i}(t) = \int_o^t \Lambda_{m_i}(\tau)\, u(t-\tau)\, d\tau$$

et : $B_{m_1m_2} = 2\, C_{m_1m_2}$ lorsque $m_1 \neq m_2$

$B_{m_1m_2} = C_{m_1m_2}$ lorsque $m_1 = m_2$

$$\hat{v}_2(t) = \sum_{m_1=o}^{M} \sum_{m_2=o}^{m_1} B_{m_1m_2}\, I_{m_1}(t)\, I_{m_2}(t)$$

L'identification du noyau $h_2(\tau_1,\tau_2)$ qui se ramène à la détermination des coefficients $B_{m_1m_2}$, sera faite par analyse de Fourier généralisée relativement à la base constituée par les fonctions de Laguerre, connaissant u(t) et $v_2(t)$ respectivement entrée et sortie du noyau. Toute fonction de $L^2(\mathcal{C})$ admettant un développement unique sur une base orthonormale de $L^2(\mathcal{C})$, l'identité de $v_2(t)$ et $\hat{v}_2(t)$ sera assurée si ces deux fonctions ont les mêmes coefficients de Fourier.
Désignons par $\underline{v_2}$ le vecteur coefficient de Fourier de $v_2(t)$. Les paramètres $B_{m_im_j}$ sont solutions du système linéaire :

$$
\underline{v_2} = \begin{bmatrix} <\Lambda_0, I_0 I_0> \ldots\ldots\ldots <\Lambda_0, I_M I_M> \\ \vdots \qquad\qquad \vdots \\ <\Lambda_k, I_0 I_0> \ldots\ldots\ldots <\Lambda_k, I_M I_M> \end{bmatrix} \begin{bmatrix} B_{00} \\ \vdots \\ B_{MM} \end{bmatrix}
$$

Ce système peut-être résolu directement si le nombre des composantes $B_{m_i m_j}$ est égal au nombre d'équations, ou bien par la méthode des moindres carrés s'il y a plus d'équations.

Une étude expérimentale a montré qu'une représentation satisfaisante du noyau était obtenue avec un développement de dimension 2 ou 3.

La présentation faite dans le cas déterministe peut-être étendue au cas d'entrées-sorties aléatoires.

BIBLIOGRAPHIE

[1] T. KITAMORI (1960)
Applications of orthogonal functions to the determination of process dynamic characteristics and to the construction of self-optimizing control systems - 1st I.F.A.C. Congress, Moscou, vol. 2, pp.613-618.

[2] P.D. ROBERTS (1967)
Orthogonal transformations applied to control system identification and optimisation - I.F.A.C. Symp. Identification in Autom. Control Systems, Prague, paper 5-12.

[3] G. BORGET, P. FAURE (1971)
Identification des systèmes. Une méthode d'identification déterministe de systèmes dynamiques linéaires stationnaires par approximation fonctionnelle - E.D.F. Bulletin de la direction des études et recherches, Série C, Mathématique informatique n° 2, pp 5-32.

[4] K. STEIGLITZ (1963)
The general theory of digital filters with applications to spectral analysis - AFSOR Report, n° 64-1664, New York.

[5] C. BOZZO (1972)
Notion de transformée de Laguerre d'un signal continu
1ère partie : étude d'un isomorphisme entre l'espace L^2 des signaux continus et l'espace l^2 des signaux discrets.
2ème partie : applications aux problèmes d'analyse et de synthèse de systèmes continus, linéaires et stationnaires - R.A.I.R.O. n°J-1, pp.35-53 et pp.54-76.

[6] S.A. BILLINGS (1980)
Identification of non linear systems - A survey. IEE Proc., vol. 127, n° 6.

[7] N. WIENER (1958)
Nonlinear problems in random theory. Wiley.

[8] J.F. BARRETT (1963)
The use of functionals in the analysis of nonlinear physical systems - J. Elect. and Control, 15, pp.567-615.

[9] J.F. BARRETT (1964)
Hermite functional expansions and the calculation of output autocorrelation and spectrum for any time-invariant nonlinear system with noise - J. Elect. Control, 16, pp.107-113.

[10] A.G. BOSE (1956)
A theory of nonlinear systems - M.I.T. technical report 309.

[11] M. SCHETZEN (1974)
A theory of nonlinear system identification - Int. J. Control, 20, pp.577-592.

[12] M. SCHETZEN (1970)
Power-series equivalence of some functional series with applications - IEEE Transactions on Circuit Theory, vol. CT-17, n° 3, (1970), pp. 305-313.

[13] M. GAUTIER, M. MONSION, J.P. SAGASPE (1978)
Multidimensional Laguerre Transform. - IEEE Trans. Aut. Cont., vol. AC 23, n° 3, pp. 488-489.

[14] M. MONSION (1978)
On analysis of nonlinear systems by multidimensional Laguerre transform. - Systems Science, vol. 4, n° 3, pp. 233-240.

[15] M. MONSION (1976)
Identification par analyse de Fourier généralisée des systèmes non-linéaires caractérisés par série de Volterra. Application à un système physiologique - Thèse d'Etat, Université de Bordeaux I.

On figures generated by normalized Tau approximation error curves

S. Namasivayam and E.L. Ortiz
Imperial College
Mathematics Department
London SW7, England

Abstract

We show that the error of approximations of the solution $y(x)$ of a linear system of ordinary differential equations, generated by using the Tau method, attain the same order as the best constant $E_n(y)$:

$$O(r^n/2^n v_1^n (n+1)!) \quad ,$$

where n is the degree of the Tau approximation $y_n(x)$, r is the semi-amplitude of the interval and v_1 is related to the coefficients of the system.

We also show that the normalized error curves of successive Tau approximations of $y(x)$ and of its derivative $y'(x)$ are bounded by the simple curves

$$\pm L^* \sqrt{r^2 - x^2} \quad , \quad -r \leqslant x \leqslant r \quad ,$$

where $\underline{L}$ is a constant vector. These curves are reminiscent of curves already discussed by Ortiz and Rivlin in connection with intersections of orthogonal polynomials.

1. INTRODUCTION

Let $J = \{x : -r \leqslant x \leqslant r\}$ be a compact interval and let $y(x)$ be a continuous function defined on J . Let $\|y\|$ stand for the uniform norm of $y(x)$ on J :

$$\|y\| = \sup_{x \in J} |y(x)| \quad ,$$

and let $B_n(y)$ be the algebraic polynomial of degree not exceeding n which best approximates $y(x)$ on J . We set

$$E_n(y) = \|y(x) - B_n(y)\|$$

and, for functions $y(x)$ with a continuous derivative,

$$\underline{E}^n(y) = (E_n(y), E_n(y'))^T .$$

Let us consider the second order differential equation

$$\begin{cases} y''(x)+Ay'(x)+By(x) = f(x) \quad , \quad -r \leqslant x \leqslant r \quad , \\ y(-r) = a_1 \quad , \quad y'(-r) = a_2 \end{cases} \tag{1}$$

where

$$A := (v_1+v_2)/v_1v_2 \quad , \quad B := 1/v_1v_2 \quad ,$$

and v_1v_2 are constants. Equation (1) is equivalent to the first order linear system

$$\begin{aligned} &\mathbb{D}\underline{y}(x) = \underline{f}(x) \quad , \quad -r \leqslant x \leqslant r \quad , \\ &\underline{y}(-r) = \underline{a} \end{aligned} \tag{2}$$

where

$$\mathbb{D} = \begin{bmatrix} d/dx & -1 \\ B & A+d/dx \end{bmatrix} \quad , \quad \underline{f} = \begin{bmatrix} 0 \\ f \end{bmatrix} \quad , \quad \underline{y} = \begin{bmatrix} y \\ y' \end{bmatrix} \quad , \quad \underline{a} = \begin{bmatrix} a_1 \\ a_2 \end{bmatrix}$$

$\underline{f} \equiv \underline{f}(x)$, $\underline{y} \equiv \underline{y}(x)$ are variable vectors and $\underline{a}$ is a constant vector.

Let $\underline{y}_n(x)$ be a Tau approximation (see Ortiz [3]) of the solution $\underline{y}(x)$ of (2) obtained by using the perturbation term

$$\underline{H}_n(x) := \underline{\tau}_{ch}^{(n)} T_n(x) = \begin{bmatrix} \tau_1^{(n)} T_n(x) \\ \tau_2^{(n)} T_n(x) \end{bmatrix} ,$$

where

$$T_n(x) := \cos(n \arccos(x/r)) \quad , \quad -r \leqslant x \leqslant r \quad ,$$

is the Chebyshev polynomial of the first kind and degree n defined on $-r \leqslant x \leqslant r$.

In this paper we discuss some graphs generated by normalized error functions of Tau approximations which are reminiscent of Ortiz-Rivlin figures (see Ortiz and Rivlin [4]).

2. TAU APPROXIMATIONS AND BEST APPROXIMATIONS

Let us introduce the quantities

$$g_j^{(n)} := (v_2(v_1 f-a_2)-a_1)\frac{[1+O(|v_1/v_2|^{n+j})]}{|v_1|^j}$$

and

$$C_j^{(n)}(x) := [-(a_1-fv_1v_2+a_2(v_1v_2))\vartheta_j^{(n)}(r)+a_2v_1\vartheta_{j+1}^{(n)}(r)] \; .$$

$$[T_{n+1}(x)-T_{n-1}(x)]|v_1|^{j-1}\exp(-r/v_1)\;\frac{[1+O(1/n)]}{\vartheta_1^{(n)}(r)}$$

for $j = 0,1$, $-r \leqslant x \leqslant r$, where

$$\vartheta_j^{(n)}(x) := \sum_{i=0}^{n-j}(v_1/v_2)^i \sum_{t=0}^{n-j-i}(r+x)^t/((2v_2)^t t!) \qquad , \quad j = 0,1,2 \; .$$

We note that $g_j^{(n)}$ and $C_j^{(n)}(x)$, $-r \leqslant x \leqslant r$, are of $O(1)$.

The following result shows that the best approximation vector $\underline{E}_n(y)$ and the Tau approximation error vector $\underline{e}_{ch}^{(n)}(x)$ have components of the same order.

<u>Theorem 1</u>: If $y(x)$ has $(n+2)$ continuous derivatives in $-r \leqslant x \leqslant r$; $v_2(v_1 f-a_2)-a_1 \neq 0$ and n is sufficiently large, then

(i) $$\exists (q,q^*) \in (-r,r) : \underline{E}_n(y) = \begin{bmatrix} |g_0^{(n)}|\exp((r+q)/|v_1|) \\ |g_1^{(n)}|\exp((r+q^*)|v_1|) \end{bmatrix}\frac{r(r/2|v_1|^n)}{|v_1-v_2|(n+1)!}$$

and

(ii) $$\underline{e}_{ch}^{(n)}(x) = -\begin{bmatrix} C_1^{(n)}(x) \\ C_0^{(n)}(x) \end{bmatrix}\frac{r(r/2|v_1|)^n}{|v_1-v_2|(n+1)!} \quad ,$$

$\forall x \in (-r,r)-\{x_j\}$, $j = 1(1)n-1$, where $x_j = r\cos(j\pi/n)$.

Proof: We shall confine our proof to the case

$$v_2 < v_1 < 0 \quad , \quad r \leqslant |v_1| \quad , \quad n \text{ odd} .$$

The proof for the alternative cases is entirely similar. The exact solution of (1) is

$$y(x) = v_1 \frac{v_2(v_1 f-a_2)-a_1}{v_2-v_1} \exp(-(r+x)/v_1)+v_1 v_2 f+ v_2 \frac{v_1(v_2 f-a_2)-a_1}{v_1-v_2} \exp(-(r+x)/v_2) .$$

Hence,

$$y^{(n+1)}(x) = \frac{(-1)^{n+i}(v_2(v_1 f-a_2)-a_1)}{v_1^{n-1+i}(v_2-v_1)} \exp(-(r+x)/v_1)$$

$$+ \frac{(-1)^{n+i}(v_1(v_2 f-a_2)-a_1)}{v_2^{n-1+i}(v_1-v_2)} \exp(-(r+x)/v_2)$$

for $i=1,2$, or

$$y^{(n+1)}(x) = \frac{(-1)^n g_{i-1}^{(n)}}{v_1^n(v_1-v_2)} \exp(-(r+x)/v_1) \quad .$$

From Corollary 2 of Theorem IV in Shohat [5], if $\varphi^{(n+1)}(x)$ doesn't change sign in (a,b), then

$$\exists q \in (a,b) : E_n(\varphi) = 2\left(\frac{b-a}{4}\right)^{n+1} |\varphi^{(n+1)}(q)|/(n+1)!$$

If we set $a = -r$, $b = r$, $\varphi \equiv y$, (i) follows.

From Theorem 2 in Namasivayam and Ortiz [1],

$$\underline{e}_{ch}^{(n)} = \begin{bmatrix} L_1^{(n)}(r) \\ -L_o^{(n)}(r) \end{bmatrix} \frac{nr(r/2|v_2|)^n(T_{n+1}(x)-T_{n-1}(x))}{(n+1)!(n-1)} \quad .$$

$$[1+O(1/n)]$$

where

$$L_j^{(n)}(x) := \frac{1}{K^{(n)}(x)} [-(a_1-fv_1v_2+a_2(v_1+v_2))\vartheta_j^{(n)}(x)\, v_i^j + a_2 v_1^{j+1} \vartheta_{j+1}^{(n)}(x)]$$

and

$$K^{(n)}(x) := v_1^2(\vartheta_1^{(n)}(x)^2 - \vartheta_2^{(n)}(x)\vartheta_o^{(n)}(x)) \quad , \quad -r \leqslant x \leqslant r \quad .$$

From Lemma 1 of Namasivayam and Ortiz [1],

$$K^{(n)}(x) = v_1(v_1/v_2)^n(v_2-v_1)\vartheta_1^{(n)}(x)[\sum_{j=0}^{n-1} ((r+x)/2v_1)^j/j!] \quad .$$

$$[1+O(|v_1/v_2|^n)]$$

$$= v_1(v_1/v_2)^n(v_2-v_1)\vartheta_1^{(n)}(x)\exp((r+x)/2v_1) \quad .$$

$$[1+O(|v_1/v_2|^n)] \quad .$$

Therefore, $L_j^{(n)}(x)$ becomes

$$L_j^{(n)}(x) = \frac{-(a_1-fv_1v_2+a_2(v_1+v_2))\vartheta_j^{(n)}(x)+a_2v_1\vartheta_{j+1}^{(n)}(x)}{\vartheta_1^{(n)}(x)v_1^{n+1-j}(v_2-v_1)} \quad .$$

$$[v_2^n \exp(-(r+x)/2v_1)][1+O(|v_1/v_2|^n)]$$

and (ii) follows.

3. NORMALIZED TAU METHOD ERROR CURVES

From Theorem 2, Namasivayam and Ortiz [1],

$$\underline{e}_{ch}^{(n)}(x) = \underline{L}^{(n)}(r) \frac{nr(r/2|v_2|)^n}{(n+1)!(n-1)} [T_{n+1}(x)-T_{n-1}(x)][1+O(1/n)]$$

where

$$v_1(v_1/v_2)^n L_j^{(n)}(r) = \frac{-(a_1-fv_1v_2+a_2(v_1+v_2))\vartheta_j^{(n)}(r)\, v_i^j+a_2v_1^{j+1}\vartheta_{j+1}^{(n)}(r)}{\vartheta_1^{(n)}(r)(v_2-v_1)\exp(r/v_1)} \quad .$$

$$[1+O(|v_1/v_2|^n)] \quad , \quad j = 0,1 \quad .$$

Let

$$\underline{L}^{*(n)}(r) := v_1(v_1/v_2)^n \underline{L}^{(n)}(r) \quad ,$$

and $x = r \cos\vartheta$, $0 \leqslant \vartheta \leqslant \pi$. Then,

$$2^n(|v_1|/r)^{n+1}(n+1)!(1-1/n)\underline{e}_{ch}^{(n)}(r\cos\vartheta) = 2\underline{L}^{*(n)}(r)\sin(n\vartheta)\sin\vartheta\,[1+O(1/n)] \quad .$$

Let

$$\underline{L}^* := \frac{2}{r}\lim_{n\to\infty}\underline{L}^{*(n)} \quad ;$$

since

$$\sin\vartheta = \sin(\arccos(x/r)) = \sqrt{1-(x/r)^2} \quad ,$$

the following result follows:

Theorem 2: As n approaches ∞, the normalized Tau approximation error curves

$$2^n(|v_1|/r)^{n+1}(n+1)!(1-1/n)\underline{e}_{ch}^{(n)}(r\cos\vartheta)$$

are bounded by the curves

$$\pm\,\underline{L}^*\sqrt{r^2-x^2} \quad , \quad -r \leqslant x \leqslant r \quad .$$

4. Example

Figure 1 shows the graph of normalized Tau approximation error curves of (1) for

$$A = -3/2 \quad , \quad B = 1/2 \quad , \quad r = 0.9 \quad , \quad a_1 = 4 \quad , \quad a_2 = 1$$

and for $n = 31(2)39$. These curves confirm the prediction of Theorem 2.

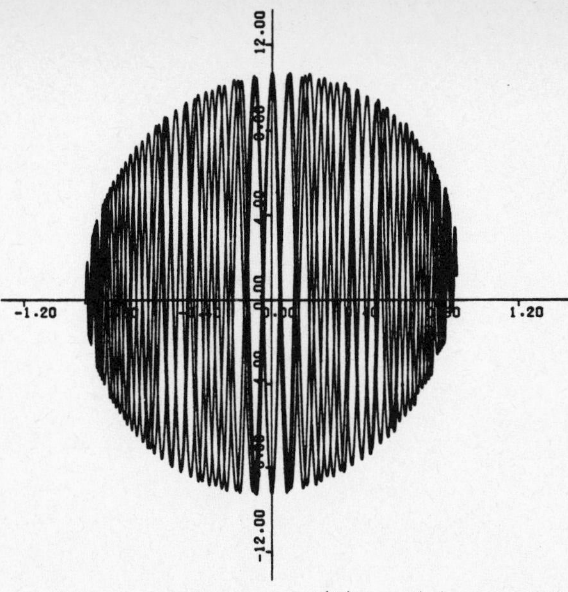

Figure 1 - Normalized $2|L^{*(n)}(r)|e_{ch}^{(n)}(x)/||e_{ch}^{(n)}||$ Tau approximation error curves for:

$2y''(x)-3y'(x)+y(x)=0$, $-0.9\leqslant x\leqslant 0.9$

$y(-0.9)=4$, $y'(-0.9)=1$,

and for $n = 31(2)39$.

References

1. Namasivayam, S. and Ortiz, E.L. An error analysis of the rational Tau method for ordinary differential equations, (submitted for publication).

2. Namasivayam, S. and Ortiz E.L. Dependence of the local truncation error on the choice of pertubation in the step-by-step Tau method for systems of differential equations, (submitted for publication).

3. Ortiz, E.L. The Tau method, SIAM J. Numer. Analysis, 6, pp. 480-492 (1969).

4. Ortiz, E.L. and Rivlin, T.J. Another look at Chebyshev polynomials, American Math. Monthly, 90, pp. 3-10 (1983).

5. Shohat, J. The best approximation of functions posessing derivatives, Duke Math. J., 8, pp. 376-385 (1941).

GAUSS-LIKE INTEGRATION WITH PREASSIGNED NODES AND ANALYTIC EXTENSIONS OF CONTINUED FRACTIONS[1]

C.M.M. Nex[2]

Cavendish Laboratory, Madingley Road,
Cambridge CB3 OHE, UK.

1 Introduction

Orthogonal polynomials have arisen naturally in solid state physics through the use of the Recursion Method [1] in calculating the Greenian, G(e), or a resolvent element, (formally $\underline{u}_0^T(eI-H)^{-1}\underline{u}_0$) corresponding to a given model Hamiltonian, H. This algorithm generates from H and an initial vector $\underline{u}_0$ the three-term recurrence relation defining a truncation of the Jacobi matrix corresponding to the projection of H in a subspace spanned by $H^i\underline{u}_0$ for i=0,1,2,... . It is often only the imaginary part of G(e), or the local density of states, n(e), which is of physical significance; indeed the main computational result may merely involve indefinite integrals in which n(e) occurs as a weight function. The analytic structure of n(e) may be quite complex, with point singularities and discontinuous support (band gaps), so that we need to invoke thoerems relating to general weight functions, concentrating on the evaluation of integrals.

In the calculation of the density of states it can happen that the location of the band-edges and other singular points of the weight function are known in advance. In these cases it is useful to be able to include such information in the numerical evaluation, and I report here of a 'terminator' which enables this data to be incorporated in

---

1 incorporating work done while on leave at the Institute of Theoretical Science, University of Oregon, Eugene, OR 97403, USA
2 Supported in part by NSF-Condensed Matter Theory Grant DMR 81-22004.

the evaluation of the continued fraction corresponding to G(e). The terminator is generated using the theory of Gaussian quadrature and expressed naturally in terms of orthogonal polynomials.

From studies of these problems emerged a method of generating numerical integration rules which enable a number of arbitary nodes to be inserted within the range of the support of a weight function, while maintaining some of the characteristics of Gaussian quadrature formulas, such as positivity of the weights. These procedures could also be of use in the numerical solution of integral equations where the unknown function is required at a number of given points and a quadrature method is an appropriate method of solution. e.g. in Fredholm equations of the second kind.

In this paper I first outline the recursion method to establish notation and in the following two sections briefly describe the form of the terminator and the philosophy of the integration rules.

2 Recursion Method Formulation

In the Recursion method [1] an arbitrary Hamiltonian H, in principle of infinite dimension, is reduced to tridiagonal form by the following similarity transformation initiated by a starting vector $\underline{u}_0$. Taking

$$b_0^2 = \underline{u}_0^T \underline{u}_0 \qquad \text{and} \qquad \underline{u}_{-1} = \underline{0}$$

and using for convenience the notation for real matrices we generate, for i=0,1,2,..,n-1

$$a_i = \underline{u}_i^T H \underline{u}_i / \underline{u}_i^T \underline{u}_i \tag{2.1}$$

$$\underline{u}_{i+1} = (H - a_i) \underline{u}_i - b_i^2 \underline{u}_{i-1} \tag{2.2}$$

$$b_{i+1}^2 = \underline{u}_{i+1}^T \underline{u}_{i+1} / \underline{u}_i^T \underline{u}_i \tag{2.3}$$

From this is derived [1] the continued-fraction representation of the greenian

$$G(e) = \underline{u}_0^T \, (eI - H)^{-1} \, \underline{u}_0 = m(e) - i \pi n(e) \tag{2.4}$$

namely

$$G(e) = \cfrac{b_0^2}{e - a_0 - \cfrac{b_1^2}{e - a_1 - \cfrac{b_2^2}{\ddots \cfrac{b_{n-2}^2}{e - a_{n-2} - b_{n-1}^2 \, t_n(e)}}}} \tag{2.5}$$

In principle the continued fraction is infinite in length, but in computational practice must be truncated at some finite level, n, and a termination function, $t_n(e)$, introduced as in 2.5 . $t_n(e)$ is to be chosen to satisfy physical or mathematical requirements and its choice is the subject of the next two sections of this paper. In practice it may be another continued fraction or some other analytic form or even zero.

The continued fraction is evaluated efficiently using the orthogonal polynomials $p_i(e)$ and $q_i(e)$ associated with the three-term recurrences related to 2.2:

$$p_{-1}=0 \ , \ p_0=1 \ ; \ p_{i+1}(e) = (e-a_i) \, p_i(e) - b_i^2 \, p_{i-1}(e) \tag{2.6}$$

$$q_{-1}=0 \ , \ q_0=b_0^2 \ ; \quad q_i(e) = (e-a_i) \, q_{i-1}(e) - b_i^2 \, q_{i-2}(e) \tag{2.7}$$

Here the subscript corresponds to the degree of the polynomial (in some work it is one less than the degree for the polynomials of the second kind). The greenian 2.4 may then be evaluated [4] as

$$G(e) = \frac{q_{n-1}(e) - b_n^2 t_n(e) q_{n-2}(e)}{p_n(e) - b_n^2 t_n(e) p_{n-1}(e)} . \tag{2.8}$$

This is reasonably fast and numerically stable to evaluate and can be programmed conveniently in real arithmetic if only the density of states is required [5].

The Recursion method thus provides a means of generating the three-term recurrence relation from which we wish to extract the weight function and related integrals. Only a finite number of coefficients may be generated and, as this is generally the time-consuming part of a calculation, the subsequent manipulations should not dominate the total computational resources. It is desirable, however, to incorporate additional information and constraints into the estimation of G(e), and for this reason particular terminators are needed. In the next two sections I outline two such terminators; the first incorporates analytic information and the second imposes constraints on the location of quadrature points.

3 A General Form of Terminator

As incorporation of analytic information into density of states calculations can improve the accuracy of computed results, there is considerable interest in terminators, $t_n(e)$, which can be used to do this. In this section I will outline a specific form which allows introduction of quite general analytic structure, but the main present requirement is for band-edge locations to be added to the computed coefficients. This has been done [4,5] in the case of a single band-gap and in principle for the case of many gaps, but for the latter the computational form is somewhat tedious, as it necessitates a matching of asymptotic with computed coefficients. The present suggestion utilises the superposition of classical Gaussian quadrature rules to generate the three-term recurrence for a model Greenian, $G^*(e)$, defined as a sum of suitable single-band Greenians.

The three-term recurrence relation for a linear combination of weight functions may be computed using the classical Stieltjes procedure [3,4] with an inner product defined by superposing the corresponding Gaussian quadrature formulae. Typical greenians of relevance in physics are listed in table 1, together with the appropriate quadrature rule, and may be used to generate a wide variety of weight functions with band gaps and internal singularities as required.

Table 1

greenian	quadrature
$\frac{8N}{(\beta-\alpha)^2} \left[e - \frac{(\alpha+\beta)}{2} - (e-\alpha)^{\frac{1}{2}}(e-\beta)^{\frac{1}{2}} \right]$	Chebyshev (2nd. kind)
$\frac{N}{\pi} \left[\frac{1}{e-\alpha} - i\,\delta(e-\alpha) \right]$	single point
$\frac{N}{\pi(\beta-\alpha)} \left[\ln\left\|\frac{\alpha-e}{\beta-e}\right\| - i\,\Theta(e-\alpha)\,\Theta(\beta-e) \right]$	Legendre
$\frac{-4N}{(e-\alpha)^{\frac{1}{2}}(e-\beta)^{\frac{1}{2}}(\beta-\alpha)^2}$	Chebyshev (1st.kind)

A list of greenians for some simple model bands. N is the weight of the band; α and β are the band limits. The more complex many-band tridiagonalisation is generated using the union of the appropriate gaussian quadratures listed in the last column.

For example the recurrence for a weight function with K band gaps would be generated from the model greenian $G^*(e)$,

$$G^*(e) = \sum_{k=1}^{K} \frac{8N_k}{(\beta_k-\alpha_k)^2} \left[e - \frac{(\alpha_k+\beta_k)}{2} - (e-\alpha_k)^{\frac{1}{2}}(e-\beta_k)^{\frac{1}{2}} \right] \tag{3.1}$$

where N_k is the weight of the kth band. The superposition of suitably weighted Gauss-Chebyshev quadrature rules used as an inner product is

$$< f , g > = \sum_{k=1}^{K} \sum_{m=1}^{M} w_{m,k} \, f(e_{m,k}) \, g(e_{m,k}) \qquad (3.2)$$

$$\theta_m = m \pi / (M+1)$$

$$w_{m,k} = N_k \, \pi \, \sin \theta_m / (M+1)$$

$$e_{m,k} = \alpha_k + \tfrac{1}{2} (\beta_k - \alpha_k)(1 - \cos \theta_m)$$

The exact terminator, $t_n^*(e)$ for this greenian is given by inversion of equation 2.8 ('unravelling the continued fraction') :

$$t_n^*(e) = \frac{q_{n-1}^*(e) - G^*(e) \, p_n^*(e)}{b_n^{*\,2} \, [\, q_{n-2}^*(e) - G^*(e) \, p_{n-1}^*(e) \,]} \quad . \qquad (3.3)$$

where the * denotes quantities related to $G^*(e)$. The terminator thus generated for a model greenian may then be used to replace the unknown terminator in 2.8 . If the analytic structure of $G^*(e)$ and $G(e)$ is sufficiently similar, we would expect $t_n(e)$ and $t_n{}^*(e)$ to tend to the same limit as n tends to infinity. Through analysis of the asymptotic properties of a_i and b_i of 2.1-3 it has been shown [6] that the location of the band edges plays a significant part in the determination of $t_n(e)$, while numerical experiment suggests [7] that the other significant effect is the relative weights of the bands.

With this approach it is obviously possible to incorporate any analytic information for which one is able to write down an appropriate greenian and compute the corresponding continued fraction coefficients. As such it provides a means whereby the continued fraction corresponding to a physical Hamiltonian can be evaluated to give a more accurate approximation to the density of states and related functions.

4 Integration formulae with some prescribed nodes

A problem which has received some attention in the literature is that of Gaussian quadrature with fixed nodes internal to the region of integration. The solution has been given for the case of multiple knots [8] and for a single simple node [9,10], but for several simple nodes the solution does not appear to be known. Through an appropriate choice of terminator it is possible to generate an integration formula with an arbitrary number of fixed nodes, with positive weights and exact for polynomials of degree less than 2n. As before, n is the number of known pairs of coefficients in the three-term recurrence corresponding to the given weight function. While this is not a true Gaussian quadrature, the positivity of the weights and the asymptotic accuracy render it of potential use in the field of numerical solution of integral equations.

To generate an integration rule with m' fixed knots (x_i, i=1,m') we extend the computed recurrence to n+m terms, where m is m' or m'+1 as necessary. We will then generate a Gaussian quadrature rule, based on the extended recurrence to n+m terms. This will evidently be exact for polynomials of order less than 2n over the original weight function, although the actual weight function will differ from it in the 2n th and higher moments. The m pairs of coefficients in the extension of the recurrence , a_{n+j}, b_{n+j}^2, j=1,..,m , will be chosen so that m' of the zeros of $p_{n+m}(e)$ occur at the given values x_i . This is achieved by converting this condition to an interpolation problem which is readily solved.

We observe that we may rewrite

$$p_{n+j}(e) = r_j(e)\, p_n(e) - s_{j-1}(e)\, p_{n-1}(e) \qquad (4.1)$$

where $$r_{j+1}(e) = (e - a_{n+j})\, r_j(e) - b_{n+j}^2\, r_{j-1}(e) \qquad (4.2)$$

and $$s_j(e) = (e - a_{n+j})\, s_{j-1}(e) - b_{n+j}^2\, s_{j-2}(e) \qquad (4.3)$$

with $r_{-1} = s_{-1} = 0$, $r_0 = 1$, and $s_0 = b_n^2$

The condition that $p_{n+m}(x_i)=0$ is equivalent to the condition

$$p_n(x_i) \quad = \quad p_{n-1}(x_i) \sum_{j=1}^{m} \frac{w_j}{x_i - z_j} \tag{4.3}$$

where the z_j and w_j are the Gaussian quadrature coefficients generated by the extended recursion (or the coefficients of the partial fraction decomposition of $s_{m-1}(e) / r_m(e)$). Without loss of generality we may assume $p_{n-1}(x_i)\neq 0$ as otherwise that point may be removed trivially from the interpolation 4.3 [10] as it must be a zero of $r_n(e)$. If all the fixed nodes are zeros of $p_n(e)$ then the extension is not needed: the classical Gaussian quadrature satisfies the required conditions. Otherwise the zeros of $r_m(e)$ are chosen as

$$z_j \quad = \quad x_j \quad - \quad \frac{t\ y\ d}{y_j\ (2m-1)} \tag{4.4}$$

where $y_j = p_n(x_j) / p_{n-1}(x_j)$, $y=\min|y_j|$, $d= \min(i\neq j)\ |x_i - x_j|$ and t is a free parameter $0<t<1$. This construction ensures [10] that the w_j obtained as a solution of the linear equations 4.3 are positive. The z_j and w_j define a summation inner product which will, when applied in the Stieltjes procedure for orthogonal polynomials [3], generate a valid extension of the recurrence relation (4.1) such that $p_{n+m}(e)$ has zeros at x_i . Although this shows the existence of numerical integration rules with the desired properties for an arbitrary number of fixed knots, in practice the latter is limited to about thirty because of the growth of errors in the Stieltjes procedure, as noted by Gautschi [3], and also by Parlett [11] in relation to the appearance of duplicate eigenvalues in the Lanczos algorithm.

The classical Gaussian quadrature formula generated using the recurrence up to n+m terms is exact for polynomials of degree less than 2n, integrated over the original weight function, as those moments are preserved exactly for all extensions of the three-term recurrence. The construction can be made explicitly for two fixed nodes, while for more it is a straightforward computational procedure. The free parameter t in (4.4) may be set arbitrarily or used to incorporate some other constraint.

5 Conclusions and Acknowledgements

The use of the recursion method [1] in computational physics has led to a considerable interest in orthogonal polynomials in theoretical solid state physics. General results for weight functions non-zero on disjoint intervals would be of great relevance. We have here presented some ideas which have been stimulated by the computational requirements of the physics, but which may be of interest in a wider context.

I would like to acknowledge the many conversations with Roger Haydock, the hospitality of the Institute of Theoretical Science in the University of Oregon at Eugene, and the generosity of Cambridge University in granting me leave of absence, all of which contributed to the development of much of this work.

References

1 R.Haydock, V.Heine, D.Bullet and M.J.Kelly: Solid State Physics 35 (Academic, New York 1980)
2 C.M.M.Nex: J.Phys.A 11, 563-63 (1978)
3 W.Gautschi: SIAM J.Sci.Stat.Comput. 3, 289-317 (1982)
4 R.Haydock and C.M.M.Nex: J.Phys.C 17, 4783-89 (1984)
5 C.M.M.Nex: Comp.Phys.Comm. to appear
6 A.Magnus: Pade Approximation and its applications, Lecture notes in mathematics 765 (Springer, Berlin 1979)
7 R.Haydock and C.M.M.Nex: to be published
8 G.H.Golub and J.Kautsky: Numer. Math 41, 147-163 (1983)
9 N.I.Akhiezer: The Classical Moment Problem (Oliver and Boyd, Edinburgh 1965)
10 C.M.M.Nex: to appear
11 B.N.Parlett: The Symmetric Eigenvalue Problem (Prentice-Hall, New Jersey 1980)

ORTHOGONAL POLYNOMIALS AND THE PARTIAL REALIZATION PROBLEM

T. Shamir
Department of Mathematics
Ben Gurion University of the Negev
Beer Sheva
Israel

I. MOTIVATION

Let $G(z) = N(z)/D(z)$ be a scalar strictly proper rational function, where $N(z)$ and $D(z)$ are coprime polynomials over a field F and deg N $<$ deg D. Let $G(z) = \sum_{i=1}^{\infty} G_i z^{-i}$ be the power series expansion of G.

A partial realization of G of matching order s is another strictly proper rational function H(z) such that the first s coefficients in the power series expansion of H(z) are $G_1,\ldots,G_s$. In other words, there is a matching of the first s coefficients in the power series expansions of G and H.

It is of importance in systems theory to find partial realizations having minimal degree in their denominators.

We approach the problem using Fuhrmann's polynomial model theory for the special case where G(z) is a scalar function. The setting is algebraic, analyzing properties of subspaces of the state space.

Preliminaries and some basic definitions concerning polynomial models (see 3)

1. Let F((z)) be the set of all rational functions over F. Let $F[z] \subset F((z))$ and $z^{-1}F[[z^{-1}]]$ be respectively the ring of polynomials, and the set of strictly proper rational functions. Then $F((z)) = F[z] \oplus z^{-1}F[[z^{-1}]]$. We define π_+ and π_- as the projections of F((z)) on F[z] and $z^{-1}F[[z^{-1}]]$ respectively.

2. Let D(z) be a given polynomial. We define the following projection:

$$\pi_D : F[z] \to F[z] : \pi_D f = D\pi_- D^{-1} f$$

This gives the remainder of f under division by D. Let $X_D = \mathrm{Im}\pi_D$. X_D is a finite dimensional vector space over F whose dimension is degD. Actually, we have in the scalar case that $X_D = \{f : \deg f < \deg D\}$ and $F[z] = X_D \oplus DF[z]$. It follows that $f \in X_D$ if and only if $D^{-1}f$ is strictly proper. In X_D we define the restricted shift operator

$$S_D : X_D \to X_D : S_D f = \pi_D z f$$

3. The Hankel map induced by G is defined by:

$$H_G : F[z] \rightarrow z^{-1}F[[z^{-1}]] : H_G f = \pi_- Gf.$$

It is a module homomorphism whose kernel is DF[z] . Hence, H_G restricted to X_D is injective, so rank H_G = dim X_D. The matrix representation of H_G from the basis $\{1,z,z^2,\dots\}$ of F[z] to $\{z^{-1},z^{-2},\dots\}$ of $z^{-1}F[[z^{-1}]]$ is:

$$\begin{pmatrix} G_1 & G_2 & G_3 & \dots \\ G_2 & G_3 & G_4 & \dots \\ G_3 & G_4 & G_5 & \dots \\ \dots \end{pmatrix}$$

4. An inner product on F((z)) is defined by: $[f,g] = \Sigma f_i g_{-i-1}$, where $f(z) = \Sigma f_i z^i$; $g(z) = \Sigma g_i z^i$.

Main theorem concerning partial realizations (see 7 for proof)

Theorem 1.1: Let G(z) be a strictly proper scalar rational function and let s be any integer. Let p(z), q(z) be polynomials such that deg q < s. Then H(z) = p(z)/q(z) is a partial realization of G of matching order at least s, if and only if, for n = s - deg q,

$$z^n H_G q = H_G z^n q \qquad \text{and} \quad p = \pi_+ Gq \tag{1. 1}$$

The condition $H_G z^n q = z^n H_G q$ is equivalent to: $H_G q = z^{-n} H_G z^n q$, which leads us to define the following operator:

$$H^{(n)} : F[z] \rightarrow z^{-1}F[[z^{-1}]]: H^{(n)} f = H_G f - z^{-n} H_G z^n f \tag{1.2}$$

The matrix representation of $H^{(n)}$ in the standard bases is:

$$\begin{pmatrix} G_1 & G_2 & \dots & G_n & G_{n+1} & \dots \\ G_2 & G_3 & \dots & & & \\ \dots & & & & & \\ G_n & G_{n+1} & \dots & & & \\ 0 & 0 & \dots & & & \\ 0 & 0 & \dots & & & \end{pmatrix}$$

$H^{(n)}f$ is the projection on the first n terms in the power series expansion of $H_G f$. Ker $H^{(n)}$ is the subspace of all polynomials f such that the power series expansion of $H_G f$ has its first n coefficients equal to zero. Obviously, we have the inclusion:

$$\text{Ker } H^{(0)} \supset \text{Ker } H^{(1)} \supset \text{Ker } H^{(2)} \supset \dots$$

Lemma 1.2: Let $f(z)$ be a polynomial. Then $f \in \text{Ker } H^{(n)}$ if and only if, for any polynomial $e(z)$ of degree less than or equal n, we have that $H_G eq = eH_G q$.

Proof: Immediate from the above inclusion.

The conditions (1.1) are equivalent to:

$$p = \pi_+ Gq \quad \text{and} \quad q \in \text{Ker } H^{(n)}$$

Also, $DF[z] \subset \text{Ker } H^{(n)}$ for any n, so we shall restrict $H^{(n)}$ to X_D.

Let V_n be the kernel of the restriction of $H^{(n)}$ to X_D. In other words,

$$V_n = \{f \in X_D : z^n H_G f = H_G z^n f\} \tag{1.3}$$

Note that $\text{Ker } H^{(n)} = V_n \oplus DF[z]$.

Our minimal partial realizations will be based on minimal elements of the subspaces V_n.

Note that a minimal monic element in each V_n is unique. We shall investigate the properties of these subspaces V_n in the next section, and see how their minimal elements relate to orthogonal polynomials.

II. STRUCTURE OF THE SPACE

Let $G(z) = N(z)/D(z)$ be a given scalar strictly proper rational function, and suppose $\deg D = k$. Denote the state space X_D simply by X, then $\dim X = k$.

The following are basic properties of our structure. The proofs can be found in (7).

Lemma 2.1: Let V_n be the subspaces of X defined in (1.3). Then $\dim V_n = k - n$.

Lemma 2.2: Let n be greater or equal to 1, and let $f \in V_n$. Then $f \in V_{n+1}$ if and only if, $S_D f \in V_n$.

Actually, if $n = 0$, then $V_0 = X$, hence if $f \in V_1$, trivially $S_D f \in V_0$. The converse is not true for $n = 0$.

Lemma 2.3: Let n be greater or equal to 1 and $f \in V_n$. Then $f \in V_{n+j}$ if and only if $S_D^j f \in V_n$.

We shall now define an inner product on X.

Definition: Let $f,g \in X$. We define :

$$(f,g) = [H_G f,g] \tag{2.1}$$

This inner product is symmetric, nondegenerate, but not necessarily definite. When we talk about orthogonality and orthogonal complements in the sequel, it will always pertain to this inner product.

Lemma 2.4: For $0 \leq n \leq k$, $V_n^{\perp} = \{f \in X : \deg f < n\}$.

Proof: If $\deg f < n$ and $g \in V_n$, then

$$(g,f) = [H_G g,f] = [z^{-n}H_G z^n g,f] = [H_G z^n g, z^{-n}f]$$

This is zero, since both $H_G z^n g$ and $z^{-n}f$ are strictly proper. Hence $f \in V_n$. To show equality, note that $\dim V_n^{\perp} = \dim X - \dim V_n = k - (k-n) = n = \dim \{f \in X : \deg f < n\}$.

Lemma 2.5: For each n less than k, there exists a nonzero element $f \in V_n$ such that $\deg f \leq n$.

Proof: Since $V_n \cap V_{n+1}^{\perp} \neq \{0\}$, then there exists a nonzero element $f \in V_n$ such that $\deg f < n+1$.

Corollary: Let $f \in V_n$, $g \in V_m$, $n \neq m$, be minimal elements, then they are orthogonal.

Proof: Suppose $n < m$. Then $\deg f \leq n < m$, hence $f \in V_m^{\perp}$.

This means that the minimal elements of the V_n's are orthogonal polynomials, although they are not necessarily distinct. In the case where V_n has no isotropic part for every n, (this is called the "generic" case) the minimal elements are of degree exactly n, and so they are distinct orthogonal polynomials of increasing degrees. In particular, if H_G is definite, then these minimal elements are the same as the orthogonal polynomials of (4), (1).

In the general case, we want to characterize the distinct minimal elements of the subspaces V_n and their properties. Let:

$$\{k_0,\ldots,k_r\} = \{n : V_n \cap V_n^{\perp} = \{0\}\} \tag{2.2}$$

Assume $0 = k_0 < k_1 < \ldots < k_r$, and $k_{r+1} = k$. Then $V_{k_0} = V_0 = X$ and $V_{k_{r+1}} = \{0\}$. For each i we have $X = V_{k_i} \oplus V_{k_i}^{\perp}$.

Let $q_0,\ldots,q_r$ be the minimal monic elements of V_{k_i}. Then $\deg q_i = k_i$, $q_0 = 1$, and we shall denote $q_{r+1} =: D$. The q_i's are orthogonal polynomials.

We shall show that the same polynomial q_i is the minimal element of each V_n such that $k_i \leq n < k_{i+1}$.

We define the subspaces:

$$U_i = V_{k_i} \cap V_{k_{i+1}}^{\perp} \tag{2.3}$$

In other words, $f \in U_i$ iff $f \in V_{k_i}$ and $\deg f < k_{i+1}$

The following properties of the subspaces U_i are proven in (7).

Theorem 2.6: Let U_i be the subspaces defined in (2.3). Then they are orthogonal and $\dim U_i = d_i =: k_{i+1} - k_i$.

Theorem 2.7 : The following direct sum decompositions hold:

$$\begin{aligned} X &= U_0 \oplus U_1 \oplus \dots \oplus U_r \\ V_{k_i} &= U_i \oplus \dots \oplus U_r \\ V_{k_i}^{\perp} &= U_0 \oplus \dots \oplus U_{i-1} \end{aligned} \tag{2.4}$$

Theorem 2.8 : U_i is a cyclic subspace with respect to the operator S_D, generated by q_i. In other words, it has a basis composed of the elements :

$$q_i, zq_i, \dots, z^{d_i-1}q_i$$

As a consequence of theorem 2.8 and lemma 2.3, we have:

Theorem 2.9: Let q_i be the minimal monic element of V_{k_i}. If n is an integer such that $k_i \leq n < k_{i+1}$, then q_i is the minimal monic element of V_n.

Corollary : $V_{k_i-1} = V_{k_i} \oplus Sp\{q_{i-1}\}$

We shall now see the relation to partial realizations. The following is a result of theorem 1.1 and the above corollary.

Lemma 2.10: Let $p_i = \pi_+ Gq_i$ and $h_i = p_i/q_i$. Then h_i is a minimal partial realization of G of matching order $s = k_i + k_{i+1} - 1$.

Proof: Follows directly from theorem 1.1 and the fact that $q_i \in V_{k_{i+1}-1}$ and $\deg q_i = k_i$. Minimality follows from the minimality of q_i.

Lemma 2.11 : Let $f \in V_n$ be minimal and $g = \pi_+ Gf$. Then f and g are coprime.

<u>Proof</u> : Suppose $f = ef_1$ and $g = eg_1$ for some polynomial $e(z)$. Since f is minimal, $\deg f \leq n$. Let $\deg e = m < n$. Now, $H_G f = Gf - g = e(Gf_1 - g_1)$, so $Gf_1 - g_1 = e^{-1}H_G f = e^{-1}z^{-n}H_G z^n f$, since $f \in V_n$. The last expression is strictly proper, so $H_G f_1 = e^{-1}z^{-n}H_G z^n ef_1$, which implies, by lemma 1.2 that $f_1 \in V_{n+m}$. However, V_{n+m} is contained in V_n and $\deg f_1 \leq \deg f$. Thus the minimality of f implies $\deg e = m = 0$.

The following is probably the most important consequence of theorem 2.8:

<u>Lemma 2.12</u>: Let $f \in U_i$ be any element and let $g = \pi_+ Gf$. Then $g/f = p_i/q_i$ where q_i is the generator of U_i and $p_i = \pi_+ Gq_i$.

We conclude this section with an example.

<u>Example:</u> Let $G(z) = 1/z + 1/z^4 = (z^3+1)/z^4$. Then $D(z) = z^4$, and H_G, restricted to X_D has the matrix representation:

$$\begin{pmatrix} 1 & 0 & 0 & 1 \\ 0 & 0 & 1 & 0 \\ 0 & 1 & 0 & 0 \\ 1 & 0 & 0 & 0 \end{pmatrix}$$

Let $(c_0, c_1, c_2, c_3)^t$ be a vector representation of a polynomial $c_0 + c_1 z + c_2 z^2 + c_3 z^3$ in X_D, so when we compute the constraints for Ker $H^{(n)}$ $(n = 1,2,3)$, we have:

$$V_1 = \text{Sp}\{z, z^2, z^3-1\} \qquad V_2 = \text{Sp}\{z, z^3-1\} \qquad V_3 = \text{Sp}\{z^3-1\}$$

We have: $(z,z) = (z, z^3-1) = 0$. The polynomial z is orthogonal to itself since it appears in V_2 and its degree is 1.

Now, $k_0 = 0$, $k_1 = 1$, $k_2 = 3$ so

$$U_0 = \text{Sp}\{1\} \quad U_1 = \text{Sp}\{z, z^2\} \quad U_2 = \text{Sp}\{z^3-1\} \quad \text{and} \quad X = U_0 \oplus U_1 \oplus U_2$$

and $q_0 = 1$, $q_1 = z$ $q_2 = z^3-1$.

Let $p_1 = \pi_+ Gq_1 = 1$, so $p_1/q_1 = 1/z$ is a partial realization of G of matching order $2 + 1 = 3$. Also, if $f = z^2 \in U_1$, then $g = \pi_+ Gf = z$, hence $g/f = 1/z = p_1/q_1$.

Similarly, if $p_2 = \pi_+ G q_2 = z^2$, then $p_2/q_2 = z^2/(z^3-1) = 1/z + 1/z^4 + O(z^{-7})$ is a partial realization of G of matching order $3 + 3 = 6$.

III. RECURSIVE FORMULAS AND CONTINUED FRACTIONS

Let U_i be the subspaces defined in (2.3) and let q_i be their minimal monic elements. By the direct sum decomposition (2.4), we can define the orthogonal projections $\pi_i : X \to U_i$. Let S_i be the projection and restriction of S_D in U_i and let a_i be the characteristic polynomial of S_i. Since U_i is a cyclic subspace, a_i is also the minimal polynomial of S_i. In other words, a_i is the minimal polynomial such that $a_i q_i$ has no component in U_i, and $\deg a_i = d_i = k_{i+1} - k_i$.

The following recursive formulas were proven in (7).

Theorem 3.1 : The following recursions hold for $n \geq 1$:

$$q_{i+1} = a_i q_i - b_i q_{i-1} \tag{3.1}$$

for some nonzero constants b_i and

$$p_{i+1} = a_i p_i - b_i p_{i-1} \tag{3.2}$$

for the same constants b_i. The initial conditions for the recursions (3.1) and (3.2), resulting from construction and the structure of the state space, are:

$$q_0 = 1 \quad p_0 = 0 \quad ; \quad q_1 = a_0 \quad p_1 =: b_0 \tag{3.3}$$

where b_0 is the leading coefficient in the power series expansion of G.

Finally, the recursions (3.1) and (3.2) are connected to continued fractions in the following way:

Theorem 3.4 : Let q_i, p_i, a_i, b_i be as defined above. Then

$$p_n/q_n = b_0/(a_0 - b_1/(a_1 - b_2/(a_2 - \dots - b_{n-1}/a_{n-1})\dots))$$

REFERENCES:

(1) N.I. Akhiezer: The Classical Moment Problem. Oliver and Boyd Ltd. (1965).

(2) J. Bognar: Indefinite Inner Product Spaces. Springer-Verlag (1974)

(3) P.A. Fuhrmann: Algebraic systems theory: an analyst's point of view. J. Franklin Inst. 301, 521-540 (1976)

(4) Y.A. Geronimus: Orthogonal Polynomials on a Circle and Interval. International series of monographs on pure and applied mathematics, Pergamon Press, 1960.

(5) W.B. Gragg and A. Lindquist: On the partial realization problem. Linear Algebra and its Applications, 50, 277-319 (1983)

(6) R.E. Kalman: On partial realizations, transfer functions and canonical forms. Acta Polytech. Scand. 31, 9-32 (1979)

(7) T. Shamir: An algebraic approach to the partial realization problem. To appear, Linear Algebra and its Applications

A class of polynomials related to those of Laguerre

N.M. Temme
Centre for Mathematics and Computer Science
Kruislaan 413
1098 SJ Amsterdam
The Netherlands

ABSTRACT

We consider a class of polynomials, defined by $l_n(x) = (-1)^n L_n^{(x-n)}(x)$, which are introduced by F.G. Tricomi. We explain the role of the polynomials in asymptotics, especially in uniform expansions of a Laplace-type integral. Moreover, an asymptotic expansion of $l_n(x)$ is given for $n \to \infty$ that refines results of Tricomi and Berg.

1. Introduction

The Laguerre polynomials can be written in the form

$$L_n^{(\alpha)}(x) = \sum_{m=0}^{n} \binom{n+\alpha}{n-m} \frac{(-x)^m}{m!}, \tag{1.1}$$

where $n = 0,1,2,\cdots$, $\alpha \in \mathbf{C}$. The polynomials considered here are defined by

$$l_n(x) = (-1)^n \; L_n^{(x-n)}(x), \tag{1.2}$$

which - although closely related to the Laguerre polynomials - are essentially different from them. For instance, the degree of l_n is not n but the greatest integer $[n/2]$ in $n/2$.

The polynomials (1.2) are introduced by Tricomi [8], who used them in convergent and in asymptotic expansions of certain special functions. See also papers of Berg [1], [2], and Riekstinš [5], who too used the polynomials in asymptotic problems.

In this paper we consider a further application in the uniform asymptotic expansion of a Laplace-type integral. Furthermore we discuss the asymptotic behaviour of $l_n(x)$ as $n \to \infty$, with special attention for values of x equalling non-negative integers.

2. Uniform expansions of Laplace integrals.

We consider the integral

$$F_\lambda(z) = \frac{1}{\Gamma(\lambda)} \int_0^\infty t^{\lambda-1} e^{-zt} f(t)\, dt \tag{2.1}$$

for Re $z > 0$, Re $\lambda > 0$, z large, and where λ may be large as well.

When λ is restricted to a bounded set in the complex half-plane Re $z > 0$, an asymptotic expansion of (2.1) is obtained by substituting an expansion of f at $t = 0^+$. When we suppose that f is analytic at $t = 0$ (more conditions on f are given below) we obtain by using Watson's lemma (see Olver [4]) the well-known expansion

$$F_\lambda(z) \sim \sum_{s=0}^{\infty} (\lambda)_s \, a_s \, z^{-s-\lambda} \tag{2.2}$$

as $z \to \infty$ in the sector $|arg\ z| < \frac{1}{2}\pi - \delta < \frac{1}{2}\pi$. Here a_s are the coefficients in the expansion

$$f(t) = \sum_{s=0}^{\infty} a_s t^s$$

and $(\lambda)_s = \Gamma(\lambda+s)/\Gamma(\lambda)$, $s = 0,1,2,\cdots$.

The expansion (2.2) loses its asymptotic character when λ is large. For instance when $\lambda = \mathcal{O}(z)$ then the ratios of consecutive terms in (2.2) satisfy

$$\frac{a_{s+1}}{a_s} \frac{s+\lambda}{z} = \mathcal{O}(1), \quad \text{if } a_s \neq 0.$$

In [6] we modified Watson's lemma and we obtained an expansion in which large as well as small values of λ are allowed. This expansion is obtained by expanding f at $t = \mu = \lambda / z$, at which point the dominant part of the integrand of (2.1), i.e., $t^\lambda e^{-zt}$, attains its maximal value (considering real parameters for the moment). We write

$$f(t) = \sum_{s=0}^{\infty} a_s(\mu) \, (t-\mu)^s \tag{2.3}$$

and obtain by substituting this in (2.1) the formal result

$$F_\lambda(z) \sim \sum_{s=0}^{\infty} a_s(\mu) \, P_s(\lambda) \, z^{-s-\lambda}, \quad z \to \infty, \tag{2.4}$$

where

$$P_s(\lambda) = \frac{1}{\Gamma(\lambda)} \int_0^{\infty} t^{\lambda-1} e^{-zt} (t-\mu)^s \, dt, \quad \mu = \lambda / z. \tag{2.5}$$

The functions $P_s(\lambda)$ are polynomials in λ. They follow the recursion (which is easily obtained from (2.5))

$$P_{s+1}(\lambda) = s[P_s(\lambda) + \lambda \, P_{s-1}(\lambda)], \tag{2.6}$$

$s = 1,2,\cdots$, with initial values $P_0(\lambda) = 1$, $P_1(\lambda) = 0$. An explicit representation is obtained by expanding $(t-\mu)^s$ in powers of t. The result is

$$P_s(\lambda) = \sum_{r=0}^{s} \binom{s}{r} (\lambda)_r \, (-\lambda)^{s-r}. \tag{2.7}$$

Comparing (2.7) with (1.1), (1.2) we infer

$$P_s(\lambda) = s! \, l_s(-\lambda), \quad s = 0,1,2,\cdots,$$

which relates the polynomials $P_s(\lambda)$ with the Laguerre polynomials.

The nature of expansion (2.4) is discussed in [6], [7]. It is supposed that f is holomorphic in a connected domain Ω of the complex plane with the following conditions satisfied:

(i) the boundary $\partial\Omega$ is bounded away from $[0,\infty)$;

(ii) Ω contains a sector $S_{\alpha,\beta}$, with vertex at $t = 0$, defined by

$$S_{\alpha,\beta} = \{t \in \mathbf{C} | -\alpha < \arg t < \beta\},$$

where α and β are positive numbers;

(iii) $f(t) = \mathcal{O}(t^p)$ as $t \to \infty$ in $S_{\alpha,\beta}$, where p is a real number.

Under these conditions the uniformity of the expansion holds with respect to $\mu = \lambda / z$ in a closed sector, with vertex at $t = 0$, properly inside $S_{\alpha,\beta}$. Error bounds for the remainders in the expansion are also given in the cited references.

A simple example is $f(t) = 1/(1+t)$, in which event (2.1) is an exponential integral and $a_s(\mu) = (-1)^s / (1+\mu)^{s+1}$. The sector $S_{\alpha,\beta}$ is defined with $\alpha = \beta = \pi - \epsilon$ (ϵ small). We have

$$e^z E_\lambda(z) \sim \sum_{s=0}^{\infty} \frac{(-1)^s P_s(\lambda)}{(z+\lambda)^{s+1}}, \tag{2.8}$$

where $E_\lambda(z)$ is the well-known exponential integral. This example shows quite well why the uniformity with respect to λ (or to μ) holds: the degree of $P_s(\lambda)$ is [s/2], and its effect is amply absorbed by the denominator in (2.8).

Another feature suggested by (2.8) is that the expansion holds for $\lambda \to \infty$, uniformly with respect to z, say $z \geqslant z_0 > 0$. This in fact is true for the general case (2.4). It has consequences on the theory of asymptotic expansions of Mellin transforms.

3. Asymptotic expansions of $l_n(x)$ as $n \to \infty$.

A generating function for the polynomials (1.2) is given by

$$e^{xz}(1-z)^x = \sum_{n=0}^{\infty} l_n(x) z^n, \quad |z| < 1, \tag{3.1}$$

where x may be any complex number; the condition on z may be dropped when $x = 0,1,2,\cdots$. Relation (3.1) is easily verified by expanding both the exponential and binomial function and by comparing the coefficients in the product with (1.1), (1.2).

Tricomi [8] investigated, among others, the asymptotic behaviour of $l_n(x)$ with n large. His final result, based on Darboux's method, can be written in the form

$$l_n(x) \sim \frac{e^x}{\Gamma(-x) n^{x+1}} \sum_{k=0}^{\infty} A_k n^{-k}, \tag{3.2}$$

where the coefficients A_k do not depend on n. The first few are

$$A_0 = 1, A_1 = \tfrac{3}{2} x(x+1), A_2 = x(x+1)(x+2)(27x+13)/24. \tag{3.3}$$

Observe that the right-hand side of (3.2) reduces to zero when $x = 0,1,2,\cdots$, due to the reciprocal gamma function. We cannot conclude that the polynomials reduce to zero as well, in that case; a better conclusion is that, probably, $l_n(m)$ ($m = 0,1,\cdots$) is asymptotically equal to zero with respect to the scale $\{n^{-k-x-1}\}$. For this terminology we refer to Olver [4], or to Erdélyi & Wyman [3].

From the generating function (3.1) it follows that $l_n(x)$ will exhibit a rather peculiar behaviour when x crosses non-negative integer values. Namely, the left-hand side of (3.1) is entire in z when $x = 0,1,2,\cdots$. So, for large values of n, the asymptotic behaviour of $l_n(x)$ will change considerably when x assumes these values. (In a simpler way this occurs in the binomial expansion $(1-z)^x = \sum_{n=0}^{\infty} \binom{x}{n}(-z)^n$, where the coefficients vanish identically ($n > x$) when $x = 0,1,2,\cdots$).

Berg [1] observed that for $m = 0,1,2,\cdots$ the polynomials have the asymptotic behaviour

$$l_n(m) \sim (-1)^m \frac{m^{n-m}}{(n-m)!}, \quad n \to \infty. \tag{3.4}$$

This shows indeed that the values $\{l_n(m)\}$ approach the limit 0 faster than any negative power of n.

Summarizing the above remarks we have

$$l_n(x) = \mathcal{O}(n^{-x-1}),\ x \neq 0,1,2,\cdots,$$

$$l_n(x) = \mathcal{O}(n^{-k}),\ x = 0,1,2,\ldots,\text{for any } k.$$

To give a more complete and unifying description of both these forms we look for a representation

$$l_n(x) = F_n(x) + G_n(x), \tag{3.5}$$

where $F_n(m) = 0$, $m = 0,1,2,\cdots$ and $G_n(x) = \mathcal{O}(n^{-k})$ for any k and any x; moreover, $F_n(x)$ should have Tricomi's expansion (3.2) and $G_n(m)$ that of Berg given in (3.4).

A splitting as in (3.5) is obtained by using the integral

$$l_n(x) = \frac{1}{2\pi i} \oint \frac{e^{xz}(1-z)^x}{z^{n+1}}\, dz, \tag{3.6}$$

which is Cauchy's representation of the coefficients in (3.1). The contour is a circle around $z = 0$ (with radius smaller than unity), or any contour that can be obtained by deformation without crossing singularities (the only candidate is $z = 1$). In (3.6) the many-valued function $(1-z)^x$ assumes its principle branch, which is real and positive for $z<1$.

When $x \neq 0,1,\cdots$ the singular point $z = 1$ furnishes the main contribution in the asymptotic behaviour of (3.6). On the other hand, the dominant part of the integrand, which we consider to be $e^{xz}z^{-n}$, has a saddle point at $z_0 = n/x$. When we take into account contributions from $z = 1$ as well as from $z = z_0$ we are able to give a complete description of the asymptotic behaviour of $l_n(x)$.

The contour in (3.6) is deformed into the contour shown in Figure 1. We suppose, temporarily, that $x > -1$.

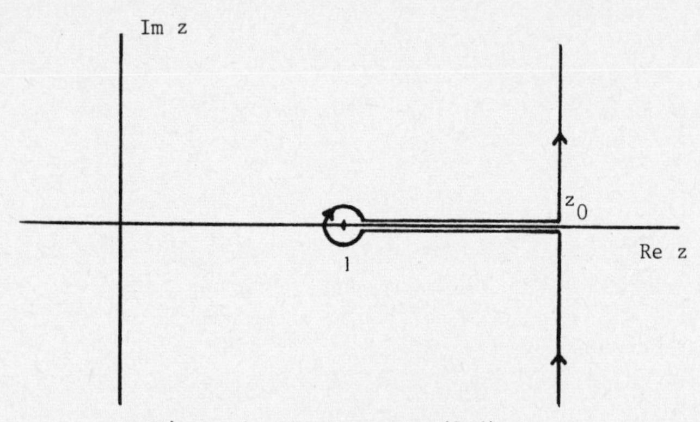

Figure 1. Contour for (3.6)

In the notation of (3.5) we choose $F_n(x)$ to be the integral around the branch cut and $G_n(x)$ the contribution over the vertical Re $z = z_0$. On the lower part of the branch cut $(1-z)^x$ is written as $(z-1)^x \exp(i\pi x)$, on the upper part as $(z-1)^x \exp(-i\pi x)$. So we obtain

$$F_n(x) = -\frac{\sin\pi x}{\pi} \int_1^{z_0} \frac{e^{xz}(z-1)^x}{z^{n+1}}\, dz = -\frac{\sin\pi x}{\pi} e^x \int_0^{\log z_0} u^x e^{-nu} f(u) du, \tag{3.7}$$

where

$$f(u) = g(u)^x,\ g(u) = \frac{e^u - 1}{u} e^{e^u - 1}.$$

The first coefficients in the expansion $f(u) = f_0 + f_1 u + f_2 u^2 + \cdots$ are

$$f_0 = 1, f_1 = \tfrac{3}{2}x, f_2 = (27x+13)/24.$$

So we obtain by Watson's lemma

$$F_n(x) \sim -\frac{\sin\pi x}{\pi} \frac{e^x}{n^{x+1}} \sum_{k=0}^{\infty} \frac{f_k \Gamma(x+k+1)}{n^k}.$$

By using the reflection formula $\Gamma(-x)\Gamma(1+x) = -\pi/\sin\pi x$ we obtain finally

$$F_n(x) \sim \frac{e^x}{\Gamma(-x)x^{n+1}} \sum_{k=0}^{\infty} \frac{f_k}{n^k} (1+x)_k,\quad n \to \infty. \tag{3.8}$$

It is easily verified that the first coefficients in (3.2) and (3.8) are the same.

Remark 3.1 The restriction on $x\,(x > -1)$ made earlier can be dropped by applying partial integration on the second integral in (3.7) in the form $u^x du = (x+1)^{-1} du^{x-1}$. Then a similar integral arises and the sine-function will tackle the factor $(x+1)^{-1}$ in the limit $x \to -1$.

Remark 3.2 When $x = 0,1,2,\cdots$, we can interprete (3.8) by first multiplying both sides by $\Gamma(-x)$;$\lim_{x\to m} \Gamma(-x)F_n(x)$, $m = 0,1,\cdots$, is well-defined, since now $F_n(m)$ vanishes identically. For (3.2) such an interpretation is not possible.

The expansion of the function $G_n(x)$ in (3.5) also follows from standard methods in asymptotics. Recall that $G_n(x)$ is the integral (3.6) along Re $z = z_0 = n/x$. Again we have to consider different values of $(1-z)^x$ at $z_0 + i0$, $z_0 - i0$. After straightforward manipulations we arrive at

$$G_n(x) = \frac{e^n z_0^{x-n}}{\pi} \mathrm{Re}\{e^{-i\pi x} \int_0^{\infty} e^{in\tau - n\ln(i+i\tau)} \frac{(1+i\tau-1/z_0)^x}{1+i\tau} d\tau\}. \tag{3.9}$$

To obtain a first apporximation we replace $i\tau - \ln(1+i\tau)$ by the first non-vanishing term of its Maclaurin expansion, i.e., $-\frac{1}{2}\tau^2$, and $(1+i\tau-1/z_0)^x/(1+i\tau)$ by unity. Then we have

$$G_n(x) \sim (2\pi n)^{-\frac{1}{2}} e^n (n/x)^{x-n} \cos(\pi x), \tag{3.10}$$

which for $x = m = 0,1,2,\cdots$ agrees with the right-hand side of (3.4), when we replace the factorial by its Stirling approximation. Higher approximations can easily be obtained from (3.9), but will not be given here.

Remark 3.3. The cosine-term in (3.10) does not appear in all higher approximations of $G_n(x)$.

References

[1] BERG, L., *Uber eine spezielle Folge von Polynomen,* Math. Nachr. **20,** 152-158 (1959). See also: *Über gewisse Polynome von Tricomi,* Math. Nachr. **24,** 75 (1962).

[2] BERG, L., *Zur Abschätzung des Restgliedes in der asymptotischen Entwicklung des Exponential-integrals,* Computing **18,** 361-363 (1977).

[3] ERDÉLYI, A. & WYMAN, M., *The asymptotic evaluation of certain integrals,* Arch. Rational Mech. Anal. **14,** 217-260 (1963).

[4] OLVER, F.W.J., *Asymptotics and special functions,* Academic Press, New York (1974).

[5] RIEKSTINS, E., *The method of Stieltjes for error bounds of the remainder in asymptotic expansions (Russian),* Akademiya Nauk Latviiskoi SSR, Institut Fiziki, Lafi - 052 (1982).

[6] TEMME, N.M., *Uniform asymptotic expansions of Laplace integrals,* Analysis **3,** 221-249 (1983).

[7] TEMME, N.M., *Laplace type integrals: transformation to standard form and uniform asymptotic expansion,* Report TW 240, Mathematisch Centrum, Amsterdam (1983); to appear in: Quart. Applied Mathem.

[8] TRICOMI, F.G. *A class of non-orthogonal polynomials related to those of Laguerre,* J. Analyse Math. **1,** 209-231 (1951).

NUMERICAL INVERSION OF THE LAPLACE TRANSFORM BY THE USE OF POLLACZEK POLYNOMIALS

G.A. Viano
Istituto Nazionale di Fisica Nucleare - Sezione di Genova
Dipartimento di Fisica dell'Università di Genova, Italy

Introduction.

Let us denote by $\tilde{f}(z)$ the Laplace transform of $f(t)$; in this paper we propose a method for reconstructing $f(t)$ from the knowledge of $\tilde{f}(z)$ on a set of equally spaced points, located on the real semi-axis belonging to the domain where $\tilde{f}(z)$ is analytic (let us assume, for the moment, that the half plane Re $z \geqslant 0$ belongs to this region). In our procedure we reconstruct firstly $\tilde{f}(iy)$(i.e. the function $\tilde{f}(z)$ on the imaginary axis: $z = iy$); next taking the Fourier transform of $\tilde{f}(iy)$, we obtain $f(t)$. The reconstruction of $\tilde{f}(iy)$is obtained expanding $\tilde{f}(iy)$ in terms of functions which are given by the product of an Euler gamma function times the Pollaczek polynomials[1].

Let us recall that the inversion of the Laplace transform is an improperly-posed problem in the sense of Hadamard [2]: small perturbations of the data produce great instabilities of the solutions. In our method we get stability without making use of any prior knowledge of the solution. Let us mention that in the procedures currently applied in practice [3],[4], the continuity of the solutions on the data is usually restored by imposing a-priori global bounds which require some sort of prior knowledge.

I) The inversion of the Laplace Transform.

I.1) Preliminaries.

Let us write the Laplace transform as follows

$$\tilde{f}(z) = \int_0^{+\infty} e^{-zt} f(t)\, dt \quad , \quad z \in \mathbb{C} \tag{1}$$

where f(t) belongs to a class $\mathcal{E}$ of functions characterized by the following four conditions.

1) The elements f of $\mathcal{E}$ are real-valued continuous functions on $\mathbb{R} \setminus D_f$, where D_f is a subset of $(t \in \mathbb{R}, t \geq 0)$ without cluster-points.

2) Every $f \in \mathcal{E}$ belongs to $L^2_{loc.}[0,+\infty)$.

3) For any $f \in \mathcal{E}$ there are real numbers a, α, and K such that for every $t \notin D_f$ with the property $t > a$, the inequality

$$|f(t)| \leq K e^{\alpha t} \tag{2}$$

holds.

4) Every $f \in \mathcal{E}$ vanishes for $t < 0$.

If $f \in \mathcal{E}$, then the functions $\tilde{f}(z)$, given by eq(1), satisfy the following two properties:

a) they are holomorphic on: $\{z \in \mathbb{C}, \operatorname{Re} z > \alpha\}$

b) they converge to zero, when z tends through real values, to $+\infty$. This is true even when z tends to $+\infty$ along a ray in the complex plane which makes an angle $< \pi/2$ with the real axis [5].

Putting z = x+iy, we can invert the Laplace transform (1) as follows:

$$e^{-xt} f(t) = F\{\tilde{f}(x+iy)\}, \qquad x > \alpha \tag{3}$$

F denoting the Fourier transform operator.

Hereafter we shall take, for the sake of simplicity, $\alpha = -\omega$ $(\omega > 0)$ in formula (2) and x = 0 in formula (3). Then the functions f(t), which we consider, belong to $L^2(-\infty,+\infty)$. However let us observe that these assumptions are not restrictive at all, since if α is positive it is sufficient to take in formula (3) a value of x larger than α. Then one can use the procedure, which we shall describe below, for reconstructing the function $e^{-xt}f(t)$ instead of f(t).

I.2) The Pollaczek polynomials and the construction of $\tilde{f}(iy)$.

Let us introduce the Pollaczek polynomials $P_n^{\lambda}(y)$ [1]. They are a set of polynomials orthogonal under the weight function

$$w(y) = \frac{2^{(2\lambda-1)}\,|\Gamma(\lambda+iy)|^2}{\pi\,\Gamma(2\lambda)}, \quad \lambda>0 \tag{4}$$

The property of orthogonality reads as follows:

$$\int_{-\infty}^{+\infty} w(y)P_m^{\lambda}(y)P_n^{\lambda}(y)dy = \delta_{n,m}\frac{\Gamma(n+2\lambda)}{\Gamma(n+1)\Gamma(2\lambda)} \tag{5}$$

Furthermore they obey the following recurrence relation:

$$\begin{cases} n\,P_n^{\lambda} - 2y\,P_{n-1}^{\lambda} + (n-2+2\lambda)P_{n-2}^{\lambda} = 0 & (6.a) \\ P_{-1}^{\lambda} = 0\ ;\ P_o^{\lambda} = 1\ ;\ P_1^{\lambda} = 2y & (6.b) \end{cases}$$

For the sake of simplicity we put hereafter $\lambda = 1/2$. Next we introduce the following functions:

$$\psi_n^{1/2}(y) = \frac{1}{\sqrt{\pi}}\Gamma\left(\frac{1}{2}+iy\right)P_n^{1/2}(y) \tag{7}$$

which will be called Pollaczek functions. They form a complete basis in $L^2(-\infty,+\infty)$ [6].

Now we consider the functions $\tilde{f}(iy)$ which belong to $L^2(-\infty,+\infty)$(recall that the functions $f(t)$, which we intend to construct, belong to $L^2(-\infty,+\infty)$). Then, from the completeness of the Pollaczek functions $\{\psi_n^{1/2}\}_{n=0}^{\infty}$, it derives that for any $\tilde{f}(iy) \in L^2(-\infty,+\infty)$ the following expansion holds:

$$\tilde{f}(iy) = \sum_{n=0}^{\infty} c_n\,\psi_n^{1/2}(y) \tag{8}$$

From the orthogonality property (5) it follows:

$$c_n = \frac{1}{\sqrt{\pi}}\int_{-\infty}^{+\infty}\tilde{f}(iy)\Gamma\left(\frac{1}{2}-iy\right)P_n^{1/2}(y)dy \tag{9}$$

The right hand side of eq.(9) can be evaluated by the contour method. Indeed, closing the contour as shown in fig. 1, we obtain:

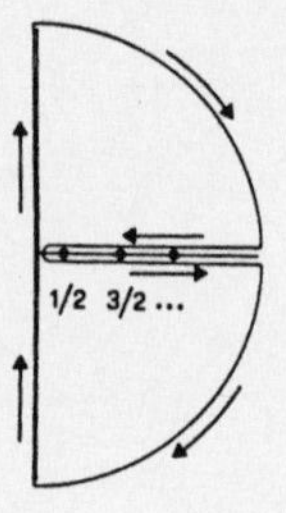

Fig.1 Contour used for evaluating the integral (9)

$$\begin{cases} c_n = 2\sqrt{\pi} \sum_{j=0}^{\infty} \frac{(-1)^j}{j!} \tilde{f}_j \, P_n^{1/2}\left[-i\,(j+\tfrac{1}{2})\right] & (10.a) \\ \tilde{f}_j = \tilde{f}(j+\tfrac{1}{2}), \quad j = 0,1,2,\ldots & (10.b) \end{cases}$$

Substituting the coefficients c_n in the expression (8) we get a reconstruction of the function $\tilde{f}(iy)$ from the knowledge of the values of $\tilde{f}(z)$ in the points: $\alpha_j = j + 1/2$, $(j = 0,1,2,\ldots)$. The uniqueness of this reconstruction is guaranteeted by the Carlson theorem [7].

I.3) <u>The inversion of the Laplace Transform</u>.

From formulae (3) and (8) we get:

$$f(t) = F\left\{\sum_{n=0}^{\infty} c_n \psi_n^{1/2}(y)\right\} = \sum_{n=0}^{\infty} c_n \, F\left\{\psi_n^{1/2}(y)\right\} \tag{11}$$

Next, in order to obtain the Fourier transform of the Pollaczek functions, let us write explicitly the integral representation of the gamma function:

$$\Gamma(\tfrac{1}{2} + iy) = \int_0^{+\infty} e^{-s} \, s^{(iy-\frac{1}{2})} ds \tag{12}$$

Putting: $s = e^{-t}$, we get

$$\Gamma(\tfrac{1}{2}+iy) = \int_{-\infty}^{+\infty} e^{-iyt}\, e^{-e^{-t}}\, e^{-\frac{1}{2}t}\, dt \tag{13}$$

Then, denoting by $\hat{\psi}_0^{1/2}(t)$ the Fourier transform of $\psi_0^{1/2}(y)$, we have:

$$\hat{\psi}_0^{1/2}(t) = \frac{1}{\sqrt{\pi}}\, e^{-\frac{1}{2}t}\, e^{-e^{-t}} \tag{14}$$

Furthermore one has:

$$\hat{\psi}_n^{1/2}(t) = F\left\{\psi_n^{1/2}(y)\right\} = P_n^{1/2}\left(-i\frac{d}{dt}\right)\hat{\psi}_0^{1/2}(t) \tag{15}$$

Finally from formula (11) we obtain the following expansion:

$$f(t) = \sum_{n=0}^{\infty} c_n\, P_n^{1/2}\left(-i\frac{d}{dt}\right)\hat{\psi}_0^{1/2}(t) \tag{16}$$

which gives the reconstruction of f(t).

I-4) Approximation of f(t) in presence of noise and with a finite number of data points.

In order to obtain suitable approximations of f(t) in presence of noise and with a finite number of data points, we proceed as follows.

Denote by $c_n^{(\varepsilon,N)}$ the following terms:

$$c_n^{(\varepsilon,N)} = 2\sqrt{\pi}\sum_{j=0}^{N} \frac{(-1)^j}{j!}\, \tilde{f}_j^{\varepsilon}\, P_n^{1/2}\left[-i(j+\tfrac{1}{2})\right] \tag{17}$$

where: $\left|\tilde{f}_j^{\varepsilon} - \tilde{f}_j\right| \leq \varepsilon$. The coefficients $c_n^{(\varepsilon,N)}$ differ from the corresponding coefficients c_n (formula (10.a)), because in formula (17) the sum is stopped at N and the data are affected by errors, i.e. we write $\tilde{f}_j^{\varepsilon}$ instead of $\tilde{f}_j$.

Then we have the following result.

Lemma: The following statements hold true:

i) $$\sum_{n=0}^{\infty} |c_n|^2 = 2\pi \|f\|^2_{L^2(-\infty,+\infty)} = C \tag{18}$$

ii) $$\sum_{n=0}^{\infty} |c_n^{(\varepsilon,N)}|^2 = +\infty \quad ; \quad \varepsilon > 0, \quad N < \infty \tag{19}$$

iii) $$\lim_{\substack{\varepsilon \to 0 \\ N \to \infty}} c_n^{(\varepsilon,N)} = c_n \tag{20}$$

iv) If $n_o(\varepsilon,N)$ is defined as follows:

$$n_o = \min \left\{ m \in Z : \sum_{n=0}^{m} |c_n^{(\varepsilon,N)}|^2 \geqslant C \right\} \tag{21}$$

then

$$\limsup_{\substack{\varepsilon \to 0 \\ N \to \infty}} n_o(\varepsilon,N) = +\infty . \tag{22}$$

Proof: See ref. [8].

This lemma suggests of evaluating the approximation $f^{(\varepsilon,N)}(t)$ of $f(t)$ as follows:

$$f^{(\varepsilon,N)}(t) = \sum_{n=0}^{n_o} c_n^{(\varepsilon,N)} P_n^{1/2}(-i \frac{d}{dt}) \hat{\psi}_o^{1/2}(t) \tag{23}$$

Next the following result can be proved.

Theorem: The following equality

$$\liminf_{\substack{\varepsilon \to 0 \\ N \to \infty}} \|f - f^{(\varepsilon,N)}\|_{L^2(-\infty,+\infty)} = 0 \tag{24}$$

holds.

Proof: See ref. [8].

II) Numerical Examples.

Now we indicate the various steps for the numerical computation of $f^{(\varepsilon,N)}(t)$, using formula (23). We begin with the following formula:

$$\frac{d^n \hat{\psi}_0^{1/2}(t)}{dt^n} = D_n(t)\, \hat{\psi}_0^{1/2}(t) \tag{25}$$

where the terms $D_n(t)$ are given recursively as follows:

$$\begin{cases} D_n(t) = D_{n-1}(t)(e^{-t} - \frac{1}{2}) + \dfrac{dD_{n-1}(t)}{dt} & (26.a) \\ \\ D_o = 1 & (26.b) \end{cases}$$

From formulae (26a,b) it follows that the general term $D_n(t)$ has the following expression:

$$D_n(t) = \sum_{k=0}^{n} d_k\, e^{-kt} \tag{27}$$

and therefore the derivative $\dot{D}_n(t)$ may be easily evaluated.

Then the steps of the computations are as follows:

1 - Compute the terms $c_n^{(\varepsilon,N)}$ using formula (17). Compute the values of $P_n^{1/2}\left[-i(j+1/2)\right]$ by means of the recurrence relation (6a,b).

2 - Compute $(d^n \psi_0^{1/2}(t))/dt^n$ using formula (25) and (26a,b).

3 - Compute $f^{(\varepsilon,N)}(t)$ using formula (23): sum the products obtained multiplying the terms $c_n^{(\varepsilon,N)}$ (from step 1) by $P_n^{1/2}(-i\,\frac{d}{dt})\hat{\psi}_0^{1/2}(t)$.

For what concerns the determination of the truncation number n_o, let us recall equality (20) which states that: $\limsup_{\substack{\varepsilon\to 0\\ N\to\infty}} n_o(\varepsilon,N) = +\infty$. Therefore the point, where the series $\sum_n |c_n^{(\varepsilon,N)}|^2$ starts diverging, shifts towards higher values as $\varepsilon \to 0$ and $N \to \infty$. This behaviour of $n_o(\varepsilon,N)$ is shown in Figs.2 and 3 in the case of the function: $f(t) = te^{-t}$. The noise of the data is obtained adding to the data f_j a random variable η and assuming for this variable a uniform distribution over the interval $[-\varepsilon, \varepsilon]$.

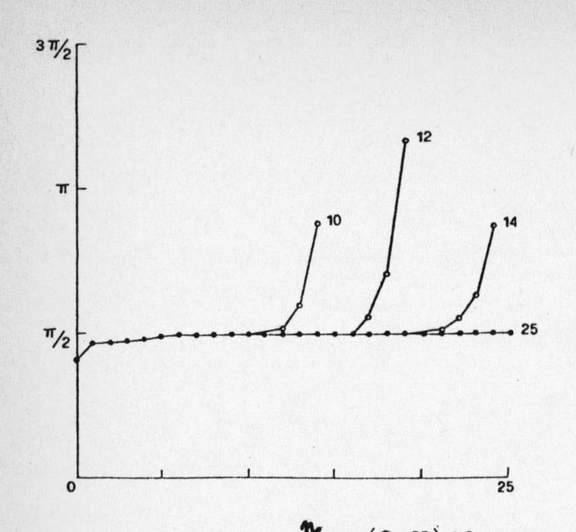

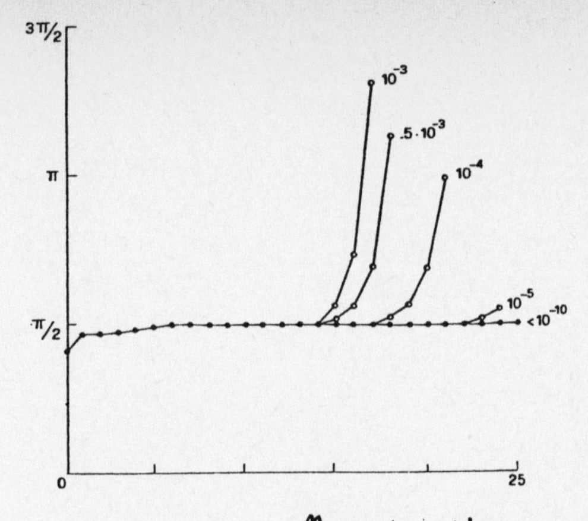

Fig.2 Plot of $\sum_{k=0}^{n} |c_k^{(\varepsilon,N)}|^2$ versus n. The different values of the number of data points (N+1) are indicated. The data noise is only that which derives from the round off erros.

Fig.3 Plot of $\sum_{k=0}^{n} |c_k^{(\varepsilon,N)}|^2$ versus n for different values of data noise (2ε) and with N=24.

Therefore the prescription for the numerical evaluation of n_o can be given as follows: take for n_o that value of n where the series $\sum_n |c_n^{(\varepsilon,N)}|^2$ starts diverging. Figs.2 and 3 show that n_o can be easily determined if the data noise is not too large and the number of data points is not too small.

Now we give numerical examples which show the reconstruction of functions f(t), assuming, for the moment, that the data $\tilde{f}_j$ are known exactly except for the round off errors: see Figs.4÷6.

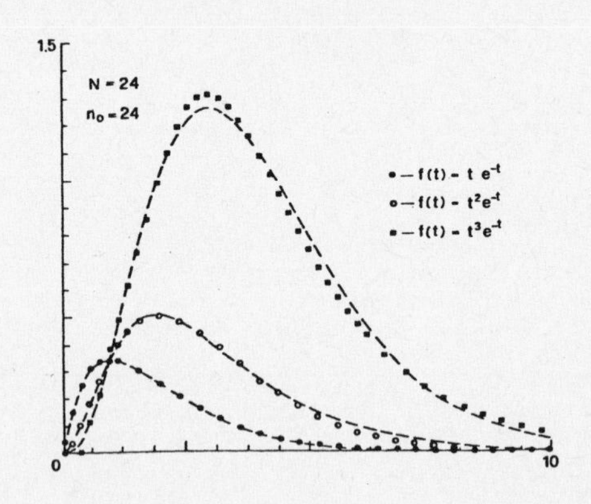

Fig.4 Reconstruction of the function : $f(t)=t^n e^{-t}$ (n=1,2,3). In this figure and in the following ones the exact function is represented by broken lines, while the reconstructed function is represented by points.

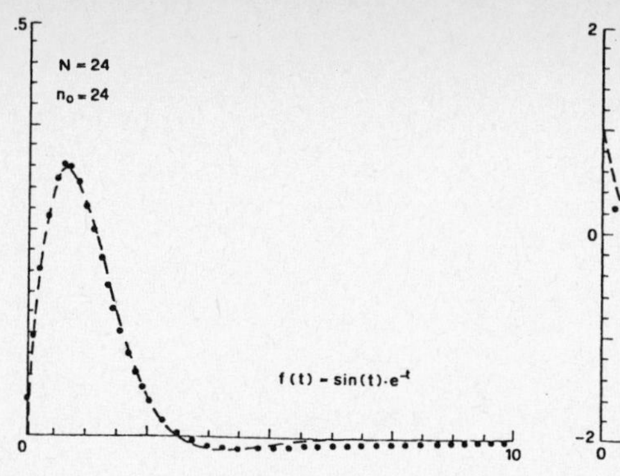

Fig.5 Reconstruction of the function $f(t)=\sin t\, e^{-t}$.

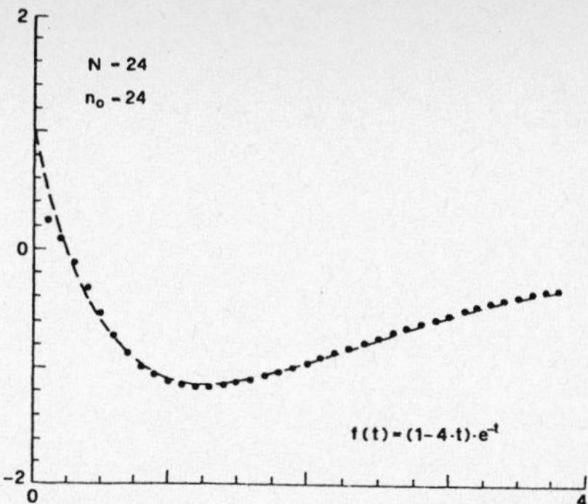

Fig.6 Reconstruction of the function $f(t)=(1-4t)e^{-t}$.

Finally we give an example of reconstruction in presence of noise: Fig.7.

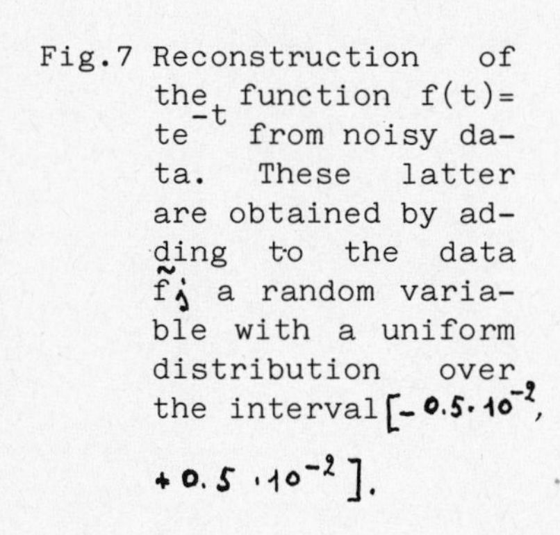

Fig.7 Reconstruction of the function $f(t)= te^{-t}$ from noisy data. These latter are obtained by adding to the data $\tilde{f}_j$ a random variable with a uniform distribution over the interval $[-0.5\cdot 10^{-2}, +0.5\cdot 10^{-2}]$.

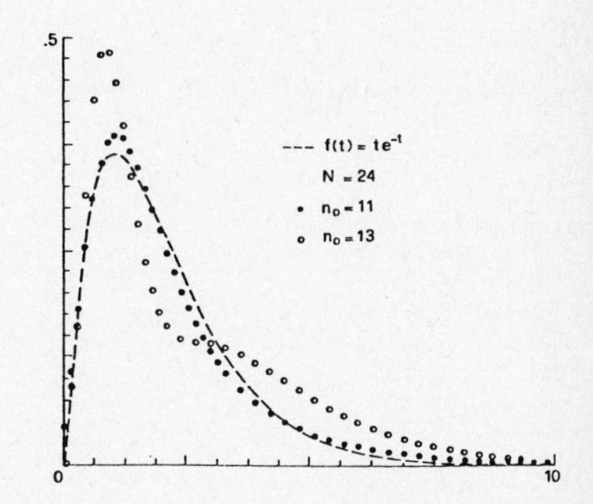

Taking $n_o = 11$ we can reconstruct the original function with sufficient accuracy; on the other hand if we use a few more terms ($n_o = 13$), then the agreement of the original function with the reconstructed one is unsatisfactory. This latter numerical instability shows clearly the ill-posedness of the inversion of the Laplace transform.

References:

1 F. Pollaczek: Comptes Rendus l'Acad. Sci. Paris 230, 1563-1565 (1950).

2 J. Hadamard: Lectures on the Cauchy Problem in Linear Partial Differential Equations (Yale University Press, New Haven 1923).

3 A. Tikhonov and A. Arsenine: Méthodes de résolution de problèmes mal posés (Mir Moscow 1976).

4 M. Bertero, C. De Mol and G.A. Viano: The stability of inverse scattering problems in optics (Editor: H.P. Baltes). Topics in Current Physics vol.20, Springer Verlag, Berlin 1980, 161-214.

5 G. Doetsch: Guide to the applications of Laplace transform. Van Nostrand, London (1961).

6 C. Itrykson: Journal of Math. Phys. vol. 10, N°6, (1969) pp.1109-1114.

7 R.P. Boas: Entire Functions (New York 1954) p.153.

8 R. Fioravanti and G.A. Viano: ZAMP (Journal of Applied Mathematics and Physics). In press.

COEFFICIENTS DE CORRELATION D'ORDRE (I,J) ET VARIANCES D'ORDRE I

BLACHER.R.
TIM.3-IMAG
B.P. 68
38 402 Saint martin d'hères. France.

C'est en étudiant [1] la dépendance entre deux variables aléatoires, X et Y de loi uniforme sur [0,1] que nous avons trouvé l'écriture de la densité de probabilité, f de (X,Y) sous la forme

$$f(x,y) = 1 + \sum_{i=1}^{\infty} \sum_{j=1}^{\infty} \rho_{i,j} . P_i(x) . P_j(y) \quad \text{dans} \quad \mathcal{L}^2([0,1]^2) ,$$

avec $\rho_{1,1} = \rho(X,Y)$, le coefficient de corrélation classique,

où P_i représente le polynôme orthonormal de degré i associé à la loi uniforme, c'est à dire le polynôme orthonormal de Legendre de degré i .

Il était evident que les $\rho_{i,j}$, $(i,j) \neq (1,1)$, complétaient le coefficient de corrélation classique et comblaient ses lacunes en ce qui concerne la mesure de la dépendance.

Ce problème bien connu de l'insuffisance de $\rho(X,Y)$ à bien mesurer la dépendance justifiait à lui seul l'étude des $\rho_{i,j}$ qui semblaient apporter une solution satisfaisante à cette question.

Nous avons donc effectué celle-ci en commençant d'abord par généraliser l'écriture de la densité de probabilité ci-dessus au cas de lois marginales quelconques μ' et μ'' . Pour obtenir ce résultat, il suffit de prendre, non la densité classique par rapport à la mesure de Lebesgue, mais la densité par rapport à $\mu' \times \mu''$: c'est le théorème 1-3 .

Les $\rho_{i,j}$ que nous avons trouvés à partir de ce développement avaient toutes les bonnes propriétés que l'on pouvait attendre de coefficients de corrélation d'ordre supérieur et leur appellation se trouvait ainsi immédiatement justifiée. Cette étude qui a été effectuée dans notre thèse doit également être publiée sous forme d'un article dans la revue "Statistiques et Analyse des données" .

Un intérèt évident et immédiat de ces résultats, c'est bien sûr, l'intérèt pédagogique. On voit bien dans le développement de la densité de probabilité l'importance du coefficient de corrélation classique, car il est le premier de la série. Mais on voit aussi qu'il n'est pas le seul! On peut aussi formuler ce résultat en disant que $\rho(X,Y)$ mesure la dépendance la plus importante, la dépendance linéaire, et que les $\rho_{i,j}$ mesurent des dépendances de plus en plus fines: dépendances quadratiques, cubiques, etc (cf 3-1 et 4-2) .

Cepandant, nous nous sommes aperçus depuis que ces coefficients ont bien d'autres propriétés remarquables et, qu'ils semblent constituer un outil important, si ce n'est fondamental, de la théorie des probabilités et de ses applications. En effet, par exemple, ils mesurent presque tous les types de dépendance possible: ainsi, les $\rho_{i,1}$ et les $\rho_{1,j}$ mesurent l'existence de bijection (cf 3-4 et 4-2) . Et ce sont donc des instruments très fins et très puissants dans l'étude des dépendances.

Mais en fait, ce sont surtout les polynômes orthogonaux qui semblent devoir être très importants en probabilité. En effet, ceux-ci nous ont permis d'introduire également les variances d'ordre i qui mesurent la dispersion de la probabilité autour de i points distincts, les i racines du i-ème polynome orthogonal, comme la variance classique (ou la variance d'ordre 1) mesure la dispersion autour d'un seul point, l'espérance.

Nous respecterons dans cet exposé l'ordre chronologique de ces résultats en étudiant d'abord les coefficients de corrélation d'ordre supérieur, après avoir donné les notations nécéssaires.

Notations

Soit $(\Omega,\mathcal{O},P)$ un espace probabilisé et (X,Y) un vecteur aléatoire à valeurs dans $\mathbb{R}^2$, de loi Q, et de lois marginales μ' et μ''.

Nous noterons par δ_x , la mesure de Dirac en un point x de $\mathbb{R}$, et par $\delta_{q,q'}$ le symbole de Kronecker.

On définira par T'_i , $i = 1,2$, l'élément de $\mathbb{N}^* \cup \{+\infty\}$ tel que

$$\forall\ n \in \mathbb{N} \ ,\quad n<T'_1 \ :\ \int x^{2n}.\mu'(dx) < +\infty \ ,$$

$$\text{et}\ \forall\ n \in \mathbb{N}\ ,\ n < T'_2 \ :\ \int y^{2n}.\mu''(dy) < +\infty \ ,$$

par n_1 et n_2, la dimension des espaces respectivement: $\mathcal{L}^2(\mathbb{R},\mu')$ et $\mathcal{L}^2(\mathbb{R},\mu'')$, et enfin par T_i le minimum: $T_i = \min(T'_i,n_i)$, pour $i = 1,2$.

Dans ces conditions $\mathbb{N}'$, $\mathbb{N}''$, $\mathbb{N}'^*$, $\mathbb{N}''^*$, $\underline{\mathbb{N}^2}$, $\underline{\mathbb{N}^{*2}}$, $\overline{\mathbb{N}'}$ et $\overline{\mathbb{N}'^*}$

désigneront les ensembles suivants :

$$\mathbb{N}' = \{ n \in \mathbb{N} \mid n < T_1 \} , \quad \mathbb{N}'' = \{ n \in \mathbb{N} \mid n < T_2 \} ,$$

$$\mathbb{N}'^* = \mathbb{N}' \setminus \{0\} , \mathbb{N}''^* = \mathbb{N}'' \setminus \{0\} , \underline{\mathbb{N}^2} = \mathbb{N}' \times \mathbb{N}'' \text{ et } \underline{\mathbb{N}^{*2}} = \mathbb{N}'^* \times \mathbb{N}''^* .$$

$$\overline{\mathbb{N}'} = \mathbb{N}' \cup \{n_1\} \text{ si } n_1 < +\infty \text{ , et } \mathbb{N}' \text{ sinon ; et } \overline{\mathbb{N}'^*} = \overline{\mathbb{N}'} \setminus \{0\} .$$

Nous noterons par $\{P'_i\}$, $i \in \mathbb{N}'$, (resp. $\{P''_j\}$, $j \in \mathbb{N}''$) les familles de polynomes orthonormaux de $\mathcal{L}^2(\mathbb{R},\mu')$ (resp $\mathcal{L}^2(\mathbb{R},\mu'')$).

De plus, si $i \in \overline{\mathbb{N}'^*}$, $\tilde{P}'_i$ représentera le polynome défini par:

$$\tilde{P}'_i(x) = x^i - \sum_{t=0}^{i-1} \langle x^i, P'_t \rangle_{\mathcal{L}^2(\mathbb{R},\mu')} \cdot P'_t(x) .$$

En particulier, si $i \neq n_1$, $\tilde{P}'_i = \sigma_i . P'_i$ (6-1) .

Enfin, nous noterons par $P'_i \times P''_j$, $(i,j) \in \underline{\mathbb{N}^2}$, l'élément de $\mathbb{R}[X,Y]$, défini par $P'_i \times P''_j(x,y) = P'_i(x).P''_j(y)$.

Partie 1 : COEFFICIENTS DE CORRELATION D'ORDRE SUPERIEUR

1 : Définition

Nous énonçons aussi les premières propriétés justificatives de cette appellation. Leurs démonstrations ne présentent pas de difficultés.

Définition 1-1 : Soit $(i,j) \in \underline{\mathbb{N}^{*2}}$, on appelle coefficient de corrélation d'ordre (i,j) de X et Y le nombre réèl $\rho_{i,j} = E(P'_i(X).P''_j(Y))$ (où E représente l'espérance mathématique).

Théorème 1-2 : Le coefficient de corrélation d'ordre $(1,1)$ est le coefficient de corrélation classique de X et Y .

Théorème 1-3 : Si (X,Y) admet une densité de probabilité f par rapport à $\mu' \times \mu''$, $f \in \mathcal{L}^2(\mathbb{R}^2, \mu' \times \mu'')$, et si $\{P'_i\}$, $i \in \mathbb{N}'$, et $\{P''_j\}$, $j \in \mathbb{N}''$, sont des bases, respectivement, de $\mathcal{L}^2(\mathbb{R},\mu')$ et $\mathcal{L}^2(\mathbb{R},\mu")$, alors

$$f = 1 + \sum_{(i,j)\in \underline{\mathbb{N}^{*2}}} \rho_{i,j}.P'_i \times P''_j \quad \text{dans } \mathcal{L}^2(\mathbb{R}^2, \mu' \times \mu'') .$$

<u>Théorème 1-4</u> : Le coefficient de corrélation d'ordre (i,j) est le coefficient de corrélation classique de $P'_i(X)$ et $P''_j(Y)$.

<u>2 : Rapport avec l'indépendance</u>

Comme corollaire de 1-4 , nous avons le

<u>Théorème 2-1</u> : Si X et Y sont indépendantes , alors pour tout $(i,j) \in \underline{\mathbb{N}^{*2}}$, $\rho_{i,j} = 0$.

La réciproque est donnée par le théorème suivant:

<u>Théorème 2-2</u> : Si (P'_i) , $i \in \mathbb{N}'$, et (P''_j) , $j \in \mathbb{N}''$, sont des bases de, respectivement, $\mathcal{L}^2(\mathbb{R},\mu')$ et $\mathcal{L}^2(\mathbb{R},\mu'')$, et si pour tout $(i,j) \in \underline{\mathbb{N}^{*2}}$, $\rho_{i,j} = 0$, alors X et Y sont indépendantes.

<u>Démonstration</u>: On suppose $\mathbb{N}' = \mathbb{N}'' = \mathbb{N}$. Soient A et B deux boréliens de $\mathbb{R}$, et M une probabilité sur $\mathbb{R}^2$ de lois marginales μ' et μ'' . Alors, on peut écrire

$$1_A = \sum_{i=0}^{\infty} \gamma_i.P'_i \quad \text{dans } \mathcal{L}^2(\mathbb{R},\mu') \quad \text{et} \quad 1_B = \sum_{j=0}^{\infty} \tau_j.P''_j \quad \text{dans } \mathcal{L}^2(\mathbb{R},\mu'') .$$

$$\text{Et} \iint \left(1_A \times 1_B - \sum_{i=0}^{p'} \sum_{j=0}^{p''} \gamma_i.\tau_j.P'_i \times P''_j \right).dM =$$

$$\iint 1_A.(1_B - \sum_{j=0}^{p''} \tau_j.P''_j).dM + \iint (\sum_{j=0}^{p''} \tau_j.P''_j).(1_A - \sum_{i=0}^{p'} \gamma_i.P'_i).dM .$$

$$\text{Or } \left(\iint 1_A.(1_B - \sum_{j=0}^{p''} \tau_j.P''_j).dM\right)^2 < \left(\iint (1_A)^2.dM\right).\left(\iint (1_B - \sum_{j=0}^{p''} \tau_j.P''_j)^2.dM\right) =$$

$$\left(\int (1_A)^2.d\mu'\right)\left(\int (1_B - \sum_{j=0}^{p''} \tau_j.P''_j)^2.d\mu''\right)$$ qui tend vers zéro si p'' tend vers l'infini.

On trouvera finalement $M(A \times B) = \lim_{p\to\infty}\left(\iint \left(\sum_{i=0}^{p} \sum_{j=0}^{p} \gamma_i \tau_j . P'_i \times P''_j \right) . dM \right)$. (I)

Or, de l'hypothèse, on déduit $\iint (P'_i \times P''_j).dQ = \delta_{i,0}.\delta_{j,0}$, c'est à dire

$\iint (P'_i \times P''_j).dQ = \iint (P'_i \times P''_j).d(\mu' \times \mu'')$. Et donc , d'après (I) , on conclut que $Q(A \times B) = \mu' \times \mu''(A \times B)$, c'est à dire X et Y indépendantes.

3 : Normalité

Pour bien montrer le lien avec le coefficient de corrélation classique, citons d'abord le

Théorème 3-1 : Soit $(i,j) \in \mathbb{N}^{*2}$, alors $|\rho_{i,j}| < 1$, l'égalité $\rho_{i,j} = \varepsilon$, où $\varepsilon = \pm 1$, ayant lieu si et seulement si $P'_i(X) = \varepsilon.P''_j(Y)$ p.s. .

C'est une conséquence directe de 1-4 . Mais les propriétés des $\rho_{i,j}$ sont beaucoup plus fortes : on démontre alors (3-2,3-5,3-6; [2]) les

Théorème 3-2 : Soit $(i,j) \in \mathbb{N}^{*2}$, alors on a les inégalités :

$$\sum_{t=1}^{T_1-1} \rho_{t,j}^2 < 1 \quad \text{et} \quad \sum_{t=1}^{T_2-1} \rho_{i,t}^2 < 1 \ .$$

Théorème 3-3 : Notons par $\Pi^2(\mathbb{R},\mu')$ le sous-espace de $\mathcal{L}^2(\mathbb{R},\mu')$ engendré par les polynomes , et soit $j \in \mathbb{N}''^*$. Alors, pour qu'il existe

$$f \in \Pi^2(\mathbb{R},\mu') \quad \text{tel que} \quad f(X) = P''_j(Y) \quad \text{p.s.} ,$$

il faut et il suffit que $\sum_{t=1}^{T_1-1} \rho_{t,j}^2 = 1$. De plus, $f = \sum_{t=1}^{T_1-1} \rho_{t,j}.P'_t$.

Comme corollaire à ces théorèmes , nous sommes maintenant en mesure de donner une condition nécéssaire et suffisante pour assurer l'existence d'une bijection ou d'une fonction entre X et Y : le

Théorème 3-4 : Gardons les notations précédentes; alors pour qu'il existe g (resp, une bijection g) $g \in \Pi^2(\mathbb{R},\mu')$, g non constante , telle que $Y = g(X)$ p.s. , (resp, et tel que $g^{-1} \in \Pi^2(\mathbb{R},\mu'')$) il faut et il suffit que $\sum_{i=1}^{T_1-1} \rho_{i,1}^2 = 1$ (resp, et $\sum_{j=1}^{T_2-1} \rho_{1,j}^2 = 1$) .

4 : Type de dépendance mesurée

On établit d'abord que les $\rho_{i,j}$ considérés comme paramètres sont "presque indépendants" les uns des autres grâce au

Théorème 4-1 : Il existe un hyperrectangle C de $\left[\left[[0,1]_{i,j}\right]_{(i,j)\in \mathbb{N}^{*2}}\right]$:

$$C = \prod_{(i,j)\in \mathbb{N}^{*2}} [a_{i,j}, b_{i,j}] \quad \text{tel que} \quad b_{i,j} > a_{i,j} > 0 \ ,$$

et que tout élément $\left(\{\rho'_{i,j}\}_{(i,j)\in \mathbb{N}^{*2}}\right) \in C$ définisse une densité de probabilité f par rapport à $\mu' \times \mu''$, $f \in \mathcal{L}^2(\mathbb{R}^2, \mu' \times \mu'')$, d'une probabilité Q de probabilités marginales μ' et μ'' .

Et donc, si $\mathbb{N}'$ (ou $\mathbb{N}''$) $= \mathbb{N}$ et si $\mathbb{N}^{*2} \neq \emptyset$, alors (X,Y) dépendra d'une infinité dénombrable de paramètres "presque indépendants" les uns des autres. Remarquons aussi que le choix de certains coefficients peut en déterminer d'autres: ainsi si $\rho_{1,1} = \rho(X,Y) = 1$.

4-2 : type de dépendance mesurée par les $\rho_{i,j}$. On dit que $\rho(X,Y) = \rho_{1,1}$ mesure la dépendance linéaire car, si $\rho(X,Y) = 1$, alors $P'_1(X) = P''_1(Y)$ p.s. .

Et donc , avec cette convention, il est normal de considérer que $\rho_{1,2}$, $\rho_{2,1}$, $\rho_{2,2}$ mesurent des dépendances quadratiques, $\rho_{1,3}$, $\rho_{2,3}$, $\rho_{3,3}$, $\rho_{3,2}$, $\rho_{3,1}$ des dépendances cubiques etc.... .

On peut aussi considérer que les colonnes (ou les lignes) de coefficients de corrélation d'ordre (t,j) - t variable - mesurent, elles aussi, un type particulier de dépendance: ainsi la colonne $\{\rho_{i,1}\}$, $i \in \mathbb{N}'$, mesure l'existence d'une dépendance du type $X = f(Y)$ (3-4). Et les $\rho_{1,j}$, $j \in \mathbb{N}''$, et les $\rho_{i,1}$, $i \in \mathbb{N}'$, mesurent l'existence d'une bijection f telle que $X = f(Y)$.

Enfin, on se pose aussi, bien sûr, le problème du lien entre les $\{\rho_{i,j}\}$, $(i,j) \in \mathbb{N}^{*2}$, et l'indépendance lorsque les lois marginales sont gaussiennes: le résultat fait simplement apparaître que, si l'on n'a que cette hypothèse, alors on a une infinité dénombrable de paramètres "presque indépendants" les uns des autres: les $\rho_{i,j}$. Alors que, si l'on impose de plus que la loi de (X,Y) soit gaussienne, il n'y en a plus qu'un seul: $\rho(X,Y)$, le coefficient de corrélation classique, les $\rho_{i,j}$ étant alors fonction de $\rho(X,Y)$.

5 : Coefficients de corrélation empiriques d'ordre (i,j)

Comme on pouvait le souhaiter, nous allons trouver que ceux-ci sont des estimateurs $\rho^n_{i,j}$ des $\rho_{i,j}$ convergents presque sûrement et tels que $\rho^n_{1,1}$ soit le coefficient de corrélation empirique habituel.

5-1 : Notations : Soit (X_p, Y_p), $p = 1,2,\ldots,n$, un n-échantillon du vecteur aléatoire (X,Y). Nous noterons par n' et n'' les entiers:

$n' = \text{card}(X_p \mid p = 1,2,\ldots,n)$ et $n'' = \text{card}(Y_p \mid p = 1,2,\ldots,n)$,

et par μ'_n et μ''_n les probabilités empiriques associées :

$$\mu'_n(\{x\}) = \frac{\text{card}(\, p \in \mathbb{N} \parallel p \leq n \text{ et } X_p = x\,)}{n}.$$

Enfin soient $\{P'^n_i\}$, $i = 0,1,\ldots,n'-1$, et $\{P''^n_j\}$, $j = 0,1,\ldots,n''-1$, les polynomes orthonormaux associés aux mesures μ'_n et μ''_n.

5-2 : Définition : Soit $(i,j) \in \mathbb{N}^{*2}$, nous appellerons coefficient de corrélation empirique d'ordre (i,j) - associé au n-échantillon (X_p, Y_p), $p = 1,2,\ldots,n$ - le nombre réel $\rho^n_{i,j}$ défini par:

$$\rho^n_{i,j} = \frac{1}{n} \cdot \left(\sum_{p=1}^{n} P'^n_i(X_p) . P''^n_j(Y_p) \right) \quad \text{si } i \leq n'-1 \text{ et } j \leq n''-1 \text{, et } 0 \text{ sinon.}$$

Alors, on peut énoncer (4-23,4-24; [1]) les

Théorème 5-3 : Soit $(i,j) \in \underline{N}^{*2}$, alors $\rho_{i,j}^n$ converge presque sûrement vers $\rho_{i,j}$.

Théorème 5-4 : L'estimateur $\rho_{1,1}^n$ de $\rho_{1,1} = \rho(X,Y)$ est le coefficient de corrélation empirique classique.

Partie 2 : VARIANCES D'ORDRE SUPERIEUR

1 : Définitions

Remarquons que $P_1'(x) = \dfrac{x-E(X)}{\sigma_X}$. Comme le dénominateur σ_X (i.e. la variance classique de X) représente la distance dans $\mathcal{L}^2(\mathbb{R},\mu')$ du polynome x^1 au sous-espace de $\mathcal{L}^2$ engendré par les constantes, nous donnons la

Définition 6-1 : Soit $i \in \overline{\mathbb{N}'^*}$, nous noterons par $\sigma_i(X)$ ou σ_i , la distance du polynome x^i considéré comme élément de $\mathcal{L}^2(\mathbb{R},\mu')$, au sous-espace de $\mathcal{L}^2(\mathbb{R},\mu')$ engendré par les polynomes de degré strictement inférieurs à i , et nous appellerons ce nombre: écart-type d'ordre i , et son carré: variance d'ordre i.

Corollaire 6-2 : Soit $i \in \overline{\mathbb{N}'^*}$, alors on a l'égalité : $\sigma(\tilde{P}_i'(X)) = \sigma_i$.

2° : Type de dispersion mesurée par les variance d'ordre supérieur

On sait que la variance classique mesure la concentration de X en un seul point. La variance d'ordre i est la généralisation naturelle de la variance classique: elle mesure la concentration de X en i points distincts. En effet, on démontre assez facilement le

Théorème 7-1 : Soit $i \in \overline{\mathbb{N}'^*}$, tel que $\sigma_i = 0$. Alors $i=n_1$, et μ' est concentrée en i points distincts qui sont les racines du polynome $\tilde{P}_i'$.

Dans le cas où σ_i est assez petit, μ' sera concentrée près des points x_1 ,

$x_2, \ldots\ldots, x_i$, racines du polynome $\tilde{P}'_i$.

Mais si nous nous contentons du théorème 7-1 , nous négligerons des informations. En effet, la connaissance de σ_i demande, tant naturellement, que par construction, la connaissance de toutes les variances et de tous les polynomes orthonormaux de degré inférieur ou égal à i , ou, ce qui revient au même, des $2i-1$ premiers moments . Comme nous venons de voir que la variance d'ordre i mesure la concentration en i points distincts, on sera tenté, surtout si σ_i est très petite d'approximer μ' par une probabilité μ^i .

La question qui se pose alors est de savoir si cette probabilité existe. Nous allons voir que oui, et que de plus, elle est unique.

Théorème fondamental 7-2 : Soit $i \in \overline{\mathbb{N}'^*}$, alors il existe une probabilité μ^i unique, telle que $\dim(\mathcal{L}^2(\mathbb{R},\mu^i)) = i$, admettant les mêmes moments M_q que μ' si $q \leq 2i-1$.

$$\text{Et } \mu^i \text{ est définie par } \quad \mu^i = \sum_{t=1}^{i} \lambda_t \cdot \delta_{\{x_t\}} , \qquad \text{(II)}$$

où les x_t ,$t=1,2,\ldots,i$; , représentent les i racines réelles, toutes distinctes, du polynome $\tilde{P}'_i$, et où les λ_t , $t = 1,2,\ldots,i$, sont strictement positifs et sont l'unique solution du système de Cramer:

$$\sum_{t=1}^{i} \lambda_t \cdot P'_q(x_t) = \delta_{q,0} , \text{ pour } q = 0,1,\ldots,i-1 . \qquad \text{(III)}$$

Démonstration: L'équation (III) est en fait l'égalité $\sum_{t=1}^{i} \lambda_t \cdot P'_q(x_t) = \int P'_q \cdot d\mu^i = \delta_{q,0}$, qui provient de ce que μ' et μ^i ayant les mêmes $2i-1$ premiers moments ont les mêmes i premiers polynomes orthogonaux.

L'existence des racines de $\tilde{P}'_i$ étant bien connue, il reste à prouver que (III) définit bien un système de Cramer. Or, la matrice $P = (P'_{n-1}(x_m))_{n=1,..,i;\ m=1,..,i;}$ représente la matrice de changement de base dans $\mathcal{L}^2(\mathbb{R},M)$, de la base $\{\delta_{\{x_t\}}\}_{t=1,..,i}$ dans la base $\{P'_q\}_{q=0,..,i-1}$ où $M = \sum_{t=1}^{i} \delta_{\{x_t\}}$.

Donc P est inversible , ce qui prouve l'existence de μ^i définie par (II) et (III) , ainsi que son unicité.

Nous montrons alors l'égalité des moments.

Par construction, $\int d\mu^i = \int P'_0.d\mu^i = \sum \lambda_t.P'_0(x_t) = 1 = \int d\mu'$.

De plus, on sait que $\int P'_q.d\mu^i = 0$ si $1 \leq q \leq i-1$, et $\tilde{P}'_i = 0$ dans $\mathcal{L}^2(\mathbb{R},\mu^i)$ (IV).

En intégrant Gram-Schmidt $\tilde{P}'_q(x) = x^q - \sum_{s=0}^{q-1} < x^q, P'_s >_{\mathcal{L}^2(\mathbb{R},\mu')} .P'_s$,

on trouvera donc $\int x^q.\mu^i(dx) = <x^q, P'_0>_{\mathcal{L}^2(\mathbb{R},\mu')} = \int x^q.\mu'(dx)$ pour $q<i$.

Pour démontrer les égalités restantes, on établit la propriété de récurrence:

> Soit $T \in \mathbb{N}$, $i < T \leq 2i-1$, tel que pour tout $r \in \mathbb{N}$, $r < T$ on ait
> $\int x^r.\mu^i(dx) = \int x^r.\mu'(dx)$, alors $\int x^T.\mu^i(dx) = \int x^T.\mu'(dx)$.

On pose alors $t = T-i$, et grâce à la récurrence et à (IV), on trouve

$$\int P'_t.\tilde{P}'_q.d\mu^i = \int P'_t.\tilde{P}'_q.d\mu' \text{ , pour } q<i .$$

En utilisant alors Gram-Schmidt pour $\tilde{P}'_i$ dans l'intégrale $\int \tilde{P}'_i.P'_t.d\mu^i$ on déduira:

$\int x^i.P'_t(x).\mu^i(dx) = \int x^i.P'_t(x).\mu'(dx)$, et donc $\int x^T.\mu^i(dx) = \int x^T.\mu'(dx)$.

<u>Terminons la démonstration en montrant $\lambda_t > 0$</u> .

Pour cela, considérons la forme bilinéaire dans $\mathcal{L}^2(\mathbb{R},M)$: $(f,g) \longmapsto \int f.g.d\mu^i$.

Dans la base $\{\delta_{\{x_t\}}\}_{t=1,..,i}$, elle a pour matrice $A = (\lambda_m.\delta_{m,n})_{m=1,..,i \; n=1,..,i}$ et,

dans la base $\{P'_q\}_{q=0,..,i-1}$, pour matrice $B = P.A.{}^tP$,

$$B = \left(\int P'_n.P'_m.d\mu^i \right)_{n=0,..,i-1 \quad m=0,..,i-1} ,$$

et vu l'égalité des moments, et donc des polynomes orthogonaux, B est la matrice identité , et donc la forme bilinéaire est définie positive, et donc les λ_t sont strictement positifs.

3° : Variance empirique d'ordre supérieur

Nous gardons les notations de 5-1 (μ'_n représente la mesure empirique: $\mu'_n \neq \mu^n$), et nous introduisons la

Définition 8-1 : Soit $i \in \overline{\mathbb{N}'^*}$, nous noterons par σ_i^n la distance dans $\mathcal{L}^2(\mathbb{R}, \mu'_n)$ de x^i au sous-espace engendré par les monomes de degré strictement inférieur à i, et nous appellerons alors le nombre réèl $(\sigma_i^n)^2$ variance empirique d'ordre i.

Théorème 8-2 : Si $1 \in \overline{\mathbb{N}'^*}$, alors $(\sigma_1^n)^2$ est la variance empirique classique.

Théorème 8-3 : Soit $i \in \overline{\mathbb{N}'^*}$, alors σ_i^n converge presque sûrement vers σ_i.

La technique de démonstration est la même qu'en 5-3 (cf [1]).

BIBLIOGRAPHIE

[1] BLACHER R. (1983) : Thèse (3° cycle).
Indicateurs de dépendance fournis par le développement en série de la densité de probabilité. Université de Grenoble 1 .

[2] BLACHER R. (1984) . TIM 3 I.M.A.G. R.R. n° 463 .
Coefficients de corrélation d'ordre (i,j) et variances d'ordre i.

GENERALIZED-MOMENTS : APPLICATION TO SOLID-STATE PHYSICS

J.P. Gaspard and Ph. Lambin
Institut de Physique, Université de Liège, Bat. B5, 4000 Sart-Tilman/Liège 1, Belgium
and
Département de Physique, Facultés Universitaires N.D.P., 5000 Namur, Belgium

Abstract :

In condensed-matter physics, the density of eigenstates n(E) of hermitian operators is often computed using continued-fraction expansions of the Hilbert transform of n(E). The framework of this technique is briefly reviewed in the present paper. Emphasis is given on the generalized-moments method, intimately related to orthogonal polynomials. The generalized-moments method allows the continued-fraction coefficients to be computed using well-conditionned algorithms. Averaged densities of states can be determined by this method, which interpolates continuously between the power moments method and the Lanczos tridiagonalization algorithm. The problem of convolution of n(E) is also considered.

1. INTRODUCTION

Basically the electronic (or vibrational, magnetic,...) properties of solids are governed by the Schrödinger equation

$$H\psi = E\psi , \tag{1}$$

where H is the hermitian Hamiltonian operator that characterizes the energy of the electrons (or phonons, magnons, ...) in stationary states. Due to the large number of electrons involved ($\simeq 10^{23}$ e/cm^3), the spectrum of the eigenvalues of H can be considered as continuous [1] . Of special interest is the density of (eigen-)states n(E) of the Hamiltonian, given by

$$n(E) = \frac{1}{N} \sum_{\alpha} \delta(E-E_{\alpha}) = -\frac{1}{\pi} \text{Im} \frac{1}{N}\text{Tr } (E+i\varepsilon-H)^{-1} \tag{2}$$

where α labels the eigenstates of H, ε is a vanishing positive quantity, and N denotes the number of atomic sites of the structure. Remark that the above expressions (Eq. 2) do not refer to the eigenfunctions ψ_α. In addition, the trace does not depend on the basis in which the Hamiltonian is expressed. Nevertheless, it will be useful for the following to consider a basis formed from atomic orbitals located at the sites of the structure and to develop the Hamiltonian, and the eigenfunctions as well, in that basis (linear combination of atomic orbitals, with the simplifying asumption that the basis is orthogonal and complete). As stated by Eq. 2, the density of states is related to the imaginary part of the resolvent operator

$$R(z) = (z-H)^{-1} \tag{3}$$

when the complex energy z approaches a real value E.

Very often, it is difficult to calculate R(z) exactly. However, when $|z|$ is outside a disk which contains the spectrum of H, R(z) possesses a formal power series expansion. It follows that

$$\frac{1}{N}\mathrm{Tr}\ R(z) = \sum_{k=0}^{\infty} \frac{1}{N}\mathrm{Tr}\ H^k / z^{k+1} \quad , \tag{4}$$

or

$$\frac{1}{N}\mathrm{Tr}\ R(z) = \sum_{k=0}^{\infty} \mu_k / z^{k+1} \tag{4'}$$

where μ_k (equal to $\frac{1}{N}\mathrm{Tr}\ H^k$) is the k-th order moment of the density of states n(E) defined by Eq. 2. As an illustration, consider the case where H identifies with the connection matrix S of a graph [2,3], i.e. $S_{ij}=1$ when vertices i and j are connected, and zero otherwise. (Physically, mapping H onto S can be justified when spherical atomic orbitals are considered [4]. The related graph is then obtained by connecting neighbouring atomic sites of the lattice.) Then, the ii-th diagonal element of S^k is equal to the number of closed walks of length k that can be made along the segments of the graph, starting from the vertex i. For simple periodic lattices, like the simple-cubic lattice, with nearest-neighbour connection, formulae are available for computing diagonal elements of S^k [5], hence the moment μ_k of the density of states.

In crystals, translational invariance implies that the sites are equivalent (we assume one atom per unit cell). In disordered systems, by contrast, different sites have non-identical environments, and $\frac{1}{N}\mathrm{Tr}$ (Eq.2) can be thought as performing site average. However, it is not without interest to consider local quantities, rather than averaged properties, by selecting diagonal elements of the resolvent operator. For instance, it is interesting to analyse the effects of local variations of topology (changes in the valency, variation of neighbouring distances, ...). The so-called local density of states can be used to study local properties. The local density of states is defined by [6]

$$n_i(E) = \sum_\alpha \delta(E-E_\alpha)|\psi_{\alpha i}|^2 \quad , \tag{5}$$

where i denotes the atomic site of interest and $\psi_{\alpha i}$ is the projection of the eigenfunction ψ_α onto the i-th element of the atomic-orbital basis. Remark that the moments of $n_i(E)$ are the ii-th diagonal elements of powers of H , rather than $\frac{1}{N}$ Tr H^k.

The (local or averaged) densities of states cannot be computed directly from Eq. 4 or 4' as the asymptotic power series do not converge near the real axis, where the poles and cuts of R(z) lie. Following Stieltjes [7], an analytical continuation of the power series (4') is performed in the whole z plane [except the poles and cuts of R(z)] by the way of a continued-fraction expansion :

$$R(z) = \frac{\mu_o}{z-a_1-}\;\frac{b_1}{z-a_2-}\;\frac{b_2}{z-a_2-}\;\cdots \quad . \tag{6}$$

[In Eq. 6, and hereafter, R(z) denotes either a diagonal element of the resolvent operator (local density of states) or the average of diagonal elements (ideally $\frac{1}{N}$ times the trace of the resolvent operator)]. As R(z) is related to the density of states by Hilbert's transform, n(E) can be computed by the inversion formula

$$n(E) = -\frac{1}{\pi}\,\mathrm{Im}\,R(E+i\varepsilon) \quad . \tag{7}$$

Applications of Eqs 6-7 need the continued-fraction coefficients a_k, b_k to be computed so as to identify the asymptotic expansion of the continued fraction (6) with the asymptotic power series (4'). This procedure yields the well-known results :

$$b_k = \Delta_k \Delta_{k-2}/\Delta_{k-1}^2 \tag{8}$$

and

$$a_k = \left(\frac{\Delta_{k-1}\Delta'_{k-3}}{\Delta_{k-2}} + \frac{\Delta'_{k-1}\Delta_{k-2}}{\Delta_{k-1}}\right)/\Delta'_{k-2} \quad , \tag{8'}$$

where Δ_k and Δ'_k denote the following Hankel determinants

$$\Delta_k = \text{dtm} \begin{vmatrix} \mu_o & \mu_1 & \cdots & \mu_k \\ \mu_1 & \mu_2 & \cdots & \mu_{k+1} \\ \vdots & & & \\ \mu_k & \mu_{k+1} & \cdots & \mu_{2k} \end{vmatrix} \tag{9}$$

and

$$\Delta'_k = \text{dtm} \begin{vmatrix} \mu_1 & \mu_2 & \cdots & \mu_{k+1} \\ \mu_2 & \mu_3 & \cdots & \mu_{k+2} \\ \vdots & & & \\ \mu_{k+1} & \mu_{k+2} & \cdots & \mu_{2k+1} \end{vmatrix} \quad . \tag{9'}$$

From the point of view of numerical analysis, the problem of evaluating Hankel determinants is strongly ill conditionned. To illustrate that point let us consider the density of states n(E) equal to 1 when $0<E<1$, and zero otherwise. The corresponding moments being $\mu_k = (k+1)^{-1}$, the Hankel determinant Δ_k behaves as $2^{-2k(k-1)}$. In order to evaluate the Hankel determinant with a reasonable number of significant figures, the moments have to be computed with a considerable accuracy. Practically extended-precision arithmetics (128 bits per word, or more) is required to calculate the a_k and b_k coefficients when k exceeds $\sim$ 15.

2. GENERALIZED-MOMENTS METHOD.

As illustrated in Sect. 1, the computation of continued-fraction coefficients from the power moments of the density of states is subject to a detrimental numerical instability. In terms of walks along segments of a graph, the origin of this instability can be understood as follows. As k increases, the number of k-step closed walks is rapidly dominated by the number of walks confined in the neighbourhood of the starting site (the proportion of such "redundant" walks with respect to the total number of k-step closed walks behaves a $1-2^{-k}$ as k approaches infinity [8]). In other words, the power moments unefficiently store the information, as Gautschi [9] has shown in a slightly different framework.

To improve the numerical stability of the transformation moments → continued-fraction coefficients, one is forced to substract in some way part of the redundant information which is contained in the power moments. Hence the so-called modified moments [10], defined as

$$m_k = \int_{-\infty}^{+\infty} n(E)\ P_k(E)\ dE \quad , \tag{10}$$

where $P_k(E)$ is a polynomial of order k in E. The problem of computing continued-fraction coefficients from modified moments of n(E) can be remarkably well conditionned when suitable polynomials $P_k(E)$ are chosen[11]. The stability of the algorithm requires, of course, the modified moments to be computed directly from their definition (Eq. 10), rather than by expanding m_k as a linear combination of the power moments $\mu_o, \mu_1, \ldots, \mu_k$, a method which would be numerically useless.

Exploiting the same idea than the modified moments, the generalized moments

$$\nu_{2k} = \int_{-\infty}^{+\infty} n(E)\ P_k(E)\ P_k(E)\, dE \tag{11}$$

and

$$\nu_{2k+1} = \int_{-\infty}^{+\infty} n(E)\ P_k(E)\ P_{k+1}(E)\ dE \tag{11'}$$

has been shown to improve the numerical stability of computing the continued fraction expansion (Eq. 6) of diagonal elements R(z) of the resolvent operator [12]. Practically the generalized moments of the local density of states at the site i of the structure are obtained using the expressions

$$\nu_{2k} = [P_k(H)\ P_k(H)]_{ii} = \sum_j\ [P_k(H)]_{ij}[P_k(H)]_{ji} \tag{12}$$

and

$$\nu_{2k+1} = [P_k(H)\ P_{k+1}(H)]_{ii} = \sum_j [P_k(H)]_{ij}[P_{k+1}(H)]_{ji} \quad , \tag{12'}$$

where j denotes intermediate sites. Asuming a three-term recurrence relation between the polynomials $P_k(E)$, the operator $P_k(H)$ can be constructed recursively from

$$P_{k+1}(H) = (H-c_{k+1})P_k(H) - d_k P_{k-1}(H) \quad , \tag{13}$$

starting from

$$P_{-1}(H) = 0 \quad , \quad P_o(H) = 1 \quad . \tag{13'}$$

Notice that the algorithm needs to store at the same time the sets $\{[P_k(H)]_{ij}, j=1,2,...,N\}$ and $\{[P_{k+1}(H)]_{ij}, j=1,2,...,N\}$, rather than NxN matrices. Eqs 12-13 are just generalizations of the (power) moments method [13], which is retrieved by setting $P_k(H) = H^k$, i.e. by choosing $c_k = 0$ and $d_k = 0$, k=1,2,... . On the other hand, assuming positive recursion coefficients d_k, Eq. 13 implies that the set $\{P_k(E)\}_{k=0}^{\infty}$ is a monic polynomial sequence orthogonal with respect to some non-negative weight function w(E), given by formulae (6) and (7) where a_k and b_k are replaced by c_k and d_k.

Due to the recurrence relation (13) satisfied by the polynomial $P_k(E)$, the Gram matrix

$$G_{k\ell} = \int_{-\infty}^{+\infty} n(E)\, P_k(E)\, P_\ell(E)\, dE \quad , \quad k,\ell=0,1,\ldots,n \tag{14}$$

can be computed from the generalized moments $\nu_o, \nu_1, \ldots \nu_{2n}$ (which are diagonal and sub-diagonal elements of G). The continued fraction then follows, using the method described below. Of course, the numerical stability of the transformation $\{\nu_k\}_{k=0}^{2n} \to \{a_k, b_k\}_{k=1}^{n}$ depends on the choice of the recurrence coefficients c_k and d_k, that is to say to the weight function w(E). In fact, the redundant information contained in the generalized moments is a minimum when w(E) = n(E) [12]. This condition is realized by adjusting the sets of coefficients c_k and d_k so as to orthogonalize the vectors $\{[P_k(H)]_{ij}, j=1,2,...,N\}$ (Lanczos tridiagonalization algorithm [14]). Of course, the c_k's and d_k's obtained in this way coincide with the continued-fraction coefficients a_k and b_k. This procedure is known as the recursion method [15]. The main advantage of the recursion method is to guarantee the numerical stability of the algorithm. As a drawback of the method the average , or convolution, of densities of states cannot be performed in straightforward manner, since the a_k and b_k coefficients are not linear functionals of n(E). On the contrary using pre-assigned "suitable" sets of c_k and d_k coefficients, the related generalized moments may be averaged and so does the Gram matrix. In other words, continued-fraction expansion of the trace of the resolvent matrix (or the average of a representative sample of diagonal elements of this operator) can be obtained using the generalized-moments method.

For completeness, we now indicate how the continued-fractions coefficients can be computed from the (possibly averaged) Gram matrix (see also ref [16]). Let $\Pi_k(E)$ be the polynomials orthogonal with respect to the (unknown) density of states n(E). These polynomials satisfy the three-term recurrence relation

$$\Pi_{k+1}(E) = (E-a_{k+1})\ \Pi_k(E) - b_k\ \Pi_{k-1}(E) \tag{15}$$

with

$$\Pi_{-1}(E) = 0 \quad , \Pi_o(E) = 1 \quad , \tag{15'}$$

where a_k, b_k are the continued-fraction coefficients to be computed. Let us denote by (f,g) the scalar product

$$(f,g) = \int_{-\infty}^{+\infty} n(E)\ f(E)\ g(E)\ dE \quad . \tag{16}$$

Since the Π_k's are orthogonal with respect to n(E), Eq. 15 implies that

$$b_k = \frac{(\Pi_k,\ \Pi_k)}{(\Pi_{k-1},\Pi_{k-1})} \tag{17}$$

and

$$a_{k+1} = \frac{(\Pi_k,\ E\Pi_k)}{(\Pi_k,\Pi_k)} \quad . \tag{17'}$$

So, suppose we have obtained $\Pi_o(E),\Pi_1(E),\ldots,\Pi_k(E)$. Eqs. 17-17' allow to compute b_k and a_{k+1}, and $\Pi_{k+1}(E)$ follows from Eq. 15. In practice, the polynomial $\Pi_k(E)$ are developed in terms of the "input" polynomials $P_k(E)$:

$$\Pi_k(E) = \sum_{\ell=0}^{k} C_{k\ell}\ P_k(E) \tag{18}$$

with $C_{kk} = 1$. Then, scalar products like (Π_k,Π_k) are computed using the expansion

$$(\Pi_k,\Pi_k) = \sum_{\ell=0}^{k} \sum_{\ell'=0}^{k} C_{k\ell}C_{k\ell'}G_{\ell\ell'} \ , \tag{19}$$

where $G_{\ell\ell'}$, denotes elements of the Gram matrix [14] . As for the numerator of Eq. 17', we obtain from Eq. 13

$$(\Pi_k, E\Pi_k) = \sum_{\ell=0}^{k} \sum_{\ell'=0}^{k} C_{k\ell}C_{k\ell'}(G_{\ell,\ell'+1} + c_{\ell'+1} G_{\ell\ell'} + d_{\ell'}G_{\ell,\ell'-1}) \quad . \tag{20}$$

Computing the set $\{a_k,b_k\}_{k=1}^{n}$ requires the elements $\{G_{k\ell}\}_{k,\ell=0}^{n}$ of the Gram matrix to the known. These elements can be obtained either from the modified moments $\{m_k\}_{k=0}^{2n}$ or from the generalized moments $\{\nu_k\}_{k=0}^{2n}$ of the density of states n(E). Remark that the computation of the Gram matrix from the generalized moments can be performed recursively from the recurrence relation (Eq. 13) satisfied by the input polynomials P_k. This is nolonger true when modified moments are considered : calculation of the Gram matrix from the m_k's needs to expand products like $P_k(E)P_\ell(E)$ into series involving $P_o(E)$, $P_1(E)$,..., $P_{k+\ell}(E)$ (notice that the Chebyshev polynomials of the first kind are particularly well adapted[16] for this purpose). Let us also notice, for the purpose of comparing the modified-moments method with the generalized-moments method, that computing 2n modified moments needs to construct elements of $P_k(H)$ from k=0 to 2n; on the other hand, the elements of $P_k(H)$ for k=0 to n only suffice to determine 2n generalized moments. Nevertheless, the modified moments are useful when dealing with convolutions of n(E), as we now show.

3. MOMENTS AND CONVOLUTION.

Characterization of the density of states by the way of the continued-fraction expansion (Eq. 6) of R(z) [Hilbert transform of n(E)] is a powerful technique provided that the continued fraction can be terminated in some way. Practically, it often occurs that the asymptotic behaviours of the continued-fraction coefficients a_k and b_k are difficult to guess from finite sets of computed coefficients (10 to 20 coefficients a_k and b_k, say). In this case, convolution of the density of states n(E) by some positive-definite frunction g(E) can be proving useful. As said above, convolution cannot be performed directly from the a_k and b_k coefficients. However, simple expressions can be obtained for the moments. Let us denote by μ_k, ν_k and $\tilde{\mu}_k$ the moments of n(E), g(E) and $\tilde{n}(E) = g \star n(E)$, respectively. Consider first the power moments. As

$$\tilde{\mu}_n = \int_{-\infty}^{+\infty} E^n \left[\int_{-\infty}^{+\infty} n(E')g(E-E')\, dE'\right] dE \quad , \tag{21}$$

then

$$\tilde{\mu}_n = \sum_{k=0}^{n} \binom{n}{k} \mu_k \nu_{n-k} \quad . \tag{22}$$

Eq. 22 is a consequence of the binomial theorem

$$(x+y)^n = \sum_{k=0}^{n} \binom{n}{k} x^k y^{n-k} \quad . \tag{23}$$

Generalization of Eq. 22 can be obtained when modified-moments are considered. For, let P_k, Q_k and T_k be three sets of arbitrary polynomial sequences. Then, instead of Eq. 23, the following (more complicated) formula can always be written :

$$T_n(x+y) = \sum_{k=0}^{n} \sum_{\ell=0}^{n-k} A_{k\ell}^{(n)} \quad P_k(x)\, Q_\ell\, (y) \quad . \tag{24}$$

The coefficients $A_{k\ell}^{(n)}$ of this expansion depend on the choice of the polynomials P_k, Q_k and T_k. When one restricts attention to momic polynomials,we still have

$$A_{k,n-k}^{(n)} = \binom{n}{k} \quad ; \tag{25}$$

however, the elements $A_{k\ell}^{(n)}$ are not zero for $\ell \neq n-k$, in general. Notice that these elements can be obtained using algebraic programming languages like REDUCE, MACSYMA, ... As for the modified moments (Eq. 10) of n(E), g(E) and $\tilde{n}$(E) [defined respectively with respect to $P_k(E)$, $Q_k(E)$ and $T_k(E)$] , Eq. 24 yields the relation

$$\tilde{\mu}_n = \sum_{k=0}^{n} \sum_{\ell=0}^{n-k} A_{k\ell}^{(n)} \quad \mu_k\, \nu_\ell \quad . \tag{26}$$

When $P_k(E)$ and $Q_k(E)$ are polynomials orthogonal with respect to n(E) and g(E), respectively, Eq. 26 reduces to

$$\tilde{\mu}_n = A_{00}^{(n)} \mu_0 \quad \nu_0 \quad , \quad n=0,\ 1,\ 2,\ \ldots\ . \tag{27}$$

Application of Eq. 26 requires the elements $A^{(n)}_{k\ell}$ to be known. In some particular cases, the simple binomial formula (25) still holds true with $A^{(n)}_{k\ell} = 0$ for $\ell \neq n-k$. Three typical situations have been considered in the literature [17] :

a) The binomial polynomials for which

$$P_n(x+y) = \sum_{k=0}^{n} \binom{n}{k} P_k(x) P_{n-k}(y) \quad . \tag{28a}$$

The monomials x^n and Laguerre polynomials $L_n^{(-1)}(x)$ are examples of binomial polynomials.

b) The Sheffer polynomials $S_n(x)$, which satisfy

$$S_n(x+y) = \sum_{k=0}^{n} \binom{n}{k} S_k(x) P_{n-k}(y) \tag{28b}$$

where $P_{n-k}(y)$ are binomial polynomials. For instance the Hermite polynomials are Sheffer type, the corresponding $P_{n-k}(y)$ being the monomial y^{n-k}.

c) Cross-sequences of polynomials for which

$$L_n^{(\alpha + \beta)}(x+y) = \sum_{k=0}^{n} \binom{n}{k} L_k^{(\alpha)}(x) L_{n-k}^{(\beta)}(y). \tag{28c}$$

An example is given by the Laguerre polynomials (the second index in that case is $\alpha + \beta + 1$ rather than $\alpha + \beta$).

Clearly additional work is called for on this subject.

References

1. M. Reed and B. Simon, *Methods of Modern Mathematical Physics : IV Analysis of Operators* (Acad. Press, New York, 1978).
2. P.W. Kasteyn, in *Graph theory and Theoretical Physics*, Ed. by F. Harray (Acad. Press, New York, 1967).
3. Narsingh Deo, *Graph theory with Applications to Engineering and Computer Science* (Prentice Hall, Englewood Cliffs, N.J., 1974).
4. N.F. Mott and H. Jones, *The Theory of the Properties of Metals and Alloys* (Dover, New York, 1958).
5. C. Domp, Adv. Phys. 9, 149, 1960.
6. J. Friedel, Adv. Phys. 3, 446, 1954.
7. T.J. Stieltjes, Ann. Fac. Sci. Univ. Toulouse 8, 93, 1895.
8. N. Pottier, Thesis, Univ. Paris 6, 1976 (unpublished).
9. W. Gautschi, Math. Comp. 22, 251, 1968.
10. R.A. Sack and A.F. Donovan, Numer. Math. 18, 465, 1972; J.C. Wheeler and C. Blumstein, Phys. Rev. B 6, 4380, 1972.
11. W. Gautschi, Math. Comp. 24, 245, 1970.
12. Ph. Lambin and J.P. Gaspard, Phys. Rev. B 26, 4356, 1982.
13. F. Cyrot-Lackmann, J. Phys. Chem. Solids 29, 1235, 1968; J.P. Gaspard and F. Cyrot-Lackmann, J. Phys.C 6, 3077, 1973.
14. C. Lanczos, J. Res. Nat. Bun. Stand. 45, 255, 1950.
15. R. Haydock, V. Heine and M. Kelly, J. Phys. C 5, 2845, 1972.
16. D.P. Laurie and L. Rolfes, J. Comp. Appl. Math. 5, 235, 1979.
17. G.C. Rota, D.Kahaner and A. Odlyzko, J. Math. Analysis and Applications 42,684 (1973); R. Askey, *Orthogonal Polynomials and Special Functions* (SIAM, Philadelphia, 1975), pp 57-69.

THE KUSTAANHEIMO-STIEFEL TRANSFORMATION AND CERTAIN SPECIAL FUNCTIONS

M. Kibler* (a), T. Négadi (b), and A. Ronveaux (c)

(a) Institut de Physique Nucléaire (et IN2P3), Université Claude Bernard Lyon-1, 69622 Villeurbanne Cedex, France

(b) Institut de Physique, Université d'Oran, Es-Sénia, Oran, Algeria

(c) Département de Physique, Facultés Universitaires Notre-Dame de la Paix, 5000 Namur, Belgium

Abstract

The Kustaanheimo-Stiefel transformation is briefly described in various frameworks. This transformation is used to convert the $\mathbf{R}^3$ harmonics into $\mathbf{R}^4$ harmonics. Then, the Schrödinger equation for an hydrogen-like atom is transformed into the set of a coupled pair of Schrödinger equations for two $\mathbf{R}^2$ isotropic harmonic oscillators and a coupled pair of constraint relations. This connection between two famous quantization cases is tackled in terms of both eigenvalues and eigenvectors corresponding to the discrete spectrum of the hydrogen atom. This leads to an integral involving Laguerre, Legendre, and Hermite polynomials. A program has been realized in the algebraic and symbolic programming system **macsyma** to cover the various computing aspects of this work.

1. Introduction

The Kustaanheimo-Stiefel (KS) transformation has been introduced in celestial mechanics for regularizing at $r = 0$ the classical Kepler problem [1]. This transformation has been independently set up by Ikeda and Miyachi in a quantum-mechanical context for reducing the Schrödinger equation of the $\mathbf{R}^4$ isotropic harmonic oscillator to the one of the hydrogen atom [2]. In addition, the KS transformation has been used to convert the Schrödinger equation of the hydrogen atom into the one of an $\mathbf{R}^4$ isotropic harmonic oscillator [3-9] or a coupled pair of $\mathbf{R}^2$ isotropic harmonic oscillators [10]. The KS transformation has been also applied to cases where the Coulomb potential in the Schrödinger equation of the hydrogen atom is replaced by potentials of relevance in various problems from quarks to atoms and molecules [10,11]. Finally, this transformation has been employed in an investigation of the (nonrelativistic) hydrogen-oscillator connection within the framework of the Feynman path-integral [12-16] and the Weyl-Wigner-Moyal phase-space [17] formulations of quantum mechanics.

It is one of the aims of this work to revisit the application of the KS transformation to the hydrogen-oscillator connection with special emphasis on the wave functions for the discrete spectrum of hydrogen in the oscillator representation. In particular, we plan to derive a closed form expression for the coefficients of the development of any hydrogen wave function in terms of oscillator wave functions. To achieve this g oal, it is necessary to transform a given $\mathbf{R}^3$ solid harmonic with the help of the KS transformation; this leads indeed to an $\mathbf{R}^4$ solid harmonic. Consequently, a second facet of this paper concerns the construction of $\mathbf{R}^4$ hyperspherical harmonics from $\mathbf{R}^3$ spherical harmonics through the use of the KS transformation.

In Section 2, we briefly discuss the KS transformation. Section 3 is devoted to the construction of $\mathbf{R}^4$ harmonics. Finally, Section 4 deals with the hydrogen atom.

Thanks are due, for assistance in the programming aspects of this work, to M. Voué (Namur), B. Piette (Louvain-la-Neuve), and B. Champagne (Université de Montréal) visiting Namur in the framework of the Belgique-Québec exchange program.

2. The KS transformation

1. Following Kustaanheimo and Stiefel, we briefly introduce their transformation in connection with a theorem by Hurwitz. We start by looking for a matrix A of SO(d) x $\mathbf{R}^+$ whose elements are homogeneous polynomials of the real variables $u_1, u_2, \ldots, u_d$ and such that $AA^t = (\sum_{\alpha=1}^{d} u_\alpha^2)\mathbf{1}_{dxd}$. According to Hurwitz, this problem has solutions only for d = 1, 2, 4, and 8, a result that may be related to a theorem by von Neumann on division algebras. In passing, we forsee that the cases d = 1, 2, 4, and 8 can be connected to the product of two real, complex, quaternionic, and octonionic numbers, respectively. We now continue with the case d = 4 which corresponds to the KS transformation. The next step amounts to consider the column-vector 2Adu, where du is defined via $(du)^t = [du_1 \; du_2 \; du_3 \; du_4]$. We then verify that three of the four elements of 2Adu are total differentials (say dx_1, dx_2, dx_3) and immediate integration leads to

$$
\begin{aligned}
x_1 \; (\equiv x) &= 2(u_1u_3 - u_2u_4) \\
x_2 \; (\equiv y) &= 2(u_1u_4 + u_2u_3) \\
x_3 \; (\equiv z) &= u_1^2 + u_2^2 - u_3^2 - u_4^2
\end{aligned}
\qquad (2.1)
$$

The remaining element of 2Adu is not a total differential and we force it to be equal to zero. This yields the constraint relation

$$0 = u_2du_1 - u_1du_2 - u_4du_3 + u_3du_4 \qquad (2.2)$$

The KS transformation is then the $\mathbf{R}^4 \to \mathbf{R}^3$ surjection defined by (2.1) and subjected to the constraint (2.2). [Note that Eqs. (2.1) and (2.2) differ from the corresponding relations of Kustaanheimo and Stiefel by S_3 (on x_i : i = 1,2,3) and S_4 (on u_α : α = 1,2,3,4) permutations.]

2. There is a close parentage between the KS transformation and spinor theory [1]. In this regard, let us consider the spinor s defined through $s^\dagger = [u_1 + iu_2 \;\; u_3 - iu_4]$. Then, Eq. (2.1) reads

$$x_i = s^\dagger \sigma_i s \qquad (i = 1,2,3) \tag{2.3}$$

where σ_i denotes a Pauli matrix. Further, Eq. (2.2) may be rewritten as

$$s^\dagger ds - (ds)^\dagger s = 0 \tag{2.4}$$

We easily check that

$$\sum_{i=1}^{3} (s^\dagger \sigma_i s)^2 = [\frac{1}{3} s^\dagger (\sum_{i=1}^{3} \sigma_i^2) s]^2 \tag{2.5}$$

In orther words, we have

$$r \equiv (x_1^2 + x_2^2 + x_3^2)^{1/2} = u_1^2 + u_2^2 + u_3^2 + u_4^2 \equiv u^2 \tag{2.6}$$

3. The KS transformation corresponds to an Hopf fibration. Indeed, the restriction to r = 1 of Eq. (2.1) gives a map from the unit sphere S^3 of $\mathbf{R}^4$ onto the unit sphere S^2 of $\mathbf{R}^3$. All points on a great circle on S^3 are mapped onto a single point of S^2. We thus arrive at the Hopf fibration $S^3/S^1 = S^2$.

4. Finally, we mention a property of the KS transformation of central importance for what follows. Let $f(x_1,x_2,x_3)$ an (at least) two-fold differentiable function of x_1,x_2,x_3. It can be verified that

$$\Delta_x f = (1/4\, r)\, \Delta_u f \tag{2.7}$$

$$X_u f \equiv 0 \tag{2.8}$$

where

$$\Delta_x = \sum_{i=1}^{3} \frac{\partial^2}{\partial x_i^2}$$

$$\Delta_u = \sum_{\alpha=1}^{4} \frac{\partial^2}{\partial u_\alpha^2} \tag{2.9}$$

$$X_u = u_2 \frac{\partial}{\partial u_1} - u_1 \frac{\partial}{\partial u_2} - u_4 \frac{\partial}{\partial u_3} + u_3 \frac{\partial}{\partial u_4}$$

The operator X is the infinitesimal generator of a group U(1), the so-called **ambiguity** or nonbijectivity group of the KS transformation [3]. Equation (2.8) has been used by some authors as a constraint relation for remedying to the fact the KS transformation is, from a quantum-mechanical viewpoint, a **diastrophical** or nonbijective canonical transformation (cf., Refs. [3]).

3. Constructing $\mathbf{R}^4$ harmonics

Equation (2.7) indicates that any $\mathbf{R}^3$ (spherical) harmonic spans through the use of the KS transformation an $\mathbf{R}^4$ (hyperspherical) harmonic. As a first (trivial) example, the irregular $\mathbf{R}^3$ harmonic r^{-1} gives u^{-2} which is of course an irregular $\mathbf{R}^4$ harmonic. As a second example, the regular $\mathbf{R}^3$ harmonics x_1, x_2, and x_3 yield the regular $\mathbf{R}^4$ harmonics given by Eq. (2.1). The latter harmonics may be rewritten as

$$x_1 = \pi\, 6^{-1/2}\, u^2\, (Y_{321} - Y_{32-1} + Y_{311} - Y_{31-1})$$

$$x_2 = -\, i\, \pi\, 6^{-1/2}\, u^2\, (Y_{321} + Y_{32-1} + Y_{311} + Y_{31-1}) \tag{3.1}$$

$$x_3 = 2\pi\, 3^{-1}\, u^2\, (Y_{320} - 2^{-1/2}\, Y_{300})$$

in terms of standard hyperspherical harmonic polynomials $u^{n-1} Y_{n\ell m}$. As a third example, we may obtain $\mathbf{R}^4$ harmonics from the well-known (cubical) harmonics $c_3 = x_1 x_2 x_3$ and $c_4 = x_1^4 + x_2^4 + x_3^4 - (3/5) r^4$ which are invariant under the octahedral group O. More explicitely, for c_3 we get

$$\begin{aligned} c_3 = 4(& u_1^4 u_3 u_4 + u_1^3 u_2 u_3^2 - u_1^3 u_2 u_4^2 - u_1^2 u_3^3 u_4 \\ & - u_1^2 u_3 u_4^3 + u_1 u_2^3 u_3^2 - u_1 u_2^3 u_4^2 - u_1 u_2 u_3^4 \\ & + u_1 u_2 u_4^4 - u_2^4 u_3 u_4 + u_2^2 u_3^3 u_4 + u_2^2 u_3 u_4^3) \end{aligned} \tag{3.2}$$

The preceding examples show that the irregular spherical harmonics $r^{-\ell-1}Y_{\ell m}$ and the regular spherical harmonics $r^{\ell}Y_{\ell m}$, which are both spherical harmonics adapted to the chain of groups $O(3) \supset O(2)$, may be used to span $\mathbf{R}^4$ harmonics by means of Eq. (2.1). The same remark applies to harmonics adpated to a chain $O(3) \supset G$, where G is a group of crystallographic or molecular interest as for instance O.

We now focus our attention on the construction of regular $\mathbf{R}^4$ harmonics by applying the KS transformation to the $\mathbf{R}^3$ harmonic polynomials $r^{\ell}Y_{\ell m}(\theta, \varphi)$. The problems with such a procedure for generating $\mathbf{R}^4$ harmonics are : we only obtain $\mathbf{R}^4$ harmonics of even degree and, by starting from the set $\{ r^{\ell}Y_{\ell m} : m = -\ell, -\ell+1, \dots, \ell \}$, we only obtain $2\ell + 1$ hyperspherical harmonics of degree 2ℓ, so that $(2\ell + 1)^2 - (2\ell + 1) = 2\ell(2\ell + 1)$ hyperspherical harmonics have to be constructed with other means. Missing harmonics of degree L can be obtained by systematic derivation in the following way. Let us note $YKS_{\ell m}(u_1, u_2, u_3, u_4)$ the $\mathbf{R}^4$ harmonics of degree 2ℓ constructed by applying the KS transformation to $r^{\ell}Y_{\ell m}$ written in Cartesian coordinates. In the case L even, the $2\ell(2\ell + 1)$ functions

$$\frac{\partial^{2\beta}}{\partial u_\alpha^{2\beta}} YKS_{\ell+\beta, m} \quad : \alpha = 1,2 \;;\; \beta = 1,2,\dots,\ell \;;\; |m| \leqslant \ell \qquad (3.3)$$

are obviously $\mathbf{R}^4$ harmonics of degree $L = 2\ell$. In the case L odd, the $4(\ell + 1)^2$ functions

$$\frac{\partial^{2\beta-1}}{\partial u_\alpha^{2\beta-1}} YKS_{\ell+\beta, |m|} \quad : \alpha = 1,2,3,4 \;;\; \beta = 1,2,\dots,\ell + 1 \;;\; |m| \leqslant \ell \qquad (3.4)$$

are now $\mathbf{R}^4$ harmonics of degree $L = 2\ell + 1$. This procedure (among many others) generates in both cases a set of $(L+1)^2$ hyperspherical harmonics of degree L. The question whether this set is a complete set constitutes an open problem.

A preliminary program has been done in **macsyma** to calculate, according to the just described procedure, $\mathbf{R}^4$ harmonics in (Cartesian) coordinates u_1, u_2, u_3, u_4. The obtained harmonics are also turned into (spherical) coordinates u, ψ, θ, φ by using

$$\begin{aligned} u_1 &= u \sin\psi \sin\theta \cos\varphi \\ u_2 &= u \sin\psi \sin\theta \sin\varphi \\ u_3 &= u \sin\psi \cos\theta \\ u_4 &= u \cos\psi \end{aligned} \qquad (3.5)$$

and we hope to be able soon to develop any harmonic so-obtained in terms of standard harmonics $u^{n-1}Y_{n\ell m}$.

4. The hydrogen atom

1. We begin with the $\mathbf{R}^3$ Schrödinger equation

$$-(\hbar^2/2\mu)\Delta_x \psi + V\psi = E\psi \tag{4.1}$$

for a quantum-mechanical object of (reduced) mass μ embedded in the potential (energy) $V \equiv V(x_1,x_2,x_3)$. The KS transformation [cf., Eqs. (2.6) - (2.9)] allows to convert Eq. (4.1) in the following $\mathbf{R}^4$ partial differential equation

$$-(\hbar^2/2\mu)\Delta_u \psi - 4E(u_1{}^2+u_2{}^2+u_3{}^2+u_4{}^2)\psi = -4rV\psi \tag{4.2}$$

accompanied by the relation

$$X_u \psi \equiv 0 \tag{4.3}$$

The case of the Coulomb potential

$$V = -Ze^2/r \tag{4.4}$$

is especially attractive since the introduction of Eq. (4.4) into Eq. (4.2) yields

$$-(\hbar^2/2\mu)\Delta_u \psi - 4E(u_1{}^2+u_2{}^2+u_3{}^2+u_4{}^2)\psi = 4Ze^2\psi \tag{4.5}$$

As a result, the KS transformation permits to transform the Schrödinger equation for an hydrogen-like atom of reduced mass μ and nucleus charge Ze into the Schrödinger equation plus a constraint relation for an $\mathbf{R}^4$ "isotopic harmonic oscillator" of energy $4Ze^2$ with attractive potential for $E < 0$, repulsive potential for $E > 0$, and zero potential for $E = 0$. This result has been originally investigated by Ikeda and Miyachi [2] and Boiteux [3] for $E < 0$ and by Barut, Schneider, and Wilson [4] for $E > 0$ and $E = 0$. Furthermore, it has been discussed several times in recent years [5-11]. Finally, the hydrogen-oscillator connection described by this result has been obtained equally well by applying Jordan-Schwinger boson calculus to the Pauli equations of the hydrogen atom [18].

2. The just sketched result may be refined by splitting the $\mathbf{R}^4$ oscillator in a pair of $\mathbf{R}^2$ oscillators. It is sufficient to look for a solution of the type

$$\psi(x_i(u_\alpha)) = f(u_1,u_2)\, g(u_3,u_4) \tag{4.6}$$

Therefore, Eqs. (4.3) and (4.5) lead to the system

$$- (\hbar^2/2\mu) \left(\frac{\partial^2 f}{\partial u_1^2} + \frac{\partial^2 f}{\partial u_2^2}\right) - 4E(u_1^2 + u_2^2)f = 4Z_1 e^2 f \tag{4.7}$$

$$- (\hbar^2/2\mu) \left(\frac{\partial^2 g}{\partial u_3^2} + \frac{\partial^2 g}{\partial u_4^2}\right) - 4E(u_3^2 + u_4^2)g = 4Z_2 e^2 g \tag{4.8}$$

$$u_1 \frac{\partial f}{\partial u_2} - u_2 \frac{\partial f}{\partial u_1} = af \tag{4.9}$$

$$u_3 \frac{\partial g}{\partial u_4} - u_4 \frac{\partial g}{\partial u_3} = ag \tag{4.10}$$

$$Z_1 + Z_2 = Z \tag{4.11}$$

where a, Z_1, and Z_2 are separation constants. As a consequence, the R^3 - R^4 hydrogen-oscillator connection becomes an R^3 - $R^2 \otimes R^2$ hydrogen-oscillator connection. From now on, we shall restrict our attention to $E < 0$, i.e., to the discrete spectrum of the hydrogen-like atom under consideration. The various eigenvalues E are easily obtained by noting that the two $\mathbf{R}^2$ isotropic harmonic oscillators have the energies

$$4Z_1 e^2 = (n_1 + n_2 + 1)h\nu \ ; \ 4Z_2 e^2 = (n_3 + n_4 + 1)\, h\nu$$

$$n_1, n_2, n_3, \text{ and } n_4 = 1, 2, 3, \ldots \tag{4.12}$$

and a common frequency ν given by

$$- 4E = 2\pi^2 \mu \nu^2 \tag{4.13}$$

In addition, it is possible to show that

$$n_1 + n_2 + n_3 + n_4 = \text{even integer} \tag{4.14}$$

as will be seen later. By combining Eqs. (4.11) - (4.14), we finally obtain the Balmer-Bohr formula

$$E \equiv E_n = - (1/n^2)\, (\mu Z^2 e^4 / 2\hbar^2) \ ; \ n = (n_1 + n_2 + n_3 + n_4 + 2)/2 = 1, 2, 3, \ldots \tag{4.15}$$

3. We now turn our attention towards the eigenfunctions $\psi = fg$. Clearly, f and g may be developed as

$$f = \sum_{n_1 n_2} C_{n_1 n_2}\, \varphi_{n_1}(u_1)\, \varphi_{n_2}(u_2) \ ; \ g = \sum_{n_3 n_4} C_{n_3 n_4}\, \varphi_{n_3}(u_3)\, \varphi_{n_4}(u_4) \tag{4.16}$$

in terms of the eigenfunctions

$$\varphi_{n_\alpha}(u_\alpha) = (2\mu\nu/\hbar)^{1/4} (2^{n_\alpha} n_\alpha !)^{-1/2} e^{-(\pi\mu\nu/\hbar)u_\alpha^2} H_{n_\alpha}[(2\pi\mu\nu/\hbar)^{1/2} u_\alpha] \tag{4.17}$$

for one-dimensional isotropic harmonic oscillators.(H is an Hermite polynomial.) The introduction of Eq. (4.16) into Eqs. (4.9) and (4.10) leads to the following recurrence relations.

$$[n_\alpha(n_\beta + 1)]^{1/2} C_{n_\alpha - 1, n_\beta + 1} - [(n_\alpha + 1)n_\beta]^{1/2} C_{n_\alpha + 1, n_\beta - 1} = a\, C_{n_\alpha n_\beta} \tag{4.18}$$

with $\alpha\beta \equiv 12$ and 34. Rather than using Eq. (4.18), we prefer to calculate the coefficients $C_{n_\alpha n_\beta}$ from ordinary Fourier analysis. First, we consider the eigenfunctions

$$\psi \equiv \psi_{n\ell m} = -(2Z/na_0)^{3/2} \{(n-\ell-1)!/2n[(n+\ell)!]^3\}^{1/2}$$

$$\rho^\ell e^{-\rho/2} L^{2\ell+1}_{n+\ell}(\rho)\, Y_{\ell m}(\theta,\varphi) \tag{4.19}$$

$$a_0 = \hbar^2/\mu e^2 \; ; \; \rho = (2Z/na_0)r \; ; \; \ell = 0,1, \ldots, n-1 \; ; \; m = -\ell, -\ell+1, \ldots, \ell$$

associated to the eigenvalues E_n. (L is an associated Laguerre polynomial.) Second, the function $\psi_{n\ell m}(r,\theta,\varphi)$ is transformed in Cartesian coordinates and the obtained result is acted upon with the KS transformation. This leads to a function $G(u_1,u_2,u_3,u_4)$. Third, from G = fg we easily get the coefficients

$$C_{n_1 n_2} C_{n_3 n_4} = I[n\ell m n_1 n_2 n_3 n_4] \tag{4.20}$$

by using the orthogonality property of the Hermite polynomials. As a compact result, we have

$$I[n\ell m n_1 n_2 n_3 n_4] = -\pi^{-1} (Z/na_0)^{1/2} \{(n-\ell-1)!/n[(n+\ell)!]^3\}^{1/2}$$

$$\int_{-\infty}^{+\infty \otimes 4} L^{2\ell+1}_{n+\ell}(t_1^2+t_2^2+t_3^2+t_4^2)\, YKS_{\ell m}(t_1,t_2,t_3,t_4) \tag{4.21}$$

$$\prod_{\alpha=1}^{4} (2^{n_\alpha} n_\alpha !)^{-1/2} e^{-t_\alpha^2} H_{n_\alpha}(t_\alpha)\, dt_\alpha$$

It is to be noted that the integral (4.21) involves Laguerre (cf., L), Legendre (cf., YKS), and Hermite (cf., H) polynomials. From Eq. (4.21), we easily derive Eq. (4.14). For n, ℓ, and m fixed, Eq. (4.21) may serve to generate all coefficients $I[n\ell m n_1 n_2 n_3 n_4]$. A general program has been written in **macsyma** to express any hydrogen eigenfunction (for the discrete spectrum) in the oscillator representation.

As a trivial example, we immediately obtain

$$\psi_{100} = (Z/a_0)^{1/2}\ \pi^{1/2}\ 2^{-1}\ h_{0000}\ ;\ h_{n_1n_2n_3n_4} \equiv \varphi_{n_1}(u_1)\ \varphi_{n_2}(u_2)\ \varphi_{n_3}(u_3)\ \varphi_{n_4}(u_4) \quad (4.22)$$

A less trivial example concerns n = 3, ℓ = 2, and m = 0. In this case, we have

$$C_{n_1n_2}C_{n_3n_4} = 2^{-5/2}\ 3^{-1}\ \pi^{-3/2}\ (Z/3a_0)^{1/2}$$

$$\int_{-\infty}^{+\infty} \otimes 4 [(t_1^{\ 2} + t_2^{\ 2})^2 + (t_3^{\ 2} + t_4^{\ 2})^2 - 4(t_1^{\ 2} + t_2^{\ 2})\ (t_3^{\ 2} + t_4^{\ 2})]$$

$$\prod_{\alpha=1}^{4} (2^{n_\alpha} n_\alpha!)^{-1/2}\ e^{-t_\alpha^{\ 2}}\ H_{n_\alpha}(t_\alpha) dt_\alpha \quad (4.23)$$

Integrals of the type of (4.23) are readily handled with **macsyma**. This yields

$$\psi_{320} = (Z/3a_0)^{1/2}\ \pi^{1/2}\ 2^{-3}\ 3^{-1/2}\ [h_{4000} + h_{0400} + h_{0040} + h_{0004}$$

$$- 2^{3/2}\ 3^{-1/2}\ (h_{2020} + h_{2002} + h_{0220} + h_{0202} - 2^{-1}h_{2200} - 2^{-1}h_{0022})] \quad (4.24)$$

References

1. P. Kustaanheimo and E. Stiefel, J. reine angew. Math. **218**, 204 (1965).
2. M. Ikeda and Y. Miyachi, Math. Japon. **15**, 127 (1970).
3. M. Boiteux, C.R. Acad. Sci. **B 274**, 867 (1972) ; **276**, 1 (1973) ; Physica **65**, 381 (1973); **75**, 603 (1974) ; J. Math. Phys. **23**, 1311 (1982).
4. A.O. Barut, C.K.E. Schneider, and R. Wilson, J. Math. Phys. **20**, 2244 (1979).
5. A.C. Chen, Phys. Rev. **A 22**, 333, 2901E (1980) ; **23**, 1655 (1981) ; **25**, 2409 (1982); **26**, 669 (1982) ; J. Math. Phys. **23**, 412 (1982).
6. T. Iwai, J. Math. Phys. **22**, 1628, 1633 (1981) ; **23**, 1088, 1093 (1982).
7. J. Kennedy, Proc. R. Irish Acad. **A 82**, 1 (1982).
8. H. Grinberg, J. Maranon, and H. Vucetich, J. Math. Phys. **25**, 2648 (1984).
9. H.A. Cerdeira, Preprint RU-84-029 (Rutgers Univ., NJ, U.S.A., 1984).
10. M. Kibler and T. Négadi, Lett. Nuovo Cimento **39**, 319 (1984).
11. M. Kibler and T. Négadi, Int. J. Quantum Chem. **26**, 405 (1984) ; Theoret. Chim. Acta **66**, 31 (1984) ; Croatica Chem. Acta **57**, xxxx (1984).
12. I.H. Duru and H. Kleinert, Phys. Lett. **B 84**, 185 (1979) ; Fortschr. Phys. **30**, 401 (1982).
13. G.A. Ringwood and J.T. Devreese, J. Math. Phys. **21**, 1390 (1980).
14. R. Ho and A. Inomata, Phys. Rev. Lett. **48**, 231 (1982).
15. H. Grinberg, J. Maranon, and H. Vucetich, J. Chem. Phys. **78**, 839 (1983); Int. J. Quantum Chem. **23**, 379 (1983) ; Z. Phys. **C 20**, 147 (1983).
16. N.K. Pak and I. Sökmen, Phys. Lett. **A 100**, 327 (1984).
17. J.M. Gracia-Bondia, Phys. Rev. **A 30**, 691 (1984).
18. M. Kibler and T. Négadi, Lett. Nuovo Cimento **37**, 225 (1983) ; J. Phys. **A 16**, 4265 (1983) ; Phys. Rev. **A 29**, 2891 (1984).

A NON-CLASSICAL, ORTHOGONAL POLYNOMIAL FAMILY

A.G. Law and M.B. Sledd
University of Regina, Saskatchewan, Canada
and
Georgia Institute of Technology, Atlanta, Georgia, U.S.A.

I. INTRODUCTION

A real, three-term recurrence relation

$$P_o(x) = 1, \; P_1(x) = A_o x + B_o$$

$$P_{n+1}(x) = (A_n x + B_n)P_n(x) - C_n P_{n-1}(x), \; n \geq 1, \tag{1}$$

where $A_o \neq 0$ and $A_n C_n \neq 0$ for $n \geq 1$, generates a sequence of polynomials P_n in which P_n is of degree exactly n. For such a family, a number of fundamental properties can often be inferred from the recurrence coefficients: for example, one of the best known and elegant results, attributed primarily to Favard [4], is that the polynomials are orthogonal if, and only if, $C_n/(A_n A_{n-1}) > 0$ for $n \geq 1$. Other important features studied by various authors include necessary and sufficient conditions, on the recurrence coefficients, for the P_n to satisfy a differential equation of Sturm-Liouville type [5], or necessary and sufficient conditions for whether certain quasimoments generated via the recurrence form, in fact, a moment sequence [6,7].

Some recurrence polynomial families emerge naturally in the analysis of certain physical systems, such as the chain of harmonic oscillators represented in Figure 1. In the absence of externally applied forces, the equations of motion are:

$$m_o \ddot{x}_o = -(k_o + k_1)x_o + k_1 x_1, \tag{2}$$

$$m_n \ddot{x}_n = k_n x_{n-1} - (k_n + k_{n+1})x_n + k_{n+1} x_{n+1}, \; n \geq 1,$$

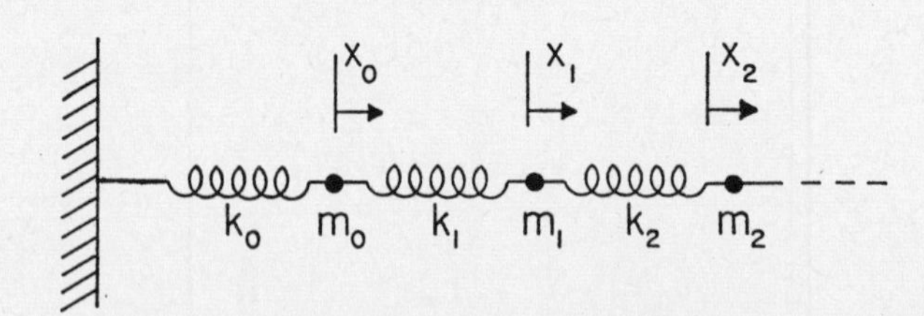

Figure 1. A half-infinite, frictionless chain of springs and masses with nearest neighbor coupling.

where the masses m_n and spring constants k_n satisfy

$$
\begin{aligned}
&k_o \geqq 0, \\
&k_n > 0 \text{ for } n \geqq 1, \\
&m_n > 0 \text{ for } n \geqq 0.
\end{aligned}
\tag{3}
$$

Solutions of the equations (2) can be expressed in a useful closed form [3] using the secular polynomials associated with the system and, in fact, these polynomials constitute [3] a recurrence family (1) in which $A_n = -m_n/k_{n+1}$ and $B_n = 1+k_n/k_{n+1}$ for $n \geqq 0$, and $C_n = k_n/k_{n+1}$ for $n \geqq 1$. It is shown in Section II that a given orthogonal polynomial family consists of secular polynomials associated with some (possibly unattached) spring-mass system if, and only if, their true interval of orthogonality lies in $[0,\infty)$.

Section III concerns a one-parameter family

$$
\begin{aligned}
&S_o^{\alpha}(x) = 1, \ S_1^{\alpha}(x) = x \\
&S_{n+1}^{\alpha}(x) = x\, S_n^{\alpha}(x) - e_n\, S_{n-1}^{\alpha}(x), \ n \geqq 1,
\end{aligned}
\tag{4}
$$

where $e_n \equiv \{n+\alpha\sin^2(n\pi/2)\}^2/\{(2n+\alpha-1)(2n+\alpha+1)\}$ and $\alpha > -1$. The recurrence coefficients are used to show that, unless α is zero, these polynomials are not of Hermite, Jacobi, Laguerre or generalized Bessel type - i.e. they do not form a Sturm-Liouville polynomial system. Orthogonality of this non-classical family over the interval $-1 \leqq x \leqq 1$ with weight $\left(\frac{\alpha+1}{2}\right)|x|^{\alpha}$ is demonstrated by showing that the recurrence's quasimoments indeed form the appropriate moment sequence, and the technique applied here incorporates direct and elementary evaluation of a certain Hankel determinant.

Any recurrence family (1) may be put into monic normalized form simply by introduction of $\phi_n(x) = P_n(x)/(A_oA_1A_2\ldots A_{n-1})$. Hence:

$$
\begin{aligned}
&\phi_o(x) = 1, \ \ \phi_1(x) = x + b_o \\
&\phi_{n+1}(x) = (x+b_n)\phi_n(x) - c_n\phi_{n-1}(x), \ n \geqq 1,
\end{aligned}
\tag{5}
$$

where $b_n = B_n/A_n$ for $n \geqq 0$ and $c_n = C_n/(A_nA_{n-1})$ for $n \geqq 1$. It is the form (5), rather than (1), which is used in the sequel: any orthogonality is unchanged of course and, for example, when the polynomials (1) are expressed in the form (5), they are secular polynomials associated with some spring-mass system (2) if, and only if, there exist sequences $\{k_n\}$ and $\{m_n\}$, satisfying (3), such that

$$b_n = -(k_n+k_{n+1})/m_n \ , \ n \geq 0,$$
$$c_n = k_n^2/(m_n m_{n-1}) \ , \ n \geq 1. \tag{6}$$

Throughout this paper, orthogonality is understood as orthogonality with respect to a distribution having an infinite spectrum [2] and the "true" interval of orthogonality of an orthogonal polynomial family $\{P_n\}$ means, as usual [8], the smallest interval which contains all zeros of all P_n.

II. CHARACTERIZATION OF SPRING-MASS POLYNOMIALS

Suppose $\phi_o(x)$, $\phi_1(x)$, $\phi_2(x)$,... are generated by a recurrence (5) in which $c_n > 0$ for $n \geq 1$. Chihara [1] has shown that their true interval of orthogonality lies in $[0,\infty)$ if, and only if, there exists a real sequence $\{\gamma_n\}$ such that:

$$\gamma_1 = 0,$$
$$\gamma_n > 0 \text{ for } n > 1, \tag{7}$$
$$\gamma_{2n}\gamma_{2n+1} = c_n \text{ and } \gamma_{2n-1}+\gamma_{2n} = -b_{n-1} \text{ for } n \geq 1.$$

Assume, first, that their orthogonality interval indeed lies in $[0,\infty)$; then it is easy to see that they are secular polynomials for some (unattached) spring-mass system. For, let $\{k_n\}$ and $\{m_n\}$ be two sequences devised from $\{\gamma_n\}$ as follows:

(a) Let $k_o = 0$ and let m_o be an arbitrary positive constant,

(b) For $i \geq 1$, let $k_i = \gamma_{2i}\, m_{i-1}$ then $m_i = k_i/\gamma_{2i+1}$.

Surely (3) is satisfied. Furthermore, if $n \geq 1$ then $(k_{n-1}+k_n)/m_{n-1} = \gamma_{2n-1}+\gamma_{2n} = -b_{n-1}$ and, similarly, $k_n^2/m_n m_{n-1} = c_n$, hence the coupled difference equations (6) are satisfied by $\{k_n\}$ and $\{m_n\}$.

Conversely, let $\{k_n\}$ and $\{m_n\}$ satisfy (3) and assume that conditions (6) hold for the coefficients, b_n and c_n, of the recurrence (5). Whether or not $k_o = 0$, simply define the real sequence $\{\gamma_n\}$ by:

(a) Let $\gamma_1 = 0$,

(b) For $i \geq 1$, let $\gamma_{2i} = k_i/m_{i-1}$ and $\gamma_{2i+1} = k_i/m_i$.

If $n \geq 1$, $\gamma_{2n}\gamma_{2n+1} = c_n$ since this product is $k_n^2/(m_n m_{n-1})$ and, similarly, the remaining relations in (7) are valid as well. These results may be summarized as:

Theorem 1. Let the polynomials $\phi_n(x)$ satisfy a recurrence (5) in which $c_n > 0$ for $n \geq 1$. Then their true interval of orthogonality lies in $[0,\infty)$ if, and only if, there exist spring-mass sequences $\{k_n\}$ and $\{m_n\}$, satisfying (3), for which (6) holds.

III. THE NON-CLASSICAL, ORTHOGONAL FAMILY $\{S_n^\alpha(x)\}$

Consider the sequence $\{S_n^\alpha\}$ of polynomials determined by the recurrence (5) where $b_n = 0$ for $n \geq 0$, $c_n = \{n+\alpha\sin^2(n\pi/2)\}^2/\{(2n+\alpha-1)\cdot(2n+\alpha+1)\}$ for $n \geq 1$, and $\alpha > -1$. To prove that this is not a Sturm-Liouville family when $\alpha\neq 0$, it is sufficient here to show [5] that the expression

$$g_2(n) = [(n+1)b_nb_{n+1}-nb_n^2-b_ob_1+c_1-(2n+1)c_{n+1}+(2n-3)c_n][(b_1-b_o)^2$$
$$+ 4(c_1+c_2)]/3c_2+[(-2n-1)b_nb_{n+1}+(2n-1)b_n^2$$
$$+ b_ob_1+b_o{}^2+4n\, c_{n+1}+(-4n+8)c_n]$$

does not vanish for every positive integer n; this can be accomplished by verifying that whenever $\lim_{n\to\infty} g_2(n)$ exists, it is not zero. Now, substitution for b_n and c_n and a straightforward calculation show that $\lim_{m\to\infty} g_2(2m+1) = (\alpha^3+6\alpha^2+\alpha)/3$ while $\lim_{m\to\infty} g_2(2m)=(-\alpha^3-6\alpha^2-5\alpha)/3$. These are equal if, and only if, $\alpha=0$, $-3-\sqrt{6}$ or $-3+\sqrt{6}$, but the first two values are excluded since $\alpha\neq 0$ and $\alpha > -1$, and for the third, $\lim_{n\to\infty} g_2(n) \neq 0$. (As a matter of interest, if $\alpha=0$ then identification of the three-term recurrence (4) with that for the Legendre polynomials $P_n(x)$ shows that $S_n^o(x)= n2^{n-1}[(n-1)!]^2/(2n-1)!\ P_n(x)$ for $n \geq 1$.)

Since the S_n^α do not satisfy a second order differential equation of Sturm-Liouville type, details of their orthogonality must be sought another way, and their recurrence is employed directly here. The corresponding quasimoments [7] will be calculated explicitly and it will be shown that they are precisely the moments of the weight $\left(\frac{\alpha+1}{2}\right)|x|^\alpha$ over $[-1,1]$ - in other words, the S_n^α are orthogonal with respect to this weight and interval.

Let $\{\nu_n\}$ be the sequence of quasimoments corresponding to a recurrence (5); that is,

$\nu_o = 1$, and if

$$\sum_{j=0}^{m} a_{mj}x^j \equiv \phi_m(x) \text{ (where } a_{mm} \equiv 1) \text{ then}$$

$$\nu_{2n-1} = -\sum_{j=0}^{n-1} a_{nj}\nu_{n+j-1},\ n \geq 1,$$

$$\nu_{2n-2} = -\sum_{j=0}^{n-1} a_{nj}\nu_{n+j-2}, \quad n \geq 2. \tag{8}$$

In terms of the linear functional L which can thus be defined on all polynomials by

$$L\left(\sum_{j=0}^{n} d_j x^j\right) = \sum_{j=0}^{n} d_j \nu_j ,$$

the quasimoment-generating algorithm (8) may be summarized simply as:

$$\begin{aligned} L(x^{n-1}\phi_n(x)) &= 0, \; n \geq 1, \\ L(x^{n-2}\phi_n(x)) &= 0, \; n \geq 2. \end{aligned} \tag{9}$$

Conditions (9) are [7] equivalent, for recurrence polynomials, to

$$L(\phi_i(x)\phi_j(x)) = 0, \quad i \neq j. \tag{10}$$

Now, corresponding to <u>any</u> sequence $\{x_n\}$, let $H_{n+1}[x_o,x_1,..,x_{2n}]$ denote the Hankel determinants defined by:

$$H_{n+1}[x_o,x_1,\ldots,x_{2n}] = \begin{vmatrix} x_o & x_1 & \ldots & x_n \\ x_1 & x_2 & \ldots & x_{n+1} \\ & \cdot & \cdot & \cdot \\ x_n & x_{n+1} & \ldots & x_{2n} \end{vmatrix}, \; n \geq 0.$$

<u>Lemma 1</u>. Suppose in a recurrence (5) that $c_n > 0$ for $n \geq 1$, and let $\{\nu_n\}$ be its sequence of quasimoments (8). Then the corresponding Hankel determinants satisfy

$$H_{n+1}[\nu_o,\nu_1,\ldots,\nu_{2n}] = \prod_{j=1}^{n} c_j^{n-j+1}, \; n \geq 1.$$

<u>Proof.</u> Since the ϕ_n are orthogonal, the quasimoments ν_n are [7] moments and a standard technique (see, for example, [2] p. 12) yields that $1=K_nH_n[\nu_o,\nu_1,\ldots,\nu_{2n-2}]/H_{n+1}[\nu_o,\nu_1,\ldots,\nu_{2n}]$ where $K_n \equiv L(x^n\phi_n(x))$. But from (5), and using (10), $K_n = c_nK_{n-1}$, consequently $H_{n+1}[\nu_o,\nu_1,\ldots,\nu_{2n}] = (c_1c_2\ldots c_n)H_n[\nu_o,\nu_1,\ldots,\nu_{2n-2}]$ and the result follows from a simple induction.

<u>Lemma 2.</u> Let $\{y_j\}$ and $\{z_j\}$ be two sequences for which $y_{2k+1}=z_{2k+1}$, $k \geq 0$. If $H_{n+1}[y_o,y_1,\ldots,y_{2n}] = H_{n+1}[z_o,z_1,\ldots,z_{2n}]$ for all $n \geq 0$, and if none of these determinants is zero, then $y_j = z_j$ for all $j \geq 0$.

<u>Proof</u>. $y_o = z_o$ and $y_1 = z_1$; suppose $y_j = z_j$ for $j = 0,1,\ldots,2m$. Laplace expansion by the last column gives

$$H_{m+2}[y_o,y_1,\ldots,y_{2m+2}] = y_{2m+2}\, H_{m+1}[y_o,y_1,\ldots,y_{2m}] + \sum_{i=m+1}^{2m+1} y_i Y_i^* \text{ and}$$

$$H_{m+2}[z_o,z_1,\ldots,z_{2m+2}] = z_{2m+2}\, H_{m+1}[z_o,z_1,\ldots,z_{2m}] + \sum_{i=m+1}^{2m+1} z_i Z_i^* ,$$

where Y_i^* denotes the cofactor of y_i and Z_i^* that of z_i. From the induction hypothesis and the fact that $y_{2m+1} = z_{2m+1}$, $y_i = z_i$ and $Y_i^* = Z_i^*$ for $0 \leqq i \leqq 2m+1$. Hence equating corresponding determinants in these two expansions implies that $y_{2m+2} = z_{2m+2}$ also, and the proof is complete.

Since the polynomials S_n^α are even or odd according as n is even or odd, the (quasi)moment sequence $\{\nu_n\}$ generated via its recurrence (4) has the property that $\nu_{2j+1} = 0$ for $j \geqq 0$. This fact is crucial in the remaining discussion for showing that the ν_n are precisely the moments

$$\mu_n \overset{d}{=} \frac{\alpha+1}{2} \int_{-1}^{1} x^n\, |x|^\alpha\, dx,\ n \geqq 0, \tag{11}$$

since $\mu_{2j+1} = 0$ for $j \geqq 0$ also. After a direct evaluation of the Hankel determinants for the moment sequence $\{\mu_n\}$ is obtained, Lemma 1 can be invoked to show that $H_{n+1}[\nu_o,\nu_1,\ldots,\nu_{2n}] = H_{n+1}[\mu_o,\mu_1,\ldots,\mu_{2n}]$ for $n \geqq 0$, and Lemma 2 applies so that $\{\nu_j\} = \{\mu_j\}$ - i.e. the S_n^α are [7] orthogonal on $[-1,1]$ with weight $\left(\frac{\alpha+1}{2}\right) |x|^\alpha$.

<u>Lemma 3.</u> Let

$$D_{n+1} = \begin{vmatrix} \mu_o & \mu_1 & \cdots & \mu_n \\ \mu_1 & \mu_2 & \cdots & \mu_{n+1} \\ & \cdots & & \\ \mu_n & \mu_{n+1} & \cdots & \mu_{2n} \end{vmatrix},\ n \geqq 1,$$

for μ_n given by (11). Then for any $n \geqq 1$,

$$D_{n+1} = \prod_{j=1}^{n} e_j^{n-j+1}$$

where $e_n \equiv \{n+\alpha\sin^2(n\pi/2)\}^2/\{(2n+\alpha-1)(2n+\alpha+1)\}$.

<u>Proof.</u> A direct argument will be used to show that $D_{n+1} = (e_1e_2\cdots e_n)\cdot(e_1e_2\cdots e_{n-1})D_{n-1}$, $n \geqq 2$. The proof falls naturally into two cases, according as n is even or odd. The recipe for an appropriate succession of elementary row/column operations is given here when n is an <u>even</u> integer; an analogous procedure completes the other case.

1. Divide each of the n+1 rows by $\alpha+1$.
2. Multiply rows 1 and 2 by $(\alpha+n+1)$, rows 3 and 4 by $(\alpha+n+3),\ldots,$ rows $(n-1)$ and n by $(\alpha+2n-1)$, and row $(n+1)$ by $(\alpha+2n+1)$.
3. Subtract column $(n+1)$ from each of columns $1,3,5,\ldots,(n-1)$. Subtract column n from each of columns $2,4,6,\ldots,(n-2)$.
4. Divide column 1 by n, columns 2 and 3 by $(n-2)$, columns 4 and 5 by $(n-4),\ldots,$ and columns $(n-2)$ and $(n-1)$ by 2.
5. Multiply columns 1 and 2 by $(\alpha+n+1)$, columns 3 and 4 by $(\alpha+n+3),\ldots,$ columns $(n-3)$ and $(n-2)$ by $(\alpha+2n-3)$, and column $(n-1)$ by $(\alpha+2n-1)$.
6. Subtract row $(n+1)$ from each of rows $1,3,5,\ldots,(n-1)$. Subtract row n from each of rows $2,4,6,\ldots,(n-2)$.
7. Divide row 1 by n, rows 2 and 3 by $(n-2)$, rows 4 and 5 by $(n-4),\ldots,$ and rows $(n-2)$ and $(n-1)$ by 2.
8. Multiply each of the first n-1 rows by $(\alpha+1)$.

Then

$$D_{n+1} = F_n \begin{vmatrix} \frac{\alpha+1}{\alpha+1} & 0 & \frac{\alpha+1}{\alpha+3} & 0 & \cdots & 0 & \frac{\alpha+1}{\alpha+n-1} & 0 & 0 \\ 0 & \frac{\alpha+1}{\alpha+3} & 0 & \frac{\alpha+1}{\alpha+5} & \cdots & \frac{\alpha+1}{\alpha+n-1} & 0 & 0 & 0 \\ \frac{\alpha+1}{\alpha+3} & 0 & \frac{\alpha+1}{\alpha+5} & 0 & \cdots & 0 & \frac{\alpha+1}{\alpha+n+1} & 0 & 0 \\ & & & \cdots & & & & & \\ \frac{\alpha+1}{\alpha+n-1} & 0 & \frac{\alpha+1}{\alpha+n+1} & 0 & \cdots & 0 & \frac{\alpha+1}{\alpha+2n-3} & 0 & 0 \\ 0 & 1 & 0 & 1 & \cdots & 1 & 0 & 1 & 0 \\ 1 & 0 & 1 & 0 & \cdots & 0 & 1 & 0 & 1 \end{vmatrix}$$

where

$$F_n = \frac{(\alpha+1)^2[2^2 4^2 6^2 \ldots (n-2)^2 n]^2}{[(\alpha+n+1)^2(\alpha+n+3)^2\ldots(\alpha+2n-3)^2]^2(\alpha+2n-1)^3(\alpha+2n+1)} .$$

Two Laplace expansions by a last column yield immediately that $D_{n+1} = F_n D_{n-1}$, and it may be verified directly that $e_1{}^2 e_2{}^2 e_3{}^2 \ldots e_{n-1}^2 e_n = F_n$, to complete the proof in case n is even.

IV. CONCLUDING REMARKS

The polynomials S_n^α are not of Hermite, Jacobi, Laguerre or generalized Bessel type if $\alpha \neq 0$. Since they are orthogonal, Theorem 1 implies that under any linear shift of their interval $[-1,1]$ into $[0,\infty)$, they provide an example for a frictionless spring-mass system that has non-classical secular polynomials.

Details about the orthogonality interval and weight for the S_n^α are established in Section III from their three-term recurrence (by a technique which could apply to other recurrences, provided appropriate determinants can be evaluated). Further facts may be found directly from recurrence (4): for example, a straightforward but tedious induction argument verifies that

$$S_n^\alpha(x) = x^n + \sum_{k=1}^{[n/2]} \left(-\frac{1}{2}\right)^k \binom{[n/2]}{k} \cdot \frac{\{2n+2\alpha+(-1)^{n+1}-1\}\{2n+2\alpha+(-1)^{n+1}-5\}\ldots\{2n+2\alpha+(-1)^{n+1}-4k+3\}}{(2n+\alpha-1)(2n+\alpha-3)\ldots(2n+\alpha-2k+1)} x^{n-2k},$$

for $n \geq 2$. Or, identification of the recurrence coefficients with those appearing in [2, p. 156] shows that, apart from multiplicative constants which may depend on j, a and b but not on x,

$$S_{2m}^\alpha(x) = P_m^{(0,\alpha/2-1/2)}(2x^2-1) \text{ and } S_{2m+1}^\alpha(x) = xP_m^{(0,\alpha/2+1/2)}(2x^2-1),$$

where $P_j^{(a,b)}$ is the Jacobi polynomial.

REFERENCES

[1] T.S. Chihara, *Chain sequences and orthogonal polynomials*, Trans. Amer. Math. Soc., Vol. 104 (1962), pp. 1-16.

[2] T.S. Chihara, *An introduction to orthogonal polynomials*, Gordon and Breach, New York, 1978.

[3] W.G. Christian, A.G. Law, W.F. Martens, A.L. Mullikin and M.B. Sledd, *Solution of initial-value problems for some infinite chains of harmonic oscillators*, J. Math. Phys., Vol. 17 (1976), pp. 146-158.

[4] J. Favard, *Sur les polynomes de Tchebicheff*, C.R. Acad. Sci. Paris, Vol. 200 (1935), pp. 2052-2053.

[5] D.V. Ho, J.W. Jayne and M.B. Sledd, *Recursively generated Sturm-Liouville polynomial systems*, Duke Math. J., Vol. 33 (1966), pp. 131-140.

[6] A.M. Krall, *On the moments of orthogonal polynomials*, Rev. Roumaine Math. Pures Appl., Vol. 27 (1982), pp. 359-362.

[7] A.G. Law, *Orthogonal recurrence polynomials and Hamburger moments*, Canad. Math. Bull., Vol. 14 (1971), pp. 53-56.

[8] G. Szegö, *Orthogonal polynomials*, Amer. Math. Soc. Colloq. Publ. Vol. 23, AMS, New York, 1939, 4th Edition 1975.

ON THE LAGUERRE SERIES DISTRIBUTION

G. S. Lingappaiah
Department of Mathematics
Concordia University
Montreal, Canada

Summary

Laguerre series distribution $p(x)=\theta^x L_x^{(\alpha)}(-\phi)$, $x=0,1,2,\ldots$, $\phi > 0$, $0 < \theta < 1$, $\alpha > -1$ as given in Gurland et al. [Communications in Statistics, (1983)] is being analysed. While this above work gives the factorial moments and asymptotic distribution of the estimates of the parameters, in this paper actual distribution function is given by deriving a recurrence relation between three adjacent ordinates. Then by finding the distribution of the sum of n independent observations, from this distribution, tests for three parameters are attempted. Bayesian estimates of θ and ϕ are put in closed forms. Finally goodness-of-fit test is carried out between negative binomial ($\phi=0$) and the Laguerre series distribution ($\phi > 0$). Two Tables give the probabilities $p(x)$ for values of α, ϕ and θ.

Key words: Laguerre series; Bayesian estimates; chi-square goodness-of-fit

AMS Classification: 62 E 15; 62 F 05.

1. Introduction

Laguerre polynomials are extensively used in statistical theory, especially as related to the distribution of sample variance in non-normal populations. Few related works are cited in references at the end of this paper. Roy and Tiku (1962) use these polynomials for the above purpose. Tan and Wong (1977) justify this Roy-Tiku approximation and also give an alternate again using Laguerre polynomials. Mudholkar and Trivedi (1981) give the Gaussian approximation to the same distribution of sample variance from a non-normal population and compare their results with those of Tiku and Roy and also of Tan and Wong. Roux and Raath (1975) use the

Laguerre series in relation to multivariate analysis and in particular to Wishart moment generating function. Tan and Wong (1978) approximate multivariate gamma distribution by Laguerre polynomials. Zelen and Donnamiller (1961) use Laguerre polynomials in relation to life tests. Lingappaiah (1981) deals with the prediction problem in future samples in terms of earlier samples from the distribution involving Laguerre polynomials. Srivastava and Lavoie (1983) give a general polynomial of which Laguerre polynomials are particular cases. In all these works, Laguerre series is used in the form $L_s^{(\alpha)}(x)=\sum_{k=0}^{s}\binom{s+\alpha}{\alpha+k}\frac{(-x)^k}{k!}$, $x > 0$, $s=0,1,2,\ldots$, $\alpha > -1$.

But in Gurland *et al*. (1983), a new form of distribution is used, which is $L_x^{(\alpha)}(\phi)=\sum_{k=0}^{x}\binom{x+\alpha}{\alpha+k}\frac{(-\phi)^k}{k!}$, $x=0,1,2,\ldots$, $\phi > 0$, $\alpha > -1$

where x is a discrete variable now. In Gurland *et al*. (1983) cumulants and the asymptotic distribution of the estimates of parameters are dealt with. Here our aim is to develop the distribution function by obtaining a recurrence relation in $p(x+1)$, $p(x)$ and $p(x-1)$. Tables of $p(x)$ for values of α, ϕ and θ are given. Next object is to test the parameters using Σx_i and also to put the Bayesian estimates of ϕ and θ in closed forms. Finally, goodness-of-fit test is carried out between the cases $\phi=0$ and $\phi > 0$.

2. Distribution

Laguerre series distribution as given by Gurland *et al*. (1983) is

$$p(x)=CL_x^{(\alpha)}(-\phi)\theta^x,\quad x=0,1,2,\ldots \tag{1}$$

$$0 < \theta < 1,\ \phi > 0,\ \alpha > -1$$

where

$$L_x^{(\alpha)}(\phi)=\sum_{k=0}^{x}\frac{(\alpha+1)_x}{(\alpha+1)_k}\frac{(-\phi)^k}{(x-k)!k!} \tag{1a}$$

with $(a)_n=a(a+1)\ldots(a+n-1)$ and $C=1\Big/\sum_{x=0}^{\infty}\theta^x L_x^{(\alpha)}(-\phi)=e^{-\theta\phi/1-\theta}(1-\theta)^{\alpha+1}$

Eq. (1a) can also be expressed sometimes as

$$L_x^{(\alpha)}(\phi)=\sum_{k=0}^{x}\binom{x+\alpha}{x-k}\frac{(-\phi)^k}{k!} \tag{1b}$$

or $L_x^{(\alpha)}(\phi)=\frac{(\alpha+1)_x}{x!}M(-x;\alpha+1;\phi)$ (1c)

where M(a;b;z') is the confluent hypergeometric function given in Abramovitz and Stegun (1964). M(a;b;z') satisfies the relation

$$(b-a)M(a-1;b;z')+(2a-b+z')M(a;b;z')$$
$$-M(a+1;b;z')=0 \quad (2)$$

and in our setting, using (1c) and (2), we get

$$\frac{x+\alpha+1}{\binom{x+\alpha+1}{\alpha}}L_{x+1}^{(\alpha)}(-\phi)-\frac{(\phi+\alpha+2x+1)}{\binom{x+\alpha}{\alpha}}L_x^{(\alpha)}(-\phi)+\frac{x}{\binom{x+\alpha-1}{\alpha}}L_{x-1}^{(\alpha)}(-\phi)=0 \quad (3)$$

Using (1) and (3), a recurrence relation connecting three adjacent ordinates, follows as

$$\frac{x+\alpha+1}{\binom{x+\alpha+1}{\alpha}}\frac{p(x+1)}{\theta}-\frac{\phi+\alpha+2x+1}{\binom{x+\alpha}{x}}p(x)+\frac{x\theta p(x-1)}{\binom{x+\alpha-1}{x}}=0 \quad (4)$$

Using (4) Tables I and II are generated. Table I gives the values of p(x) for few values of x for fixed ϕ and variable values of θ and α while Table II gives for fixed θ and variable ϕ and α. For lack of space, tables are given in the abridged form and the distribution tables are extensively available with the author. From (1), using

$$D_\phi^r L_x^{(\alpha)}(-\phi)=L_{x-r}^{(\alpha+r)}(-\phi) \quad (5)$$

where D^r denotes the r-th derivative with respect to ϕ. It follows,

$$D_\phi^r p(x,\alpha)=\sum_{j=0}^{r}\binom{r}{j}(a\theta)^r(-1)^{r-j}p(x-j,\alpha+j) \quad (6)$$

with $a=1/(1-\theta)$. From (6), we have

$$D_\phi p(x,\alpha)=(a\theta)[-p(x,\alpha)+p(x-1,\alpha+1)] \quad (7a)$$

$$D_\phi^2 p(x,\alpha)=(a\theta)^2[p(x,\alpha)-2p(x-1,\alpha+1)+p(x-2,\alpha+2)] \quad (7b)$$

Eq. (7a) is similar to $D_\lambda p(x,\alpha)=p(x-1,\lambda)-p(x,\lambda)$ in the case of Poisson distribution $p(x,\lambda)=e^{-\lambda}\lambda^x/x!$ where D_λ represents derivative with respect to λ. $D_\lambda p(x,\lambda)=0$ implies $p(x,\lambda)$ attains maximum w.r.t. λ when $p(x-1,\lambda)=p(x,\lambda)$. Similar interpretation follows for (7a). Again (7a) can be interpreted in another way. That is, from (1) we have

$$p(x,\alpha)=C_\alpha\theta^x g(\phi) \quad (8)$$

Table I

$\alpha=0,\ \phi=.8$

x \ θ	.1	.3	.5	.7	.9
0	.82345	.49682	.22466	.04639	.00007
2	.02404	.13056	.16401	.06638	.00018
4	.00053	.02607	.09097	.07216	.00032
8	.00000	.00073	.01974	.06016	.00072
12	.00000	.00002	.00337	.03947	.00130

$\alpha=1,\ \phi=.8$

x \ θ	.1	.3	.5	.7	.9
0	.74111	.34777	.11233	.01392	.00001
2	.04239	.17903	.16064	.03901	.00003
4	.00123	.04688	.11685	.05562	.00008
8	.00000	.00178	.03415	.06244	.00025
12	.00000	.00005	.00700	.04917	.00054

$\alpha=2,\ \phi=.8$

x \ θ	.1	.3	.5	.7	.9
0	.66700	.24344	.05617	.00418	.00000
2	.06350	.20858	.13368	.01948	.00001
4	.00242	.07164	.12753	.03642	.00002
8	.00000	.00373	.05126	.05623	.00008
12	.00000	.00012	.01282	.05404	.00020

$\alpha=3,\ \phi=.8$

x \ θ	.1	.3	.5	.7	.9
0	.60030	.17041	.02808	.00125	.00000
2	.08596	.21962	.10054	.00879	.00000
4	.00422	.09708	.12345	.02115	.00000
8	.00000	.00696	.06827	.04494	.00002
12	.00000	.00028	.02101	.05313	.00006

Table II

$\alpha=0,\ \theta=.5$

x \ φ	.1	.4	.6	1.2	1.4	1.6
0	.45242	.33516	.27441	.15060	.12330	.10095
2	.13629	.15753	.16327	.15512	.14734	.13830
4	.04045	.06543	.07940	.10691	.11150	.11410
8	.00345	.00932	.01423	.03190	.03818	.04439
12	.00028	.00115	.00209	.00698	.00931	.01197

$\alpha=1,\ \theta=.5$

x \ φ	.1	.4	.6	1.2	1.4	1.6
0	.22621	.16758	.13720	.07530	.06165	.05047
2	.18691	.17931	.17082	.13780	.12607	.11458
4	.08555	.10321	.11135	.12107	.12040	.11826
8	.01152	.02069	.02733	.04758	.05386	.05970
12	.00123	.00312	.00486	.01238	.01555	.01899

$\alpha=2,\ \theta=.5$

x \ φ	.1	.4	.6	1.2	1.4	1.6
0	.11310	.08379	.06860	.03765	.03082	.02524
2	.18111	.16088	.14715	.10843	.09694	.08631
4	.12071	.12707	.12829	.12145	.11676	.11131
8	.02567	.03689	.04424	.06377	.06906	.07362
12	.00367	.00699	.00972	.01994	.02384	.02787

$\alpha=3,\ \theta=.5$

x \ φ	.1	.4	.6	1.2	1.4	1.6
0	.05655	.04190	.03430	.01882	.01541	.01262
2	.14852	.12652	.11302	.07869	.06928	.06082
4	.13645	.13290	.12871	.11086	.10398	.09695
8	.04427	.05552	.06226	.07786	.08139	.08407
12	.00839	.01332	.01703	.02946	.03377	.03806

where $C_\alpha = e^{-a\theta\phi}(1-\theta)^{\alpha+1}$ and $g(\phi)$, a polynomial in ϕ of degree x with all positive terms. Hence,

$$D_\phi p(x,\alpha) = C_\alpha \theta^x [g'(\phi) - a\theta g(\phi)] \tag{9}$$

where $g'(\phi)$ denotes the derivative of $g(\phi)$ w.r.t. ϕ. Now (9) implies

$$g'(\phi)/g(\phi) = a\theta \tag{9a}$$

That is, $p(x,\alpha)$ attains maximum when (9a) is satisfied. Again from (1), we have

$$e^{a\theta\phi} \Big/ (1-\theta)^{\alpha+1} = \sum_{x=0}^{\infty} L_x^{(\alpha)}(-\phi)\theta^x \tag{10}$$

Differentiating both sides w.r.t. θ, we get

$$\mu = \mu'_{[1]} = \theta y \tag{11}$$

where

$$y = a[\phi a + (\alpha+1)],\ a = 1/(1-\theta) \tag{11a}$$

and $\mu'_{[j]}$ is the j-th factorial moment about zero. Similarly

$$\mu'_{[2]} = \theta^2 y^2 + \theta^2 y' \tag{11b}$$

where $y' = D_\theta(y)$. From (11a) and (11b), we get

$$\sigma^2 = \theta^2 y' + \theta y = \theta a^2[\phi a(1+\theta) + (\alpha+1)] \tag{12}$$

Moments can also be obtained from m.g.f.,

$$m(t) = C_\alpha[\exp(\phi\theta e^t/(1-\theta e^t))] \Big/ (1-\theta e^t)^{\alpha+1} \tag{13}$$

with

$$K(t) = \log m(t) = \log C_\alpha + \frac{\phi\theta e^t}{1-\theta e^t} - (\alpha+1)\log(1-\theta e^t) \tag{13a}$$

Gurland _et al_. (1983) give j-th factorial comulant $K_{[j]}$ which can be expressed in terms of $\mu_{[j]}$ and then in terms of μ_j. However, finding moments either by using m(t) or by differentiating (10) successively w.r.t., θ or from Gurland _et al_. (1983), all three methods require the same amount or algebra. In this sense any of them is equally good. From (11a), (11b), we get

$$\sigma^2 = \phi\, a_1(\theta) + b_1(\theta,\alpha)$$

$$\mu = \phi\, a_2(\theta) + b_2(\theta,\alpha) \tag{14}$$

where a_1, a_2 are functions of θ only while b_1, b_2 are functions of θ and α. a_1, a_2 are smaller for smaller θ and increase rapidly as θ increases, especially for $\theta > 0.5$.

2. Tests for parameters

If $x_1,\ldots,x_n$ are independent each from Laguerre series distribution with parameters $(\alpha_i,\phi_i,\theta_i)$, i=1,2,...,n, then we have with $z = \sum_{i=1}^{n} x_i$,

$$m_z(t)= \prod_{i=1}^{n} C_{\alpha_i} [\exp\{\theta_i\phi_i e^t \big/ 1-\theta_i e^t\}](1-\theta_i e^t)^{-(\alpha_i+1)} \tag{15}$$

where $C_{\alpha_i}=[\exp(-a_i\theta_i\phi_i)](1-\theta_i)^{\alpha_i+1}$ and $a_i=1/(1-\theta_i)$. If all x_i's have the same (ϕ,θ,α), then from (1), it follows that z also has the Laguerre series distribution with parameters θ, ϕ' and α' where $\phi'=n\phi$ and $\alpha'=n\alpha+n-1$. Now, we get

$$p(z)=C_o L_z^{(\alpha')}(-\phi')\theta^z \tag{16}$$

where

$$C_o=[\exp(-a\theta\phi')](1-\theta)^{\alpha'+1} \tag{16a}$$

Now from Tables I and II, one can evaluate the power for the alternatives of θ based on $z=\Sigma x_i$. For example, if n=4, $\alpha=1/4$, $\phi=.2$, we have $\phi'=.8$, $\alpha'=.4$. Now if $H_o:\theta=.2$, $H_1:\theta > .2$, then with first kind error = .0350, we have the critical region as $z \geq 5$. Now Table III gives the power $1-\beta$.

Table III

β	0.3	0.4	0.5	0.6	0.7	0.8
$1-\beta$	.1625	.3983	.6704	.8780	.9762	.9988

Though the test for θ gives the best critical region, tests for ϕ and α are not so. Still, we can use Tables I and II to test ϕ and α too. For example, if θ=.5, α= -3/4, n=4, we have α'=0, and now we have Table IV below.

Table IV

ϕ	.05	.075	.125	.175	.25	.5	.75	1
ϕ'	.2	.3	.5	.7	1	2	3	4
$P(z>4)$	.0654	.0846	.1257	.1702	.2407	.4770	.6762	.8067

Similarly, if $\theta=.5$, $\phi=.1$, $n=3$, we have $\phi'=.3$ and from Tables I, II, Table V below follows

Table V

α	-2/3	-1/3	0	1/3
α'	0	1	2	3
$P(z\geq 6)$	.0498	.1162	.2122	.3274

3. Bayesian estimates

(3i): estimate of ϕ (θ, α known)

We have from (16)

$$f(z,\phi)=L_z^{(\alpha')}(-\phi')\theta^z e^{-\theta\phi'/1-\theta}(1-\theta)^{\alpha'+1} \tag{17}$$

Taking prior for ϕ

$$g(\phi)=e^{-\phi},\ \phi > 0 \tag{18}$$

we have

$$f(z,\phi)g(\phi)=\sum_{k=0}^{z} \binom{z+\alpha'}{z-k} \frac{(n\phi)^k}{k!} [\exp\{-\phi(n+1-\theta)/1-\theta\}] \cdot [\theta^z(1-\theta)^{\alpha+1}] \tag{19}$$

Integrating out ϕ, we get

$$\psi_1(z)=\sum_{k=0}^{z} \binom{z+\alpha'}{z-k} \frac{(1-\theta)^{\alpha'+k+2}\theta^z n^k}{[(n-1)\theta+1]^{k+1}} \tag{20}$$

From (19) and (20), we get the estimate of ϕ as

$$\hat{\phi}=E(\phi)=\int_0^\infty zf(z,\phi)g(\phi)d\phi/\psi_1(z)$$

$$=\frac{(1-\theta)\sum_{k=0}^{z} \binom{z+\alpha'}{z-k} [n(1-\theta)/\{1+\theta(n-1)\}]^k(k+1)}{[1+\theta(n-1)]\sum_{k=0}^{z} \binom{z+\alpha'}{z-k} [n(1-\theta)/\{1+(n-1)\theta\}]^k} \tag{21}$$

If $\alpha= -3/4$, $n=4$, $z=1$, $\theta=.5$, we have $\alpha'=0$ and (20) gives $\hat{\phi}=13/45$.

3(ii): estimate of θ (ϕ, α known)

From (16), we get

$$f(z,\theta)=\sum_{r=0}^{\infty} L_z^{(\alpha')}(-\phi)\theta^z(-\theta\phi/1-\theta)^r(1-\theta)^{\alpha'+1}/r! \tag{22}$$

If prior for θ is

$$h(\theta)=\theta^{a-1}(1-\theta)^{b-1}/B(a,b) \tag{23}$$

where B(a,b) is the complete beta function. Now (22) and (23) give

$$f(z,\theta)h(\theta)=\sum_{r=0}^{\infty}\sum_{s=0}^{\infty} L_z^{(\alpha')}(-\phi)\binom{r+s-1}{s}\frac{(-\phi')^r}{r!}\,\frac{\theta^{r+s+z+a-1}(1-\theta)^{b+\alpha'}}{B(a,b)} \tag{24}$$

Integrating out θ in (24), it follows,

$$\psi_2(z)=\int_0^{\infty} f(z,\theta)h(\theta)d\theta$$

$$=\sum_r\sum_s L_z^{(\alpha')}(-\phi')\binom{r+s-1}{s}\frac{(-\phi')^r}{r!}\,\frac{B(r+s+a+z,b+\alpha'+1)}{B(a,b)} \tag{25}$$

From (24) and (25), estimate of θ gives

$$\hat{\theta}=E(\theta)=\int_0^{\infty}\theta f(\theta,z)h(\theta)d\theta/\psi_2(z)$$

$$=\frac{\sum_r\sum_s\binom{r+s-1}{s}\left[\frac{(-\phi')^r}{r!}\right]B(r+s+a+z+1,b+\alpha'+1)}{\sum_r\sum_s\binom{r+s-1}{s}\left[\frac{(-\phi')^r}{r!}\right]B(r+s+a+z,b+\alpha'+1)} \tag{26}$$

If $\alpha= -3/4$, $n=4$, $\phi=1/4$, $z=1$, $a=b=2$, we get

$$\hat{\theta}=\frac{\sum_r\sum_s\binom{r+s-1}{s}B(r+s+4,3)[(-1)^r/r!]}{\sum_r\sum_s\binom{r+s-1}{s}B(r+s+3,3)[(-1)^r/r!]} \tag{27}$$

4. Chi-Square goodness-of-fit

Now from (1), if $\phi=0$, we get negative binomial distribution

$$p(x)=\binom{x+\alpha}{x}\theta^x(1-\theta)^{\alpha+1} \tag{28}$$

$x=0,1,2,\ldots$

and if $\alpha=0$, we have

$$p(x)=\left[\sum_{k=0}^{x}\binom{x}{k}\frac{(-\phi)^k}{k!}\right]\left[(1-\theta)e^{-\theta\phi/1-\theta}\right] \tag{29}$$

If $\alpha=0$, $\phi=0$ we get the geometric distribution. Below, for a small data, (1) and (28) are fitted for comparison. From (11a), we have

$$\mu=[\theta\phi+\theta(\alpha+1)(1-\theta)]/(1-\theta)^2 \tag{30}$$

Solving for θ, we have

$$\theta = \frac{(2\mu+\alpha+1+\phi)\pm\sqrt{(2\mu+\alpha+1+\phi)^2-4\mu(\mu+\alpha+1)}}{2(\mu+\alpha+1)} \tag{31}$$

This θ is made use of in Table VI.

Table VI

x	Observed	$\alpha=3$ Negative binomial $\phi=0$	Laguerre Series ($\alpha=3$) $\phi=.5$	$\phi=1$	$\phi=2$	$\phi=3$	$\phi=4$
0	60	62.43	62.41	62.36	62.24	62.12	61.98
1	32	27.74	27.71	27.84	28.01	28.17	28.36
2	6	7.71	7.71	7.71	7.70	7.69	7.71
≥ 3	2	2.12	2.11	1.69	2.05	2.02	1.95
Total	100	100	100	100	100	100	100
	θ	0.1111	.0989	.0893	.0750	.0648	.0572
	χ^2	1.1349	1.2224	1.0940	1.0255	.9264	.8720

For $\alpha=3$,

$$p(0)=C_3$$

$$p(1)=\theta C_3(4+\phi)$$

$$p(2)=\theta^2 C_3(10+5\phi+\phi^2/2)$$

$$p(3)=\theta^3 C_3(20+15\phi+3\phi^2+\phi^3/6) \tag{32}$$

where $C_3=[\exp(-\theta\phi/1-\theta)](1-\theta)^4$

5. References

[1] Abramovitz, Milton and Stegun, Irene A. (1964) Handbook of Mathematical functions. National Bureau of Standards. Washington, D.C.

[2] Gideon, Rudy A. and Gurland, John (1976) Series of expansion for quadratic forms in normal variables. Journal of American Statistical Association, vol. 71, pp. 227-232.

[3] Gurland, John; Chen, Evan E. and Hernandez, Fabian M. (1983) A new discrete distribution involving Laguerre polynomials. Communications in Statistics, vol. 12, pp. 1987-2004.

[4] Lingappaiah, G. S. (1981) Prediction and Testing in a generalized life test. Demonstratio Mathematica, vol. 14, pp. 471-482.

[5] Mudholkar, Govind S. and Trivedi, Madhusudan C. (1981) A Gaussian approximation to the distribution of the sample variance for non-normal populations. Journal of American Statistical Association, vol. 76, pp. 479-485.

[6] Roux, J. J. J. and Raath, E. L. (1975) Some extensions of the Wishart moment generating function. South African Statistical Journal, vol. 9, pp. 59-66.

[7] Roy, J. and Tiku, M. L. (1962) A Laguerre Series approximation to the sampling distribution of variance. Sankhya, vol. 24, pp. 181-184.

[8] Tan, W. Y. and Wong, S. P. (1978) On approximating the central and non-central multivariate gamma distributions. Communications in Statistics, Part B, vol. B-7, pp. 227-242.

[9] Tan, W. Y. and Wong, S. P. (1977) On the Roy-Tiku approximation to the distribution of sample variance from non-normal universes. Journal of American Statistical Association, vol. 72, pp. 875-880.

[10] Tiku, M. L. (1965) Laguerre Series forms of non-central chi-square and F distributions. Biometrika, vol. 52, pp. 415-427.

[11] Srivasatava, H. M. and Lavoie, J. L. (1983) A class of addition theorems. Canadian Mathematical Bulletin, vol. 26, pp. 438-445.

[12] Zelen, Marvin and Donnamiller, Mary C. (1961) Robustness of life testing procedures derived from the exponential distribution. Technometrics, vol. 3, pp. 29-50.

LAGUERRE AND COMPUTERIZED TOMOGRAPHY: CONSISTENCY CONDITIONS AND STABILITY OF THE RADON TRANSFORM

A.K. Louis
Fachbereich Mathematik
Universität Kaiserslautern
Erwin-Schrödinger-Straße
D - 6750 Kaiserslautern

Abstract. The range of the Radon transform is characterized by the consistency conditions of Helgason and Ludwig. By computing a singular value decomposition of the Radon transform using Laguerre and Hermite polynomials we deduce there conditions. Stability considerations of the Radon transform of functions without compact support are conducted.

1. Introduction

The Radon transform of a real-valued function in $\mathbb{R}^N$ is defined as its integrals over all (N-1)-dimensional hyperplanes. In recent years it has found many important applications. Most spectacular is medical imaging where the Radon transform of the searched-for density distribution describes the data in x-ray computerized tomography ($N = 2$) and in nuclear magnetic resonance (NMR) zeugmatography ($N = 2$ and 3). Also non-medical applications of computerized tomography are known as e.g. nondestructive testing. In radioastronomy and in electron microscopy the Radon transform serves as a mathematical model of the physical background. For more details of these applications the reader is referred to Herman [5].

Whereas in medical imaging the searched-for density distribution is obviously compactly supported this is clearly not the case in radiostronomy. Also in non-medical applications of computerized tomography it is of interest to dispense with the assumption of compactly supported functions. Motivated by these considerations we give in the following a singular value decomposition of the Radon transform R as mapping between weighted L_2-spaces. Here the Laguerre polynomials play an important role as the radial part of the eigenfunctions of R^*R. Via this singular value decomposition we get a constructive proof of the consistency conditions characterizing the range of the Radon transform. Finally we study the stability of the Radon transform in these spaces and realize that, in contrast to the case with compactly supported functions, the problem is extremely ill-posed.

2. Radon Transform

Let f be a real-valued function on $\mathbb{R}^N$ then its Radon transform is a real-valued function on the unit cylinder $Z = \mathbb{R} \times S^{N-1}$ in $\mathbb{R}^{N+1}$ where S^{N-1} denotes the unit sphere $\mathbb{R}^N$. It is defined as

$$\mathcal{R}f(s,\omega) = \int_{\mathbb{R}^N} f(x)\,\delta(s-x\cdot\omega)\,dx \tag{2.1}$$

where δ denotes the Dirac measure. For studying this transform its relation to the Fourier transform is most helpful. Let

$$\hat{\psi}(\xi) = (2\pi)^{-m/2} \int_{\mathbb{R}^m} \psi(x)\,e^{-ix\xi} \tag{2.2}$$

be the Fourier transform in $\mathbb{R}^m$, then the projection theorem states, see e.g. Ludwig [9]

$$\hat{f}(\sigma\cdot\omega) = (2\pi)^{(1-N)/2} (\mathcal{R}f)^{\wedge}(\sigma,\omega) \qquad \sigma \in \mathbb{R},\ \omega \in S^{N-1} \tag{2.3}$$

where $(\mathcal{R}f)^{\wedge}$ denotes the one-dimensional Fourier transform with respect to the first variable.

For constructing the singular value decomposition we need some special functions.

Let L_n^{α}, $\alpha > -1$, be the LAGUERRE polynomials of order α. They are orthogonal on $[0,\infty[$ with respect to the weight function

$$w_{\alpha}(s) = s^{\alpha}e^{-s}. \tag{2.4}$$

The Hermite polynomials H_n are orthogonal with respect to the weight

$$w(s) = e^{-s^2}. \tag{2.5}$$

Finally we denote with $Y_{\ell k}$, $k = 1,\dots,M(N,\ell)$, an orthonormal basis of the spherical harmonics of degree ℓ in $\mathbb{R}^N$.

Lemma 2.1

The functions

$$f_{m\ell k}(x) = e^{-s^2} s^\ell L^{\ell+N/2-1}_{(m-\ell)/2}(s^2) Y_{\ell k}(\theta), \quad x = s\cdot\theta, \ \theta \in S^{N-1} \tag{2.6}$$

$m \in \mathbb{N}_0$, $0 \le \ell \le m$ with $m+\ell$ even, $k = 1,\ldots,M(N,\ell)$, form a complete orthogonal system in $L_1(\mathbb{R}^N, W^{-1})$, where $W(x) = w(|x|)$.

This is a consequence of both the orthogonality and completeness of the Laguerre polynomials and the spherical harmonics.

Finally we need two further integral transforms. The Hankel transform for real ν is defined with the Bessel function J_ν as

$$H^N_\nu\, \varphi(s) = s^{1-N/2} \int_0^\infty \varphi(\sigma)\sigma^{N/2} J_{\nu+N/2-1}(s\sigma)\,d\sigma \tag{2.7}$$

It is related to the Fourier transform by the following relation. Let $f(s\cdot\omega) = \varphi(s)Y_{\ell k}(\omega)$, then

$$\hat{f}(\sigma\cdot\omega) = i^\ell\, H^N_\ell \varphi(\sigma) Y_{\ell k}(\omega). \tag{2.8}$$

Finally we use the Gegenbauer transform C^N_ℓ given as

$$C^N_\ell\, \varphi(s) = c_{\ell,N} \int_s^\infty \varphi(\sigma)\sigma^{N-2}\left(1-\left(\frac{s}{\sigma}\right)^2\right)^{(N-3)/2} C^{N/2-1}_\ell\left(\frac{s}{\sigma}\right) d\sigma \tag{2.9}$$

where C^λ_ℓ is the Gegenbauer polynomial of degree ℓ and

$$c_{\ell,N} = \mathrm{vol}(S^{N-2})/C^{N/2-1}_\ell(1).$$

This transform is related to the Radon transform via

$$R(\varphi Y_{\ell k})(s,\omega) = C^N_\ell \varphi(s) Y_{\ell k}(\omega) \tag{2.10}$$

see Ludwig [9].

3. Singular value decomposition of the Radon Transform

In order to find the singular value decomposition of the Radon transform we first compute the Radon transform of the functions $f_{m\ell k}$ introduced in (2.6). They are given in the form $\varphi(s)Y_{\ell k}(\omega)$, hence we can use Ludwig's result (2.10).

Lemma 3.1 (Decomposition of the Gegenbauer transform)

The Gegenbauer transform has the decomposition

$$C_\ell^N = (2\pi)^{(N-1)/2} i^\ell \, F_1^{-1} \, H_\ell^N \tag{3.1}$$

where F_1 denotes the one-dimensional Fourier transform.

Proof: Using the projection theorem we find for $f(s\cdot\omega) = \varphi(s)Y_{\ell k}(\omega)$ with (2.8) the relation

$$(Rf)^\wedge(\sigma,\omega) = (2\pi)^{(N-1)/2} i^\ell \, H_\ell^N \varphi(\sigma) Y_{\ell k}(\omega).$$

Taking the inverse Fourier transform and comparison with (2.10) leads to the result.

Lemma 3.2

The Hankel transform of the radial part of the functions in (2.6) is

$$H_\ell^N \varphi_{m\ell}(\sigma) = 2^{-(m+N/2)}\left(\left(\frac{m-\ell}{2}\right)!\right)^{-1} s^m e^{-s^2/4}. \tag{3.2}$$

Proof: See Formula 8.5(2) in Erdelyi et al. [3].

Theorem 3.3 (Radon transform of the $f_{m\ell k}$)

The Radon transform of the $f_{m\ell k}$ from (2.6) is

$$Rf_{m\ell k}(s,\omega) = c(N,m,\ell)e^{-s^2} H_m(s) Y_{\ell k}(\omega) \tag{3.3}$$

where

$$c(N,m,\ell) = (-1)^{(m+\ell)/2} 2^{-m} \pi^{(N-1)/2}\left(\left(\frac{m-\ell}{2}\right)!\right)^{-1} \tag{3.4}$$

Proof: Following Lemma 3.1 we have to compute the inverse Fourier transform of $e^{-s^2/4}s^m$, which is given by

$$(2\pi)^{-1/2} \int_{\mathbb{R}} s^m e^{-s^2/4} e^{is\sigma} ds = 2^{(m+1)/2} i^m e^{-\sigma^2} H_m(\sigma)$$

where we have used Formulas (3.462.3) and (9.253) in Gradshteyn [4]. Gathering the constants leads to the result.

Now we consider the Radon transform as mapping between weighted L_2-space,

$$R : L_2(\mathbb{R}^N, W^{-1}) \to L_2(Z, w^{-1}). \tag{3.5}$$

Theorem 3.5

Let $f_{m\ell k}$ be as in (2.6),

$$g_{m\ell k}(s,\omega) = c_1(N,m,\ell)e^{-s^2} H_m(s)Y_{\ell k}(\omega), \tag{3.6}$$

$$\sigma_{m\ell k}^2 = \sigma_{m\ell}^2 = 2^{-m}\pi^{N-1/2}m!/((\frac{m-\ell}{2})!\,\Gamma(\frac{m+\ell+N}{2})) \tag{3.7}$$

with $c_1(N,m,\ell) = c(N,m,\ell)/\sigma_{m\ell}$.
Then $(f_{m\ell k}, g_{m\ell k}; \sigma_{m\ell k})$, $m \in \mathbb{N}_0$, $0 \leq \ell \leq m$ with $m+\ell$ even, $k = 1,\ldots,M(N,\ell)$ forms a complete singular system for the Radon transform as mapping from $L_2(\mathbb{R}^N, W^{-1})$ into $L_2(Z, w^{-1})$.

Proof: In a first step we show that the $f_{m\ell k}$ are the eigenfunctions of $R^*R : L_2(\mathbb{R}^N, W^{-1}) \rightarrow L_2(\mathbb{R}^N, W^{-1})$.
The function $R^*R\, f_{m\ell k}$ is in $L_2(\mathbb{R}^N, W^{-1})$ and can hence be expanded in terms of the $f_{m'\ell'k'}$ with Fourier coefficient

$$\lambda_{m'\ell'k'} = \langle R^*Rf_{m\ell k}, f_{m'\ell'k'}\rangle_{L_2(\mathbb{R}^N, W^{-1})} / \| f_{m'\ell'k'} \|^2_{L_2(\mathbb{R}^N, W^{-1})}.$$

The numerator can be computed to

$$\langle Rf_{m\ell k}, Rf_{m'\ell'k'}\rangle_{L_2(Z,w^{-1})}$$

$$= c(N,m,\ell)c(N,m',\ell') \int_{S^{N-1}} Y_{\ell k}(\omega)Y_{\ell'k'}(\omega)d\omega \cdot \int_{\mathbb{R}} e^{-s^2} H_m(s)H_{m'}(s)ds$$

$$= [c(N,m,\ell)]^2\; 2^m m!\,\pi^{1/2}\; \delta_{mm'}\delta_{\ell\ell'}\delta_{kk'}$$

where we have used the orthonormality of the spherical harmonics and the orthogonality of the Hermite polynomials. Because of

$$\| f_{m\ell k} \|^2_{L_2(\mathbb{R}^N, W^{-1})} = ((\frac{m-\ell}{2})!)^{-1}\,\Gamma(\frac{m+\ell+N}{2})$$

we get

$$R^*Rf_{m\ell k} = \sigma_{m\ell}^2 f_{m\ell k}$$

with $\sigma_{m\ell}$ from (3.7). The theorem now follows from the definition of complete singular systems, see e.g. Smithies [12].

Remark: In [1] Davison attacks also the problem of finding a singular value decomposition. The singular values are not explicitly given.

4. Consistency conditions and stability considerations

As a first consequence of Theorem 3.4 we characterize the functions in the range of the Radon transform.

Lemma 4.1

The function $g \in L_2(Z, w^{-1})$ is in the range of the Radon transform if and only if it has the representation

$$g(s,\omega) = e^{-s^2} \sum_{m=0}^{\infty} H_m(s) q_m(\omega) \tag{4.1}$$

with

$$q_m(\omega) = \sum_{\substack{\ell=0 \\ \ell+m \text{ even}}}^{m} \sum_{k=1}^{M(N,\ell)} d_{m\ell k} Y_{\ell k}(\omega) \tag{4.2}$$

Proof: This follows from the fact that the $g_{m\ell k}$ from (3.6) form a complete orthogonal system in the range of R.

Theorem 4.2 (Helgason-Ludwig)

A function $g \in L_2(Z, w^{-1})$ is the Radon transform of an $f \in L_2(\mathbb{R}^N, W^{-1})$ if and only if

(i) g is even on Z,

(ii) $\int s^m g(s,\omega) ds$ is a polynomial of degree m in ω.

Proof: This is a consequence of Lemma 4.1 when we notice that the H_m and q_m have the same parity and that

$$\int_{\mathbb{R}} s^k e^{-s^2} H_m(s) ds = 0 \quad \text{for} \quad k < m.$$

Finally we want to study the stability of the Radon transform by considering the singular values.

Theorem 4.3

Let $\sigma_{m\ell}$ be the singular values of R as given in (3.7). Then

$$\left.\begin{array}{ll} \sigma_{m,o} = \left(\pi^{N-1} \dfrac{\Gamma(\frac{m+1}{2})}{\Gamma(\frac{m+N}{2})}\right)^{1/2} & \\ & \\ \sigma_{m,1} = \left(\pi^{N-1} \dfrac{\Gamma(\frac{m}{2}+1)}{\Gamma(\frac{m+1+N}{2})}\right)^{1/2} & \end{array}\right\} = O\left(\left(\frac{m}{2}\right)^{(1-N)/4}\right) \quad \begin{array}{l} m \text{ even} \\ \\ m \text{ odd} \end{array}$$

$$\sigma_{m,m} = \left(\pi^{N-1/2}\, 2^{-m} \frac{\Gamma(m+1)}{\Gamma(m+\frac{N}{2})}\right)^{1/2} = O(m^{(2-N)/4} 2^{-m/2}).$$

Consequence: The smallest singular values decay exponentially which indicates a severe ill-posedness of the operator.

Proof of Theorem 4.3: The theorem is proved using (3.7) and the duplication formula for the Gamma function.

Remark: In [2], p. 438, Davison studies the special case $N = 2$ and claims that $\sigma_{m,\ell} = O(m^{-1/4})$ independently of ℓ which is obviously wrong.

References

[1] Davison, M.E.: A singular value decomposition for the Radon transform in n-dimensional Euclidean space. Numer. Funct. Anal. Optimiz. 3, 321-340, 1981

[2] Davison, M.E.: The ill-conditioned nature of the limited angle problem. SIAM J. Appl. Math. 43, 428-448, 1983

[3] Erdelyi, A.; Magnus, W.; Oberhettinger, F.; Tricomi, F.: Tables of integral transforms, Vol. II, New York: Mc Graw Hill 1954

[4] Gradshteyn, I.S.; Ryzhik, I.M.: Table of integrals, series and products. New York: Academic Press, 1980

[5] Herman, G.T.: Image reconstruction from projections: the fundamentals of computerized tomography. New York: Academic Press, 1980

[6] Louis, A.K.: Orthogonal function series expansions and the null space of the Radon transform. SIAM J. Math. Anal. 15, 621-633, 1984

[7] Louis, A.K.: Nonuniqueness in inverse Radon problems: the frequency distribution of the ghosts. Math. Z. 185, 429-440, 1984

[8] Louis, A.K.; Natterer, F.: Mathematical problems of computerized tomography. Proc. IEEE 71, 379-389, 1983

[9] Ludwig, D.: The Radon transform on Euclidean space. Comm. Pure Appl. Math. 19, 49-81, 1966

[10] Natterer, F.: A Sobolev space analysis of picture reconstruction. SIAM J. Appl. Math. 39, 402-411, 1980

[11] Radon, J.: Über die Bestimmung von Funktionen durch Integralwerte längs gewisser Mannigfaltigkeiten. Ber. Verh. Sachs. Akad. Wiss. Leipzig 69, 262-277, 1917

[12] Smithies, F.: Integral Equations, London: Cambridge University Press, 1958

SOME RESULTS ON SPECTRAL THEORY OVER NETWORKS, APPLIED TO NERVE IMPULSE TRANSMISSION

S. Nicaise
F.N.R.S. Research Assistant
University of Mons
15, avenue Maistriau
B-7000 Mons (BELGIUM)

Introduction

If one studies the transfer of information along the dendrites of a neuron, one reduces the problem to an equivalent cylinder which can be represented by a "linear" network (i.e. a half-line, with an infinite number of ramification nodes with variable coefficients of connection γ_i, $i = 1, 2, \ldots$; $\gamma_i > 0$).

On this network, the equation governing the spread of potential are :

$$(0.1)\qquad \begin{aligned} &\partial V_i/\partial t = \partial^2 V_i/\partial Z_i^2 - V_i \\ &\gamma_i(\partial V_i/\partial Z_i)(1) - (\partial V_{i+1}/\partial Z_{i+1})(0) = 0 \\ &V_i(1) = V_{i+1}(0) \\ &V_1(0) = 0 \end{aligned}$$

where t represents the time, Z_i the coordinates on the branch number i, V_i the potential on i, $\gamma_i = r_i^{3/2}/2\, r_{i+1}^{3/2}$; r_i is the radius of each dendrite of the ith generation. Here we suppose that each branch has the same length one.

Many authors have studied this equation in the simple case $\gamma_i = 1$ (Rall's condition) see Eccles [E], Rall-Rinzel [R-R] and also Peskin [P]. Orthogonal polynomials permit to give explicit solutions of (0.1) in the general case.

We finish this talk by the formulation of a generalization of (0.1) and we characterize the spectrum of the Laplacian on a finite network (sometimes we call this more general model, the "multilinear" model because it corresponds to non symmetrical dendrites or to "contacts" between dendrites of different cells). In this case, orthogonal polynomials are replaced by the "adjacency" matrix of the networks. (In the linear model, the adjacency matrix of R_n is the Jacobi matrix of order n-1).

1. The Dirichlet problem on a network

Let R be a connected topological network without loop, that is, no line joining a point to itself, composed by :

- A branches identified to a real interval of length one (A must be finite or countable)
- N_r ramification nodes
- N_e external nodes

(A, N_r, N_e denote, respectively the collection of branches, ramification nodes and external nodes; more details about topological network are given by G. Lumer in [L]).

We define a weighted L^2 space adapted to our problem as follows :

Definition 1.1 : Let there be given a sequence of positive real numbers $\alpha = (\alpha_i)_{i\in A}$; then

$$L^2(R,\alpha) = \{u = (u_i)_{i\in A} : u_i \in L^2((0,1)) \text{ and } \sum_{i\in A} \alpha_i \int_0^1 |u_i(x)|^2 \, dx < +\infty\}$$

which is an Hilbert space with inner product

$$(u,v)_{L^2(R,\alpha)} = \sum_{i\in A} \alpha_i \int_0^1 u_i(x) \overline{v_i(x)} \, dx \quad . \tag{1.1}$$

Remark 1.2 : By identification, u_i is considered as a function on $[0,1]$.

Using an appropriate variational method, we obtain a negative (≤ 0), selfadjoint operator Δ such that :

- $\Delta : D(\Delta) \subset L^2(R,\alpha) \to L^2(R,\alpha)$
- $(\Delta-1)^{-1}$ is a bounded operator on $L^2(R,\alpha)$

• Every $u \in D(\Delta)$ satisfies :

(1.2) $(\Delta u)_i = \partial^2 u_i/\partial x^2$ (in the distributional sense), $\forall\, i \in A$

(1.3) $u(N) = 0$, $\forall\, N \in N_e$ (boundary condition)

(1.4) $\sum_{i \in I_N} \alpha_i(\partial u_i/\partial n_i)(N) = 0$, $\forall N \in N_r$ (Kirshoff's law)

where I_N is the collection of adjacent branches of N and $(\partial u_i/\partial n_i)(N)$ represents the external derivative of u_i on the line i at N.

(1.5) $u \in C(R)$ (that is, u is continuous through the ramification nodes).

The problem (0.1) is equivalent to the evolution problem :

$$(1.6)\quad \begin{cases} du/dt = \Delta u \\ u(0) = f \quad \text{(initial condition)}\ . \end{cases}$$

It is well known that the solution of (1.6) is given by the semigroup generated by Δ :

$$u(t,f) = \exp(t\Delta)f \quad .$$

2. The linear model

We can represent this network as a half-line with nodes on $\mathbb{N}$:

$$\underset{0\quad 1}{\overset{1}{\overline{\quad\quad}}}\ \underset{0\quad 1}{\overset{2}{\overline{\quad\quad}}}\ \underset{0\quad 1}{\overset{3}{\overline{\quad\quad}}}\ \underset{0\quad 1}{\overset{4}{\overline{\quad\quad}}} \cdots \qquad \cdots \underset{0\quad 1}{\overset{n}{\overline{\quad\quad}}} \cdots$$

$\forall\, u \in D(\Delta)$, the boundary condition (1.3) is

$$(2.1)\qquad u_1(0) = 0$$

and the transmission condition (1.4) can be written

$$(2.2)\qquad \alpha_i\, u_i'(1) - \alpha_{i+1}\, u_{i+1}'(0) = 0\ ,\ \forall\, i \in \mathbb{N}^* .$$

By continuity, we have :

$$(2.3) \qquad u_i(1) = u_{i+1}(0), \forall i \in \mathbb{N}^* .$$

In fact, we will approach R by a sequence of graphs R_n which "tends" to R when n tends to infinity. We obtain R_n by cutting R at the nth branch, its model is :

$$\underset{0 \quad 1}{\overline{\quad 1 \quad}}\underset{0 \quad 1}{\overline{\quad 2 \quad}}\underset{0 \quad 1}{\overline{\quad 3 \quad}} \cdots\cdots\cdots \underset{0 \quad 1}{\overline{\quad n \quad}} \quad .$$

If we consider Δ_n the operator Δ defined on the network R_n then $\forall u \in D(\Delta_n)$, the boundary conditions are :

$$(2.4) \qquad u_1(0) = 0 = u_n(1) \quad .$$

The transmission conditions are :

$$(2.5) \qquad \alpha_i \, u_i'(1) - \alpha_{i+1} \, u_{i+1}'(0) = 0, \quad \forall i \in \{1,\dots,n-1\}$$

$$(2.6) \qquad u_i(1) = u_{i+1}(0), \forall i \in \{1,\dots,n-1\}.$$

In view of (0.1), it suffices to choose α_i such that $\alpha_i/\alpha_{i+1} = \gamma_i$. Taking $\alpha_1 = 1$, we get

$$\alpha_i = (\gamma_1 \, \gamma_2 \, \cdots \, \gamma_{i-1})^{-1}, \quad \forall i \geq 2 .$$

Now, we are able to state the

<u>Theorem 2.1</u> : $Sp(\Delta_n) = \{-k^2 \pi^2 : k \in \mathbb{N}^*\}$
$\qquad\qquad \cup \{ -\lambda : P_{n-1}(\cos \sqrt{\lambda}) = 0 \}$
where each eigenvalue is simple.

<u>Proof</u> : The eigenvector of Δ_n corresponding to the value $-\lambda, \lambda > 0$, has the form

$$u_i(x) = c_{1,i} \cos \sqrt{\lambda}\, x + c_{2,i} \sin \sqrt{\lambda}\, x, \ x \in [0,1] ; \ i = 1, \dots, n .$$

The constants $c_{1,i}$ and $c_{2,i}$ will be determined by the conditions (2.4), (2.5) and (2.6), that is :

(2.7) $$c_{1,1} = 0 = c_{1,n} \cos\sqrt{\lambda} + c_{2,n} \sin\sqrt{\lambda}$$

(2.8) $$\gamma_i(-c_{1,i} \sin\sqrt{\lambda} + c_{2,i} \cos\sqrt{\lambda}) - c_{2,i+1} = 0,\ i = 1,\dots,n-1 .$$

(2.9) $$c_{1,i} \cos\sqrt{\lambda} + c_{2,i} \sin\sqrt{\lambda} - c_{1,i+1} = 0,\ i = 1, \dots, n-1 .$$

i) For $\sin\sqrt{\lambda} \neq 0$, we have by (2.9) and (2.7) with the convention $c_{1,n+1} = 0$:

(2.10) $$c_{2,i} = \frac{c_{1,i+1}}{\sin\sqrt{\lambda}} - c_{1,i} \frac{\cos\sqrt{\lambda}}{\sin\sqrt{\lambda}} \ ; i = 1, \dots, n .$$

Replace $c_{2,i}$ and $c_{2,i+1}$ in (2.8) for $i = 1, \dots, n-1$, we find :

(2.11) $$c_{1,i+2} - (1 + \gamma_i)\cos\sqrt{\lambda}\, c_{1,i+1} + \gamma_i\, c_{1,i} = 0,\ i = 1,\dots,n-1.$$

In order to get $c_{1,i+2}$ from (2.11), we proceed by iteration, obtaining :

$$c_{1,3} = (1 + \gamma_1)\cos\sqrt{\lambda}\, c_{1,2} = P_1(\cos\sqrt{\lambda})c_{1,2}$$

$$c_{1,4} = ((1 + \gamma_1)(1 + \gamma_2)\cos^2\sqrt{\lambda} - \gamma_2)c_{1,2} = P_2(\cos\sqrt{\lambda})c_{1,2}$$

$$\vdots$$

(2.12) $$c_{1,i} = P_{i-2}(\cos\sqrt{\lambda})c_{1,2} \ ; i = 1, \dots, n+1$$

where $(P_i(x))_{i\in\mathbb{N}}$ is an orthogonal polynomial sequence which satisfies :

(2.13) $$P_i(x) - (1 + \gamma_i)\, x\, P_{i-1}(x) + \gamma_i\, P_{i-2}(x) = 0$$
$$P_{-1}(x) = 0 \ ; P_o(x) = 1 \ ; i = 1, 2, \dots$$

The boundary condition $c_{1,n+1} = 0$ gives :

(2.14) $$P_{n-1}(\cos\sqrt{\lambda}) = 0 .$$

Since each eigenvalue of P_{n-1} is simple ([C] theorem 5.2, p. 27), the first part of the theorem is proved.

ii) For $\sin\sqrt{\lambda} = 0$, i.e. $\lambda = k^2\pi^2$, $k \in \mathbb{N}^*$; (2.7), (2.8) and (2.9) can be written :

$$(2.15)\qquad c_{1,1} = 0 = c_{1,n} \cdot (-1)^k$$

$$(2.16)\qquad \gamma_i \; c_{2,i}(-1)^k - c_{2,i+1} = 0 \; ; \; i = 1, \ldots, n-1$$

$$(2.17)\qquad c_{1,i}(-1)^k - c_{1,i+1} = 0 \; ; \; i = 1, \ldots, n-1$$

We deduce very easily that :

$$(2.18)\qquad c_{1,i} = 0 \qquad i = 1, \ldots, n$$

$$(2.19)\qquad c_{2,i+1} = (-1)^k \; \gamma_i \; c_{2,i} \qquad i = 1, \ldots, n-1$$

iii) We finish the proof by showing that 0 is never an eigenvalue of Δ_n.

Suppose $u_i(x) = a_i x + b_i$; $i = 1, \ldots, n$: $x \in [0,1]$, is an eigenvector of Δ_n corresponding to 0. The conditions (2.4), (2.5) and (2.6) can be formulated :

$$(2.20)\qquad b_1 = 0 = a_n + b_n$$

$$(2.21)\qquad \gamma_i \, a_i - a_{i+1} = 0 \; ; \; i = 1, \ldots, n-1$$

$$(2.22)\qquad a_i + b_i = b_{i+1} \; ; \; i = 1, \ldots, n-1$$

Iterating (2.21), (2.22); we get

$$(2.23)\qquad a_i = \gamma_1 \, \gamma_2 \cdots \gamma_{i-1} \, a_1 \; ; \; i = 2, 3, \ldots, n$$

$$(2.24)\qquad b_i = (1 + \gamma_1 + \gamma_1\gamma_2 + \ldots + \gamma_1 \cdots \gamma_{i-2})a_1 \; ; i = 2, 3, \ldots, n$$

The condition $a_n + b_n = 0$ becomes

$$(1 + \gamma_1 + \gamma_1\gamma_2 + \ldots + \gamma_1 \cdots \gamma_{n-2} + \gamma_1 \cdots \gamma_{n-1})a_1 = 0 \;.$$

This equation implies that $a_1 = 0$ because $\gamma_i > 0$ for every i.
By (2.23), (2.24), we conclude the nullity of u_i for every i.

Q.E.D.

Since the zeros of P_{n-1} form the spectrum of the step function ψ_{n-1} defined by the Gauss quadrature (see T.S. Chihara [C]), we can see that the relation between the spectrum of Δ and the spectrum of the distribution function ψ associated to the O.P.S. $\{P_i\}_{i\in\mathbb{N}}$ (i.e. ψ satisfying $\int_{-1}^{+1} P_i(x)P_j(x)d\psi(x) = c_i\ \delta_{ij}$) is the following :

Theorem 2.2 : $Sp(\Delta) \cap (-(k+1)^2\pi^2, -k^2\pi^2)$

$$= \{-(\sqrt{\lambda} + k\pi)^2 : \cos\sqrt{\lambda} \in Sp(\psi) \cap (-1,1)\},\ \forall\, k \in \mathbb{N}.$$

3. The multilinear model

Let R be a finite network as defined in section 1, then we have

Theorem 3.1 : $Sp(\Delta) = S_1 \cup S_2$ where

- $S_1 = \{-k^2\pi^2$ with multiplicity r_k ; $k \in \mathbb{N}\}$, the multiplicity r_k being given by :

  (a) If R has at least one external node,

  $r_k = A - N_r,\quad \forall\, k \in \mathbb{N}^*$

  $r_o = 0 \qquad (\lambda = 0$ is not an eigenvalue)

  (b) If R has no external node, $r_o = 1$ and

  (i) $r_k = A - N_r + 2, \forall\, k \in \mathbb{N}^*$, when all cycles are even

  (ii) $r_{2k} = A - N_r + 2$

  $r_{2k-1} = A - N_r,\ \forall\, k \in \mathbb{N}^*$, when there exists one odd cycle.

- $S_2 = \{-\lambda : \cos\sqrt{\lambda}\in Sp(C) \cap (-1,1)\}$, where C is the "adjacency" matrix of the network, which is a $N_r \times N_r$ matrix defined by : $j,k \in N_r$:

$$(3.1) \qquad (C)_{jk} = \frac{\sum_{i\in I_j\cap I_k} \alpha_i}{(\sum_{i\in I_j} \alpha_i)^{1/2}(\sum_{i\in I_k} \alpha_i)^{1/2}} - \delta_{jk}\ .$$

The idea is to obtain a recurrence formula of type (2.11) and write these relations in matrix form. For example (2.11) can be written :

$$(3.2) \qquad \mathcal{B}\, C = 0 \qquad \text{where}$$

(i) $\mathcal{B} = (b_{jk})_{j,k=1}^{n-1}$ and

$$b_{jj} = -(1+\gamma_j)\cos\sqrt{\lambda} \;;\; j = 1, \ldots, n-1$$

$$b_{jj+1} = 1 \;;\; b_{j+1,j} = \gamma_{j+1} \;;\; j = 1, \ldots, n-2$$

$$b_{jk} = 0 \quad \text{if} \quad |j-k| \geq 2$$

(ii) $C = (c_{1,i})_{i=2}^{n}$.

By symmetrization, we obtain :

$$(3.3) \qquad (\mathcal{C} - \cos\sqrt{\lambda})D = 0 \qquad \text{where}$$

(i) $\mathcal{C} = (c_{jk})_{j,k=1}^{n-1}$ and

$$c_{jj} = 0 = c_{jk} \text{ if } |j-k| \geq 2;\; j,k = 1, \ldots, n-1$$

$$c_{jj+1} = c_{j+1\,j} = (\gamma_j/(1+\gamma_j)(1+\gamma_{j+1}))^{1/2} \;;\; j = 1,\ldots,n-2$$

(ii) $D = ((\alpha_i(1+\gamma_{i-1}))^{1/2}\, c_{1,i})_{i=2}^{n}$

which means that D is an eigenvector of $\mathcal{C}$ (the Jacobi matrix of order n-1) with eigenvalue $\cos\sqrt{\lambda}$.

From theorem 3.1, we deduce the

Theorem 3.2 : Let $\{\lambda_n\}_{n=o}^{\infty}$ be the spectrum of Δ on $\mathcal{R}$, then for every $t > 0$:

$$(3.4) \qquad \sum_{n=o}^{\infty} e^{\lambda_n t} = \frac{A}{2\sqrt{\pi t}} + \frac{N_r - A}{2} +$$

$$\frac{1}{\sqrt{\pi t}} \sum_{m\in\mathbb{N}^*} \{e^{-\frac{m^2}{t}}(\operatorname{tr} T_{2m}(\mathcal{C}) + A - N_r) + e^{-\frac{(2m-1)^2}{4t}}(\operatorname{tr} T_{2m-1}(\mathcal{C}))\},$$

where $\{T_m(x)\}_{m=o}^{\infty}$ denotes the Tchebychev polynomials of the first kind and tr $\mathcal{B}$ the trace of the matrix $\mathcal{B}$.

Proof : We give the proof when R has an external node (it is very similar in the other cases).
By theorem 3.1, we know that $-k^2\pi^2$ is an eigenvalue of Δ with multiplicity $A-N_r$, $k \in \mathbb{N}^*$.
When R has an external node, the eigenvalues $\{\mu_k\}_{k=1}^{N_r}$ of the matrix C are in the open interval $(-1,+1)$, so

$$\sum_{n=0}^{\infty} e^{\lambda_n t} = \sum_{k=1}^{\infty} (A-N_r) e^{-k^2\pi^2 t} + \sum_{m\in\mathbb{Z}} \sum_{k=1}^{N_r} e^{-(\arccos \mu_k + 2m\pi)^2 t} .$$

By the Poisson summation formula, we prove that

$$\sum_{k=1}^{\infty} e^{-k^2\pi^2 t} = -\frac{1}{2} + \frac{1}{2\sqrt{\pi t}} + \frac{1}{\sqrt{\pi t}} \sum_{k\in\mathbb{N}^*} e^{-k^2/t}$$

$$\sum_{m\in\mathbb{Z}} \sum_{k=1}^{N_r} e^{-(\arccos \mu_k + 2m\pi)^2 t} =$$

$$\frac{N_r}{2\sqrt{\pi t}} + \frac{1}{\sqrt{\pi t}} \sum_{k=1}^{N_r} \sum_{m\in\mathbb{N}^*} e^{-m^2/4t} \cos m \arccos \mu_k .$$

The spectral mapping theorem implies :

$$\sum_{k=1}^{N_r} \cos m \arccos \mu_k = \sum_{k=1}^{N_r} T_m(\mu_k) = \operatorname{tr} T_m(C) .$$

So, we get : $\displaystyle\sum_{n=0}^{\infty} e^{\lambda_n t} = -\frac{A-N_r}{2} + \frac{A-N_r}{2\sqrt{\pi t}}$

$$+ \frac{A-N_r}{\sqrt{\pi t}} \sum_{k\in\mathbb{N}^*} e^{-k^2/t} + \frac{N_r}{2\sqrt{\pi t}} + \frac{1}{\sqrt{\pi t}} \sum_{m\in\mathbb{N}^*} e^{-m^2/4t} \operatorname{tr} T_m(C)$$

Simplifying , we can obtain very easily the relation (3.4).

Remark 3.3 : The series (3.4) was given by J.P. Roth in [R], where the second member depends on the geometry of the graph. So we can give a geometric interpretation of $\operatorname{tr} T_n(C)$ for every n.

References

[C] T.S. CHIHARA : An introduction to orthogonal polynomials, Gordon and Breach, 1978.

[E] J.C. ECCLES : The properties of dendrites, Proc. of the second international meeting of neurobiologist, Amsterdam, ed. Tower-Schadé, 1959, p. 192-203.

[L] G. LUMER : Espaces ramifiés et diffusions sur les réseaux topologiques, C.R. Acad. Sc. Paris, t. 291, série A, 1980, 627-630.

[P] C.S. PESKIN : Partial Differential Equations in biology, Notes based on a course given at New York University during the year 1975-1976, Courant Institute of Math. Sciences, New York University, New York, 1976.

[R] J.P. ROTH : Spectre du laplacien sur un graphe, C.R. Acad. Sc. Paris, t. 296, 1983, 793-795.

[R-R] RALL-RINZEL : Transient response in a dendritic neuron model for current injected at one branch, Biophysical Journal, vol. 14, 1974, 759-790.

RADAR/SONAR DETECTION AND LAGUERRE FUNCTIONS

Walter Schempp
Lehrstuhl für Mathematik I
Universität Siegen
D-5900 Siegen
Federal Republic of Germany

1. Introduction

The purpose of radar and sonar systems is basically to detect the presence of a target, and to extract information of interest such as range d, radial velocity v relative to the transmitter, etc., about the target. The figure below shows an elementary form of a radar system using a common antenna for both transmission and reception, which is achieved by means of a duplexer.

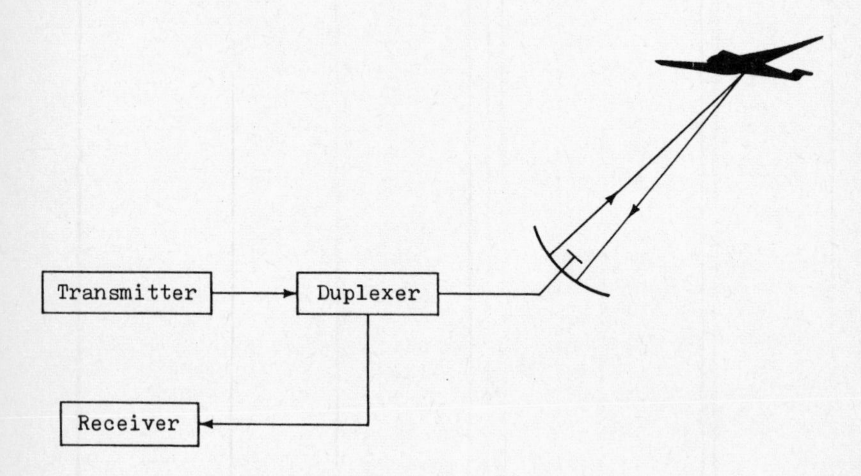

In the transmission mode, the antenna radiates periodically a narrow beam of electromagnetic energy of a few centimeters' wavelength in the form of radar pulses of large amplitude and brief duration. If a target lies in the path of the propagating beam, a portion of the transmitted signal energy is reflected by the target and picked up by the antenna (operating in the reception mode). The echo signal is then processed in the receiver to detect the presence of the target and estimate the parameters for tracking the target. The signals received in radar and in most communication systems consist of a high-frequency carrier modulated in amplitude (or phase) by functions f of time that vary much more slowly than the cycles of the carrier. In radar the parameters chiefly serving to distinguish or resolve two echo signals are their arrival times x and the Doppler shifts y of their carrier frequencies from a common reference frequency ω. The transmitted frequency is a natural choice for the reference frequency ω. The structure of the receiver and its performance depend upon the auto-correlation or radar auto-ambiguity function $H(f;x,y)$ associated with the envelope f of the transmitted signal

$$t \rightsquigarrow f(t)e^{2\pi i\omega t}.$$

It follows $d = \frac{1}{2}cx$ and $v = \frac{1}{2}c\frac{y}{\omega}$ where c denotes the velocity of electromagnetic radiation. We always assume that f belongs to the Schwartz space $\mathcal{S}(\underline{\underline{R}})$ of all infinitely differentiable complex-valued functions on the real line $\underline{\underline{R}}$ that are rapidly decreasing at infinity. We will consider $\mathcal{S}(\underline{\underline{R}})$ as a vector subspace of the standard complex Hilbert space $L^2(\underline{\underline{R}})$. The energy of the signal is then given by the integral (squared L^2-norm)

$$||f||^2 = \int_{\underline{\underline{R}}} |f(t)|^2 dt$$

and the radar auto-ambiguity function which plays a central rôle in the mathematical theory of radar and sonar systems takes the form

$$H(f;x,y) = \int_{\underline{\underline{R}}} f(t+\tfrac{1}{2}x)\overline{f}(t-\tfrac{1}{2}x)e^{2\pi iyt}dt.$$

The symmetrized cross-correlation or radar cross-ambiguity function $H(f,g;.,.)$ associated with $f \in \mathcal{S}(\underline{\underline{R}})$ and $g \in \mathcal{S}(\underline{\underline{R}})$ is similarly defined via the prescription

$$H(f,g;x,y) = \int_{\underline{\underline{R}}} f(t+\tfrac{1}{2}x)\overline{g}(t-\tfrac{1}{2}x)e^{2\pi iyt}dt.$$

The first problem to be solved is the radar synthesis problem. It asks for a characterization of those functions $F \in \mathcal{S}(\underline{\underline{R}} \oplus \underline{\underline{R}})$ on the time-frequency plane $\underline{\underline{R}} \oplus \underline{\underline{R}}$ for which there exists a complex valued envelope $f \in \mathcal{S}(\underline{\underline{R}})$ satisfying the identity

$$\boxed{F = H(f;.,.).}$$

In Section 2 we give a solution of the radar synthesis problem by means of harmonic analysis on the real Heisenberg nilpotent group $\tilde{A}(\underline{\underline{R}})$.

The image $\mathcal{F} = H(f;\underline{\underline{R}},\underline{\underline{R}})$ of the time frequency plane $\underline{\underline{R}} \oplus \underline{\underline{R}}$ under the radar auto-ambiguity function $H(f;.,.)$ is called to be the radar ambiguity surface over the time-frequency plane generated by the complex envelope $f \in \mathcal{S}(\underline{\underline{R}})$. For every signal the radar ambiguity surface is peaked at the origin (0,0) of the time-frequency plane $\underline{\underline{R}} \oplus \underline{\underline{R}}$. A second signal arriving with separations x in time and y in frequency that lie under this central peak will be difficult to distinguish from the first signal. For many types of signals the radar ambiguity surface exhibits additional peaks elsewhere over the time-frequency plane. These sidelobes may conceal weak signals with arrival times and carrier frequencies far from those of the first signal. In a measurement of the arrival time and frequency of a single signal, the subsidiary peaks may lead to gross errors in the result. The taller the sidelobes of the radar ambiguity surface, the greater the probability of such errors in time and Doppler frequency shift. It is desirable, therefore, for the central peak of the radar ambiguity surface to be narrow, and for there to be as few and as low sidelobes as possible.

As everyone knows, to fully understand any mathematical system one must understand the transformations of the system and especially those transformations of the system that leave some particular aspect of the system invariant. In case of the mathematical theory of radar/sonar systems, this strategy leads to the study of the geometry of the radar ambiguity surfaces over the time-frequency plane and to the problem of calculating explicitly the energy-preserving linear automorphisms of the radar ambiguity surfaces. A solution of the problem will be given in Section 3 by means of the linear oscillator representation of the metaplectic group $Mp(1,\underline{\underline{R}})$. The result enables us to determine, for instance, the radially symmetric, i.e., $SO(2,\underline{\underline{R}})$-invariant radar ambiguity surfaces and leads naturally to the Laguerre functions. The process of cutting down to the compact Heisenberg nilmanifold then yields a new identity for the Laguerre functions. Some consequences of this identity will be studied in Section 4 infra. Finally, Section 5 is concerned with a brief treatment of cardinal spline interpolation and digital signal processing from the view point of harmonic analysis on the compact Heisenberg nilmanifold.

Acknowledgements. The author is indebted to Professor M.R. Feix (Orléans), Dr. Hans Raszillier (Bonn), and Professor Kurt Bernardo Wolf (Mexico-City) for the stimulating discussions and many helpful suggestions offered at our various meetings. Finally, he would like to thank his student Martin Schmidt (Siegen) for his constant interest in the subject and valuable remarks.

2. The Radar Synthesis Problem

In the following we look upon the time-frequency plane as the two-dimensional real vector space $\mathbb{R} \oplus \mathbb{R}$ of all pairs $v=(x,y)$. Define the standard symplectic (=non-degenerate antisymmetric bilinear) form B on $\mathbb{R} \oplus \mathbb{R}$ via the prescription

$$B(v_1,v_2) = \det \begin{pmatrix} x_1 & x_2 \\ y_1 & y_2 \end{pmatrix} .$$

It is well known that B may be identified with an element of the real vector space of exterior forms, $\wedge^2(\mathbb{R} \times \mathbb{R}^*)$. A complex-valued function on $\mathbb{R} \oplus \mathbb{R}$ is called to be of positive type on the two-dimensional real symplectic vector space $(\mathbb{R} \oplus \mathbb{R};B)$ if for all finite sequences of vectors $(v_j)_{1\leq j\leq N}$ in $\mathbb{R} \oplus \mathbb{R}$ the matrix

$$(e^{-\pi i B(v_j,v_k)}F(v_j-v_k))_{\substack{1\leq j\leq N \\ 1\leq k\leq N}}$$

is a positive definite Hermitian matrix. A complex-valued function F on $\mathbb{R} \oplus \mathbb{R}$ is called to be of pure positive type on the symplectic vector space $(\mathbb{R} \oplus \mathbb{R};B)$ if each decomposition $F = F_1+F_2$ of F into a sum of functions F_1 and F_2 of positive type on $(\mathbb{R} \oplus \mathbb{R};B)$ implies that F_1 and F_2 are proportional to F.

The real Heisenberg group $\tilde{A}(\mathbb{R})$ is the three-dimensional real Lie group with underlying manifold $(\mathbb{R} \oplus \mathbb{R}) \times \mathbb{R}$ and multiplication given by

$$(v_1,z_1).(v_2,z_2) = (v_1+v_2,z_1+z_2+\tfrac{1}{2}B(v_1,v_2)).$$

See [1]. The center $\tilde{C} = \{(0,0,z) \mid z \in \mathbb{R}\}$ of $\tilde{A}(\mathbb{R})$ is isomorphic to the additive group $\mathbb{R}$ and the descending central series as well as the derived series of $\tilde{A}(\mathbb{R})$ are given by the filtration

$$\tilde{A}(\mathbb{R}) \hookleftarrow \tilde{C} \hookleftarrow \{1\} .$$

Thus $\tilde{A}(\underline{\underline{R}})$ is a connected 2-step nilpotent real Lie group and therefore all its finite dimensional topologically irreducible continuous unitary linear representations are necessarily degenerate, i.e., one-dimensional. Since $\tilde{A}(\underline{\underline{R}})$ is simply connected, it forms a monomial real Lie group. The Mackey machine or the Kirillov coadjoint orbit picture show that the degenerate representations can be parametrized by the set of pairs $(\alpha,\beta) \in \underline{\underline{R}} \oplus \underline{\underline{R}}$. The infinite dimensional topologically irreducible continuous unitary linear representations of $\tilde{A}(\underline{\underline{R}})$, however, form up to isomorphy a family (U_λ) where the parameter λ runs through the set $\underline{\underline{R}}^*$ of non-zero real numbers. The prototype among the non-degenerate topologically irreducible continuous unitary linear representations of $\tilde{A}(\underline{\underline{R}})$ is the linear <u>Schrödinger</u> <u>representation</u> $U := U_1$ in the complex Hilbert space $L^2(\underline{\underline{R}})$ which acts on its $\mathscr{C}^\infty$- vectors $f \in \mathscr{S}(\underline{\underline{R}})$ via the prescription

$$U(v,z)f(t) = e^{2\pi i(z+\frac{1}{2}xy+yt)} f(t+x) \qquad (t \in \underline{\underline{R}}).$$

It follows that the radar cross-ambiguity functions are equal to the restrictions of the <u>coefficient</u> <u>functions</u> of U onto the polarized cross-section of $\tilde{A}(\underline{\underline{R}})$ to the center $\tilde{C}$. Thus we have

$$\boxed{H(f,g;x,y) = c_{U,f,g}(x,y,0)}$$

for all functions $f \in \mathscr{S}(\underline{\underline{R}})$, $g \in \mathscr{S}(\underline{\underline{R}})$ and all pairs $(x,y) \in \underline{\underline{R}} \oplus \underline{\underline{R}}$, where $c_{U,f,g}$ is square integrable on $\tilde{A}(\underline{\underline{R}})$ modulo $\tilde{C}$ for all $f \in L^2(\underline{\underline{R}})$, $g \in L^2(\underline{\underline{R}})$ by the flatness of the coadjoint orbit associated with U under the Kirillov correspondence. The link between the radar ambiguity functions and nilpotent harmonic analysis described above is of central importance for our approach to the mathematical theory of radar/sonar systems and related problems. By a suitable adaptation of the GNS-recontruction to the Heisenberg nilpotent group $\tilde{A}(\underline{\underline{R}})$ we can prove the following solution of the radar synthesis problem (cf. [7]).

<u>Theorem 1.</u> Let the function $F \in \mathscr{S}(\underline{\underline{R}} \oplus \underline{\underline{R}})$ be given. There exists a signal envelope $f \in \mathscr{S}(\underline{\underline{R}})$ such that

$$F = H(f;.,.)$$

holds if and only if F is of pure positive type on the symplectic time-frequency plane $(\underline{\underline{R}} \oplus \underline{\underline{R}};B)$. Moreover, F determines f uniquely up to a multiplicative complex constant of modulus 1.

3. The Geometry of the Radar Ambiguity Surfaces

Let the symplectic group $Sp(\underline{\underline{R}} \oplus \underline{\underline{R}};B) = Sp(1,\underline{\underline{R}}) = SL(2,\underline{\underline{R}})$ act in the natural way on the real Heisenberg nilpotent group $\tilde{A}(\underline{\underline{R}})$ leaving its center $\tilde{C}$ pointwise fixed. Moreover, let $\tilde{\sigma} \rightsquigarrow T_{\tilde{\sigma}}$ denote the linear oscillator representation of the metaplectic group $Mp(1,\underline{\underline{R}})$ which doubly covers $Sp(1,\underline{\underline{R}})$ by means of the covering epimorphism $\tilde{\sigma} \rightsquigarrow \sigma$ ("isomorphism up to a sign"). An application of Segal's metaplectic formula then proves the following

Theorem 2. Let the unitary operator $S: L^2(\underline{\underline{R}}) \to L^2(\underline{\underline{R}})$ be a linear automorphism of the radar ambiguity surface $\mathscr{F}$ over the symplectic time-frequency plane $(\underline{\underline{R}} \oplus \underline{\underline{R}};B)$ - then there exists a unique transformation $\sigma \in Sp(1,\underline{\underline{R}})$ and a complex number $\zeta_{\tilde{\sigma}}$ of modulus $|\zeta_{\tilde{\sigma}}| = 1$ such that

$$S = \zeta_{\tilde{\sigma}} T_{\tilde{\sigma}}$$

holds.

The intertwining operators $T_{\tilde{\sigma}}$ are Fourier transforms (with respect to suitable coordinates) which allow, for instance, the explicit calculation of $T_{\tilde{\sigma}}$ for generators σ of $Sp(1,\underline{\underline{R}})$. As an example, in the case

$$\sigma = \begin{pmatrix} 1 & 0 \\ u & 1 \end{pmatrix} \qquad (u \in \underline{\underline{R}})$$

the intertwining operator $T_{\tilde{\sigma}}$ defines multiplication in $L^2(\underline{\underline{R}})$ with the chirp signal

$$t \rightsquigarrow x^{-\pi i u t^2}.$$

For further details, see [6,8]. The symmetries of the radar ambiguity surface displayed below are computed by means of Theorem 2 supra.

Let $(W_m)_{m \geq 0}$ be the sequence of standardized Hermite functions (harmonic oscillator wave functions) and $(L_n^{(\alpha)})_{n \geq 0}$ the sequence of Laguerre functions of order $\alpha > -1$. Then we obtain by the Bargmann-Fock-Segal model (or complex wave model, cf. [3]) of the linear Schrödinger representation U the following

Corollary. Let $f \in \mathcal{S}(\underline{\underline{R}})$ have L^2-norm $\|f\| = 1$. The radar ambiguity function over the time-frequency plane $\underline{\underline{R}} \oplus \underline{\underline{R}}$ is $SO(2, \underline{\underline{R}})$-invariant if and only if $f = \zeta W_m$ for a certain integer $m \geq 0$ and a complex number ζ of modulus $|\zeta| = 1$. In this case the radar cross-ambiguity functions take the form

$$H(W_m, W_n; x, y) = \sqrt{\frac{n!}{m!}} \left(\sqrt{\pi}(x+iy)\right)^{m-n} L_n^{(m-n)}(\pi(x^2+y^2)) \qquad (m \geq n \geq 0)$$

for all pairs $(x,y) \in \underline{\underline{R}} \oplus \underline{\underline{R}}$.

4. The Compact Heisenberg Nilmanifold

The subset Γ of $\tilde{A}(\underline{\underline{R}})$ consisting of those points $(x,y,z) \in \tilde{A}(\underline{\underline{R}})$ with $x,y,\ 2z \in \underline{\underline{Z}}$ is a discrete subgroup of $\tilde{A}(\underline{\underline{R}})$ and the quotient $\Gamma\backslash\tilde{A}(\underline{\underline{R}})$ of right cosets modulo Γ is a compact homogeneous manifold, the Heisenberg nilmanifold. It can be shown that $\Gamma\backslash\tilde{A}(\underline{\underline{R}})$ is a principal circle bundle over the two-dimensional compact torus group $\underline{\underline{T}}^2$.

$$\begin{array}{ccc} \underline{\underline{T}} & \longrightarrow & \Gamma\backslash\tilde{A}(\underline{\underline{R}}) \\ & & \downarrow \\ & & \underline{\underline{T}}^2 \end{array}$$

An application of the Weil-Brezin isomorphism (cf. [1,2]) which intertwines the lattice representation and the linear Schrödinger representation U of the Heisenberg nilpotent group $\tilde{A}(\underline{\underline{R}})$ then yields the following identities.

Theorem 3. For all integers $m \geq n \geq 0$ we have

$$\sum_{(\mu,\nu)\in\underline{\underline{Z}}\times\underline{\underline{Z}}} L_m^{(0)}(\pi(\mu^2+\nu^2))L_n^{(0)}(\pi(\mu^2+\nu^2)) = \frac{n!}{m!}\pi^{m-n} \sum_{(\mu,\nu)\in\underline{\underline{Z}}\times\underline{\underline{Z}}} (\mu^2+\nu^2)^{m-n}(L_n^{(m-n)}(\pi(\mu^2+\nu^2)))^2.$$

Corollary 1. In the case m=1, n=0 we get the identity

$$\frac{1}{4\pi}\sum_{\mu\in\underline{\underline{Z}}} e^{-\pi\mu^2} = \sum_{\mu\in\underline{\underline{Z}}} \mu^2 e^{-\pi\mu^2}$$

Corollary 2 (M. Schmidt). The case m=2, n=1 yields the identity

$$\frac{\pi^3}{15}\sum_{\mu\in\underline{\underline{Z}}} \mu^6 e^{-\pi\mu^2} = \sum_{\mu\in\underline{\underline{Z}}} \left(\frac{\pi^2}{4}\mu^4 - \frac{1}{32}\right)e^{-\pi\mu^2}$$

5. Cardinal Spline Interpolation

Let $m \geq 1$ be an integer and denote by $\mathfrak{S}_m(P)$ the complex vector space of univariate spline functions of degree m-1 with knot set P. Thus $S \in \mathfrak{S}_m(P)$ if and only if S is a (m-2)-times continuously differentiable complex-valued function on $\underline{\underline{R}}$ and the restrictions of S to the subsequent intervals with end points in P are polynomials of degree $\leq$ m-1 with complex coefficients. In the case $P = \underline{\underline{Z}}$ the cardinal spline interpolation problem for a given bi-infinite sequence $(y_n)_{n \in \underline{\underline{Z}}} \in L^2(\underline{\underline{Z}})$ reads as follows: Does there exist a cardinal spline function $S \in \mathfrak{C}_m(\underline{\underline{Z}})$ such that

$$S(n) = y_n \qquad (n \in \underline{\underline{Z}})$$

holds?

An application of the Poisson-Weil factorization of the Fourier cotransform (cf. [5] and [2]) combined with an argument concerning the inversion of Toeplitz matrices shows that when m is even the cardinal spline interpolation problem admits a unique solution. However, when m is odd the knots of the splines must be displaced by 1/2 to ensure the existence of a unique solution of the cardinal spline interpolation problem (Subbotin-Schoenberg theorem; see [10]).

Let $PW(\underline{\underline{C}})$ denote the Paley-Wiener space of all entire functions of exponential type at most π that are square integrable on the real line $\underline{\underline{R}}$. In view of the Paley-Wiener theorem the Fourier transform is an isometric isomorphism of the separable complex Hilbert space $PW(\underline{\underline{C}})$ onto $L^2(\underline{\underline{T}})$. In the simplest possible case m=1 the Whittaker - Shannon sampling theorem obtains ([5,9]).

Theorem 4. Each function $f \in PW(\underline{\underline{C}})$ admits the cardinal series expansion

$$f(z) = \sum_{n \in \underline{\underline{Z}}} f(n)\operatorname{sinc}(z-n)$$

for all $z \in \underline{\underline{C}}$ (sinc = sinus cardinalis). The convergence of the cardinal interpolation series is uniform on the compact subsets of $\underline{\underline{C}}$.

The fact that each function $f \in PW(\underline{\underline{C}})$ can be recaptured from its values at the integers by the Whittaker-Shannon sampling theorem lies at the foundation of digital signal transmission. For instance, the compact disc (CD) technology forms a practical realization of this fact. The figure displayed below shows the structure of a cross-section of a CD.

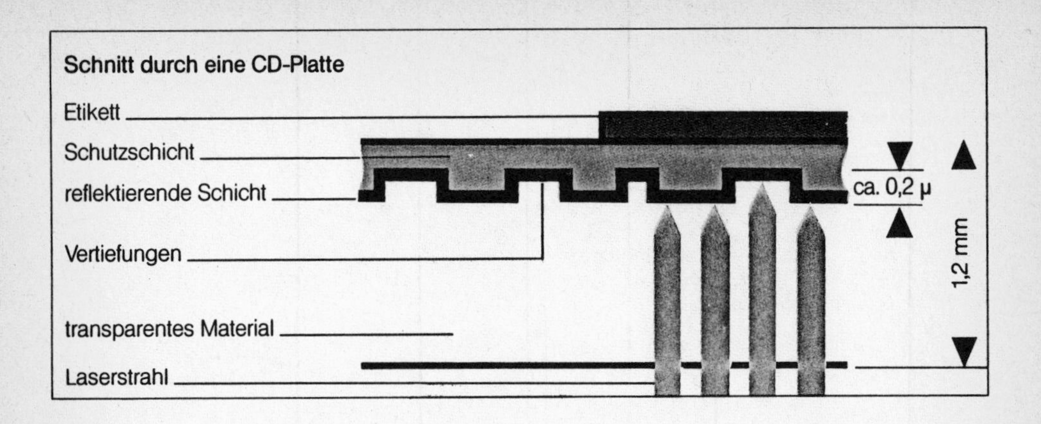

The sequence of digital signals located on the CD is transformed by means of a laser into analog signals.

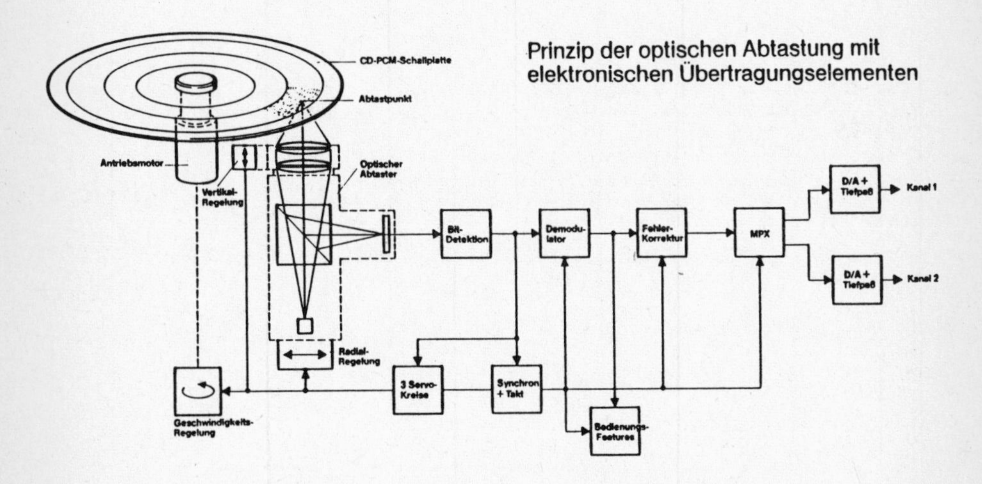

Other examples for the wide applicability of the Whittaker-Shannon sampling theorem are the digital typography and the seismic exploration.

The preceding reasoning shows that the harmonic analysis on the Heisenberg nilpotent group and the compact Heisenberg nilmanifold plays an important rôle in the analog and digital signal processing, respectively. For an application of nilpotent harmonic analysis to Fourier optics, see the paper [4].

References

1. Auslander, L.: Lecture notes on nil-theta functions. Regional Conference Series in Math., No. 34. Providence, R.I.: Amer. Math. Soc. 1977

2. Auslander, L.: A factorization theorem for the Fourier transform of a separable locally compact abelian group. In: Special Functions: Group Theoretical Aspects and Applications, pp. 261-269. R.A. Askey, T.H. Koornwinder, W. Schempp, eds. MIA Series. Dordrecht-Boston-Lancaster: Reidel 1984

3. Odgen, R.D., Vági, S.: Harmonic analysis of a nilpotent group and function theory on Siegel domains of type II. Advances in Math. 33 (1979), 31-92

4. Raszillier, H., Schempp, W.: Fourier optics from the perspective of the Heisenberg group (to appear)

5. Schempp, W.: Gruppentheoretische Aspekte der Signalübertragung und der kardinalen Interpolationssplines I. Math. Meth. in the Appl. Sci. 5 (1983), 195-215

6. Schempp, W.: Radar ambiguity functions, nilpotent harmonic analysis, and holomorphic theta series. In: Special Functions: Group Theoretical Aspects and Applications, pp. 217-260. R.A. Askey, T.H. Koornwinder, W. Schempp, eds. MIA Series. Dordrecht-Boston-Lancaster: Reidel 1984

7. Schempp, W.: Radar reception and nilpotent harmonic analysis VI. C.R. Math. Rep. Acad. Sci. Canada 6 (1984), 179-182

8. Schempp, W.: Radar ambiguity functions, the Heisenberg group, and holomorphic theta series. Proc. Amer. Math. Soc. 92 (1984)

9. Schempp, W.: On Gabor information cells (to appear)

10. Schoenberg, I.J.: Cardinal spline interpolation. Regional Conference Series in Applied Math. Vol. 12. Philadelphia, PA: SIAM 1973

NOTE ON TWO IDENTITIES MENTIONED BY PROFESSOR DR. W. SCHEMPP NEAR THE END OF THE PRESENTATION OF HIS PAPER

C.C. Grosjean
Seminarie voor Wiskundige Natuurkunde
Rijksuniversiteit te Gent , Belgium

The equalities between theta series

$$\sum_{\mu\in\mathbb{Z}} \mu^2 e^{-\pi\mu^2} = \frac{1}{4\pi}\sum_{\mu\in\mathbb{Z}} e^{-\pi\mu^2} \tag{1}$$

and

$$\frac{\pi^3}{15}\sum_{\mu\in\mathbb{Z}} \mu^6 e^{-\pi\mu^2} = \sum_{\mu\in\mathbb{Z}} \left(\frac{\pi^2}{4}\mu^4 - \frac{1}{32}\right)e^{-\pi\mu^2} \tag{2}$$

were pointed out by W. Schempp[1] as special cases of a formula involving Laguerre polynomials and resulting as a by-product of his research work. The author mentioned numerical verification to a high degree of accuracy. As an answer to a question which I myself asked after the oral presentation of the paper, namely, whether direct analytical proofs of (1) and (2) are known, I communicate the following "physicist's proof" of (1).

Differentiating twice with respect to b on both sides of

$$\int_{-\infty}^{+\infty} e^{-x^2}\cos bx\,dx = \sqrt{\pi}\,e^{-\frac{b^2}{4}} \quad , \qquad \forall b \in \mathbb{C}$$

and replacing b by $2\mu\sqrt{\pi}$, one finds :

$$\int_{-\infty}^{+\infty} x^2 e^{-x^2}\cos(2\mu\sqrt{\pi}x)\,dx = \frac{\sqrt{\pi}}{2}(1-2\pi\mu^2)e^{-\pi\mu^2} \ .$$

Letting μ run over $\mathbb{Z}$ and summing with respect to μ yields

$$\sum_{\mu\in\mathbb{Z}}(1-2\pi\mu^2)e^{-\pi\mu^2} = \frac{2}{\sqrt{\pi}}\sum_{\mu\in\mathbb{Z}}\int_{-\infty}^{+\infty} x^2 e^{-x^2}\cos(2\mu\sqrt{\pi}x)\,dx$$

$$= \frac{2}{\sqrt{\pi}}\int_{-\infty}^{+\infty} x^2 e^{-x^2}\sum_{\mu\in\mathbb{Z}}\cos(2\mu\sqrt{\pi}x)\,dx \ ,$$

in virtue of the uniform convergence of the infinite integrals involved. But,

$$\frac{1}{2\pi} + \frac{1}{\pi}\sum_{n=1}^{+\infty} \cos nx = \sum_{k\in\mathbb{Z}} \delta(x-2k\pi) ,$$

which is a way of writing Poisson's formula. Hence,

$$\sum_{\mu\in\mathbb{Z}} (1-2\pi\mu^2)e^{-\pi\mu^2} = 4\sqrt{\pi}\int_{-\infty}^{+\infty} x^2 e^{-x^2} \sum_{k\in\mathbb{Z}} \delta(2\sqrt{\pi}x - 2k\pi)dx$$

$$= 2\int_{-\infty}^{+\infty} x^2 e^{-x^2} \sum_{k\in\mathbb{Z}} \delta(x - k\sqrt{\pi})dx = 2\pi \sum_{k\in\mathbb{Z}} k^2 e^{-\pi k^2} ,$$

which proves (1). This proof can easily be extended to (2), but even more generally, one can show in the same way :

$$\frac{1}{2^{2n}} \sum_{\mu\in\mathbb{Z}} H_{2n}(\mu\sqrt{\pi})e^{-\pi\mu^2} = (-1)^n\pi^n \sum_{\mu\in\mathbb{Z}} \mu^{2n}e^{-\pi\mu^2} , \quad \forall n \in \mathbb{N}_0 , \qquad (3)$$

where H_{2n} is the familiar symbol for the Hermite polynomial of degree 2n. This formula applied to the cases n=3 and n=1 leads to (2) by suitable linear combination. It is peculiar that for even n, (3) does not give rise to any new relation compared to what is already comprised in the set of identities resulting from (3) for 1,2,...,n-1. This is due to the fact that if and only if n is even, the parts on both sides of (3) containing the factor μ^{2n} cancel each other.

[1] W. SCHEMPP Radar/sonar detection and Laguerre functions , these Proceedings.

The equation of motion of an expanding sphere in potential flow

P. van Beek
Delft University of Technology
Department of Mathematics and Informatics
Postbus 356, 2600 AJ Delft
The Netherlands

Introduction

It is well known that in absence of external forces the velocity V of a body moving in an otherwise undisturbed fluid is constant (d'Alembert's paradox). If the fluid is accelerated uniformly (acceleration U(t)) the acceleration of the sphere will be given by

$$\dot{V} = 3\,\dot{U}\,. \tag{1.1}$$

A derivation of (1.1) can be found in most textbooks on the subject, see e.g. Birkhoff (1950).

If the surrounding fluid contains boundaries other than that of the sphere (1.1) has to be modified to account for the spatial inhomogeneity of the incident fluid velocity. It is far from obvious how this inhomogeneity affects (1.1). There is an approximate result by Voinov (1973) stating that

$$\dot{V} = 3\left(\frac{\partial u_0}{\partial t} + u_0 \cdot \nabla\, u_0\right), \tag{1.2}$$

u_0 being the local incident fluid velocity.

So, according to Voinov, the simple time derivative of the uniform fluid velocity in (1.1) has to be replaced by the material time derivative of the local incident velocity. Voinov's result is not generally accepted however and moreover approximate. This was a reason for us to reconsider the problem. In section 2 we will derive the following extension of (1.2):

$$\dot{V} = 3\left(\frac{\partial u_0}{\partial t} + u_0 \cdot \nabla u_0\right) + 6\sum_{n=2}^{\infty} \frac{n!\; a^{2n-2}}{(n+1)!(2n-1)\ldots 3.1} \frac{\partial^n \phi_0}{\partial x^{\alpha_1}\ldots\partial x^{\alpha_n}} \frac{\partial^n u_0}{\partial x^{\alpha_1}\ldots\partial x^{\alpha_n}}, \tag{1.3}$$

where ϕ_0 is the velocity potential of the local incident flowfield, $u_0 = \nabla\phi_0$ and all derivatives are to be taken at the centre of the sphere. Expression (1.3) is exact as it takes into account all derivatives of the incident velocity field. It is easy to see that the largest of the terms of the series of (1.3) is $O(a^2/L^2)$ smaller than the first two 'convective' terms, a being the radius of the sphere and L the length scale for variations in the incident velocity. As the latter is caused by the presence of other objects in the fluid its length scale is of the same order of magnitude as the distance between the sphere and these objects. Apparently Voinov's approximation is good as long as this distance is large compared to the sphere radius.

It is important to realize that prior to the application of (1.3) to any actual flow situation the local incident flowfield has to be determined. This field is defined as follows. Imagine all boundaries in the fluid replaced by systems of singularities, a common abstraction in potential flow. The flow incident at the sphere is then precisely the difference between the total flow and the flow due to the singularities within the sphere, in other words, the part of the total flowfield which is regular at the location of the sphere. The singularities and thereby the incident flowfield can be determined in principle by the method of reflections (Milne-Thompson 1938) although exact solutions are available only for simple geometries e.g. for two spheres moving in a fluid of infinite extent which is, by the way, an important case since pair interactions between particles in potential flow form a basis for macroscopic two-fluid equations of mixtures of liquids and gas bubbles (Beek (1982)). In this connection we note that (1.3) models the motion of a gas bubble in a low viscous liquid like water be it under rather restrictive conditions (Moore (1959), Levich (1962)). As a bubble will undergo pressure changes along its trajectory its volume will change but shape distortions will remain small as long as the pressure changes occur slowly. To cover this case we have generalized (1.3) for time-dependent radii:

$$\dot{V} = 3\dot{a}a^{-1}(u_0 - V) + 3\left(\frac{\partial u_0}{\partial t} + u_0 \cdot \nabla u_0\right) + 6\sum_{n=2}^{\infty} \frac{na^{2n-2}}{(n+1)!(2n-1)\ldots 3.1} \frac{\partial^n \phi_0}{\partial x^{\alpha_1} \ldots \partial x^{\alpha_n}} \frac{\partial^n u_0}{\partial x^{\alpha_1} \ldots \partial x^{\alpha_n}}$$

It is interesting to compare (1.3) to an expression for the velocity of a solid sphere in Stokes flow obtained by Faxén many years ago (Oseen 1927):

$$V = u_0 + \frac{1}{6} a^2 \nabla^2 u_0 \ . \qquad (1.4)$$

(1.3) and (1.4) can be regarded as counterparts: both express the relevant dynamical variable in terms of the local incident flowfield. That the acceleration is the relevant variable for potential flow is not surprising. Indeed, in an undisturbed fluid the velocity of the sphere would remain constant and could be attributed an arbitrary value. Non-uniformities of the incident flow alter this arbitrary velocity and therefore determine its rate of change. In Stokes flow on the other hand the velocity of a moving body is not arbitrary but determined by the flow conditions. This is connected with the dissipative character of Stokes flow.

2. The derivation of (1.4)

The acceleration of a massless body immersed in a fluid is found by equating $-\int p\,\underline{n}\,dS$ ($\underline{n}$ is the outward pointing unit vector normal to the body surface), the force exerted by the fluid on the body, to zero. Point of departure is Bernoulli's equation

$$-\rho^{-1}p = \frac{\partial\phi}{\partial t} + \frac{1}{2}|\nabla\phi|^2.$$

To express p in terms of the incident flowfield the total velocity potential ϕ has to be written in terms of the incident velocity potential ϕ_0. Since by definition ϕ_0 is regular at the location of the sphere it can be expanded in a Taylor series at the center q of the sphere:

$$\phi_0(r,t) = \sum_{n=0}^{\infty} \frac{(x-q)^{\alpha_1}\ldots(x-q)^{\alpha_n}}{n!}\,\phi_0^{\alpha_1\ldots\alpha_n}, \tag{2.1}$$

where $\phi_0^{\alpha_1\ldots\alpha_n}$ stands for the n-th derivative of the incident flow potential evaluated at the centre of the sphere:

$$\phi_0^{\alpha_1\ldots\alpha_n} = \left.\frac{\partial^n\phi_0}{\partial x^{\alpha_1}\ldots\partial x^{\alpha_n}}\right|_{r=q}$$

(We denote the components of three dimensional vectors by a superindex).
It turns out that the subsequent calculations pass off most efficiently in a frame of reference with its origin fixed to the center of the sphere. Therefore we start from an incident velocity potential given in the moving (non-inertial) frame and derive an expression for the force experienced by the sphere in this frame. After that we will transfer that expression to the inertial frame. The Taylor expansion of ϕ_0 in the moving frame remains essentially given by (2.1) but it is now centered at the origin of the frame. Still denoting the spatial coordinates in the moving frame by x^1, x^2 and x^3 we write in stead of (2.1):

$$\phi_0(r,t) = \sum_{n=0}^{\infty} \frac{1}{n!}\,x^{\alpha_1}\ldots x^{\alpha_2}\,\phi_0^{\alpha_1\ldots\alpha_n}. \tag{2.2}$$

$x^{\alpha_1}\ldots x^{\alpha_n}\,\phi_0^{\alpha_1\ldots\alpha_n}$ being the n-th spherical harmonic belonging to $\phi_0(r,t)$. For convenience we will denote it by $Q_n(\phi_0)$ or simply by Q_n if no confusion is possible.

In the frame fixed to the sphere the total velocity potential obviously has to satisfy the boundary condition $\frac{\partial\phi}{\partial r} = \dot{a}$ at $r = a$. It is easy to verify that ϕ given by

$$\phi(r,t) = \frac{-a^2\dot{a}}{r} + \sum_{n=0}^{\infty} \frac{1}{n!}\left(1 + \frac{n}{n+1}\frac{a^{2n+1}}{r^{2n+1}}\right) Q_n \tag{2.3}$$

is harmonic and satisfies the boundary condition. The singularities figuring in (2.3) may be identified as multipoles of increasing order, starting with a monopole. The relation between the strength of these multipoles and the derivatives of the incident potential is far from simple (note that the potential of a multipole of order n and strength P_n is given by $(-1)^n P_n \frac{\partial^n}{\partial x^{\alpha_1} \ldots \partial x^{\alpha_n}} (\frac{1}{r})$, Hobson (1955)).

We now proceed with the integration of $\frac{1}{2}|\nabla\phi|^2$ at the surface of the sphere. Evaluate the derivative of (2.3) at r = a

$$\frac{\partial\phi}{\partial x^\theta} = \dot{a}a^{-1}x^\theta + \sum_{n=1}^{\infty} \frac{2n+1}{(n+1)!}\left(\frac{\partial Q_n}{\partial x^\theta} - na^{-2}Q_n x^\theta\right)$$

to express $\frac{1}{2}|\nabla\phi|^2$ in terms of the spherical harmonics of ϕ_0:

$$\tfrac{1}{2}\int |\nabla\phi|^2 n^\alpha dS = \dot{a}a^{-1} \sum_{n=0}^{\infty} \frac{2n+1}{(n+1)!} \int \left(\frac{\partial Q_n}{\partial x^\theta} - na^{-2}Q_n x^\theta\right)x^\theta n^\alpha\, dS$$

$$+ \tfrac{1}{2} \sum_{n=1}^{\infty}\sum_{k=1}^{\infty} \frac{(2n+1)(2k+1)}{(n+1)!(k+1)!} \int \left(\frac{\partial Q_n}{\partial x^\theta} - na^{-2}Q_n x^\theta\right)\left(\frac{\partial Q_k}{\partial x^\theta} - ka^{-2}Q_k x^\theta\right) n^\alpha dS.$$

By Euler's identity $x^\theta \frac{\partial Q_n}{\partial x^\theta} = n\, Q_n$ the first series in this expression vanishes. What remains can be written as

$$\tfrac{1}{2}\int |\nabla\phi|^2 n^\alpha\, dS = \tfrac{1}{2} \sum_{n=1}^{\infty}\sum_{k=1}^{\infty} \frac{(2n+1)(2k+1)}{(n+1)!(k+1)!} \int (\nabla Q_n \cdot \nabla Q_k - nka^{-2}Q_nQ_k)n^\alpha dS. \tag{2.4}$$

Let us first evaluate

$$\int Q_nQ_k n^\alpha dS = \phi_0^{\alpha_1\ldots\alpha_n}\, \phi_0^{\beta_1\ldots\beta_k} \int x^{\alpha_1}\ldots x^{\alpha_n}\, x^{\beta_1}\ldots x^{\beta_k}\, n^\alpha\, dS.$$

Apply Gauss' theorem to the surface integral:

$$\int Q_nQ_k n^\alpha\, dS = \phi_0^{\alpha_1\ldots\alpha_n}\, \phi_0^{\beta_1\ldots\beta_k} \int \frac{\partial}{\partial x^\alpha}(x^{\alpha_1}\ldots x^{\alpha_n}\, x^{\beta_1}\ldots x^{\beta_k})\, dV$$

$$= n\, \phi_0^{\alpha_1\ldots\alpha_{n-1}\alpha}\, \phi_0^{\beta_1\ldots\beta_k} \int x^{\alpha_1}\ldots x^{\alpha_{n-1}}\, x^{\beta_1}\ldots x^{\beta_k}\, dV$$

$$+ k\, \phi_0^{\alpha_1\ldots\alpha_n}\, \phi_0^{\beta_1\ldots\beta_{k-1}\alpha} \int x^{\alpha_1}\ldots x^{\alpha_n}\, x^{\beta_1}\ldots x^{\beta_{k-1}}\, dV. \tag{2.5}$$

Both integrands in (2.5) are the product of k+n-1 components of the coordinate vector r. In spherical coordinates r, θ and ω the integrands could be split up in a factor r^{k+n-1} and a factor depending only on the angles θ and ω. As the boundary of the integration region is spherical the integration of both factors can be carried out independently. It follows from this observation that, since

$$\int_0^a r^{k+n-1} r^2 dr = \frac{a^{k+n+2}}{k+n+2},$$

the following two identities hold:

$$\int x^{\alpha_1} \dots x^{\alpha_{n-1}} x^{\beta_1} \dots x^{\beta_k} dV = \frac{a}{k+n+2} \int x^{\alpha_1} \dots x^{\alpha_{n-1}} x^{\beta_1} \dots x^{\beta_k} dS,$$

$$\int x^{\alpha_1} \dots x^{\alpha_n} x^{\beta_1} \dots x^{\beta_{k-1}} dV = \frac{a}{k+n+2} \int x^{\alpha_1} \dots x^{\alpha_n} x^{\beta_1} \dots x^{\beta_{k-1}} dS.$$

Inserting these identities into (2.5) leads to

$$\int Q_n Q_k n^{\alpha} dS = \frac{a}{k+n+2} \left[n\, \phi_0^{\alpha_1 \dots \alpha_{n-1} \alpha} \phi_0^{\beta_1 \dots \beta_k} \int x^{\alpha_1} \dots x^{\alpha_{n-1}} x^{\beta_1} \dots x^{\beta_k} dS + \right.$$

$$\left. + k\, \phi_0^{\alpha_1 \dots \alpha_n} \phi_0^{\beta_1 \dots \beta_{k-1} \alpha} \int x^{\alpha_1} \dots x^{\alpha_n} x^{\beta_1} \dots x^{\beta_{k-1}} dS \right]. \tag{2.6}$$

Next we apply the same reduction technique to both parts of (2.6). Starting with the first term:

$$\phi_0^{\alpha_1 \dots \alpha_{n-1} \alpha} \phi_0^{\beta_1 \dots \beta_k} \int x^{\alpha_1} \dots x^{\alpha_{n-1}} x^{\beta_1} \dots x^{\beta_k} dS =$$

$$= a\, \phi_0^{\alpha_1 \dots \alpha_{n-1} \alpha} \phi_0^{\beta_1 \dots \beta_k} \int \frac{\partial}{\partial x^{\beta_k}} (x^{\alpha_1} \dots x^{\alpha_{n-1}} x^{\beta_1} \dots x^{\beta_{k-1}})\, dV =$$

$$= a(n-1)\, \phi_0^{\alpha_1 \dots \alpha_{n-1} \alpha} \phi_0^{\beta_1 \dots \beta_{k-1} \alpha_{n-1}} \int x^{\alpha_1} \dots x^{\alpha_{n-2}} x^{\beta_1} \dots x^{\beta_{k-1}} dV +$$

$$+ a(k-1)\, \phi_0^{\alpha_1 \dots \alpha_{n-1} \alpha} \phi_0^{\beta_1 \dots \beta_{k-2} \beta_k \beta_k} \int x^{\alpha_1} \dots x^{\alpha_{n-1}} x^{\beta_1} \dots x^{\beta_{k-2}} dV.$$

The last term vanishes since ϕ_0 is harmonic. The volume integral in the last term but one can be converted to a surface integral in the same way as before yielding

$$\phi_0^{\alpha_1 \dots \alpha_{n-1} \alpha} \phi_0^{\beta_1 \dots \beta_k} \int x^{\alpha_1} \dots x^{\alpha_{n-1}} x^{\beta_1} \dots x^{\beta_k} dS$$

$$= \frac{a^2(n-1)}{n+k}\, \phi_0^{\alpha_1 \dots \alpha_{n-1} \alpha} \phi_0^{\beta_1 \dots \beta_{k-1} \alpha_{n-1}} \int x^{\alpha_1} \dots x^{\alpha_{n-2}} x^{\beta_1} \dots x^{\beta_{k-1}} dS. \tag{2.7}$$

Continuing this reduction process we obtain for the right hand side of (2.7) after i steps:

$$\frac{(n-1)(n-2)\dots(n-i)a^{2i}}{(n+k)(n+k-2)\dots(n+k-2i)} \phi_0^{\alpha_1\dots\alpha_{n-1}\alpha} \phi_0^{\beta_1\dots\beta_{k-i}\alpha_{n-i}\dots\alpha_{n-1}}$$

$$\int x^{\alpha_1}\dots x^{\alpha_{n-i-1}} x^{\beta_1}\dots x^{\beta_{k-i}} \, dS. \tag{2.8}$$

The reduction process is stopped when n-i-1 or k-i is zero. We are then left with an integrand $x^{\alpha_1}\dots x^{\alpha_{n-k-1}}$ (if $n-1 > k$), $x^{\beta_1}\dots x^{\beta_{k-n+1}}$ (if $n-1 < k$) or 1 (if $n-1 = k$). In the first two cases further reduction yields zero which corresponds of course to the well known fact that the integral on a sphere of two spherical harmonics of different degree is zero. For $i = k = n-1$ (2.8) becomes

$$4\pi \frac{(n-1)!\, a^{2n}}{(2n-1)(2n-3)\dots3.1} \phi_0^{\alpha_1\dots\alpha_{n-1}\alpha} \phi_0^{\alpha_1\dots\alpha_{n-1}} . \tag{2.9}$$

The second term of (2.6) can be evaluated in the same spirit. Indeed, replacing n-1 by n in (2.9), it follows that

$$\phi_0^{\alpha_1\dots\alpha_n} \phi_0^{\beta_1\dots\beta_{k-1}\alpha} \int x^{\alpha_1}\dots x^{\alpha_n} x^{\beta_1}\dots x^{\beta_{k-1}} \, ds =$$

$$\delta_{k,n+1} . 4\pi \frac{n!a^{2n+2}}{(2n+1)(2n-1)\dots3.1} \phi_0^{\alpha_1\dots\alpha_n\alpha} \phi_0^{\alpha_1\dots\alpha_n} .$$

Use this result and (2.9) in (2.6) yields

$$\int Q_n Q_k n^\alpha \, dS = 4\pi \frac{n!\, a^{2n+1}}{(2n+1)(2n-1)\dots3.1} [\delta_{k,n-1} \phi_0^{\alpha_1\dots\alpha_{n-1}\alpha} \phi_0^{\alpha_1\dots\alpha_{n-1}}$$

$$+ \delta_{k,n+1} \frac{n+1}{2n+3} a^2 \phi_0^{\alpha_1\dots\alpha_n\alpha} \phi_0^{\alpha_1\dots\alpha_n}]. \tag{2.10}$$

The value of the integral $\int \nabla Q_n . \nabla Q_k \, n^\alpha \, dS$ in (2.4) can be derived immediately from (2.10) since $\nabla Q_n(\phi_0) = n\, Q_{n-1}(\nabla\phi_0)$, i.e. the n-th spherical harmonic belonging to ϕ_0 is the (n-1)-th spherical harmonic belonging to $\nabla\phi_0$. Replacing therefore n by n-1, k by k-1 and ϕ_0 by $\nabla\phi_0$ in (2.10) one finds

$$\int \nabla Q_n . \nabla Q_k \, n^\alpha \, dS = 4\pi \frac{(n-1)!a^{2n-1}}{(2n-1)(2n-3)\dots3.1}$$

$$[\delta_{k,n-1} \phi_0^{\alpha_1\dots\alpha_{n-1}\alpha} \phi_0^{\alpha_1\dots\alpha_{n-1}} + \delta_{k,n+1} \frac{na^2}{2n+1} \phi_0^{\alpha_1\dots\alpha_n\alpha} \phi_0^{\alpha_1\dots\alpha_n}]. \tag{2.11}$$

Inserting (2.10) and (2.11) into (2.4) one finds after some elementary algebra that

$$\tfrac{1}{2} \int |\nabla\phi|^2 n^\alpha \, dS = 4\pi \sum_{n=1}^{\infty} \frac{n\, a^{2n+1}}{(n+1)!(2n-1)(2n-3)\dots3.1} \phi_0^{\alpha_1\dots\alpha_n\alpha} \phi_0^{\alpha_1\dots\alpha_n} \tag{2.12}$$

Remains to integrate $\frac{\partial\phi}{\partial t}$. Differentiate (2.2) with respect to time:

$$\frac{\partial\phi}{\partial t} = -2\dot{a}^2 - a\ddot{a} + \dot{a}a^{-1} \sum_{n=1}^{\infty} \frac{n(2n+1)}{(n+1)!} Q_n + \sum_{n=1}^{\infty} \frac{2n+1}{(n+1)!} x^{\alpha_1} \ldots x^{\alpha_n} \frac{\partial}{\partial t} \phi_0^{\alpha_1 \ldots \alpha_n}.$$

It is easy to see that only the first terms of both series survive integration:

$$\int \frac{\partial\phi}{\partial t} n^\alpha \, dS = \frac{3}{2} \tau \frac{\partial\phi_0^\alpha}{\partial t} + \frac{1}{2} \dot{\tau} \phi_0^\alpha ,$$

with $\tau = \frac{4\pi}{3} a^3$. Adding this expression to (2.12) we have the force on the sphere in the reference frame fixed to the sphere:

$$- \int p \, n^\alpha \, dS = \frac{3}{2} \rho\tau \frac{\partial\phi_0^\alpha}{\partial t} + \frac{1}{2} \rho\dot{\tau} \phi_0^\alpha + 4\pi\rho \sum_{n=1}^{\infty} \frac{n \, a^{2n+1}}{(n+1)!(2n-1)\ldots 3.1} \phi_0^{\alpha_1 \ldots \alpha_n \alpha} \phi_0^{\alpha_1 \ldots \alpha_n}.$$

To transform this expression to an inertial frame, with respect to which the velocity of the sphere is measured, the pressure gradient and the velocity potential have to be modified by an amount of $\rho \dot{V}$ and V.r respectively. After the pertaining transformation of the time derivative of ϕ_0^α we obtain

$$- \int p \, n^\alpha \, dS = - \tfrac{1}{2} \rho\tau \dot{V}^\alpha + \frac{3}{2} \rho\tau \frac{\partial u_0^\alpha}{\partial t} + \frac{1}{2} \rho\dot{\tau}(u_0^\alpha - V^\alpha)$$

$$+ 4\pi\rho \sum_{n=1}^{\infty} \frac{n \, a^{2n+1}}{(n+1)!(2n-1)\ldots 3.1} \phi_0^{\alpha_1 \ldots \alpha_n \alpha} \phi_0^{\alpha_1 \ldots \alpha_n} ,$$

where all variables are now defined in the inertial frame. From the condition $\int p \, \underline{n} \, dS = 0$ then finally follows that

$$\dot{V}^\alpha = 3\dot{a}a^{-1}(u_0^\alpha - V^\alpha) + 3(\frac{\partial u_0^\alpha}{\partial t} + u_0 \cdot \nabla u_0^\alpha) + 6 \sum_{n=2}^{\infty} \frac{n \, a^{2n-2}}{(n+1)!(2n-1)\ldots 3.1} \phi_0^{\alpha_1 \ldots \alpha_n \alpha} \phi_0^{\alpha_1 \ldots \alpha_n} ,$$

which is (1.4) in a slightly different notation.

The material derivative $\frac{\partial u_0}{\partial t} + u_0 \cdot \nabla u_0$ can be written eventually as ∇p_0, the gradient of the incident pressure. Body forces can be incorporated by discounting them in the incident pressure.

Beek, P. van, 1982, O(α)-accurate equations of motion for a liquid-bubble dispersion, report 81-18, Dep. of Mathematics, Delft University of Technology.

Birkhoff, G., 1950, Hydrodynamics, Princeton University Press.

Hobson, E.W., 1955, The theory of spherical and ellipsoidal harmonics. Cambridge at the University Press.

Milne-Thompson, L.M., 1938, Theoretical Hydrodynamics, MacMillan & Co., Ltd.

Moore, D.W., 1959, the rise of a gasbubble in a viscous liquid, J. of Fluid Mech. 6.

Levich, V.G., 1962, Physicochemical Hydrodynamics, Prentice Hall.

Oseen, C.W., 1927, Hydrodynamik.

Voinov, O.V., 1973, Force acting on a sphere in an inhomogeneous flow of an ideal incompressible fluid, J. Appl. and Techn. Phys., 4.

PROBLEMS

Some authors have already presented problems and conjectures in their regular participation in this book . Other exasperating teasers follow .

1. ASKEY R. Two Conjectures about Jacobi Polynomials .

Let $\mu_{1,n},\ldots,\mu_{n-1,n}$ denote the successive relative maxima of $|P_n^{(\alpha,\beta)}(x)/P_n^{(\alpha,\beta)}(1)|$ when x decreases from 1 to -1 .

Conjecture 1 . Show that

$$\mu_{k,n} > \mu_{k,n+1} \ , \ k=1,2,\ldots,n-1$$

when $\alpha > \beta > -1/2$.

Conjecture 2 . Show that

$$\mu_{k,n} < \mu_{k,n+1} \ , \ k=1,2,\ldots,n-1$$

when $\alpha = 0$, $\beta = -1$.

Conjecture 1 was proven by Szegö when $\alpha=\beta=0$ and by Szasz when $\alpha=\beta > -1/2$. The case $\beta = -1/2$ follows from the case $\alpha = \beta$ by a quadratic transformation . See [1] for references to these and other papers .

There is a $25 prize for a proof of each conjecture . This is discounted to $5 if the conjecture is false .

[1] Comment to paper [50-5] in Gabor Szegö , Collected Papers , vol.3 , page 221 . Birkhäuser Boston , 1982 .

2. BACRY H. An application of Laguerre's emanant to generalized Chebychev polynomials .

I. Prologue dedicated to Laguerre .

Let P(x) be a complex polynomial of degree n .

Definition 1 : The Laguerre emanant [1] of P at point x_0 is defined as

$$P'_{x_0}(x) = n\,P(x) - (x-x_0)P'(x) \tag{1}$$

It is a polynomial of degree n-1 .

Remark : If one defines the emanant (also known as the polar derivative [2]) up to a nonzero factor , we have $P'_\infty(x) = P'(x)$. Therefore , the emanant is a generalization of the usual derivative .

Definition 2 : With the aid of the emanant , one can associate with any polynomial of degree n a symmetric (n-1)X(n-1)-matrix B , as follows

$$F(x,y)= \frac{P'_{x_0}(y)\,P'_{y_0}(x) - P'_{x_0}(x)\,P'_{y_0}(y)}{(x-y)\,(x_0-y_0)} = \sum_{k=1}^{n-1}\sum_{\ell=1}^{n-1} (-)^{k+\ell}\, B_{k\ell}\, x^{n-k-1}\, y^{n-\ell-1} \tag{2}$$

Examples

$P(x)=ax^2+bx+c \quad B=[b^2-4ac]$; $P(x)=ax^3+bx^2+cx+d \quad B= \begin{bmatrix} 2b^2-6ac & 9ad-bc \\ 9ad-bc & 2c^2-6bd \end{bmatrix}$

Properties :

a) B does not depend on (x_0,y_0) since the numerator of F(x,y) is of degree one in x_0 and y_0 .

b) The $B_{k\ell}$ are homogeneous polynomials of degree 2 in the coefficients of P(x) .

c) Let r be the rank of B . The number of distinct roots of P(x) equals r+1 . In particular , if B vanishes , P(x) has only one root .

d) det B = discriminant (P) .

II. Generalization of the Cayley-Hamilton equation .

If $A \in GL(n,C)$, A obeys the C-H equation

$$A^n - t_1A^{n-1} + t_2A^{n-2} - \ldots\ldots + (-)^n t_n I = 0 \tag{3}$$

where t_k is the character of GL(n,C) associated with the representation described by the Young diagram with k blocks (a single column of k boxes)

The C - H equation can be generalized :

$$\chi_{m_2,m_3,\ldots m_n,0} A^{m_1} - \chi_{m_1,m_3,\ldots m_n,0} A^{m_2} + \chi_{m_1,m_2,m_4\ldots,0} A^{m_3} - \ldots\ldots \pm \chi_{m_1,m_2,m_3,\ldots,m_{n-1},0} A^{m_n} = 0 \qquad (3bis)$$

where we suppose that all the m_k are distinct and , to simplify , that $m_1 > m_2 > m_3 > \ldots > m_n$.

$\chi_{a,b,c,\ldots,g}$ is the character associated with the Young diagram with $a+1-n$, $b+2-n$, $c+3-n$, ... , blocks .

The χ's are polynomials in t_1 , t_2 , ... , t_n , They constitute the whole set of characters of irreducible representations of SL(n,C) which are irreducible with respect to the SU(n) subgroup .

In particular , $t_1 = \chi_{n,n-2,n-3,\ldots,0}$, $t_2 = \chi_{n,n-1,n-3,\ldots,0}$

$t_n = \chi_{n,n-1,n-2,\ldots,1}$.

Note that whenever $A \in SL(n,C)$, $t_n = 1$ (with a suitable normalisation)

III . Particular case where $A \in SL(2,C)$.

In that case , the irreducible characters f_m are labelled by one index m . We have $A^m = f_m(t)A - f_{m-1}(t)I$ and $f_m(t) = U_{m-1}(t/2) = \chi_{m,0}(t)$ where U_{m-1} is the (m-1)th Chebyshev polynomial of the second kind [1] ; t is the trace of A .

---

(1) It is worthwhile to underline that our labelling is more natural than the usual one for two reasons : a) $f_m(t)$ divides $f_p(t)$ iff m divides p ; b) t has the meaning of a trace (see also the talk given by M. de Sainte-Catherine at the symposium) .

The main properties of $f_m(t)$ are :

a) The recurrence relation : $f_m(t) = tf_{m-1}(t) - f_{m-2}(t)$ ($f_0=0$, $f_1=1$)

b) They obey a differential equation :

$$(t^2-4)d^2f_m/dt^2 + 3t\, df_m/dt = (m^2-1)f_m(t)$$

c) They are orthogonal (complete set) :

$$(2\pi)^{-1} \int_{-2}^{+2} [4-t^2]^{1/2} f_m(t)\, f_k(t)dt = \delta_{m,k} .$$

Note that the domain [-2,+2] is the one where TrA runs for $A \in SU(2)$.

d) They have a generating function : $\sum_{m=0}^{\infty} f_m(t)z^m = z/\det(I-Az)$

IV . General case of SL(n,C) .

a) Recurrence relation . We have

$$\chi_{m_1,m_2,\ldots} = t_1\, \chi_{m_1-1,m_2,\ldots} - t_2\, \chi_{m_1-2,m_2,\ldots} + t_3\, \chi_{m_1-3,m_2,\ldots}$$

$$\ldots\ldots \pm t_n\, \chi_{m_1-n,m_2,\ldots}$$

and the same recurrence relation is also true for the other indices .

b) They obey a partial differential equation of the 2nd order :

$$[\, \Delta_n + (n+1)\, D_n - \sum_{i=1}^{n} \sum_{j=1}^{n} (m_i - m_j)^2 \,]\, \chi_{m_1,m_2,\ldots,m_{n-1},0} = 0$$

where $\Delta_n = \frac{1}{2} \sum_{k=1}^{n-1} \sum_{\ell=1}^{n-1} B_{k\ell} \frac{\partial}{\partial t_k} \frac{\partial}{\partial t_\ell}$, $D_n = \sum_{k=1}^{n-1} \binom{n}{k} t_k \frac{\partial}{\partial t_k}$

and $m_1 > m_2 > m_3 > \ldots > m_n = 0$ (to avoid redundancy) .

The matrix elements $B_{k\ell}$ are the ones computed by Equation (2) where P is the characteristic polynomial of A (Eq.3) .

c) They are orthogonal (complete set) :

$$(2\pi)^{1-n} \int_{\det B<0} [-\det B]^{1/2}\, \chi_{m_1,m_2,\ldots,m_{n-1},0}\, \chi_{m'_1,m'_2,\ldots,m'_{n-1},0}$$

$$\prod_{k=1}^{n-1} d(\mathrm{Re}\, t_k)\, d(\mathrm{Im}\, t_k) = \prod_{i=1}^{n-1} \delta_{m_i,m'_i}$$

The domain of integration is the one corresponding to the values of the t_k's permitted for the subgroup SU(n) . For instance , in SU(3) , we have $t_2=\overline{t_1}$; the domain of integration is the interior of a hypocycloid with three vertices in the complex plane t_1 .

d) <u>They have a generating function</u> :

$$\sum_{m_i=0}^{\infty} \chi_{m_1,m_2,\ldots,m_n} \kappa_1^{m_1} \kappa_2^{m_2} \ldots \kappa_n^{m_n} = \prod_{i<j} (\kappa_i-\kappa_j)/[\prod_{i=1}^{n} \det(I-\kappa_i A)]$$

Finally , the properties a,b,c,d permit us to call the irreducible characters χ a complete set of generalized Chebyshev polynomials of the second kind , with n-1 variables .

V . <u>Open problems</u> .

1) I do not have any <u>elegant</u> proof of the fact that the matrix B which appears in the definition of the operator Δ_n is the one I defined in the prologue . There must be a deep reason . Unfortunately , it is unknown to me .

2) The Chebyshev polynomials of the first kind appear in SL(2,C) in the followong manner : $T_m(TrA/2) = 2\ TR(A^m)$.

It is relatively easy to prove that the polynomials $\ell_m(t_1,t_2,\ldots,t_{n-1}) = Tr(A^m)$

a) satisfy the same recurrence formula as the χ's

b) obey the partial differential equation $(\Delta_n+D_n)\ell_m = m^2\ell_m$

c) are orthogonal with respect to the weight measure $(-\det B)^{-1/2}$.

The problem is that <u>they do not form a complete set</u>. A simple conjecture consists in taking into consideration the other "traces" associated with $t_2,t_3,\ldots,t_{n-1}$.

3) In the present work , we started with orthogonal characters of a group . Then , they were written as polynomials . Question : is it possible to generalize that procedure in order to associate with any group a complete set of orthogonal polynomials ?

4) At the end of my talk , Professor Koornwinder mentioned works related to mine [4-6] . Figure 1 in Reference [4] is an indication that the generalized Chebyshev polynomials can be defined from Dynkin diagrams of SL(n,C) or groups generated by reflections .

[1] E.LAGUERRE , Oeuvres , Vol.I . pp.31 , 48-66 , 133-143 , 200-202 (Chelsea)

[2] M.MARDEN , Geometry of Polynomials , Amer. Math. Soc. (1966) , p.44.

[3] H.BACRY , Lecture Notes in Physics 201(1984) , p.483 , Springer-Verlag .

[4] T.H.KOORNWINDER , Indag.Math.36 , 48-66 , 357-381 (1974) .

[5] T.H.KOORNWINDER , in "Theory and Applications of Special Functions", R.Askey , Editor , Acad. Press , pp.435-495 (1975) .

[6] A.DEBIARD , C.R.Acad. Sc. Paris 296 , 529 (1983).

3. CALOGERO F. Determinantal representations of polynomials satisfying recurrence relations .

It is known that any polynomial P_m of degree $m \leq n$ satisfying the linear ODE with polynomial coefficients $\sum_{k=0}^{m} a_k(x) d^k P_m(x)/dx^k = 0$ has the determinantal representation

$$P_m(x) q_{n-m}(x) = \det [\underline{A}' + \underline{XA} - x\underline{A}] \qquad (1)$$

with q_{n-m} a polynomial of degree n-m and the matrices $\underline{X}$, $\underline{A}$ and $\underline{A}'$ of order n being representations of the (multiplicative) operator x , of the ODE and an associated differential operator $\sum_{k=1}^{m} k a_k(x) d^{k-1}/dx^{k-1}$.

For more details on the proofs , significance and motivations , the reader is referred to two recent papers [1],[2] and to the literature quoted there . [Comment by A.P. Magnus : see also L.Durand's contribution in this volume] .

Let us now proceed to consider the class of polynomials $P_m(x)$ characterized by the recursion relation

$$P_{m+1}(x) = [\, x\,\alpha(m) + \beta(m)\,]\, P_m(x) - m\gamma(m)\, P_{m-1}(x) \quad , \quad P_0(x)=1 \qquad (2)$$

As it is clear from the following , the restriction to a three-term recursion relation is merely for simplicity ; moreover , this is the most interesting case , since orthogonal polynomials satisfy a three-term recursion relation such as (2) .

We now make the additional assumption that the three functions $\alpha(m)$, $\beta(m)$ and $\gamma(m)$ are polynomials in m (this is , for instance , the case for all the classical polynomials) .

We then have the determinantal form for the n-th polynomial of the set defined by the recurrence relations (2)

$$P_n(x) = c_n \det[\, \underline{M}^{(1)} - x\underline{M}^{(2)} \,] \qquad (3)$$

with $\underline{M}^{(1)} = \underline{L} + \gamma(\underline{N})\underline{R} - \beta(\underline{N})$, $\underline{M}^{(2)} = \alpha(\underline{N})$
provided the three matrices $\underline{L}$, $\underline{R}$ and $\underline{N} = \underline{RL}$ of order n , act as "lowering" , "raising" and "counting" operators in an appropriate basis , namely there exists a set of n linearly independent n-vectors $\underline{v}^{(m)}$ on which these matrices act as follows :

$$\underline{L}\ \underline{v}^{(m)} = (m-1)\underline{v}^{(m-1)} \ , \quad m=1,2,\ldots,n \ ,$$

$$\underline{R}\ \underline{v}^{(m)} = \underline{v}^{(m+1)} \ , \quad m=1,2,\ldots,n-1 \ , \quad \underline{R}\ \underline{v}^{(n)} = 0 \ ,$$

$$\underline{N}\ \underline{v}^{(m)} = (m-1)\underline{v}^{(m)} \ , \quad m=1,2,\ldots,n \ .$$

Indeed , if y is a generalized eigenvalue : $\det[\underline{M}^{(1)} - y\underline{M}^{(2)}]=0$, there exists a vector $\underline{w}$ such that $\underline{M}^{(1)}\underline{w} = y\underline{M}^{(2)}\underline{w}$, and if one writes $\underline{w} = \sum_{m=1}^{n} \pi_m \underline{v}^{(m)}$, one obtains immediately $m\pi_{m+1} = (y\alpha(m-1)+\beta(m-1))\pi_m - \gamma(m-1)\pi_{m-1}$ $(m<n)$, and $(y\alpha(n-1)+\beta(n-1))\pi_n - \gamma(n-1)\pi_{n-1} = 0$, showing that $\pi_m = \pi_1 P_{m-1}(y)/(m-1)!$, ergo $P_n(y)=0$ and (3) follows .

The explicit version of the representation (3) for the classical polynomials is exhibited in [2] .

A trivial representation of the matrices $\underline{L}$, $\underline{R}$ and $\underline{N}$ is obtained when the vector $\underline{v}^{(m)}$ is the m-th column of the unit matrix . Then $\underline{L}$, $\underline{R}$ and $\underline{N}$ are shift or diagonal matrices :

$L_{i,k} = i\delta_{i,k-1}$, $R_{i,k} = \delta_{i,k+1}$, $N_{i,k} = (i-1)\ \delta_{i,k}$ [Comment by A.P.Magnus : this is not so trivial for me , as this is a nice way of recovering P_n as a tridiagonal determinant , or continuant] .

A nontrivial explicit representation is provided in terms of n arbitrary distinct numbers x_i by the following formulae ,

$\underline{v}^{(m)} = \underline{X}^{m-1}\underline{v}$, where $X_{i,k} = x_i\ \delta_{i,k}$ and $v_i = \prod_{\substack{k=1\\k\neq i}}^{n} (x_i-x_k)^{-1}$

$$L_{i,k} = \sum_{\substack{m=1\\m\neq i}}^{n} (x_i-x_m)^{-1} \qquad \text{if } i=k ,$$

$$L_{i,k} = (x_i-x_k)^{-1} \qquad \text{if } i\neq k ,$$

$$R_{i,k} = x_i - (x_i)^n \prod_{\substack{m=1\\m\neq i}}^{n} (x_i-x_m)^{-1} \qquad \text{if } i=k ,$$

$$R_{i,k} = -(x_i)^n \prod_{\substack{m=1\\m\neq i}}^{n} (x_i-x_m)^{-1} \qquad \text{if } i\neq k ,$$

$$N_{i,k} = x_i \sum_{\substack{m=1\\m\neq i}}^{n} (x_i-x_m)^{-1} \qquad \text{if } i=k$$

$$N_{i,k} = x_i\ (x_i-x_k)^{-1} \qquad \text{if } i\neq k ,$$

for whose proofs the interested reader is also referred to [2] .

Let us end by noting that the determinantal representations of the classical polynomials yielded by (1) and by (3) are not identical , although of course they yield the same result .

Can one find other useful representations ?

[1] F.CALOGERO : Determinantal representation of the classical polynomials . Bollettino U.M.I. (in press) .

[2] F.CALOGERO : Some applications of a convenient finite-dimensional matrix representation of the differential operator . In : Proceedings of International Conference on Special Functions held in Torino , Italy , October 10-12 , 1984 (to be published) .

4. DEVORE R.A.† Inequalities for zeros of Legendre polynomials .

† Dpt. of Math and Statistics , Univ. of South Carolina , Columbia , South Carolina 29208 , U.S.A.

Prove $(1-x_{k-1})(1-x_{k+1}) \leq (1-x_k)^2$, where x_{k-1} , x_k and x_{k+1} are three consecutive zeros of a Legendre polynomial .

GROSJEAN C.C. Solution of problem 4 .

The real function $u_n(x) = [x(2-x)]^{1/2} P_n(1-x)$, $0 \leq x \leq 2$, satisfies $U''(x)+f_n(x)U(x) = 0$, whereby

$$f_n(x) = \frac{n(n+1)}{x(2-x)} + \frac{1}{x^2(2-x)^2} .$$

From this , one deduces that $v_n(t) = u_n((1-x_{k+1})t)$ and $w_n(t) = u_n((1-x_k)t)$, where $x_k < x_{k+1}$, are non-trivial solutions of similar differential equations , and in virtue of

$(1-x_{k+1})^2 f_n((1-x_{k+1})t) < (1-x_k)^2 f_n((1-x_k)t)$, $\forall t \in [1,(1-x_1)/(1-x_k)]$, $k \in \{2,3,\ldots,n-1\}$,

together with $\lim_{t \to 1} [v_n'(t)w_n(t)-w_n'(t)v_n(t)] = 0$, the differential equation of $w_n(t)$ is a Sturmian majorant of that of $v_n(t)$. The above inequality (without equality sign) then follows from the Sturm comparison theorem (see Theorem 2.1 of [1] for a similar derivation). This establishes that $\ln(1-x_k)$ is a convex function of k and also leads to

$(1-x_{k-1})(1-x_m) < (1-x_k)(1-x_{m-1})$, $\forall m \in \{k+1,k+2,\ldots,n\}$, $\forall k \in \{2,3,\ldots,n-1\}$.

[1] A.LAFORGIA Monotonicity properties for the zeros of orthogonal polynomials and Bessel functions , these Proceedings .

5. GILEWICZ J. Extremal inequalities for Padé approximants errors in the Stieltjes case .

Let us denote [m/n] a Padé approximant P_m/Q_n to the Stieltjes function f :

$$f(z) = \int_0^{1/R} \frac{d\mu(x)}{1-xz} \qquad R \geq 1 .$$

Then , the following first inequality is known ([3],eq.29 ; see also [1] , [2]pp.264-265 for other inequalities and motivations) , the second is <u>conjectured</u> and the third is the consequence of the two previous :

$x \in]0,R[$

$$0 < f(x)-[k+n+1/n](x) < x\{f(x)-[k+n/n](x)\} \tag{1}$$

$$0 < f(x)-[k+n/n+1](x) < x\{f(x)-[k+n/n](x)\} \tag{2}$$

$$0 < f(x)-[k+n+1/n+1](x) < x^2\{f(x)-[k+n/n](x)\} \tag{3}$$

It is easy to see that these inequalities are extremal (optimal) with respect to the factor in the right-hand side .

[1] C.BREZINSKI Convergence acceleration of some sequences by the ε-algorithm . Numer.Math. 29(1978) 173-177 .

[2] J.GILEWICZ Approximants de Padé , Lect.notes.Math. 667 .

[3] J.GILEWICZ , A.MAGNUS Valleys in c-table , pp.135-149 in L.WUYTACK , editor : Lect.Notes.Math. 765 .

6. HAYDOCK R.† Orthogonal polynomials associated to remarkable operators of mathematical physics ; the Hydrogen atom Hamiltonian .

†Institute of Theoretical Science ,Univ. of Oregon ,Eugene OR 97403 USA

When the recursion method is performed with a selfadjoint operator H and a starting vector U_0 , one builds an orthonormal system of vectors $\{U_0,U_1,...\}$ such that a 3-term recurrence holds $b_{n+1}U_{n+1} = (H-a_n)U_n-b_nU_{n-1}$ [3] , corresponding to orthogonal polynomials p_n ($U_n = p_n(H)U_0$) .

The problem is to relate interesting operators and interesting families of orthogonal polynomials . The space generated by U_0 , HU_0 , H^2U_0,... should not be too small... One can either start from the moments (U_0,H^nU_0) or use the measure $d\sigma(t)=d(U_0,E(t)U_0)$ from the spectral decomposition of $H = \int t dE(t)$.

To the harmonic oscillator Hamiltonian $HU(x)=-U''(x)+x^2U(x)$ and $U_0(x)=\exp(-x^2/2-2ax)$ correspond the Charlier polynomials $c_n((H-1)/2;2a^2)$ (notations of [2] chap.6 §1). With $U_0(x)=\exp(-\alpha x^2)$, one finds the Meixner polynomials $m_n((H-1)/4;1/2,((2\alpha-1)/(2\alpha+1))^2)$ ([2]chap.6 §3) .

To the free particle Schrödinger Hamiltonian $-U'' + \frac{\ell(\ell+1)}{x^2}U$ (from the Laplace operator ([4]§10.15)) on $L^2(0,\infty)$ and $U_0(x) = x^{\ell+1}\exp(-x^2/2)$ correspond the Laguerre polynomials $L_n^{(\ell+1/2)}(H)$ (and one has also $U_n(x) = \text{const.}x^{\ell+1} L_n^{(\ell+1/2)}(x^2)\exp(-x^2/2)$).

Now , consider the Hydrogen atom Hamiltonian ([4]§10.16)

$$HU(x) = -U'' + \left(\frac{\ell(\ell+1)}{x^2} - \frac{2\varepsilon^2}{x}\right)U$$

whose spectrum is made of the positive real axis and discrete eigenvalues at $-\varepsilon^4/(n+\ell+1)^2$, $n=0,1,\ldots$ The bounded operator $(H+1/4)^{-1}(H-1/4)$ has been solved in terms of Pollaczek polynomials [1].

[1] E.BANK , M.E.H. ISMAIL The attractive Coulomb potential polynomials. Constr. Approx. 1(1985)103-119 .

[2] T.S.CHIHARA An Introduction to Orthogonal Polynomials , Gordon & Breach , N.Y. 1978.

[3] R.HAYDOCK The recursive solution of the Schrödinger equation pp.215-294 in H.EHRENREICH, F.SEITZ, D.TURNBULL, editors : Solid State Physics 35 , Ac.Press , N.Y.1980.

[4] R.D.RICHTMYER Principles of Advanced Mathematical Physics , Springer,N.Y. 1978 .

7. KATO Y. About periodic Jacobi continued fractions.

Let $\varphi(z)$ be a continued J fraction and write it in the Stieltjes transform.

$$\varphi(z) = \frac{b_0^2}{\lfloor z-a_1} - \frac{b_1^2}{\lfloor z-a_2} - \frac{b_2^2}{\lfloor z-a_3} - \dots$$

$$= \int_{-\infty}^{+\infty} \frac{d\mu(x)}{z-x} .$$

Problem 1. What kind of measures $d\mu(x)$ gives a N periodic continued J fraction after M terms , i.e., $a_{i+N} = a_i$, $b_{i+N} = b_i$ for $i \geq M$?

In case M=0 , we have determined the measure $d\mu(x)$ explicitly . In fact $\varphi(z)$ can be written by means of abelian integrals on special hyperelliptic curves R and is a meromorphic function on them . And we know three characterizations of $\varphi(z)$ as follows .

1) $\varphi(z)$ admits a N periodic continued J fraction .

2) $\varphi(z)$ is the first component of the common eigenvectors of C and S .

3) $\varphi(z)$ belongs to $L(D+P-Q)$.

The continued J fraction of Problem 1 is obviously a meromorphic function on R . Therefore we propose the following problem .

Problem 2 . Give the characterizations of the functions which admit a N periodic continued J fraction after M terms .

We return to the case M=0 .

Problem 3. For a given N periodic continued J fraction

$$\varphi(z) = \frac{b_0^2}{\lfloor z-a_1} - \frac{b_1^2}{\lfloor z-a_2} - \frac{b_2^2}{\lfloor z-a_3} - \dots$$

construct as many as possible new N periodic continued J fractions

$$\Psi(z) = \frac{b'^2_0}{\lfloor z-a'_1} - \frac{b'^2_1}{\lfloor z-a'_2} - \frac{b'^2_2}{\lfloor z-a'_3} - \ldots$$

We can consider the procedure as a kind of Bäcklund transforms . We know at least two ways .

1) The translation of indexing.

2) For each N periodic continued J fraction , we can construct 2^{N-1} N periodic continued J fractions .

Problem 4 . If we composite the procedures 1) and 2) , can we obtain infinitely many new N periodic continued J fractions or not ?.

Comment by A.P.Magnus about problems 1 and 2 : let

$$\varphi(z) = \frac{b^2_0}{\lfloor z-a_1} - \ldots - \frac{b^2_{M-1}}{\lfloor z-a_M-b_M\phi(z)}$$

where $\phi(z)$ is a pure N periodic continued fraction . From Section 4 of [1] , $\phi(z) = \dfrac{Q(z)-[P^2(z)-4A^2]^{1/2}}{\Delta_{N,N}(z)}$, where the Nth degree polynomial Q interpolates $\pm[P^2-4A^2]^{1/2}$ at the zeros of $\Delta_{N,N}$ ($\Delta_{N,N}$ divides $Q^2-P^2+4A^2$). For φ , this gives $\varphi = \dfrac{A_M-b_M A_{M-1}\phi}{B_M-b_M B_{M-1}\phi}$ (see [2]) which turns out as $\dfrac{R-[P^2-4A^2]^{1/2}}{\Gamma}$, where Γ is a polynomial of degree $2M+N-1$ which replaces $\Delta_{N,N}$ in (24) of [1] . Conversely , measures of this form are considered in §5 of [3] and §4.3.1 of [4] . C.C.Grosjean has communicated that he has developed a general theory of the measures induced by orthogonal polynomials satisfying a recursion formula with pure or mixed N periodic coefficients .

[1] Y.KATO On the spectral density of periodic Jacobi matrices , pp.153-181 in : Proceedings RIMS Symposium Kyoto 1981 , edited by M.JIMBO and T.MIWA (World Science Pub.Co. , Singapore 1983) .

[2] C.M.M. NEX These Proceedings.

[3] J.NUTTALL , S.R.SINGH Orthogonal polynomials and Padé approximants associated with a system of arcs . J.Approx.Th. 21 1-42(1977).

[4] J.NUTTALL , Asymptotics of diagonal Hermite-Padé polynomials . J.Approx.Th. 42 (1984) 299-386 .

8. LUBINSKY D.S. Diophantine approximation of real numbers by zeroes of orthogonal polynomials .

Let $w(x)$ be , for example , a Jacobi weight on $(-1,1)$ and let $x_{n,1}$, $x_{n,2}$,... , $x_{n,n}$ be the zeroes of the orthogonal polynomial of degree n for w . Work out a theory of diophantine approximation of real numbers by the system $\{x_{n,1},x_{n,2},\ldots,x_{n,n}\}_{n=1}^{\infty}$ especially a Khintchine or Jarnik-Besicovitch theorem . Try to apply results of Baker and Schmidt [1] -this requires good inequalities for $|x_{n,j}-x_{m,k}|$, $1\le j\le n$; $1\le k\le m$; $1\le m\le n$. The motivation is in [2] , and the problem is non-trivial for Jacobi weights other than $(1+x)^{\pm 1/2}(1-x)^{\pm 1/2}$.

[1] A.BAKER and W.M.SCHMIDT , Diophantine approximation and Hausdorff dimension , Proc. Lond. Math. Soc. , 21(1970),1-11.

[2] D.S.LUBINSKY and P.RABINOWITZ , Rates of convergence of Gaussian quadrature for singular integrands , Math.Comp. 43(1984)219-242.

9. MAGNUS A.P. Orthogonal polynomials satisfying differential and functional equations . (Laguerre-Hahn orthogonal polynomials).

Let $\{y_n\}$ be the sequence of (formal) orthogonal polynomials with respect to the sequence of moments $\{\mu_n\}$. Prove that , if each y_n is a solution of a nontrivial linear differential equation with polynomial coefficients $L_n(\frac{d}{dx})y_n = 0$ (order and degrees bounded with respect to n), then $f(z) = \sum_0^\infty \mu_n z^{-n-1}$ is a solution of a Riccati equation $a(x)f'(x)=b(x)f^2(x)+c(x)f(x)+d(x)$ with polynomial coefficients a,b,c,d .

Important advances have been performed by W.Hahn , who showed that the minimal order of the differential equation must be two or four (see the remark after Theorem 3.2 in [1] ; see also [2] for the second order case) .

The converse is easy [3].

Extension to Hahn's operators D and E [1] :

$$L_n(D)y_n = 0 \iff aDf = bfEf+cf+d?$$

[1] W.HAHN Über Orthogonalpolynome , die linearen Funktionalgleichungen genügen , these Proceedings .

[2] W.HAHN Über Differentialgleichungen für Orthogonalpolynome , Mh.Math. 95 , 269-274(1983).

[3] A.MAGNUS Riccati acceleration of Jacobi continued fractions and Laguerre-Hahn orthogonal polynomials , pp.213-230 in H.WERNER, H.J.BÜNGER , editors : Padé Approximation and its Applications, Bad Honnef 1983 , Lect.Notes Math.1071(1984).

10. MAGNUS A.P. Anderson localisation .

P.W. Anderson (Nobel 1977) predicted in 1958 that some randomly disordered systems Hamiltonians have pure point spectral measures with a dense set of points of increase [1] . An absolutely continuous part , within 'mobility edges' , may also be considered .

The simplest Anderson Hamiltonian is the Jacobi matrix H =

$\begin{bmatrix} a_0 & b_1 & \\ b_1 & a_1 & b_2 \\ & \cdot & \cdot & \cdot \end{bmatrix}$ where the a_i's and the b_i's are random variables . The homogeneous equation $Hy=xy$ defines of course orthogonal polynomials through the recurrence relation $y_n=p_n(x)$: $b_{n+1}y_{n+1}=(x-a_n)y_n-b_ny_{n-1}$. From the probability law of the elements , one may discuss the asymptotic rate of growth of $p_n(x)$ when $n\to\infty$ (Lyapunov exponents) , with consequences on the nature of the spectral measure [5] [6] [9] .

More general (multidimensional) Anderson Hamiltonians can be studied through the recursion (Lanczos) method [4] [10] . The elements of the resulting Jacobi matrix present complicated not very well understood long-range correlations . Well designed polynomial moments $(y,P_n(H)y)$, $(P_n(H)y,P_n(H)y)$ (modified and generalized moments [3]) , should make things clearer .

Problem : find orthogonal polynomials P_n associated to point measures with dense sets of jump points .

Some investigations are presented in §4 of [2] and [7] . Another example is given by jump points at $\cos \pi\alpha n$ with weights $1/n^2$, $n=1,2,\ldots$, α irrational . The related orthogonal polynomials can be studied through their form $P_n = \alpha_n T_n + \beta_n T_m + \gamma_n T_k$ [8] .

[1] P.W. ANDERSON Absence of diffusion in certain random lattices . Phys.Rev. 109 1492-1505 (1958) . The Fermi glass : theory and experiment . Comments Solid State Phys. 2 193-198 (1970) .

[2] J. DOMBROWSKI Tridiagonal matrix representations of cyclic self-adjoint operators . Pacific J. Math. 114 (1984) 325-334 .

[3] J.P. GASPARD , Ph. LAMBIN Generalized moments : application to solid state physics . These Proceedings .

[4] C.H. HODGES , D.WEAIRE , N. PAPADOPOULOS The recursion method and Anderson localisation . J.Phys.C: Solid St.Phys. 13 (1980) 4311-4321.

[5] R.JOHNSTON , H.KUNZ A method for calculating the localisation length with an analysis of the Lloyd model . J.Phys. C: Solid St.Phys.

16 (1983) 4565-4580 .

[6] H.KUNZ , B.SOUILLARD Sur le spectre des opérateurs aux différences finies aléatoires . Commun. Math. Phys. 78 (1980) 201-246 .

J.FRÖLICH , F.MARTINELLI , E.SCOPPOLA , T.SPENCER Constructive proof of localization in the Anderson tight binding model . Commun. Math. Phys. 101 (1985) 21-46 .

[7] A.MAGNUS Recurrence coefficients in case of Anderson localisation . pp 309-313 in M.G. de Bruin , H. van Rossum , editors : Padé Approximation and its Applications Amsterdam 1980, Lect.Notes Math. 888 , Springer 1981 .

[8] A.P. MAGNUS Examples of orthogonal polynomials related to pure point measures . In preparation .

[9] B. SIMON Kotani theory for one dimensional stochastic Jacobi matrices . Commun. Math. Phys. 89 (1983) 227-234 .

[10] J.STEIN , U. KREY Numerical studies on the Anderson localization problem I localization edges and critical exponents . Z.Phys. B Condensed matter 34 287-296 (1979) .

11. MOUSSA P. Tr(exp(A-λB)) as a Laplace transform .

This problem is encountered in theoretical physics when one asks wether or not the perturbation expansion of the partition function in statistical mechanics is related to a moment problem [1] .

Let A and B be hermitian n dimensional matrices , and let $Z(\lambda)=\mathrm{Tr}(\exp(A-\lambda B))$. It is not very hard to prove that one can express $Z(\lambda)$ as :

$$Z(\lambda) = \int e^{-\lambda\tau}\, d\mu(\tau)$$

where $d\mu(\tau)$ is the sum of two terms : a) a discrete positive measure with point mass sitting at the eigenvalues of B , b) an absolutely continuous measure , with support in the closed interval between the smallest and the largest eigenvalues of B. In 1975, was made the conjecture that the continuous part is also a positive measure, which means that $d\mu$ is itself positive [1].

The conjecture is true when A and B commute, and when all off diagonal elements of A are non negative in a basis where B is diagonal. In particular the conjecture holds in dimension 2. A significant step would be to prove it in dimension 3 (or to find a counterexample !).

Various attempts have been made [2,3,4,5] and deserve attention for the interested reader, but he has to remind that this problem has been declared to us too difficult by mathematicians like G.Choodnovski ! A positive answer would establish a relation between moment problem and perturbation expansion of $Z(\lambda)$.

[1] D.BESSIS,P.MOUSSA,M.VILLANI Monotonic converging variational approximations to the functional integrals in quantum statistical mechanics, J.Math.Phys. 16, 2318-2325 (1975).

[2] M.L.MEHTA,K.KUMAR On the integral representation of the function $Tr(\exp(A-\lambda B))$ J.Phys.A: Math.Gen., 9, 197-206 (1976).

[3] K.J.LE COUTEUR Representation of the function $Tr(\exp(A-\lambda B))$ as a Laplace transform and some matrix inequalities J.Phys.A: Math.Gen. 13 3147-3159 (1980).

[4] M.GAUDIN Sur la transformée de Laplace de $Tr\, e^{-A}$ considérée comme fonction de la diagonale de A, Ann.Inst. Henri Poincaré, 28A, 431-442 (1978).

[5] G.A.MEZINCESCU On a conjecture by Dyson, Lieb and Simon, p.1-6, in Topics in Theoretical Physics, edited by Central Institute of Physics, Bucharest, Romania (1978).

12. MOUSSA P. Diophantine moment problem .

Here is a problem that arises in statistical lattice models , and deals with the properties which can be deduced for a measure , when it is known that the moments are integers , or polynomials with integer coefficients in an additional parameter [2,3] .

Consider a positive measure with support in the closed interval $[0,\Lambda]$. Assume that the moments are the integers n_k :

$$n_k = \int_0^\Lambda x^k \, d\mu(x) .$$

In [2] was proved that when $\Lambda < 4$, the measure $d\mu$ must be discrete, with point masses sitting at values of the form $(2\cos(\pi r))^2$ where r is rational . The case $\Lambda=4$ has been completely analysed [1,2,4] , and continuous known measures are allowed . What happens for $\Lambda>4$ is very curious . We define the generating function as :

$$G(z) = \int_0^\Lambda (z-x)^{-1} \, d\mu(x) = \Sigma \frac{n_k}{z^{k+1}} \quad (*)$$

and we then consider the transformation $G \to \overline{G}$ defined by

$$\overline{G}(z) = (z-q) \, G((z-q)^2) \quad .$$

If G has a representation (*) with $\Lambda=q^2$ (q integer), then $\overline{G}$ has a similar representation with $\overline{\Lambda}=2q$, and the moments associated to $\overline{G}$ are also integer . Thus we see that the support is reduced in length (for $q\geq3$) . Repeated application allowed us to reduce the support up to $\Lambda = (7 + 13^{1/2})/2=5.3028...$

The following question now arises : what is the smallest length reachable by repeated transformations of a similar kind ? Do we reach $\Lambda=4$, or does it exist an intermediate Λ_0, $4<\Lambda_0<5.30$ to which any problem can be reduced . In other words , is the whole complexity of the set of functions defined by (*) already reached immediately after $\Lambda=4$, or is there an other step ? An other interesting question (coming from an observation by G. and D. Choodnovski) would be to characterize among the possible generating functions, those which are algebraic or generalized hypergeometric functions . One could also think to extend the problem to a more general ring , and allow the moments to be algebraic integers , or , especially for the above mentioned application , polynomials with integer coefficients in an external parameter , with degree proportional to the order .

[1] D.BESSIS,P.MOUSSA,M.VILLANI Monotonic converging variational approximations to the functional integrals in quantum statistical mechanics , J.Math.Phys. 16 , 2318-2325 (1975).

[2] M.BARNSLEY,D.BESSIS,P.MOUSSA The Diophantine moment problem and the analytic structure in the activity of the ferromagnetic Ising model , J.Math.Phys. 20 535-546 (1979)

[3] P.MOUSSA Problème diophantien des moments et modèles d'Ising Ann. Inst. Henri Poincaré , 38A , 309-348 (1983) .

[4] V.S.VLADIMIROV,I.V.VOLOVICH Ising model with magnetic field and the Diophantine moment model , Theor.Math.Phys. (translated from Russian) 53, 943-952 (1983) .

13. NEVAI P. Bounds for polynomials orthogonal on infinite intervals .

Find Korous type inequalities for orthogonal polynomials associated with weight functions on infinite intervals .

The Korous theorem ([1] §I.7 and remarks to chap.I) relates bounds for the orthonormal polynomials associated to measures $d\alpha(x)$ and $\sigma(x)d\alpha(x)$. Some hypotheses become unrealistic when the set of orthogonality is unbounded .

[1] G.FREUD Orthogonale Polynome , Birkhäuser , Basel , 1969.

14. NEX C.M.M. General asymptotic behaviour of the coefficients of the three-term recurrence relation for a weight function defined on several intervals .

Let $w(x)$ be a non-negative weight function defined on segments of the real line , non-zero and bounded in the intervals (open or closed) (α_i,β_i) for $i=1,\ldots,k$, and the three-term recurrence relation satisfied by the polynomials orthogonal with respect to w to be

$$b_{n+1}p_{n+1}(x) = (x-a_n)p_n(x) - b_n p_{n-1}(x) \ .$$

What is the minimum information about α_i , β_i , and $w(x)$ necessary to determine the persistant (non-decaying) asymptotic behaviour of a_i and b_i ? The integrals $W_i = \int_{\alpha_i}^{\beta_i} w(x)dx$, $i=1,\ldots,k$, have been found useful[2].

<u>Comment by A.P.Magnus</u> : theoretical works on this subject ([1] theorem 2 ; [3] eq.(4.3) ; [4] lemma 5.2 , eq.(5.8) ; [5] §4.3.1 , eq.(4.3.25)) indicate that the asymptotic behaviour of the orthogonal polynomials (and therefore the a_n's and the b_n's) depends on the support $S = \bigcup [\alpha_i,\beta_i]$ and the k-1 integrals

$$\lambda_j = \int_S x^{j-1} (-R(x))^{-1/2} \log w(x)\, dx \quad j=1,\ldots,k-1$$

where $R(x) = \prod_{i=1}^{k} (x-\alpha_i)(x-\beta_i)$ and $\operatorname{sign}(-R(x))^{-1/2} = (-1)^i$ on (α_i,β_i) (if $\alpha_1<\beta_1<\alpha_2<\ldots<\beta_k$) .

If this does not seem to be equivalent to the W_i's (or actually , the k-1 ratios $W_1:W_2\ldots:W_k$) , a study of the connection is of interest , as the W_i's are more meaningful than the λ_j's in applications . Further motivation and (impressive) numerical demonstrations can be found in [2] .

[1]N.I.AHIEZER Orthogonal polynomials on several intervals , Sov. Math. 1(1960)989-992 ; with Yu.Ya.TOMČUK : ibid. 2(1961)687-690.

[2] R.HAYDOCK , C.M.M.NEX A general terminator for the recursion method . J Phys.C : Solid State Phys. 18 (1985) 2235-2248 .

[3]A.MAGNUS Recurrence coefficients for orthogonal polynomials on connected and non connected sets , pp.150-171 in L.WUYTACK , editor : Padé Approximation and its Applications , Lect.Notes Math.765(1979).

[4] J.NUTTALL , S.R.SINGH Orthogonal polynomials and Padé approximants associated with a system of arcs . J.Approx.Th. 21 1-42(1977).

[5] J.NUTTALL Asymptotics of diagonal Hermite-Padé polynomials . J.Approx. Th. 42 299-386(1984) .

15. van ISEGHEM J. A lower bound for Laguerre polynomials .

Prove $|L_n(n)| > 1$ if $n > 6$.

This is of interest in A-acceptable Padé-type approximation to the exponential function [1] III.2.

[1] J.van ISEGHEM Padé-type approximants of exp(-z) whose denominators are $(1+z/n)^n$, Numer. Math. 43 ,283-292 (1984).

16. WIMP J. Asymptotics for a linear difference equation .

Let $(n+1)y_{n+1} = \sum_{k=0}^{n} a_{n-k}y_k$, $y_0 = a$, $y_1 = b$, $n=1,2,\ldots$.

$$A(t) = \sum_{k=0}^{\infty} a_k t^k \text{ convergent }, \quad a_k \geq 0 .$$

Find an asymptotic formula for y_n (see [1] §11.1 and App.B).

[1] J.WIMP Computation with Recurrence Relations , Pitman , Boston 1984 .